人工智能科学与技术丛书

STATISTICAL LEARNING THEORY AND PRACTICE USING R

统计学习理论与方法

R语言版

左飞◎著
Zuo Fei

清華大学出版社
北京

内容简介

本书从统计学观点出发，以数理统计为基础，全面系统地介绍了统计机器学习的主要方法。内容涉及回归（线性回归、多项式回归、非线性回归、岭回归，以及 LASSO 等）、分类（感知机、逻辑回归、朴素贝叶斯、决策树、支持向量机、人工神经网络等）、聚类（K 均值、EM 算法、密度聚类等）、蒙特卡洛采样（拒绝采样、自适应拒绝采样、重要性采样、吉布斯采样和马尔科夫链蒙特卡洛等）、降维与流形学习（SVD、PCA 和 MDS 等），以及概率图模型基础等话题。此外，为方便读者自学，本书还扼要地介绍了机器学习中所必备的数学知识（包括概率论与数理统计、凸优化及泛函分析基础等）。

本书是统计机器学习及相关课程的教学参考书，适用于高等院校人工智能、机器学习或数据挖掘等相关专业的师生研习之用，也可供从事计算机应用，特别是数据科学相关专业的研发人员参考。

图书在版编目(CIP)数据

统计学习理论与方法：R 语言版/左飞著. —北京：清华大学出版社，2020.3（2023.7重印）
（人工智能科学与技术丛书）
ISBN 978-7-302-53088-6

Ⅰ. ①统… Ⅱ. ①左… Ⅲ. ①统计一机器学习 Ⅳ. ①TP181

中国版本图书馆 CIP 数据核字(2019)第 099007 号

责任编辑：赵 凯 王一玲
封面设计：李召霞
责任校对：梁 毅
责任印制：杨 艳

出版发行：清华大学出版社
网 址：http://www.tup.com.cn，http://www.wqbook.com
地 址：北京清华大学学研大厦 A 座 **邮 编**：100084
社 总 机：010-83470000 **邮 购**：010-62786544
投稿与读者服务：010-62776969，c-service@tup.tsinghua.edu.cn
质量反馈：010-62772015，zhiliang@tup.tsinghua.edu.cn
课件下载：http://www.tup.com.cn，010-83470236
印 装 者：三河市铭诚印务有限公司
经 销：全国新华书店
开 本：185mm×260mm **印 张**：24.75 **字 数**：603 千字
版 次：2020 年 6 月第 1 版 **印 次**：2023 年 7 月第 4 次印刷
定 价：79.00 元

产品编号：081945-01

前言

PREFACE

在大量数据背后很可能隐藏了某些有用的信息或知识，而数据挖掘就是通过一定方法探寻这些信息或知识的过程。此外，数据挖掘同时受到很多学科和领域的影响，大体上看，数据挖掘可以被视为数据库、机器学习和统计学三者的交叉。简单来说，对数据挖掘而言，数据库提供了数据管理技术，而机器学习和统计学则提供了数据分析技术。

从名字中就不难看出，机器学习最初的研究动机是为了让计算机具有人类一样的学习能力以便实现人工智能。显然，没有学习能力的系统很难被认为是智能的。而这个所谓的学习，就是指基于一定的“经验”而构筑起属于自己的“知识”过程。

小蝌蚪找妈妈的故事很好地说明了这一过程。小蝌蚪没有见过自己的妈妈，它们向鸭子请教。鸭子告诉它们：“你们的妈妈有两只大眼睛。”看到金鱼有两只大眼睛，它们便把金鱼误认为是自己的妈妈。于是金鱼告诉它们：“你们妈妈的肚皮是白色的。”小蝌蚪看见螃蟹是白肚皮，又把螃蟹误认为是妈妈。螃蟹便告诉它们：“你们的妈妈有四条腿。”小蝌蚪看见一只乌龟摆动着四条腿在水里游，就把乌龟误认为是自己的妈妈。于是乌龟又说：“你们的妈妈披着绿衣裳，走起路来一蹦一跳。”在这个学习过程中，小蝌蚪的“经验”包括鸭子、金鱼、螃蟹和乌龟的话，以及“长得像上述四种动物的都不是妈妈”这样一条隐含的结论。最终，它们学到的“知识”就是“两只大眼睛、白肚皮、绿衣裳、四条腿，一蹦一跳的就是妈妈”。当然，故事的结局，小蝌蚪们就是靠着学到的这些知识成功地找到了妈妈。

反观机器学习，由于“经验”在计算机中主要是以“数据”的形式存在的，所以机器学习需要设法对数据进行分析，然后以此为基础构建一个“模型”，这个模型就是机器最终学到的“知识”。可见，小蝌蚪学习的过程是从“经验”学到“知识”的过程。相应地，机器学习的过程则是从“数据”学到“模型”的过程。正是因为机器学习能够从数据中学到“模型”，而数据挖掘的目的恰恰是找出数据背后的“信息或知识”，两者不谋而合，所以机器学习才逐渐成为数据挖掘最为重要的智能技术供应者而备受重视。

正如前面所说的，机器学习和统计学为数据挖掘提供了数据分析技术。而另一方面，统计学也是机器学习得以建立的一个重要基础。换句话说，统计学本身就是一种数据分析技术的同时，它也为以机器学习为主要手段的智能数据分析提供了理论基础。可见，统计学、机器学习和数据挖掘之间是紧密联系的。

统计学大师乔治·博克斯有一句广为人们提及的名言：“所有的模型都是错的，但其中一些是有用的。”无论是基于统计的方法，还是基于机器学习的方法，最终的模型都是对现实世界的抽象，而非毫无偏差的精准描述。相关理论只有与具体分析实例相结合才有意义。而在这个所谓的结合过程中，你既不能期待一种模型(或者算法)能够解决所有的(尽管是相同类型的)问题，也不能面对一组数据时，就能(非常准确地)预先知道哪种模型(或者算法)才是最适用的。或许你该记住另外一句话：“No clear reason to prefer one over another.

Choice is task dependent(没有明确的原因表明一种方法胜于另外一种方法,选择通常是依赖于具体任务的)”。这也就突出了数据挖掘领域中实践的重要性,或者说由实践而来的经验的重要性。

以上所描述的观点正是激发本书写作初衷的核心理念。鉴于此,本书从统计学观点入手,并以统计分析理论为基础,进而对现代机器学习方法进行系统性的介绍。循序渐进,又兼收并蓄地将机器学习与统计分析中较为核心的理论与方法呈现给各位读者朋友。具体来说,本书主要涉及(但不限于)的内容有:

- 概率与数理统计基础,其中统计分析方法涉及参数估计、假设检验、极大似然法、非参数检验(含列联分析、符号检验、符号秩检验、秩和检验等)、方差分析方法等。
- 回归方法,包括线性回归、多元回归、多项式回归、非线性回归(含倒数模型、对数模型等)、岭回归,以及 LASSO 等。
- 监督学习与分类方法,包括感知机、逻辑回归(含最大熵模型)、朴素贝叶斯、决策树(含 ID3、C4.5、CART)、支持向量机、人工神经网络等。
- 无监督学习与聚类方法,包括 K 均值算法、EM 算法(含高斯混合模型)、密度聚类中的 DBSCAN 算法等。
- 蒙特卡洛采样方法,包括逆采样、拒绝采样、自适应拒绝采样、重要性采样、吉布斯采样和马尔科夫链蒙特卡洛等。
- 概率图模型基础,主要以贝叶斯网络为例进行介绍。
- 降维与流形学习,包括奇异值分解、主成分分析和多维标度法等。
- 附录部分还简述了机器学习中所必备的其他数学基础,包括拉格朗日乘数法、詹森不等式与凸优化、多元函数最优化、泛函空间理论(在解释核方法时会用到)等内容。

在叙述方式上,本书也注意从具体问题或实例入手,力求阐明问题提出的原委,从而由浅入深地阐明思路,并给出详细的数学推导过程,让读者知其然,更知其所以然。

此外,鉴于本书是以统计方法为切入点讲解机器学习理论的,在涉及数值计算、算法演示和数据分析应用时,我们特别选用 R 作为描述语言。R 是当前在统计学领域占据统治地位的一种解释型语言。它语法简洁、容易上手,即使非专业人士也能轻松掌握。事实上,R 语言在世界范围内的众多使用者绝大多数都来自于数学、统计学、应用经济学,以及生物信息学等其他非计算机领域。此外,R 还是一种免费的、开源的数据分析集成环境。它拥有丰富而完善的软件包资源,甚至很多最新的算法都可以在 R 中找到对应的实现。更重要的是,由于 R 对很多算法提供了非常完善的封装,再加之其简单易用的特点,本书并不要求读者已经具备 R 编程方面的背景。即使从未使用过 R 语言的人依然可以阅读本书。

读者亦可以访问笔者在 CSDN 上的技术博客(白马负金羁),本博客主要关注机器学习、数据挖掘、深度学习及数据科学等话题,其中提供的很多技术文章可以作为本书的补充材料,供广大读者在自学时参考。读者在阅读本书时遇到的问题以及对本书的意见或建议,可以在本博客上通过留言的方式同笔者进行交流。

自知论道须思量,几度无眠一文章。由于时间和能力有限,书中纰漏在所难免,真诚地希望各位读者和专家不吝批评、斧正。

左　飞

2020 年 4 月

目录

CONTENTS

第 1 章 概率论基础

CHAPTER 1

概率论是研究随机性或不确定性等现象的数学。统计学的研究对象是反映客观现象总体情况的统计数据,它是研究如何测定、收集、整理、归纳和分析这些数据,以便给出正确认识的方法论科学。概率论与统计学联系密切,前者也是后者的理论基础。本章介绍一些关于概率论的内容,统计学方面的话题会留在后续章节中再来讨论。

1.1 基本概念

由随机试验 E 的全部可能结果所组成的集合称为 E 的样本空间,记为 S。例如,考虑将一枚质地均匀的硬币投掷三次,观察其正面(用 H 表示)、反面(用 T 表示)出现的情况。则上述掷硬币的试验之样本空间为

$$S=\{(TTT),(TTH),(THT),(HTT),(THH),(HTH),(HHT),(HHH)\}$$

随机变量(Random variable)是定义在样本空间之上的试验结果的实值函数。如果令 Y 表示投掷硬币三次后正面朝上出现的次数,那么 Y 就是一个随机变量,它的取值为 0,1,2,3 之一。显然 Y 是一个定义在样本空间 S 上的函数,它的取值范围就是集合 S 中的任何一种情况,而它的值域就是 0 到 3 范围内的一个整数。例如,$Y(TTT)=0$。

因为随机变量的取值由试验结果决定,所以也将随机变量的可能取值赋予概率。例如针对随机变量 Y 的不同可能取值,其对应的概率分别为

$$P\{Y=0\}=P\{(TTT)\}=\frac{1}{8}$$

$$P\{Y=1\}=P\{(TTH),(THT),(HTT)\}=\frac{3}{8}$$

$$P\{Y=2\}=P\{(THH),(HTH),(HHT)\}=\frac{3}{8}$$

$$P\{Y=3\}=P\{(HHH)\}=\frac{1}{8}$$

对于随机变量 X,如下定义的函数 F

$$F(x)=P\{X\leqslant x\},\quad -\infty<x<\infty$$

称为 X 的累积分布函数(Cumulative Distribution Function,CDF),简称分布函数。因此,对任一给定的实数 x,分布函数等于该随机变量小于等于 x 的概率。

假设 $a \leqslant b$，由于事件 $\{X \leqslant a\}$ 包含于事件 $\{X \leqslant b\}$，可知前者的概率 $F(a)$ 要小于等于后者的概率 $F(b)$。换句话说，$F(x)$ 是 x 的非降函数。

如果一个随机变量最多有多个可能取值，则称这个随机变量为离散的。对于一个离散型随机变量 X，定义它在各特定取值上的概率为其概率质量函数（Probability Mass Function，PMF），即 X 的概率质量函数为

$$p(a) = P\{X = a\}$$

概率质量函数 $p(a)$ 在最多可数个 a 上取非负值，也就是说如果 X 的可能取值为 x_1，x_2，…，那么 $p(x_i) \geqslant 0$，$i=1,2,\cdots$，对于所有其他 x，则有 $p(x)=0$。由于 X 必定取值于 $\{x_1, x_2, \cdots\}$，因此有

$$\sum_{i=1}^{\infty} p(x_i) = 1$$

离散型随机变量的可能取值个数要么是有限的，要么是可数无限的。除此之外，还有一类随机变量，它们的可能取值是无限不可数的，这种随机变量就称为连续型随机变量。

对于连续型随机变量 X 的累积分布函数 $F(x)$，如果存在一个定义在实轴上的非负函数 $f(x)$，使得对于任意实数 x，有下式成立

$$F(x) = \int_{-\infty}^{x} f(t)\,\mathrm{d}t$$

则称 $f(x)$ 为 X 的概率密度函数（Probability Density Function，PDF）。显然，当概率密度函数存在的时候，累积分布函数是概率密度函数的积分。

由定义知道，概率密度函数 $f(x)$ 具有如下性质

- $f(x) \geqslant 0$
- $\int_{-\infty}^{\infty} f(x)\,\mathrm{d}x = 1$
- 对于任意实数 a 和 b，且 $a \leqslant b$，则根据牛顿-莱布尼茨公式有

$$P\{a \leqslant X \leqslant b\} = F(b) - F(a) = \int_{a}^{b} f(x)\,\mathrm{d}x$$

在上式中令 $a=b$，可以得到

$$P\{X = a\} = \int_{a}^{a} f(x)\,\mathrm{d}x = 0$$

也就是说，对于一个连续型随机变量，它取任何固定值的概率都等于 0。因此对于一个连续型随机变量，有

$$P\{X < a\} = P\{X \leqslant a\} = F(a) = \int_{-\infty}^{a} f(x)\,\mathrm{d}x$$

概率质量函数和概率密度函数的不同之处就在于：概率质量函数是对离散随机变量定义的，其本身就代表该值的概率；而概率密度函数是对连续随机变量定义的，且它本身并不是概率，只有对连续随机变量的概率密度函数在某区间内进行积分后才能得到概率。

对于一个连续型随机变量而言，它取任何固定值的概率都等于 0，也就是说考察随机变量在某一点上的概率取值是没有意义的。因此，在考察连续型随机变量的分布时，我们看的是它在某个区间上的概率取值。我们更需要的是其累积分布函数。

以正态分布为例，做其累积分布函数。对于连续型随机变量而言，累积分布函数是概率密度函数的积分。如图 1-1(a)中横坐标等于 1.0 的点，它对应的函数值约为 0.8413。如果

在图 1-1(b)中过横坐标等于 1.0 的点做一条垂直于横轴的直线，根据积分的几何意义，则该直线与其左侧的正态分布概率密度函数曲线所围成的面积就约等于 0.8413。

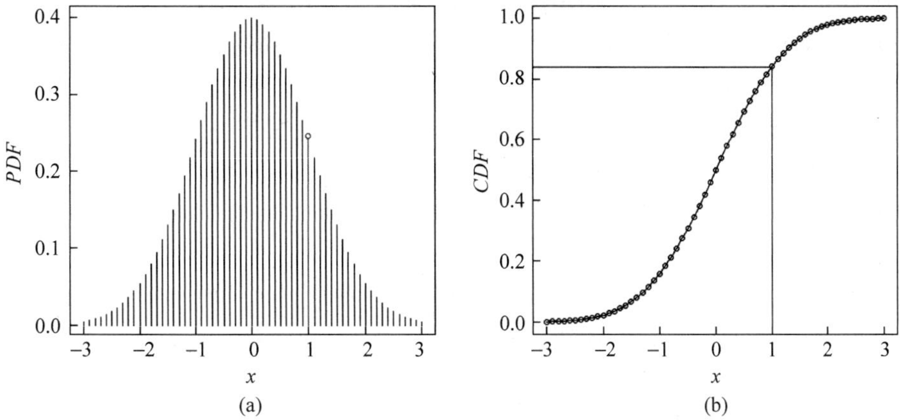

图 1-1　标准正态分布的 PDF 和 CDF

用数学公式来表达，则标准正态分布的概率密度函数为

$$p(x)=\frac{1}{\sqrt{2\pi}}e^{-\frac{x^2}{2}},\quad -\infty<x<+\infty$$

所以有

$$y=F(x_i)=P\{X\leqslant x_i\}=\int_{-\infty}^{x_i}\frac{1}{\sqrt{2\pi}}e^{-\frac{x^2}{2}}dx$$

这也符合前面所给出的结论，即累积分布函数 $F(x_i)$是 x_i 的非降函数。

继续前面的例子，易得

$$P\{X\leqslant 1.0\}=\int_{-\infty}^{1.0}\frac{1}{\sqrt{2\pi}}e^{-\frac{x^2}{2}}dx\approx 0.8413$$

上面这个式可以解释为：在标准正态分布里，随机变量取值小于或等于 1.0 的概率是 84.13%。这其实已经隐约看到分位数的影子了，而分位数的特性在累积分布函数里表现得更为突出。

分位数是在连续随机变量场合中使用的另外一个常见概念。设连续随机变量 X 的累积分布函数为 $F(x)$，概率密度函数为 $p(x)$，对任意 α，$0<\alpha<1$，假如 x_α 满足条件

$$F(x_\alpha)=\int_{-\infty}^{x_\alpha}p(x)dx=\alpha$$

则称 x_α 是 X 分布的 α 分位数，或称 α 下侧分位数。假如 x'_α满足条件

$$1-F(x'_\alpha)=\int_{x'_\alpha}^{\infty}p(x)dx=\alpha$$

则称 x'_α是 X 分布的 α 上侧分位数。易见，$x'_\alpha=x_{1-\alpha}$，即 α 下侧分位数可转化为 $1-\alpha$ 上侧分位数。中位数就是 0.5 分位数。

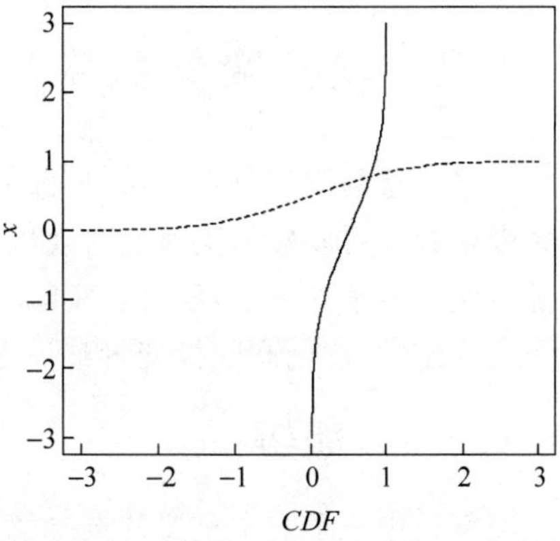

图 1-2　累积分布函数及其反函数

从分位数的定义中还可看出，分位数函数是相

应累积分布函数的反函数，则有 $x_\alpha=F^{-1}(\alpha)$。图 1-2 所示为正态分布的累积分布函数及其反函数(将自变量与因变量的位置对调)。根据反函数的基本性质，它的函数图形与原函数图形关于 $x=y$ 对称，关于这一点，图中所示的结果是显然的。

累积分布函数就是其值在分布中百分等级的映射。如果累积分布函数 CDF 是 x 的函数，其中 x 是分布中的某个值，计算给定 x 的 $CDF(x)$，就是计算样本中小于等于 x 的值的比例。而分位数函数则是累积分布函数的反函数，它的自变量是一个百分等级，而它输出的值是该百分等级在分布中对应的值。这也就是分位数函数的意义。

累积分布函数通常是可逆的，这一点非常有用，后面我们在介绍蒙特卡洛采样法时还会再用到累积分布函数及其反函数。

当随机变量 X 和 Y 相互独立时，从它们的联合分布求出 $X+Y$ 的分布常常是十分重要的。假如 X 和 Y 是相互独立的连续型随机变量，其概率密度函数分别为 f_X 和 f_Y，那么 $X+Y$ 的分布函数可以如下得到

$$\begin{aligned}F_{X+Y}(\alpha)&=P\{X+Y\leqslant\alpha\}=\iint\limits_{x+y\leqslant\alpha}f_X(x)f_Y(y)\mathrm{d}x\mathrm{d}y\\&=\int_{-\infty}^{\infty}\int_{-\infty}^{\alpha-y}f_X(x)f_Y(y)\mathrm{d}x\mathrm{d}y=\int_{-\infty}^{\infty}\int_{-\infty}^{\alpha-y}f_X(x)\mathrm{d}xf_Y(y)\mathrm{d}y\\&=\int_{-\infty}^{\infty}F_X(\alpha-y)f_Y(y)\mathrm{d}y\end{aligned}$$

可见分布函数 F_{X+Y} 是分布函数 F_X 和 F_Y(分别表示 X 和 Y 的分布函数)的卷积。通过对上式求导，我们还可以得到 $X+Y$ 的概率密度函数 f_{X+Y} 如下

$$\begin{aligned}f_{X+Y}(\alpha)&=\frac{\mathrm{d}}{\mathrm{d}\alpha}\int_{-\infty}^{\infty}F_X(\alpha-y)f_Y(y)\mathrm{d}y=\int_{-\infty}^{\infty}\frac{\mathrm{d}}{\mathrm{d}\alpha}F_X(\alpha-y)f_Y(y)\mathrm{d}y\\&=\int_{-\infty}^{\infty}f_X(\alpha-y)f_Y(y)\mathrm{d}y\end{aligned}$$

设随机变量 X 和 Y 相互独立，$X\sim N(\mu_1,\sigma_1^2)$，$Y\sim N(\mu_2,\sigma_2^2)$，则由上述结论还可以推得 $Z=X+Y$ 仍然服从正态分布，且有 $Z\sim N(\mu_1+\mu_2,\sigma_1^2+\sigma_2^2)$。这个结论还能推广到 n 个独立正态随机变量之和的情况。即如果 $X_i\sim N(\mu_i,\sigma_i^2)$，其中 $i=1,2,\cdots,n$，且它们相互独立，则它们的和 $Z=X_1+X_2+\cdots+X_n$ 仍然服从正态分布，且有 $Z\sim N(\mu_1+\mu_2+\cdots+\mu_n,\sigma_1^2+\sigma_2^2+\cdots+\sigma_n^2)$。更一般地，可以证明有限个相互独立的正态随机变量的线性组合仍然服从正态分布。

1.2 随机变量数字特征

随机变量的累积分布函数、离散型随机变量的概率质量函数或者连续型随机变量的概率密度函数都可以较为完整地对随机变量加以描述。除此之外，一些常数也可以被用来描述随机变量的某一特征，而且在实际应用中，人们往往对这些常数更感兴趣。由随机变量的分布所确定的，能刻画随机变量某一方面特征的常数被称为随机变量的数字特征。

1.2.1 期望

概率论中一个非常重要的概念就是随机变量的期望。如果 X 是一个离散型随机变量，并具有概率质量函数

$$p(x_k)=P\{X=x_k\},\quad k=1,2,\cdots$$

如果级数

$$\sum_{k=1}^{\infty}x_k p(x_k)$$

绝对收敛，则称上述级数的和为 X 的期望，记为 $E[X]$，即

$$E[X]=\sum_{k=1}^{\infty}x_k p(x_k)$$

换言之，X 的期望就是 X 所有可能取值的一个加权平均，每个值的权重就是 X 取该值的概率。

如果 X 是一个连续型随机变量，其概率密度函数为 $f(x)$，若积分

$$\int_{-\infty}^{\infty}xf(x)\mathrm{d}x$$

绝对收敛，则称上述积分的值为随机变量 X 的数学期望，记为 $E(X)$。即

$$E(X)=\int_{-\infty}^{\infty}xf(x)\mathrm{d}x$$

定理：设 Y 是随机变量 X 的函数，$Y=g(X)$，g 是连续函数。如果 X 是离散型随机变量，它的概率质量函数为 $p(x_k)=P\{X=x_k\}$，$k=1,2,\cdots$，若

$$\sum_{k=1}^{\infty}g(x_k)p(x_k)$$

绝对收敛，则有

$$E(Y)=E[g(X)]=\sum_{k=1}^{\infty}g(x_k)p(x_k)$$

如果 X 是连续型随机变量，它的概率密度函数为 $f(x)$，若

$$\int_{-\infty}^{\infty}g(x)f(x)\mathrm{d}x$$

绝对收敛，则有

$$E(Y)=E[g(X)]=\int_{-\infty}^{\infty}g(x)f(x)\mathrm{d}x$$

该定理的重要意义在于当求 $E(Y)$时，不必算出 Y 的概率质量函数(或概率密度函数)，而只需要利用 X 的概率质量函数(或概率密度函数)即可。我们不具体给出该定理的证明，但由此定理可得如下推论。

推论：若 a 和 b 是常数，则 $E[aX+b]=aE[X]+b$。

证明：(此处仅证明离散的情况，连续的情况与此类似)

$$\begin{aligned}E[aX+b]&=\sum_{x:\ p(x)>0}(ax+b)p(x)\\&=a\sum_{x:\ p(x)>0}xp(x)+b\sum_{x:\ p(x)>0}p(x)=aE[X]+b\end{aligned}$$

于是推论得证。

1.2.2 方差

方差(variance)是用来度量随机变量和其数学期望之间偏离程度的量。

定义：设 X 是一个随机变量，X 的期望 $\mu=E(X)$，若 $E[(X-\mu)^2]$存在，则称 $E[(X-\mu)^2]$

为 X 的方差，记为 $D(X)$或 $\mathrm{var}(X)$，即

$$D(X)=\mathrm{var}(X)=E\{[X-E(X)]^2\}$$

在应用上还引入量 $\sqrt{D(X)}$，记为 $\sigma(X)$，称为标准差或均方差。

随机变量的方差是刻画随机变量相对于期望值的散布程度的一个度量。下面导出 $\mathrm{var}(X)$ 的另一公式

$$\begin{aligned}\mathrm{var}(X)&=E[(X-\mu)^2]=\sum_x(x-\mu)^2p(x)=\sum_x(x^2-2\mu x+\mu^2)p(x)\\&=\sum_x x^2p(x)-2\mu\sum_x xp(x)+\mu^2\sum_x p(x)\\&=E[X^2]-2\mu^2+\mu^2=E[X^2]-\mu^2\end{aligned}$$

即

$$\mathrm{var}(X)=E[X^2]-(E[X])^2$$

可见，X 的方差等于 X^2 的期望减去 X 期望的平方。这也是实际应用中最方便的计算方差的方法。而且上述结论对于连续型随机变量的方差也成立。

最后，给出关于方差的几个重要性质。

- 设 C 是常数，则 $D(C)=0$；
- 设 X 是随机变量，C 是常数，则有

$$D(CX)=C^2D(X),\quad D(X+C)=D(X)$$

- 设 X、Y 是两个随机变量，则有

$$D(X+Y)=D(X)+D(Y)+2E\{[X-E(X)][Y-E(Y)]\}$$

特别地，如果 X、Y 彼此独立，则有

$$D(X+Y)=D(X)+D(Y)$$

这一性质还可以推广到任意有限多个相互独立的随机变量之和的情况。

- $D(X)=0$ 的充要条件是 X 以概率 1 取常数 $E(X)$，即

$$P\{X=E(X)\}=1$$

前三个性质请读者自行证明，最后一个性质的证明我们将在本章的后续篇幅中给出。

设随机变量 X 具有数学期望 $E(X)=\mu$，方差 $D(X)=\sigma^2\neq0$，记

$$X^*=\frac{X-\mu}{\sigma}$$

则 X^* 的数学期望为 0，方差为 1，并称 X^* 为 X 的标准化变量。

证明：

$$E(X^*)=\frac{1}{\sigma}E(X-\mu)=\frac{1}{\sigma}[E(X)-\mu]=0$$

$$D(X^*)=E(X^{*2})-[E(X^*)]^2=E\left[\left(\frac{X-\mu}{\sigma}\right)^2\right]=\frac{1}{\sigma^2}E[(X-\mu)^2]=\frac{\sigma^2}{\sigma^2}=1$$

根据上一节最后给出的结论，若 $X_i\sim N(\mu_i,\sigma_i^2)$，其中 $i=1,2,\cdots,n$，且相互独立，则它们的线性组合：$C_1X_1+C_2X_2+\cdots+C_nX_n$，仍服从正态分布，其中 $C_1,C_2,\cdots,C_n$ 是不全为 0 的常数。于是，由数学期望和方差的性质可知

$$C_1X_1+C_2X_2+\cdots+C_nX_n\sim N\left(\sum_{i=1}^nC_i\mu_i,\sum_{i=1}^nC_i^2\sigma_i^2\right)$$

1.2.3 矩与矩母函数

随机变量 X 的期望 $E[X]$ 也称为 X 的均值或者一阶矩(Moment),此外,方差 $D(X)$ 是 X 的二阶中心矩。更广泛地,我们有如下概念:

若 $E[X^k]$ 存在,$k=1,2,\cdots$,则称其为 X 的 k 阶原点矩,简称 k 阶矩。根据之前给出的定理,亦可知

$$E[X^k]=\sum_{x:\ p(x)>0}x^k p(x)$$

若 $E\{[X-E(X)]^k\}$ 存在,其中 $k=2,3,\cdots$,则称其为 X 的 k 阶中心矩。

概率论中不仅有中心矩,事实上还有其他形式的矩。下面总结了不同的"矩"的定义。设 X,Y 是两个随机变量,则

(1) 若 $E(X^k)$,$k=1,2,\cdots$ 存在,则称它为 X 的 k 阶原点矩,记为 $v_k=E(X^k)$。

(2) 若 $E\{[X-E(X)]^k\}$,$k=1,2,\cdots$ 存在,则称它为 X 的 k 阶中心矩,记为 $\mu_k=E[X-E(X)]^k$。

(3) 若 $E(X^kY^l)$,$k,l=1,2,\cdots$ 存在,则称它为 X,Y 的 $k+l$ 阶混合原点矩。

(4) 若 $E\{[X-E(X)]^k[Y-E(Y)]^l\}$,$k,l=1,2,\cdots$ 存在,则称它为 X,Y 的 $k+l$ 阶混合中心矩。

所以,数学期望、方程、协方差都是矩,是特殊的矩。

有了矩的概念之后,还需要知道矩母函数(Moment-Generating Function,MGF)的定义,后面在解释中央极限定理的证明时,还会遇到它。

在概率论中,随机变量的矩母函数是描述其概率分布的一种可选方式。随机变量 X 的矩母函数定义为

$$M_X(t)=E(\mathrm{e}^{tX}),\quad t\in\mathbb{R}$$

前提是这个期望值存在。而且事实上,矩母函数确实并非一直都存在。

根据上面的定义,还可知道,如果 X 服从离散分布,其概率质量函数为 $p(x)$,则

$$M_X(t)=\sum_x \mathrm{e}^{tx}p(x)$$

如果 X 服从连续分布,其概率密度函数为 $p(x)$,则

$$M_X(t)=\int_{-\infty}^{\infty}\mathrm{e}^{tx}p(x)\mathrm{d}x$$

矩母函数之所以称为矩母函数,就在于通过它的确可以生成随机变量的各阶矩。根据麦克劳林公式,有

$$\mathrm{e}^{tX}=1+tX+\frac{t^2X^2}{2!}+\frac{t^3X^3}{3!}+\cdots+\frac{t^nX^n}{n!}+\cdots$$

因此有

$$\begin{aligned}M_X(t)=E(\mathrm{e}^{tX})&=1+tE(X)+\frac{t^2E(X^2)}{2!}+\frac{t^3E(X^3)}{3!}+\cdots+\frac{t^nE(X^n)}{n!}+\cdots\\&=1+tv_1+\frac{t^2v_2}{2!}+\frac{t^3v_3}{3!}+\cdots+\frac{t^nv_n}{n!}+\cdots\end{aligned}$$

对于上式逐次求导并计算 $t=0$ 点的值就会得到

$$M'_X(t)=E[X\mathrm{e}^{tX}],\quad M_X^n(t)=E[X^n\mathrm{e}^{tX}],\quad M_X^n(0)=E[X^n]$$

最后，作为一个例子，我们来讨论正态分布的矩母函数。令 Z 为标准正态随机变量，则有

$$M_Z(t)=E[\mathrm{e}^{tZ}]=\frac{1}{\sqrt{2\pi}}\int_{-\infty}^{\infty}\mathrm{e}^{tx}\,\mathrm{e}^{-x^2/2}\mathrm{d}x=\frac{1}{\sqrt{2\pi}}\int_{-\infty}^{\infty}\exp\left\{-\frac{x^2-2tx}{2}\right\}\mathrm{d}x$$

$$=\frac{1}{\sqrt{2\pi}}\int_{-\infty}^{\infty}\exp\left\{-\frac{(x-t)^2}{2}+\frac{t^2}{2}\right\}\mathrm{d}x=\mathrm{e}^{t^2/2}\frac{1}{\sqrt{2\pi}}\int_{-\infty}^{\infty}\mathrm{e}^{-(x-t)^2/2}\mathrm{d}x=\mathrm{e}^{t^2/2}$$

因此，标准正态随机变量的矩母函数为 $M_Z(t)=\mathrm{e}^{t^2/2}$。对于一般的正态随机变量，只需做线性变换 $X=\mu+\sigma Z$，其中 μ 和 σ 分别是 Z 的期望和标准差。此时可得

$$M_X(t)=E[\mathrm{e}^{tX}]=E[\mathrm{e}^{t(\mu+\sigma Z)}]=E[\mathrm{e}^{t\mu}\mathrm{e}^{t\sigma Z}]$$

$$=\mathrm{e}^{t\mu}E[\mathrm{e}^{t\sigma Z}]=\mathrm{e}^{t\mu}M_Z(t\sigma)=\mathrm{e}^{t\mu}\mathrm{e}^{(t\sigma)^2/2}=\mathrm{e}^{\frac{(t\sigma)^2}{2}+t\mu}$$

1.2.4 协方差与协方差矩阵

前面谈到，方差是用来度量随机变量和其数学期望之间偏离程度的量。随机变量与其数学期望之间的偏离其实就是误差。所以方差也可以认为是描述一个随机变量内部误差的统计量。与此相对应地，协方差(Covariance)是一种用来度量两个随机变量之总体误差的统计量。

更为正式的表述应该为：设(X,Y)是二维随机变量，则称 $E\{[X-E(X)][Y-E(Y)]\}$ 为随机变量 X 与 Y 的协方差，记为 $\mathrm{cov}(X,Y)$，即

$$\mathrm{cov}(X,Y)=E\{[X-E(X)][Y-E(Y)]\}$$

协方差表示的是两个变量的总体的误差。如果两个变量的变化趋势一致，也就是说如果其中一个大于自身的期望值，另外一个也大于自身的期望值，那么两个变量之间的协方差就是正值。如果两个变量的变化趋势相反，即其中一个大于自身的期望值，另外一个却小于自身的期望值，那么两个变量之间的协方差就是负值。

与协方差息息相关的另外一个概念是相关系数(或称标准协方差)，它的定义为：设(X,Y)是二维随机变量，若 $\mathrm{cov}(X,Y)$，$D(X)$，$D(Y)$都存在，且 $D(X)>0$，$D(Y)>0$，则称 ρ_{XY} 为随机变量 X 与 Y 的相关系数，即

$$\rho_{XY}=\frac{\mathrm{cov}(X,Y)}{\sqrt{D(X)}\sqrt{D(Y)}}$$

还可以证明 $-1\leqslant\rho_{XY}\leqslant1$。

如果协方差的结果为正值，则说明两者是正相关的，结果为负值就说明负相关的，如果结果为 0，也就是统计上说的“相互独立”，即两者不相关。另外，从协方差的定义上我们也可以看出一些显而易见的性质，如

- $\mathrm{cov}(X,X)=D(X)$
- $\mathrm{cov}(X,Y)=\mathrm{cov}(Y,X)$

显然第一个性质其实就表明，方差是协方差的一种特殊情况，即当两个变量是相同的情况。

两个随机变量之间的关系可以用一个协方差来表示。对于由 n 个随机变量组成的一个向量，我们想知道其中每对随机变量之间的关系，就会涉及多个协方差。协方差多了就自然会想到用矩阵形式来表示，也就是协方差矩阵。

设 n 维随机变量$(X_1,\cdots,X_n)$的二阶中心矩存在，记为

$$c_{ij}=\mathrm{cov}(X_i,Y_j)=E\{[X_i-E(X_i)][Y_j-E(Y_j)]\},\quad i,j=1,2,\cdots,n$$

则称矩阵

$$\boldsymbol{\Sigma} = (c_{ij})_{n\times n} = \begin{bmatrix} c_{11} & c_{12} & \cdots & c_{1n} \\ c_{21} & c_{22} & \cdots & c_{2n} \\ \vdots & \vdots & \ddots & \vdots \\ c_{n1} & c_{n2} & \cdots & c_{nn} \end{bmatrix}$$

为 n 维随机变量$(X_1,\cdots,X_n)$的协方差矩阵。

1.3 基本概率分布模型

概率分布是概率论的基本概念之一，它被用以表述随机变量取值的概率规律。广义上，概率分布是指随机变量的概率性质；狭义上来说，它是指随机变量的概率分布函数(Probability Distribution Function，PDF)，或称累积分布函数。可以将概率分布大致分为离散和连续两种类型。

1.3.1 离散概率分布

1. 伯努利分布

伯努利分布(Bernoulli Distribution)又称两点分布分布。设试验只有两个可能的结果：成功(记为 1)与失败(记为 0)，则称此试验为伯努利试验。若一次伯努利试验成功的概率为 p，则其失败的概率为 $1-p$，而一次伯努利试验的成功的次数就服从一个参数为 p 的伯努利分布。伯努利分布的概率质量函数为

$$P(X=k)=p^k(1-p)^{1-k},\quad k=0,1$$

显然，对于一个随机试验，如果它的样本空间只包含两个元素，即 $S=\{e_1,e_2\}$，我们总能在 S 上定义一个服从伯努利分布的随机变量

$$X=X(e)=\begin{cases}0, & e=e_1\\ 1, & e=e_2\end{cases}$$

来描述这个随机试验的结果。满足伯努利分布的试验有很多，例如，投掷一枚硬币观察其结果是正面还是反面，或者对新生婴儿的性别进行登记等等。

可以证明，如果随机变量 X 服从伯努利分布，那么它的期望等于 p，方差等于 $p(1-p)$。

2. 二项分布

考查由 n 次独立试验组成的随机现象，它满足以下条件：重复 n 次随机试验，且这 n 次试验相互独立；每次试验中只有两种可能的结果，而且这两种结果发生与否互相对立，即每次试验成功的概率为 p，失败的概率为 $1-p$。事件发生与否的概率在每一次独立试验中都保持不变。显然这一系列试验构成了一个 n 重伯努利实验。重复进行 n 次独立的伯努利试验，试验结果所满足的分布就称为是二项分布(Binomial Distribution)。当试验次数为 1 时，二项分布就是伯努利分布。

设 X 表示 n 次独立重复试验中成功出现的次数，显然 X 是可以取 $0,1,\cdots,n$ 等 $n+1$ 个值的离散随机变量，则当 $X=k$ 时，它的概率质量函数表示为

$$P(X=k)=\binom{n}{k}p^k(1-p)^{n-k}$$

很容易证明,服从二项分布的随机变量 X 以 np 为期望,以 $np(1-p)$ 为方差。

3. 负二项分布

如果伯努利试验独立地重复进行,每次成功的概率为 p,$0<p\leqslant 1$,试验一直进行到一共累积出现了 r 次成功时停止试验,则试验失败的次数服从一个参数为(r,p)的负二项分布。可见,负二项分布与二项分布的区别在于:二项分布是固定试验总次数的独立试验中,成功次数 k 的分布;而负二项分布是累积到成功 r 次时即终止的独立试验中,试验总次数的分布。如果令 X 表示试验的总次数,则

$$P(X=n)=\binom{n-1}{r-1}p^r(1-p)^{n-r},\quad n=r,r+1,\cdots$$

上式之所以成立是因为,要使得第 n 次试验时正好是第 r 次成功,那么前 $n-1$ 次试验中有 $r-1$ 次成功,且第 n 次试验必然是成功的。前 $n-1$ 次试验中有 $r-1$ 次成功的概率是

$$\binom{n-1}{r-1}p^{r-1}(1-p)^{n-r}$$

而第 n 次试验成功的概率为 p。因为这两件事相互独立,将两个概率相乘就得到前面给出的概率质量函数。而且我们还可以证明如果试验一直进行下去,那么最终一定能得到 r 次成功,即有

$$\sum_{n-1}^{\infty}P(X=n)=\sum_{n-1}^{\infty}\binom{n-1}{r-1}p^r(1-p)^{n-r}=1$$

若随机变量 X 的概率质量函数由前面的式子给出,那么称 X 为参数(r,p)的负二项随机变量。负二项分布又称帕斯卡分布。特别地,参数为$(1,p)$的负二项分布就是下面将要介绍的几何分布。

可以证明,服从负二项分布的随机变量 X 之期望等于 r/p,而它的方差等于 $r(1-p)/p^2$。

4. 多项分布

二项分布的典型例子是扔硬币,硬币正面朝上概率为 p,重复扔 n 次硬币,k 次为正面的概率即为一个二项分布概率。把二项分布公式推广至多种状态,就得到了多项分布(Multinomial Distribution)。一个典型的例子就是投掷 n 次骰子,然后出现 1 点的次数为 y_1,出现 2 点的次数为 y_2……出现 6 点的次数为 y_6,那么试验结果所满足的分布就是多项分布,或称多项式分布。

多项分布的 PMF 为

$$P(y_1,\cdots,y_k,p_1,\cdots,p_k)=\frac{n!}{y_1!\cdots y_k!}p_1^{y_1}\cdots p_k^{y_k}$$

其中

$$n=\sum_{i=1}^{k}y_i$$

$$P(y_1)=p_1,\cdots,P(y_k)=p_k$$

5. 几何分布

考虑独立重复试验,每次的成功率为 p,$0<p\leqslant 1$,一直进行直到试验成功。如果令 X 表示需要试验的次数,那么

$$P(X=n)=(1-p)^{n-1}p,\quad n=1,2,\cdots$$

上式成立是因为要使得 X 等于 n,充分必要条件是前 $n-1$ 次试验失败而第 n 次试验成功。

又因为假定各次试验都是相互独立的，于是得到上式成立。

由于

$$\sum_{n-1}^{\infty} P(X=n)=p\sum_{n-1}^{\infty}(1-p)^{n-1}=\frac{p}{1-(1-p)}=1$$

这说明试验最终会出现成功的概率为1。若随机变量的概率质量函数由前式给出，则称该随机变量是参数为 p 的几何随机变量。

可以证明，服从几何分布的随机变量 X 之期望等于 $1/p$，而它的方差等于 $(1-p)/p^2$。

6. 超几何分布

超几何分布是统计学上的一种离散型概率分布，从一个有限总体中进行不放回的抽样常会遇到它。假设 N 件产品中有 M 件次品，不放回的抽检中，抽取 n 件时得到 $X=k$ 件次品的概率分布就是超几何分布，它的概率质量函数为

$$P(X=k)=\frac{C_M^k C_{N-M}^{n-k}}{C_N^n},\quad k=0,1,\cdots,r$$

其中，$r=\min(n,M)$。

最后我们来讨论服从参数为 (n,N,M) 的超几何随机变量 X 的期望和方差。

$$E[X^k]=\sum_{i=0}^{n} i^k P\{X=i\}=\sum_{i=1}^{n} i^k\frac{C_M^i C_{N-M}^{n-i}}{C_N^n}$$

利用恒等式

$$iC_M^i=MC_{M-1}^{i-1},\quad nC_N^n=NC_{N-1}^{n-1}$$

可得

$$\begin{aligned}E[X^k]&=\frac{nM}{N}\sum_{i=1}^{n} i^{k-1}\frac{C_{M-1}^{i-1}C_{N-M}^{n-i}}{C_{N-1}^{n-1}}\\&=\frac{nM}{N}\sum_{j=0}^{n-1}(j+1)^{k-1}\frac{C_{M-1}^{j}C_{N-M}^{n-j-1}}{C_{N-1}^{n-1}}=\frac{nM}{N}E[(Y+1)^{k-1}]\end{aligned}$$

其中，Y 是一个服从超几何分布的随机变量，其参数为 $(n-1,N-1,M-1)$。因此，在上面的等式中令 $k=1$，有 $E[X]=nM/N$。

再令上面式子中的 $k=2$，可得

$$E[X^2]=\frac{nM}{N}E[Y+1]=\frac{nM}{N}\left[\frac{(n-1)(M-1)}{N-1}+1\right]$$

后一个等式用到了前面关于超几何分布之期望的计算结果。又由 $E[X]=nM/N$，遂可推出

$$\operatorname{var}(X)=\frac{nM}{N}\left[\frac{(n-1)(M-1)}{N-1}+1-\frac{nM}{N}\right]$$

令 $p=M/N$，且利用等式

$$\frac{M-1}{N-1}=\frac{Np-1}{N-1}=p-\frac{1-p}{N-1}$$

得到

$$\operatorname{var}(X)=np\left[(n-1)p-(n-1)\frac{1-p}{N-1}+1-np\right]=np(1-p)\left(1-\frac{n-1}{N-1}\right)$$

可见，当 n 远远小于 N 时，即抽取的个数远远小于产品总数 N 时，每次抽取后，总体中的不合格品率 $p=M/N$ 改变甚微，这时不放回抽样就可以近似看成是放回抽样，这时超几何分布可用二项分布近似。

7. 泊松分布

最后,我们来考虑另外一种重要的离散概率分布——泊松(Poisson)分布。单位时间、单位长度、单位面积、单位体积中发生某一事件的次数常可以用泊松分布来刻划,例如某段高速公路上一年内的交通事故数和某办公室一天中收到的电话数可以认为近似服从泊松分布。泊松分布可以看成是二项分布的特殊情况。在二项分布的伯努利试验中,如果试验次数 n 很大,而二项分布的概率 p 很小,且乘积 $\lambda=np$ 比较适中,则事件出现的次数的概率可以用泊松分布来逼近。事实上,二项分布可以看作泊松分布在离散时间上的对应物。泊松分布的概率质量函数为

$$P(X=k)=\frac{\mathrm{e}^{-\lambda}\lambda^k}{k!}$$

其中,参数 λ 是单位时间(或单位面积)内随机事件的平均发生率。

接下来就利用二项分布的概率质量函数以及微积分中的一些关于数列极限的知识来证明上述公式。

$$\begin{aligned}
\lim_{n\to\infty}P(X=k)&=\lim_{n\to\infty}\binom{n}{k}p^k(1-p)^{n-k}\\
&=\lim_{n\to\infty}\frac{n!}{(n-k)!k!}\left(\frac{\lambda}{n}\right)^k\left(1-\frac{\lambda}{n}\right)^{n-k}\\
&=\lim_{n\to\infty}\left[\frac{n!}{n^k(n-k)!}\right]\left(\frac{\lambda^k}{k!}\right)\left(1-\frac{\lambda}{n}\right)^n\left(1-\frac{\lambda}{n}\right)^{-k}\\
&=\lim_{n\to\infty}\underbrace{\left[\left(1-\frac{1}{n}\right)\left(1-\frac{2}{n}\right)\cdots\left(1-\frac{k-1}{n}\right)\right]}_{\to 1}\left(\frac{\lambda^k}{k!}\right)\underbrace{\left(1-\frac{\lambda}{n}\right)^n}_{\to \mathrm{e}^{-\lambda}}\underbrace{\left(1-\frac{\lambda}{n}\right)^{-k}}_{\to 1}\\
&=\left(\frac{\lambda^k}{k!}\right)\mathrm{e}^{-\lambda}
\end{aligned}$$

结论得证。

最后,为了帮助读者更好地理解证明过程,这里对其中一项极限的计算做如下补充解释,因为已知 $\lambda=np$,并且 $n\to\infty$,相应的有 $p\to 0$,于是

$$\lim_{n\to\infty}\left(1-\frac{\lambda}{n}\right)^n=\lim_{p\to 0}(1-p)^{\frac{\lambda}{p}}=\lim_{p\to 0}\left[(1-p)^{-\frac{1}{p}}\right]^{-\lambda}=\mathrm{e}^{-\lambda}$$

或者也可以从另外一个角度来证明这个问题,如下

$$\lim_{n\to\infty}\left(1-\frac{\lambda}{n}\right)^n=\lim_{n\to\infty}\left[1+\left(\frac{1}{-n/\lambda}\right)\right]^{(-n/\lambda)\cdot(-\lambda)}$$

令 $m=n/\lambda$,显然当 $n\to\infty$,有 $m\to\infty$,于是来考虑如下极限

$$\begin{aligned}
&\lim_{n\to\infty}\left[1+\left(\frac{1}{-n/\lambda}\right)\right]^{(-n/\lambda)}=\lim_{m\to\infty}\left[1-\frac{1}{m}\right]^{-m}=\lim_{m\to\infty}\left[\frac{m}{m-1}\right]^m\\
&=\lim_{m\to\infty}\left[1+\frac{1}{m-1}\right]^m=\lim_{m\to\infty}\left[1+\frac{1}{m-1}\right]^{m-1}\cdot\left[1+\frac{1}{m-1}\right]=\mathrm{e}
\end{aligned}$$

所以

$$\lim_{n\to\infty}\left(1-\frac{\lambda}{n}\right)^n=\mathrm{e}^{-\lambda}$$

1.3.2 连续概率分布

1. 均匀分布

均匀分布是最简单的连续概率分布。如果连续型随机变量 X 具有如下概率密度函数

$$f(x)=\begin{cases}\dfrac{1}{a-b}, & a<x<b\\ 0, & \text{其他}\end{cases}$$

则称 X 在区间 (a,b) 上服从均匀分布，记为 $X\sim U(a,b)$。

在区间 (a,b) 内服从均匀分布的随机变量 X，具有如下意义的等可能性，即它落在区间 (a,b) 中任意长度的子区间内的可能性是相同的。或者说它落在区间 (a,b) 的子区间内的概率只依赖于子区间的长度而与子区间的位置无关。

由概率密度函数的定义式可得服从均匀分布的随机变量 X 的累积分布函数为

$$F(x)=\begin{cases}0, & x<a\\ \dfrac{x-a}{b-a}, & a\leqslant x<b\\ 1, & x\geqslant b\end{cases}$$

如果随机变量 X 在 (a,b) 上服从均匀分布，那么它的期望就等于该区间的中点的值，即 $(a+b)/2$。而它的方差则等于 $(b-a)^2/12$。

2. 指数分布

泊松过程的等待时间服从指数分布。若连续型随机变量 X 的概率密度函数为

$$f(x)=\begin{cases}\lambda \mathrm{e}^{-\lambda x}, & x>0\\ 0, & \text{其他}\end{cases}$$

其中，$\lambda>0$ 为常数，则称 X 服从参数为 λ 的指数分布。图 1-3 所示为不同参数下的指数分布概率密度函数图。

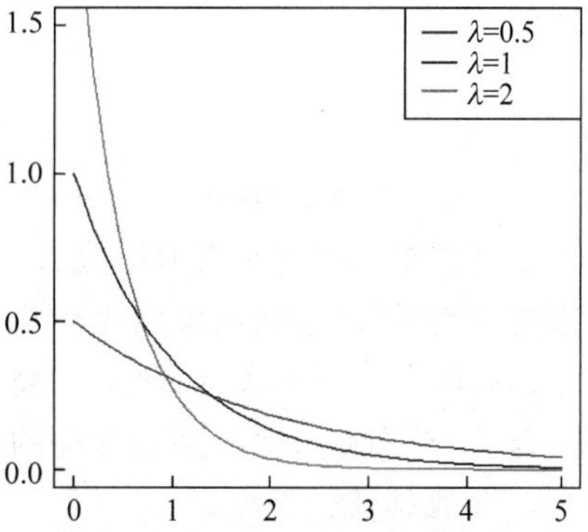

图 1-3 指数分布的 PDF 图

由前面给出的概率密度函数，易得满足指数分布的随机变量 X 的分布函数如下

$$F(x)=\begin{cases}1-\mathrm{e}^{-\lambda x}, & x>0\\ 0, & \text{其他}\end{cases}$$

特别地，服从指数分布的随机变量 X 具有以下这样一个特别的性质：对于任意 $s,t>0$，有

$$P\{X>s+t\mid X>s\}=P\{X>t\}$$

这是因为

$$\begin{aligned}P\{X>s+t\mid X>s\}&=\frac{P\{(X>s+t)\cap(X>s)\}}{P\{X>s\}}\\&=\frac{P\{X>s+t\}}{P\{X>s\}}=\frac{1-F(s+t)}{1-F(s)}\\&=\frac{\mathrm{e}^{-\lambda(s+t)}}{\mathrm{e}^{-\lambda s}}=\mathrm{e}^{-\lambda t}=P\{X>t\}\end{aligned}$$

上述这个性质称为无记忆性。如果 X 是某一元件的寿命，那么该性质表明：已知元件使用了 s 小时，它总共能用至少 $s+t$ 小时的条件概率，与从开始使用时算起它至少能使用 t

小时的概率相等。这就是说，元件对它已使用过 s 小时是没有记忆的。指数分布的这一特性也正是其应用广泛的原因所在。

如果随机变量 X 服从以 λ 为参数的指数分布，那么它的期望等于 $1/\lambda$，方差等于期望的平方，即 $1/\lambda^2$。

3. 正态分布

高斯分布最早是由数学家棣莫弗在求二项分布的渐近公式中得到。数学家高斯在研究测量误差时从另一个角度导出了它。后来，拉普拉斯和高斯都对其性质进行过研究。一维高斯分布的概率密度函数为

$$p(x) = \frac{1}{\sqrt{2\pi}\sigma}\mathrm{e}^{-\frac{(x-\mu)^2}{2\sigma^2}}, \quad -\infty < x < +\infty$$

上式中第一个参数 μ 是遵从高斯分布的随机变量的均值，第二个参数 σ 是此随机变量的标准差，所以高斯分布可以记作 Gaussian(μ,σ)。高斯分布又称正态分布，但需要注意的是此时的记法应写作 $N(\mu,\sigma^2)$，这里 σ^2 也就是随机变量的方差。

可以将正态分布函数简单理解为“计算一定误差出现概率的函数”，例如某工厂生产长度为 L 的钉子，然而由于制造工艺的原因，实际生产出来的钉子长度会存在一定的误差 d，即钉子的长度在区间 $(L-d,L+d)$ 中。那么如果想知道生产出的钉子中某特定长度钉子的概率是多少，就可以利用正态分布函数来计算。

设上例中生产出的钉子长度为 L_1，则生产出长度为 L_1 的钉子的概率为 $p(L_1)$，套用上述公式，其中 μ 取 L，σ 的取值与实际生产情况有关，则有

$$p(L_1) = \frac{1}{\sqrt{2\pi}\sigma}\mathrm{e}^{-\frac{(L_1-L)^2}{2\sigma^2}}$$

设误差 $x=L_1-L$，则

$$p(x) = \frac{1}{\sqrt{2\pi}\sigma}\mathrm{e}^{-\frac{x^2}{2\sigma^2}}$$

当参数 σ 取不同值时，上式中 $p(x)$ 的值曲线如图 1-4 所示。可见，正态分布描述了一种概率随误差量增加而逐渐递减的统计模型，正态分布是概率论中最重要的一种分布，经常用来描述测量误差、随机噪声等随机现象。遵从正态分布的随机变量的概率分布规律为：取 μ 邻近的值的概率大，而取离 μ 越远的值的概率越小；参数 σ 越小，分布越集中在 μ 附近，σ 越大，分布越分散。通过前面的介绍，可知在高斯分布中，参数 σ 越小，曲线越高越尖；σ 越大，曲线越低越平缓。

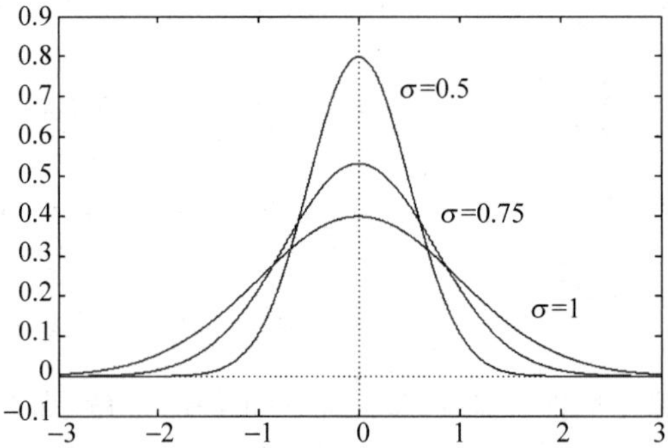

图 1-4　正态分布

从函数的图像中，也很容易发现，正态分布的概率密度函数是关于 μ 对称的，且在 μ 处达到最大值，在正(负)无穷远处取值为 0。它的形状是中间高两边低的，图像是一条位于 x 轴上方的钟形曲线。当 $\mu=0,\sigma^2=1$ 时，称为标准正态分布，记作 $N(0,1)$。

概率积分是标准正态概率密度函数的广义积分，根据基本的概率知识，我们知道

$$\int_{-\infty}^{+\infty}\frac{1}{\sqrt{2\pi}}\mathrm{e}^{-\frac{x^2}{2}}\mathrm{d}x=1$$

那么如何来证明这件事呢？借助本章已经得到的概率积分就能非常容易地证明上面这个结论。概率积分表明

$$\int_{-\infty}^{+\infty}\mathrm{e}^{-x^2}\mathrm{d}x=\sqrt{\pi}$$

可以令 $y=x/\sqrt{2}$，即 $x=\sqrt{2}y$，然后做变量替换得

$$\int_{-\infty}^{+\infty}\frac{1}{\sqrt{2\pi}}\mathrm{e}^{-\frac{x^2}{2}}\mathrm{d}x=\int_{-\infty}^{+\infty}\frac{1}{\sqrt{2\pi}}\mathrm{e}^{-y^2}\sqrt{2}\,\mathrm{d}y=\frac{\sqrt{2\pi}}{\sqrt{2\pi}}=1$$

4. 伽马分布

伽马函数 $\Gamma(x)$ 定义为

$$\Gamma(x)=\int_0^{\infty}t^{x-1}\mathrm{e}^{-t}\mathrm{d}t$$

根据分部积分法，可以很容易证明伽马函数具有如下之递归性质

$$\Gamma(x+1)=x\Gamma(x)$$

也是便很容易发现，它还可以被看做是阶乘在实数集上的延拓，即

$$\Gamma(x)=(x-1)!$$

如果随机变量具有密度函数

$$p(x)=\begin{cases}\dfrac{\lambda^{\alpha}}{\Gamma(\alpha)}x^{\alpha-1}\mathrm{e}^{-\lambda x}, & x\geqslant 0\\ 0, & x<0\end{cases}$$

则称该随机变量具有伽马分布，其参数为 (α,λ)，其中 $\alpha>0$ 称为形状参数，$\lambda>0$ 称为尺度参数。

图 1-5 演示了固定 λ 值，α 取不同值时的伽马分布概率密度函数图形。可见当 $\alpha\leqslant 1$ 时，函数是单调递减的。当 $\alpha>1$ 时函数会出现一个单峰，峰值位于 $x=(\alpha-1)/\lambda$ 处。随着 α 值的增大，函数图形变得越来越低矮且平缓。而且 $\alpha=1$ 的伽马分布就是前面已经介绍过的指数分布。

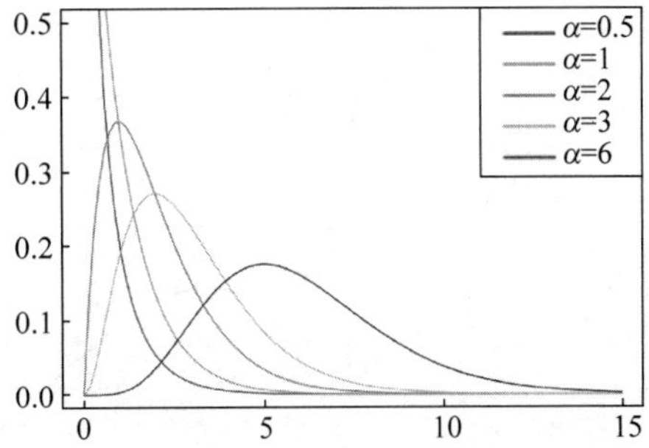

图 1-5　伽马分布的概率密度函数图形

利用伽马函数的性质，不难算得

$$E(X)=\frac{\lambda^{\alpha}}{\Gamma(\alpha)}\int_0^{\infty}x^{\alpha}\mathrm{e}^{-\lambda x}\mathrm{d}x=\frac{\Gamma(\alpha+1)}{\Gamma(\alpha)}\frac{1}{\lambda}=\frac{\alpha}{\lambda}$$

即伽马分布的数学期望为 α/λ。据此还推出伽马分布的方差为 $\mathrm{var}(X)=\alpha/\lambda^2$。

$\lambda=1/2,\alpha=n/2$ 的伽马分布(n 是一个正整数)称为自由度为 n 的 χ^2 分布，记作 $X\sim\chi^2(n)$，其数学期望 $E(X)=n$，概率密度函数为

$$p(x)=\frac{1}{\Gamma\left(\frac{n}{2}\right)2^{\frac{n}{2}}}\cdot x^{\frac{n}{2}-1}\mathrm{e}^{-\frac{x}{2}},\quad x>0$$

设想在 n 维空间中试图击中某一个靶子，其中各坐标的偏差相互独立且为标准正态分布，则偏差的平方服从自由度为 n 的 χ^2 分布。χ^2 分布与正态分布关系密切，它也是统计学中最重要的三大分布之一，本章后面还会再用到它。

5. 贝塔分布

贝塔函数的定义为

$$\operatorname{beta}(a,b)=\int_0^1 x^{a-1}(1-x)^{b-1}\mathrm{d}x,\quad a>0,b>0$$

而且贝塔函数还与伽马函数有如下关系

$$\operatorname{beta}(a,b)=\frac{\Gamma(a)\Gamma(b)}{\Gamma(a+b)}$$

如果随机变量具有密度函数

$$p(x)=\frac{\Gamma(a+b)}{\Gamma(a)\Gamma(b)}x^{a-1}(1-x)^{b-1},\quad 0\leqslant x\leqslant 1$$

则称该随机变量具有贝塔分布（在其他 x 处，$p(x)=0$，上述将此略去未表），记作 beta(a, b)，其中 $a>0$ 和 $b>0$ 都是形状参数。显然贝塔分布的概率密度函数还可以写成

$$p(x)=\frac{1}{\operatorname{beta}(a,b)}x^{a-1}(1-x)^{b-1},\quad 0\leqslant x\leqslant 1$$

当形状参数中 a 和 b 取不同值时，贝塔分布的概率密度函数图形会出现非常显著的差异，如图 1-6 所示。而且从图中也可以看出，beta(1,1)就是在[0,1]区间上的均匀分布。

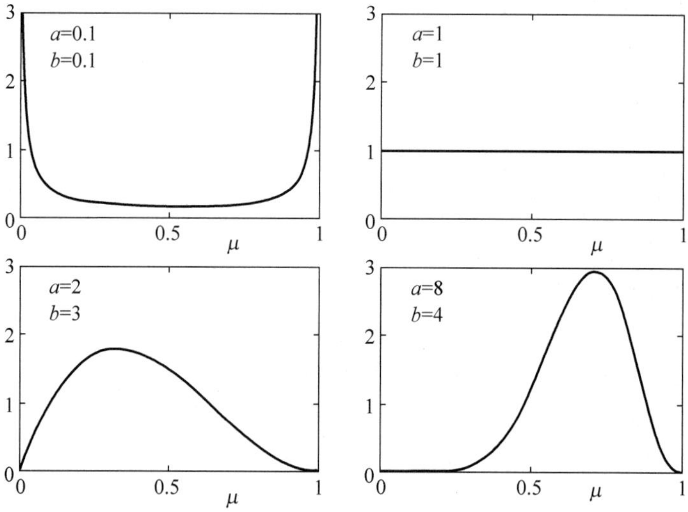

图 1-6 贝塔分布的概率密度函数图形

贝塔函数的数学期望为 $a/(a+b)$，这是因为

$$\begin{aligned}E(X)&=\frac{\Gamma(a+b)}{\Gamma(a)\Gamma(b)}\int_0^1 x^{a}(1-x)^{b-1}\mathrm{d}x\\&=\frac{\Gamma(a+b)}{\Gamma(a)\Gamma(b)}\cdot\frac{\Gamma(a+1)\Gamma(b)}{\Gamma(a+b+1)}=\frac{a}{a+b}\end{aligned}$$

还可以证明贝塔函数的方差为

$$\mathrm{var}(X) = \frac{ab}{(a+b)^2(a+b+1)}$$

1.3.3　在 R 中使用内嵌分布

R 已经为常用的概率分布模型提供了强有力的支持，掌握这些方法可以使用户在进行统计分析时事半功倍，得心应手。

总的来说，R 中提供了四类有关统计分布的函数：密度函数、(累积)分布函数、分位数函数、随机数函数。它们都与分布的英文名称(或其缩写)相对应。表 1-1 中列举了 R 中常用的 15 种分布的中英文名称、R 中的函数名和函数中的参数选项。我们在前面的某些例子中已经体验过了 R 中为这些分布所提供的函数。对于所给的分布函数名，加前缀“d”(代表分布)就得到相应的分布函数(如果是连续函数，则指 PDF，对于离散分布，则指 PMF)；加前缀“p”(代表累积分布函数或概率)就得到相应的 CDF；加前缀“q”(代表分位函数)就得到相应的分位数函数；加前缀“r”(代表随机模拟)就得到相应的随机数产生函数。而且这四类函数的第一个参数是有规律的。

表 1-1　R 中常用的分布类型举例

分布名称	函数名	参数选项
贝塔分布(beta)	beta	shape1,shape2
伽马分布(gamma)	gamma	shape,scale=1
均匀分布(uniform)	unif	min=0,max=1
指数分布(exponential)	exp	rate
柯西分布(Cauchy)	cauchy	location=0,scale=1
几何分布(geometric)	geom	prob
超几何分布(hypergeometric)	hyper	m,n,k
二项分布(binomial)	binom	size,prob
多项分布(multinomial)	multinom	size,prob
负二项分布(negative binomial)	nbinom	size,prob
正态分布(normal)	norm	mean=0,sd=1
对数正态分布(lognormal)	lnorm	meanlog=0,sdlog=1
泊松分布(Poisson)	pois	lambda
卡方分布(chi-squared)	chisq	df,ncp
虫口分布(logistic)	logis	location=0,scale=1

如果 R 中分布的函数名为 func，则形如 dfunc 的函数就提供了相应的概率分布函数，而且它的第一个参数一般为 x，x 是一个数值向量。此类函数的调用格式如下

```
dfunc(x, p1, p2, ...)
```

类似地，形如 pfunc 的函数提供了相应的累积分布函数，它的第一个参数一般为 q，q 是一个数值向量。此类函数的调用格式为

```
pfunc(q, p1, p2, ...)
```

形如 qfunc 的函数提供了相应的分位数函数，其第一个参数一般为 p，p 为由概率构成的向量，此类函数的调用格式为

```
qfunc(p, p1, p2, ...)
```

形如 rfunc 的函数提供了相应的随机数生成函数，其第一个参数一般为 n，用以指示生成数据的个数。但也有特例，例如 rhyper 和 rwilcox 的第一个参数为 nn，这两个分布类型在表中并未列出。此类函数的调用格式为

```
rfunc(n, p1, p2, ...)
```

上述各表达式中的 p1，p2，…对应于具体分布的参数值，即表 1-1 中所列的各参数选项。在实践中，读者可查阅 R 帮助文档中的说明来了解更多细节。

最后我们通过几个例子来简单演示一下它们的使用。首先模拟生成 10 个服从标准正态分布的随机数可以使用如下语句

```
> rnorm(10)
[1]  0.23478908  -1.04106797  1.83878341  0.56621874  0.21183802
[6]  -0.41287121  -0.03715736  0.49791239  0.19461168  -0.80418611
```

下面这段示例代码模拟生成 1000 个服从标准正态分布的随机数，并通过这些数据点绘制出相应的概率密度函数图。显然其结果应当是一个类似钟形的图案。然后再通过标准正态分布的概率密度函数直接做图，并将两个结果并列现实在窗口中。

```
> normal.pop <- rnorm(1000)
> par(mfrow = c(1,2))                    #准备在一行中绘制两个并列的图
> plot(density(normal.pop), xlim = c(-4,4), main = "标准正态分布(模拟)")
> curve(dnorm(x), from = -4, to = 4, main = "标准正态分布(标准)")
```

执行上述代码，其运行结果如图 1-7 所示。

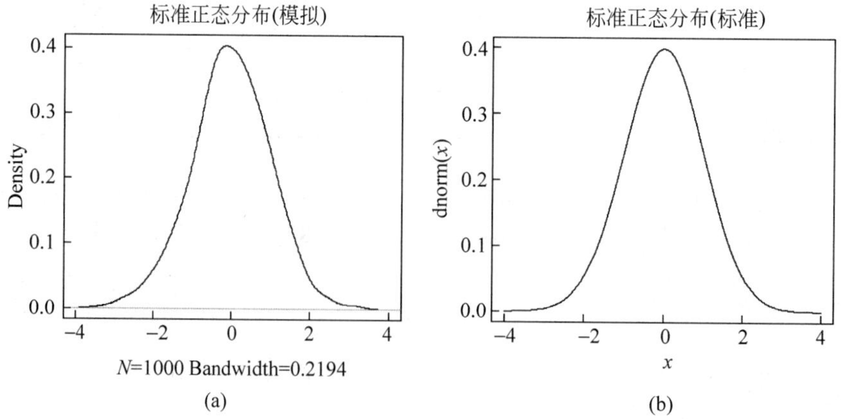

图 1-7 绘图结果

累积分布函数通常是可逆的，这一点非常有用。前面介绍的形如 qfunc 的分位数函数其实就可以理解成相应累积分布函数的反函数。分位数的意义本章后面还有更为详细的介绍。此处我们仅就分位数函数是累积分布函数的反函数这一点帮助读者建立一个初步的感性认识。为了说明这一点不妨以二项分布为例，在随机变量从 0 到 10 取值的情况下，绘制其概率质量函数，结果如图 1-8(a)所示。

```
> x1 <- 0:10
> pmf <- dbinom(x1, 10, 0.5)
> pmf
 [1] 0.0009765625 0.0097656250 0.0439453125 0.1171875000 0.2050781250
 [6] 0.2460937500 0.2050781250 0.1171875000 0.0439453125 0.0097656250
[11] 0.0009765625
> plot(pmf ~ x1, type = "h")
```

然后再生成其相应的累积分布函数，并绘制出图形，其结果如图 1-8(b)所示。

```
> cdf <- pbinom(x1, 10, 0.5)
> cdf
 [1] 0.0009765625 0.0107421875 0.0546875000 0.1718750000 0.3769531250
 [6] 0.6230468750 0.8281250000 0.9453125000 0.9892578125 0.9990234375
[11] 1.0000000000
> plot(cdf ~ x1, type = "s")
```

最后将生成的累积分布函数的函数值作为输入参数传递给相应的分位数函数，易见所得之结果即为累积分布函数的自变量取值，即证明分位数函数本质上就是相应累积分布函数的反函数。

```
> inverse_cdf <- qbinom(cdf, 10, 0.5)
> inverse_cdf
[1] 0 1 2 3 4 5 6 7 8 9 10
```

有兴趣的读者也可尝试用图形来表达上述函数关系，结果将更加显性化。

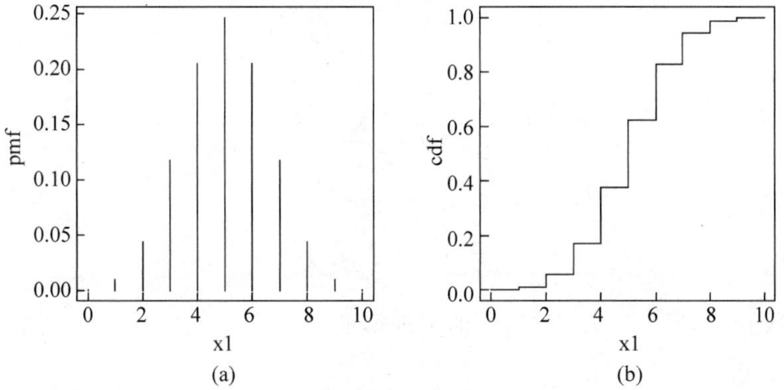

图 1-8 二项分布的 PMF 和 CDF

概率分布是对现实世界中客观规律的高度抽象和数学表达，在统计分析中它们无处不在。R 中所提供的这些用以实现和模拟概率分布的函数在实际应用中发挥了极大的作用。

1.4 概率论中的重要定理

本节介绍概率论中最为基础也最为重要的两个定理，即大数定理及中央极限定理。

1.4.1 大数定理

法国数学家蒲丰曾经做过一个非常著名的掷硬币试验，发现硬币正面出现的次数与反面出现的次数总是十分相近的，投掷的次数愈多，正反面出现的次数便愈接近。其实，历史上很多数学家都做过类似的实验，如表 1-2 所示。从中不难发现，试验次数愈多，其结果便愈接近在一个常数附近摆动。

正如恩格斯所说的："在表面上是偶然性在起作用的地方，这种偶然性始终是受内部的隐藏着的规律支配的，而问题只是在于发现这些规律。"掷硬币这个实验所反映出来的规律在概率论中称为大数定理，又称大数法则。它是描述相当多次数重复试验结果的定律。根据这个定律知道，样本数量越多，则其平均就越趋近期望值。

表 1-2 掷硬币实验

实　验　者	投掷次数(n)	正面朝上次数(m)	频数(m/n)
德摩根	2048	1061	0.5181
蒲丰	4040	2048	0.5069
费勒	10 000	4979	0.4979
皮尔逊	24 000	12 012	0.5005

定理：(马尔科夫不等式)设 X 为取非负值的随机变量，则对于任何常数 $a \geqslant 0$，有

$$P\{X \geqslant a\} \leqslant \frac{E[X]}{a}$$

证明：对于 $a \geqslant 0$，令

$$I = \begin{cases} 1, & X \geqslant a \\ 0, & \text{其他} \end{cases}$$

由于 $X \geqslant 0$，所以有

$$I \leqslant \frac{X}{a}$$

两边求期望，得

$$E[I] \leqslant \frac{1}{a} E[X]$$

上式说明 $E[X]/a \geqslant E[I] = P\{X \geqslant a\}$，即定理得证。

作为推论，可得下述定理。

定理：(切比雪夫不等式)设 X 是一随机变量，它的期望 $E(X) = \mu$，方差 $D(X) = \sigma^2$，则对任意 $k > 0$，有

$$P\{|X-\mu|\geqslant k\}\leqslant\frac{\sigma^2}{k^2}$$

证明：由于$(X-\mu)^2$为非负随机变量，利用马尔科夫不等式，得

$$P\{(X-\mu)^2\geqslant k^2\}\leqslant\frac{E[(X-\mu)^2]}{k^2}$$

由于$(X-\mu)^2\geqslant k^2$与$|X-\mu|\geqslant|k|$是等价的，因此

$$P\{|X-\mu|\geqslant|k|\}\leqslant\frac{E[(X-\mu)^2]}{k^2}=\frac{\sigma^2}{k^2}$$

所以结论得证。

马尔科夫(Markov)不等式和切比雪夫(Chebyshev)不等式的重要性在于：在只知道随机变量的期望，或期望和方差都知道的情况下，可以导出概率的上界。当然，如果概率分布已知，就可以直接计算概率的值而无需计算概率的上界。所以切比雪夫不等式的用途更多地是证明理论结果(如下面这个定理)，更重要的是它可以被用来证明大数定理。

定理：$\mathrm{var}(X)=0$，则$P\{X=E[X]\}=1$，也就是说，一个随机变量的方差为0的充要条件是这个随机变量的概率为1地等于常数。

证明：利用切比雪夫不等式，对任何$n\geqslant1$

$$P\left\{|X-\mu|>\frac{1}{n}\right\}=0$$

令$n\to\infty$，得

$$0=\lim_{n\to\infty}P\left\{|X-\mu|>\frac{1}{n}\right\}=P\left\{\lim_{n\to\infty}\left[|X-\mu|>\frac{1}{n}\right]\right\}=P\{X\neq\mu\}$$

结论得证。

弱大数定理：(辛钦大数定理)设$X_1,X_2,\cdots,X_n,\cdots$是独立同分布的随机变量序列，它们具有公共的有限的数学期望$E(X_i)=\mu$，其中$i=1,2,\cdots$，作前n个变量的算术平均

$$\frac{1}{n}\sum_{k=1}^{n}X_k=\frac{X_1+X_2+\cdots+X_n}{n}$$

则对于任意$\varepsilon>0$，有

$$\lim_{n\to\infty}P\left\{\left|\frac{1}{n}\sum_{k=1}^{n}X_k-\mu\right|<\varepsilon\right\}=1$$

证明：此处我们只证明大数定理的一种特殊情形，即在上述定理所列条件基础上，再假设$\mathrm{var}(X_i)$为有限值，即原随机变量序列具有公共的有限的方差上界。不妨设这个公共上界为常数C，则$\mathrm{var}(X_i)\leqslant C$。这种特殊形式的大数定理也称为切比雪夫大数定理。此时

$$E\left[\frac{1}{n}\sum_{k=1}^{n}X_k\right]=\mu$$

$$D\left[\frac{1}{n}\sum_{k=1}^{n}X_k\right]=\frac{1}{n^2}\sum_{k=1}^{n}D(X_k)\leqslant\frac{C}{n}$$

利用切比雪夫不等式，得

$$P\left\{\left|\frac{1}{n}\sum_{k=1}^{n}X_k-\mu\right|\geqslant\varepsilon\right\}\leqslant D\left[\frac{1}{n}\sum_{k=1}^{n}X_k\right]/\varepsilon^2=\frac{C}{n\varepsilon^2}$$

由上式看出，定理显然成立。

设 $Y_1,Y_2,\cdots,Y_n$ 是一个随机变量序列，a 是一个常数。若对任意 $\varepsilon>0$，有

$$\lim_{n\to\infty}P\{|Y_n-a|<\varepsilon\}=1$$

则称序列 $Y_1,Y_2,\cdots,Y_n$ 依概率收敛于 a，记为

$$Y_n\xrightarrow{P}a$$

依概率收敛的序列有以下性质：设 $X_n\xrightarrow{P}a$，$Y_n\xrightarrow{P}b$，又设函数 $g(x,y)$ 在点 (a,b) 处连续，则有

$$g(X_n,Y_n)\xrightarrow{P}g(a,b)$$

如此一来，上述弱大数定理又可表述如下。

设随机变量 $X_1,X_2,\cdots,X_n$ 独立同分布，并且具有公共的数学期望 $E(X_i)=\mu$，其中 $i=1,2,\cdots$，则序列

$$\overline{X}=\frac{1}{n}\sum_{k=1}^{n}X_k$$

依概率收敛于 μ。

弱大数定理最早是由雅各布·伯努利证明的，而且他所证明其实是大数定理的一种特殊情况，其中 X_i 只取 0 或 1，即 X 为伯努利随机变量。他对该定理的陈述和证明收录在 1713 年出版的巨著《猜度术》一书中。而切比雪夫是在伯努利逝世一百多年后才出生的，换言之在伯努利生活的时代，切比雪夫不等式还不为人所知。伯努利必须借助十分巧妙的方法来证明其结果。上述弱大数定理是独立同分布序列的大数定理的最一般形式，它是由苏联数学家辛钦(Khinchin)所证明的。

与弱大数定理相对应的，还有强大数定理。强大数定理是概率论中最著名的结果。它表明，独立同分布的随机变量序列，前 n 个观察值的平均值以概率为 1 地收敛到分布的平均值。

定理：(强大数定理)设 $X_1,X_2,\cdots$ 为独立同分布的随机变量序列，其公共期望值 $E(X_i)=\mu$ 为有限，其中 $i=1,2,\cdots$，则有下式成立

$$\lim_{n\to\infty}P\left\{\frac{1}{n}\sum_{k=1}^{n}X_k=\mu\right\}=1$$

法国数学家波莱尔(Borel)最早在伯努利随机变量的特殊情况下给出了强大数定理的证明。而上述这个一般情况下的强大数定理则是由苏联数学家柯尔莫哥洛夫(Kolmogorov)证明的。限于篇幅，本书不再给出详细证明，有兴趣的读者可以参阅相关资料以了解更多。但我们有必要分析一下强、弱大数定理的区别所在。弱大数定理只能保证对于充分大的 n^*，随机变量 $(X_1+\cdots+X_{n^*})/n^*$ 趋近于 μ。但它不能保证对一切 $n>n^*$，$(X_1+\cdots+X_n)/n$ 也一定在 μ 的附近。这样，$|(X_1+\cdots+X_n)/n-\mu|$ 就可以无限多次偏离 0 (尽管出现较大偏离的频率不会很高)。而强大数定理则恰恰能保证这种情况不会出现，强大数定理能够以概率为 1 地保证，对于任意正数 $\varepsilon>0$，有

$$\left|\frac{1}{n}\sum_{k=1}^{n}X_k-\mu\right|>\varepsilon$$

只可能出现有限次。

大数定理保证了一些随机事件的均值具有长期稳定性。在重复试验中，随着试验次数

增加，事件发生的频率趋于一个稳定值；人们同时也发现，在对物理量的测量实践中，测定值的算术平均也具有稳定性。比如，向上抛一枚硬币，硬币落下后哪一面朝上本来是偶然的，但当上抛硬币的次数足够多后，达到上万次甚至几十万、几百万次以后，会发现硬币每一面向上的次数约占总次数的二分之一。偶然中也必定包含着必然。

1.4.2 中央极限定理

中央极限定理是概率论中最著名的结果之一。中央极限定理说明，大量相互独立的随机变量之和的分布以正态分布为极限。准确来说，中央极限定理是概率论中的一组定理，这组定理是数理统计学和误差分析的理论基础，它同时为现实世界中许多实际的总体分布情况提供了理论解释。

下面就给出独立同分布下的中央极限定理，又被称为林德贝格-列维中央极限定理，它是由芬兰数学家林德贝格(Lindeberg)和法国数学家列维(Lévy)分别独立获得。

定理：设 $X_1, X_2, \cdots$ 为独立同分布的随机变量序列，其公共分布的期望为 μ，方差为 σ^2，假如方差 σ^2 有限且不为0，则前 n 个变量之和的标准化随机变量

$$Y_n^* = \frac{X_1 + \cdots + X_n - n\mu}{\sigma\sqrt{n}}$$

的分布当 $n\to\infty$ 时收敛于标准正态分布 $\Phi(a)$。即对任何 $a\in(-\infty,\infty)$，有

$$\lim_{n\to\infty} P\{Y_n^* \leqslant a\} \to \Phi(a)$$

其中

$$\Phi(a) = \frac{1}{\sqrt{2\pi}}\int_{-\infty}^{a} e^{-\frac{x^2}{2}}\,dx$$

上述定理的证明关键在于下面这样一条引理，由于其中牵涉太多数学上的细节，此处我们不打算给出该引理的详细证明，而仅仅将其作为一个结论来帮助证明中央极限定理。

引理：设 $Z_1, Z_2, \cdots$ 为一随机变量序列，其分布函数为 F_{Z_n}，相应的矩母函数为 M_{Z_n}，$n\geqslant 1$。又设 Z 的分布为 F_Z，矩母函数为 M_Z，若 $M_{Z_n}(t)\to M_Z(t)$ 对一切 t 成立，则 $F_{Z_n}(t)\to F_Z(t)$ 对 $F_Z(t)$ 所有的连续点成立。

若 Z 为标准正态分布，则 $M_Z(t)=e^{t^2/2}$，利用上述引理可知，若

$$\lim_{n\to\infty} M_{Z_n}(t) \to e^{\frac{t^2}{2}}$$

则有(其中，Φ 是标准正态分布的分布函数)

$$\lim_{n\to\infty} F_{Z_n}(t) \to \Phi(t)$$

下面我们就基于上述结论给出中央极限定理的证明。

证明：首先，假定 $\mu=0$，$\sigma^2=1$，我们只在 X_i 的矩母函数 $M(t)$ 存在且有限的假定下证明定理。现在，$X_i/\sqrt{n}$ 的矩母函数为

$$E[e^{tX_i/\sqrt{n}}] = M\left(\frac{t}{\sqrt{n}}\right)$$

由此可知，$\sum_{i=1}^{n} X_i/\sqrt{n}$ 的矩母函数为

$$\left[M\left(\frac{t}{\sqrt{n}}\right)\right]^n$$

记 $L(t)=\ln M(t)$。对于 $L(t)$，有

$$L(0)=0,\quad L'(0)=M'(0)/M(0)=\mu=0$$

$$L''(0)=\frac{M(0)M'(0)-[M'(0)]^2}{[M(0)]^2}=E[X]^2=1$$

要证明定理，由上述引理，则必须证明

$$\lim_{n\to\infty}[M(t/\sqrt{n})]^n\to e^{\frac{t^2}{2}}$$

或等价地

$$\lim_{n\to\infty}nL(t/\sqrt{n})\to t^2/2$$

下面的一系列等式说明这个极限式成立(使用了洛必达法则)。

$$\lim_{n\to\infty}nL(t/\sqrt{n})=\lim_{n\to\infty}\frac{-L'(t/\sqrt{n})n^{-3/2}t}{-2n^{-2}}$$

$$=\lim_{n\to\infty}\frac{L'(t/\sqrt{n})t}{2n^{-1/2}}=\lim_{n\to\infty}\left[-\frac{L''(t/\sqrt{n})n^{-3/2}t^2}{-2n^{-3/2}}\right]$$

$$=\lim_{n\to\infty}\left[L''\left(\frac{t}{\sqrt{n}}\right)\frac{t^2}{2}\right]=\frac{t^2}{2}$$

如此便在 $\mu=0,\sigma^2=1$ 的情况下，证明了定理。对于一般情况，只需考虑标准化随机变量序列，$X_i^*=(X_i-\mu)/\sigma$，由于 $E[X_i^*]=0,\mathrm{var}(X_i^*)=1$，将已经证得的结果应用于序列 X_i^*，便可得到一般情况下的结论。

需要说明的是，虽然上述中央极限定理只说对每一个常数 a，有

$$\lim_{n\to\infty}P\{Y_n^*\leqslant a\}\to\Phi(a)$$

事实上，这个收敛是对 a 一致的。当 $n\to\infty$ 时，$f_n(a)\to f(a)$ 对 a 一致，是说对任何 $\varepsilon>0$，存在 N，使得当 $n\geqslant N$ 时，不等式 $|f_n(a)-f(a)|<\varepsilon$ 对所有的 a 都成立。

下面给出相互独立随机变量序列的中心极限定理。注意与前面的情况不一样的地方在于，这里不再强调“同分布”，即不要求有共同的期望和一致的方差。

定理：设 $X_1,X_2,\cdots$ 为相互独立的随机变量序列，相应的期望和方差分别为 $\mu_i=E[X_i],\sigma_i^2=\mathrm{var}(X_i)$。若 X_i 为一致有界的，即存在 M，使得 $P\{|X_i|<M\}=1$ 对一切 i 成立；且 $\sum_{i=1}^{\infty}\sigma_i^2=+\infty$，则对一切 a，有

$$\lim_{n\to\infty}P\left\{\frac{\sum_{i=1}^{n}(X_i-\mu_i)}{\sqrt{\sum_{i=1}^{n}\sigma_i^2}}\leqslant a\right\}\to\Phi(a)$$

中央极限定理的证明牵涉内容较多，也非常复杂。对于实际应用而言记住它的结论可能要比深挖它的数学细节更为重要。

中央极限定理告诉我们，若有独立同分布的随机变量序列 $X_1,X_2,\cdots X_n$，它们的公共期望和方差分别为 $\mu=E[X_i],\sigma^2=D(X_i)$。不管其分布如何，只要 n 足够大，则随机变量之和服从正态分布

$$\sum_{i=1}^{n}X_i\to N(n\mu,n\sigma^2),\quad \frac{\sum_{i=1}^{n}X_i-n\mu}{\sqrt{n}\sigma}\to N(0,1)$$

另外一个事实是如果 $Y_i \sim N(\mu_i, \sigma_i^2)$，并且 Y_i 相互独立，其中 $i=1,2,\cdots,m$，则它们的线性组合 $C_1Y_1+C_2Y_2+\cdots+C_mY_m$ 仍服从正态分布，其中 $C_1,C_2,\cdots,C_m$ 是不全为 0 的常数。于是，由数学期望和方差的性质可知

$$C_1Y_1 + C_2Y_2 + \cdots + C_mY_m \sim N\left(\sum_{i=1}^{m} C_i\mu_i, \sum_{i=1}^{m} C_i^2\sigma_i^2\right)$$

如果令上式中的 $C_2,\cdots,C_m$ 为 0，令 $Y_1=\overline{X}$，$C_1=1/n$，则进一步可知随机变量的均值也服从正态分布

$$\frac{1}{n}\sum_{i=1}^{n} X_i \to N\left(\mu, \frac{\sigma^2}{n}\right), \quad \frac{\frac{1}{n}\sum_{i=1}^{n} X_i - \mu}{\sigma/\sqrt{n}} \to N(0,1)$$

于是便可以得到下面这个结论：设 $X_1,X_2,\cdots,X_n$ 是来自正态总体 $N(\mu,\sigma^2)$ 的一个样本，$\overline{X}$ 是样本的均值，则有

$$\overline{X} \sim N\left(\mu, \frac{\sigma^2}{n}\right)$$

第一个版本的中央极限定理最早是由法国数学家棣莫弗于 1733 年左右给出的。他在论文中使用正态分布去估计大量抛掷硬币出现正面次数的分布。这个超越时代的成果险些被历史所遗忘，所幸的是，法国数学家拉普拉斯在 1812 年发表的著作中拯救了这个默默无名的理论。拉普拉斯扩展了棣莫弗的理论，指出二项分布可用正态分布逼近。但同棣莫弗一样，拉普拉斯的发现在当时并未引起很大反响。而且拉普拉斯对于更一般化形式的中央极限定理所给出的证明并不严格。事实上，沿用他的方法也不可能严格化。后来直到 19 世纪末中央极限定理的重要性才被世人所知。1901 年，切比雪夫的学生俄国数学家李雅普诺夫(Lyapunov)用更普通的随机变量定义中央极限定理并在数学上进行了严格的证明。

高斯分布在概率论中之所以如此重要，很大程度上得益于中央极限定理所给出的结论。由高斯分布和中央极限定理出发，还可以进一步推广出许多有用的结论，这些结论在统计学中具有非常重要的意义。

1.5 经验分布函数

设$(X_1,X_2,\cdots,X_n)$是总体 X 的一个样本。如果 X_i^* $(i=1,2,\cdots,n)$是关于样本$(X_1,X_2,\cdots,X_n)$的函数并满足如下条件：它总是取样本观察值$(x_1,x_2,\cdots,x_n)$按从小到大排序后第 i 个值为自己的观测值。那么就称 $X_1^*,X_2^*,\cdots,X_n^*$ 为顺序统计量。顺序统计量可以简记为

$$X_k^* = \{X_1,X_2,\cdots,X_n \text{ 中第 } k \text{ 个小的值}\}, \quad k=1,2,\cdots,n$$

特别地

$$X_1^* = \min(X_1,X_2,\cdots,X_n)$$
$$X_n^* = \max(X_1,X_2,\cdots,X_n)$$

称 X_1^* 和 X_n^* 分别为样本的最小值和最大值。并称 $R=X_n^*-X_1^*$ 为样本的极差。

此外，还可以定义

$$\widetilde{X} = \begin{cases} X_{\frac{n+1}{2}}^*, & \text{当 } n \text{ 为奇数时} \\ \frac{1}{2}\left(X_{\frac{n}{2}}^* + X_{\frac{n}{2}+1}^*\right), & \text{当 } n \text{ 为偶数时} \end{cases}$$

为样本的中位数。

基于顺序统计量，我们就可以来讨论经验分布函数(Empirical Distribution Functions, EDF)当概念了。设 $x_1,x_2,\cdots,x_n$ 是总体 X 的一组容量为 n 的样本观测值，将它们按从小到大的顺序重新排列为 $x_1^*,x_2^*,\cdots,x_n^*$，对于任意实数 x，定义函数

$$F_n(x)=\begin{cases}0, & x<x_1^* \\ k/n, & x_k^*\leqslant x<x_{k+1}^*, \quad k=1,2,\cdots,n-1 \\ 1, & x_n^*\leqslant x\end{cases}$$

则称 $F_n(x)$ 为总体 X 的经验分布函数。它还可以简记为 $F_n(x)=\frac{1}{n}\cdot {}^*\{x_1,x_2,\cdots,x_n\}$，其中 ${}^*\{x_1,x_2,\cdots,x_n\}$ 表示 $x_1,x_2,\cdots,x_n$ 中不大于 x 的个数。

另外一种常见的表示形式为

$$F_n(x)=\frac{1}{n}\sum_{i=1}^{n}I\{x_i\leqslant x\}$$

其中，I 是指示函数(indicator function)，即

$$I\{x_i\leqslant x\}=\begin{cases}1, & x_i\leqslant x \\ 0, & \text{其他}\end{cases}$$

因此，求经验分布函数 $F_n(x)$ 在一点 x 处的值，只要求出随机变量 X 的 n 个观测值 x_1，$x_2,\cdots,x_n$ 中小于或等于 x 的个数，再除以观测次数 n 即可。由此可见，$F_n(x)$ 就是在 n 次重复独立实验中事件 $\{X\leqslant x\}$ 出现的频率。

经验分布函数 $F_n(x)$ 的图形(如图 1-9 所示)是一条呈跳跃上升的阶梯形曲线。如果样本观测值 $x_1,x_2,\cdots,x_n$ 中没有重复的数值，则每一跳跃为 $1/n$，若有重复 l 次的值，则按 $1/n$ 的 l 倍跳跃上升。图中圆滑曲线是总体 X 的理论分布函数 $F(x)$ 的图形。若把经验分布函数的图形连成折线，那么它实际就是累积频率直方图的上边。这和概率分布函数的性质是一致的。

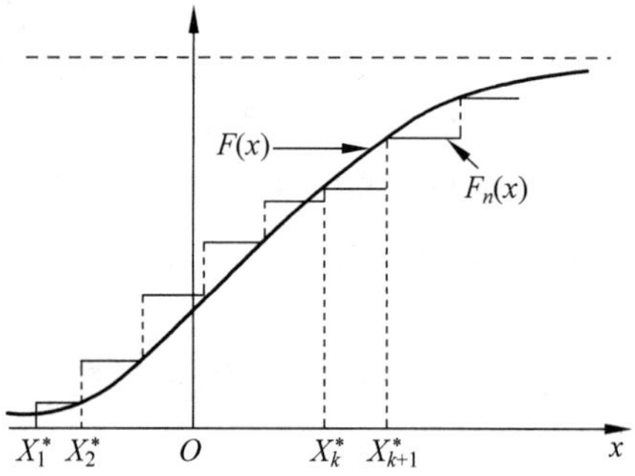

图 1-9 经验分布函数的图形

根据大数定理可知，当试验次数增大时，事件的频率稳定于概率。那么，当试验次数增大时，表示事件 $\{X\leqslant x\}$ 出现频率的经验分布函数是否接近于事件 $\{X\leqslant x\}$ 出现概率的总体分布函数呢？这个问题可由格利文科定理(Glivenko Theorem)来回答。

格利文科定理：设总体 X 的分布函数为 $F(x)$，经验分布函数为 $F_n(x)$，则有

$$P\left\{\lim_{n\to\infty}\sup_{-\infty<x<+\infty}|F_n(x)-F(x)|=0\right\}=1$$

该定理揭示了总体 X 的理论分布函数与经验分布函数之间的内在联系。它指出当样本容量足够大时，从样本算得的经验分布函数 $F_n(x)$ 与总体分布函数 $F(x)$ 相差的最大值也可以足够小，这就是用样本来推断总体的数学依据。

第2章 统计推断

CHAPTER 2

统计推断是以带有随机性的样本观测数据为基础，结合具体的问题条件和假定，而对未知事物做出的，以概率形式表述的推测与判断。它是数理统计的主要任务。统计推断的基本问题可以分为两大类：一类是参数估计；另一类是假设检验。在参数估计部分，本章将着重关注点估计和区间估计这两类问题。

2.1 参数估计

如果想知道某所中学高三年级全体男生的平均身高，其实只要测定他们每个人的身高然后再取均值即可。但是若想知道中国成年男性的平均身高似乎就不那么简单了，因为这个研究的对象群体实在过于庞大，要想获得全体中国成年男性的身高数据显然有点不切实际。这时一种可以想到的办法就是对这个庞大的总体进行采样，然后根据样本参数来推断总体参数，于是便引出了参数估计(Parameter Estimation)的概念。参数估计就是用样本统计量去估计总体参数的方法。例如，可以用样本均值来估计总体均值，用样本方差来估计总体方差。如果把总体参数(均值、方差等)笼统地用一个符号 θ 来表示，而用于估计总体参数的统计量用 $\hat{\theta}$ 来表示，那么参数估计也就是用 $\hat{\theta}$ 来估计 θ 的过程，其中 $\hat{\theta}$ 也称为是估计量(Estimator)，而根据具体样本计算得出的估计量数值就是估计值(Estimated Value)。

2.1.1 参数估计的基本原理

点估计(Point Estimate)是用样本统计量 $\hat{\theta}$ 的某个取值直接作为总体参数 θ 的估计值。比如，可以用样本均值 $\bar{x}$ 直接作为总体均值 μ 的估计值，用样本比例 p 直接作为总体比例的估计值等等。这种方式的点估计也称为矩估计，它的基本思路就是用样本矩估计总体矩，用样本矩的相应函数来估计总体矩的函数。由大数定理可知，如果总体 X 的 k 阶矩存在，那么样本的 k 阶矩以概率收敛到总体的 k 阶矩，样本矩的连续函数收敛到总体矩的连续函数，这就暗示可以用样本矩作为总体矩的估计量，这种用相应的样本矩去估计总体矩的估计方法就称为矩估计法，这种方法最初是由英国统计学家卡尔·皮尔逊(Karl Pearson)提出的。

来看一个例子。2014 年 10 月 28 日，为了纪念美国实验医学家、病毒学家乔纳斯·爱德华·索尔克(Jonas Edward Salk)诞辰 100 周年，谷歌公司特别在其主页上刊出了一幅如

图 2-1 所示的纪念画。第二次世界大战以后，由于缺乏有效的防控手段，脊髓灰质炎逐渐成为美国公共健康的最大威胁之一。其中，1952 年的大流行是美国历史上最严重的爆发。那年报道的病例有 58 000 人，3145 人死亡，另有 21 269 人致残，且多数受害者是儿童。直到索尔克研制出首例安全有效的“脊髓灰质炎疫苗”，曾经让人闻之色变的脊髓灰质炎才开始得到有效的控制。

图 2-1　索尔克纪念画

索尔克在验证他发明的疫苗效果时，设计了一个随机双盲对照试验，实验结果是在全部 200 745 名接种了疫苗的儿童中，最后患上脊髓灰质炎的一共有 57 例。那么采用点估计的办法我们就可以推断该疫苗的整体失效率大约为

$$\hat{p}=\frac{57}{200\ 745}=0.0284\%$$

或者在 R 中执行下面的代码来计算结果。

```
> 57/200745
[1] 0.0002839423
```

虽然在重复抽样下，点估计的均值可以期望等于总体的均值，但由于样本是随机抽取的，由某一个具体样本算出的估计值可能并不等同于总体均值。在用矩估计法对总体参数进行估计时，还应该给出点估计值与总体参数真实值间的接近程度。通常我们会围绕点估计值来构造总体参数的一个区间，并用这个区间来度量真实值与估计值之间的接近程度，这就是区间估计。

区间估计(Interval Estimate)是在点估计的基础上，给出总体参数估计的一个区间范围，而这个区间通常是由样本统计量加减估计误差得到的。与点估计不同，进行区间估计时，根据样本统计量的抽样分布可以对样本统计量与总体参数的接近程度给出一个概率度量。

例如在以样本均值估计总体均值的过程中，由样本均值的抽样分布知，在重复抽样或无限总体抽样的情况下，样本均值的数学期望等于总体均值，即 $E(\bar{x})=\mu$。回忆第 1 章曾经给出过的一些结论，还可以知道，样本均值的标准差等于 $\sigma_{\bar{x}}=\sigma/\sqrt{n}$，其中 σ 是总体的标准差，n 是样本容量。根据中央极限定理可知样本均值的分布服从正态分布。这就意味着，样本均值 $\bar{x}$ 落在总体均值 μ 的两侧各一个抽样标准差范围内的概率为 0.6827；落在两个抽样标准差范围内的概率为 0.9545；落在三个抽样标准差范围内的概率是 0.9973……下面是 R 中用于计算的代码。

```
> pnorm(1) - pnorm( - 1)
[1] 0.6826895
> pnorm(2) - pnorm( - 2)
[1] 0.9544997
> pnorm(3) - pnorm( - 3)
[1] 0.9973002
```

事实上,我们完全可以求出样本均值落在总体均值两侧任何一个抽样标准差范围内的概率。但实际估计时,情况却是相反的。我们所知道的仅仅是样本均值$\bar{x}$,而总体均值 μ 未知,也正是需要估计的。由于$\bar{x}$与 μ 之间的距离是对称的,如果某个样本均值落在 μ 的两个标准差范围之内,反过来 μ 也就被包括在以$\bar{x}$为中心左右两个标准差的范围之内。因此,大约有 95%的样本均值会落在 μ 的两个标准差范围内。或者说,约有 95%的样本均值所构造的两个标准差区间会包括 μ。图 2-2 给出了区间估计的示意图。

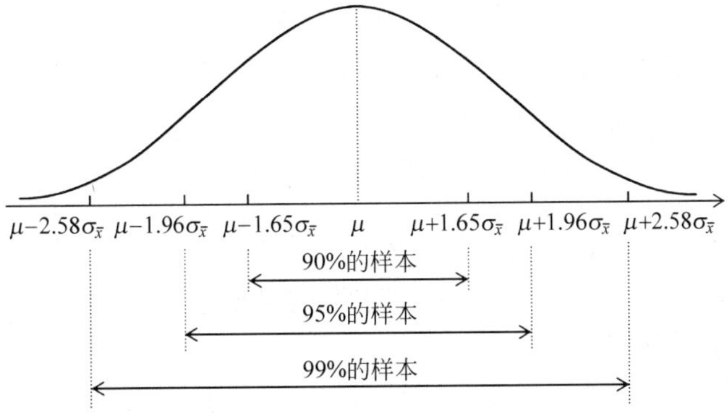

图 2-2　区间估计示意图

在区间估计中,由样本统计量所构造的总体参数之估计区间被称为置信区间(Confidence Interval),而且如果将构造置信区间的步骤重复多次,置信区间中所包含的总体参数真实值的次数之占比称为置信水平,或置信度。在构造置信区间时,可以使用希望的任意值作为置信水平。常用的置信水平和正态分布曲线下右侧面积为 $\alpha/2$ 时的临界值如表 2-1 所示。

表 2-1　常用置信水平临界值

置信水平	α	$\alpha/2$	临界值
90%	0.10	0.050	1.645
95%	0.05	0.025	1.96
99%	0.01	0.005	2.58

2.1.2 单总体参数区间估计

1. 总体比例的区间估计

比例问题可以看做是一项满足二项分布的试验。例如在索尔克的随机双盲对照试验中,实验结果是在全部 200 745 名接种了疫苗的儿童中,最后患上脊髓灰质炎的一共有 57

例。这就相当是做了 200 745 次独立的伯努利试验，每次试验的结果必为两种可能之一，要么是患病，要么是不患病。而且第 1 章中也讲过，服从二项分布的随机变量 $X \sim B(n,p)$ 以 np 为期望，以 $np(1-p)$ 为方差。可以令样本比例 $\hat{p}=X/n$ 作为总体比例 p 的估计值，而且可以得知

$$E(\hat{p}) = \frac{1}{n}E(X) = \frac{1}{n} \times np = p$$

同时还有

$$\mathrm{var}(\hat{p}) = \frac{1}{n^2}\mathrm{var}(X) = \frac{1}{n^2} \times np(1-p) = \frac{p(1-P)}{n}, \quad se(\hat{p}) = \sqrt{\frac{p(1-P)}{n}}$$

由此便已经具备了进行区间估计的必备素材。

第一种进行区间估计的方法被称为是 Wald 方法，它是一种近似方法。根据中央极限定理，当 n 足够大时，将会有

$$\hat{p} \sim N\left(p, \sqrt{\frac{p(1-P)}{n}}\right)$$

在 2.1.1 节中也给出了标准正态分布中，95%置信水平下的临界值，即 1.96，即

$$Pr\left(-1.96 < \frac{\hat{p}-p}{\sqrt{p(1-p)/n}} < 1.96\right) \approx 0.95$$

$$\Rightarrow Pr\left(\hat{p}-1.96\sqrt{\frac{p(1-p)}{n}} < p < \hat{p}+1.96\sqrt{\frac{p(1-p)}{n}}\right) \approx 0.95$$

Wald 方法对上述结果做了经一步的近似，即把根号下的 p 用 $\hat{p}$ 来代替，于是总体比例 p 在 95%置信水平下的置信区间即为

$$\left(\hat{p}-1.96\sqrt{\frac{\hat{p}(1-\hat{p})}{n}}, \hat{p}+1.96\sqrt{\frac{\hat{p}(1-\hat{p})}{n}}\right)$$

以索尔克的随机双盲对照试验为例，可以在 R 中使用下面的代码来算得总体比例估计的置信区间。从输出结果中可知，保留小数点后 6 位有效数字的置信区间为(0.000 210, 0.000 358)。

```
> n <- 200745
> (p.hat <- 57/n)
[1] 0.0002839423
> p.hat + c(-1.96, 1.96) * sqrt(p.hat * (1 - p.hat)/n)
[1] 0.0002102390 0.0003576456
```

Wald 方法的基本原理是利用正态分布来对二项分布进行近似，与之相对的另外一种方法是 Clopper-Pearson 方法。该方法完全是基于二项分布的，所以它是一种更加确切的区间估计方法。在 R 中可以使用 binom.test()函数来执行 Clopper-Pearson 方法，下面给出示例代码。

```
> binom.test(57,200745)

        Exact binomial test

data: 57 and 200745
```

```
number of successes = 57, number of trials = 200745, p-value <
2.2e-16
alternative hypothesis: true probability of success is not equal to 0.5
95 percent confidence interval:
0.0002150620 0.0003678648
sample estimates:
probability of success
          0.0002839423
```

从以上输出中可以得到，保留小数点后6位有效数字的95%置信水平下之区间估计结果为(0.000 215，0.000 369)。这一数值其实已经与Wald方法所得结果非常相近了。

2. 总体均值的区间估计

在对总体均值进行区间估计时，需要分几种情况来讨论。首先若考虑的总体是正态分布且方差σ^2已知，或总体不满足正态分布但为大样本($n \geqslant 30$)时，样本均值$\bar{x}$的抽样分布均为正态分布，数学期望为总体均值μ，方差为σ^2/n。而样本均值经过标准化以后的随机变量服从标准正态分布，即

$$z = \frac{\bar{x} - \mu}{\sigma/\sqrt{n}} \sim N(0,1)$$

由此可知总体均值μ在$1-\alpha$置信水平下的置信区间为

$$\left(\bar{x} - z_{\alpha/2}\frac{\sigma}{\sqrt{n}}, \bar{x} + z_{\alpha/2}\frac{\sigma}{\sqrt{n}}\right)$$

其中α是显著水平，它是总体均值不包含在置信区间内的概率；$z_{\alpha/2}$是标准正态分布曲线与横轴围成的面积等于$\alpha/2$时的z值。

例如现在有一家生产袋装食品的食品厂。按规定每袋食品的重量应为100g。为对产品质量进行监测，质检部门从当天生产的一批食品中随机抽取了25袋，并测得每袋的重量数据如表2-2所示。已知产品重量的分布服从正态分布，且总体标准差为10g。请计算该天每袋食品平均重量的置信区间，置信水平为95%。

表2-2 食品重量抽检数据(质量/g)

数据	112.5	101.0	103.0	102.0	100.5
	102.6	107.5	95.0	108.8	115.6
	100.0	123.5	102.0	101.6	102.2
	116.6	95.4	97.8	108.6	105.0
	136.8	102.8	101.5	98.4	93.3

由于R中并没有提供方差已知时置信区间的计算函数，所以我们需要手动编写一个函数，代码如下。

```
> conf.int <- function(x,n,sigma,alpha){
        options(digits = 5)
        mean <- mean(x)
        c(mean - sigma * qnorm(1 - alpha/2,mean = 0, sd = 1,
        lower.tail = TRUE)/sqrt(n),
```

```
        mean + sigma * qnorm(1 - alpha/2, mean = 0, sd = 1,
        lower.tail = TRUE)/sqrt(n))
            }
```

然后调用上述函数来计算置信区间，代码如下。

```
> x <- c(112.5, 101.0, 103.0, 102.0, 100.5,
+            102.6, 107.5, 95.00, 108.8, 115.6,
+            100.0, 123.5, 102.0, 101.6, 102.2,
+            116.6, 95.40, 97.80, 108.6, 105.0,
+            136.8, 102.8, 101.5, 98.40, 93.30)
> n <- 25
> alpha <- 0.05
> sigma <- 10
> result <- conf.int(x, n, sigma, alpha)
> result
[1] 101.44 109.28
```

结果表明该批食品平均重量 95%的置信区间为(101.44,109.28)。

如果总体服从正态分布但 σ^2 未知，或总体并不服从正态分布，只要是在大样本条件下，都可以用样本方差 s^2 来代替总体方差 σ^2，此时总体均值在 $1-\alpha$ 置信水平下的置信区间为

$$\left(\bar{x} - z_{\alpha/2}\frac{s}{\sqrt{n}}, \bar{x} + z_{\alpha/2}\frac{s}{\sqrt{n}}\right)$$

其中需要注意的一点，也是第 1 章中着重讨论的一点，即如果设 $X_1, X_2, \cdots, X_n$ 是来自总体 X 的一个样本，那么作为总体方差 σ^2 之无偏估计的样本方差公式为

$$s^2 = \frac{1}{n-1}\sum_{i=1}^{n}(X_i - \bar{X})^2 = \frac{1}{n-1}\sum_{i=1}^{n}X_i^2 - n\bar{X}^2$$

此外，考虑总体是正态分布，但方差 σ^2 未知且属于小样本($n<30$)的情况，仍然需要用样本方差 s^2 来替代总体方差 σ^2。但此时样本均值经过标准化以后的随机变量将服从自由度为($n-1$)的 t 分布，即

$$t = \frac{\bar{x} - \mu}{s/\sqrt{n}} \sim t(n-1)$$

这也是本书前面曾经给出的一个定理。于是，我们就需要采用学生 t 分布来建立总体均值 μ 的置信区间。

学生 t 分布，或简称 t 分布，是类似正态分布的一种对称分布，但它通常要比正态分布平坦和分散。一个特定的 t 分布依赖于称之为自由度的参数。自由度越小，那么 t 分布的图形就越平坦，随着自由度的增大，t 分布也逐渐趋近于正态分布。下面的代码绘制了标准正态分布以及两个自由度不同的 t 分布，结果如图 2-3 所示。

```
> curve(dnorm(x), from = -5, to = 5, ylim = c(0, 0.45),
+        ylab = "", col = "blue")
> par(new = TRUE)
> curve(dt(x, 1), from = -5, to = 5, ylim = c(0, 0.45),
+        ylab = "", lty = 2, col = "red")
```

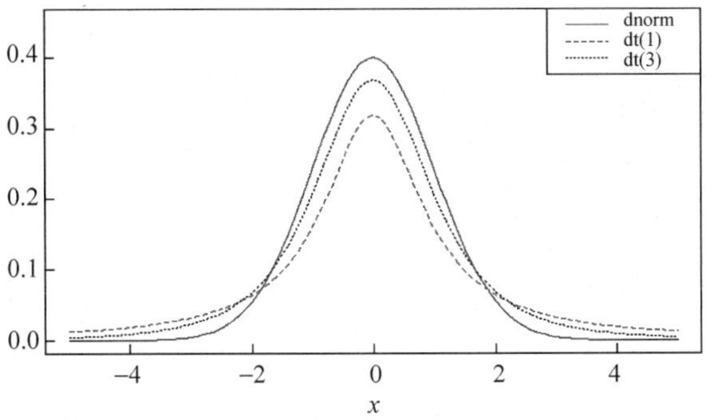

图 2-3 标准正态分布与 t 分布

```
> par(new = TRUE)
> curve(dt(x, 3), from = -5, to = 5, ylim = c(0, 0.45),
+       ylab = "", lty = 3)
> text.legend = c("dnorm","dt(1)", "dt(3)")
> legend("topright", legend = text.legend, lty = c(1,2,3),
+       col = c("blue", "red", "black"))
```

根据 t 分布建立的总体均值 μ 在 $1-\alpha$ 置信水平下的置信区间为

$$\left(\bar{x}-t_{\alpha/2}\frac{s}{\sqrt{n}},\bar{x}+t_{\alpha/2}\frac{s}{\sqrt{n}}\right)$$

其中 $t_{\alpha/2}$ 是自由度为 $n-1$ 时，t 分布中右侧面积为 $\alpha/2$ 的 t 值。

例如，现在为了测定一块土地的 pH 值，随机抽取了 17 块土壤样本，相应的 pH 值检测结果如表 2-3 所示。由于样本容量仅为 17，所以属于小样本的情况，于是采用上述方法对这块土地的 pH 值均值进行区间估计。

表 2-3 土壤 pH 值检测数据

检测数据	6.0	5.7	6.2	6.3	6.5	6.4
	6.9	6.6	6.8	6.7	6.8	7.1
	6.8	7.1	7.1	7.5	7.0	

根据已经给出的公式可以在 R 中下面的代码来进行区间估计，其估计结果我们用方框来进行标识。

```
> pH <- c(6, 5.7, 6.2, 6.3, 6.5, 6.4, 6.9, 6.6,
+        6.8, 6.7, 6.8, 7.1, 6.8, 7.1, 7.1, 7.5, 7)
> mean(pH); sd(pH)
[1] 6.676471
[1] 0.4548755
> mean(pH) + qt(c(0.025,0.975),length(pH) - 1) * sd(pH)/sqrt(length(pH))
[1] 6.442595 6.910346
```

或者更简单地，可以直接使用 R 中的 t.test()函数来计算，示例代码如下。结果同样用方框来进行标识，可见与前面得到的结果是一致的。

```
> t.test(pH, mu = 7)

        One Sample t - test

data: pH
t = -2.9326, df = 16, p - value = 0.009758
alternative hypothesis: true mean is not equal to 7
95 percent confidence interval:
 6.442595  6.910346
sample estimates:
mean of x
6.676471
```

表 2-4 对本部分介绍的关于单总体均值的区间估计方法进行了总结，供读者参阅。

表 2-4 单总体均值的区间估计

总体分布	样本量	总体方差 σ^2 已知	总体方差 σ^2 未知
正态分布	大样本($n \geqslant 30$)	$\bar{x} \pm z_{\alpha/2}\dfrac{\sigma}{\sqrt{n}}$	$\bar{x} \pm z_{\alpha/2}\dfrac{s}{\sqrt{n}}$
	小样本($n < 30$)	$\bar{x} \pm z_{\alpha/2}\dfrac{\sigma}{\sqrt{n}}$	$\bar{x} \pm t_{\alpha/2}\dfrac{s}{\sqrt{n}}$
非正态分布	大样本($n \geqslant 30$)	$\bar{x} \pm z_{\alpha/2}\dfrac{\sigma}{\sqrt{n}}$	$\bar{x} \pm z_{\alpha/2}\dfrac{s}{\sqrt{n}}$

3. 总体方差的区间估计

此处仅讨论正态总体方差的估计问题。根据样本方差的抽样分布可知，样本方差服从自由度为 $n-1$ 的 χ^2 分布。所以考虑用 χ^2 分布构造总体方差的置信区间。给定一个显著水平 α，用 χ^2 分布建立总体方差 σ^2 的置信区间，其实就是要找到一个 χ^2 值，使得

$$\chi^2_{1-\alpha/2} \leqslant \chi^2 \leqslant \chi^2_{\alpha/2}$$

由于

$$\frac{(n-1)s^2}{\sigma^2} \sim \chi^2(n-1)$$

所以可以用其来替代 χ^2，于是有

$$\chi^2_{1-\alpha/2} \leqslant \frac{(n-1)s^2}{\sigma^2} \leqslant \chi^2_{\alpha/2}$$

并根据上式推导出总体方差 σ^2 在 $1-\alpha$ 置信水平下的置信区间为

$$\frac{(n-1)s^2}{\chi^2_{\alpha/2}} \leqslant \sigma^2 \leqslant \frac{(n-1)s^2}{\chi^2_{1-\alpha/2}}$$

据此便可对总体方差的置信区间进行估计。由于 R 中并没有提供直接用于方差区间估计的函数，我们便自行编写了下面这个函数用以执行相应计算。

```
> chisq.var.test <- function (x, alpha){
        options(digits = 4)
        result <- list( )
```

```
n <- length(x)
v <- var(x)
result $ conf.int.var <-  c(
      (n - 1) * v/qchisq(alpha/2, df = n - 1, lower.tail = F),
      (n - 1) * v/qchisq(alpha/2, df = n - 1, lower.tail = T))
result $ conf.int.se <-  sqrt(result $ conf.int.var)
result
}
```

以食品厂抽检产品重量的数据为例，调用以上函数可以算得 $56.83 \leqslant \sigma^2 \leqslant 180.39$。相应地，总体标准差的置信区间则为 $7.538 \leqslant \sigma \leqslant 13.431$，即该食品厂生成的食品总体重量标准差 95%的置信区间为 7.538～13.431g。

```
> chisq.var.test(x, 0.05)
 $ conf.int.var
[1]  56.83 180.39
 $ conf.int.se
[1]  7.538 13.431
```

2.1.3 双总体均值差的估计

第 1 章中曾经指出，若 $X_i \sim N(\mu_i, \sigma_i^2)$，其中 $i=1,2,\cdots,n$ 且相互独立，则它们的线性组合 $C_1X_1+C_2X_2+\cdots+C_nX_n$ 仍服从正态分布，其中 $C_1, C_2, \cdots, C_n$ 是不全为 0 的常数。并由数学期望和方差的性质可知

$$C_1X_1 + C_2X_2 + \cdots + C_nX_n \sim N\left(\sum_{i=1}^{n} C_i\mu_i, \sum_{i=1}^{n} C_i^2\sigma_i^2\right)$$

所以假设随机变量的估计符合正态分布的一个潜在好处就是它们的线性组合仍然可以满足正态分布的假设。如果有 $X_1 \sim N(\mu_1, \sigma_1^2)$ 和 $X_2 \sim N(\mu_2, \sigma_2^2)$，显然有

$$aX_1 + bX_2 \sim N(a\mu_1 + b\mu_2, \sqrt{a^2\sigma_1^2 + b^2\sigma_2^2})$$

当 $a=1, b=-1$ 时，进而有

$$X_1 - X_2 \sim N(\mu_1 - \mu_2, \sqrt{\sigma_1^2 + \sigma_2^2})$$

这其实给出了两个独立的正态分布的总体之差的分布。

从 X_1 和 X_2 这两个总体中分别抽取样本量为 n_1 和 n_2 的两个随机样本，其样本均值分别为 $\bar{x}_1$ 和 $\bar{x}_2$。则样本均值 $\bar{x}_1$ 满足 $\bar{x}_1 \sim (\mu_1, \sigma_1^2/n_1)$，样本均值 $\bar{x}_2$ 满足 $\bar{x}_2 \sim (\mu_2, \sigma_2^2/n_2)$。进而样本均值之差 $\bar{x}_1 - \bar{x}_2$ 满足

$$(\bar{x}_1 - \bar{x}_2) \sim N\left(\mu_1 - \mu_2, \sqrt{\frac{\sigma_1^2}{n_1} + \frac{\sigma_2^2}{n_2}}\right)$$

由此便得到了进行双总体均值之差区间估计的所需素材。在具体讨论时我们将问题分成两类，即独立样本数据的双总体均值差估计问题，以及配对样本数据的双总体均值差估计问题。

1. 独立样本

如果两个样本是从两个总体中独立抽取的，即一个样本中的元素与另一个样本中的元

素相互独立,则称为独立样本(Independent Samples)。

当两总体的方差 σ_1^2 和 σ_2^2 已知的时候,根据前面推出的结论,类似于单个总体区间估计,可以得出 $\mu_1-\mu_2$ 的置信水平为 $1-\alpha$ 的双尾置信区间为

$$\left(\bar{x}_1-\bar{x}_2-z_{\alpha/2}\sqrt{\frac{\sigma_1^2}{n_1}+\frac{\sigma_2^2}{n_2}},\bar{x}_1-\bar{x}_2+z_{\alpha/2}\sqrt{\frac{\sigma_1^2}{n_1}+\frac{\sigma_2^2}{n_2}}\right)$$

如果两个总体的方差未知,可以用两个样本方差 s_1^2 和 s_2^2 来代替,这时 $\mu_1-\mu_2$ 的置信水平为 $1-\alpha$ 的双尾置信区间为

$$\left(\bar{x}_1-\bar{x}_2-z_{\alpha/2}\sqrt{\frac{s_1^2}{n_1}+\frac{s_2^2}{n_2}},\bar{x}_1-\bar{x}_2+z_{\alpha/2}\sqrt{\frac{s_1^2}{n_1}+\frac{s_2^2}{n_2}}\right)$$

对于两个总体的方差未知的情况,将进一步划分为两种情况,首先当两总体方差相同,即 $\sigma_1^2=\sigma_2^2$,但未知时,可以得到

$$t=\frac{\bar{x}_1-\bar{x}_2-(\mu_1-\mu_2)}{s'\sqrt{\frac{1}{n_1}+\frac{1}{n_2}}}\sim t(n_1+n_2-2)$$

其中

$$s'=\sqrt{\frac{(n_1-1)s_1^2+(n_2-1)s_2^2}{n_1+n_2-2}}$$

此处的 s_1^2 和 s_2^2 分别是样本方差。类似的做法,可以得到 $\mu_1-\mu_2$ 的置信水平为 $1-\alpha$ 的双尾置信区间为

$$\left(\bar{x}_1-\bar{x}_2-t_{\alpha/2}(n_1+n_2-2)s'\sqrt{\frac{1}{n_1}+\frac{1}{n_2}},\bar{x}_1-\bar{x}_2+t_{\alpha/2}(n_1+n_2-2)s'\sqrt{\frac{1}{n_1}+\frac{1}{n_2}}\right)$$

来看一个例子。假设有编号为 1 和 2 的两种饲料,我们现在分别用它们来喂养两组肉鸡,然后记录每只鸡的增重情况,数据如表 2-5 所示。

表 2-5 喂食不同饲料的肉鸡增重情况

饲　料	增重/g
1	42,68,85
2	42,97,81,95,61,103

首先在 R 中录入数据,并分别计算两组数据的均值和方差,示例代码如下。

```
> chicks <- data.frame(feed = rep(c(1,2), times = c(3,6)),
+                          weight_gain = c(
+                          42, 68, 85,
+                          42, 97, 81, 95, 61, 103))

> tapply(chicks $ weight_gain, chicks $ feed, mean)
       1        2
65.00000 79.83333
> tapply(chicks $ weight_gain, chicks $ feed, sd)
       1        2
21.65641 23.86979
```

从输出结果来看，两组样本观察值的标准差是非常相近的，因此假设两个总体的方差是相等的。

根据上面给出的公式，首先来计算 s' 的值，计算过程如下

$$s' = \sqrt{\frac{2 \times 21.66^2 + 5 \times 23.87^2}{3+6-2}} = 23.26$$

因此 $\mu_1 - \mu_2$ 在 95%置信水平下的置信区间为

$$65 - 79.83 \pm c_{0.975}(t_7) \times 23.26\sqrt{\frac{1}{6}+\frac{1}{3}} = -14.83 \pm 38.90 = (-53.72, 24.06)$$

或者在 R 中使用 t. test()函数来执行上述计算过程，示例代码如下。区间估计的结果已经用方框加以标识。这个输出中的其他指标结果我们将在假设检验部分继续讨论。

```
> t.test(weight_gain ~ feed, data = chicks, var.equal = TRUE)

        Two Sample t-test
data: weight_gain by feed
t = -0.9019, df = 7, p-value = 0.3971
alternative hypothesis: true difference in means is not equal to 0
95 percent confidence interval:
 -53.72318  24.05651
sample estimates:
mean in group 1 mean in group 2
       65.00000        79.83333
```

通过设置函数 t. test()中的参数可以修改它的一些执行细节，具体参数列表可以参阅 R 的帮助文档。这里仅提其中几个比较重要的。首先，参数 paired 的默认值为 FALSE，表示执行的是独立样本的情况。若将其置为 TRUE，则表示要处理的是配对样本。参数 conf. level 的默认值为 0.95，即在 95%的置信水平下进行区间估计，调整它便可以改变置信水平。参数 var. equal 的默认值为 FALSE，如果将其置为 TRUE，就表示两个总体具有相同的方差。

此外，当两总体的方差未知，且 $\sigma_1^2 \neq \sigma_2^2$ 时，可以证明

$$t = \frac{\bar{x}_1 - \bar{x}_2 - (\mu_1 - \mu_2)}{\sqrt{\frac{s_1^2}{n_1}+\frac{s_2^2}{n_2}}} \sim t(\nu)$$

近似成立，其中

$$\nu = \left(\frac{\sigma_1^2}{n_1}+\frac{\sigma_2^2}{n_2}\right)^2 \Bigg/ \left[\frac{(\sigma_1^2)^2}{n_1^2(n_1-1)}+\frac{(\sigma_2^2)^2}{n_2^2(n_2-2)}\right]$$

但由于 σ_1^2 和 σ_2^2 未知，所以用样本方差 s_1^2 和 s_2^2 来近似，即

$$\hat{\nu} = \left(\frac{s_1^2}{n_1}+\frac{s_2^2}{n_2}\right)^2 \Bigg/ \left[\frac{(s_1^2)^2}{n_1^2(n_1-1)}+\frac{(s_2^2)^2}{n_2^2(n_2-2)}\right]$$

可以近似地认为 $t \sim t(\hat{\nu})$。并由此得到 $\mu_1 - \mu_2$ 的置信水平为 $1-\alpha$ 的双尾置信区间为

$$\left(\bar{x}_1 - \bar{x}_2 - t_{\alpha/2}(\hat{\nu})\sqrt{\frac{s_1^2}{n_1}+\frac{s_2^2}{n_2}}, \bar{x}_1 - \bar{x}_2 + t_{\alpha/2}(\hat{\nu})\sqrt{\frac{s_1^2}{n_1}+\frac{s_2^2}{n_2}}\right)$$

仍以饲料和肉鸡增重的数据为例，可以算得

$$\frac{s_1^2}{n_1}=\frac{21.66^2}{3}\approx 156.3852,\quad \frac{s_2^2}{n_2}=\frac{23.87^2}{6}\approx 94.9628$$

进而有

$$\hat{\nu}=\frac{(156.3852+94.9628)^2}{(156.3852^2/2)+(94.9628^2/5)}\approx 4.503$$

因此 $\mu_1-\mu_2$ 在 95%置信水平下的置信区间为

$$65-79.83\pm c_{0.975}(t_{4.503})\times\sqrt{\frac{23.87^2}{6}+\frac{21.66^2}{3}}=-14.83\pm 2.6585\times 15.85=(-56.97,27.30)$$

同样，上述计算过程可以在 R 中使用 t.test()函数来完成，示例代码如下。输出中的其他指标结果在假设检验部分还会有更为详细的讨论。

```
> t.test(weight_gain ~ feed, data = chicks)


        Welch Two Sample t - test


data: weight_gain by feed
t = -0.9357, df = 4.503, p-value = 0.3968
alternative hypothesis: true difference in means is not equal to 0
95 percent confidence interval:
 -56.97338  27.30671
sample estimates:
mean in group 1 mean in group 2
       65.00000        79.83333
```

2. 配对样本

在前面的例子中，为了讨论两种饲料的差异，从两个独立的总体中进行了抽样，但使用独立样本来估计两个总体均值之差也潜在着一些弊端。试想一下，如果喂食饲料 1 的肉鸡和喂食饲料 2 的肉鸡体质上就存在差异，可能其中一组吸收更好而另一组则略差，显然试验结果的说服力将大大折扣。这种“有失公平”的独立抽样往往会掩盖一些真正的差异。

在实验设计中，为了控制其他有失公平的因素，尽量降低不利影响，使用配对样本(Paired Sample)就是一种值得推荐的做法。所谓配对样本就是指一个样本中的数据与另一个样本中的数据是相互对应的。比如，在验证饲料差异的试验中，可以选用同一窝诞下的一对小鸡作为一个配对组，因为我们认为同一窝诞下的小鸡之间差异最小。按照这种思路，如表 2-6 所示，一共有六个配对组参与实验。然后从每组中随机选取一只小鸡喂食饲料 1，然后向另外一只喂食饲料 2，并记录肉鸡体重增加的数据。

表 2-6　配对试验数据

饲　料	配对 1 组	配对 2 组	配对 3 组	配对 4 组	配对 5 组	配对 6 组
1	44	55	68	85	90	97
2	42	61	81	95	97	103

使用配对样本进行估计时，在大样本条件下，两个总体均值之差 $\mu_1-\mu_2$ 在 $1-\alpha$ 置信水平下的置信区间为

$$\left(\bar{d}-z_{\alpha/2}\frac{\sigma_d}{\sqrt{n}},\bar{d}+z_{\alpha/2}\frac{\sigma_d}{\sqrt{n}}\right)$$

其中，d 是一组配对样本之间的差值，$\bar{d}$ 表示各差值的均值；σ_d 表示各差值的标准差。当总体 σ_d 未知时，可用样本差值的标准差 s_d 来代替。

在小样本情况下，假定两个总体观察值的配对差值服从正态分布。那么两个总体均值之差 $\mu_1-\mu_2$ 在 $1-\alpha$ 置信水平下的置信区间为

$$\left(\bar{d}-t_{\alpha/2}(n-1)\frac{s_d}{\sqrt{n}},\bar{d}+t_{\alpha/2}(n-1)\frac{s_d}{\sqrt{n}}\right)$$

例如，根据表 2-6 中的数据可以算得各配对组之差分别为 −2、6、13、10、7 和 6，以及 $\bar{d}=6.667$，$s_d=5.046$。因此，总体均值之差 $\mu_1-\mu_2$ 在 95%置信水平下的置信区间为

$$6.667\pm c_{0.975}(t_5)\times\frac{5.046}{\sqrt{6}}\approx(1.37,11.96)$$

同样可以在 R 中使用 t.test()函数来完成以上计算过程，此时需要将参数 paired 置为 TRUE。示例代码如下，输出结果中的置信区间估计已经用方框标出。这个区间估计不包含零，其实也就意味两者是存在差异的，即饲料 1 和饲料 2 的喂食结果不同。

```
> Feed.1 <- c(44, 55, 68, 85, 90, 97)
> Feed.2 <- c(42, 61, 81, 95, 97, 103)
> t.test(Feed.2, Feed.1, paired = T)

        Paired t - test

data: Feed.2 and Feed.1
t = 3.2359, df = 5, p-value = 0.02305
alternative hypothesis: true difference in means is not equal to 0
95 percent confidence interval:
  1.370741 11.962592
sample estimates:
mean of the differences
              6.666667
```

当然，如果先计算配对组之差，然后再做 t.test()所得之结果将是一样的。读者可以自行尝试下面的代码，并观察结果。

```
> diff = Feed.2 - Feed.1
> t.test(diff)
```

最后需要说明的是，如果仅是执行普通的 t.test()，而非是做配对数据的 t.test()，那么将得到一个宽泛得多的区间估计。如下面代码所示，最终估计的置信区间还包含了零，这使得我们将无法确定饲料 1 和饲料 2 的喂食结果是否有不同。

```
> Feed <- c(Feed.1, Feed.2)
> group <- c(rep(1, 6), rep(2, 6))
> t.test(Feed ~ group)

        Welch Two Sample t-test

data: Feed by group
t = -0.514, df = 9.837, p-value = 0.6186
alternative hypothesis: true difference in means is not equal to 0
95 percent confidence interval:
 -35.63370 22.30037
sample estimates:
mean in group 1 mean in group 2
       73.16667        79.83333
```

2.1.4 双总体比例差的估计

由样本比例的抽样分布可知，从两个满足二项分布的总体中抽出两个独立的样本，那么两个样本比例之差的抽样服从正态分布，即

$$(\hat{p}_1-\hat{p}_2)\sim N\left(p_1-p_2,\sqrt{\frac{p_1(1-p_1)}{n_1}+\frac{p_2(1-p_2)}{n_2}}\right)$$

再对两个样本比例之差进行标准化，即得

$$z=\frac{(\hat{p}_1-\hat{p}_2)-(p_1-p_2)}{\sqrt{\frac{p_1(1-p_1)}{n_1}+\frac{p_2(1-p_2)}{n_2}}}\sim N(0,1)$$

当两个总体的比例 p_1 和 p_2 未知时，可用样本比例 $\hat{p}_1$ 和 $\hat{p}_2$ 来代替。所以，根据正态分布建立的两个总体比例之差 p_1-p_2 在 $1-\alpha$ 置信水平下的置信区间为

$$(\hat{p}_1-\hat{p}_2)\pm z_{\alpha/2}\sqrt{\frac{\hat{p}_1(1-\hat{p}_1)}{n_1}+\frac{\hat{p}_2(1-\hat{p}_2)}{n_2}}$$

下面来看一个例子。在某电视节目的收视率调查中，从农村随机调查了 400 人，其中有 128 人表示收看了该节目；从城市随机调查了 500 人，其中 225 人表示收看了该节目。请以 95％的置信水平来估计城市与农村收视率差距的置信区间。

在 R 中可以使用 prop.test()函数来执行双总体比例差的区间估计，示例代码如下。输出结果中的置信区间估计已经用方框标出。参数 correct 的默认值为 TRUE，表示计算过程中需要使用连续性修正。如果将其置为 FALSE，则所得结果将同依据上述公式所得结果完全一致。

```
> prop.test(x = c(225,128), n = c(500,400), correct = F)

        2-sample test for equality of proportions without continuity
        correction

data: c(225, 128) out of c(500, 400)
```

```
X-squared = 15.7542, df = 1, p-value = 7.213e-05
alternative hypothesis: two.sided
95 percent confidence interval:
0.06682346 0.19317654
sample estimates:
prop 1 prop 2
  0.45   0.32
```

从输出结果中可以看出估计的置信区间为(6.68%,19.32%),即城市与农村收视率差值的95%的置信区间为6.68%~19.32%。

如果使用连续性修正,则所得结果如下。

```
> prop.test(x = c(225,128),n = c(500,400))

        2-sample test for equality of proportions with continuity
        correction

data: c(225, 128) out of c(500, 400)
X-squared = 15.2136, df = 1, p-value = 9.601e-05
alternative hypothesis: two.sided
95 percent confidence interval:
0.06457346 0.19542654
sample estimates:
prop 1 prop 2
  0.45   0.32
```

2.2 假设检验

假设检验是除参数估计之外的另一类重要的统计推断问题。它的基本思想可以用小概率原理来解释。所谓小概率原理,就是认为小概率事件在一次试验中是几乎不可能发生的。也就是说,对总体的某个假设是真实的,那么不利于或不能支持这一假设的事件在一次试验中是几乎不可能发生的;要是在一次试验中该事件竟然发生了,我们就有理由怀疑这一假设的真实性,进而拒绝这一假设。

2.2.1 基本概念

大卫·萨尔斯伯格(David Salsburg)在《女士品茶:20世纪统计怎样变革了科学》一书中,以英国剑桥一群科学家及其夫人们在一个慵懒的午后所做的一个小小的实验为开篇,为读者展开了一个关于20世纪统计革命的别样世界。而开篇这个品茶故事大约是这样的,当时一位女士表示向一杯茶中加入牛奶和向一杯奶中加入茶水,两者的味道品尝起来是不同的。她的这一表述立刻引起了当时在场的众多睿智头脑的争论。其中一位科学家决定用科学的方法来测试一下这位女士的假设。这个人就是大名鼎鼎的英国统计与遗传学家,现代统计科学的奠基人罗纳德·费希尔(Ronald Fisher)。费希尔给这位女士提供了8杯兑了牛奶的茶，其中一些是先放的牛奶，另一些则是先放的茶水，然后费希尔让这位女士品尝后判断每一杯茶的情况。

现在问题来了，这位女士能够成功猜对多少杯茶的情况才足以证明她的理论是正确的，8杯？7杯？还是6杯？解决该问题的一个有效方法是计算一个P值，然后由此推断假设是否成立。P值(P-value)就是当原假设为真时所得到的样本观察结果或更极端结果出现的概率。如果P值很小，说明原假设情况的发生的概率很小，而如果确实出现了P值很小的情况，根据小概率原理，我们就有理由拒绝原假设。P值越小，拒绝原假设的理由就越充分。就好比说种瓜得瓜，种豆得豆。在原假设"种下去的是瓜"这个条件下，正常得出来的也应该是瓜。相反，如果得出来的是瓜这件事越不可能发生，我们否定原假设的把握就越大。如果得出来的是豆，也就表明得出来的是瓜这件事的可能性小到了零，这时我们就有足够的理由推翻原假设。也就可以确定种下去的根本就不是瓜。

假定总共的8杯兑了牛奶的茶中，有六杯的情况都被猜中了。现在我们就来计算一下这个P值。不过在此之前，还需要先建立原假设和备择假设。原假设通常是指那些单纯由随机因素导致的采样观察结果，通常用H_0表示。而备择假设，则是指受某些非随机原因影响而得到的采样观察结果，通常用H_1表示。如果从假设检验具体操作的角度来说，常常把一个被检验的假设称为原假设，当原假设被拒绝时而接收的假设称为备择假设，原假设和备择假设往往成对出现。此外，原假设往往是研究者想收集证据予以反对的假设，当然也是有把握的、不能轻易被否定的命题，而备择假设则是研究者想收集证据予以支持的假设，同时也是无把握的、不能轻易肯定的命题作。

就当前所讨论的饮茶问题而言，显然在不受非随机因素影响的情况下，那个常识性的，似乎很难被否定的命题应该是"无论是先放茶水还是先放牛奶是没有区别的"。如果将这个命题作为H_0，其实也就等同于那个女士对茶的判断完全是随机的，因此她猜中的概率应该是0.5。这时随机变量$X \sim B(8, 0.5)$，即满足$n=8, p=0.5$的二项分布。相应的备择假设H_1为该女士能够以大于0.5的概率猜对茶的情况。

直观上，如果8杯兑了牛奶的茶中，有6杯的情况都被猜中了，则可算出$\hat{p}=6/8=0.75$，这个值大于0.5，但这是否大到可以令我们相信先放茶水还是先放牛奶确有不同这个结论。所以需要来计算一下P值，即$Pr(X \geqslant 6)$。使用下面这段代码可以算得P值是0.144 531 2。

```
> 1 - pbinom(5, size = 8, prob = 0.5)
[1] 0.1445312
```

可见，P值并不是很显著。通常都需要P值小于0.05，才能令我们有足够的把握拒绝原假设。而本题所得结果则表明没有足够的证据支持我们拒绝原假设。所以如果那位女士猜对了八杯中的六杯，也没有足够的证据表明先加牛奶或者先加茶水会有何不同。

还应该注意到以上所讨论的是一个单尾的问题。因为备择假设是说该女士能够以大于0.5的概率猜对茶的情况。我们日常遇到的很多问题也有可能是双尾的，比如原假设是概率等于某个值，而备择假设则是不等于该值，即大于或者小于该值。在这种情况下，通常需要将算得的P值翻倍，除非已经求得的P值大于0.5，此时我们就令P值为1。另外，当n较大的时候，还可以用正态分布来近似二项分布。

1965年，美国联邦最高法院对斯文诉阿拉巴马州一案做出了裁定。该案也是法学界在研究预断排除原则时常常被提及的著名案例。本案的主角斯文是一个非洲裔美国人，他被控于阿拉巴马州的塔拉迪加地区对一名白人妇女实施了强奸犯罪，并因此被判处死刑。最终案件被上诉至最高法院，理由是陪审团中没有黑人成员，斯文据此认为自己受到了不公正的审判。

最高法院驳回了上述请求。根据阿拉巴马州法律，陪审团成员是从一个 100 人的名单中抽选的，而当时的 100 个备选成员中有 8 名是黑人。根据诉讼过程中的无因回避原则，这 8 名黑人被排除在了此处审判的陪审团之外，而无因回避原则本身是受宪法保护的。最高法院在裁决书中也指出："无因回避的功能不仅在于消除双方的极端不公正，也要确保陪审员仅仅依赖于呈现在他们面前的证据做出裁决，而不能依赖于其他因素……无因回避可允许辩护方通过预先审核程序中的调查提问以确定偏见的可能，消除陪审员的敌意。"此外最高法院还认为，在陪审团备选名单上有 8 名黑人成员，表明整体比例上的差异很小，所以也就不存在刻意引入或者排除一定数量的黑人成员的意图。

阿拉巴马州当时规定只要超过 21 岁就符合陪审团成员的资格。而在塔拉迪加地区满足这个条件的人大约有 16 000 人，其中 26%是非洲裔美国人。我们现在的问题就是，如果这 100 名备选的陪审团成员确实是从符合条件的人群中随机选取的，那么其中黑人成员的数量会否是 8 人或者更少？可以在 R 中用下列命令计算得到我们想要的答案。

```
> pbinom(8, 100, 0.26)
[1] 4.734795e-06
```

概率是 0.000 004 7，也就相当于二十万分之一的机会。

对于假设检验而言，也可以使用正态分布的近似参数来计算置信区间。唯一的不同在于此时是在原假设 $H_0: p=p_0$ 的前提下计算概率值，所以原来在计算置信区间时所采用的近似

$$\frac{p(1-p)}{n} \approx \frac{\hat{p}(1-\hat{p})}{n}$$

现在就不再需要了。取而代之的是在计算标准误差和 P 值时直接使用 p_0 即可。

如果估计值用 $\hat{p}$ 表示，其(估计的)标准误差是

$$\sqrt{p_0(1-p_0)/n}$$

检验统计量为

$$Z = \frac{\hat{p} - p_0}{\sqrt{p_0(1-p_0)/n}}$$

是当 n 比较大时，在原假设前提下，通过对标准正态分布的近似得到的。

继续前面的例子，现在原假设可以表述为 $H_0: p=0.26$，相对应的备择假设为 $H_1: p<0.26$。在一个 100 人的备选陪审团名单中有 8 名黑人成员，此时 P 值可由下式给出

$$Pr\left(Z \leqslant \frac{0.08-0.26}{\sqrt{0.26 \times 0.74/100}}\right) = Pr(Z \leqslant -4.104) = 0.000\,020$$

由此便可以拒绝原假设，从而认为法院的裁定在很大程度上是错误的。

需要说明的是，当使用正态分布(它是连续的)作为二项分布(它是离散的)的近似时，要对二项分布中的离散整数 x 进行连续性修正，将数值 x 用从 $x-0.5$ 到 $x+0.5$ 的区

间来代替(即加上与减去 0.5)。就本题而言,为了得到一个更好的近似,连续性修正就是令 $Pr(X \leqslant 8) \approx Pr(X^* < 8.5)$。所以有

$$Pr\left(Z \leqslant \frac{0.085 - 0.26}{\sqrt{0.26 \times 0.74/100}}\right) = Pr(Z \leqslant -3.989\,657) = 0.000\,033$$

此处无意要对连续性修正做过多的解释,但请记住,若不使用连续性修正,那么所得 P 值将总是偏小,相应的置信区间也偏窄。

上述计算过程在 R 中可以使用 prop.test 来实现,示例代码如下。

```
> prop.test(8,100,p = 0.26,alternative = "less")

        1 - sample proportions test with continuity correction

data: 8 out of 100, null probability 0.26
X - squared = 15.9174, df = 1, p - value = 3.308e - 05
alternative hypothesis: true p is less than 0.26
95 percent confidence interval:
0.0000000 0.1424974
sample estimates:
   p
0.08
```

如同前面所分析的那样,如果不使用正态分布对二项分布做近似,仅仅基于二项分布来进行检验也是可行的。此时需要用到 binom.test 函数,示例代码如下。

```
> binom.test(8,100,p = 0.26,alternative = "less")

        Exact binomial test

data: 8 and 100
number of successes = 8, number of trials = 100, p - value = 4.735e - 06
alternative hypothesis: true probability of success is less than 0.26
95 percent confidence interval:
0.0000000 0.1397171
sample estimates:
probability of success
                 0.08
```

2.2.2 两类错误

对原假设提出的命题,要根据样本数据提供的信息进行判断,并得出"原假设正确"或者"原假设错误"的结论。而这个判断有可能正确,也有可能错误。前面在假设检验的基本思想中已经指出,假设检验所依据的基本原理是小概率原理,由此原理对原假设做出判断,而在整个推理判断过程中所运用的是一种反证法的思路。由于小概率事件,无论其概率多么小,仍然还是有可能发生的,所以利用前面方法进行假设检验时,有可能做出错误的判断。这种错误的判断有两种情形:一方面,当原假设 H_0 成立时,由于样本的随机性,结果拒绝

了 H_0，犯了"弃真"错误，又称为第一类错误，也就是当应该接受原假设 H_0 而拒绝这个假设时，称为犯了第一类错误。当小概率事件确实发生时，就会导致拒绝 H_0 而犯第一类错误，因此犯第一类错误的概率为 α，即假设检验的显著性水平。另一方面，当原假设 H_0 不成立时，因样本的随机性，结果接受了 H_0，便犯了"存伪"错误，又称为第二类错误。即当应该拒绝原假设 H_0 而接受了这个假设时，称为犯了第二类错误。犯第二类错误的概率为 β。

当原假设 H_0 为真，我们却将其拒绝，如果犯这种错误的概率用 α 表示，那么当 H_0 为真时，没有拒绝它，就表示做出了正确的决策，其概率显然就应该是 $1-\alpha$；当原假设 H_0 为假，我们却没有拒绝它，犯这种错误的概率用 β 表示。那么，当 H_0 为假，我们也正确地拒绝了它，其概率自然为 $1-\beta$。正确决策和错误决策的概率可以归纳为表 2-7。

表 2-7 假设检验中各种可能结果及其概率

H_0，H_1 为真	接受 H_0	拒绝 H_0
H_0 为真	决策正确($1-\alpha$)	弃真错误(α)
H_1 为真	取伪错误(β)	决策正确($1-\beta$)

人们总是希望两类错误发生的概率 α 和 β 都越小越好，然而，实际中，这很难做到。当样本容量 n 确定后，如果 α 变小，则检验的拒绝域变小，相应的接受域就会变大，因此 β 值也就随之变大；相反，若 β 变小，则不难想到 α 又会变大。我们有时不得不在两类错误之间做权衡。通常来说，哪一类错误所带来的后果更严重、危害更大，在假设检验中就应该把哪一类错误作为首选的控制目标。但实际检验时，通常所遵循的原则都是控制犯第一类错误的概率 α，而不考虑犯第二类错误的概率 β，这样的检验称为显著性检验。这里所讨论的检验，都是显著性检验。又由于显著性水平 α 是预先给定的，因而犯第一类错误的概率是可以控制的。而犯第二类错误的概率通常是不可控的。

2.2.3 均值检验

根据假设检验的不同内容和进行检验的不同条件，需要采用不同的检验统计量，其中 z 统计量和 t 统计量是两个最主要也最常用的统计量。它们常常用于均值和比例的假设检验。具体选择哪个统计量往往要考虑样本量的大小以及总体标准差 σ 是否已知。事实上因为统计实验往往是针对来自某一总体的一组样本而进行的，所以更多的情况下，我们都认为总体标准差 σ 是未知的。在参数估计部分，我们已经学习了对单总体样本的均值估计以及双总体样本的均值差估计，本节的内容大致上都是基于前面这些已经得到的结果而进行的。

样本量大小是决定选择哪种统计量的一个重要考虑因素。因为大样本条件下，如果总体是正态分布，样本统计量也服从正态分布；即使总体是非正态分布的，样本统计量也趋近于正态分布。所以大样本下的统计量将都被看成是正态分布的，此时需要使用 z 统计量。z 统计量是以标准正态分布为基础的一种统计量，当总体标准差 σ 已知时，它的计算公式如下

$$z=\frac{\bar{x}-\mu_0}{\sigma/\sqrt{n}}$$

正如前面刚刚说过的，实际中总体标准差 σ 往往很难获取，这时一般用样本标准差 s 来代替，如此一来上述公式便可改写为

$$z = \frac{\bar{x} - \mu_0}{s/\sqrt{n}}$$

在样本量较小的情况下，且总体标准差未知，由于检验所依赖的信息量不足，只能用样本标准差来代替总体标准差，此时样本统计量就服从 t 分布，故应使用 t 统计量，其计算公式为

$$t = \frac{\bar{x} - \mu_0}{s/\sqrt{n}}$$

这里 t 统计量的自由度为 $n-1$。

仍以土壤 pH 值检验的数据为例，现在想问该区域的土壤是否是中性的(即 pH=7)？为此首先提出原假设和备择假设如下：

$$H_0: \text{pH} = 7, \quad H_1: \text{pH} \neq 7$$

该题目显然属于小样本且总体方差未知的情况，此时可以计算其 t 统计量如下

$$t = \frac{6.67647 - 7}{0.45488/\sqrt{17}} \approx -2.9326$$

因为这是一个双尾检验，所以可在 R 中计算其 P 值如下

```
> 2 * pt( - 2.9326, 16, lower.tail = T)
[1] 0.009757353
```

注意到以上结果与先前使用 t.test()函数算得的结果是一致的，下面我们就来分析一下这个结果意味着什么。首先可以在 R 中使用下面的代码来求出双尾检验的两个临界值。

```
> qt(0.025, 16); qt(0.975, 16)
[1] - 2.119905
[1] 2.119905
```

由于原假设是 pH=7，那么它不成立的情况就有两种，要么 pH>7，要么 pH<7，所以它是一个双尾检验。如图 2-4 所示，其中两部分阴影的面积之和占总图形面积的 5%，即两边各 2.5%。一方面已经算得的 t 统计量要小于临界值 −2.1199，对称地，t 统计量的相反数也大于另外一个临界值 2.1199，即样本数据的统计量落入了拒绝域中。样本数据的统计量对应的 P 值也小于 0.05 的显著水平，所以应该拒绝原假设。由此认为该区域的土壤不是中性的。

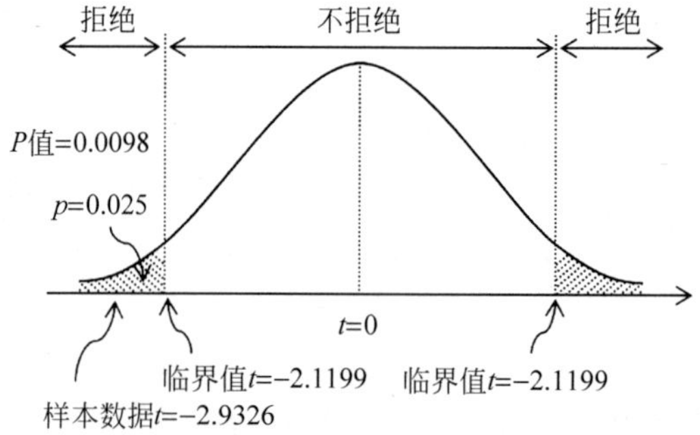

图 2-4 双尾检测的拒绝域与接受域

除了进行双尾检验以外，当然还可执行一个单尾检验。比如现在问该区域的土壤是否呈酸性(即 pH<7)，那么便可提出如下的原假设与备择假设

$$H_0: \text{pH} = 7, \quad H_1: \text{pH} < 7$$

此时所得之 t 统计量并未发生变化，但是 P 值却不同了，可以在 R 中算得 P 值如下。

```
> pt( - 2.9326, 16)
[1] 0.004878676
```

如图 2-5 所示，t 统计量小于临界值 −1.7459，即样本数据的统计量落入了拒绝域中。样本数据的统计量对应的 P 值也小于 0.05 的显著水平，所以应该拒绝原假设。由此认为该区域的土壤是酸性的。

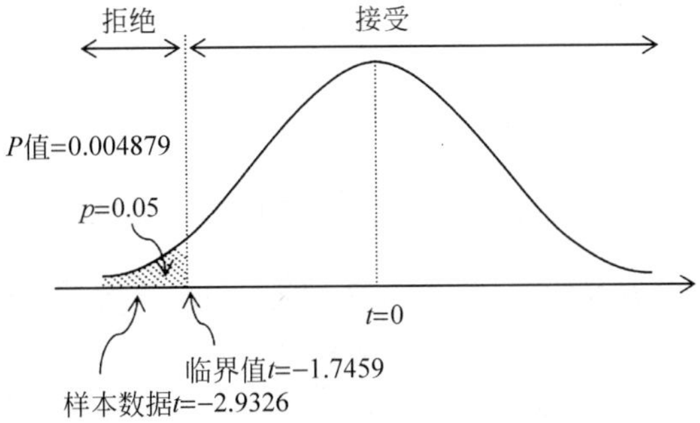

图 2-5　单尾检测的拒绝域与接受域

以上单尾检验过程也可以使用 t.test()函数来完成，只需将其中的参数 alternative 的值置为“less”即可。下面给出示例代码。

```
> t.test(pH, mu = 7, alternative = "less")

        One Sample t - test

data: pH
t = - 2.9326, df = 16, p - value = 0.004879
alternative hypothesis: true mean is less than 7
95 percent confidence interval:
      - Inf 6.869083
sample estimates:
mean of x
6.676471
```

相比之下，讨论双总体均值之差的假设检验其实更有意义。因为在统计实践中，最常被问到的问题就是两个总体是否有差别。例如，医药公司研发了一种新药，在进行双盲对照实验时，新药常常被用来与安慰剂做比较。如果新药在统计上不能表现出与安慰剂的显著差别，显然这种药就是无效的。再比如前面讨论过的饲料问题，当我们对比两种饲料的效果时，必然要问及它们之间是否有差别。

同在研究双总体均值差的区间估计问题时所遵循的思路一致，此时仍然分独立样本数

据和配对样本数据两种情况来讨论。

对于独立样本数据而言，如果两个总体的方差 σ_1^2 和 σ_2^2 未知，但是可以确定 $\sigma_1^2=\sigma_2^2$，那么在此情况下检验统计量的计算公式为

$$t=\frac{\bar{x}_1-\bar{x}_2-(\mu_1-\mu_2)}{s'\sqrt{\frac{1}{n_1}+\frac{1}{n_2}}}$$

其中 s' 的表达式本章前面曾经给出，这里不再重复。另外，t 分布的自由度为 n_1+n_2-2。

仍然以饲料与肉鸡增重的数据为例，现在我们想知道两种饲料在统计上是否有差异，为此提出原假设和备择假设如下

$$H_0: \mu_1=\mu_2, \quad H_1: \mu_1\neq\mu_2$$

在原假设前提下，可以计算检验统计量的数值为

$$t=\frac{\bar{x}_1-\bar{x}_2}{s'\sqrt{\frac{1}{n_1}+\frac{1}{n_2}}}=\frac{-14.83}{16.447}\approx-0.9019$$

这仍然是一个双尾检测，所以可以使用如下所示的 R 代码来求得检验临界值。

```
> qt(0.025, 7); qt(0.975, 7)
[1] -2.364624
[1] 2.364624
```

因为 $-2.365\leqslant-0.9019\leqslant2.365$，所以检验统计量落在了接受域中。更进一步还可以在 R 中使用下面的代码来算得与检验统计量相对应的 P 值。

```
> pt(-0.9019, 7, lower.tail = T) * 2
[1] 0.3970802
```

因为 P 值 $=0.397$，大于 0.05 的显著水平，所以我们无法拒绝原假设，即不能认为两种饲料之间存在差异。以上计算结果与本章前面由 t.test() 函数所得之结果是完全一致的。

对于独立样本数据而言，若两个总体的方差 σ_1^2 和 σ_2^2 未知，且 $\sigma_1^2\neq\sigma_2^2$，那么在此情况下检验统计量的计算公式为

$$t=\frac{(\bar{x}_1-\bar{x}_2)-(\mu_1-\mu_2)}{\sqrt{s_1^2/n_1+s_2^2/n_2}}$$

此时检验统计量近似服从一个自由度为 $\hat{v}$ 的 t 分布，$\hat{v}$ 前面已经给出，这里不再重复。

仍然以饲料与肉鸡增重的数据为例，并假设两个总体的方差不相等，同样提出原假设和备择假设如下

$$H_0: \mu_1=\mu_2, \quad H_1: \mu_1\neq\mu_2$$

在原假设前提下，可以计算检验统计量的数值为

$$t=\frac{\bar{x}_1-\bar{x}_2}{\sqrt{s_1^2/n_1+s_2^2/n_2}}=\frac{65-79.83}{\sqrt{\frac{21.66^2}{3}+\frac{23.87^2}{6}}}=\frac{-14.83}{15.854}\approx-0.9357$$

这仍然是一个双尾检测，所以可以使用如下所示的 R 代码来求得检验临界值

```
> qt(0.025, 4.503); qt(0.975, 4.503)
[1] -2.658308
[1] 2.658308
```

因为$-2.658\leqslant -0.9357\leqslant 2.658$，所以检验统计量落在了接受域中。更进一步还可以在 R 中使用下面的代码来算得与检验统计量相对应的 P 值。

```
> pt(-0.9357, 4.503, lower.tail = T) * 2
[1] 0.3968415
```

因为 P 值$=0.3968$，大于 0.05 的显著水平，所以我们无法拒绝原假设，即不能认为两种饲料之间存在差异。以上计算结果与本章前面由 t.test()函数所得之结果是完全一致的。

最后来研究双总体均值差的假设检验，样本数据属于配对样本的情况。此时的假设检验其实与单总体均值的假设检验基本相同，即把配对样本之间的差值看成是从单一总体中抽取的一组样本。在大样本条件下，两个总体间各差值的标准差 σ_d 未知，所以用样本差值的标准差 s_d 来代替，此时统计量的计算公式为

$$z=\frac{\bar{d}-\mu}{s_d/\sqrt{n}}$$

其中，d 是一组配对样本之间的差值，$\bar{d}$ 表示各差值的均值；μ 表示两个总体中配对数据差的均值。

在样本量较小的情况下，样本统计量就服从 t 分布，故应使用 t 统计量，其计算公式为

$$t=\frac{\bar{d}-\mu}{s_d/\sqrt{n}}$$

这里 t 统计量的自由度为 $n-1$。

继续前面关于双总体均值差中配对样本的讨论，欲检验喂食了两组不同饲料的肉鸡在增重数据方面是否具有相同的均值，现提出下列原假设和备择假设

$$H_0: \mu_1=\mu_2, \quad H_1: \mu_1\neq\mu_2$$

在原假设前提下，很容易得出配对差的均值 μ 也为零的结论，于是可以计算检验统计量如下

$$t=\frac{6.67}{5.05\sqrt{6}}=\frac{6.67}{2.062}\approx 3.235$$

这仍然是一个双尾检测，所以可以使用如下所示的 R 代码来求得检验临界值。

```
> qt(0.025, 5); qt(0.975, 5)
[1] -2.570582
[1] 2.570582
```

因为 $3.235>2.571$，所以检验统计量落在了拒绝域中。更进一步还可以在 R 中使用下面的代码来算得与检验统计量相对应的 P 值。

```
> 2 * (pt(3.2359, 5, lower.tail = F))
[1] 0.02305406
```

因为 P 值=0.02305，小于 0.05 的显著水平，所以应该拒绝原假设，即认为两种饲料之间存在差异。以上计算结果与本章前面由 t.test()函数所得之结果是完全一致的。

2.3 极大似然估计

正如本章最初所讲的，统计推断的基本问题可以分为两大类：一类是参数估计；另一类是假设检验。其中假设检验又分为参数假设检验和非参数假设检验两大类。本章所讲的假设检验都属于是参数假设检验的范畴。参数估计也分为两大类，即参数的点估计和区间估计。用于点估计的方法一般有矩方法和最大似然估计法(Maximum Likelihood Estimate, MLE)两种。

2.3.1 极大似然法的基本原理

最大似然这个思想最初是由德国著名数学家卡尔·高斯(Carl Gauss)提出的，但真正将其发扬光大的则是英国的统计学家罗纳德·费希尔(Ronald Fisher)。费希尔在其 1922 年发表的一篇论文中再次提出了最大似然估计这个思想，并且首先探讨了这种方法的一些性质。而且，费希尔当年正是凭借这一方法彻底撼动了皮尔逊在统计学界的统治地位。从此开始，统计学研究正式进入了费希尔时代。

为了引入最大似然估计法的思想，来看一个例子。假设一个口袋中有黑白两种颜色的小球，并且知道这两种球的数量比为 3∶1，但不知道具体哪种球占 3/4，哪种球占 1/4。现在从袋子中有返回地任取三个球，其中有一个是黑球，那么试问袋子中哪种球占 3/4，哪种球占 1/4。

设 X 是抽取三个球中黑球的个数，又设 p 是袋子中黑球所占的比例，则有 $X\sim B(3,p)$，即

$$P(X=k)=\binom{3}{k}p^k(1-p)^{3-k},\quad k=0,1,2,3$$

当 $X=1$ 时，不同的 p 值对应的概率分别为

$$P\left(X=1;\ p=\frac{3}{4}\right)=3\times\frac{3}{4}\times\left(\frac{1}{4}\right)^2=\frac{9}{64}$$

$$P\left(X=1;\ p=\frac{1}{4}\right)=3\times\frac{1}{4}\times\left(\frac{3}{4}\right)^2=\frac{27}{64}$$

由于第一个概率小于第二个概率，所以我们判断黑球的占比应该是 1/4。

在上面的例子中，p 是分布中的参数，它只能取 3/4 或者 1/4。需要通过抽样结果来决定分布中参数究竟是多少。在给定了样本观察值以后再去计算该样本的出现概率，而这一概率依赖于 p 的值。所以就需要用 p 的可能取值分别去计算最终的概率，在相对比较之下，最终所取之 p 值应该是使得最终概率最大的那个 p 值。

极大似然估计的基本思想就是根据上述想法引伸出来的。设总体含有待估参数 θ，它可以取很多值，所以就要在 θ 的一切可能取值之中选出一个使样本观测值出现的概率为最大的 θ 值，记为 $\hat{\theta}$，并将此作为 θ 的估计，并称 $\hat{\theta}$ 为 θ 的极大似然估计。

首先来考虑 X 属于离散型概率分布的情况。假设在 X 的分布中含有未知参数 θ，记为

$$P(X=a_i)=p(a_i;\ \theta),\quad i=1,2,\cdots,\theta\in\Theta$$

现从总体中抽取容量为 n 的样本，其观测值为 $x_1,x_2,\cdots,x_n$，这里每个 x_i 为 $a_1,a_2,\cdots$ 中的某个值，该样本的联合分布为

$$\prod_{i=1}^{n} p(x_i;\theta)$$

由于这一概率依赖于未知参数 θ，故可将它看成是 θ 的函数，并称其为似然函数，记为

$$\mathcal{L}(\theta)=\prod_{i=1}^{n} p(x_i;\theta)$$

对不同的 θ，同一组样本观察值 $x_1,x_2,\cdots,x_n$ 出现的概率$\mathcal{L}(\theta)$也不一样。当 $P(A)>P(B)$ 时，事件 A 出现的可能性比事件 B 出现的可能性大，如果样本观察值 $x_1,x_2,\cdots,x_n$ 出现了，当然就要求对应的似然函数$\mathcal{L}(\theta)$的值达到最大，所以应该选取这样的 $\hat{\theta}$ 作为 θ 的估计，使得

$$\mathcal{L}(\hat{\theta})=\max_{\theta\in\Theta}\mathcal{L}(\theta)$$

如果 $\hat{\theta}$ 存在的话，则称 $\hat{\theta}$ 为 θ 的极大似然估计。

此外，当 X 是连续分布时，其概率密度函数为 $p(x;\theta)$，θ 为未知参数，且 $\theta\in\Theta$，这里的 Θ 表示一个参数空间。现从该总体中获得容量为 n 的样本观测值 $x_1,x_2,\cdots,x_n$，那么在 $X_1=x_1,X_2=x_2,\cdots,X_n=x_n$ 时联合密度函数值为

$$\prod_{i=1}^{n} p(x_i;\theta)$$

它也是 θ 的函数，也称为似然函数，记为

$$\mathcal{L}(\theta)=\prod_{i=1}^{n} p(x_i;\theta)$$

对不同的 θ，同一组样本观察值 $x_1,x_2,\cdots,x_n$ 的联合密度函数值也是不同的，因此应该选择 θ 的极大似然估计 $\hat{\theta}$，从而使下式得到满足

$$\mathcal{L}(\hat{\theta})=\max_{\theta\in\Theta}\mathcal{L}(\theta)$$

2.3.2 求极大似然估计的方法

当函数关于参数可导时，可以通过求导方法来获得似然函数极大值对应的参数值。在求极大似然估计时，为求导方便，常对似然函数$\mathcal{L}(\theta)$取对数，称 $l(\theta)=\ln\mathcal{L}(\theta)$为对数似然函数，它与$\mathcal{L}(\theta)$在同一点上达到最大。根据微积分中的费马定理，当 $l(\theta)$对 θ 的每一分量可微时，可通过 $l(\theta)$对 θ 的每一分量求偏导并令其为 0 求得，称

$$\frac{\partial l(\theta)}{\partial\theta_j}=0,\quad j=1,2,\cdots,k$$

为似然方程，其中 k 是 θ 的维数。

下面就结合一个例子来演示这个过程。假设随机变量 $X\sim B(n,p)$，又知 $x_1,x_2,\cdots,x_n$ 是来自 X 的一组样本观察值，现在求 $P(X=T)$时，参数 p 的极大似然估计。首先写出似然函数

$$\mathcal{L}(p)=\prod_{i=1}^{n} p^{x_i}(1-p)^{1-x_i}$$

然后对上式左右两边取对数，可得

$$l(p)=\sum_{i=1}^{n}[x_i\ln p+(1-x_i)\ln(1-p)]$$

$$=n\ln(1-p)+\sum_{i=1}^{n}x_i[\ln p-\ln(1-p)]$$

将 $l(p)$ 对 p 求导，并令其导数等于 0，得似然方程

$$\frac{\mathrm{d}l(p)}{\mathrm{d}p}=-\frac{n}{1-p}+\sum_{i=1}^{n}x_i\left(\frac{1}{p}+\frac{1}{1-p}\right)$$

$$=-\frac{n}{1-p}+\frac{1}{p(1-p)}\sum_{i=1}^{n}x_i=0$$

解似然方程得

$$\hat{p}=\frac{1}{n}\sum_{i=1}^{n}x_i=\bar{x}$$

可以验证，当 $\hat{p}=\bar{x}$ 时，$\partial^2 l(p)/\partial p^2<0$，这就表明 $\hat{p}=\bar{x}$ 可以使函数取得极大值。最后将题目中已知的条件代入，可得 p 的极大似然估计为 $\hat{p}=\bar{x}=T/n$。

再来看一个连续分布的例子。假设有随机变量 $X\sim N(\mu,\sigma^2)$，μ 和 σ^2 都是未知参数，$x_1,x_2,\cdots,x_n$ 是来自 X 的一组样本观察值，试求 μ 和 σ^2 的极大似然估计值。首先写出似然函数

$$\mathcal{L}(\mu,\sigma^2)=\prod_{i=1}^{n}\frac{1}{\sqrt{2\pi}\sigma}\mathrm{e}^{-\frac{(x_i-\mu)^2}{2\sigma^2}}=(2\pi\sigma^2)^{-\frac{n}{2}}\cdot\mathrm{e}^{-\frac{\sum_{i=1}^{n}(x_i-\mu)^2}{2\sigma^2}}$$

然后对上式左右两边取对数，可得

$$l(\mu,\sigma^2)=-\frac{n}{2}\ln(2\pi\sigma^2)-\frac{1}{2\sigma^2}\sum_{i=1}^{n}(x_i-\mu)^2$$

将 $l(\mu,\sigma^2)$ 分别对 μ 和 σ^2 求偏导数，并令它们的导数等于 0，于是可得似然方程

$$\begin{cases}\dfrac{\partial l(\mu,\sigma^2)}{\mu}=\dfrac{1}{\sigma^2}\displaystyle\sum_{i=1}^{n}(x_i-\mu)=0\\[2ex]\dfrac{\partial l(\mu,\sigma^2)}{\sigma^2}=-\dfrac{n}{2\sigma^2}+\dfrac{1}{2\sigma^4}\displaystyle\sum_{i=1}^{n}(x_i-\mu)^2=0\end{cases}$$

求解似然方程可得

$$\hat{\mu}=\bar{x},\quad \hat{\sigma}^2=\frac{1}{n}\sum_{i=1}^{n}(x_i-\bar{x})^2=0$$

而且还可以验证 $\hat{\mu}$ 和 $\hat{\sigma}^2$ 可以使得 $l(\mu,\sigma^2)$ 达到最大。用样本观察值替代后便得出 μ 和 σ^2 的极大似然估计分别为

$$\hat{\mu}=\overline{X},\quad \hat{\sigma}^2=\frac{1}{n}\sum_{i=1}^{n}(X_i-\overline{X})^2=S_n^2$$

因为 $\hat{\mu}=\overline{X}$ 是 μ 的无偏估计，但 $\hat{\sigma}^2=S_n^2$ 并不是 σ^2 的无偏估计，可见参数的极大似然估计并不能确保无偏性。

最后给出一个被称为“不变原则”的定理：设 $\hat{\theta}$ 是 θ 的极大似然估计，$g(\theta)$ 是 θ 的连续函数，则 $g(\theta)$ 的极大似然估计为 $g(\hat{\theta})$。

这里并不打算对该定理进行详细证明。下面将通过一个例子来说明它的应用。假设随机变量 X 服从参数为 λ 的指数分布，$x_1,x_2,\cdots,x_n$ 是来自 X 的一组样本观察值，试求 λ 和 $E(X)$ 的极大似然估计值。首先写出似然函数

$$\mathcal{L}(\lambda)=\prod_{i=1}^{n}\lambda \mathrm{e}^{-\lambda x_i}=\lambda^n \mathrm{e}^{-\lambda\sum\limits_{i=1}^{n}x_i}$$

然后对上式左右两边取对数，可得

$$l(\lambda)=n\ln\lambda-\lambda\sum_{i=1}^{n}x_i$$

将 $l(\lambda)$ 对 λ 求导得似然方程为

$$\frac{\mathrm{d}l(\lambda)}{\mathrm{d}\lambda}=\frac{n}{\lambda}-\sum_{i=1}^{n}x_i=0$$

解似然方程得

$$\hat{\lambda}=n\Big/\sum_{i=1}^{n}x_i=\frac{1}{\bar{x}}$$

可以验证它使 $l(\lambda)$ 达到最大，而且上述过程对一切样本观察值都成立，所以 λ 的极大似然估计值为 $\hat{\lambda}=1/\bar{X}$。此外，$E(X)=1/\lambda$，它是 λ 的函数，其极大似然估计可用不变原则进行求解，即用 $\hat{\lambda}$ 代入 $E(X)$，可得 $E(X)$ 的最大似然估计为 $\bar{X}$，这与矩法估计的结果一致。

2.3.3 极大似然估计应用举例

上一小节演示了通过解方程 $\partial l(\theta)/\partial\theta_j=0$ 从而求得参数 θ 的极大似然估计值的基本方法。但显而易见的是，这个求解过程非常复杂，本节将通过几个实例来演示在 R 中进行极大似然估计的方法。

对于不同的分布形式而言，其似然函数的形式也是各式各样的，所以最后得到的似然方程解(也即是参数的极大似然估计值)的表达式也很难统一。很难找到一种通用的方法来对所有情况下的参数做极大似然估计。因此使用 R 语言进行极大似然估计，往往是先要确定似然函数的表达式，然后再借助于 R 中的极值求解函数来完成。

在单参数情况下，可以使用 R 中的函数 optimize()求极大似然估计值，它的调用格式如下。

```
optimize(f, interval, lower = min(interval),
         upper = max(interval), maximum = FALSE)
```

函数 optimize()的作用是在由参数 interval 指定的区间内搜索函数 f 的极值。这个区间也可以由参数 lower(即区间的下界)和 upper(即区间的上界)来控制。默认情况下，参数 maximum=FALSE 表示求极小值，如果将其置为 TRUE 则表示求极大值。

例如，现在已知某批电子元件的使用寿命服从参数为 λ 的指数分布，λ 未知且有 $\lambda>0$。现在随机抽取一组样本并测得其使用寿命如下(单位：小时)

518 612 713 388 434

请尝试用极大似然估计其这批产品的平均寿命。

上一节的最后已经求出了指数函数的对数似然函数形式，可以用 R 语言代码将似然函

数如下。

```
> f <- function(lamda){
              logL = n * log(lamda) - lamda * sum(x)
              return (logL)
              }
```

然后用 optimize()求使得似然函数取得极值时的参数 λ 的估计值，结果如下。

```
> x = c(518,612,713,388,434)
> n = length(x)
> duration <- optimize(f, c(0,1), maximum = TRUE)
> duration
 $ maximum
[1] 0.001878689
 $ objective
[1] -36.39261
```

由此便求出了参数 λ 的估计值为 0.001 878 689，再根据上一小节最后得出的结论，可知这批电子元件的平均使用寿命 $E(X)=1/\lambda$。

```
> 1/duration $ maximum
[1] 532.2862
```

而且这个结果与之前推导的结论，当 X 服从指数分布时，$E(X)$的最大似然估计为 $\overline{X}$，并由此算得的结果是一致的。

再来看一个稍微复杂的例子，这次要估计的参数将有多个。首先在 R 中导入程序包 MASS 中的数据 geyser，示例代码如下。

```
> library(MASS)
> attach(geyser)
```

该数据集是地质学家记录的美国黄石公园内忠实泉(Old Faithful)，如图 2-6 所示，一年内的喷发数据，数据有两个变量，分别是泉水持续涌出的时间(eruptions)和喷发相隔的时间(waiting)，在这个例子中我们将仅会用到后者。

现在我们打算对变量 waiting 的分布进行拟合，于是首先通过直方图来大致了解一下数据的分布形态。执行下面的代码，其结果如图 2-7 所示。

```
> hist(waiting, freq = FALSE, col = "wheat")
> lines(density(waiting), col = 'red', lwd = 2)
```

从绘制的结果来看，图形中有两个峰，很像是两个分布叠加在一起而成的结果，于是可以推断分布是两个正态分布的混合，故用下面的函数来描述

$$p(x) = \alpha N(x;\mu_1,\sigma_1) + (1-\alpha)N(x;\mu_2,\sigma_2)$$

图 2-6　黄石公园中的忠实泉

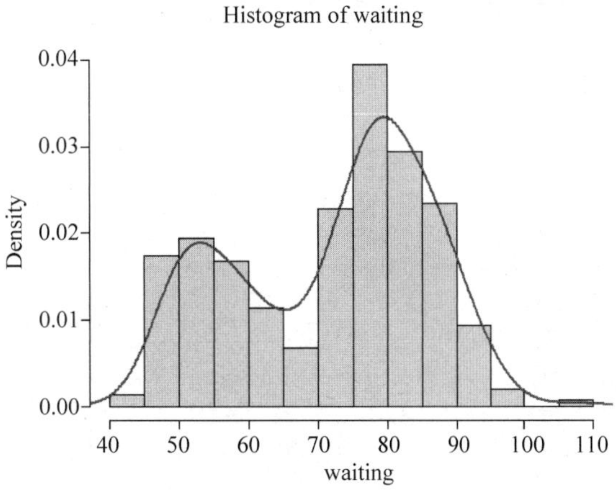

图 2-7　数据分布的直方图

所以在构建的模型中，需要估计的参数有 5 个，即 α、μ_1、σ_1、μ_2 和 σ_2。上述分布函数的对数极大似然函数为

$$l=\sum_{i=1}^{n}\log p(x)$$

接下来，在 R 中定义对数似然函数，示例代码如下。由于在后面将要使用的极值求解法会在迭代过程中产生一些似然函数不能处理的无效值，尽管这并不会影响到最终的求解结果，但是为了避免出现不必要的警告信息，此处使用了 suppressWarnings()函数来忽略那些警告信息。

```
> LL <- function(params,data){
            t1 <- suppressWarnings(dnorm(data,params[2],params[3]))
            t2 <- suppressWarnings(dnorm(data,params[4],params[5]))
            ll <- sum(log(params[1] * t1 + (1 - params[1]) * t2))
            return(ll)
            }
```

为了进行极大似然估计，下面将调用 R 语言中的程序包 maxLik，该包为进行极大似然估计提供了诸多便利，在多参数估计时可以考虑使用它。在进行极值求解时，可以通过修改 maxLik()函数中的参数 method 来选择不同的数值求解方法。可选的值有“NR”“BHHH”“BFGS”“NM”和“SANN”5 种，默认情况下函数将使用默认值“NR”，即采用 Newton-Raphson 算法。

```
> library("maxLik")
> mle <- maxLik(logLik = LL, start = c(0.5,50,10,80,10), data = waiting)
> mle
```

```
Maximum Likelihood estimation
Newton - Raphson maximisation, 8 iterations
Return code 2: successive function values within tolerance limit
Log - Likelihood: - 1157.542 (5 free parameter(s))
Estimate(s): 0.3075935 54.20265 4.951998 80.36031 7.507638
```

最后通过图形来评估一下采用最大似然法所估计出来的参数拟合效果，示例代码如下。

```
> a <-  mle $ estimate[1]
> mu1 <- mle $ estimate[2]; s1 <-  mle $ estimate[3]
> mu2 <- mle $ estimate[4]; s2 <-  mle $ estimate[5]
> X <- seq(40,120,length = 100)
> f <- a * dnorm(X,mu1,s1) + (1 - a) * dnorm(X,mu2,s2)

> hist(waiting, freq = FALSE, col = "wheat")
> lines(density(waiting), col = 'red', lty = 2)
> lines(X, f, col = "blue")

> text.legend = c("Density Line","Max Likelihood")
> legend("topright", legend = text.legend, lty = c(2,1),
+        col = c("red","blue"))
```

执行以上代码，结果如图 2-8 所示，其中实线是基于估计参数绘制的数据分布曲线，虚线是系统自动生成的密度曲线，可见拟合效果还是比较理想的。

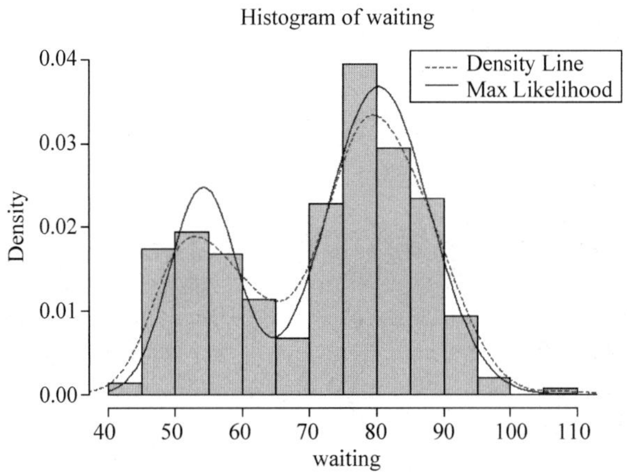

图 2-8　最大似然法拟合效果

第3章 采样方法

CHAPTER 3

上一章介绍了采样的概念。例如,想知道一所大学里所有男生的平均身高。但是因为学校里的男生可能有上万人之多,所以为每个人都测量一下身高存在很大困难,于是从每个学院随机挑选出100名男生来作为样本,这个过程就是采样。然而,本章将要讨论的采样则有另外一层含义。现实中的很多问题可能求解起来是相当困难的。这时就可能会想到利用计算机模拟的方法来帮助求解。在使用计算机进行模拟时,所说的采样,是指从一个概率分布中生成观察值的方法。而这个分布通常是由其概率密度函数来表示的。但即使在已知概率密度函数的情况下,让计算机自动生成观测值也不是一件容易的事情。

3.1 蒙特卡洛法求定积分

蒙特卡洛(Monte Carlo)法是一类随机算法的统称。它是20世纪40年代中期由于科学技术的发展,尤其是电子计算机的发明,而被提出并发扬光大的一种以概率统计理论为基础的数值计算方法。它的核心思想就是使用随机数(或更准确地说是伪随机数)来解决一些复杂的计算问题。现今,蒙特卡洛法已经在诸多领域展现出了超强的能力。本节,我们将通过蒙特卡洛法最为常见的一种应用——求解定积分,来演示这类算法的核心思想。

3.1.1 无意识统计学家法则

作为一个预备知识,先来介绍一下无意识统计学家法则(Law of the Unconscious Statistician,LOTUS)。在概率论与统计学中,如果知道随机变量 X 的概率分布,但是并不显式地知道函数 $g(X)$的分布,那么 LOTUS 就是一个可以用来计算关于随机变量 X 的函数 $g(X)$之期望的定理。该法则的具体形式依赖于随机变量 X 之概率分布的描述形式。

如果随机变量 X 的分布是离散的,而且我们知道它的 PMF 是 f_X,但不知道 $f_{g(X)}$,那么 $g(X)$的期望是

$$E[g(X)]=\sum_x g(x)f_X(x)$$

其中和式是在取遍 X 的所有可能之值 x 后求得。

如果随机变量 X 的分布是连续的,而且我们知道它的 PDF 是 f_X,但不知道 $f_{g(X)}$,那么 $g(X)$的期望是

$$E[g(X)]=\int_{-\infty}^{\infty} g(x)f_X(x)$$

简而言之，已知随机变量 X 的概率分布，但不知道 $g(X)$ 的分布，此时用 LOTUS 公式能计算出函数 $g(X)$ 的数学期望。其实就是在计算期望时，用已知的 X 的 PDF(或 PMF)代替未知的 $g(X)$ 的 PDF(或 PMF)。

3.1.2 投点法

投点法是讲解蒙特卡洛法基本思想的一个最基础也最直观的实例。这个方法也常常被用来求圆周率 π。现在我们用它来求函数的定积分。如图 3-1 所示，有一个函数 $f(x)$，若要求它从 a 到 b 的定积分，其实就是求曲线下方的面积。

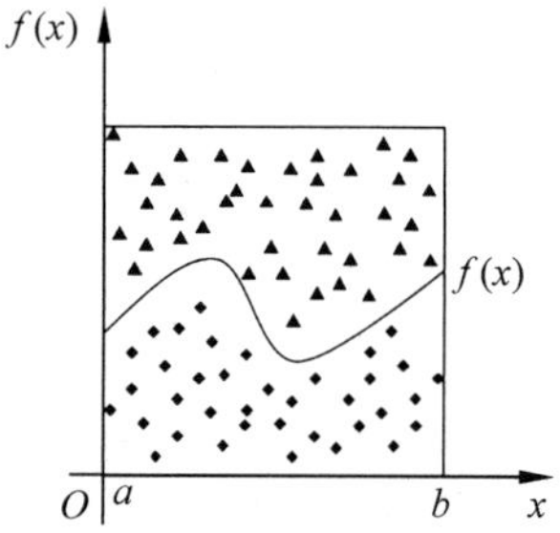

图 3-1 投点法求定积分

可以用一个比较容易算得面积的矩型罩在函数的积分区间上(假设其面积为 Area)。然后随机地向这个矩形框里面投点，其中落在函数 $f(x)$ 下方的点为菱形，其他点为三角形。然后统计菱形点的数量占所有点(菱形+三角形)数量的比例为 r，那么就可以据此估算出函数 $f(x)$ 从 a 到 b 的定积分为 Area$\times r$。

注意由蒙特卡洛法得出的值并不是一个精确值，而是一个近似值。而且当投点的数量越来越大时，这个近似值也越接近真实值。

3.1.3 期望法

下面来重点介绍利用蒙特卡洛法求定积分的第二种方法——期望法，有时也称为平均值法。

任取一组相互独立、同分布的随机变量 $\{X_i\}$，X_i 在 $[a,b]$ 上服从分布律 f_X，也就是说 f_X 是随机变量 X 的 PDF(或 PMF)。令 $g^*(x)=\dfrac{g(x)}{f_X(x)}$，则 $g^*(X_i)$ 也是一组独立同分布的随机变量，而且因为 $g^*(x)$ 是关于 x 的函数，所以根据 LOTUS 可得

$$E[g^*(X_i)]=\int_a^b g^*(x)f_X(x)\mathrm{d}x=\int_a^b g(x)\mathrm{d}x=I$$

由强大数定理

$$Pr\left(\lim_{N\to\infty}\frac{1}{N}\sum_{i=1}^{N}g^*(X_i)=I\right)=1$$

若选

$$\bar{I}=\frac{1}{N}\sum_{i=1}^{N}g^*(X_i)$$

则 $\bar{I}$ 依概率 1 收敛到 I。平均值法就用 $\bar{I}$ 作为 I 的近似值。

假设要计算的积分有如下形式

$$I=\int_a^b g(x)\mathrm{d}x$$

其中，被积函数 $g(x)$ 在区间 $[a,b]$ 上可积。任意选择一个有简便办法可以进行抽样的概率密度函数 $f_X(x)$，使其满足下列条件：

(1) 当 $g(x)\neq 0$ 时，$f_X(x)\neq 0, a\leqslant x\leqslant b$；

(2) $\int_a^b f_X(x)\mathrm{d}x=1$。

如果记

$$g^*(x)=\begin{cases}\dfrac{g(x)}{f_X(x)}, & f_X(x)\neq 0\\ 0, & f_X(x)=0\end{cases}$$

那么原积分式可以写成

$$I=\int_a^b g^*(x)f_X(x)\mathrm{d}x$$

因而求积分的步骤是：

（1）产生服从分布律 f_X 的随机变量 $X_i, i=1,2,\cdots,N$；

（2）计算均值

$$\bar{I}=\frac{1}{N}\sum_{i=1}^{N}g^*(X_i)$$

并用它作为 I 的近似值，即 $I\approx\bar{I}$。

如果 a,b 为有限值，那么 f_X 可取作为均匀分布

$$f_X(x)=\begin{cases}\dfrac{1}{b-a}, & a\leqslant x\leqslant b\\ 0, & \text{其他}\end{cases}$$

此时原来的积分式变为

$$I=(b-a)\int_a^b g(x)\frac{1}{b-a}\mathrm{d}x$$

因而求积分的步骤是：

（1）产生 $[a,b]$ 上的均匀分布随机变量 $X_i, i=1,2,\cdots,N$；

（2）计算均值

$$\bar{I}=\frac{b-a}{N}\sum_{i=1}^{N}g(X_i)$$

并用它作为 I 的近似值，即 $I\approx\bar{I}$。

最后来看一下平均值法的直观解释。注意积分的几何意义就是 $[a,b]$ 区间曲线下方的面积，如图 3-2 所示。

当在 $[a,b]$ 随机取一点 x 时，它对应的函数值就是 $f(x)$，然后便可以用 $f(x)\cdot(b-a)$ 来粗略估计曲线下方的面积（也就是积分），如图 3-3 所示，当然这种估计（或近似）是非常粗略的。

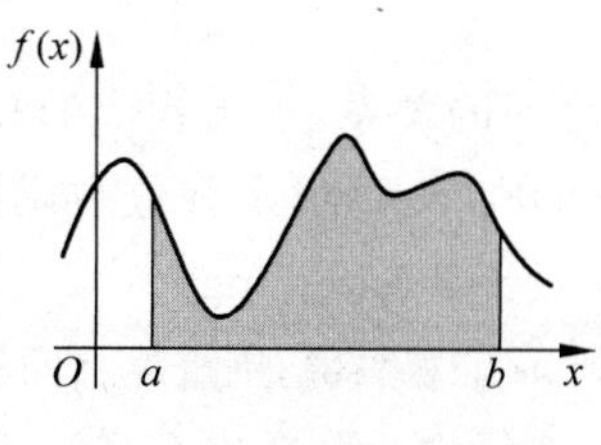

图 3-2　积分的几何意义

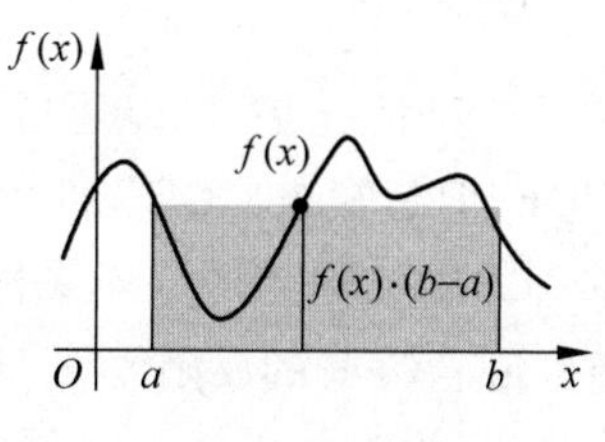

图 3-3　对积分值进行粗略估计

于是我们想到在 $[a,b]$ 随机取一系列点 x_i 时（x_i 满足均匀分布），然后把估算出来的面积取平均来作为积分估计的一个更好的近似值，如图 3-4 所示。可以想象，如果这样的采样

点越来越多,那么对于这个积分的估计也就越来越接近。

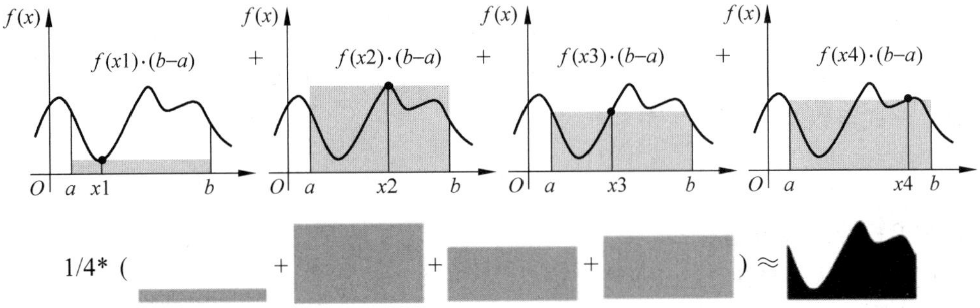

图 3-4 对积分值进行估计

按照上面这个思路,得到积分公式为

$$\bar{I} = (b-a)\frac{1}{N}\sum_{i=0}^{N-1} f(X_i) = \frac{1}{N}\sum_{i=0}^{N-1}\frac{f(X_i)}{\frac{1}{b-a}}$$

其中,$\frac{1}{b-a}$ 就是均匀分布的 PMF。这跟之前推导出来的蒙特卡洛积分公式是一致的。

3.2 蒙特卡洛采样

在 3.1 节中,通过求解定积分这个具体的例子来演示了蒙特卡洛方法的基本思想,而其中的核心就是使用随机数。当所求解问题可以转化为某种随机分布的特征数(如随机事件出现的概率,或者随机变量的期望值等)时,往往就可以考虑使用蒙特卡洛方法。通过随机抽样的方法,以随机事件出现的频率估计其概率,或者以抽样的数字特征估算随机变量的数字特征,并将其作为问题的解。这种方法多用于求解复杂的高维积分问题。

实际应用中,所要面对的第一个问题就是如何抽样?注意,在计算机模拟时,这里所说的抽样其实是指从一个概率分布中生成观察值(observations)的方法。而这个分布通常是由其概率密度函数来表示的。前面曾经提过,即使在已知 PDF 的情况下,让计算机自动生成观测值也不是一件容易的事情。从本质上来说,计算机只能实现对均匀分布的采样。幸运的是,仍然可以在此基础上对更为复杂的分布进行采样。

3.2.1 逆采样

比较简单的一种情况是,可以通过 PDF 与 CDF 之间的关系,求出相应的 CDF。或者根本就不知道 PDF,但是知道 CDF。此时就可以使用 CDF 反函数(及分位数函数)的方法来进行采样。这种方法又称为逆变换采样(Inverse Transform Sampling)。

假设已经得到了 CDF 的反函数 $F^{-1}(u)$,如果想得到 m 个观察值,则重复下面的步骤 m 次:

(1) 从 $U(0,1)$ 中随机生成一个值(计算机可以实现从均匀分布中采样),用 u 表示;

(2) 计算 $F^{-1}(u)$ 的值 x,则 x 就是从目标分布 $f(x)$ 中得出的一个采样点。

面对一个具有复杂表达式的函数,逆变换采样法真有效吗?来看一个例子,假设现在希望从具有下面这个 PDF 的分布中采样

$$f(x)=\begin{cases}8x, & 0\leqslant x<0.25\\ \dfrac{8}{3}-\dfrac{8x}{3}, & 0.25\leqslant x\leqslant 1\\ 0, & \text{其他}\end{cases}$$

可以算得相应的 CDF 为

$$F(x)=\begin{cases}0, & x<0\\ 4x^2, & 0\leqslant x<0.25\\ \dfrac{8x}{3}-\dfrac{4x^2}{3}-\dfrac{1}{3}, & 0.25\leqslant x\leqslant 1\\ 1, & x>1\end{cases}$$

对于 $u\in[0,1]$，上述 CDF 的反函数为

$$F^{-1}(u)=\begin{cases}\dfrac{\sqrt{u}}{2}, & 0\leqslant x<0.25\\ 1-\dfrac{\sqrt{3(1-u)}}{2}, & 0.25\leqslant x\leqslant 1\end{cases}$$

下面在 R 中利用上面的方法采样 10000 个点，并以此来演示抽样的效果。

```
m <- 10000
u <- runif(m, 0, 1)
invcdf.func <- function(u) {
+ if (u >= 0 && u < 0.25)
+       sqrt(u)/2
+     else if (u >= 0.25 && u <= 1)
+       1 - sqrt(3 * (1 - u))/2
+ }
x <- unlist(lapply(u, invcdf.func))

curve(8 * x, from = 0, to = 0.25, xlim = c(0,1), ylim = c(0,2),
+ col = "red",xlab = "", ylab = "")
par(new = TRUE)
curve((8/3) - (8/3) * x, from = 0.25, to = 1, xlim = c(0,1), ylim = c(0,2),
+ col = "red",xlab = "", ylab = "")
par(new = TRUE)
plot(density(x), xlim = c(0,1), ylim = c(0,2),
+ col = "blue", xlab = "x", ylab = "density")
```

将所得结果与真实的 PDF 函数图形进行对照，如图 3-5 所示。可见由逆变换采样法得到的点所呈现处理的分布与目标分布非常吻合。

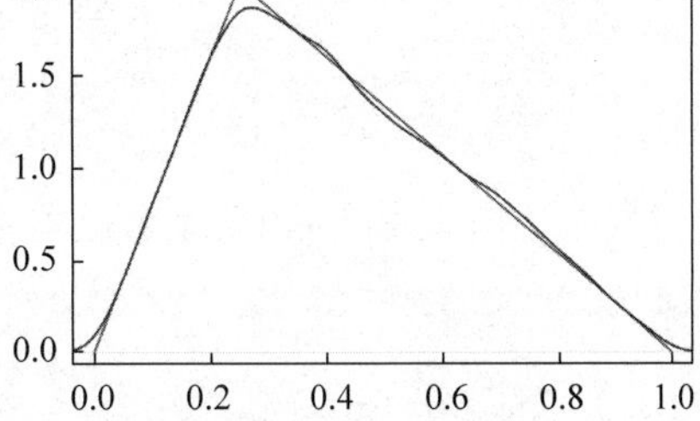

图 3-5 逆变换采样举例

下面再举一个稍微复杂一点的例子，已知分布的 PDF 如下

$$h(x)=\frac{2m^2}{(1-m^2)x^3},\quad x\in[m,1]$$

可以算得相应的 CDF 为

$$H(x)=\int_{-\infty}^{x}h(t)\mathrm{d}t\begin{cases}0, & x<m\\ \dfrac{1}{1-m^2}-\dfrac{m^2}{(1-m^2)x^2}, & x\in[m,1]\\ 1, & x>1\end{cases}$$

对于 $u\in[0,1]$，它的反函数为

$$H^{-1}(u)=\sqrt{\frac{m^2}{1-(1-m^2)u}}$$

同样，给出 R 中的示例代码如下。

```
invcdf <- function(u, m) {
    return(sqrt(m^2/(1 - (1 - m^2) * u)))
}

sample1 <- sapply(runif(1000), invcdf, m = .5)
```

下面这段代码利用 R 中提供的一些内置函数实现了已知 PDF 时基于逆变换方法的采样，将新定义的函数命名为 samplepdf()。当然，对于那些过于复杂的 PDF 函数(例如很难积分的)，samplepdf()确实有力所不及的情况。但是对于标准的常规 PDF，该函数的效果还是不错的。

```
endsign <- function(f, sign = 1) {
    b <- sign
    while (sign * f(b) < 0) b <- 10 * b
    return(b)
}

samplepdf <- function(n, pdf, ..., spdf.lower = -Inf, spdf.upper = Inf) {
    vpdf <- function(v) sapply(v, pdf, ...) # vectorize
    cdf <- function(x) integrate(vpdf, spdf.lower, x) $ value
    invcdf <- function(u) {
        subcdf <- function(t) cdf(t) - u
        if (spdf.lower == -Inf)
            spdf.lower <- endsign(subcdf, -1)
        if (spdf.upper == Inf)
            spdf.upper <- endsign(subcdf)
        return(uniroot(subcdf, c(spdf.lower, spdf.upper)) $ root)
    }
    sapply(runif(n), invcdf)
}
```

下面就用 samplepdf()函数来对上面给定的 h(x)进行采样，然后再跟之前所得结果进行对比。

```
h <- function(t, m) {
    if (t >= m & t <= 1)
        return(2 * m^2/(1 - m^2)/t^3)
    return(0)
```

```
}

sample2 <- samplepdf(1000, h, m = .5)

plot(density(sample1), xlim = c(0.4, 1.1), ylim = c(0, 4),
+ col = "red", xlab = "", ylab = "", main = "")
par(new = TRUE)
plot(density(sample2), xlim = c(0.4, 1.1), ylim = c(0, 4),
+ col = "blue", xlab = "x, N = 1000", ylab = "density", main = "")
text.legend = c("my_invcdf","samplepdf")
legend("topright", legend = text.legend, lty = c(1,1), col = c( "red", "blue"))
```

代码执行结果如图 3-6 所示。

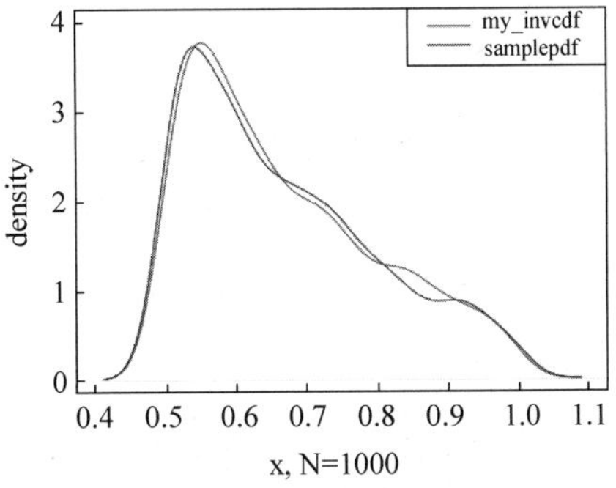

图 3-6 逆采样代码执行结果

3.2.2 博克斯-穆勒变换

博克斯-穆勒变换(Box-Muller Transform)最初由乔治·博克斯(George Box)与默文·穆勒(Mervin Muller)在 1958 年共同提出。博克斯是统计学的一代大师,统计学中的很多名词术语都以其名字命名。博克斯与统计学的家学渊源相当深厚,他的导师是统计学开山鼻祖皮尔逊的儿子,英国统计学家埃贡·皮尔逊(Egon Pearson),博克斯还是统计学的另外一位巨擘级奠基人费希尔的女婿。统计学中的名言"所有模型都是错的,但其中一些是有用的"也出自博克斯之口。

本质上来说,计算机只能生产符合均匀分布的采样。如果要生成其他分布的采样,就需要借助一些技巧性的方法。而在众多的"其他分布"中,正态分布无疑占据着相当重要的地位。下面这个定理,就为生成符合正态分布的采样(随机数)提供了一种方法,而且这也是很多软件或者编程语言的库函数中生成正态分布随机数时所采样的方法。

定理(Box-Muller 变换):如果随机变量 U_1 和 U_2 是独立同分布的,且 $U_1, U_2 \sim U[0,1]$,则

$$Z_0 = \sqrt{-2\ln U_1}\cos(2\pi U_2)$$

$$Z_1 = \sqrt{-2\ln U_1}\sin(2\pi U_2)$$

其中,Z_0 和 Z_1 独立且服从标准正态分布。

如何来证明这个定理呢?这需要用到一些微积分中的知识,首先回忆一下二重积分化

为极坐标下累次积分的方法

$$\iint_D f(x,y)\mathrm{d}x\mathrm{d}y = \int_\alpha^\beta \mathrm{d}\theta \int_{\rho_1(\theta)}^{\rho_2(\theta)} f(\rho\cos\theta, \rho\sin\theta)\rho\mathrm{d}\rho$$

假设现在有两个独立的标准正态分布 $X\sim N(0,1)$ 和 $Y\sim N(0,1)$，由于两者相互独立，则联合概率密度函数为

$$p(x,y) = p(x)\cdot p(y) = \frac{1}{\sqrt{2\pi}}\mathrm{e}^{-\frac{x^2}{2}}\cdot\frac{1}{\sqrt{2\pi}}\mathrm{e}^{-\frac{y^2}{2}} = \frac{1}{2\pi}\mathrm{e}^{-\frac{x^2+y^2}{2}}$$

做极坐标变换，则 $x=R\cos\theta, y=R\sin\theta$，则有

$$\frac{1}{2\pi}\mathrm{e}^{-\frac{x^2+y^2}{2}} = \frac{1}{2\pi}\mathrm{e}^{-\frac{R^2}{2}}$$

这个结果可以看成是两个概率分布的密度函数的乘积，其中一个可以看成是$[0,2\pi]$上均匀分布，将其转换为标准均匀分布则有 $\theta\sim U(0,2\pi)=2\pi U_2$。

另外一个的密度函数为

$$P(R) = \mathrm{e}^{-\frac{R^2}{2}}$$

则其累计分布函数 CDF 为

$$P(R\leqslant r) = \int_0^r \mathrm{e}^{-\frac{\rho^2}{2}}\rho\mathrm{d}\rho = -\mathrm{e}^{-\frac{\rho^2}{2}}\Big|_0^r = -\mathrm{e}^{-\frac{r^2}{2}}+1$$

这个 CDF 函数的反函数可以写成

$$F^{-1}(u) = \sqrt{-2\log(1-u)}$$

根据逆变换采样的原理，如果有个 PDF 为 $P(R)$的分布，那么对齐 CDF 的反函数进行均匀采样所得的样本分布将符合 $P(R)$的分布，而如果 u 是均匀分布的，那么 $U_1=1-u$ 也将是均匀分布的，于是用 U_1 替换 $1-u$，最后可得

$$X = R\cdot\cos\theta = \sqrt{-2\log U_1}\cdot\cos(2\pi U_2)$$

$$Y = R\cdot\sin\theta = \sqrt{-2\log U_1}\cdot\sin(2\pi U_2)$$

结论得证。最后来总结一下利用 Box-Muller 变换生成符合高斯分布的随机数的方法：

(1) 产生两个随机数 $U_1, U_2\sim U[0,1]$；

(2) 用它们来创造半径 $R=\sqrt{-2\log(U_1)}$和和夹角 $\theta=2\pi U_2$；

(3) 将(R,θ)从极坐标转换到笛卡儿坐标：$(R\cos\theta, R\sin\theta)$。

3.2.3 拒绝采样与自适应拒绝采样

读者已经看到逆变换采样的方法确实有效。但其实它的缺点也是很明显的，那就是有些分布的 CDF 可能很难通过对 PDF 的积分得到，再或者 CDF 的反函数也很不容易求。这时可能需要用到另外一种采样方法，这就是下面即将要介绍的拒绝采样(Reject Sampling)。

图 3-7 阐释了拒绝采样的基本思想。假设对 PDF 为 $p(x)$的函数进行采样，但是由于种种原因(例如这个函数很复杂)，对其进行采样是相对困难的。但是另外一个 PDF 为$q(x)$的函数则相对容易采样，例如采用逆变换方法可以很容易对对它进行采样，甚至 $q(x)$就是一个均匀分布(别忘了计算机可以直接进行采样的分布就只

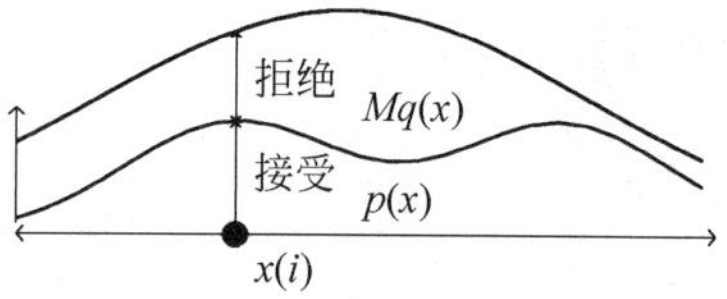

图 3-7　拒绝采样的原理

有均匀分布)。那么,当我们将 $q(x)$ 与一个常数 M 相乘之后,可以实现如图 3-7 所示关系,即 $M \cdot q(x)$ 将 $p(x)$ 完全"罩住"。

然后重复如下步骤,直到获得 m 个被接受的采样点:

(1) 从 $q(x)$ 中获得一个随机采样点 x_i;

(2) 对于 x_i 计算接受概率(acceptance probability)

$$\alpha = \frac{p(x_i)}{Mq(x_i)}$$

(3) 从 $U(0,1)$ 中随机生成一个值,用 u 表示;

(4) 如果 $\alpha \geqslant u$,则接受 x_i 作为一个来自 $p(x)$ 的采样值,否则就拒绝 x_i 并回到第一步。

当然可以采用严密的数学推导来证明拒绝采样的可行性。但它的原理从直观上来解释也是相当容易理解的。可以想象一下在图 2-7 的例子中,从哪些位置抽出的点会比较容易被接受。显然,红色曲线(位于上方)和绿色曲线(位于下方)所示之函数更加接近的地方接受概率较高,即是更容易被接受,所以在这样的地方采到的点就会比较多,而在接受概率较低(即两个函数差距较大)的地方采到的点会比较少,这也就保证了这个方法的有效性。

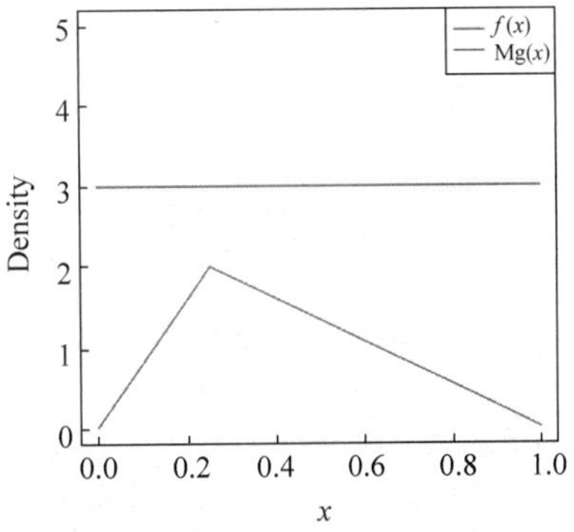

图 3-8 拒绝采样示例

还是以本章前面给出的那个分段函数 $f(x)$ 为例来演示拒绝采样方法。如图 3-8 所示,所选择的参考分布是均匀分布(当然也可以选择其他的分布,但采用均匀分布显然是此处最简单的一种处理方式)。而且令常数 $M=3$。

下面给出 R 中的示例代码,易见此处采样点数目为 10 000。

```
f.x <- function(x) {
+ if (x >= 0 && x < 0.25)
+ 8 * x
+ else if (x >= 0.25 && x <= 1)
+ 8/3 - 8 * x/3
+ else 0
+ }

g.x <- function(x) {
+ if (x >= 0 && x <= 1)
+ 1
+ else 0
+ }

M <- 3
m <- 10000
n.draws <- 0
draws <- c()
x.grid <- seq(0, 1, by = 0.01)
```

```
while (n.draws < m) {
+ x.c <- runif(1, 0, 1)
+ accept.prob <- f.x(x.c)/(M * g.x(x.c))
+ u <- runif(1, 0, 1)
+ if (accept.prob >= u) {
+     draws <- c(draws, x.c)
+     n.draws <- n.draws + 1
+     }
+ }
```

上述代码的执行结果如图 3-9 所示，可见采样结果是非常理想的。

下面的例子演示了对(表达式非常复杂的)*beta*(3,6)分布进行拒绝采样的效果。这里采用均匀分布作为参考分布。而且这里的 $Mq(x)$ 所取之值就是 *beta*(3,6)分布的极大值，它的函数图形应该是与 *beta*(3,6)的极值点相切的一条水平直线。

```
sampled <- data.frame(proposal = runif(50000,0,1))
sampled$targetDensity <- dbeta(sampled$proposal, 3,6)

maxDens = max(sampled$targetDensity, na.rm = T)
sampled$accepted = ifelse(runif(50000,0,1)
+ < sampled$targetDensity / maxDens, TRUE, FALSE)

hist(sampled$proposal[sampled$accepted], freq = F,
+ col = "grey", breaks = 100, main = "")
curve(dbeta(x, 3,6),0,1, add =T, col = "red", main = "")
```

图 3-10 给出了采样 50 000 个点后的密度分布情况，可见采样分布与目标分布 *beta*(3,6)非常吻合。

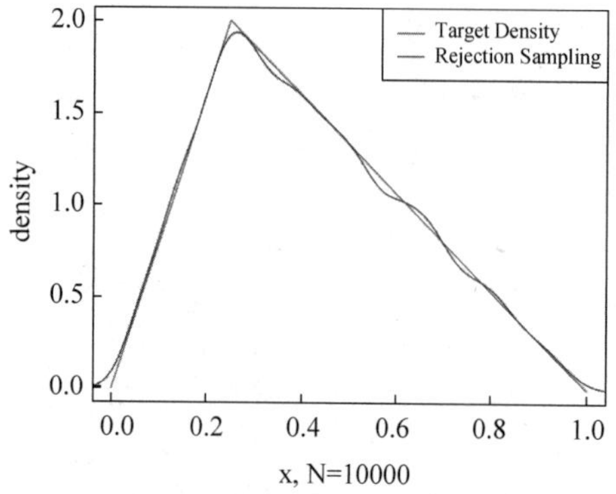

图 3-9 程序执行结果

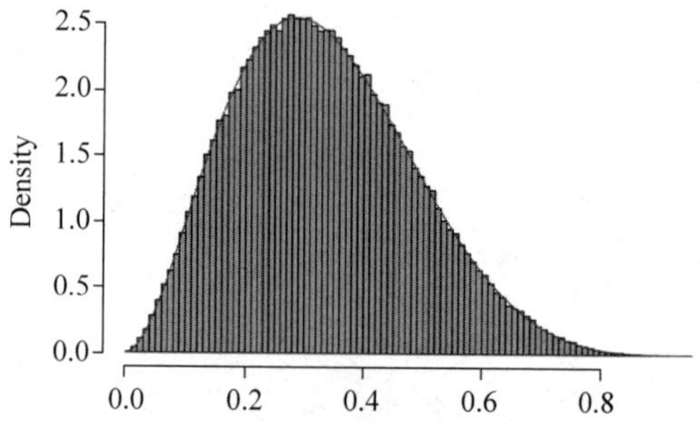

图 3-10 拒绝采样举例

拒绝采样的方法确实可以解决我们的问题。但是它的一个不足涉及其采样效率的问题。针对上面给出的例子而言，我们选择了离目标函数最近的参考函数，就均匀分布而言，已经不能有更进一步的方法了。但即使这种，在这个类似钟形的图形两侧其实仍然会拒绝掉很多很多采样点，这种开销相当浪费。最理想的情况下，参考分布应该跟目标分布越接近越好，从图形上来看就是包裹的越紧实越好。但是这种情况的参考分布往往又不那么容易得到。在满足某些条件的时候也确实可以采用所谓的改进方法，即自适应的拒绝采样(Adaptive Rejection Sampling)。

拒绝采样的弱点在于当被拒绝的点很多时，采样的效率会非常不理想。同时我们也知道，如果能够找到一个跟目标分布函数非常接近的参考函数，那么就可以保证被接受的点占大多数(被拒绝的点很少)。这样一来便克服了拒绝采样效率不高的弱点。如果函数是 log-concave 的话，那么就可以采用自适应的拒绝采样方法。什么是 log-concave 呢？还是回到之前介绍过的贝塔分布，用下面的代码来绘制 beta(2,3)的概率密度函数图像，以及将 beta(2,3)的函数取对数之后的图形。

```
> integrand <- function(x) {(x^1) * ((1 - x)^2)}
> integrate(integrand, lower = 0, upper = 1)
0.08333333 with absolute error < 9.3e-16
> f <- function(x,a,b){log(1/0.08333) + (a - 1) * log(x) + (b - 1) * log(1 - x)}
> curve(f(x, 2, 3))
> curve(dbeta(x, 2, 3))
```

上述代码的执行结果如图 3-11 所示，其中(a)是 beta(2,3)的概率密度函数图形，(b)是将 beta(2,3)的函数取对数之后的图形，你可以发现结果是一个凹函数(concave)。那么 beta(2,3)就满足 log-concave 的要求。

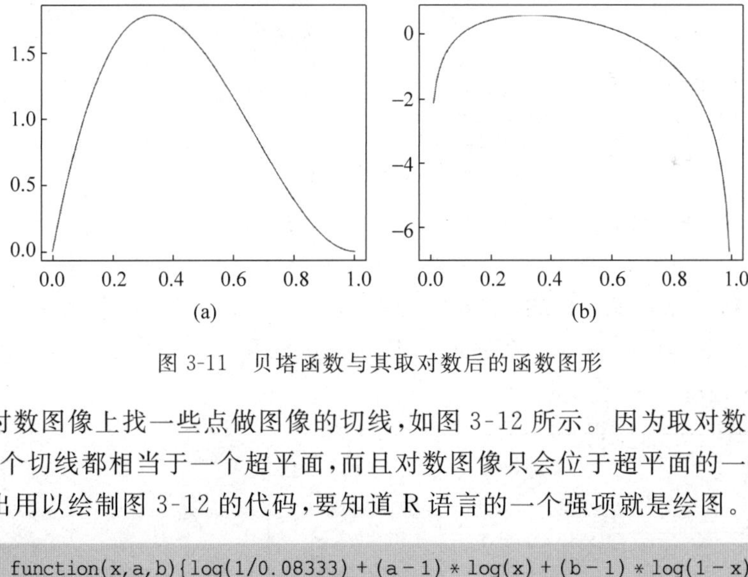

图 3-11 贝塔函数与其取对数后的函数图形

然后在对数图像上找一些点做图像的切线，如图 3-12 所示。因为取对数后的函数是凹函数，所以每个切线都相当于一个超平面，而且对数图像只会位于超平面的一侧。

同时给出用以绘制图 3-12 的代码，要知道 R 语言的一个强项就是绘图。

```
log_f <- function(x,a,b){log(1/0.08333) + (a - 1) * log(x) + (b - 1) * log(1 - x)}
g <- function(x,a,b){(a - 1)/x - (b - 1)/(1 - x)}

log_f_y1 <- log_f(0.18, 2, 3)
log_f_y2 <- log_f(0.40, 2, 3)
log_f_y3 <- log_f(0.65, 2, 3)
log_f_y4 <- log_f(0.95, 2, 3)

g1 <- g(0.18, 2, 3)
```

```
b1 <- log_f_y1 - g1 * 0.18
y1 <- function(x) {g1 * x + b1}

g2 <- g(0.40, 2, 3)
b2 <- log_f_y2 - g2 * 0.40
y2 <- function(x) {g2 * x + b2}

g3 <- g(0.65, 2, 3)
b3 <- log_f_y3 - g3 * 0.65
y3 <- function(x) {g3 * x + b3}

g4 <- g(0.95, 2, 3)
b4 <- log_f_y4 - g4 * 0.95
y4 <- function(x) {g4 * x + b4}

curve(log_f(x, 2, 3), col = "blue", xlim = c(0,1), ylim = c(-7, 1))
curve(y1, add = T, lty = 2, col = "red", to = 0.38)
curve(y2, add = T, lty = 2, col = "red", from = 0.15, to = 0.78)
curve(y3, add = T, lty = 2, col = "red", from = 0.42)
curve(y4, add = T, lty = 2, col = "red", from = 0.86)

par(new = TRUE)

xs = c(0.18, 0.40, 0.65, 0.95)
ys = c(log_f_y1, log_f_y2, log_f_y3, log_f_y4)
plot(xs, ys, col = "green", xlim = c(0,1), ylim = c(-7, 1), xlab = "", ylab = "")
```

再把这些切线转换回原始的 beta(2,3)图像中，显然原来的线性函数会变成指数函数，它们将对应图 3-13 中的一些曲线，这些曲线会被原函数的图形紧紧包裹住。特别是当这些的指数函数变得很多很稠密时，以彼此的交点作为分界线，其实相当于得到了一个分段函数。这个分段函数是原函数的一个逼近。用这个分段函数来作为参考函数再执行拒绝采样，自然就完美地解决了之前的问题。

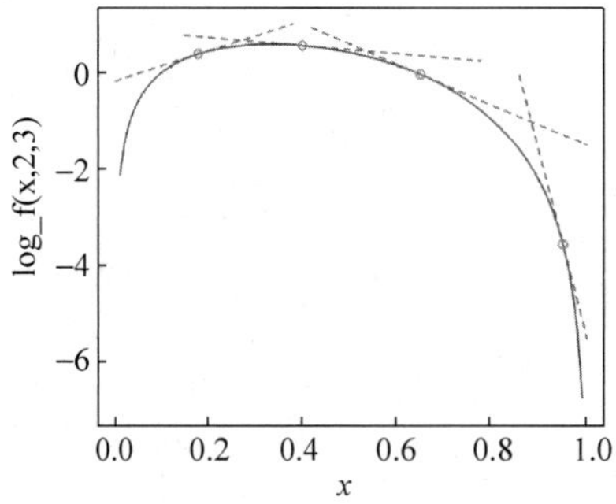

图 3-12 做取对数后的图形的切线

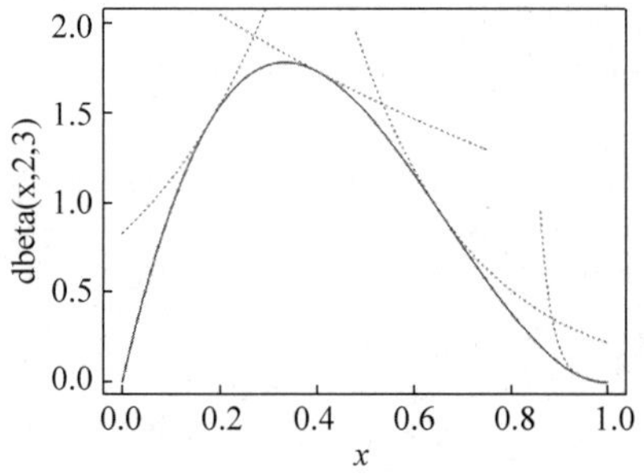

图 3-13 切线取指数函数后的变换结果

下面是用来画出图 3-13 的 R 语言代码。

```
e_y1 <- function(x) {exp(g1 * x + b1)}
e_y2 <- function(x) {exp(g2 * x + b2)}
e_y3 <- function(x) {exp(g3 * x + b3)}
e_y4 <- function(x) {exp(g4 * x + b4)}

curve(dbeta(x, 2, 3), col = "blue", ylim = c(0, 2.0))
curve(e_y1(x), add = T, lty = 3, col = "red")
curve(e_y2(x), add = T, lty = 3, col = "red", from = 0.2, to = 0.75)
curve(e_y3(x), add = T, lty = 3, col = "red", from = 0.48)
curve(e_y4(x), add = T, lty = 3, col = "red", from = 0.86)
```

这无疑是一种绝妙的想法。而且这种想法，在前面其实已经暗示过。在上一部分最后一个例子中，我们其实就是选择了一个与原函数相切的均匀分布函数来作为参考函数。我们当然会想去选择更多与原函数相切的函数，然后用这个函数的集合来作为新的参考函数。只是由于原函数的凹凸性无法保证，所以直线并不是一种好的选择。而自适应拒绝采样(Adaptive Rejection Sampling，ARS)所采用的策略则非常巧妙地解决了我们的问题。当然函数是 log-concave 的条件必须满足，否则就不能使用 ARS。

下面给出一个在 R 中进行自适应拒绝采样的例子。显然，该例子要比之前的代码简单许多。因为 R 中 ars 包已经提供了一个现成的用于执行自适应拒绝采样的函数，即 ars()。关于这个函数在用法上的一些细节，读者还可以进一步参阅 R 的帮助文档，这里不再赘言。此次我们需要指出：ars()函数中两个重要参数，一个是对原分布的 PDF 取对数，另外一个则是对 PDF 的对数形式再进行求导(在求导时我们忽略了前面的系数项)，其实也就是为了确定切线。

```
f <- function(x,a,b){(a - 1) * log(x) + (b - 1) * log(1 - x)}
fprima <- function(x,a,b){(a - 1)/x - (b - 1)/(1 - x)}
mysample <- ars(20000, f, fprima, x = c(0.3,0.6), m = 2, lb = TRUE, xlb = 0,
 + ub = TRUE, xub = 1, a = 1.3, b = 2.7)
hist(mysample, freq = F)
curve(dbeta(x,1.3,2.7), add = T, col = "red")
```

上述代码的执行结果如图 3-14 所示。

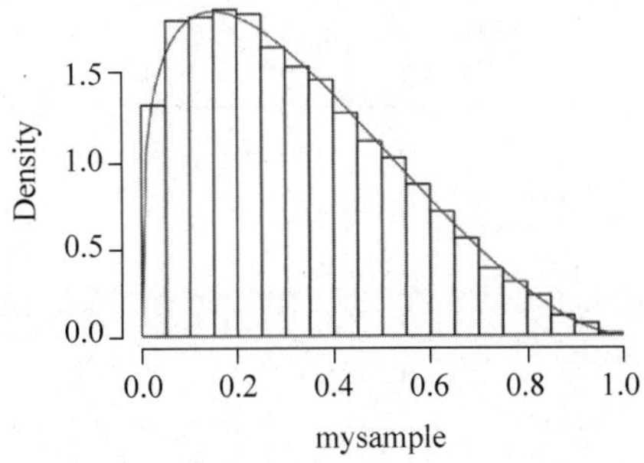

图 3-14 自适应采样代码执行结果

3.3 矩阵的极限与马尔科夫链

先来看一个例子。社会学家经常把人按其经济状况分成3类：下层(lower-class)、中层(middle-class)、上层(upper-class)，用1、2、3分别代表这三个阶层。社会学家们发现决定一个人的收入阶层的最重要的因素就是其父母的收入阶层。如果一个人的收入属于下层类别，那么他的孩子属于下层收入的概率是0.65，属于中层收入的概率是0.28，属于上层收入的概率是0.07。从父代到子代，收入阶层的变化的转移概率如图3-15所示。

		子代		
	State	1	2	3
父代	1	0.65	0.28	0.07
	2	0.15	0.67	0.18
	3	0.12	0.36	0.52

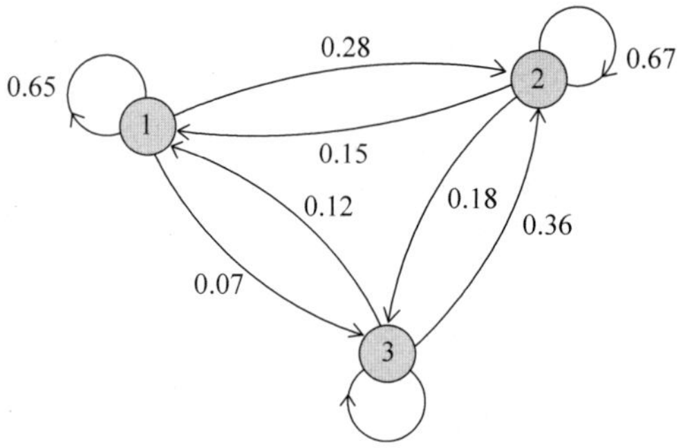

图 3-15　阶层变化的转移概率

使用矩阵的表示方式，转移概率矩阵记为

$$\boldsymbol{P}=\begin{bmatrix}0.65 & 0.28 & 0.07\\ 0.15 & 0.67 & 0.18\\ 0.12 & 0.36 & 0.52\end{bmatrix}$$

假设当前这一代人处在下、中、上层的人的比例是概率分布向量$\boldsymbol{\pi}_0=[\pi_0(1),\pi_0(2),\pi_0(3)]$，那么他们的子女的分布比例将是$\boldsymbol{\pi}_1=\boldsymbol{\pi}_0 P$，孙子代的分布比例将是$\boldsymbol{\pi}_2=\boldsymbol{\pi}_1 P=\boldsymbol{\pi}_1 P^2=\cdots$，第$n$代子孙的收入分布比例将是$\boldsymbol{\pi}_n=\boldsymbol{\pi}_{n-1}P=\cdots=\boldsymbol{\pi}_0 P^n$。假设初始概率分布为$\boldsymbol{\pi}_0=[0.21,0.68,0.11]$，则可以计算前$n$代人的分布状况如下：

第 n 代人	下层	中层	上层
0	0.210	0.680	0.110
1	0.252	0.554	0.194
2	0.270	0.512	0.218
3	0.278	0.497	0.225
4	0.282	0.490	0.226
5	0.285	0.489	0.225
6	0.286	0.489	0.225
7	0.286	0.489	0.225
8	0.289	0.488	0.225
9	0.286	0.489	0.225
10	0.286	0.489	0.225
…	…	…	…

发现从第7代人开始，这个分布就稳定不变了，这个是偶然的吗？我们换一个初始概率

分布$\boldsymbol{\pi}_0$=[0.75,0.15,0.1]试试看，继续计算前n代人的分布状况如下

第n代人	下层	中层	上层
0	0.75	0.15	0.1
1	0.522	0.347	0.132
2	0.407	0.426	0.167
3	0.349	0.459	0.192
4	0.318	0.475	0.207
5	0.303	0.482	0.215
6	0.295	0.485	0.220
7	0.291	0.487	0.222
8	0.289	0.488	0.225
9	0.286	0.489	0.225
10	0.286	0.489	0.225
…	…	…	…

结果，到第9代人的时候，分布又收敛了。最为奇特的是，两次给定不同的初始概率分布，最终都收敛到概率分布$\boldsymbol{\pi}$=[0.286,0.489,0.225]，也就是说收敛的行为和初始概率分布$\boldsymbol{\pi}_0$无关。这说明这个收敛行为主要是由概率转移矩阵P决定的。计算一下P^n，

$$P^{20}=P^{21}=\cdots=P^{100}=\cdots=\begin{bmatrix}0.286 & 0.489 & 0.225\\0.286 & 0.489 & 0.225\\0.286 & 0.489 & 0.225\end{bmatrix}$$

我们发现，当n足够大的时候，这个P^n矩阵的每一行都是稳定地收敛到$\boldsymbol{\pi}$=[0.286,0.489,0.225]这个概率分布。自然地，这个收敛现象并非是这个例子所独有，而是绝大多数“马尔科夫链”的共同行为。

为了求得一个理论上的结果，再来看一个更小规模的例子(这将方便后续的计算演示)，假设在一个区域内，人们要么是住在城市，要么是住在乡村。下面的矩阵表示人口迁移的一些规律(或倾向)。例如，第1行第1列就表示，当前住在城市的人口，明年将会有90%的人选择继续住在城市。

$$\begin{matrix} & \text{当前住在城市} & \text{当前住在乡村}\\ \text{下一年住在城市} & \multirow{2}{*}{} \end{matrix}$$

$$\begin{array}{c}\text{下一年住在城市}\\\text{下一年住在乡村}\end{array}\begin{pmatrix}0.90 & 0.02\\0.10 & 0.98\end{pmatrix}=\boldsymbol{A}$$

(列：当前住在城市、当前住在乡村)

作为一个简单的开始，来计算一下现今住在城市的人中2年后会住在乡村的概率有多大。分析可知，当前住在城市的人，1年后，会有90%继续选择住在城市，另外10%的人则会选择搬去乡村居住。然后又过了1年，上一年中选择留在城市的人中又会有10%的人搬去乡村。而上一年中搬到乡村的人中将会有98%的选择留在乡村。这个分析过程如图3-16所示，最终可以算出现今住在城市的人中2年后会住在乡村的概率=0.90×0.10+0.10×0.98。

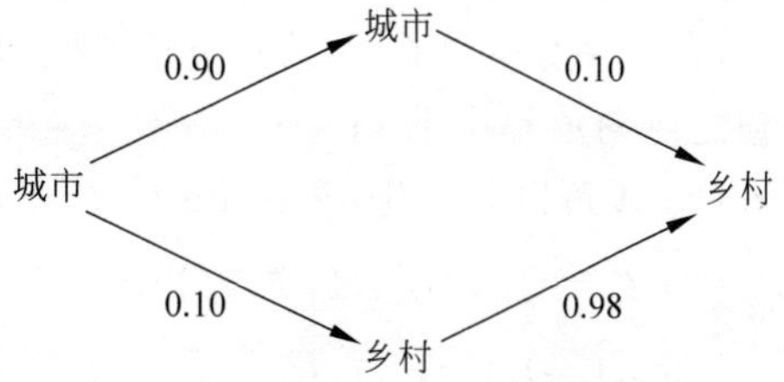

图3-16　两年后人口的转移

其实上述计算过程就是在做矩阵的平方。在下面给出的矩阵乘法中，你会发现结果矩阵中第2行第1列的计算就是在执行上面的操作。在此基础，我们还可以继续计算 n 年后的情况，也就是计算矩阵 $\boldsymbol{A}$ 自乘 n 次后的结果。

$$\boldsymbol{A}^2=\begin{bmatrix}0.90 & 0.02\\ 0.10 & 0.98\end{bmatrix}\begin{bmatrix}0.90 & 0.02\\ 0.10 & 0.98\end{bmatrix}=\begin{bmatrix}(\boldsymbol{A}^2)_{11} & (\boldsymbol{A}^2)_{12}\\ (\boldsymbol{A}^2)_{21} & (\boldsymbol{A}^2)_{22}\end{bmatrix}$$

如果假设最开始的时候，城乡人口的比例为7∶3，可以用一个列向量来表示它，即 $\boldsymbol{P}=[0.7,0.3]^{\mathrm{T}}$，想知道最终城乡人口的比例为何，则就是要计算。如果最初城乡人口的比例为9∶1，结果又如何呢？这些都要借助矩阵的极限，对角化操作以及马尔科夫链等概念来辅助计算。

来辨析三个概念：随机过程、马尔科夫过程、马尔科夫链。这三个概念中，都涉及对象和它们对应的状态这两个要素。在刚刚给出的例子中，研究的对象就是人，人的状态分为住在城市或者住在乡村两种。

三者之中，最宽泛的概念就是随机过程，限制最多的就是马尔科夫链。对于马尔科夫链，必须满足两个条件：①当前状态仅跟上一个状态有关；②总共的状态数是有限的。如果状态数可以是无限多个，那样的问题就称为马尔科夫过程。但在马尔科夫过程中仍然要求，时间是离散的，例如前面的例子是以"年"为单位的。如果时间允许是连续的，那样的问题就称为随机过程。本书仅仅讨论马尔科夫链。

在某个时间点上，对象的状态为 s_1，下一个时刻，它的状态以某种概率转换到其他状态(也包含原状态 s_1)，这里所说的"以某种概率转换"最终是通过状态转移矩阵(或称随机矩阵)的形式来给出的。转移矩阵的定义如下：

令 $\boldsymbol{A}\in\boldsymbol{M}_{n\times n}(\mathbb{R})$，假设：

(1) $\boldsymbol{A}_{ij}\geqslant 0$；

(2) 对于所有的 $1\leqslant j\leqslant n$，$\sum_{i=1}^{n}\boldsymbol{A}_{ij}=1$。

那么，$\boldsymbol{A}$ 称为一个转移矩阵(或随机矩阵)。矩阵 $\boldsymbol{A}$ 的列向量被称为概率向量。

此外，如果矩阵的某个次幂仅包含正数项，该转移矩阵称为是正则的。这里，"某个"的意思就是存在一个整数 n 使得对于所有的 i,j，有 $(\boldsymbol{A}^n)_{ij}>0$。

从状态转移矩阵中，(结合之前的例子)可以看出 $\boldsymbol{A}_{ij}$ 元素给出的信息就是(在一个单位时间间隔内)对象从状态 j 转移到状态 i 的概率。令 $\boldsymbol{P}=(p_0,p_1,\cdots,p_n)^{\mathrm{T}}$ 是一个向量，如果对于所有的 i，有 $p_i\geqslant 0$ 以及 $\sum p_i=1$，那么 $\boldsymbol{P}$ 就称为一个概率向量(probability vector)。所以可以看出，任意一个转移矩阵中的某一列都是一个概率向量。

定理：令 $\boldsymbol{A}$ 是一个 $n\times n$ 的正则转移矩阵。那么：

(1) 1一定是矩阵 $\boldsymbol{A}$ 的一个特征值，并且1的几何重数等于1，除此之外，所有其他的特征值之绝对值都小于1；

(2) $\boldsymbol{A}$ 可以对角化，并且 $\lim\limits_{m\to\infty}\boldsymbol{A}^m$ 存在；

(3) $\boldsymbol{L}=\lim\limits_{m\to\infty}\boldsymbol{A}^m$ 是一个转移矩阵；

(4) $\boldsymbol{AL}=\boldsymbol{LA}=\boldsymbol{L}$；

(5) 矩阵 $\boldsymbol{L}=[\boldsymbol{v},\boldsymbol{v},\cdots,\boldsymbol{v}]$，即 $\boldsymbol{L}$ 的每一列都一样，都是 $\boldsymbol{v}$。而且 $\boldsymbol{v}$ 就是矩阵 $\boldsymbol{A}$ 相对于

特征值 1 的特征向量；

(6) 对于任意概率向量 $\boldsymbol{w}$，都有 $\lim\limits_{m\to\infty}(\boldsymbol{A}^m\boldsymbol{w})=\boldsymbol{v}$。

这个定理非常非常奇妙的地方就是它解答了之前那个令人困扰的问题！原问题是：如果假设最开始的时候，城乡人口的比例为 7∶3，可以用一个列向量来表示它 $\boldsymbol{P}=[0.7,0.3]^{\mathrm{T}}$，欲知道最终城乡人口的比例为何，则就是要计算 $\boldsymbol{A}^nP$，如果最开始的城乡人口的比例为 9∶1，结果又如何。上述定理中的最后一条就表明，当 n 趋近于无穷大的时候，$\boldsymbol{A}^nP$ 就等于 $\boldsymbol{v}$，而且与 P 是无关的。更精妙的地方还在于，这个定理还告诉我们 v 是一个概率向量，而且它就是特征值 1 所对应的特征向量。

这个定理的证明已经超出了本书的范围，但可以用之前给出的例子来验证一下它。注意到如果想要计算 $\boldsymbol{A}^nP$，其实就是要先设法计算矩阵 $\boldsymbol{A}$ 自乘 n 次的结果，这时为了计算方便应该先将矩阵 $\boldsymbol{A}$ 对角化。为此，先求矩阵 $\boldsymbol{A}$ 的特征多项式，通过其特征多项式便知道矩阵 $\boldsymbol{A}$ 有两个特征值，一个是 1，一个是 0.88。根据定理，1 必然是该矩阵的特征值。更进一步，特征值 1 对应的特征向量是$[1,5]^{\mathrm{T}}$，特征值 0.88 对应的特征向量是$[1,-1]^{\mathrm{T}}$。所以知道矩阵对角化时所用的 $\boldsymbol{Q}$ 和 $\boldsymbol{Q}^{-1}$ 分别为

$$\boldsymbol{Q}=\begin{bmatrix}1 & 1\\ 5 & -1\end{bmatrix},\quad \boldsymbol{Q}^{-1}=-\frac{1}{6}\begin{bmatrix}-1 & -1\\ -5 & 1\end{bmatrix}$$

于是可知矩阵 $\boldsymbol{A}$ 的对角化结果如下：

$$\begin{bmatrix}1 & 0\\ 0 & 0.88\end{bmatrix}=\boldsymbol{D}=\boldsymbol{Q}^{-1}\boldsymbol{A}\boldsymbol{Q}$$

所以有

$$\boldsymbol{A}=\boldsymbol{Q}\boldsymbol{D}\boldsymbol{Q}^{-1}\Rightarrow\boldsymbol{A}^m=\boldsymbol{Q}\boldsymbol{D}^m\boldsymbol{Q}^{-1}$$

$$\lim_{m\to\infty}\boldsymbol{A}^m=\lim_{m\to\infty}\boldsymbol{Q}\boldsymbol{D}^m\boldsymbol{Q}^{-1}=\boldsymbol{Q}\left(\lim_{m\to\infty}\boldsymbol{D}^m\right)\boldsymbol{Q}^{-1}$$

然后把值带进去就能算出最终结果如下

$$\lim_{m\to\infty}\boldsymbol{A}^m=\begin{bmatrix}1/6 & 1/6\\ 5/6 & 5/6\end{bmatrix}$$

之前计算过特征值 1 对应的一个特征向量是$[1,5]^{\mathrm{T}}$，特征向量乘以一个系数仍然是特征向量(注意要求最后的特征向量同时是一个概率向量，所以会得到$[1/6,5/6]^{\mathrm{T}}$，可见上述计算与定理所揭示的结果是完全一致的。

矩阵的极限，其实就是在讨论 $\lim\limits_{m\to\infty}\boldsymbol{A}^m$ 的存在性，也就是把矩阵 $\lim\limits_{m\to\infty}\boldsymbol{A}^m$ 自乘 m 次后，如果结果矩阵中每个元素的极限都存在，就说这个矩阵的极限是存在的。而矩阵极限是否存在可以由下面的定理保证。

定理　矩阵极限存在的充要条件：

(1) $|\lambda|<1$ 或者 $\lambda=1$，其中 λ 是 $\boldsymbol{A}$ 的任意特征值。

(2) 如果 $\lambda=1$，那么它对应的几何重数等于代数重数。

定理　矩阵极限存在的充分条件：

(1) $|\lambda|<1$ 或者 $\lambda=1$，其中 λ 是 $\boldsymbol{A}$ 的任意特征值。

(2) 矩阵 $\boldsymbol{A}$ 是可对角化的。

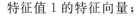

3.4 查普曼-柯尔莫哥洛夫等式

还是先从一个例子来谈起。图 3-15 中左侧是状态转移矩阵，其中每个位置都表示从一个状态转移到另外一个状态的概率。例如，从状态 1 转移到状态 2 的概率是 0.28，所以在第一行第二列的位置，给出的数值是 0.28。

在马尔科夫链中，随机变量在一个按时间排序的数组 $T_1, T_2, \cdots, T_n$ 中，根据状态转移矩阵让我们可以非常直观地得知当前时刻某一状态在下一时刻变到任意状态的概率，如图 3-17 所示。

现在的问题是能不能做更进一步的预测。例如，当前时刻 T_1 时的状态为 a，能否知道在下下时刻 T_3 时状态为 b 的概率是多少呢？这其实也相当容易做到，如图 3-18 所示。

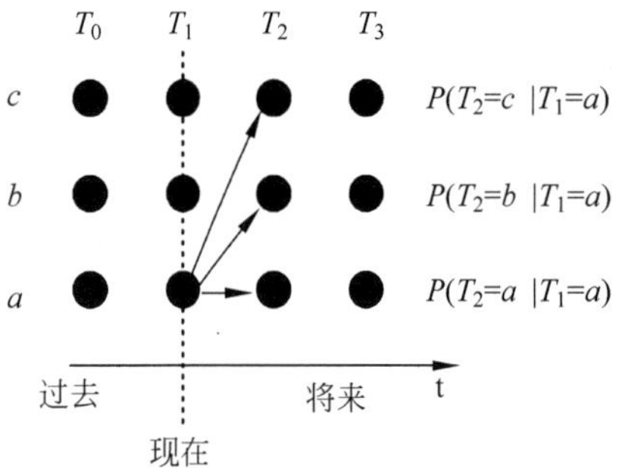

图 3-17 按时间排序的状态转移情况

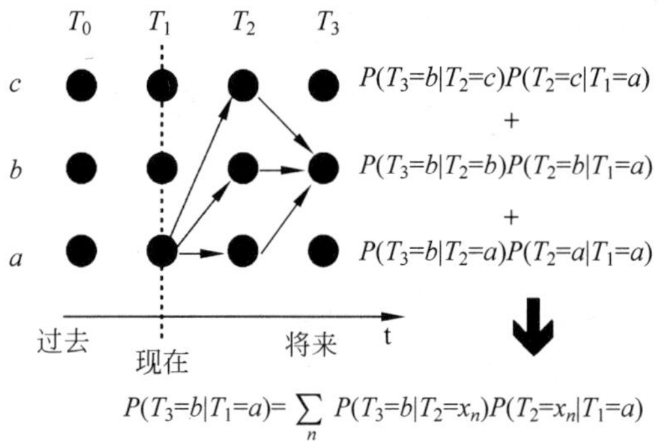

图 3-18 计算下下时刻某状态的概率

这个过程用转移矩阵的自乘来表示是非常直观且方便的。矩阵 $\boldsymbol{P}$ 中第 1 行就表示，当前时刻状态 a 在下一时刻变到状态 a、b、c 的概率，矩阵 $\boldsymbol{P}$ 中第 2 列就表示，由状态 a、b、c，在下一时刻转移到状态 b 的概率。那么根据矩阵的乘法公式，$\boldsymbol{P}^2$ 中第 1 行第 2 列的位置就表示“当前时刻 T_1 时的状态为 a，在下下时刻 T_3 时状态为 b 的概率”。也就是说，如果想得到跨越 2 个时刻的转移矩阵，就把跨越 1 个时刻的转移矩阵乘以跨越 1 个时刻的转移矩阵即可。同理，如果想跨越 3 个时刻的转移矩阵，就把跨越 2 个时刻的转移矩阵乘以跨越 1 个时刻的转移矩阵即可。更普遍地有 $\boldsymbol{P}^{m+n}=\boldsymbol{P}^m\boldsymbol{P}^n$，而这个关系就被称为查普曼-柯尔莫哥洛夫等式(Chapman-Kolmogorov Equation)。

下面是查普曼-柯尔莫哥洛夫等式的一个表述：令 T 是一个离散状态空间中的 n 步马尔科夫链，其状态转移矩阵为

$$\boldsymbol{P}^n = [p^n(j,k)]_{j,k\in S}$$

其中，$p^n(j,k)=P(T_{m+n}=k \mid T_m=j)=p_{j,k}^n$ 是 n 步状态转移概率。那么，$\boldsymbol{P}^{m+n}=\boldsymbol{P}^m\boldsymbol{P}^n$，或等价地有

$$p_{i,j}^{n+m} = \sum_{k\in S} p_{i,k}^n p_{k,j}^m$$

最后给出查普曼-柯尔莫哥洛夫等式的证明。

首先考虑在 n 时刻，系统正处在什么状态。给定 $T_0=i$，$p_{i,k}^n=P(T_n=k \mid T_0=i)$ 就表示(在时刻 n)系统处于 k 状态的概率。但是，此后再给定 $T_n=k$，在第 n 时刻之后的情况就与

过去的历史彼此独立了。于是，再过 m 个时间单位后，处在状态 j 的概率是 $p_{k,j}^m$ 将满足乘积

$$p_{i,k}^n p_{k,j}^m = P(T_{n+m} = j, T_n = k \mid T_0 = i)$$

将所有 k 的情况进行加总就会得到要证明之结论。一个更加严格的证明如下

$$\begin{aligned}
p_{i,j}^{n+m} &= P(T_{n+m} = j \mid T_0 = i) \\
&= \sum_{k \in S} P(T_{n+m} = j, T_n = k \mid T_0 = i) \\
&= \sum_{k \in S} \frac{P(T_{n+m} = j, T_n = k, T_0 = i)}{P(T_0 = i)} \\
&= \sum_{k \in S} \frac{P(T_{n+m} = j \mid T_n = k, T_0 = i) P(T_n = k, T_0 = i)}{P(T_0 = i)} \\
&= \sum_{k \in S} \frac{p_{k,j}^m P(T_n = k, T_0 = i)}{P(T_0 = i)} \\
&= \sum_{k \in S} p_{i,k}^n p_{k,j}^m
\end{aligned}$$

上述证明中运用了马尔科夫链的性质来得到

$$P(T_{n+m} = j \mid T_n = k, T_0 = i) = P(T_{n+m} = j \mid T_n = k) = P(T_m = j \mid T_0 = k) = p_{k,j}^m$$

最终，结论得证。

3.5 马尔科夫链蒙特卡洛

在以贝叶斯方法为基础的各种机器学习技术中，常常需要计算后验概率，再通过最大后验概率(MAP)的方法进行参数推断和决策。然而，在很多时候，后验分布的形式可能非常复杂，这个时候寻找其中的最大后验估计或者对后验概率进行积分等计算往往非常困难，此时可以通过采样的方法来求解。这其中非常重要的一个基础就是马尔科夫链蒙特卡洛(Markov chain Monte Carlo，MCMC)。

3.5.1 重要性采样

前面已经详细介绍了基于随机算法进行定积分求解的技术。这里主要用到其中的平均值法。这里仅做简单回顾。

在计算定积分 $\int_a^b g(x)\mathrm{d}x$ 时，会把 $g(x)$ 拆解成两项的乘积，即 $g(x) = f(x)p(x)$，其 $f(x)$ 是某种形式的函数，而 $p(x)$ 是关于随机变量 X 的概率分布(也就是 PDF 或 PMF)。如此一来，上述定积分就可以表示为求 $f(x)$ 的期望，即

$$\int_a^b g(x)\mathrm{d}x = \int_a^b f(x)p(x)\mathrm{d}x = E[f(x)]$$

当然，$g(x)$的分布函数可能具有很复杂的形式，仍然无法直接求解，这时就可以用采样的方法去近似。这时积分可以表示为

$$\int_a^b g(x)\mathrm{d}x = E[f(x)] = \frac{1}{n}\sum_{i=1}^n f(x_i)$$

在贝叶斯分析中，蒙特卡洛积分运算常常被用来在对后验概率进行积分时做近似估计。比如要计算

$$I(y)=\int_a^b f(y\mid x)p(x)\mathrm{d}x$$

便可以使用下面这个近似形式

$$\hat{I}(y)=\frac{1}{n}\sum_{i=1}^{n}f(y\mid x_i)$$

不难发现,在利用蒙特卡洛法进行积分求解时,非常重要的一个环节就是从特定的分布中进行采样。这里的"采样"意思也就是生成满足某种分布的观测值。之前已经介绍过"逆采样"和"拒绝采样"等方法。

采样的目的很多时候都是为了做近似积分运算,前面的采样方法(逆采样和拒绝采样)都是先对分布进行采样,然后再用采样的结果近似计算积分。下面要介绍的另外一种方法"重要性采样"(Importance sampling)则两步并做一步,直接做近似计算积分。

现在的目标是计算下面的积分

$$E[f(x)]=\int f(x)p(x)\mathrm{d}x$$

按照蒙特卡洛求定积分的方法,将从满足 $p(x)$ 的概率分布中独立地采样出一系列随机变量 x_i,然后便有

$$E[f(x)]\approx\frac{1}{n}\sum_{i=1}^{n}f(x_i)$$

但是现在的困难是对满足 $p(x)$ 的概率分布进行采样非常困难,毕竟实际中很多 $p(x)$ 的形式都相当复杂。这时该怎么做呢?于是想到做等量变换,于是有

$$\int f(x)p(x)\mathrm{d}x=\int f(x)\,\frac{p(x)}{q(x)}q(x)\mathrm{d}x$$

如果把其中的 $f(x)\dfrac{p(x)}{q(x)}$ 看成是一个新的函数 $h(x)$,则有

$$\int f(x)p(x)\mathrm{d}x=\int h(x)q(x)\mathrm{d}x\approx\frac{1}{n}\sum_{i=1}^{n}f(x_i)\,\frac{p(x_i)}{q(x_i)}$$

其中 $\dfrac{p(x_i)}{q(x_i)}$ 被称为是 x_i 的权重或重要性权重(Importance Weights)。所以这种采样的方法就被称为是重要性采样(Importance Sampling)。

如图 3-19 所示,在使用重要性采样时,并不会拒绝掉某些采样点,这与在使用拒绝采样时不同。此时,所有的采样点都将为我们所用,但是它们的权重是不同的。因为权重为 $\dfrac{p(x_i)}{q(x_i)}$,所以在图 3-19 中,当 $p(x_i)>q(x_i)$ 时,采样点 x_i 的权重就大(深色线在浅色线上方时),反之就小。重要性采样就是通过这种方式来从一个"参考分布" $q(x)$ 中获得"目标分布" $p(x)$ 的。

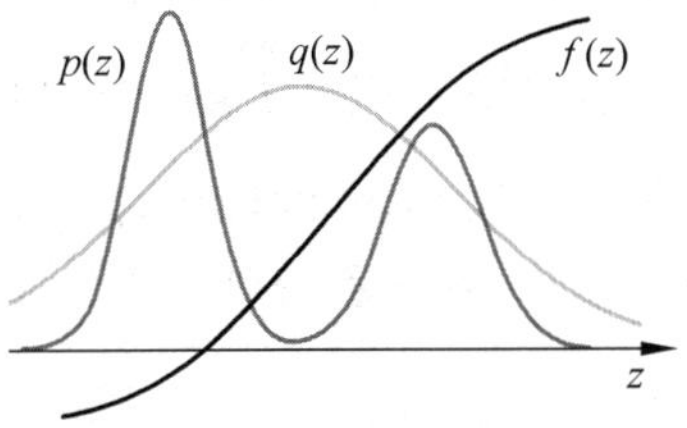

图 3-19 重要性采样原理

3.5.2 马尔科夫链蒙特卡洛的基本概念

马尔科夫链蒙特卡洛方法是一类用于从一个概率分布中进行采样的算法,该类方法以构造马尔科夫链为基础,而被构造的马尔科夫链分布应该同需要之分布等价。

MCMC 构造马尔科夫链，使其稳态分布等于要采样的分布，这样就可以通过马尔科夫链来采样。这种等价如何理解是深入探讨具体操作方法之前，需要先攻克的一个问题。在此之前，希望读者对马尔科夫链已经有了一个比较清晰的认识。

现在，用下面的式子来表示每一步(时刻推进)中从状态 s_i 到状态 s_j 的转移概率

$$p(i,j) = p(i \to j) = P(X_{t+1} = s_j \mid X_t = s_i)$$

这里的一步是指时间从时刻 t 过渡到下一时刻 $t+1$。

马尔科夫链在时刻 t 处于状态 j 的概率可以表示为 $\pi_j(t)=P(X_t=s_j)$。这里用向量 $\pi(t)$来表示在时刻 t 各个状态的概率向量。在初始时刻，需要选取一个特定的 $\pi(0)$，通常情况下可以使向量中一个元素为 1，其他元素均为 0，即从某个特定的状态开始。随着时间的推移，状态会通过转移矩阵，向各个状态扩散。

马尔科夫链在 $t+1$ 时刻处于状态 s_i 的概率可以通过 t 时刻的状态概率和转移概率来求得，并可通过查普曼-柯尔莫哥洛夫等式得到

$$\begin{aligned}\pi_i(t+1) &= P(X_{t+1} = s_i) = \sum_k P(X_{t+1} = s_i \mid X_t = s_k)P(X_t = s_k) \\ &= \sum_k p(k \to i)\pi_k(t) = \sum_k p(i \mid k)\pi_k(t)\end{aligned}$$

用转移矩阵写成矩阵的形式如下

$$\pi(t+1) = \pi(t)\boldsymbol{P}$$

其中，转移矩中的元素 $p(i,j)$表示 $p(i\to j)$。因此，$\pi(t)=\pi(0)\boldsymbol{P}^t$。此外，$p_{i,j}^n$ 表示矩阵 $\boldsymbol{P}^n$ 中第 ij 个元素，即 $p_{i,j}^n=P(X_{t+n}=s_j \mid X_t=s_i)$。

一条马尔科夫链有一个平稳分布 π^*，是指给定任意一个初始分布 $\pi(0)$，经过有限步之后，最终都会收敛到平稳分布 π^*。平稳分布具有性质 $\pi^*=\pi^*\boldsymbol{P}$。可以结合本章前面谈到的矩阵极限的概念来理解马尔科夫链的平稳分布。

一条马尔科夫链拥有平稳分布的一个充分条件是对于任意两个状态 i 和 j，其满足细致平衡(Detailed Balance)：$p(j\to i)\pi_j=p(i\to j)\pi_i$。可以看到，此时

$$(\pi\boldsymbol{P})_j = \sum_i \pi_i p(i \to j) = \sum_i \pi_j p(j \to i) = \pi_j \sum_i p(j \to i) = \pi_j$$

所以 $\pi=\pi\boldsymbol{P}$，明显满足平稳分布的条件。如果一条马尔科夫链满足细致平衡，就说它是可逆的。

最后来总结一下 MCMC 的基本思想。在拒绝采样和重要性采样中，当前生成的样本点与之前生成的样本点之间是没有关系的，它的采样都是独立进行的。然而，MCMC 是基于马尔科夫链进行的采样。这就表明，当前的样本点生成与上一时刻的样本点是有关的。如图 3-20 所示，假设当前时刻生成的样本点是 x，下一次时刻采样到 x'的(转移)概率就是 $p(x|x')$，或者写成 $p(x\to x')$。我们希望的是这个过程如此继续下去，最终的概率分布收敛到 $\pi(x)$，也就是要采样的分布。

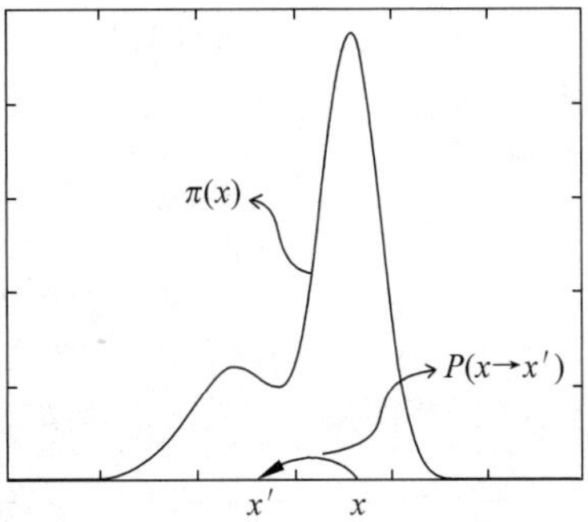

图 3-20 MCMC 的基本原理

易见，转移概率 $p(x|x')$与采样分布 $\pi(x)$之间必然存在某种联系，因为希望依照 $p(x|x')$来进行转移采样最终能收敛到 $\pi(x)$。那这个关系

到底是怎么样的呢？首先，给定所有可能的 x，然后求从 x 转移到 x' 的概率，所得之结果就是 x' 出现的概率，如果用公式表示即

$$\pi(x') = \int \pi(x) p(x' \mid x) \mathrm{d}x$$

这其实也就是查普曼-柯尔莫哥洛夫等式所揭示的关系。如果马尔科夫链是平稳的，那么基于该马尔科夫链的采样过程最终将收敛到平稳状态

$$\pi^*(x') = \int \pi^*(x') p(x \mid x') \mathrm{d}x'$$

而平稳状态的充分条件又是满足细致平衡

$$\pi(x) p(x' \mid x) \mathrm{d}x = \pi(x) p(x \mid x')$$

可见细致平衡的意思是说从 x 转移到 x' 的概率应该等于从 x' 转移到 x 的概率，在这样的情况下，采样过程将最终收敛到目标分布。也就是说，设计的 MCMC 算法，只要验证其满足细致平衡的条件，那么用这样的方法做基于马尔科夫链的采样，最终就能收敛到一个稳定状态，即目标分布。

实际应用中，有两个马尔科夫链蒙特卡洛采样算法十分常用，它们是 Metropolis-Hastings(梅特罗波利斯-黑斯廷斯)算法与 Gibbs Sampling 采样(吉布斯)，可以证明吉布斯采样是梅特罗波利斯-黑斯廷斯算法的一种特殊情况，而且两者都满足细致平衡的条件。

3.5.3 Metropolis-Hastings 算法

对给定的概率分布，如果从中直接采样比较困难，那么 Metropolis-Hastings 算法就是一个从中获取一系列随机样本的 MCMC 方法。这里所说的 Metropolis-Hastings 算法和模拟退火方法中所使用的 Metropolis-Hastings 算法本质上是一回事。用于模拟退火和 MCMC 的原始算法最初是由 Metropolis 提出的，后来 Hastings 对其进行了推广。Hastings 提出没有必要使用一个对称的参考分布(proposal distribution)。当然达到均衡分布的速度与参考分布的选择有关。

Metropolis-Hastings 算法的执行步骤如下。

1. 初始化 x^0
2. 对于 $i=0$ 到 $N-1$

    $u \sim U(0,1)$

    $x^* \sim q(x^* \mid x^{(i)})$

    如果 $u < \alpha(x^*) = \min\left[1, \dfrac{\pi(x^*) p(x \mid x^*)}{\pi(x) p(x^* \mid x)}\right]$

        $x^{(i+1)} = x^*$

    否则

        $x^{(i+1)} = x^{(i)}$

Metropolis-Hastings 算法的执行步骤是先随便指定一个初始的样本点 x^0，u 是来自均匀分布的一个随机数，x^* 是来自 p 分布的样本点，样本点是否从前一个位置跳转到 x^*，由 $\alpha(x^*)$ 和 u 的大小关系决定。如果接受，则跳转，即新的采样点为 x^*，否则就拒绝，即新的采

用点仍为上一轮的采样点。这个算法看起来非常简单,难免让人疑问照此步骤来执行,最终采样分布能收敛到目标分布吗?根据之前的讲解,可知要想验证这一点,就需要检查细致平衡是否满足。下面是具体的证明过程,不再赘言。

$$\begin{aligned}\pi(x)p(x^*\mid x)\alpha(x^*) &= \pi(x)p(x^*\mid x)\min\left[1,\frac{\pi(x^*)p(x\mid x^*)}{\pi(x)p(x^*\mid x)}\right]\\ &= \min[\pi(x)p(x^*\mid x),\pi(x^*)p(x\mid x^*)]\\ &= \pi(x^*)p(x\mid x^*)\min\left[1,\frac{\pi(x)p(x^*\mid x)}{\pi(x^*)p(x\mid x^*)}\right]\\ &= \pi(x^*)p(x\mid x^*)\alpha(x)\end{aligned}$$

既然已经从理论上证明 Metropolis-Hastings 算法的确实可行,下面举一个简单的例子来看看实际中 Metropolis-Hastings 算法的效果。稍微有点不一样的地方是,这里并未出现 $\pi(x)p(x'|x)$这样的后验概率形式,作为一个简单的示例,下面只演示从柯西分布中进行采样的做法。

柯西分布也叫作柯西-洛伦兹分布,它是以奥古斯丁·路易·柯西与亨德里克·洛伦兹名字命名的连续概率分布,其概率密度函数为

$$f(x;x_0,\gamma)=\frac{1}{\pi\gamma\left[1+\left(\frac{x-x_0}{\gamma}\right)^2\right]}=\frac{1}{\pi}\left[\frac{\gamma}{(x-x_0)^2+\gamma^2}\right]$$

其中,x_0 是定义分布峰值位置的位置参数,γ 是最大值一半处的一半宽度的尺度参数。$x_0=0$ 且 $\gamma=1$ 的特例称为标准柯西分布,其概率密度函数为

$$f(x;0,1)=\frac{1}{\pi[1+x^2]}$$

下面是在 R 中进行基于 Metropolis-Hastings 算法对柯西分布进行采样的示例代码。

```
rm(list = ls()) ## 清除全部对象
set.seed(201912)
reps = 40000

# target density: the cauchy distribution
cauchy <- function(x, x0 = 0, gamma = 1){
  out <- 1/(pi * gamma * (1 + ((x - x0)/gamma)^2))
  return(out)
}

chain <- c(0)
for(i in 1:reps){
    proposal <- chain[i] + runif(1, min = -1, max = 1)
    accept <- runif(1)< cauchy(proposal)/cauchy(chain[i])
    chain[i + 1]<- ifelse(accept == T, proposal, chain[i])
}

plot(chain, type = "l")
plot(density(chain[1000:reps]), xlim = c( -5,5), ylim = c(0,0.4), col = "red")
den <- cauchy(seq(from = -5, to = 5, by = 0.1), x = 0, gamma = 1)
lines(den~seq(from = -5, to = 5, by = 0.1), lty = 2, col = "blue")
```

图 3-21 所示为每次采样点的数值分布情况。

为了更清晰明确地看到采样结果符合预期分布，这里也绘制了分布的密度图并与实际的分布密度进行对照，如图 3-22 所示，深色实线是采样分布的密度图，而浅色虚线则是实际柯西分布的密度图，可见两者吻合地相当好。

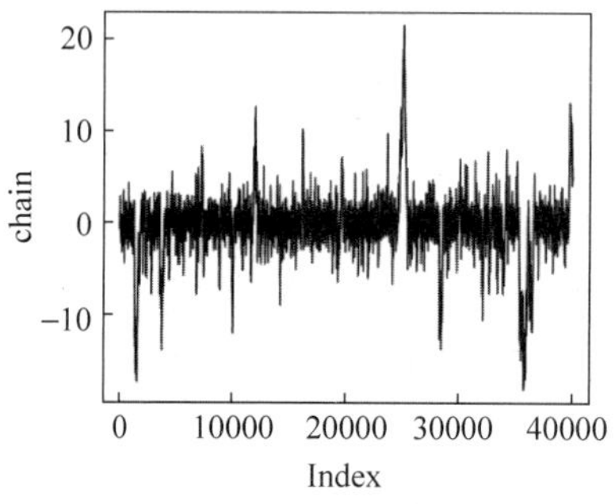

图 3-21　采样点数值分布情况

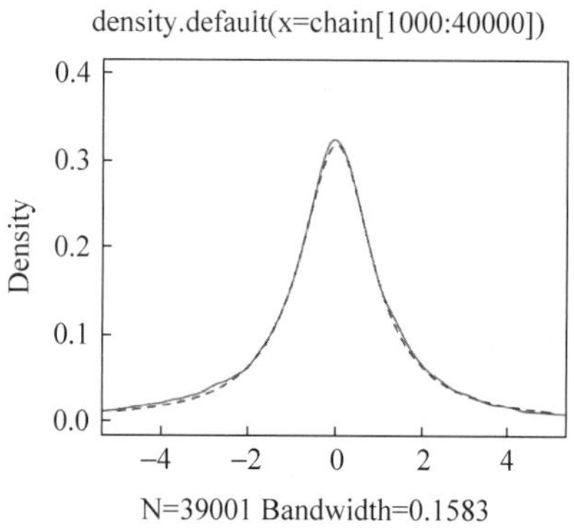

图 3-22　密度图对比

当然，作为一个简单例子的开始，上面的例子中并没有涉及 $p(y|x)$，接下来的这个例子则会演示涉及后验概率的基于 Metropolis-Hastings 算法的 MCMC。这里将用 Metropolis-Hastings 算法从瑞利分布(Rayleigh Distribution)中采样，瑞利分布的密度为

$$f(x)=\frac{x}{\sigma^2}\mathrm{e}^{-\frac{x^2}{2\sigma^2}},\quad x\geqslant 0,\sigma>0$$

然后取自由度为 X_t 的卡方分布为参考分布。实现代码如下。

```
rm(list = ls()) ## 清除全部对象

f <- function(x, sigma) {
    if (any(x < 0)) return (0)
    stopifnot(sigma > 0)
    return((x / sigma^2) * exp( - x^2 / (2 * sigma^2)))
}

m <- 40000
sigma <- 4
x <- numeric(m)
x[1] <- rchisq(1, df = 1)
k <- 0
u <- runif(m)

for (i in 2:m) {
    xt <- x[i - 1]
    y <- rchisq(1, df = xt)
    num <- f(y, sigma) * dchisq(xt, df = y)
    den <- f(xt, sigma) * dchisq(y, df = xt)
    if (u[i] <= num/den) x[i] <- y else {
        x[i] <- xt
```

```
        k <- k + 1 # y is rejected
    }
}
```

然后要验证一下，生产的采样数据是否真的符合瑞利分布。注意在 R 中使用瑞利分布的相关函数，需要加装 VGAM 包。下面的代码可以让读者直观地感受到采样结果的分布情况。

```
> curve(drayleigh(x, scale = 4, log = FALSE), from = -1, to = 15, xlim = c(-1,15), ylim =
c(0,0.2),
+ lty = 2, col = "blue",xlab = "", ylab = "")
> par(new = TRUE)
> plot(density(x[1000:m]) , xlim = c(-1,15), ylim = c(0,0.2),col = "red")
```

从图 3-23 中不难看出，采样点分布确实符合预期。当然，这仅仅是一个演示用的小例子。显然，它并不高效。因为采用自由度为 X_t 的卡方分布来作为参考函数，大约有 40%的采样点都被拒绝掉了。如果换做其他更加合适的参考函数，可以大大提升采样的效率。

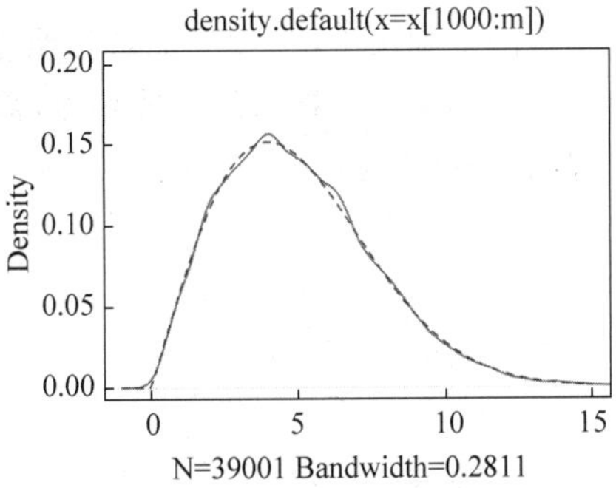

图 3-23　采样点分布

3.5.4 Gibbs 采样

Gibbs 采样是一种用以获取一系列观察值的 MCMC 算法，这些观察值近似于来自一个指定的多变量概率分布，但从该分布中直接采样较为困难。Gibbs 采样可以被看成是 Metropolis-Hastings 算法的一个特例。而这个特殊之处就在于，使用 Gibbs 采样时，通常是对多变量分布进行采样的。比如说，现在有一个分布 $p(z_1,z_2,z_3)$，可见它是定义在三个变量上的分布。这种分布在实际中还有很多，比如一维的正态分布也是关于其均值和方差这两个变量的分布。在算法的第 t 步，选出了三个值 $z_1^{(t)},z_2^{(t)},z_3^{(t)}$。这时，既然 $z_2^{(t)}$ 和 $z_3^{(t)}$ 是已知的，那么可以由此获得一个新的 $z_1^{(t+1)}$，并用这个新的值替代原始的 $z_1^{(t)}$，而新的 $z_1^{(t+1)}$ 可以由下面这个条件分布来获得

$$p(z_1 \mid z_2^{(t)},z_3^{(t)})$$

接下来同样的道理再用一个新的 $z_2^{(t+1)}$ 来替代原始的 $z_2^{(t)}$，而这个新的 $z_2^{(t+1)}$ 可以由下面这个条件分布来获得

$$p(z_2 \mid z_1^{(t+1)},z_3^{(t)})$$

可见刚刚获得的新值 $z_1^{(t+1)}$ 已经被直接用上了。同理，最后用 $z_3^{(t+1)}$ 来更新 $z_3^{(t)}$，而新的值由下面这个条件分布来获得

$$p(z_3 \mid z_1^{(t+1)}, z_2^{(t+1)})$$

按照这个顺序如此往复即可。下面给出更为完整的吉布斯采样的算法描述。

1. 初始化 $\{z_i: i=1,\cdots,M\}$
2. 对于 $\tau=1,\cdots,T$:
   - 采样 $z_1^{(\tau+1)} \sim p(z_1 \mid z_2^{(\tau)}, z_3^{(\tau)}, \cdots, z_M^{(\tau)})$
   - 采样 $z_2^{(\tau+1)} \sim p(z_2 \mid z_1^{(\tau+1)}, z_3^{(\tau)}, \cdots, z_M^{(\tau)})$

     $\vdots$
   - 采样 $z_j^{(\tau+1)} \sim p(z_j \mid z_1^{(\tau+1)}, \cdots, z_{j-1}^{(\tau+1)}, z_{j+1}^{(\tau)} \cdots, z_M^{(\tau)})$

     $\vdots$
   - 采样 $z_M^{(\tau+1)} \sim p(z_M \mid z_1^{(\tau+1)}, z_2^{(\tau+1)}, \cdots, z_{M-1}^{(\tau+1)})$

当然如果要从理论上证明 Gibbs 采样确实可以得到预期的分布，就应该考察它是否满足细致平衡。但是前面也讲过，Gibbs 采样是 Metropolis-Hastings 算法的一个特例。所以其实甚至无需费力去考察其是否满足细致平衡，如果能够证明吉布斯采样就是 Metropolis-Hastings 算法，而 Metropolis-Hastings 算法是满足细致平衡，其实也就得到了我们想要的。下面是证明的过程，其中 $\boldsymbol{x}_{-k}$ 表示一个向量 $(x_1,\cdots,x_{k-1},x_{k+1},\cdots,x_D)$，也就是从中剔除了 x_k 元素。

令 $\boldsymbol{x}=x_1,\cdots,x_D$。

当采样第 k 个元素，$p_k(\boldsymbol{x}^* \mid \boldsymbol{x})=\pi(x_k^* \mid \boldsymbol{x}_{-k})$

当采样第 k 个元素，$\boldsymbol{x}_{-k}^*=\boldsymbol{x}_{-k}$

$$\frac{\pi(\boldsymbol{x}^*)p(\boldsymbol{x} \mid \boldsymbol{x}^*)}{\pi(\boldsymbol{x})p(\boldsymbol{x}^* \mid \boldsymbol{x})}=\frac{\pi(\boldsymbol{x}^*)\pi(x_k \mid \boldsymbol{x}_{-k}^*)}{\pi(\boldsymbol{x})\pi(x_k^* \mid \boldsymbol{x}_{-k})}=\frac{\pi(x_k^* \mid \boldsymbol{x}_{-k}^*)\pi(x_k \mid \boldsymbol{x}_{-k}^*)}{\pi(x_k \mid \boldsymbol{x}_{-k})\pi(x_k^* \mid \boldsymbol{x}_{-k})}=1$$

以 Gibbs 采样为基础实现的 MCMC 在自然语言处理中的 LDA 里有重要应用。如果读者正在或者后续准备研究 LDA 的话，这些内容将是非常重要的基础。

第 4 章 非参数检验方法

CHAPTER 4

非参数统计是一种不要求变量值为某种特定分布和不依赖某种特定理论的统计方法，或者是在不了解总体分布及其全部参数的情况下的统计方法。实际工作中，许多资料常常不能确定或假设其总体变量值的分布，参数统计不宜使用，不知道总分布，就不能比较参数，而只能比较非参数。那些总体分布服从正态分布或总体分布已知条件下进行的统计检验就是参数检验。总体分布不要求服从正态分布或总体分布情况不明时，用来检验数据资料是否来自同一个总体的统计检验方法就是非参数检验方法。

4.1 列联分析

列联分析是利用列联表(Contingency Table)来研究两个分类变量之间关系的统计方法。以皮尔逊提出的卡方检验为代表列联分析技术在数据分析领域具有非常广泛的应用。

4.1.1 类别数据与列联表

1912 年 4 月 15 日，豪华巨轮泰坦尼克号在她的处女航中因不幸与冰山相撞而沉入冰冷的大西洋。这场空前的海难令世界震动。根据维基百科所提供的数据，当时船上有 908 名船员和 1316 名乘客，共计 2224 人。事故发生后，共有 710 名乘客获救，约占总人数的 32%。具体伤亡统计数据请见表 4-1。

表 4-1 泰坦尼克号伤亡统计

年龄/性别	舱位/身份	获救	罹难	总计
儿童	头等舱	5	1	6
	二等舱	24	0	24
	三等舱	27	52	79
女人	头等舱	140	4	144
	二等舱	80	13	93
	三等舱	76	89	165
	船员	20	3	23
男人	头等舱	57	118	175
	二等舱	14	154	168
	三等舱	75	387	462
	船员	192	693	885

数据是冰冷和残酷的，但它背后的故事却是值得我们深入思考的。比如死亡是否与性别或年龄有关？面对死亡，人是否有高低贵贱之分？面对突如其来的灾难，船员是否忠于职守？这些看似干瘪的数据是否能够反映当时人们的价值取向以及面对死亡的态度？基于本章的学习，相信读者应该有能力解开这些疑问。

我们都知道，统计数据有类别型数据和数值型数据之分。对于类别型数据来说，尽管最终结果也是以数值来表示的，但不同数值所描述的对象特征却是彼此区别的。例如在泰坦尼克号伤亡情况分析的例子中，若想讨论死亡是否与性别有关，就可以把成年人群体分成男性和女性两类，并用 1 来表示男性，而用 0 来表示女性。如果想研究死亡是否与舱位有关，又可将乘客分位头等舱乘客（用 1 表示）、二等舱乘客（用 2 表示）和三等舱乘客（用 3 表示）。显然，对于上述问题的分析，是在以统计数据的汇总分类为基础的。而且为了便于后续分析工作的开展，选择一种有效的方式来对数据进行组织也很有必要，这种有效的方式就是所谓的列联表。

列联表是由两个以上的变量进行交叉分类的频数分布表。例如在研究泰坦尼克号中乘客的舱位与其最终是否获救之间关系的问题上，可以建立如表 4-2 所示的列联表。表中的行（row）是生存变量，它被划分成两类：获救或者罹难；表中的列（column）是舱位变量，它被划分为三类，即头等舱、二等舱和三等舱。因此表 4-2 是一个 2×3 的列联表。表中的每个数据，都反映着来自生成变量和舱位变量两个方面的信息。列联表是进行列联分析的基础，下一小节我们就将通过实际的用例来介绍基于 χ^2 检验的列联分析方法。

表 4-2　列联表示例

人员状况	头等舱	二等舱	三等舱	总计
获救	202	118	178	498
罹难	123	167	528	818
总计	325	285	706	1316

4.1.2 皮尔逊(Pearson)的卡方检验

皮尔逊的卡方统计量（Pearson's Chi-Square Statistic），或者简写成 χ^2 统计量，是由皮尔逊于 1899 年提出的用于检验实际分布与理论分布配合程度，即配合度检验的统计量。皮尔逊认为，不管理论分布构造得如何好，它与实际分布之间总存在着或多或少的差异。这些差异可能是由于观察次数不充分、随机误差太大而引起的，也可能是因所选配的理论分布本身与实际分布有实质性差异而导致的。要甄别导致差异的原因，还需要用一种方法来检验。为此，皮尔逊提出了著名的 χ^2 统计量，用来检验实际值的分布数列与理论值数列是否在合理范围内相符合，换句话说，χ^2 统计量可被用以测定观察值与期望值之间的差异显著性。卡方检验提出后得到了广泛的应用，在现代统计理论中占有重要地位。

卡方统计量由各项实际观测数值与理论分布数值之差的平方除以理论数值，然后再求和而得出的。若用 f_o 表示观察值频数，用 f_e 表示期望值频数，χ^2 统计量可以写为

$$\chi^2 = \sum \frac{(f_o - f_e)^2}{f_e}$$

作为一种统计方法，χ^2 检验主要用于对两个定类变量之间关系的分析。对定类变量进行分析，一般是把检验问题进行转化，通过考察频数与其期望频数之间的吻合程度，达到检验目的。χ^2 检验还依赖于 χ^2 分布的自由度，自由度定义为类别数量与限制数量之差，具体的计算我们在后续结合例子加以说明。

假设有一枚骰子，投掷 120 次并记录其结果如表 4-3 所示，请问该枚骰子是否是无偏的？

表 4-3 掷骰子的结果

点数	1	2	3	4	5	6
频数	25	18	28	20	16	13

首先提出原假设和备择假设。

H_0：骰子是无偏的，即所有投掷结果出现的可能性大致是均等的。

H_1：原假设是错误的，即某些投掷结果的可能性较其他结果更大。

在原假设基础上，可以得到期望的投掷结果如表 4-4 所示。

表 4-4 期望投掷频数

点　　数	1	2	3	4	5	6
观察频数	25	18	28	20	16	13
期望频数	20	20	20	20	20	20

据此可以计算 χ^2 统计量如下

$$X^2 = \frac{(25-20)^2}{20} + \frac{(18-20)^2}{20} + \frac{(28-20)^2}{20} + \frac{(20-20)^2}{20} + \frac{(16-20)^2}{20} + \frac{(13-20)^2}{20}$$
$$= 1.25 + 0.20 + 3.20 + 0 + 0.80 + 2.45 = 7.90$$

因此 P 值应该是 $Pr(X^2 \geqslant 7.90)$，其中 $X^2 \stackrel{\text{def}}{=} \chi_5^2$。显然，骰子掷出后可能的结果有 6 种，而在我们的例子中限制条件的数量只有 1 个，即所有观察频数之和等于 120，所以自由度为 5。查询统计表可知，P 值将介于 0.1 和 0.25 之间，因此在 5%的水平下我们无法拒绝原假设。

在 R 中，自然无须这样烦琐的计算，chisq.test()函数将执行 χ^2 检验。该函数以记录观测频数的向量为输入，而且默认情况下以均等占比为原假设。对于掷骰子的例子，即假设掷出每个面的比例都是 1/6。下面给出示例代码

```
> chisq.test(c(25, 18, 28, 20, 16, 13))
                        Chi-squared test for given probabilities
data: c(25, 18, 28, 20, 16, 13)
X-squared = 7.9, df = 5, p-value = 0.1618
```

因此得到 P 值为 0.1616。我们不能得出骰子是有偏的这个结论。注意如果要修改默认为均等占比的原假设，可以通过调整函数中的参数 p 来实现，具体细节请参阅 R 的帮助文档，这里不再赘述。

掷骰子的例子其实只是让读者体验了一下 χ^2 检验的基本思想，引入列联表之后将有能

力处理更为复杂的例子。注意掷骰子的例子中所给出的表格并不是列联表，因为它并未涉及多分类变量之间的交叉。

下面就来看一个基于列联表的例子。众所周知，妇女怀孕期间饮酒或抽烟将会对胎儿造成不良影响。有人认为饮酒和吸烟之间存在某种联系，例如通常酗酒的人都有抽烟的嗜好。理解两者之间的关系对于研究孕妇相关行为给胎儿可能带来的影响十分重要。1984年，研究人员对452名母亲进行了调查，根据她们在得知自己怀孕前的酒精和烟草摄入量得出了如表4-5所示的列联表。请问饮酒和吸烟之间是否有关联？

表 4-5 饮酒与吸烟的统计数据

		尼古丁摄入(mg/d)			
		0	1～15	≥16	总计
酒精摄入(oz/d)	0	105	7	11	123
	0.01～0.10	58	5	13	76
	0.11～0.99	84	37	42	163
	≥1.00	57	16	17	90
	总计	304	65	83	452

列联表是两个因素(变量)从横向和纵向交叉而成的，因此以列联表为基础的假设检验中，原假设 H_0 通常为两个因素之间是没有联系的，即彼此独立的。相应地，备择假设 H_1 为原假设为假。在掷骰子的例子中，H_0 确定了每个可能输出的概率，彼时 H_0 仅仅指定了概率之间的关系。对于饮酒和吸烟关系的例子，我们可以提出下列原假设和备择假设。

H_0：吸烟和饮酒之间没有关系，即两者彼此独立。

H_1：原假设是错误的。

回想一下概率论中的有关结论，即如果事件 A 和 B 彼此独立，则当且仅当 $Pr(A\cap B)=Pr(A)\times Pr(B)$。所以如果原假设为真，那么对于本例而言必然有“酒精日均摄入超过1oz并且尼古丁日均摄入超过16mg的概率”就等于 Pr(酒精日均摄入≥1oz)× Pr(尼古丁日均摄入≥16mg)。

表 4-6 饮酒与吸烟的期望数据

		尼古丁摄入(mg/d)			
		0	1～15	≥16	总计
酒精摄入(oz/d)	0	82.73	17.69	22.59	123
	0.01～0.10	51.12	10.93	13.96	76
	0.11～0.99	109.63	23.44	29.93	163
	≥1.00	60.53	12.94	16.53	90
	总计	304	65	83	452

这个原理也为我们计算期望值列联表提供了依据，相应的期望值就等于行和与列和之积再除以表中数据总和。例如，从表4-5中可知，有90名母亲日均饮酒量超过1oz，在原假设基础上，则其中应该有83/452的人日均尼古丁摄入量超过16mg。因此相应的期望值就应该是90×83/452=16.53。按照此方法，最终可以得出期望值的列联数据如表4-6所示。

由此可以算得 χ^2 统计量如下

$$X^2 = \frac{(105-82.73)^2}{82.73} + \frac{(58-51.12)^2}{51.12} + \cdots + \frac{(17-16.53)^2}{16.53} = 42.252$$

再来考虑一下用于检验的 χ^2 分布的自由度，对于列联表而言，一个通常的计算公式为

$$df = (r-1)\times(c-1) = rc - (r+c-1)$$

其中，r 表示行数，c 表示列数，所以 rc 就是表中所给出的类别总数。r 同时给出了 r 个限制条件，列数 c 同时给出了 c 个限制条件。但总行和＝总列和＝表中数值总和，所以在计算由行限制与列限制给出的限制条件数目时，有一个重复计算，我们应该将其减去。最终限制数量为 $r+c-1$。针对当前所讨论的问题，自由度为

$$df = (4-1)\times(3-1) = 6$$

查表可知 χ_6^2 的临界值，由此得到的 P 值小于 0.001。计算 P 值的代码如下。

```
> pchisq(42.252,6,lower.tail = F)
[1] 1.639671e-07
```

整个 χ^2 检验执行过程的 R 代码如下。

```
> alcohol.by.nicotine <- matrix(c(105, 7, 11,
                                  + 58, 5, 13,
                                  + 84, 37, 42,
                                  + 57, 16, 17), nrow = 4, byrow = TRUE)
> chisq.test(alcohol.by.nicotine)

        Pearson's Chi-squared test

data: alcohol.by.nicotine
X-squared = 42.2521, df = 6, p-value = 1.640e-07
```

由此，便可以果断地拒绝原假设，并推得结论：饮酒与吸烟之间确实有联系。

4.1.3 列联分析应用条件

在卡方检验中使用 χ^2 分布来获取 P 值，其实隐含地使用了一个条件，即用正态分布来近似二项分布。为了保证卡方检验的有效性，下列执行条件应当予以满足

(1) 每个单元格中的数据都是确切的频数(而非占比)。

(2) 类别不可相互交织。

(3) 所有的期望频数应当都不小于 1。

(4) 至少 80%的期望频数都应该不小于 5。

如果上述条件无法都满足，我们就不得不通过合并单元格的方法来满足这些条件。但合并单元格的做法也会令自由度下降，进而削弱检验的效力。

来看一个研究铝元素摄入与阿尔兹海默病之间关系的例子。研究人员选择了一组阿尔兹海默病患者。作为对照实验，又选择了一组没有患阿尔兹海默病的人，但其他方面与实验组中的病患非常形似。参与实验的对象，他们的含铝抗酸剂使用情况如表 4-7 所示。

表 4-7 含铝抗酸剂的使用数据

	含铝抗酸剂用量			
	无	低	中	高
阿尔兹海默病患者	112	3	5	8
控制组	114	9	3	2

下面的代码对上述数据执行了以皮尔逊卡方检验为基础的列联分析，其中将 chisq. test() 函数的输出赋给了一个对象，即 a. by. a. test。而且我们用一个括号来把赋值语句括了起来，如果不这样做，程序将仅会对函数的结果进行储存但并不会将其输出。

```
> aluminium.by.alzheimers <- matrix(c(112, 3, 5, 8,
+                                     114, 9, 3, 2), nrow = 2, byrow = TRUE)
> (a.by.a.test <- chisq.test(aluminium.by.alzheimers))

        Pearson's Chi-squared test

data: aluminium.by.alzheimers
X-squared = 7.1177, df = 3, p-value = 0.06824
```

下面想检查一下每个期望频数的大小，于是在 R 中输入下面的代码。

```
> a.by.a.test$expected
     [,1] [,2] [,3] [,4]
[1,]  113    6    4    5
[2,]  113    6    4    5
```

易见 8 个期望频数中有两个都小于 5，因此得到的 P 值可能不是十分可靠。尽管它也比较小，但是在 5%的显著水平下，并不显著。

为了说明这个问题，可以通过多种方法来陈述这个问题。其中一种方法就是使用模拟的方法来获得一个更加精确的 P 值，例如

```
> chisq.test(aluminium.by.alzheimers, simulate.p.value = TRUE)

            Pearson's Chi-squared test with simulated p-value
            (based on 2000 replicates)

data: aluminium.by.alzheimers
X-squared = 7.1177, df = NA, p-value = 0.06047
```

将参数 simulate. p. value 的值置为 TRUE 时，就表示要通过蒙特卡洛(Monte Carlo)模拟的方法来计算 P 值。具体来说，这个过程会产生 2000 个随机表的独立数据，并以此来评估观察值表在原假设前提下的极端性。通过调整参数 B 的值(缺省情况下为 2000)，可以改变蒙特卡洛模拟的重复量。

另外一种可以把问题陈述清楚的方法是对数据进行重新分类。可能更有问题的观察值位于那些表示使用了中等剂量抗酸剂的单元格，所以将中等和高等两类数据进行合并是比

较合理的做法。于是便得到了如表 4-8 所示的结果。

表 4-8 合并后的数据

	含铝抗酸剂用量		
	无	低	中高
阿尔兹海默病患者	112	3	13
控制组	114	9	5

然后再以此为基础执行卡方检验,于是可得下面的结果。

```
> aluminium.by.alzheimers <- matrix(c(112, 3, 13,
+                                     114, 9, 5), nrow = 2, byrow = TRUE)
> (a.by.a.test <- chisq.test(aluminium.by.alzheimers))

            Pearson's Chi - squared test

data: aluminium.by.alzheimers
X - squared = 6.5733, df = 2, p - value = 0.03738
> a.by.a.test $ expected
[,1] [,2] [,3]
[1,] 113 6 9
[2,] 113 6 9
```

可见所有的期望频数都已经不再小于 5 了,此时给出的 P 值为 0.03738,因此可以得出抗酸剂的使用和阿尔茨海默病之间存在某种联系。当然,将低等和中等两类数据进行合并也比较合理,读者不妨尝试这种做法,然后再观察一下其对最终结果的影响。

4.1.4 费希尔(Fisher)的确切检验

如果在 2×2 的列联表中观察值太小,χ^2 检验因近似程度较差,易导致分析的偏性(尤其是当所得概率接近检验水准时)。1934 年,统计学家费希尔提出了一种新的检验方法,即费希尔确切检验(Fisher's exact test),这是一种专门用来对 2×2 的列联表进行检验的方法。该方法不属于 χ^2 检验的范畴,但可作为 2×2 表格的 χ^2 检验的补充。

表 4-9 关于惯用左手还是右手的调查

学生	左	右	总计
女	1	30	31
男	4	12	16
总计	5	42	47

假设在一项有 47 名学生参与的调查中,研究人员试图检验性别与惯用左手还是右手之间是否存在联系。调查数据见表 4-9,从中易见女生中惯用左手的比例为 1/31=0.032,该值小于男生中惯用左手的比例 4/16=0.25。为了检验这两个比例是否有显著的不同,自然会想到使用之前介绍的 χ^2 检验,但是四个单元格中有两个所包含的期望值都小于 5。根据

之前的讨论，我们知道此时应该 χ^2 检验并不明智。

费希尔确切检验假设仅知道 2×2 列联表中边界上的加和值，但对表中的详细数据一无所知。此时可以得到如表 4-10 所示的一张残缺表。

表 4-10 不完整的列联表

学生	左	右	总计
女			31
男			16
总计	5	42	47

在仅知道上面这些边缘加和值的情况下，可以推得总共的可能情况有六种，如表 4-11 所示。这是因为调查数据中左撇子的数量一共只有 5 个，那么表格中左上角位置的取值就仅可能是 0,1,2,3,4,5 这几种情况。据此我们就可以推出全部可能的结果。

表 4-11 全部可能的情况

学生	左	右	左	右	左	右	左	右	左	右	左	右
女	0	31	1	30	2	29	3	28	4	27	5	26
男	5	11	4	12	3	13	2	14	1	15	0	16
概率	0.0028		0.0368		0.1698		0.3516		0.3283		0.1108	

注意在表 4-11 中还计算出了每一种可能情况的概率。费希尔确切检验的基础是超几何分布，超几何分布是统计学上的一种离散型概率分布。假设 N 件产品中有 M 件次品，不放回的抽检中，抽取 n 件时得到 $X=k$ 件次品的概率分布就是超几何分布，它的概率质量函数 PMF 为

$$P(X=k)=\frac{C_M^k C_{N-M}^{n-k}}{C_N^n}$$

对应到表 4-12 中，现在有 $a+b+c+d=N$ 件产品，其中次品有 $a+b$ 件，进行不放回的抽检，共抽取了 $a+c$ 件产品，其中得到 $X=a$ 件次品的概率即为

$$P(X=a)=\frac{C_{a+b}^a C_{c+d}^c}{C_N^{a+c}}=\frac{(a+b)!(c+d)!(a+c)!(b+d)!}{a!b!c!d!n!}$$

表 4-12 费希尔确切检验概率的推断

合格状态	被抽中	未抽中	总计
残次	a	b	$a+b$
合格	c	d	$c+d$
总计	$a+c$	$b+d$	$a+b+c+d=N$

于是表 4-11 中的各个概率值可以使用 R 中的内嵌分布函数来计算，代码如下。

```
> dhyper(c(0,1,2,3,4,5), 31, 16, 5)
[1] 0.002847571 0.036781124 0.169759032
[4] 0.351643709 0.328200795 0.110767768
```

由于超几何概率分布的非对称性，一个双尾的 P 值并没有被唯一并确切的定义。但在统计分析中，双尾的 P 值更为常用。一种计算方法是将两个方向上的单尾 P 值都算出来，然后将其中的较小者乘以 2 作为双尾 P 值使用。另外一种方法，也是 R 中所使用的，就是将输出结果中小于等于观察值概率的所有概率进行加总。在这种方法中，比观察值概率更小的概率值被看成是比远离原假设的观察值更加极端，这也与我们对 P 值的定义相吻合。例如在当前所讨论的问题中，P 值就应该为

```
> 0.002847571 + 0.036781124
[1] 0.03962869
```

在 5%的显著水平下，可以拒绝(惯用哪只手与性别无关的)原假设，并认为女生中左撇子的比例要低于男生中左撇子的比例。

在 R 中，可以用下面的代码来执行费希尔确切检验，易见其中得出的 P 值与之前算得的结果一致。

```
> handedness <- matrix(c(1, 30, 4, 12), nrow = 2, byrow = TRUE)
> fisher.test(handedness)

        Fisher's Exact Test for Count Data

data: handedness
p-value = 0.03963
alternative hypothesis: true odds ratio is not equal to 1
95 percent confidence interval:
 0.001973399 1.206146041
sample estimates:
odds ratio
 0.1055741
```

4.2　符号检验

有学者曾经利用统计学的方法对《红楼梦》一书的原作者和续者是否是同一人这个问题展开了研究。研究人员针对《红楼梦》中人物对四书的褒贬态度进行了比较，把褒、中性、贬三种态度分别用 1、0、−1 来表示，然后用符号检验法来进行判断。例如，在原书第三回中，贾宝玉曾说："除四书外，杜撰的太多，偏只我是杜撰不成?"这里对四书是褒扬态度，因此用 1 表示。此外，研究人员还统计了 47 个虚词在各章中出现的频率和句子长度，用符号检验法做出了前八十回和后四十回不是一人所写的判断。

符号检验是一种使用正负号来检验不同假设的非参数检验方法，它可以检验的假设主要是涉及单一总体中位数的假设和配对样本数据的假设。当我们执行符号检验时，即认为样本已经被随机的选取了，而且我们并不要求样本数据来自一个具有特殊分布的总体。

符号检验最核心的思想就是分析数据中正负号出现的频率，并确定它们是否有显著的差异。例如在《红楼梦》的例子中，如果前八十回中，出现了 100 次对孔子及其著作或褒或贬

的评价，其中有 51 次是褒扬，49 次是贬损，从常识来看我们并没有十足的把握断言作者对孔子及其著作的态度是褒扬的，因为 100 次态度表现中，51 次褒扬并不显著。但如果有 99 次态度表现都是褒扬的，这就显得很显著了。给定一组数据，如何从统计学角度给出评判，符号检验就是一个值得推荐的选择。

在后文的描述中，我们规定 x 表示频率较小的符号出现的次数；n 表示正负号合在一起的总数。符号检验是以二项分布为基础的一种假设检验，尽管它并不依赖于样本数据的分布类型，但是我们会设法用一个正号或者负号来对每个样本观察值进行评判。如果差异不显著，那么正号与负号的个数应大致各占一半。这就符合一个成功概率等于 0.5 的二项分布。于是便可以用二项分布的公式来计算精确的统计量，并由此获得 P 值。但是当 n 较大时，就要用正态分布来近似。因为又是二项分布的随机变量，所以当 n 较大时，通常规定是当 $n>25$ 时，可近似地认为在原假设前提下，正负号统计结果的分布服从正态 $N(0,1)$ 分布。但是由于正态分布是连续分布，所以要连续修正，此时统计量为

$$z=\frac{(x+0.5)-0.5n}{0.5\sqrt{n}}$$

再由此统计量来获得 P 值。

需要说明的是，当一个单尾检验中应用符号检验时，如果一个符号的出现频率显著地多于其他符号，但样本数据却和原假设一致，更加审慎的考量就不可或缺，以免得出错误的结论。如果数据从感觉上和原假设一致，那么就不能拒绝原假设，也不要继续进行符号检验了。任何时候都不应该盲目依赖于计算的结果，利用与统计无关的理性分析总是必不可少的。

下面首先通过一个例子来说明利用符号检验对单一总体中位数进行检验的基本步骤。联合国对世界上 66 个大城市的生活消费指数（以纽约市某年的消费指数作为基准 100）按自小至大的次序排列如表 4-13 所示，其中北京的指数为 99。

表 4-13　世界主要城市消费指数

66	75	78	80	81	81	82	83	83	83
83	84	85	85	86	86	86	86	87	87
88	88	88	88	88	89	89	89	89	90
90	91	91	91	91	92	93	93	96	96
96	97	99	100	101	102	103	103	104	104
104	105	106	109	109	110	110	110	111	113
115	116	117	118	155	192				

可以假定这个样本是从世界许多大城市中随机抽样而得的所有大城市的指数组成总体。现在的问题是：这个总体的中位数是多少？北京是否在该水平之下？在本例中，总体分布是未知的，比较适合运用符号检验。

假定用 M 来表示总体中位数，这意味着样本点 $X_1,X_2,\cdots,X_n$，取大于 M 的概率应该与取小于 M 的概率相等。所研究的问题，可以看作是只有两种可能：大于中位数 M，标记为“+”；小于中位数 M，标记为“−”。令 S_+ 为得正符号的数目，以及 S_- 为得负符号得数目。

易知 S_+ 或 S_- 均服从二项分布 Binomial(66,0.5)。则 S_+ 和 S_- 可以用来作为检验的统计量。

对于左侧检验 $H_0: M=M_0$；$H_1: M<M_0$，当零假设为真的下，S_* 应该不大不小，S_* 是 S_+ 和 S_- 中较小的。当 S_* 过小，即只有少数的观测值大于 M_0，则 M_0 可能太大，目前总体的中位数可能要小一些。如果 $p(S_*<x)<\alpha$，则拒绝原假设。其中的 α 是显著水平。

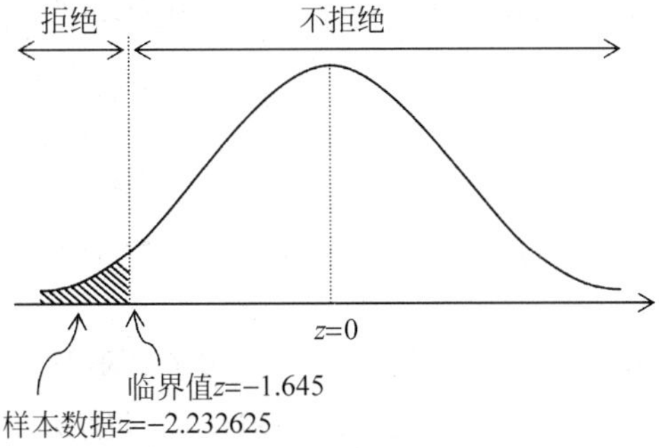

图 4-1 拒绝域与非拒绝域

对于右侧检验 $H_0: M=M_0$；$H_1: M>M_0$，当零假设为真的下，S_* 应该不大不小。当 S_* 过大，即有多数的观测值大于 M_0，则 M_0 可能太小，目前总体的中位数可能要大一些。如果 $p(S_*>x)<\alpha$，则拒绝原假设。

双侧检验对备择假设 H_1 来说关心的是等于正的次数是否与等于负的次数有差异。所以当 $p(S_*<x)+p(S_*>x)$ 小于显著性水平则拒绝原假设。

针对当前所讨论的例子，做单尾检验，则备择假设为 $M<99$。通常，备择假设采用我们觉得有道理的方向。因为只有一点为 99，舍去这一点，于是 n 从 66 减少到 65。而 $x=23$，在原假设下，二项分布的概率 $p(S_+<23)$。如果很小就可以拒绝零假设。上面这个概率就是该检验的 P 值。在这里的例子中，可以算得

$$z=\frac{(23+0.5)-0.5\times 65}{0.5\sqrt{65}}=-2.232\,625$$

在 $\alpha=0.05$ 的单尾检验中，临界值 $z=-1.645$，检验统计量 $z=-2.232\,625$ 是落在了否定区间中，如图 4-1 所示。因此，拒绝原假设。也可以用下面的 R 代码来计算 P 值。

```
> pnorm( - 2.232625)
[1] 0.01278684
```

如果不采用近似计算的方法，则可以使用下面的 R 代码来计算 P 值。

```
> pbinom(23, 65, 0.5)
[1] 0.01240599
```

在原假设前提下，目前由该样本所代表的事件的发生的概率仅为 1.24%，所以不大可能。换言之，北京的生活指数不可能小于世界大城市的中间水准。

再来看一个双尾检验的例子。某企业生产一种钢管，规定长度的中位数是 10m。现随机地从正在生产的生产线上选取 10 根进行测量，结果如下

9.8　10.1　9.7　9.9　9.8　10.0　9.7　10.0　9.9　9.8

中位数是这个问题中所关心的一个位置参数。若产品长度真正的中位数大于或小于 10m，

则生产过程需要调整。这是一个双侧检验,应建立假设

$$H_0: M = 10; \quad H_1: M \neq 10$$

为了对假设做出判定,先要得到检验统计量 S_+ 或 S_-。将调查得到的数据分别与 10 比较,算出各个符号的数目: $S_+=1, S_-=7, n=8$。在 R 中执行符号检验的代码如下。

```
> pbinom(1, 8, 0.5) * 2
[1] 0.0703125
```

即 P 值为 0.070 312 5,大于显著性水平 0.05。表明调查数据支持原假设。即生产过程不需要调整。

前面我们为单尾检验和双尾检验各给出了一个例子。但是在科学研究中一直有一种倾向于双尾检验的传统。这是因为你断言正确的单尾备择假设在相反的方向是不具备任何效力的。即使你认为或者希望这种效力可以在一个方向上有效,这种确认与你拒绝深入探究这种效力作用在相反方向上的可能性仍然是两回事。偏爱双尾检验的传统是一个良好的默认选项。单尾检验也有它的存在的意义,正如本节中所给出的例子那样,但是研究人员也有责任解释清楚为什么某个单尾的备择假设是合适的。仅仅让数据落在正确的一侧仍然是远远不够的。

如果使用之前介绍的参数检验方法来对世界主要城市消费水平的例子进行处理,将会得到下面这样的结果。从中可以看出,我们获得了一个更加极端的 P 值。相比而言,符号检验往往不像参数检验那么灵敏,尽管如此,两种检验都得出了拒绝零假设的结论。符号检验没有将样本数据看作是极端的,因为它只使用关于数据方向方面的信息,而忽略了数值的大小。之后将要介绍的威尔科克森符号秩检验在很大程度上弥补了这一不足。

```
> binom.test(sum(x>99), length(x), alternative = "less")

        Exact binomial test

data: sum(x > 99) and length(x)
number of successes = 23, number of trials = 66, p-value = 0.009329
alternative hypothesis: true probability of success is less than 0.5
95 percent confidence interval:
 0.0000000 0.4563087
sample estimates:
probability of success
             0.3484848
```

根据统计资料的符号,还可以对配对样本数据进行假设检验。两个样本既可以是互相独立,也可以是相关的,也就是说,既可检验两总体是否存在显著差异,也可检验是否来自同一总体。符号检验通过两个相关样本的每对数据之差的符号来进行检验,从而比较两个样本的显著性。如果两个样本差异不显著,正差值与负差值的个数应大致各占一半。如果两者相差太远,就有理由拒绝原假设。下面通过一个例子来说明利用符号检验对配对样本数据进行检验的基本步骤。

细颗粒物,又称 PM2.5,是指环境空气中当量直径小于等于 2.5μm 的颗粒物。它能较

长时间悬浮于空气中，其在空气中含量浓度越高，就代表空气污染越严重。虽然细颗粒物只是地球大气成分中含量很少的组分，但它对空气质量和能见度等有重要的影响。与较粗的大气颗粒物相比，细颗粒物粒径小，面积大，活性强，易附带有毒、有害物质，且在大气中的停留时间长、输送距离远，因而对人体健康和大气环境质量的影响更大。通常认为城市中细颗粒物的浓度要较周边郊区更高，为了证实这一论断，科研人员开展了相关研究。研究人员每隔一定周期，分别测定某城市中心地带与其郊区的 PM2.5 浓度，结果如表 4-14 所示。

表 4-14 细颗粒物测定结果

编号	郊区	城市	差值	编号	郊区	城市	差值
01	61	62	1	11	58	57	−1
02	50	50	0	12	67	66	−1
03	45	46	1	13	80	88	8
04	52	55	3	14	49	51	2
05	46	48	2	15	70	72	2
06	39	40	1	16	80	81	1
07	88	98	10	17	60	75	15
08	57	59	2	18	21	23	2
09	58	57	−1	19	89	85	−4
10	70	71	1	20	75	77	2

根据问题描述，提出原假设和备择假设如下：

H_0：城市和郊区的细颗粒物浓度没有差别。

H_1：原假设是错误的。

将表中的配对样本数据一对一比较，如果差值为正，则用符号"＋"标记，否则记以"－"标记，如两者相等，就记为"0"。清点计数后可知 $S_+=15$，$S_-=4$ 和 $n=19$。然后在 R 中进行显著性检验，代码如下。

```
> pbinom(4, 19, prob = 0.5, lower.tail = TRUE) * 2
[1] 0.01921082
```

于是拒绝原假设，得出城市和郊区的细颗粒物浓度存在差别这个结论。正如前面曾经讨论过的，更多时候我们倾向于采用双尾检验。在此基础上分析二个指标谁高谁低，应当借助一些非统计上的理性分析来得出最终的结论。从本题所提供的数据来看，城市里细颗粒物浓度高于郊区的情况更加普遍，最终我们可以认为城市里的细颗粒物浓度更高。

现在来解答读者可能还存疑的一个问题，即当 $n>25$ 时，所用的检验统计量的基本原理。前面我们讲过，当 $n>25$ 时，检验统计量 z 是建立在对 $p=1/2$ 的二项分布的正态近似基础上的。对于二项分布而言，当 $np\geqslant5$ 和 $n(1-p)\geqslant5$ 都成立时，二项分布的正态近似时可以接受的。而且对于二项分布而言，$\mu=np$ 且 $\sigma=\sqrt{np(1-p)}$。因为符号检验假设 $p=1/2$，所以只要 $n\geqslant10$，便可以满足前提条件 $np\geqslant5$ 和 $n(1-p)\geqslant5$。另外，由于假设 $p=1/2$，还可得到 $\mu=np=n/2$ 和 $\sigma=\sqrt{np(1-p)}=\sqrt{n}/2$。因此

$$z=\frac{x-\mu}{\sigma}$$

就变成了

$$z=\frac{x-\left(\frac{n}{2}\right)}{\frac{\sqrt{n}}{2}}$$

最后，为了实现连续性修正，我们用 $x+0.5$ 来代替 x。如此便得到了本节给出的检验统计量表达式。

4.3 威尔科克森符号秩检验

威尔科克森符号秩检验(Wilcoxon signed-rank test)由美国化学家、统计学家弗兰克·威尔科克森(Frank Wilcoxon)于1945年提出的。该方法是在成对观测数据的符号检验基础上发展起来的，它不仅利用了观察值和原假设中心位置的差的正负，还利用了差值的大小信息，因此比传统的单独用正负号的检验更加有效。

如果两个总体的分布相同，每个配对数值的差应服从以0为中心的对称分布。也就是将差值按照绝对值的大小编秩(排顺序)并给秩次加上原来差值的符号后，所形成的正秩和与负秩和在理论上是相等的(满足差值总体中位数为0的假设)，如果两者相差太大，超出界值范围，则拒绝原假设。

在正式介绍威尔科克森符号秩检验之前，先来了解一下秩的概念。当数据按照某个标准进行排序之后，秩是按照一个样本项在排序中的次序而分配给该样本项的一个数字。第一项被赋与秩1，第二项被赋与秩2，依此类推。

例如数字12、10、35、30、18可以按从小到大的顺序排列为10、12、18、30、35。那么给这些数字编秩后的结果如下

原始值	12	10	35	30	18
排序值	10	12	18	30	35
	↑	↑	↑	↑	↑
秩	1	2	3	4	5

如果在秩中出现一个同级的情况，一般是算出所涉及之秩的均值后把这个平均秩赋与每一个同级项，例如数字12、10、35、12、18中因为有两个12，所以秩2和秩3同级，于是就把2和3的平均值2.5赋给这两个12，即

原始值	12	10	35	12	18
排序值	10	12	12	18	35
	↑	↑	↑	↑	↑
秩	1	2.5	2.5	4	5

在应用威尔科克森符号秩检验时，通常假设样本数据是随机选择的，而且总体或者(由配对数据算出的)差值总体服从一个近似对称的分布，但并不要求数据服从正态分布。

威尔科克森符号秩检验可以用于检验一个样本是否来自于一个具有指定中位数的总体。例如下面是10个欧洲城镇每人每年平均消费的酒类(相当于纯酒精数)，数据已经按升序排列

4.12　5.81　7.63　9.74　10.39　11.92　12.32　12.89　13.54　14.45

人们普遍认为欧洲各国人均年消费酒量的中位数相当于纯酒精 8 升，试用上述数据检验这种看法。

通过数据可以看出，中位数为 11.155，明显大于 8，因此可以建立如下假设

$$H_0: M=8;\quad H_1: M>8$$

然后根据每个样本值与中位数的差来计算相应的秩和符号，中间结果如表 4-15 所示。

表 4-15　中间计算结果

编　　号	X_i	$D=X_i-8$	$\|D\|$	$\|D\|$的秩	D的符号
01	4.12	−3.88	3.88	5	−
02	5.81	−2.19	2.19	3	−
03	7.63	−0.37	0.37	1	−
04	9.74	1.74	1.74	2	+
05	10.39	2.39	2.39	4	+
06	11.92	3.92	3.92	6	+
07	12.32	4.32	4.32	7	+
08	12.89	4.89	4.89	8	+
09	13.54	5.54	5.54	9	+
10	14.45	6.45	6.45	10	+

分别求出带正号的秩和以及带负号的秩和如下

$$T_+=2+4+6+7+8+9+10=46$$

$$T_-=5+3+1=9$$

用 T 来表示两个秩和中的较小者，两个和中的任何一个都可以使用，但为了简化步骤，通常选择其中的较小者。令 n 为差值 D 不为 0 的样本数据的数量，对于 $n\leqslant 30$，则检验统计量为 T，如果 $n>30$，则统计量为

$$z=\frac{T-\dfrac{n(n+1)}{4}}{\sqrt{\dfrac{n(n+1)(2n+1)}{24}}}$$

如果 $n\leqslant 30$，可以从威尔科克森统计量临界值表中查得 T 的临界值。如果 $n>30$，则从正态概率分布表中查得 z 的临界值。在本例中 $T=9$，$n=10$，从威尔科克森统计量临界值表中查得单尾 $\alpha=0.05$ 的临界值为 11，因为 $T=9$ 小于临界值 11，拒绝原假设。也可以直接从威尔科克森符号秩检验统计量表中可以查得 P 值为 $0.032<\alpha=0.05$，同样可以拒绝原假设。最终得出结论欧洲人均酒精年消费(中位数)多于 8 升。

现给出在 R 中执行以上检验的代码如下。

```
> x = c(4.12,5.81,7.63,9.74,10.39,11.92,12.32,12.89,13.54,14.45)
> wilcox.test(x - 8, alternative = "greater")

        Wilcoxon signed rank test

data: x - 8
```

```
V = 46, p-value = 0.03223
alternative hypothesis: true location is greater than 0
```

对于配对数据而言，威尔科克森符号秩检验也可用以检验总体分布之间的差异，所以这时的原假设和备择假设通常为

H_0：两个样本来自于相同分布的总体。

H_1：两个样本来自于不同分布的总体。

来看一个例子。表4-16记录了9名混合性焦虑和抑郁症患者在开始接受一种镇静剂治疗后第一次和第二次抑郁程度评估的结果。现在请考虑这种疗法是否使患者的情况得到了改善。

表 4-16　治疗效果数据

第一次	1.83	0.50	1.62	2.48	1.68	1.88	1.55	3.06	1.30
第二次	0.878	0.647	0.598	2.05	1.06	1.29	1.06	3.14	1.29

在R中执行配对数据的威尔科克森符号秩检验的方法与前面单一样本的检验方法十分相像。下面给出的两种写法将会得到相同的结果。

```
> x <- c(1.83, 0.50, 1.62, 2.48, 1.68, 1.88, 1.55, 3.06, 1.30)
> y <- c(0.878, 0.647, 0.598, 2.05, 1.06, 1.29, 1.06, 3.14, 1.29)
> ## wilcox.test(y - x, alternative = "less")
> wilcox.test(x, y, paired = TRUE, alternative = "greater")

        Wilcoxon signed rank test

data: y - x
V = 5, p-value = 0.01953
alternative hypothesis: true location is less than 0
```

由于P值为$0.019\,53<\alpha=0.05$，所以拒绝原假设，进而得出这种疗法使患者的情况得到了改善的结论。

当数据对较多时，可以计算一个近似的P值，为此需要将参数exact的值置为FALSE。此外，参数correct用于控制是否对P值的正态近似计算应用连续性修正。来看下面这段示例代码。

```
> wilcox.test(y - x, alternative = "less",
+             exact = FALSE, correct = FALSE)

        Wilcoxon signed rank test

data: y - x
V = 5, p-value = 0.01908
alternative hypothesis: true location is less than 0
```

读者可以尝试将同样的问题分别用符号检验和威尔科克森符号秩两种方法进行分析，

确实有些情况，他们所得的结论是相悖的。对同一问题用符号检验法和符号秩检验法，如果出现矛盾的结果，应该更倾向于相信符号秩检验法的结果，因为它既考虑差值的符号，也考虑其大小，利用了更多的信息，所以结果相对可靠些。

最后来考虑一下当 $n>30$ 时使用的检验统计量为何是那样一种形式的。所有秩的和 $1+2+3+\cdots+n$ 等于 $n(n+1)/2$；如果这个秩和在正负两类之间等分，则两个和中的每一个都应该接近 $n(n+1)/2$ 的一半，即 $n(n+1)/4$。回想前面给出的检验统计量表达式，其中的分母代表了 T 的标准差，并且使用了下面的等式关系

$$1^2+2^2+3^2+\cdots+n^2=\frac{n(n+1)(2n+1)}{6}$$

这个等式可以由数学归纳法来证明，此处不再详述。

4.4 威尔科克森的秩和检验

威尔科克森秩和检验也是一种常用的非参数检验方法，它又被称为曼-惠特尼-威尔科克森检验(Mann-Whitney-Wilcoxon Test)，简称 MWW 检验。与符号秩检验不同的是，秩和检验可以应用于两个独立的样本数据集。如果选自一个总体的样本值和选自另一总体的样本值没有关系，或者没有某种形式的匹配，就称这两个样本是独立的。

威尔科克森秩和检验与参数检验法中独立样本的 t 检验法相对应。当“总体正态”这一前提不成立时，不能用 t 检验，可以用秩和检验法；当两个样本都为顺序变量(例如由秩组成的数据)时，也需使用秩和法进行差异显著性检验。在应用秩和检验法时假设有两个随机选择的独立样本。同样，秩和检验也不要求两个总体服从正态分布或者其他特殊分布。威尔科克森秩和检验的原假设和备择假设一般如下

H_0：两个样本来自于具有相同分布的总体，即这两个总体是相同的。

H_1：两个样本来自于具有不同分布的总体，即两个总体在某方面有差异。

威尔科克森秩和检验的核心思想是：如果两个样本抽取自相同的总体，且这些值都在数值的一个合并集中进行了排序，那么高的秩和低的秩应该平均地落在两个样本之中。如果在一个样本中发现低秩特别显著，而在另一样本中发现高秩特别显著，那么就有理由怀疑这两个总体是不同的。

如何评估这些高秩和低秩是否平均地落在了两个样本中呢？我们用 n_1 来表示样本 1 的容量，用 n_2 来表示样本 2 的容量。用 T 来表示总体 1 观察值的秩之和。如果原假设为真，即两个总体具有相同的分布。我们从容量为 N 的总体 1 中抽取了一个容量为 n_1 的样本 1，所以样本 1 的秩集就相当于是从 $1,2,\cdots,N$ 的整数值中抽取的容量为 n_1 的一个随机样本。因为样本 1 和样本 2 合并后产生的秩集是从 $1,2,\cdots,n_1+n_2+1$ 的一个整数集合，其均值为

$$\frac{(n_1+n_2)(n_1+n_2+1)}{2(n_1+n_2)}=\frac{(n_1+n_2+1)}{2}$$

所以在原假设前提下，T 的期望和方差应该分别为

$$\mu_T=\frac{n_1(n_1+n_2+1)}{2},\quad \sigma_T^2=\frac{n_1n_2}{12}(n_1+n_2+1)$$

其中用到了这样的一个结论，即整数 $1,2,\cdots,n$ 具有标准差 $\sqrt{(n^2-1)/12}$。

直观上如果 T 比 μ_T 大很多或小很多，就有理由拒绝原假设。秩和检验的拒绝域具体给出了，当原假设被拒绝时 T 和 μ_T 差异的大小。在具体执行时拒绝的临界值可以从相关的统计表中查到。

对于备择假设而言，当两个总体在某方面有差异，具体可以分成三种情形，首先是总体1是总体2的一个右平移，给定显著水平，差临界值表得到 T_U，若 $T>T_U$，U 表示 *Upper* 即右边界，则可以拒绝原假设。其次是总体1是总体2的一个左平移，差临界值表得到 T_L，若 $T<T_L$，L 表示 *Lower* 即左边界，则可以拒绝原假设。显然前两种都是单尾的。最后一种则是双尾的，即总体1和总体2互为平移，若 $T>T_U$ 或者 $T<T_L$，则拒绝原假设。

来看一个例子，现在讨论的都是 $n_1\leqslant 10$ 且 $n_2\leqslant 10$ 的情况。有研究人员想检验一下酒精对于反应时间的影响。10名参与者饮用了指定剂量的含酒精饮料，另外10名则饮用同样多的不含酒精的饮品(一种安慰剂)。参与者并不知道自己所喝的饮料中是否含有酒精。表4-17给出了这20个人对一系列测试的反应时间(以秒计)。请问酒精是否使得反应时间延长了?

表 4-17 实验测试结果

安慰剂	0.90	0.37	1.63	0.83	0.95	0.78	0.86	0.61	0.38	1.97
酒精	1.46	1.45	1.76	1.44	1.11	3.07	0.98	1.27	2.56	1.32

根据描述，建立如下原假设及备择假设。

H_0：对应于安慰剂和酒精的两个反应时间总体分布相同。

H_1：对应于安慰剂的反应时间之总体分布是对应于酒精的反应时间之总体分布的左平移，及饮酒会延长反应时间。

将两组数据混合后排序，并编秩，中间计算结果如表4-18所示。

表 4-18 中间计算结果

数值	秩	组别	数值	秩	组别
0.37	1	X	1.27	11	Y
0.38	2	X	1.32	12	Y
0.61	3	X	1.44	13	Y
0.78	4	X	1.45	14	Y
0.83	5	X	1.46	15	Y
0.86	6	X	1.63	16	X
0.90	7	X	1.76	17	Y
0.95	8	X	1.97	18	X
0.98	9	Y	2.56	19	Y
1.11	10	Y	3.07	20	Y

对于 $\alpha=0.05$，执行单尾检验，$n_1=n_2=10$，查表可得 $T_L=83$。计算 T 的值，即从总体1中抽取的样本的秩和，$T=T_X=1+2+3+4+5+6+7+8+16+18=70$。因为 $T<T_L$，则拒绝原假设，进而认为安慰剂总体的反应时间小于酒精总体。

在 R 中同样可以使用 wilcox.test()函数来执行威尔科克森秩和检验，此时只需将参数 paired 的值置为默认值 FALSE 即可，因为默认值为 FALSE，所以也可缺省。示例代码如下。

```
> placebo <- c(0.90, 0.37, 1.63, 0.83, 0.95,
+ 0.78, 0.86, 0.61, 0.38, 1.97)
> alcohol <- c(1.46, 1.45, 1.76, 1.44, 1.11,
+ 3.07, 0.98, 1.27, 2.56, 1.32)
> wilcox.test(placebo, alcohol, alternative = "less", exact = TRUE)

        Wilcoxon rank sum test

data: placebo and alcohol
W = 15, p-value = 0.003421
alternative hypothesis: true location shift is less than 0
```

可见 P 值为 $0.003\,421<\alpha=0.05$，同样拒绝原假设。

当两个样本容量都大于 10 时，T 的抽样分布近似于正态；于是可以在威尔科克森秩和检验中用 z 统计量代替 T，即

$$z=\frac{T-\mu_T}{\sigma_T}$$

理论上，威尔科克森秩和检验要求总体分布是连续的，所以任意两个数值相等的概率为零。在介绍秩的概念时，我们已经给出了相等秩的处理方法。此时我们还需调整 T 的方差，调整后的值为

$$\sigma_T^2=\frac{n_1n_2}{12}\left[(n_1+n_2+1)-\frac{\sum_{j=1}^{k}t_j(t_j^2-1)}{(n_1+n_2)(n_1+n_2-1)}\right]$$

其中，k 是相等数据的组数，t_j 是第 j 组相等的观察值中数据的个数。当没有相等数据时，对所有的 j，$t_j=1$，这时情况与我们最初给出的方差公式一致。实际上，除非有许多相等数据，否则，调整对 σ_T^2 的影响不大。

来看一个例子。研究人员想确定一个湖泊中的清理工程是否奏效。为此在工程开始前，他们从湖中抽取了 12 个水样，然后测定其中的溶解氧含量(单位：ppm)，因为溶解氧含量在夜间有所波动，因此所有测量均在下午 2 点的高峰期进行。工程开展前后的数据如表 4-19 所示。

表 4-19 溶解氧的含量数据/ppm

清除前		清除后	
11.0	11.6	10.2	10.8
11.2	11.7	10.3	10.8
11.2	11.8	10.4	10.9
11.2	11.9	10.6	11.1
11.4	11.9	10.6	11.1
11.5	12.1	10.7	11.3

根据描述，提出下列原假设与备择假设

H_0：清理前后数据的分布相同。

H_1：清理前数据的分布是清理后数据分布的一个右移。

注意如果溶解氧含量降低，则说明清理工程有效，而表现在分布上即为清理前数据的分布是清理后数据分布的一个右移(或者说，清理后数据分布发生了左移)。

同样，混合24个样本观察值，并赋与相应的秩，处理两个或两个以上相同观察值的方法遵循前面介绍的方法，即取平均值。中间结果如表4-20所示。

表4-20　中间计算结果

数　据	秩	组　别	数　据	秩	组　别
10.2	1	Y	11.2	14	X
10.3	2	Y	11.2	14	X
10.4	3	Y	11.2	14	X
10.6	4.5	Y	11.3	16	Y
10.6	4.5	Y	11.4	17	X
10.7	6	Y	11.5	18	X
10.8	7.5	Y	11.6	19	X
10.8	7.5	Y	11.7	20	X
10.9	9	Y	11.8	21	X
11.0	10	X	11.9	22.5	X
11.1	11.5	Y	11.9	22.5	X
11.1	11.5	Y	12.1	24	X

因为 n_1 和 n_2 的值都大于10，所以可以使用检验统计量 z。如果想要检验出清理后观察值的分布向左平移，那么就应该期望样本 X 的秩和就应该较大。因此，如果 $z=(T-\mu_T)/\sigma_T$ 值较大，就应该拒绝原假设。其中，$T=T_X=10+14+14+14+17+18+19+20+21+22.5+22.5+24=216$。另外根据前面给出的公式可以算得

$$\mu_T=\frac{n_1(n_1+n_2+1)}{2}=\frac{12\times(12+12+1)}{2}=150$$

$$\sigma_T^2=\frac{n_1n_2}{12}\left[(n_1+n_2+1)-\frac{\sum_{j=1}^{k}t_j(t_j^2-1)}{(n_1+n_2)(n_1+n_2-1)}\right]$$

$$=\frac{12\times12}{12}\left[25-\frac{6+6+6+24+6}{24\times23}\right]=298.956$$

所以检验统计量 z 的值为

$$z=\frac{T-\mu_T}{\sigma_T}=\frac{216-150}{\sqrt{298.956}}=3.817\,159$$

从图4-2可见，这个值大于1.645，位于拒绝域内，所以拒绝原假设。从而得出结论：清除前的分布是清除后分布的一个右平移，即清除后溶解氧的含量小于清除前的含量。

还可以用下面的代码计算相应的 P 值。

```
> pnorm(3.817159, lower.tail = FALSE)
[1] 6.749859e-05
```

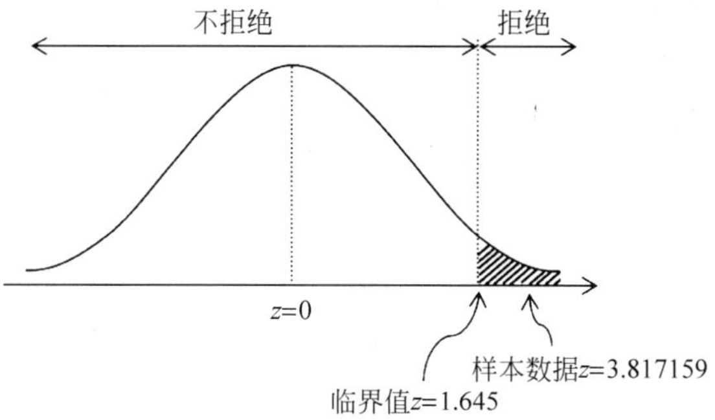

图 4-2　拒绝域与非拒绝域

最后直接使用 R 提供的 wilcox.test()函数来执行秩和检验，易见最终得到的 P 值与前面人工算得的一致，因为 P 值小于 0.05，同样可以据此推翻原假设，进而认为清理工程确实有效。

```
> before <- c(11.0, 11.2, 11.2, 11.2, 11.4,
+ 11.5, 11.6, 11.7, 11.8, 11.9, 11.9, 12.1)
> after <- c(10.2, 10.3, 10.4, 10.6, 10.6,
+ 10.7, 10.8, 10.8, 10.9, 11.1, 11.1, 11.3)
> wilcox.test(before, after, alternative = "greater",
+ exact = FALSE, correct = FALSE)

        Wilcoxon rank sum test

data: before and after
W = 138, p-value = 6.75e-05
alternative hypothesis: true location shift is greater than 0
```

威尔科克森秩和检验具有非常优异的效力，所涉及的计算也更简单。所以即使在正态分布得以满足的条件下，研究人员也更倾向于使用秩和检验，而非本书前面介绍的参数检验。

4.5　克鲁斯卡尔-沃利斯检验

如果从总体 1 中随机抽取了一组样本，又从总体 2 中随机抽取了一组样本；威尔科克森秩和检验就可以用来分析这两个样本所代表的总体 1 和总体 2 是否具有相同的分布。现在如果有来自三个或更多独立总体的样本数据，能否用一种方法来分析它们所代表的总体是否具有相同的分布呢？这时所采用的方法就是克鲁斯卡尔-沃利斯(Kruskal-Wallis)检验，又称 H 检验。本书后面还会介绍到单向方差分析(ANOVA)，该方法可以用来检验一些样本均值之间的差别是否显著，但方差分析要求所有有关的总体都是正态分布的。如同其他非参数检验一样，克鲁斯卡尔-沃利斯检验并不要求总体服从正态分布或者任意其他的特殊分布。

克鲁斯卡尔-沃利斯检验的原假设和备择假设一般如下：

H_0：样本来自于具有相同分布的总体。

H_1：样本来自于具有不同分布的总体。

克鲁斯卡尔-沃利斯检验的统计量定义为

$$H=\frac{12}{n_T(n_T+1)}\left(\sum_i \frac{T_i^2}{n_i}\right)-3(n_T+1)$$

其中 n_i 是样本 i 的观察值数量，$i=1,2,\cdots,k$，k 是样本的个数，n_T 是混合后的总样本容量，即

$$n_T=\sum_i n_i$$

另外，T_i 是样本 i 在总的样本观察值中的秩和。对于给定的显著水平 α，如果统计量 H 超过自由度为 $k-1$ 的 χ^2 的临界值，则拒绝原假设。

通常要求每个样本中至少有 5 个观察值，这样检验统计量 H 的分布才能用 χ^2 分布来近似。这个检验统计量 H 其实就是本书后面将要讨论的方差分析中检验统计量 F 的秩形式。当对秩进行处理，而非对原始值进行处理时，许多量是已经预先知道的。例如，所有秩的和可以表示为 $n_T(n_T+1)/2$。表达式

$$H=\frac{12}{n_T(n_T+1)}\sum n_i(\overline{T}_i=\overline{\overline{T}})^2$$

其中

$$\overline{T}_i=\frac{T_i}{n_i},\quad \overline{\overline{T}}=\frac{T_i}{\sum n_i}$$

合并了秩的加权方差，以得到这里的给出的检验统计量 H。这个 H 的表达式与前面给出的表达式在代数上是相等的。但前面 H 的形式处理起来更加简便。尽管克鲁斯卡尔-沃利斯检验计算起来非常容易，但它并没有 F 检验那样有效，因此它可能会需要更加明显的差别来拒绝零假设。

当样本观察值的秩有大量相等时，用

$$H'=H\Big/\left(1-\sum_j \frac{t_j^3-t_j}{n_T^3-n_T}\right)$$

来进行修正，其中 t_j 是第 j 个相等秩组中的观察值数量。

下面结合一个例子来演示使用克鲁斯卡尔-沃利斯检验的基本方法。为研究煤矿粉尘作业环境对尘肺的影响，将 18 只大鼠随机分到 X、Y 和 Z 三个组，每组 6 只，分别在地面办公楼、煤炭仓库和矿井下，12 周后测量大鼠全肺湿重(单位：g)，数据见表 4-21，问不同环境下大鼠全肺湿重有无差别?

表 4-21　大鼠全肺湿重数据/g

X 组	4.2	3.3	3.7	4.3	4.1	3.3
Y 组	4.5	4.4	3.5	4.2	4.6	4.2
Z 组	5.6	3.6	4.5	5.1	4.9	4.7

首先，根据描述提出下列原假设和备择假设：

H_0：三组没有差异(即它们来自同一总体)。

H_1：三组中至少有一个和其他组不同。

在计算统计量 H 之前，首先从低到高排列 18 个样本数据，并编秩。中间数据的处理结果如表 4-22 所示。其中处理相等数据时的方法前面已经多次讲到，这里不再赘述。

表 4-22　中间数据处理结果

数　值	秩	组　别	数　值	秩	组　别
3.3	1.5	X	4.3	10	X
3.3	1.5	X	4.4	11	Y
3.5	3	Y	4.5	12.5	Y
3.6	4	Z	4.5	12.5	Z
3.7	5	X	4.6	14	Y
4.1	6	X	4.7	15	Z
4.2	8	Y	4.9	16	Z
4.2	8	Y	5.1	17	Z
4.2	8	X	5.6	18	Z

计算三组秩和的结果如下

$$T_X = 1.5 + 1.5 + 5 + 6 + 8 + 10 = 32$$
$$T_Y = 3 + 8 + 8 + 11 + 12.5 + 14 = 56.5$$
$$T_Z = 4 + 12.5 + 15 + 16 + 17 + 18 = 82.5$$

根据三组秩的和可以对统计量 H 进行计算

$$H = \frac{12}{18 \times (18+1)}\left(\frac{32^2}{6} + \frac{56.5^2}{6} + \frac{82.5^2}{6}\right) - 3 \times (18+1) = 7.459\,064$$

因为含有相同大小的数据，所以使用 H'，对 H 进行修正。其中

$$\sum_j \frac{t_j^3 - t_j}{n_T^3 - n_T} = \frac{(2^3-2)+(3^3-3)+(2^3-2)}{18^3-18} = \frac{36}{5814}$$

将该值代入到 H'，于是可得

$$H' = \frac{H}{1-\dfrac{36}{5814}} = \frac{7.459\,064}{0.993\,808} = 7.505\,538$$

可见，尽管涉及相等的秩几乎占到总数的一半，H'的值和 H 仍然非常相近。由于自由度为 $k-1=2$，所以可在 R 中使用下面的代码来计算 P 值。

```
> pchisq(df = 2, 7.505538, lower.tail = FALSE)
[1] 0.02345272
```

由于 P 值小于 0.05，所以拒绝原假设，认为三个组的测试结果之间存在有显著的差异。

上述计算结果在 R 中可以使用非常简单的代码来得到，下面的代码同样得出了 7.5055 的 H'统计量以及 0.023 45 的 P 值。

```
> x <- c(4.2, 3.3, 3.7, 4.3, 4.1, 3.3)
> y <- c(4.5, 4.4, 3.5, 4.2, 4.6, 4.2)
> z <- c(5.6, 3.6, 4.5, 5.1, 4.9, 4.7)
```

```
> kruskal.test(list(x, y, z))

        Kruskal - Wallis rank sum test

data: list(x, y, z)
Kruskal - Wallis chi - squared = 7.5055, df = 2, p - value = 0.02345
```

本章向读者介绍了几种常用的非参数检验方法。与参数检验方法相比，非参数检验方法不受总体分布的限制，适用范围更广，使用起来也更简便。但还需指出，当测量的数据能够满足参数统计的所有假设时，非参数检验方法虽然也可以使用，但效果远不如参数检验方法。当数据满足假设条件时，参数统计检验方法能够从其中广泛地充分地提取有关信息。非参数统计检验方法对数据的限制较为宽松，只能从中提取一般的信息，相对参数统计检验方法会浪费一些信息。所以对于参数检验方法而言，应该注意把握它们适用的条件，在具有应用时，更应审慎检查这些条件是否满足。针对具体问题，要注意分析问题本身所提供的信息，审慎选择检验方法。

第 5 章 一元线性回归

CHAPTER 5

线性回归是统计分析中最常被用到的一种技术。在其他的领域,例如机器学习理论和计量经济研究中,回归分析也是不可或缺的重要组成部分。本章将要介绍的一元线性回归是最简单的一种回归分析方法,其中所讨论的诸多基本概念在后续更为复杂的回归分析中也将被常常用到。

5.1 回归分析的性质

回归一词最早由英国科学家弗朗西斯·高尔顿(Francis Galton)提出,他还是著名生物学家、进化论奠基人查尔斯·达尔文(Charles Darwin)的表弟。高尔顿深受进化论思想的影响,并把该思想引入到人类研究,从遗传的角度解释个体差异形成的原因。高尔顿发现,虽然存在一个趋势——父母高,儿女也高;父母矮,儿女也矮。但给定父母的身高,儿女辈的平均身高却趋向于或者“回归”到全体人口的平均身高。换句话说,即使父母双方都异常高或者异常矮,儿女的身高还是会趋向于人口总体的平均身高。这也就是所谓的普遍回归规律。高尔顿的这一结论被他的朋友,数学家、数理统计学的创立者卡尔·皮尔逊(Karl Pearson)所证实。皮尔逊收集了一些家庭的 1000 多名成员的身高记录,发现对于一个父亲高的群体,儿辈的平均身高低于他们父辈的身高;而对于一个父亲矮的群体,儿辈的平均身高则高于其父辈的身高。这样就把高的和矮的儿辈一同“回归”到所有男子的平均身高,用高尔顿的话说,这是“回归到中等”。

回归分析是被用来研究一个被解释变量(Explained Variable)与一个或多个解释变量(Explanatory Variable)之间关系的统计技术。被解释变量有时也被称为因变量(Dependent Variable),与之相对应地,解释变量也被称为自变量(Independent Variable)。回归分析的意义在于通过重复抽样获得的解释变量的已知或设定值来估计或者预测被解释变量的总体均值。

在高尔顿的普遍回归规律研究中,他的主要兴趣在于发现为什么人口的身高分布存在有一种稳定性。现在关心的是,在给定父辈身高的条件下,找出儿辈平均身高的变化规律。也就是一旦知道了父辈的身高,怎样预测儿辈的平均身高。图 5-1 展示了对应于设定的父亲身高,儿子在一个假想人口总体中的身高分布情况。不难发现,对于任一给定的父亲身高,我们都能从图中确定出儿子身高的一个分布范围,同时随着父亲身高的增加,儿子的平均身高也会增加。为了更加清晰地表示这种关系，在散点图上勾画了一条描述这些数据点分布规律的直线，用来表明被解释变量与解释变量之间关系，即儿子的平均身高与父亲身高之间的关系。这条直线就是所谓的回归线，后面还会对此进行详细讨论。

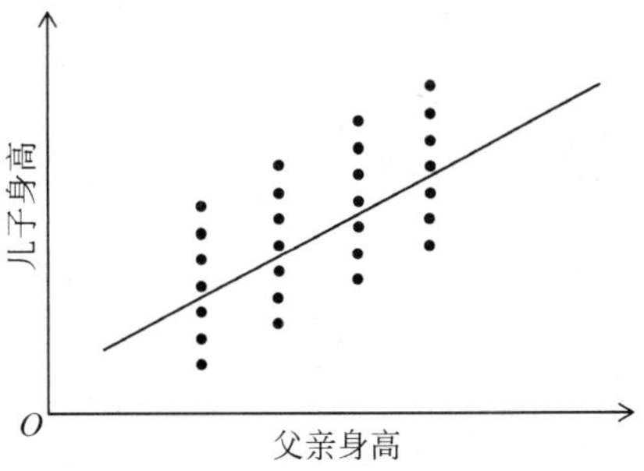

图 5-1　父亲身高与儿子身高的关系

在回归分析中，变量之间的关系与物理学公式中所表现的那种确定性依赖关系不同。回归分析中因变量与自变量之间所呈现出来的是一种统计性依赖关系。在变量之间的统计性依赖关系中，主要研究的是随机变量，也就是有着概率分布的变量。但是函数或确定性依赖关系中所要处理的变量并非是随机的，而是一一对应的关系。例如，粮食产量对气温、降雨和施肥的依赖关系是统计性质的。这个性质的意义在于：这些解释变量固然重要，但并不能据此准确地预测粮食的产量。首先是因为对这些变量的测量有误差，其次是还有很多影响收成的因素，很难一一列举。事实上，无论考虑多少个解释变量都不可能完全解释粮食产量这个因变量，毕竟粮食作物的生长过程是受到许许多多随机因素影响的。

与回归分析有密切关联的另外一种技术是相关分析，但两者在概念上仍然具有很大差别。相关分析是用来测度变量之间线性关联程度的一种分析方法。例如，常常会研究吸烟与肺癌发病率、金融发展与经济增长等之间的关联程度。而在回归分析中，对变量之间的这种关系并不感兴趣，回归分析更多的是通过解释变量的设定值来估计或预测因变量的平均值。

回归与相关在对变量进行分析时是存在很大分歧的。在回归分析中，对因变量和自变量的处理方法上存在着不对称性。此时，因变量被当作统计的、随机的，也就是存在着一个概率分布，而解释变量则被看成是(在重复抽样中)取有规定值的一个变量。因此在图 5-1 中，假定父亲的身高变量是在一定范围内分布的，而儿子的身高却反映在重复抽样后的一个由回归线给出的稳定值。但在相关分析中，将对称地对待任何变量，即因变量和自变量之间不加区别。例如，同样是分析父亲身高与儿子身高之间的相关性，那么这时我们所关注的将不再是由回归线给出的那个稳定值，儿子的身高变量也是在一定范围内分布的。大部分的相关性理论都建立在变量的随机性假设上，而回归理论往往假设解释变量是固定的或非随机的。

虽然回归分析研究是一个变量对另外一个或几个变量的依赖关系，但它并不意味着因果关系。莫里斯·肯达尔(Maurice Kendall)和艾伦·斯图亚蒂(Alan Stuart)曾经指出："一个统计关系式，不管多强也不管多么有启发性，都永远不能确立因果关系的联系；对因果关系的理念必须来自统计学以外，最终来自这种或那种理论。"比如前面谈到的粮食产量的例子中，将粮食产量作为降雨等因素的因变量没有任何统计上的理由，而是出于非统计上的原因。而且常识还告诉我们不能将这种关系倒转，即我们不可能通过改变粮食产量的做法来控制降雨。再比如，古人将月食归因于"天狗吃月"，所以每当发生月食时，人们就会敲锣打鼓意图吓走所谓的天狗。而且这种方法屡试不爽，只要人们敲锣打鼓一会儿，被吃掉的月亮就会恢复原样。显然，敲锣打鼓与月食结束之间有一种统计上的关系。但现代科技告诉我们月食仅仅是一种自然现象，它与敲锣打鼓之间并没有因果联系，事实上即使人们不敲锣打鼓，被“吃掉”的月亮也会恢复原状。总之，统计关系本身不可能意味着任何因果关系。要谈及因果关系必须进行先验的或理论上的思考。

5.2 回归的基本概念

本节将从构建最简单的回归模型开始，结合具体例子向读者介绍与回归分析相关的一些基本概念。随着学习的深入，我们渐渐会意识到，更为一般的多变量之间的回归分析，在许多方面都是最简情形的逻辑推广。

5.2.1 总体的回归函数

经济学中的需求法则认为，当影响需求的其他变量保持不变时，商品的价格和需求量之间呈反向变动的关系，即价格越低，需求量越多；价格越高，需求量越少。据此，假设总体回归直线是线性的，便可以用下面的模型来描述需求法则

$$E(y \mid x_i) = w_0 + w_1 x_i$$

这是直线的数学表达式，它给出了与具体的 x 值相对应的(或条件的)y 的均值，即 y 的条件期望或条件均值。下标 i 代表第 i 个子总体，读作“在 x 取特定值 x_i 时，y 的期望值”。该式也称为非随机的总体回归方程。

这里需要指出，$E(y|x_i)$是 x_i 的函数，这意味着 y 依赖于 x，也称为 y 对 x 的回归。回归可以简单地定义为在给定 x 值的条件下 y 值分布的均值，即总体回归直线经过 y 的条件期望值，而上式就是总体回归函数的数学形式。其中，w_0 和 w_1 为参数，也称为回归系数。w_0 又称为截距，w_1 又称为斜率。斜率度量了 x 每变动一个单位，y 的均值的变化率。

回归分析就是条件回归分析，即在给定自变量的条件下，分析因变量的行为。所以，通常可以省略“条件”二字，表达式 $E(y|x_i)$也简写成 $E(y)$。

5.2.2 随机干扰的意义

现通过一个例子来说明随机干扰项的意义。表 5-1 给出了 21 种车型燃油消耗(单位：L/100km)和车重(单位：kg)。下面在 R 中使用下列命令读入数据文件，并绘制散点图，还可以用一条回归线拟合这些散点。

```
> cars <- read.csv("c:/racv.csv")
> plot(lp100km ~ mass.kg, data = cars,
+ xlab = "Mass (kg)", ylab = "Fuel consumption (l/100km)")
> abline(lm(lp100km ~ mass.kg, data = cars))
```

从表 5-1 中不难看出，车的油耗与车重呈正向关系，即车辆越重，油耗越高。如果用数学公式来表述这种关系，很自然地会想到采用直线方程来将这种依赖关系表示成下式

$$y_i = E(y) + e_i = w_0 + w_1 x_i + u_i$$

其中，u_i 表示误差项。上式也称为随机总体回归方程。

表 5-1 车型及相关数据

Make	L/100km	mass/kg
Alpha Romeo	9.5	1242
Audi A3	8.8	1160
BA Falcon Futura	12.9	1692
Chrysler PT Cruiser Classic	9.8	1412
Commodore VY Acclaim	12.3	1558
Falcon AU II Futura	11.4	1545
Holden Barina	7.3	1062
Hyundai Getz	6.9	980
Hyundai LaVita	8.9	1248
Kia Rio	7.3	1064
Mazda 2	7.9	1068
Mazda Premacy	10.2	1308
Mini Cooper	8.3	1050
Mitsubishi Magna Advance	10.9	1491
Mitsubishi Verada AWD	12.4	1643
Peugeot 307	9.1	1219
Suzuki Liana	8.3	1140
Toyota Avalon CSX	10.8	1520
Toyota Camry Ateva V6	11.5	1505
Toyota Corolla Ascent	7.9	1103
Toyota Corolla Conquest	7.8	1081

易见，某一款车型的燃油消耗量等于两部分之和：第一部分是由相应重量决定的燃油消耗期望 $E(y)=w_0+w_1x_i$，也就是在重量取 x_i 时，回归直线上相对应的点，这一部分称为系统的或者非随机的部分；第二部分 u_i 称为非系统的或随机的部分，在本例中由除了车重以外的其他因素所决定。

误差项 u_i 是一个随机变量，因此，其取值无法先验地知晓，通常用概率分布来描述它。随机误差项可能代表了人类行为中一些内在的随机性。即使模型中已经包含了所有的决定燃油消耗的有关变量，燃油消耗的内在随机性也会发生变化，这是做任何努力都无法解释的。即使人类行为是理性的，也不可能是完全可以预测的。所以在回归方程中引入 u_i 是希望可以反映人类行为中的这一部分内在随机性。

此外，随机误差项可以代表测量误差。在收集、处理统计数据时，由于仪器的精度、操作人员的读取或登记误差，总是会导致有些变量的观测值并不精准地等于实际值。所以误差项 u_i 也代表了测量误差。

随机误差项也可能代表了模型中并未包括变量的影响。有时在建立统计模型时，并非事无巨细、无所不包的模型就是最好的模型。恰恰相反，有时只要能说明问题，建立的模型可能越简单越好。即使知道其他变量可能对因变量有影响，我们也倾向于将这些次要因素归入随机误差项 u_i 中。

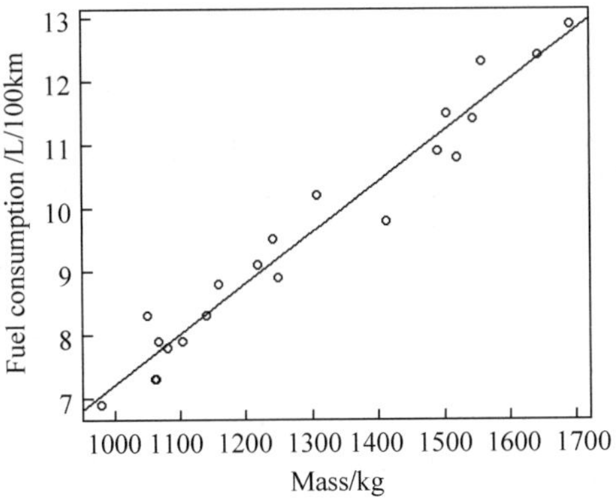

图 5-2　油耗与车重的关系

5.2.3　样本的回归函数

如何求得总体回归函数中的参数 w_0 和 w_1 呢？显然在实际中，很难获知整个总体的全部数据。更多的时候，我们仅有来自总体的一部分样本。于是任务就变成了根据样本提供的信息来估计总体回归函数。下面来看一个类别数据的例子。

一名园艺师想研究某种树木的树龄与树高之间的关系，于是他随机选定了 24 株树龄在 2～7 年的树苗，每个树龄选择 4 棵，并记录每棵树苗的高度，具体数据如表 5-2 所示。表中同时给出了每个树龄对应的平均树高，例如对于树龄为 2 的 4 棵树苗，它们的平均树高是 5.35。但在这个树龄下，并没有哪棵树苗的树高恰好等于 5.35。那么我们如何解释在某一个树龄下，具体某一棵树苗的树高呢？不难看出每个树龄对应的一棵树苗的高度等于平均树高加上或减去某一个数量，用数学公式表达即为

$$y_{ij} = w_0 + w_1 x_i + u_{ij}$$

某一个树龄 i 下，第 j 棵树苗的高度可以看作两个部分的和：第一部分为该树龄下所有树苗的平均树高，即 $w_0 + w_1 x_i$，反映在图形上，就是在此树龄水平下，回归直线上相对应的点；另一部分是随机项 u_{ij}。

表 5-2　树高与树龄

树龄/年	树高/m				平均树高/m
2	5.6	4.8	5.3	5.7	5.350
3	6.2	5.9	6.4	6.1	6.150
4	6.2	6.7	6.4	6.7	6.500
5	7.1	7.3	6.9	6.9	7.050
6	7.2	7.5	7.8	7.8	7.575
7	8.9	9.2	8.5	8.7	8.825

在上述例子中，并无法获知所有树苗的高度数据，而仅仅是从每个树龄中抽取了 4 棵树苗作为样本。而且类别数据也可以向非类别数据转换，我们也会在后面演示 R 中处理这类问题的方法。

样本回归函数可以用数学公式表示为

$$\hat{y}_i = \hat{w}_0 + \hat{w}_1 x_i$$

其中，$\hat{y}_i$ 是总体条件均值 $E(y|x_i)$ 的估计量；$\hat{w}_0$ 和 $\hat{w}_1$ 分别表示 w_0 和 w_1 的估计量。并不是所有样本数据都能准确地落在各自的样本回归线上，因此，与建立随机总体回归函数一样，我们需要建立随机的样本回归函数。即

$$y_i = \hat{w}_0 + \hat{w}_1 x_i + e_i$$

式中，e_i 表示 u_i 的估计量。通常把 e_i 称为残差(Residual)。从概念上讲，它与 u_i 类似，样本回归函数生成 e_i 的原因与总体回归函数中生成 u_i 的原因是相同的。

回归分析的主要目的是根据样本回归函数

$$y_i = \hat{w}_0 + \hat{w}_1 x_i + e_i$$

来估计总体回归函数

$$y_i = w_0 + w_1 x_i + u_i$$

样本回归函数是总体回归函数的近似。那么能否找到一种方法，使得这种近似尽可能地接近真实值？换言之，一般情况下很难获得整个总体的数据，那么如何建立样本回归函数，使得 $\hat{w}_0$ 和 $\hat{w}_1$ 尽可能接近 w_0 和 w_1 呢？我们将在下一小节介绍相关技术。

5.3 回归模型的估计

本小节介绍一元线性回归模型的估计技术，并结合之前给出的树龄与树高关系的例子，演示在 R 中进行线性回归分析的方法。

5.3.1 普通最小二乘法原理

在回归分析中，最小二乘法是求解样本回归函数时最常被用到的方法。本小节就来介绍它的基本原理。一元线性总体回归方程为

$$y_i = w_0 + w_1 x_i + u_i$$

由于总体回归方程不能进行参数估计，因此只能对样本回归函数

$$y_i = \hat{w}_0 + \hat{w}_1 x_i + e_i$$

进行估计。因此有

$$e_i = y_i - \hat{y}_i = y_i - \hat{w}_0 - \hat{w}_1 x_i$$

从上式可以看出，残差 e_i 是 y_i 的真实值与估计值之差。估计总体回归函数的最优方法是，选择 w_0、w_1 的估计值 $\hat{w}_0$、$\hat{w}_1$，使得残差 e_i 尽可能小。最小二乘法的原则是选择合适的参数 $\hat{w}_0$、$\hat{w}_1$，使得全部观察值的残差平方和为最小。

最小二乘法用数学公式可以表述为

$$\min \sum e_i^2 = \sum (y_i - \hat{y}_i)^2 = \sum (y_i - \hat{w}_0 - \hat{w}_1 x_i)^2$$

总而言之，最小二乘原理就是所选择的样本回归函数使得所有 y 的估计值与真实值差的平方和为最小。这种确定参数 $\hat{w}_0$ 和 $\hat{w}_1$ 的方法就叫做最小二乘法。

对于二次函数 $y=ax^2+b$ 来说，当 $a>0$ 时，函数图形的开口朝上，所以必定存在极小值。根据这一性质，因为 $\sum e_i^2$ 是 $\hat{w}_0$ 和 $\hat{w}_1$ 的二次函数，并且是非负的，所以 $\sum e_i^2$ 的极小值

总是存在的。根据微积分中的极值原理，当$\sum e_i^2$取得极小值时，$\sum e_i^2$对$\hat{w}_0$和$\hat{w}_1$的一阶偏导数为零，即

$$\frac{\partial \sum e_i^2}{\partial \hat{w}_0}=0,\quad \frac{\partial \sum e_i^2}{\partial \hat{w}_1}=0$$

由于

$$\sum e_i^2=\sum(y_i-\hat{w}_0-\hat{w}_1 x_i)^2=\sum[(y_i-\hat{w}_1 x_i)^2+\hat{w}_0^2-2\hat{w}_0(y_i-\hat{w}_1 x_i)]$$

则得

$$\frac{\partial \sum e_i^2}{\partial \hat{w}_0}=-2\sum(y_i-\hat{w}_0-\hat{w}_1 x_i)=0$$

$$\frac{\partial \sum e_i^2}{\partial \hat{w}_1}=-2\sum(y_i-\hat{w}_0-\hat{w}_1 x_i)x_i=0$$

即

$$\sum y_i=n\hat{w}_0+\hat{w}_1\sum x_i$$

$$\sum x_i y_i=\hat{w}_0\sum x_i+\hat{w}_1\sum x_i^2$$

以上两式构成了以$\hat{w}_0$和$\hat{w}_1$为未知数的方程组，通常叫做正规方程组，或简称正规方程。解正规方程，得到

$$\hat{w}_0=\frac{\sum x_i^2\sum y_i-\sum x_i\sum x_i y_i}{n\sum x_i^2-\left(\sum x_i\right)^2}$$

$$\hat{w}_1=\frac{n\sum x_i y_i-\sum x_i\sum y_i}{n\sum x_i^2-\left(\sum x_i\right)^2}$$

等式左边的各项数值都可以由样本观察值计算得到。由此便可求出w_0、w_1的估计值$\hat{w}_0$、$\hat{w}_1$。

若设

$$\bar{x}=\frac{1}{n}\sum x_i,\quad \bar{y}=\frac{1}{n}\sum y_i$$

则可以将$\hat{w}_0$的表达式整理为

$$\hat{w}_0=\bar{y}-\hat{w}_1\bar{x}$$

由此便得到了总体截距w_0的估计值。其中，$\hat{w}_1$的表达式如下

$$\hat{w}_1=\frac{\sum x_i y_i-n\bar{x}\bar{y}}{\sum x_i^2-n\bar{x}^2}$$

这也就是总体斜率w_1的估计值。

为了方便起见，在实际应用中，经常采用离差的形式表示$\hat{w}_0$和$\hat{w}_1$。为此设

$$x_i'=x_i-\bar{x},\quad y_i'=y_i-\bar{y}$$

因为

$$\sum x'_i y'_i = \sum (x_i - \bar{x})(y_i - \bar{y}) = \sum (x_i y_i - \bar{x} y_i - x_i \bar{y} + \bar{x}\,\bar{y})$$
$$= \sum x_i y_i - \bar{x} \sum y_i - \bar{y} \sum x_i + n \bar{x}\,\bar{y} = \sum x_i y_i - n \bar{x}\,\bar{y}$$
$$\sum x'^2_i = \sum (x_i - \bar{x})^2 = \sum x_i^2 - 2\bar{x} \sum x_i + n \bar{x}^2 = \sum x_i^2 - n \bar{x}^2$$

所以$\hat{w}_0$、$\hat{w}_1$的表达式可以写成

$$\hat{w}_0 = \bar{y} - \hat{w}_1 \bar{x}, \quad \hat{w}_1 = \frac{\sum x'_i y'_i}{\sum x'^2_i}$$

5.3.2 一元线性回归的应用

上一小节中已经给出了最小二乘法的基本原理，而且还给出了计算斜率的几种不同方法。现在就以树高与树龄关系的数据为例来实际计算回归函数的估计结果。

正如前面说过的那样，类别数据可以转化成非类别数据，进而完成一元线性回归分析。其方法就是通过重复类别项从而将原来以二维数据表示的因变量转化为一维数据的形式。例如，在 R 中可以采用下列方法组织树高与树龄关系的数据。

```
> plants <- data.frame(age = rep(2:7, rep(4, 6)),
+ height = c(5.6, 4.8, 5.3, 5.7, 6.2, 5.9, 6.4, 6.1,
+ 6.2, 6.7, 6.4, 6.7, 7.1, 7.3, 6.9, 6.9,
+ 7.2, 7.5, 7.8, 7.8, 8.9, 9.2, 8.5, 8.7))
```

上述代码将会得到如表 5-3 所示的数据组织形式。根据上一小节所得出的计算公式，我们还需计算相应的x_i^2和$x_i y_{ij}$，这些数据也一并在表中列出。

表 5-3 树龄与树高数据

树龄/年 x_i	树高/m y_{ij}	x_i^2	$x_i y_{ij}$	树龄/年 x_i	树高/m y_{ij}	x_i^2	$x_i y_{ij}$
2	5.6	4	11.2	5	7.1	25	35.5
2	4.8	4	9.6	5	7.3	25	36.5
2	5.3	4	10.6	5	6.9	25	34.5
2	5.7	4	11.4	5	6.9	25	34.5
3	6.2	9	18.6	6	7.2	36	43.2
3	5.9	9	17.7	6	7.5	36	45.0
3	6.4	9	19.2	6	7.8	36	46.8
3	6.1	9	18.3	6	7.8	36	46.8
4	6.2	16	24.8	7	8.9	49	62.3
4	6.7	16	26.8	7	9.2	49	64.4
4	6.4	16	25.6	7	8.5	49	59.5
4	6.7	16	26.8	7	8.7	49	60.9

基于表 5-3 中的数据进而可以算得

$$\bar{x} = 4.5, \quad \bar{y} = 6.908$$

$$n\bar{x}^2 = 486, \quad n\bar{x}\,\bar{y} = 746.1$$

$$\sum x_i^2 = 556, \quad \sum x_i y_i = 790.5$$

进而可以算得模型中估计的截距和斜率如下

$$\hat{w}_1 = \left(\sum x_i y_i - n\bar{x}\,\bar{y}\right) / \left(\sum x_i^2 - n\bar{x}^2\right) \approx 0.634\,29$$

$$\hat{w}_0 = \bar{y} - \hat{w}_1\bar{x} \approx 4.054\,05$$

由此便得到最终的估计模型为

$$\hat{y}_i = 4.054\,05 + 0.634\,29x_i$$

或

$$y_i = 4.054\,05 + 0.634\,29x_i + e_i$$

当然,在 R 中并不需要这样繁杂的计算过程,仅需几条简单的命令就可以完成数据的线性回归分析。示例代码如下。

```
> plants.lm <- lm(height ~ age, data = plants)
> summary(plants.lm)
```

由上述代码产生的模型估计如下,其中截距的估计值由 Intercept 项中的 Estimate 条目给出,斜率的估计值由 age 项中的 Estimate 条目给出,具体数值已经用方框标出。这些数据与我们人工算得的结果是一致的。输出结果中的其他数据将在后续的篇幅中加以讨论。

```
Call:
lm(formula = height ~ age, data = plants)

Residuals:
     Min       1Q   Median      3Q     Max
-0.65976 -0.22476 -0.00833 0.21524 0.70595

Coefficients:
            Estimate Std. Error t value Pr(>|t|)
(Intercept) [4.05405]  0.19378  20.92 5.19e-16 ***
age         [0.63429]  0.04026  15.76 1.82e-13 ***
---
Signif. codes: 0 '***' 0.001 '**' 0.01 '*' 0.05 '.' 0.1 ' ' 1

Residual standard error: 0.3368 on 22 degrees of freedom
Multiple R-squared: 0.9186,    Adjusted R-squared: 0.9149
F-statistic: 248.2 on 1 and 22 DF, p-value: 1.821e-13
```

模型的拟合结果由图 5-3 给出,代码如下。

```
> plot(height ~ age, data = plants)
> abline(plants.lm)
```

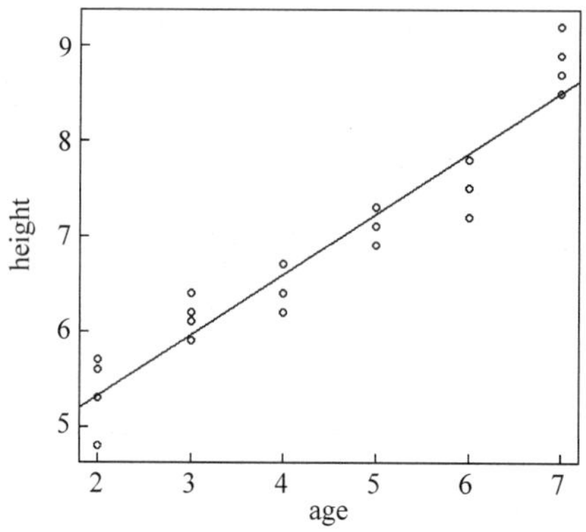

图 5-3　线性回归拟合结果

5.3.3　经典模型的基本假定

为了对回归估计进行有效的解释，就必须对随机干扰项 u_i 和解释变量 X_i 进行科学的假定，这些假定称为线性回归模型的基本假定。主要包括以下几个方面。

1. 零均值假定

由于随机扰动因素的存在，y_i 将在其期望附近上下波动，如果模型设定正确，y_i 相对于其期望的正偏差和负偏差都会有，因此随机项 u_i 可正可负，而且发生的概率大致相同。平均来看，这些随机扰动项有相互抵消的趋势。

2. 同方差假定

对于每个 x_i，随机干扰项 u_i 的方差等于一个常数 σ^2，即解释变量取不同值时，u_i 相对于各自均值的分散程度是相同的。同时也不难推证因变量 y_i 与 u_i 具有相同的方差。因此，该假定表明，因变量 y_i 可能取值的分散程度也是相同的。

前两个假设可以用公式 $u_i \sim N(0,\sigma^2)$ 来表述，通常我们都认为随机扰动（噪声）符合一个均值为 0，方差为 σ^2 的正态分布。

3. 相互独立性

随机扰动项彼此之间都是相互独立的。如果干扰的因素是全随机的，相互独立的，那么变量 y_i 的序列值之间也是互不相关的。

4. 因变量与自变量之间满足线性关系

这是建立线性回归模型所必需的。如果因变量与自变量之间的关系是杂乱无章、全无规律可言的，那么谈论建立线性回归模型就显然是毫无意义的。

R 中提供了 4 种基本的统计图形，用于对线性回归模型的假设基础进行检验。下面就用车重与燃油消耗的例子来说明这几种图形的意义。在 R 中输入下列代码，则可绘制出如图 5-4 所示的 4 张统计图形。

```
> cars.lm <- lm(lp100km ~ mass.kg, data = cars)
> par(mfrow = c(2, 2))
> plot(cars.lm)
```

图 5-4(a)是一幅残差对拟合值的散点图。图中的 x 轴是拟合值，也就是当 i 取不同值

时，有相应的$\hat{y}_i$值。y轴表示的是残差值，即e_i值。该图用于检验回归模型是否合理，是否有异方差性以及是否存在异常值。其中实线表示的附加线是采用局部加权回归散点修匀法(LOcally WEighted Scatterplot Smoothing，LOWESS)绘制的。如果残差的分布大致围绕着x轴，或红色附加线基本贴近x轴，则模型基本是无偏的；另外，如果残差的分布范围不随预测值的改变而大幅变化，则可以认为同方差假设成立。所以图形显示其模型基本上没有什么问题。

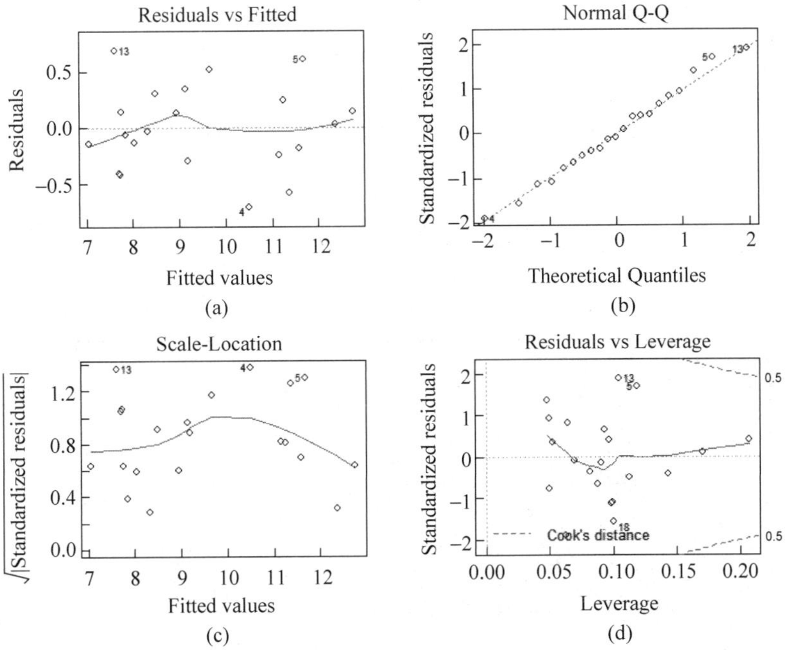

图 5-4　线性回归模型的诊断信息

图 5-4(b)展示了一幅标准化残差的 QQ 图，即将每个残差都除以残差标准差，然后再将结果与正态分布做比较。本书前面也已经对 QQ 图进行过较为详细的介绍，理想的结果是 QQ 图中的散点排列成一条直线，当然适度的偏离也是可以接受的。毕竟我们的采样点有限，根据中央极限定理，我们可以认为当采样点的数量足够大时，其结果会更加逼近正态分布。注意到在应用线性回归分析时，随机干扰项u_i应当满足正态分布这个假定，而残差相当于是对u_i的估计。如果图中散点的分布较大地偏离了直线，表明残差的分布是非正态的或者不满足同方差性，那么随机干扰的正态性自然也是不满足的。在我们给出的例子中，残差的正态性得到了较好的满足。

图 5-4(c)作用大致与第一幅图相同。图中的x轴是拟合值，y轴表示的是相应的标准化残差值绝对值的平方根。如果标准化残差的平方根大于 1.5，则说明该样本点位于 95%置信区间之外。中间的实线偏离于水平直线的程度较大，则意味着异方差性。尽管图中的实线表示的附加线不是一条完全水平的直线，但这种小的偏离主要是因为样本点的数量较小，所以图形显示我们的模型基本上没有什么问题。

图 5-4(d)是标准化残差对杠杆值的散点图，其作用是检查样本点中是否有异常值。如果删除样本点中的某一条数据，由此造成的回归系数变化过大，就表明这条数据对回归系数

的计算产生了明显的影响，这条数据就是异常值。需要好好考虑是否在模型中使用这条数据。设有帽子矩阵 $\boldsymbol{H}$，该矩阵的诸对角线元素记为 h_{ii}，这就是杠杆值(Leverage)。杠杆值用于评估第 i 个观测值离其余 $n-1$ 个观测值的距离有多远。对一元回归来说，其杠杆值为

$$h_{ii}=\frac{1}{n}+\frac{(x_i-\bar{x})^2}{\sum(x_i-\bar{x})^2}$$

此外，图中还添加了 LOWESS 曲线和库克距离(Cook's Distance)曲线。库克距离用于诊断各种回归分析中是否存在异常数据。库克距离太大的样本点可能是模型的强影响点或异常值点，值得进一步检验。一个通常的判断准则是当库克距离大于 1 时就需要引起注意，图中显示所有点的库克距离都在 0.5 以内，所以没有异常点。

在本小节最后，尝试在 R 中自行绘制图 5-4(d)。这个过程有助于读者更好地理解杠杆值的意义。表 5-4 给出了操作步骤计算所得的中间结果。这些计算步骤需要用到的三个值，即斜率 0.008 024、截距−0.817 768 和的残差标准差 0.3891，这些值都可以从线性回归的输出结果中直接得到。

表 5-4 中间结果数据

$(x_i-\bar{x})^2$	杠杆值	$\hat{y}_i$	e_i	标准化残差
2308.574	0.049 903	9.148 040	0.351 960	0.904 549
16 912.38	0.064 347	8.490 072	0.309 928	0.796 525
161 565.7	0.207 427	12.758 84	0.141 160	0.362 786
14 872.38	0.062 323	10.512 12	−0.712 120	−1.830 170
71 798.48	0.118 636	11.683 62	0.616 376	1.584 107
65 000.72	0.111 913	11.579 31	−0.179 310	−0.460 840
52 005.72	0.099 059	7.703 720	−0.403 720	−1.037 570
96 129.53	0.142 703	7.045 752	−0.145 750	−0.374 590
1768.002	0.049 368	9.196 184	−0.296 180	−0.761 200
51 097.53	0.098 161	7.719 768	−0.419 770	−1.078 820
49 305.15	0.096 388	7.751 864	0.148 136	0.380 714
322.2880	0.047 938	9.677 624	0.522 376	1.342 524
57 622.86	0.104 615	7.607 432	0.692 568	1.779 923
40 381.86	0.087 562	11.146 01	−0.246 020	−0.632 270
124 575.4	0.170 839	12.365 66	0.034 336	0.088 245
5047.764	0.052 612	8.963 488	0.136 512	0.350 840
22 514.29	0.069 888	8.329 592	−0.029 590	−0.076 050
52 878.10	0.099 922	11.378 71	−0.578 710	−1.487 310
46 204.53	0.093 321	11.258 35	0.241 648	0.621 043
34 986.81	0.082 225	8.032 704	−0.132 700	−0.341 050
43 700.91	0.090 844	7.856 176	−0.056 176	−0.144 370

下面给出绘制图形的 R 代码。

```
> plot(Std_Residuals ~ Leverage, xlab = "Leverage",
+ ylab = "Standardized residuals",
+ xlim = c(0,0.21), ylim = c( - 2,2), main = "Residuals vs Leverage")
> abline(v = 0.0, h = 0.0, lty = 3, col = "gray60")
> par(new = TRUE)
> lines(lowess(Std_Residuals~Leverage ), col = 'red')
```

执行上述代码,结果如图 5-5 所示,易见与 R 自动生成的效果一致。

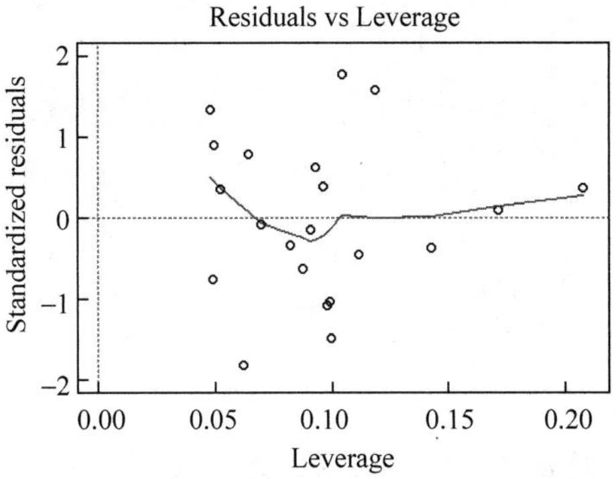

图 5-5 标准化残差对杠杆值的散点图

5.3.4 总体方差的无偏估计

前面谈到回归模型的基本假定中有这样一条:随机扰动(噪声)符合一个均值为 0,方差为 σ^2 的正态分布,即 $u_i \sim N(0,\sigma^2)$来表述。随机扰动 u_i 的方差 σ^2 又称为总体方差。由于总体方差 σ^2 未知,而且随机扰动项 u_i 也不可度量,所以只能从 u_i 的估计量——残差 e_i 出发,对总体方差 σ^2 进行估计。可以证明总体方差 σ^2 的无偏估计量为

$$\hat{\sigma}^2 = \frac{\sum e_i^2}{n-2} = \frac{\sum (y_i - \hat{y}_i)^2}{n-2}$$

证明:因为

$$\bar{y} = \frac{1}{n}\sum y_i$$

即$\bar{y}$是有限个 y_i 的线性组合,所以当 $y_i = w_0 + w_1 x_i + u_i$,同样有

$$\bar{y} = w_0 + w_1 \bar{x} + \bar{u}$$

所以可得

$$\begin{aligned} y_i' &= y_i - \bar{y} = w_0 + w_1 x_i + u_i - (w_0 + w_1 \bar{x} + \bar{u}) \\ &= w_1 (x_i - \bar{x}) + (u_i - \bar{u}) = w_1 x_i + (u_i - \bar{u}) \end{aligned}$$

又因为

$$\left.\begin{aligned} e_i &= y_i - \hat{y}_i = y_i - \hat{w}_0 - \hat{w}_1 x_i = y_i' + \bar{y} - \hat{w}_0 - \hat{w}_1 (x_i' + \bar{x}) \\ \hat{w}_0 &= \bar{y} - \hat{w}_1 \bar{x} \end{aligned}\right\} \Rightarrow e_i = y_i' - \hat{w}_1 x_i'$$

所以有

$$e_i = w_1 x_i' + (u_i - \bar{u}) - \hat{w}_1 x_i' = (u_i - \bar{u}) - (\hat{\beta}_1 - \beta_1) x_i'$$

进而有

$$\begin{aligned} \sum e_i^2 &= \sum [(u_i - \bar{u}) - (\hat{w}_1 - w_1) x_i']^2 \\ &= (\hat{w}_1 - w_1)^2 \sum x_i'^2 + \sum (u_i - \bar{u})^2 - 2(\hat{w}_1 - w_1) \sum x_i' (u_i - \bar{u}) \end{aligned}$$

对上式两边同时取期望,则有

$$E\left(\sum e_i^2\right) = E\left[(\hat{w}_1 - w_1)^2 \sum x_i'^2\right] + E\left[\sum (u_i - \bar{u})^2\right]$$

$$-2E\left[(\hat{w}_1-w_1)\sum x'_i(u_i-\bar{u})\right]$$

然后对上式右端各项分别进行整理，可得

$$\begin{aligned}E\left[\sum(u_i-\bar{u})^2\right]&=E\left[\sum(u_i^2-2u_i\bar{u}+\bar{u}^2)\right]=E\left[n\bar{u}^2+\sum u_i^2-2\bar{u}\sum u_i\right]\\&=E\left[\sum u_i^2-\frac{1}{n}\left(\sum u_i\right)^2\right]=\sum E(u_i^2)-\frac{1}{n}E\left(\sum u_i\right)^2\\&=\sum E(u_i^2)-\frac{1}{n}\left(\sum u_i^2+2\sum_{i\neq j}u_iu_j\right)\\&=n\sigma^2-\frac{1}{n}n\sigma^2-0=(n-1)\sigma^2\end{aligned}$$

其中用到了 u_i 互不相关以及 $u_i\sim N(0,\sigma^2)$ 这两条性质。

一个变量与其均值的离差之总和恒为零，该结论可以简证如下

$$\bar{x}=\frac{1}{n}\sum x_i\Rightarrow n\bar{x}=\sum x_i\Rightarrow\sum\bar{x}=\sum x_i\Rightarrow\sum(x_i-\bar{x})=0$$

又因为 $\bar{y}$ 是一个常数，所以有

$$\begin{aligned}\sum x'_iy'_i&=\sum x'_i(y_i-\bar{y})=\sum x'_iy_i-\bar{y}\sum x'_i\\&=\sum x'_iy_i-\bar{y}\sum(x_i-\bar{x})=\sum x'_iy_i\end{aligned}$$

进而得到

$$\hat{w}_1=\frac{\sum x'_iy_i}{\sum x'^2_i}=\frac{\sum x'_iy_i}{\sum x'^2_i}=\sum k_iy_i$$

其中

$$k_i=\frac{x'_i}{\sum x'^2_i}$$

这其实说明 $\hat{w}_1$ 是 y 的一个线性函数；它是 y_i 的一个加权平均，以 k_i 为权数，从而它是一个线性估计量。同理，$\hat{w}_0$ 也是一个线性估计了。易证 k_i 满足下列性质

$$\sum k_i=\sum\left[\frac{x'_i}{\sum x'^2_i}\right]=\frac{1}{\sum x'^2_i}\sum x'_i=0$$

$$\sum k_i^2=\sum\left[\frac{x'_i}{\sum x'^2_i}\right]^2=\frac{\sum x'^2_i}{\left(\sum x'^2_i\right)^2}=\frac{1}{\sum x'^2_i}$$

$$\sum k_ix'_i=\sum k_ix_i=1$$

于是有

$$\begin{aligned}\hat{w}_1&=\sum k_iy_i=\sum k_i(w_0+w_1x_i+u_i)\\&=w_0\sum k_i+w_1\sum k_ix_i+\sum k_iu_i=w_1+\sum k_iu_i\end{aligned}$$

即

$$\hat{w}_1-w_1=\sum k_iu_i$$

以此为基础可以继续前面的整理过程，其中再次用到了 u_i 的互不相关性

$$E\left[(\hat{w}_1-w_1)\sum x'_i(u_i-\bar{u})\right]=E\left[\sum k_iu_i\sum x'_i(u_i-\bar{u})\right]$$

$$= E\left[\sum k_i u_i \sum (x'_i u_i - x'_i \bar{u})\right]$$
$$= E\left[\sum k_i u_i \sum x'_i u_i - \bar{u} \sum k_i u_i \sum x'_i\right]$$
$$= E\left[\sum k_i u_i \sum x'_i u_i\right] = E\left[\sum k_i x'_i u_i^2\right] = \sigma^2$$

此外还有

$$E\left[(\hat{w}_1 - w_1)^2 \sum x_i'^2\right] = E\left[\left(\sum k_i u_i\right)^2 \sum x_i'^2\right]$$
$$= E\left[\sum \left(\frac{x'_i}{\sum x_i'^2} u_i\right)^2 \sum x_i'^2\right] = E\left[\sum (x'_i u_i)^2 / \sum x_i'^2\right] = \sigma^2$$

综上可得

$$E\left(\sum e_i^2\right) = (n-1)\sigma^2 + \sigma^2 - 2\sigma^2 = (n-2)\sigma^2$$

原结论得证，可知 $\hat{\sigma}^2$ 是 σ^2 的无偏估计量。

5.3.5　估计参数的概率分布

中央极限定理表明，对于独立同分布的随机变量，随着变量个数的无限增加，其和的分布近似服从正态分布。随机项 u_i 代表了在回归模型中没有单列出来的其他所有影响因素。在众多的影响因素中，每种因素对 y_i 的影响可能都很微弱，如果用 u_i 来表示所有这些随机影响因素之和，则根据中央极限定理，就可以假定随机误差项服从正态分布，即 $u_i \sim N(0,\sigma^2)$。

因为 $\hat{w}_0$ 和 $\hat{w}_1$ 是 y_i 的线性函数，所以 $\hat{w}_0$ 和 $\hat{w}_1$ 的分布取决于 y_i。而 y_i 与随机干扰项 u_i 具有相同类型的分布，所以为了讨论 $\hat{w}_0$ 和 $\hat{w}_1$ 的概率分布，就必须对 u_i 的分布做出假定。这个假定十分重要，如果没有这一假定，$\hat{w}_0$ 和 $\hat{w}_1$ 的概率分布就无法求出，再讨论两者的显著性检验也就无的放矢了。

根据随机项 u_i 的正态分布假定可知，y_i 服从正态分布，根据正态分布变量的性质，即正态变量的线性函数仍服从正态分布，其概率密度函数由其均值和方差唯一决定。于是可得

$$\hat{w}_0 \sim N\left(w_0, \sigma^2 \frac{\sum x_i^2}{n \sum x_i'^2}\right)$$
$$\hat{w}_1 \sim N\left(w_1, \frac{\sigma^2}{\sum x_i'^2}\right)$$

并且 $\hat{w}_0$ 和 $\hat{w}_1$ 的标准差分布为

$$se(\hat{w}_0) = \sqrt{\sigma^2 \frac{\sum x_i^2}{n \sum x_i'^2}}$$
$$se(\hat{w}_1) = \sqrt{\frac{\sigma^2}{\sum x_i'^2}}$$

以 $\hat{w}_1$ 的分布为例，如图 5-6 所示，$\hat{w}_1$ 是 w_1 的无偏估计量，$\hat{w}_1$ 的分布中心是 w_1。易见，标准差可以用来衡量估计值接近于其真实值的程度，进而判定估计量的可靠性。

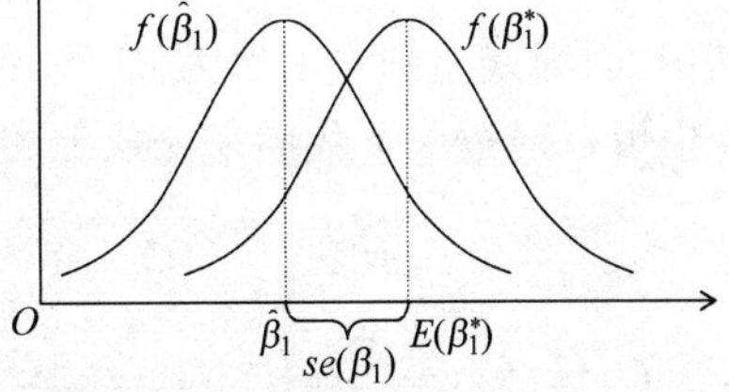

图 5-6　估计量的分布及其偏移

此前，已经证明$\hat{\sigma}^2$是σ^2的无偏估计量，那么由此可知$\hat{w}_0$和$\hat{w}_1$的方差及标准差的估计量分别为

$$\text{var}(\hat{w}_0)=\hat{\sigma}^2\frac{\sum x_i^2}{n\sum x_i'^2},\quad se(\hat{w}_0)=\hat{\sigma}\sqrt{\frac{\sum x_i^2}{n\sum x_i'^2}}$$

$$\text{var}(\hat{w}_1)=\frac{\hat{\sigma}^2}{\sum x_i'^2},\quad se(\hat{w}_1)=\frac{\hat{\sigma}}{\sqrt{\sum x_i'^2}}$$

例如，在车重与油耗的例子中，一元线性回归的分析结果如下。其中，截距的估计值$\hat{\beta}_0$的标准差为0.506 422，斜率的估计值$\hat{\beta}_1$的标准差为0.000 387，这两个值已经用方框标出。

```
> summary(cars.lm)

Call:
lm(formula = lp100km ~ mass.kg, data = cars)

Residuals:
      Min        1Q    Median        3Q       Max
-0.71186 -0.24574 -0.02938  0.24193  0.69276

Coefficients:
              Estimate Std. Error t value Pr(>|t|)
(Intercept) -0.817768  |0.506422|  -1.615   0.123
mass.kg      0.008024  |0.000387|  20.733 1.65e-14 ***
---
Signif. codes: 0 '***' 0.001 '**' 0.01 '*' 0.05 '.' 0.1 ' ' 1

Residual standard error: 0.3891 on 19 degrees of freedom
Multiple R-squared: 0.9577,    Adjusted R-squared: 0.9554
F-statistic: 429.9 on 1 and 19 DF, p-value: 1.653e-14
```

标准差可以被用来计算参数的置信区间。例如在本题中，w_0的95%的置信区间为

$$\begin{aligned}&-0.8178\pm c_{0.975}(t_{19})\times 0.5064\\&=-0.8178\pm 2{:}093\times 0.5064\\&=(-1.878,0.242)\end{aligned}$$

同理可以计算w_1的95%的置信区间为

$$\begin{aligned}&0.008\,024\pm c_{0.975}(t_{19})\times 0.000\,387\\&=0.008\,024\pm 2.093\times 0.000\,387\\&=(0.0072,0.0088)\end{aligned}$$

其中，因为残差的自由度为21－2＝19，所以数值2.093是自由度为19的t分布值。当然在R中可以通过如下代码来完成上述计算过程。

```
> confint(cars.lm)
                   2.5 %     97.5 %
(Intercept) -1.877722151 0.24218677
mass.kg      0.007213806 0.00883382
```

5.4　正态条件下的模型检验

以样本观察值为基础，用最小二乘法求得样本回归直线，从而对总体回归直线进行拟合。但是拟合的程度怎样，必须要进行一系列的统计检验，从而对模型的优劣做出合理的评估，本节就介绍与模型评估检验有关的内容。

5.4.1　拟合优度的检验

由样本观察值(x_i, y_i)得出的样本回归直线为$\hat{y}_i = \hat{w}_0 + \hat{w}_1 x_i$，$y$ 的第 i 个观察值 y_i 与样本平均值$\bar{y}$的离差称为 y_i 的总离差，记为 $y_i' = y_i - \bar{y}$，不难看出总离差可以分成两部分，即

$$y_i' = (y_i - \hat{y}_i) + (\hat{y}_i - \bar{y})$$

其中一部分$\hat{y}_i' = \hat{y}_i - \bar{y}$是通过样本回归直线计算的拟合值与观察值的平均值之差，它是由回归直线(即解释变量)所解释的部分。另一部分 $e_i = y_i - \hat{y}_i$ 是观察值与回归值之差，即残差。残差是回归直线所不能解释的部分，它是由随机因素、被忽略掉的因素、观察误差等综合影响而产生的。各变量之间的关系如图 5-7 所示。

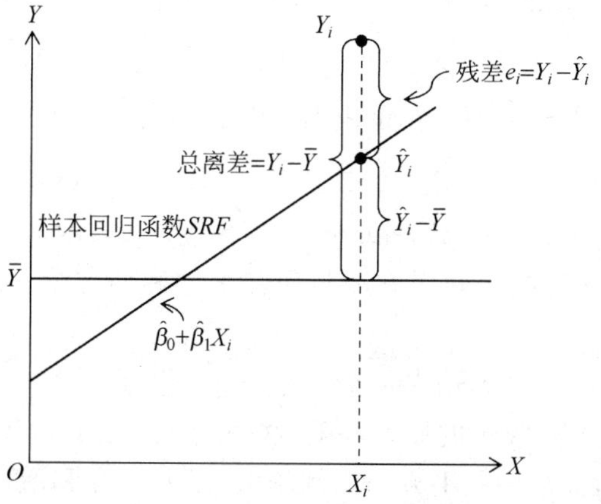

图 5-7　总离差分解

由回归直线所解释的部分$\hat{y}_i' = \hat{y}_i - \bar{y}$的绝对值越大，则残差的绝对值就越小，回归直线与样本点(x_i, y_i)的拟合就越好。

因为

$$y_i - \bar{y} = (y_i - \hat{y}_i) + (\hat{y}_i - \bar{y})$$

如果用加总 y 的全部离差来表示显然是不行的，因为

$$\sum (y_i - \bar{y}) = \sum y_i - \sum \bar{y} = n\bar{y} - n\bar{y} = 0$$

所以考虑利用加总全部离差的平方和来反映总离差，即

$$\begin{aligned} \sum (y_i - \bar{y})^2 &= \sum [(y_i - \hat{y}_i) + (\hat{y}_i - \bar{y})]^2 \\ &= \sum (y_i - y_i)^2 + \sum (\hat{y}_i - \bar{y})^2 + 2\sum (y_i - \hat{y}_i)(\hat{y}_i - \bar{y}) \end{aligned}$$

其中

$$\sum(y_i-\hat{y}_i)(\hat{y}_i-\bar{y})=0$$

这是因为

$$\begin{aligned}\sum(y_i-\hat{y}_i)(\hat{y}_i-\bar{y}) &= \sum e_i(\hat{w}_0+\hat{w}_1x_i-\bar{y}) \\ &= (\hat{w}_0-\bar{y})\sum e_i+\hat{w}_1\sum x_ie_i \\ &= (\hat{w}_0-\bar{y})\sum e_i+\hat{w}_1\sum x_i(y_i-\hat{w}_0-\hat{w}_1x_i)\end{aligned}$$

注意最小二乘法对于 e_i 有零均值假定，所以对其求和结果仍为零。而上述式子中最后一项为零，则是由最小二乘法推导过程中极值存在条件(令偏导数等于零)所保证的。

于是可得

$$\sum(y_i-\bar{y})^2=\sum(y_i-\hat{y}_i)^2+\sum(\hat{y}_i-\bar{y})^2$$

或者写成

$$\sum y_i'^2=\sum e_i^2+\sum\hat{y}_i'^2$$

其中，

$$\sum y_i'^2=\sum(y_i-\bar{y})^2$$

称为总离差平方和(Total Sum of Squares)，用 SS_{total} 表示

$$\sum e_i^2=\sum(y_i-\hat{y}_i)^2$$

称为残差平方和(Residual Sum of Squares)，用 SS_{residual} 表示

$$\sum\hat{y}_i'^2=\sum(\hat{y}_i-\bar{y})^2$$

称为回归平方和(Regression Sum of Squares)，用 $SS_{\text{regression}}$ 表示。

总离差平方和可以分解成残差平方和与回归平方和两部分。总离差分解公式还可以写成

$$SS_{\text{total}}=SS_{\text{residual}}+SS_{\text{regression}}$$

这一公式也是方差分析 ANOVA 的原理基础，这一点在后续的章节中我们还会详细介绍。

在总离差平方和中，如果回归平方和比例越大，残差平方和所占比例就越小，表示回归直线与样本点拟合得越好；反之，就表示拟合得不好。把回归平方和与总离差平方和之比定义为样本判定系数，记为

$$R^2=SS_{\text{regression}}/SS_{\text{total}}$$

判断系数 R^2 是一个回归直线与样本观察值拟合优度的数量指标，R^2 越大则拟合优度就越好；相反，R^2 越小，则拟合优度就越差。

注意 R 中指示判定系数的标签是“Multiple R-squared”，例如，在前面给出的树高与树龄的例子中，$R^2=0.9186$ ($=91.86\%$)，这表明模型的拟合程度较好。此外，R 的输出中还给出了所谓的调整判定系数，调整判定系数是对 R^2 的修正，指示标签为“Adjusted R-squared”。例如，在树高与树龄的例子中调整判定系数大小为 0.9149。

在具体解释调整判定系数的意义之前，还需先考查一下进行线性回归分析时，R 中输出的另外一个值——残差标准误差(Residual Standard Error)。在树高与树龄的例子中，R 给出的结果数值是 0.3368。所谓残差的标准误差其实就是残差的标准差(Residual Standard Deviation)。前面已经证明过，在一元线性回归中，总体方差 σ^2 的无偏估计量为

$$\hat{\sigma}^2 = \frac{\sum e_i^2}{n-2} = \frac{\sum (y_i - \hat{y}_i)^2}{n-2}$$

所以残差的标准差为

$$s = \hat{\sigma} = \sqrt{\frac{\sum (y_i - \hat{y}_i)^2}{n-2}}$$

如果将这一结论加以推广(即不仅限于一元线性回归),则有

$$s = \hat{\sigma} = \sqrt{\frac{SS_{\text{residual}}}{n - \text{被估计之参数的数量}}}$$

因为在一元线性回归中,被估计的参数只有 β_0 和 β_1 两个,所以此时被估计之参数的数量就是 2。而在树高与树龄的例子中,研究单元的数量 $n=24$,因此在 R 中的输出结果上有一句“on 22 degrees of freedom”。

调整判定系数的定义为

$$1 - R_{\text{adj}}^2 = s^2 / s_y^2$$

根据前面给出的公式可知

$$s^2 = \frac{SS_{\text{residual}}}{n-p}$$

其中,p 是模型中参数的数量。以及

$$s_y^2 = \frac{SS_{\text{total}}}{n-1}$$

一般认为调整判定系数会比判定系数更好地反映回归直线与样本点的拟合优度。那么其理据何在呢? 注意残差 e_i 是扰动项 u_i 的估计值,因为 u_i 的标准差 σ 无法计算,所以借助 e_i 对其进行估计,而且也可以证明其无偏估计的表达式需要借助自由度来进行修正。另一方面,本书前面也曾经证明过当用样本来估计总体时,方差的无偏估计需要通过除以 $n-1$ 来进行修正。所以采用上述公式来计算会得到更加准确的结果。

经过简单的代数变换,可得出 R_{adj}^2 的另外一种算式

$$R_{\text{adj}}^2 = R^2 - \frac{p-1}{n-p}(1 - R^2)$$

对于树高与树龄的例子有

$$R_{\text{adj}}^2 = 0.9186 - \frac{2-1}{24-2}(1 - 0.9186) \approx 0.9149$$

这与 R 中输出的结果相同。通常情况下,R_{adj}^2 的值都会比 R^2 的值略小,且两者的差异一般都不大。

5.4.2 整体性假定检验

如果随机变量 X 服从均值为 μ、方差为 σ^2 的正态分布,即 $X \sim N(\mu, \sigma^2)$,则随机变量 $Z = (X - \mu)/\sigma$ 是标准正态分布,即 $Z \sim N(0,1)$。统计理论表明,标准正态变量的平方服从自由度为 1 的 χ^2 分布,用符号表示为

$$Z^2 \sim \chi_1^2$$

其中,χ^2 的下标表示自由度为 1。与均值、方差是正态分布的参数一样,自由度是 χ^2 分布的

参数。在统计学中自由度有各种不同的含义，此处定义的自由度是平方和中独立观察值的个数。

总离差平方和 SS_{total} 的自由为 $n-1$，因变量共有 n 个观察值，由于这 n 个观察值受 $\sum y_i' = \sum (y_i - \bar{y}) = 0$ 的约束，当 $n-1$ 个观察值确定以后，最后一个观察值就不能自由取值了，因此 SS_{total} 的自由为 $n-1$。

回归平方和 $SS_{\text{regression}}$ 的自由度是由自变量对因变量的影响决定的，因此它的自由度取决于解释变量的个数。在一元线性回归模型中，只有一个解释变量，所以 $SS_{\text{regression}}$ 的自由度为 1。在多元回归模型中，如果解释变量的个数为 k 个，则其中 $SS_{\text{regression}}$ 的自由度为 k。因为 $SS_{\text{regression}}$ 的自由度与 SS_{residual} 的自由度之和等于 SS_{total} 的自由度，所以 SS_{residual} 的自由度为 $n-2$。

平方和除以相应的自由度称为均方差。因此 $SS_{\text{regression}}$ 的均方差为

$$
\begin{aligned}
\frac{\sum \hat{y}_i'^2}{1} &= \sum (y_i - \bar{y})^2 = \sum (\hat{w}_0 + \hat{w}_1 x_i - \bar{y})^2 \\
&= \sum [\hat{w}_0 + \hat{w}_1 (\bar{x} + x_i') - \bar{y}]^2 = \sum [\bar{y} - \hat{w}_1 \bar{X} + \hat{w}_1 (\bar{x} + x_i') - \bar{y}]^2 \\
&= \sum (\hat{w}_1 x_i')^2 = \hat{w}_1^2 \sum x_i'^2
\end{aligned}
$$

而且还有 SS_{residual} 的均方差为 $\left(\sum e_i^2\right)/(n-2)$。可以证明，在多元线性回归的条件下（即回归方程中有 k 个解释变量 $x_i, i=1,2,\cdots,k$），有

$$\sum \hat{y}_i'^2 \sim \chi_k^2$$

$$\sum e_i^2 \sim \chi_{(n-k-1)}^2$$

根据基本的统计学知识可知，如果 Z_1 和 Z_2 分别是自由度为 k_1 和 k_2 的分布变量，则其均方差之比服从自由度为 k_1 和 k_2 的 F 分布，即

$$F = \frac{Z_1/k_1}{Z_2/k_2} \sim F(k_1, k_2)$$

那么

$$F = \frac{\left(\sum \hat{y}_i'^2\right)/k}{\left(\sum e_i^2\right)/(n-k-1)} \sim F(k, n-k-1)$$

下面就利用 F 统计量对总体线性的显著性进行检验。首先，提出关于 k 个总体参数的假设

$$H_0: w_1 = w_2 = \cdots = w_k = 0$$

$$H_0: w_i \text{ 不全为 } 0, \quad i = 1,2,\cdots,k$$

进而根据样本观察值计算并列出方差分析数据如表 5-5 所示。

表 5-5 方差分析表

方差来源	平方和	自由度	均方差
SS_{residual}	$\sum \hat{y}_i'^2$	k	$\left(\sum \hat{y}_i'^2\right)/k$
$SS_{\text{regression}}$	$\sum e_i^2$	$n-k-1$	$\left(\sum e_i^2\right)/(n-k-1)$
SS_{total}	$\sum y_i'^2$		

然后在 H_0 成立的前提下计算 F 统计量

$$F=\frac{\left(\sum y_i'^2\right)/k}{\left(\sum e_i^2\right)/(n-k-1)}$$

对于给定的显著水平 α，查询 F 分布表得到临界值 $F_\alpha(1,n-k-1)$，如果 $F>F_\alpha(1,n-k-1)$，则拒绝原假设，说明犯第一类错误的概率非常之小。也可以通过与这个 F 统计量对应的 P 值来判断，说明如果原假设成立，得到此 F 统计量的概率很小即为 P 值。这个结果说明我们的回归模型中的解释变量对因变量是有影响的，即回归总体是显著线性的。相反，若 $F<F_\alpha(1,n-k-1)$，则接受原假设，即回归总体不存在线性关系，或者说解释变量对因变量没有显著的影响关系。

例如，对于树龄与树高的例子，给定 $\alpha=0.05$，可以查表或者在 R 中输入下列语句得到 $F_{0.05}(1,22)$ 的值。

```
> qf(0.05, 1, 22, lower.tail = FALSE)
[1] 4.30095
```

其中，参数 lower. tail 是一个逻辑值，模型情况下它的值为 FALSE，此时给定服从某分布的随机变量 X，求得的概率是 $P[X\leqslant x]$，如果要求 $P[X>x]$，要么用 $1-P[X\leqslant x]$，要么就令 lower. tail 的值为 TRUE。

经过简单计算易知 $\sum y_i'^2=28.1626663$，$\sum e_i^2=2.496047632$。由此便可算得 $F=248.2238923$。当然，R 中给出的线性回归分析结果也包含了这个结果。因为 $F>F_{0.05}(1,22)$，所以有理由拒绝原假设 H_0，即证明回归总体是显著线性的。也可以通过与这个 F 统计量对应的 P 值来判断，此时可以在 R 中使用下面的代码得到相应的 P 值。

```
> pf(248.2238923, 1, 22, lower.tail = FALSE)
[1] 1.821097e-13
```

可见，P 值远远小于 0.05，因此有足够的把握拒绝原假设。

本小节所介绍的其实就是方差分析(ANOVA)的基本步骤。在本书的后续章节中，还将对方差分析做专门介绍。一元线性回归模型中对模型进行整体性检验只用后面介绍的 t 检验即可。但在多元线性回归模型中，F 检验是检验统计假设的非常有用和有效的方法。

5.4.3 单个参数的检验

前面介绍了利用 R^2 来估计回归直线的拟合优度，但是 R^2 却不能告诉我们估计的回归系数在统计上是否显著，即是否显著地不为零。实际上确实有些回归系数是显著的，而有些又是不显著的。下面就来介绍具体的判断方法。

本章前面曾经给出了 $\hat{w}_0$ 和 $\hat{w}_1$ 的概率分布，即

$$\hat{w}_0\sim N\left(w_0,\sigma^2\frac{\sum x_i^2}{n\sum x_i'^2}\right)$$

$$\hat{w}_1\sim N\left(w_1,\frac{\sigma^2}{\sum x_i'^2}\right)$$

但在实际分析时，由于 σ^2 未知，只能用无偏估计量 $\hat{\sigma}^2$ 来代替。此时，一元线性回归的最小二乘估计量 $\hat{w}_0$ 和 $\hat{w}_1$ 的标准正态变量服从自由度为 $n-2$ 的 t 分布，即

$$t=\frac{\hat{w}_0-w_0}{se(\hat{w}_0)}\sim t(n-2)$$

$$t=\frac{\hat{w}_1-w_1}{se(\hat{w}_1)}\sim t(n-2)$$

下面以 w_1 为例，演示利用 t 统计量对单个参数进行检验的具体步骤。首先对回归结果提出如下假设

$$H_0: w_1=0$$

$$H_1: w_1\neq 0$$

即在原假设条件下，解释变量对因变量没有影响。在备择假设条件下，解释变量对因变量有(正的或者负的)影响，因此备择假设是双边假设。

以原假设 H_0 构造 t 统计量并由样本观察值计算其结果，则

$$t=\frac{w_1}{se(\hat{w}_1)}$$

其中

$$se(\hat{w}_1)=\frac{\hat{\sigma}}{\sqrt{\sum x_i'^2}}=\sqrt{\frac{\sum e_i^2}{(n-2)\sum x_i'^2}}$$

可以通过给定的显著性水平 α，检验自由度为 $n-2$ 的 t 分布表，得临界值 $t_{\frac{\alpha}{2}}(n-2)$。如果 $|t|>t_{\frac{\alpha}{2}}(n-2)$，则拒绝 H_0，此时接受备择假设犯错的概率很小，即说明 w_1 所对应的变量 x 对 y 有影响。

相反，若 $|t|\leqslant t_{\frac{\alpha}{2}}(n-2)$，则无法拒绝 H_0，即 w_1 与 0 的差异不显著，说明 w_1 所对应的变量 x 对 y 没有影响，变量之间的线性关系不显著。对参数的显著性检验，还可以通过 P 值来判断，如果相应的 P 值很小，则可以拒绝原假设，即参数显著不为零。

例如，在树龄与树高的例子中，很容易算得

$$\sum x_i'^2=70$$

于是可得到 $se(\hat{w}_1)=0.3368/\sqrt{70}=0.04026$，进而有 $t=0.63429/0.04026=15.75484$。相应的 P 值可以在 R 中用下列代码算得。

```
> 2 * (1 - pt(15.75484,22))
[1] 1.820766e-13
```

经过计算所得之 t 值为 15.754 84，其 P 值几乎为 0。P 值越低，拒绝原假设的理由就越充分。现在来看，我们已经有足够的把握拒绝原假设，可见变量之间具有显著的线性关系。

5.5 一元线性回归模型预测

预测是回归分析的一个重要应用。这种所谓的预测通常包含两个方面，对于给定的点，一方面要估计它的取值，另一方面还应对可能取值的波动范围进行预测。

5.5.1 点预测

对于给定的 $x=x_0$，利用样本回归方程可以求出相应的样本拟合值$\hat{y}_0$，以此作为因变量个别值 y_0 或其均值 $E(y_0)$的估计值，这就是所谓的点预测。比如树龄与树高的例子，如果购买了一棵树苗，并且想知道该树的树龄达到 4 年时，其树高预计为多少。此时你希望求得的值，其实是树龄为 4 的该种树木的平均树高或者是期望树高。

已知含随机扰动项的总体回归方程为

$$y_i = E(y_i)+u_i = w_0 + w_1 x_i + u_i$$

当 $x=x_0$ 时，y 的个别值为

$$y_0 = w_0 + w_1 x_0 + u_0$$

其总体均值为

$$E(y_0) = w_0 + w_1 x_0$$

样本回归方程在 $x=x_0$ 时的拟合值为

$$\hat{y}_0 = \hat{w}_0 + \hat{w}_1 x_0$$

对上式两边取期望，得

$$E(\hat{y}_0) = E(\hat{w}_0 + \hat{w}_1 x_0) = w_0 + w_1 x_0 = E(y_0)$$

这表示在 $x=x_0$ 时，由样本回归方程计算的$\hat{y}_0$ 是个别值 y_0 和总体均值 $E(y_0)$的无偏估计，所以$\hat{y}_0$ 可以作为 y_0 和 $E(y_0)$的预测值。

5.5.2 区间预测

对于任一给定样本，估计值$\hat{y}_0$ 只能作为 y_0 和 $E(y_0)$的无偏估计量，不一定能够恰好等于 y_0 和 $E(y_0)$。也就是说，两者之间存在误差，这个误差就是预测误差。由这个误差开始，期望得到 y_0 和 $E(y_0)$的可能取值范围，这就是区间预测。

定义误差 $\delta_0=\hat{y}_0-E(y)$，由于$\hat{y}_0$ 服从正态分布，所以 δ_0 是服从正态分布的随机变量。而且可以得到 δ_0 的数学期望与方差如下

$$\begin{aligned}
E(\delta_0) &= E[\hat{y}_0 - E(y)] = 0 \\
\operatorname{var}(\delta_0) &= E[\hat{y}_0 - E(y)]^2 = E[\hat{w}_0 + \hat{w}_1 x_0 - (w_0 + w_1 x_0)]^2 \\
&= E[(\hat{w}_0 - w_0)^2 + 2(\hat{w}_0 - w_0)(\hat{w}_1 - w_1) + (\hat{w}_1 - w_1)^2 x_0^2] \\
&= \operatorname{var}(\hat{w}_0) + 2x_0 \operatorname{cov}(\hat{w}_0, \hat{w}_1) + \operatorname{var}(\hat{w}_1) x_0^2
\end{aligned}$$

其中，$\hat{w}_0$ 和$\hat{w}_1$ 的协方差为

$$\begin{aligned}
\operatorname{cov}(\hat{w}_0, \hat{w}_1) &= E[(\hat{w}_0 - w_0)(\hat{w}_1 - w_1)] \\
&= E[(\bar{y} - \hat{w}_1 \bar{x} - w_0)(\hat{w}_1 - w_1)] \\
&= E[(w_0 + w_1 \bar{x} + \bar{u} - \hat{w}_1 \bar{x} - w_0)(\hat{w}_1 - w_1)] \\
&= E\{[-(\hat{w}_1 - w_1)\bar{x} + \bar{u}](\hat{w}_1 - w_1)\} \\
&= \bar{x}E(\hat{w}_1 - w_1)^2 + E(\bar{u}\,\hat{w}_1)
\end{aligned}$$

因为

$$E(\hat{w}_1 - w_1)^2 = \text{var}(\hat{w}_1) = \frac{\sigma^2}{\sum x_i'^2}$$

$$E(\bar{u}\,\hat{w}_1) = \frac{1}{n}E\left(\sum u_i \sum \frac{x_i'}{\sum x_i'^2} y_i\right)$$

$$= \frac{1}{n}\Big(\sum_{i=j} x_i' \Big/ \sum x_i'^2\Big)E(u_i y_i) + \frac{1}{n}\Big(\sum_{i\neq j} x_i' \Big/ \sum x_i'^2\Big)E(u_i y_i)$$

$$= \frac{\sigma^2 \sum x_i'}{\sum x_i'^2}E(u_i y_i) = 0$$

所以

$$\text{cov}(\hat{w}_0, \hat{w}_1) = -\frac{\bar{x}\sigma^2}{\sum x_i'^2}$$

于是可得

$$\text{var}(\delta_0) = \frac{\sigma^2 \sum x_i'^2}{n \sum x_i'^2} - \frac{2\sigma^2 x_0 \bar{x}}{\sum x_i'^2} + \frac{\sigma^2 x_0^2}{\sum x_i'^2}$$

$$= \frac{\sigma^2}{\sum x_i'^2}\left(\frac{\sum x_i'^2 - n\bar{x}}{n} + \bar{x}^2 - 2x_0\bar{x} + x_0^2\right)$$

$$= \frac{\sigma^2}{\sum x_i'^2}\left[\frac{\sum x_i'^2}{n} + (x_0 - \bar{x})^2\right] = \sigma^2\left[\frac{1}{n} + \frac{(x_0 - \bar{x})^2}{\sum x_i'^2}\right]$$

由 δ_0 的数学期望与方差可知

$$\delta_0 \sim N\left\{0, \sigma^2\left[\frac{1}{n} + \frac{(x_0 - \bar{x})^2}{\sum x_i'^2}\right]\right\}$$

将 δ_0 标准化,则有

$$\frac{\delta_0}{\sigma\sqrt{\dfrac{1}{n} + \dfrac{(x_0 - \bar{x})^2}{\sum x_i'^2}}} \sim N(0,1)$$

由于 σ 未知,所以用 $\hat{\sigma}$ 来代替,根据抽样分布理论及误差 δ_0 的定义,有

$$\frac{\hat{y}_0 - E(y_0)}{\hat{\sigma}\sqrt{\dfrac{1}{n} + \dfrac{(x_0 - \bar{x})^2}{\sum x_i'^2}}} \sim t(n-2)$$

那么 $E(y_0)$ 的预测区间为

$$\hat{y}_0 - t_{\frac{\alpha}{2}} \cdot \hat{\sigma}\sqrt{\frac{1}{n} + \frac{(x_0 - \bar{x})^2}{\sum x_i'^2}} \leqslant E(y_0) \leqslant \hat{y}_0 + t_{\frac{\alpha}{2}} \cdot \hat{\sigma}\sqrt{\frac{1}{n} + \frac{(x_0 - \bar{x})^2}{\sum x_i'^2}}$$

其中 α 为显著水平。

在 R 中可以使用下面的代码来获得总体均值 $E(y_0)$ 的预测区间。

```
> predict(plants.lm,
+ newdata = data.frame(age = 4),
```

```
+ interval = "confidence")
      fit      lwr      upr
1 6.59119 6.442614 6.739767
```

在此基础上，还可以对总体个别值 y_0 的可能区间进行预测。设误差 $e_0=y_0-\hat{y}_0$，由于 $\hat{y}_0$ 服从正态分布，所以 e_0 也服从正态分布。而且可以得到 e_0 的数学期望与方差如下。

$$E(e_0)=E(y_0-\hat{y}_0)=0$$

$$\text{var}(e_0)=\text{var}(y_0-\hat{y}_0)$$

由于$\hat{y}_0$ 与 y_0 相互独立，并且

$$\text{var}(y_0)=\text{var}(w_0+w_1x_0+u_0)=\text{var}(u_0)$$

$$\text{var}(\hat{y}_0)=E[\hat{y}_0-E(y_0)]^2=\text{var}(\delta_0)$$

所以

$$\begin{aligned}\text{var}(e_0)&=\text{var}(y_0)+\text{var}(\hat{y}_0)=\text{var}(u_0)+\text{var}(\delta_0)\\&=\sigma^2+\sigma^2\left[\frac{1}{n}+\frac{(x_0-\bar{x})^2}{\sum x_i'^2}\right]=\sigma^2\left[1+\frac{1}{n}+\frac{(x_0-\bar{x})^2}{\sum x_i'^2}\right]\end{aligned}$$

由 e_0 的数学期望与方差可知

$$e_0\sim N\left\{0,\sigma^2\left[1+\frac{1}{n}+\frac{(x_0-\bar{x})^2}{\sum x_i'^2}\right]\right\}$$

将 e_0 标准化，则有

$$\frac{e_0}{\sigma\sqrt{1+\frac{1}{n}+\frac{(x_0-\bar{x})^2}{\sum x_i'^2}}}\sim N(0,1)$$

由于 σ 未知，所以用 $\hat{\sigma}$ 来代替，根据抽样分布理论及误差 e_0 的定义，有

$$\frac{y_0-\hat{y}_0}{\hat{\sigma}\sqrt{1+\frac{1}{n}+\frac{(x_0-\bar{x})^2}{\sum x_i'^2}}}\sim t(n-2)$$

那么 y_0 的预测区间为

$$\hat{y}_0-t_{\frac{\alpha}{2}}\cdot\hat{\sigma}\sqrt{1+\frac{1}{n}+\frac{(x_0-\bar{x})^2}{\sum x_i'^2}}\leqslant y_0\leqslant\hat{y}_0+t_{\frac{\alpha}{2}}\cdot\hat{\sigma}\sqrt{1+\frac{1}{n}+\frac{(x_0-\bar{x})^2}{\sum x_i'^2}}$$

在 R 中可以使用下面的代码来获得总体个别值 y_0 的预测区间。

```
> predict(plants.lm, newdata = data.frame(age = 4), interval = "prediction")
      fit      lwr      upr
1 6.59119 5.877015 7.305366
```

可见在执行 predict 函数时，通过选择参数“confidence”或“prediction”即可实现对 y_0 或者 y_0 期望及其置信区间(或称置信带)的估计。而且 y_0 期望的置信区间要比 y_0 的置信区间更窄。

第 6 章 多元线性回归

CHAPTER 6

实际应用中，一个自变量同时受多个因变量的影响的情况非常普遍。因此考虑将上一章中介绍的一元线性回归拓展到多元的情形。包括多个解释变量的回归模型，就称为多元回归模型。由于多元线性回归分析是一元情况的简单推广，因此读者应该注意建立两者之间的联系。

6.1 多元线性回归模型

假设因变量 y 与 m 个解释变量 $x_1,x_2,\cdots,x_m$ 具有线性相关关系，取 n 组观察值，则总体线性回归模型为

$$y_i = w_0 + w_1 x_{i1} + w_2 x_{i2} + \cdots + w_m x_{im} + u_i \quad i = 1,2,\cdots,n$$

包含 m 个解释变量的总体回归模型也可以表示为

$$E(y \mid x_{i1},x_{i2},\cdots,x_{im}) = w_0 + w_1 x_{1i} + w_2 x_{2i} + \cdots + w_m x_{im} \quad i = 1,2,\cdots,n$$

上式表示在给定 $x_{i1},x_{i2},\cdots,x_{im}$ 的条件下，y 的条件均值或数学期望。特别地，我们称 w_0 是截距，$w_1,w_2,\cdots,w_m$ 是偏回归系数。偏回归系数又称为偏斜率系数。例如，w_1 度量了在其他解释变量 $x_2,x_3,\cdots,x_m$ 保持不变的情况下，x_1 每变化 1 个单位时，y 的均值 $E(y|x_{i1},x_{i2},\cdots,x_{im})$ 的变化。换句话说，w_1 给出了其他解释变量保持不变时，$E(y|x_{i1},x_{i2},\cdots,x_{im})$ 对 x_1 的斜率。

不难发现，多元线性回归模型是以多个解释变量的固定值为条件的回归分析。

同一元线性回归模型一样，多元线性总体回归模型是无法得到的。所以我们只能用样本观察值进行估计。对应于前面给出的总体回归模型可知多元线性样本回归模型为

$$\hat{y}_i = \hat{w}_0 + \hat{w}_1 x_{i1} + \hat{w}_2 x_{i2} + \cdots + \hat{w}_m x_{im} \quad i = 1,2,\cdots,n$$

和

$$y_i = \hat{w}_0 + \hat{w}_1 x_{i1} + \hat{w}_2 x_{i2} + \cdots + \hat{w}_m x_{im} + e_i \quad i = 1,2,\cdots,n$$

其中，$\hat{y}_i$ 是总体均值 $E(y|x_{i1},x_{i2},\cdots,x_{im})$ 的估计，$\hat{w}_j$ 是总体偏回归系数 w_j 的估计，$j=1,2,\cdots,m$，残差项 e_i 是对随机项 u_i 的估计。

对多元线性总体回归方模型可以用线性方程组的形式表示为

$$\begin{cases} y_1 = w_0 + w_1 x_{11} + w_2 x_{12} + \cdots + w_m x_{1m} + u_1 \\ y_2 = w_0 + w_1 x_{21} + w_2 x_{22} + \cdots + w_m x_{2m} + u_2 \\ \vdots \\ y_n = w_0 + w_1 x_{n1} + w_2 x_{n2} + \cdots + w_m x_{nm} + u_n \end{cases}$$

将上述方程组改写成矩阵的形式

$$\begin{bmatrix} y_1 \\ y_2 \\ \vdots \\ y_n \end{bmatrix} = \begin{bmatrix} 1 & x_{11} & x_{12} & \cdots & x_{1m} \\ 1 & x_{21} & x_{22} & \cdots & x_{2m} \\ \vdots & \vdots & \vdots & & \vdots \\ 1 & x_{n1} & x_{n2} & \cdots & x_{nm} \end{bmatrix} \begin{bmatrix} w_0 \\ w_1 \\ \vdots \\ w_m \end{bmatrix} + \begin{bmatrix} u_1 \\ u_2 \\ \vdots \\ u_n \end{bmatrix}$$

或者写成如下形式

$$\boldsymbol{y} = \boldsymbol{X}\boldsymbol{w} + \boldsymbol{u}$$

上式就是用矩阵形式表示的多元线性总体回归模型。其中 $\boldsymbol{y}$ 为 n 阶因变量观察值向量；$\boldsymbol{X}$ 表示 $n \times m$ 阶解释变量的观察值矩阵；$\boldsymbol{u}$ 表示 n 阶随机扰动项向量；$\boldsymbol{w}$ 表示 m 阶总体回归参数向量。

同理可以得到多元线性样本回归模型的矩阵表示为

$$\boldsymbol{y} = \boldsymbol{X}\hat{\boldsymbol{w}} + \boldsymbol{e}$$

或者

$$\hat{\boldsymbol{y}} = \boldsymbol{X}\hat{\boldsymbol{w}}$$

其中 $\hat{\boldsymbol{y}}$ 表示 n 阶因变量回归拟合值向量；$\hat{\boldsymbol{w}}$ 表示 m 阶回归参数 $\boldsymbol{w}$ 的估计值向量；$\boldsymbol{e}$ 表示 n 阶残差向量。

以上各向量的完整形式如下

$$\boldsymbol{y} = \begin{bmatrix} y_1 \\ y_2 \\ \vdots \\ y_n \end{bmatrix}, \quad \hat{\boldsymbol{y}} = \begin{bmatrix} \hat{y}_1 \\ \hat{y}_2 \\ \vdots \\ \hat{y}_n \end{bmatrix}, \quad \hat{\boldsymbol{w}} = \begin{bmatrix} \hat{w}_0 \\ \hat{w}_1 \\ \vdots \\ \hat{w}_m \end{bmatrix}, \quad \boldsymbol{e} = \begin{bmatrix} e_1 \\ e_2 \\ \vdots \\ e_n \end{bmatrix}$$

显而易见的是，由于解释变量数量的增多，多元线性回归模型的计算要比一元的情况复杂很多。最后与一元线性回归模型一样，为了对回归模型中的参数进行估计，要求多元线性回归模型在满足线性关系之外还必须遵守以下假定。

1. 零均值假定

干扰项 u_i 均值为零，或对每一个 i，都有 $E(u_i | x_{i1}, x_{i2}, \cdots, x_{im}) = 0$。

2. 同方差假定

干扰项 u_i 的方差保持不变，即 $\mathrm{var}(u_i) = \sigma^2$。为了进行假设检验，我们通常认为随机扰动（噪声）符合一个均值为 0，方差为 σ^2 的正态分布，即 $u_i \sim N(0, \sigma^2)$。

3. 相互独立性

随机扰动项彼此之间都是相互独立的，即 $\mathrm{cov}(u_i, u_j) = 0$，其中 $i \neq j$。

4. 无多重共线性假定

解释变量之间不存在精确的线性关系，即没有一个解释变量可以被写成模型中其余解释变量的线性组合。

6.2 多元回归模型估计

为了建立完整的多元回归模型，使用最小二乘法对模型中的偏回归系数进行估计，这个过程中的所用到的许多性质与一元情况下一致。

6.2.1 最小二乘估计量

已知多元线性样本回归模型为

$$y_i = \hat{w}_0 + \hat{w}_1 x_{i1} + \hat{w}_2 x_{i2} + \cdots + \hat{w}_m x_{im} + e_i, \quad i = 1,2,\cdots,n$$

于是离差平方和为

$$\sum e_i^2 = \sum (y_i - \hat{y}_i)^2 = \sum (y_i - \hat{w}_0 - \hat{w}_1 x_{i1} - \hat{w}_2 x_{i2} - \cdots - \hat{w}_m x_{im})^2$$

现在求估计的参数$\hat{w}_0, \hat{w}_1, \cdots, \hat{w}_m$，使得离差平方和取得最小值，于是根据微积分中极值存在的条件，要解方程组

$$\begin{cases} \dfrac{\partial \sum e_i^2}{\partial w_0} = -2\sum (y_i - \hat{w}_0 - \hat{w}_1 x_{i1} - \cdots - \hat{w}_m x_{im}) = 0 \\ \dfrac{\partial \sum e_i^2}{\partial w_1} = -2\sum (y_i - \hat{w}_0 - \hat{w}_1 x_{i1} - \cdots - \hat{w}_m x_{im}) x_{i1} = 0 \\ \qquad \vdots \\ \dfrac{\partial \sum e_i^2}{\partial w_m} = -2\sum (y_i - \hat{w}_0 - \hat{w}_1 x_{i1} - \cdots - \hat{w}_m x_{im}) x_{im} = 0 \end{cases}$$

其解就是参数 $w_0, w_1, \cdots, w_m$ 的最小二乘估计$\hat{w}_0, \hat{w}_1, \cdots, \hat{w}_m$。

将以上方程组改写成

$$\begin{cases} n\hat{w}_0 + \sum \hat{w}_1 x_{i1} + \sum \hat{w}_2 x_{i2} + \cdots + \sum \hat{w}_m x_{im} = \sum y_i \\ \sum \hat{w}_0 x_{i1} + \sum \hat{w}_1 x_{i1}^2 + \sum \hat{w}_2 x_{i1} x_{i2} + \cdots + \sum \hat{w}_m x_{i1} x_{im} = \sum x_{i1} y_i \\ \qquad \vdots \\ \sum \hat{w}_0 x_{im} + \sum \hat{w}_1 x_{im} x_{i1} + \sum \hat{w}_2 x_{im} x_{i2} + \cdots + \sum \hat{w}_m x_{im}^2 = \sum x_{im} y_i \end{cases}$$

这个方程组称为正规方程组。为了把正规方程组改写成矩阵形式，记系数矩阵为 $\boldsymbol{A}$，常数项向量为 $\boldsymbol{B}$，$\boldsymbol{w}$ 的估计值向量为$\hat{\boldsymbol{w}}$，即

$$\boldsymbol{A} = \begin{bmatrix} n & \sum x_{i1} & \sum x_{i2} & \cdots & \sum x_{im} \\ \sum x_{i1} & \sum x_{i1}^2 & \sum x_{i1} x_{i2} & \cdots & \sum x_{i1} x_{im} \\ \vdots & \vdots & \vdots & & \vdots \\ \sum x_{im} & \sum x_{im} x_{i1} & \sum x_{im} x_{i2} & \cdots & \sum x_{im}^2 \end{bmatrix}$$

$$= \begin{bmatrix} 1 & 1 & 1 & \cdots & 1 \\ x_{11} & x_{21} & x_{31} & \cdots & x_{n1} \\ \vdots & \vdots & \vdots & & \vdots \\ x_{1m} & x_{2m} & x_{3m} & \cdots & x_{nm} \end{bmatrix} \begin{bmatrix} 1 & x_{11} & x_{12} & \cdots & x_{1m} \\ 1 & x_{21} & x_{22} & \cdots & x_{2m} \\ \vdots & \vdots & \vdots & & \vdots \\ 1 & x_{n1} & x_{n2} & \cdots & x_{nm} \end{bmatrix} = \boldsymbol{X}^{\mathrm{T}} \boldsymbol{X}$$

$$\boldsymbol{B}=\begin{bmatrix}\sum y_i\\ \sum x_{i1}y_i\\ \vdots\\ \sum x_{im}y_i\end{bmatrix}=\begin{bmatrix}1 & 1 & \cdots & 1\\ x_{11} & x_{21} & \cdots & x_{n1}\\ \vdots & \vdots & & \vdots\\ x_{1m} & x_{2m} & \cdots & x_{nm}\end{bmatrix}\begin{bmatrix}y_1\\ y_2\\ \vdots\\ y_n\end{bmatrix}=\boldsymbol{X}^{\mathrm{T}}\boldsymbol{y}$$

其中$\hat{\boldsymbol{w}}=(\hat{w}_0,\hat{w}_1,\cdots\hat{w}_m)^{\mathrm{T}}$，$\boldsymbol{y}=(y_1,y_2,\cdots,y_n)^{\mathrm{T}}$。所以正规方程组可以表示为

$$\boldsymbol{A}\hat{\boldsymbol{w}}=\boldsymbol{B} \quad 或 \quad (\boldsymbol{X}^{\mathrm{T}}\boldsymbol{X})\hat{\boldsymbol{w}}=\boldsymbol{X}^{\mathrm{T}}\boldsymbol{y}$$

当系数矩阵可逆时，正规方程组的解为

$$\hat{\boldsymbol{w}}=\boldsymbol{A}^{-1}\boldsymbol{B}=(\boldsymbol{X}^{\mathrm{T}}\boldsymbol{X})^{-1}\boldsymbol{X}^{\mathrm{T}}\boldsymbol{y}$$

进而还可以得到

$$\hat{\boldsymbol{y}}=\boldsymbol{X}\hat{\boldsymbol{w}}=\boldsymbol{X}(\boldsymbol{X}^{\mathrm{T}}\boldsymbol{X})^{-1}\boldsymbol{X}^{\mathrm{T}}\boldsymbol{y}$$

令$\boldsymbol{H}=\boldsymbol{X}(\boldsymbol{X}^{\mathrm{T}}\boldsymbol{X})^{-1}\boldsymbol{X}^{\mathrm{T}}$，则有$\hat{\boldsymbol{y}}=\boldsymbol{H}\boldsymbol{y}$，$\boldsymbol{H}$是一个$n$阶对称矩阵，通常称为帽子矩阵。该矩阵的对角线元素记为h_{ii}，它给出了第i个观测值离其余$n-1$个观测值的距离有多远，我们通常称其为杠杆率。

6.2.2 多元回归的实例

现在将通过一个实例来演示在R中建立多元线性回归模型的方法。根据经验知道，沉淀物吸收能力是土壤的一项重要特征，因为它会影响杀虫剂和其他各种农药的有效性。在一项实验中，我们测定了若干组土壤样本的如下一些情况，数据如表6-1所示。其中，y表示磷酸盐吸收指标；x_1和x_2分别表示可提取的铁含量与可提取的铝含量。请根据这些数据建立y关于x_1和x_2的多元线性回归方程。

表6-1 土壤沉淀物吸收能力采样数据

x_1	61	175	111	124	130	173	169	169	160	244	257	333	199
x_2	13	21	24	23	64	38	33	61	39	71	112	88	54
y	4	18	14	18	26	26	21	30	28	36	65	62	40

在进行一元线性回归分析之前往往会使用散点图来考察解释变量与被解释变量之间的线性关系。在进行多元线性回归分析时，我们也可以采用类似的图形来观察模型中解释变量与被解释变量间的关系，但这时所采用的统计图形要更复杂一些，它被称为是散点图阵列，如图6-1所示。

下面给出绘制上述散点图阵列的R语言代码。从散点图中可以看出每个解释变量都与被解释变量存在一定的线性关系，而且这也是我们所希望看到的。更重要的是，两个解释变量之间线性关系并不显著，这就意味着多重共线性出现的可能较低。在构建多元线性回归模型时，随着解释变量数目的增多，其中某两个解释变量之间产生多重共线性是很容易发生的情况。此时就需要考虑是否将其中某个变量从模型中剔除出去，甚至是重新考虑模型的构建。关于多重共线性的问题，本书无意过深涉及。事实上，现在用以检验多重共线性的方法也有很多，有兴趣的读者可以参阅其他相关著作，此次不再赘述。另外，本章的最后还会向读者展示，现代回归分析是如何化解多重共线性之影响的。

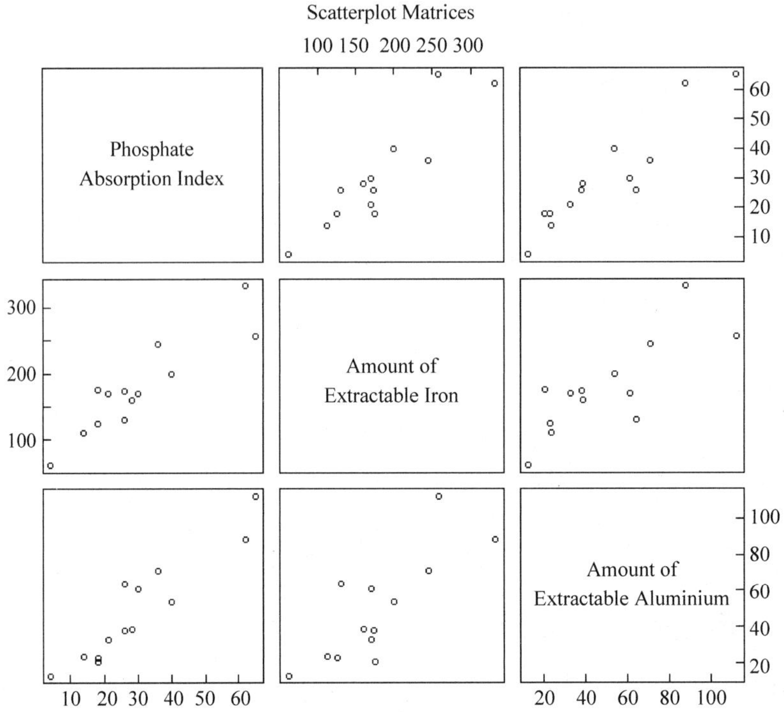

图 6-1 散点图阵列

```
> pai = c(4, 18, 14, 18, 26, 26, 21, 30, 28, 36, 65, 62, 40)
> iron = c(61, 175, 111, 124, 130, 173, 169, 169, 160, 244, 257, 333, 199)
> aluminium = c(13, 21, 24, 23, 64, 38, 33, 61, 39, 71, 112, 88, 54)
> pairs(~pai + iron + aluminium, labels = c("Phosphate \nAbsorption Index",
+ "Amount of \nExtractable Iron","Amount of \nExtractable Aluminium"),
+ main = "Scatterplot Matrices")
```

多元线性回归分析同样使用 lm()函数来完成，但与一元线性回归不同的地方在于函数中用以表示线性关系的参数表达式里各个自变量之间要用"+"来进行连接。来看下面这段示例代码。

```
> soil.lm <- lm(pai ~ iron + aluminium)
> summary(soil.lm)

Call:
lm(formula = pai ~ iron + aluminium)

Residuals:
    Min       1Q      Median     3Q        Max
 -8.9352   -2.2182   0.4613    3.3448   6.0708

Coefficients:
             Estimate Std. Error t value Pr(>|t|)
(Intercept) -7.35066 3.48467 -2.109 0.061101 .
```

```
iron 0.11273 0.02969 3.797 0.003504 **
aluminium 0.34900 0.07131 4.894 0.000628 ***
---
Signif. codes: 0 '***' 0.001 '**' 0.01 '*' 0.05 '.' 0.1 ' ' 1

Residual standard error: 4.379 on 10 degrees of freedom
Multiple R-squared: 0.9485, Adjusted R-squared: 0.9382
F-statistic: 92.03 on 2 and 10 DF, p-value: 3.634e-07
```

易见回归模型的拟合优度 $R^2=0.9485$，调整判定系数 $R^2_{adj}=0.9382$，说明模型的拟合效果较好。这两个指标的意义在一元的情况下已经进行过详细的介绍，本章将不再赘言。需要说明的是，实际上在多元回归的情况下，随着自变量个数的增多，拟合优度也会提高，所以仅仅看这一个指标说服力是有限的。具体这些判定指标的意义，后面还会做进一步的解读。根据上面的结果，可以写成多元线性回归方程如下

$$\hat{y}=-7.35066+0.11273x_1+0.349x_2$$

除了 summary()函数输出的一些标准信息以外，我们还可以通过 R 中的一些函数来获得更多线性拟合模型的信息。本章后面将有更进一步的介绍。

6.2.3 总体参数估计量

由 w 的估计量$\hat{w}$的表达式可见，$\hat{w}$的每一个分量都是相互独立且服从正态分布的随机变量$y_1,y_2,\cdots,y_n$ 的线性组合，从而可知随机变量$\hat{w}$服从 $m+1$ 维正态分布。为了求出$\hat{w}$的分布，首先来计算$\hat{w}$的期望和方差(或方差阵)。

向量$\hat{\boldsymbol{w}}$的数学期望定义为

$$E(\hat{\boldsymbol{w}})=[E(\hat{w}_0),E(\hat{w}_1),\cdots,E(\hat{w}_m)]^{\mathrm{T}}$$

而且对任意 $n\times(m+1)$阶矩阵 $\boldsymbol{A}$，容易证明

$$E(\boldsymbol{A}\hat{\boldsymbol{w}})=\boldsymbol{A}E(\hat{\boldsymbol{w}})$$

于是可得

$$\begin{aligned}E(\hat{\boldsymbol{w}})&=E[(\boldsymbol{X}^{\mathrm{T}}\boldsymbol{X})^{-1}\boldsymbol{X}^{\mathrm{T}}\boldsymbol{y}]=(\boldsymbol{X}^{\mathrm{T}}\boldsymbol{X})^{-1}\boldsymbol{X}^{\mathrm{T}}E(\boldsymbol{y})\\&=(\boldsymbol{X}^{\mathrm{T}}\boldsymbol{X})^{-1}\boldsymbol{X}^{\mathrm{T}}E(\boldsymbol{X}\boldsymbol{w}+\boldsymbol{u})=(\boldsymbol{X}^{\mathrm{T}}\boldsymbol{X})^{-1}\boldsymbol{X}^{\mathrm{T}}\boldsymbol{X}\boldsymbol{w}=\boldsymbol{w}\end{aligned}$$

所以$\hat{\boldsymbol{w}}$是 $\boldsymbol{w}$ 的无偏估计，即$\hat{w}_0,\hat{w}_1,\cdots,\hat{w}_m$ 依次是 $w_0,w_1,\cdots,w_m$ 的无偏估计，为了计算$\hat{\boldsymbol{w}}$的方差阵，我们先把方差阵写成矢量乘积的形式

$$\begin{aligned}D(\hat{\boldsymbol{w}})&=\begin{bmatrix}D(\hat{w}_0) & \mathrm{cov}(\hat{w}_0,\hat{w}_1) & \cdots & \mathrm{cov}(\hat{w}_0,\hat{w}_m)\\ \mathrm{cov}(\hat{w}_1,\hat{w}_0) & D(\hat{w}_1) & \cdots & \mathrm{cov}(\hat{w}_1,\hat{w}_m)\\ \vdots & \vdots & \ddots & \vdots\\ \mathrm{cov}(\hat{w}_m,\hat{w}_0) & \mathrm{cov}(\hat{w}_m,\hat{w}_1) & \cdots & D(\hat{w}_m)\end{bmatrix}\\&=E\{[(\hat{w}_0-E[\hat{w}_0]),(\hat{w}_1-E[\hat{w}_1]),\cdots,(\hat{w}_m-E[\hat{w}_m])]^{\mathrm{T}}\times\\&\quad[(\hat{w}_0-E[\hat{w}_0]),(\hat{w}_1-E[\hat{w}_1]),\cdots,(\hat{w}_m-E[\hat{w}_m]))]\}\\&=E\{[\hat{\boldsymbol{w}}-E(\hat{\boldsymbol{w}})][\hat{\boldsymbol{w}}-E(\hat{\boldsymbol{w}})]^{\mathrm{T}}\}\end{aligned}$$

而且①

$$
\begin{aligned}
& E\{[\hat{\boldsymbol{w}}-E(\hat{\boldsymbol{w}})][\hat{\boldsymbol{w}}-E(\hat{\boldsymbol{w}})]^{\mathrm{T}}\} \\
=& E\{[(\boldsymbol{X}^{\mathrm{T}}\boldsymbol{X})^{-1}\boldsymbol{X}^{\mathrm{T}}(\boldsymbol{y}-E(\boldsymbol{y}))][(\boldsymbol{X}^{\mathrm{T}}\boldsymbol{X})^{-1}\boldsymbol{X}^{\mathrm{T}}(\boldsymbol{y}-E(\boldsymbol{y}))]^{\mathrm{T}}\} \\
=& E[(\boldsymbol{X}^{\mathrm{T}}\boldsymbol{X})^{-1}\boldsymbol{X}^{\mathrm{T}}(\boldsymbol{y}-E(\boldsymbol{y}))(\boldsymbol{y}-E(\boldsymbol{y}))^{\mathrm{T}}\boldsymbol{X}(\boldsymbol{X}^{\mathrm{T}}\boldsymbol{X})^{-1}] \\
=& (\boldsymbol{X}^{\mathrm{T}}\boldsymbol{X})^{-1}\boldsymbol{X}^{\mathrm{T}}E[(\boldsymbol{y}-E(\boldsymbol{y}))(\boldsymbol{y}-E(\boldsymbol{y}))^{\mathrm{T}}]\boldsymbol{X}(\boldsymbol{X}^{\mathrm{T}}\boldsymbol{X})^{-1} \\
=& (\boldsymbol{X}^{\mathrm{T}}\boldsymbol{X})^{-1}\boldsymbol{X}^{\mathrm{T}}E(\boldsymbol{u}\boldsymbol{u}^{\mathrm{T}})\boldsymbol{X}(\boldsymbol{X}^{\mathrm{T}}\boldsymbol{X})^{-1} \\
=& (\boldsymbol{X}^{\mathrm{T}}\boldsymbol{X})^{-1}\boldsymbol{X}^{\mathrm{T}}\sigma^2\boldsymbol{I}\boldsymbol{X}(\boldsymbol{X}^{\mathrm{T}}\boldsymbol{X})^{-1}=\sigma^2(\boldsymbol{X}^{\mathrm{T}}\boldsymbol{X})^{-1}
\end{aligned}
$$

根据已经得到的计算结果，易知$\hat{\boldsymbol{w}}$的方差阵等于$\sigma^2\boldsymbol{A}^{-1}$，这个方差阵给出了$\hat{\boldsymbol{w}}$中每个元素（即$\hat{w}_0,\hat{w}_1,\cdots,\hat{w}_m$）的方差（或标准差），以及元素之间的协方差。当$i=j$时，矩阵对角线上的元素就是相应$\hat{w}_i$的方差$\mathrm{var}(\hat{w}_i)=\sigma^2\boldsymbol{A}_{ij}^{-1}$，由此也可知道$\hat{w}_i$的标准差为

$$
se(\hat{w}_i)=\sigma\sqrt{\boldsymbol{A}_{ij}^{-1}}
$$

当$i\neq j$时，矩阵对角线以外的元素就表示相应$\hat{w}_i$与$\hat{w}_j$的协方差，即$\mathrm{cov}(\hat{w}_i,\hat{w}_j)=\sigma^2\boldsymbol{A}_{ij}^{-1}$。

例如，在土壤沉淀物吸收情况的例子中可以求得矩阵$\boldsymbol{A}$如下

$$
\boldsymbol{A}=\boldsymbol{X}^{\mathrm{T}}\boldsymbol{X}=\begin{bmatrix}10 & 2305 & 641\\ 2305 & 467\,669 & 133\,162\\ 641 & 133\,162 & 41\,831\end{bmatrix}
$$

相应的逆矩阵$\boldsymbol{A}^{-1}$如下

$$
\boldsymbol{A}^{-1}=\begin{bmatrix}0.633\,138 & -0.003\,826 & 0.002\,477\\ -0.003\,826 & 0.000\,046 & -0.000\,088\\ 0.002\,477 & -0.000\,088 & 0.000\,265\end{bmatrix}
$$

而且我们从系统的输出中也知道残差标准误差为4.379，于是有

$$
se(\hat{w}_0)=4.379\times\sqrt{0.633\,138}\approx 3.484\,37
$$

$$
se(\hat{w}_1)=4.379\times\sqrt{0.000\,046}\approx 0.029\,69
$$

$$
se(\hat{w}_2)=4.379\times\sqrt{0.000\,265}\approx 0.071\,30
$$

在考虑到计算过程中保留精度存在差异的条件下，上述参数的标准误差与上一小节中系统的输出结果是基本一致的。

注意R中的残差标准误差（Residual Standard Error）其实就是残差的标准差（Residual Standard Deviation），如果读者对于它的计算仍感到困惑，那么可以参看上一章中的相关结论。总的来说，在多元线性回归中，总体方差（同时也是误差项的方差）σ^2的无偏估计量为

$$
\hat{\sigma}^2=\frac{\sum e_i^2}{n-k}=\frac{\sum(y_i-\hat{y}_i)^2}{n-k}
$$

所以残差（或误差项）的标准差为

$$
s=\hat{\sigma}=\sqrt{\frac{\sum(y_i-\hat{y}_i)^2}{n-k}}
$$

其中，k是被估计之参数的数量。

---

① 计算过程中用到的一些矩阵计算性质如下，其中$\boldsymbol{A}$、$\boldsymbol{B}$是两个可以做乘积的矩阵，$\boldsymbol{I}$是单位矩阵，则有$(\boldsymbol{AB})^{\mathrm{T}}=\boldsymbol{B}^{\mathrm{T}}\boldsymbol{A}^{\mathrm{T}}$，$\boldsymbol{AA}^{-1}=I$，$\boldsymbol{A}^{\mathrm{T}}(\boldsymbol{A}^{-1})^{\mathrm{T}}=(\boldsymbol{A}^{-1}A)^{\mathrm{T}}=I\Rightarrow(\boldsymbol{A}^{T})^{-1}=(\boldsymbol{A}^{-1})^{\mathrm{T}}$。

6.3 从线性代数角度理解最小二乘

本节将从矩阵的角度来解释最小二乘问题。矩阵方法与微积分的方法所得之结论都是一样的，但是基于矩阵的方法更加强大，而且更容易推广。在这个过程中，最关键的内容是理解最佳逼近原理。它是从矩阵(或线性代数)角度解释最小二乘问题的核心。

6.3.1 最小二乘问题的通解

非空集合 $S\subset V$，其中 V 是一个内积空间。定义 $S^{\perp}=\{\boldsymbol{x}\in V:\langle \boldsymbol{x},\boldsymbol{y}\rangle=0,\forall \boldsymbol{y}\in S\}$，称 $S^{\perp}$ 为 S 的正交补。

关于这个定义，有以下两点值得注意：

(1) 对于 V 的任何子集 S，$S^{\perp}$ 是 V 的一个子空间。

(2) 令 S 是 V 的一个子空间，那么 $S\cap S^{\perp}=\{0\}$。如果 $x\in S\cap S^{\perp}$，那么 $\langle \boldsymbol{x},\boldsymbol{x}\rangle=0$。因此，$\boldsymbol{x}=\mathbf{0}$。当然，$\mathbf{0}\in S\cap S^{\perp}$。

注意，如果 S 不是 V 的一个子空间，那么第 2 条则不成立。

定理：令 W 是内积空间 V 的一个有限维子空间，并令 $\boldsymbol{y}\in V$。则有

(1) $\exists !\boldsymbol{u}\in W$，以及 $\boldsymbol{z}\in W^{\perp}$，使得 $\boldsymbol{y}=\boldsymbol{u}+\boldsymbol{z}$。

(2) 如果 $\{\boldsymbol{v}_1,\boldsymbol{v}_2,\cdots,\boldsymbol{v}_k\}$ 是 W 的一个正交标准基，那么 $\boldsymbol{u}=\sum_{i=1}^{k}\langle \boldsymbol{y},\boldsymbol{v}_i\rangle \boldsymbol{v}_i$。

上述定理的几何意义也是非常明确的，如图 6-2 所示。向量 $\boldsymbol{u}$ 是属于 W 空间的，$\boldsymbol{z}$ 是属于 W 的正交补空间的，而且 W 和其正交补空间都是子空间。一定存在 $\boldsymbol{u}$ 和 $\boldsymbol{z}$ 使得 $\boldsymbol{y}=\boldsymbol{u}+\boldsymbol{z}$。

该定理有诸多非常重要的应用，其中之一就是给出了下面这个“最佳逼近原理”，在后面讨论最小二乘问题时，我们还会再用到它。

假设 W 是 $\mathbb{R}^n$ 空间中的一个子空间，$\boldsymbol{y}$ 是 $\mathbb{R}^n$ 中的任意向量，$\hat{\boldsymbol{y}}$是 $\boldsymbol{y}$ 在 W 上的正交投影，那么$\hat{\boldsymbol{y}}$是 W 中最接近 $\boldsymbol{y}$ 的点，也就是说 $\|\boldsymbol{y}-\hat{\boldsymbol{y}}\|<\|\boldsymbol{y}-\boldsymbol{v}\|$ 对所有属于 W 又异于$\hat{\boldsymbol{y}}$的 $\boldsymbol{v}$ 成立。这个结论也称为最佳逼近原理。其中，向量$\hat{\boldsymbol{y}}$称为 W 中元素对 $\boldsymbol{y}$ 的最佳逼近。对于给定元素 $\boldsymbol{y}$，可以被某个给定子空间中的元素代替或“逼近”，我们用 $\|\boldsymbol{y}-\boldsymbol{v}\|$ 表示从 $\boldsymbol{y}$ 到 $\boldsymbol{v}$ 的距离，则可以认为是用 $\boldsymbol{v}$ 代替 $\boldsymbol{y}$ 的“误差”，而最佳逼近原理说明误差在 $\boldsymbol{v}=\hat{\boldsymbol{y}}$处取得最小值。

最佳逼近原理乍看起来有些抽象，但其几何意义却是非常直观的，如图 6-3 所示。不仅如此，它的证明也非常容易，只要使用勾股定理即可。

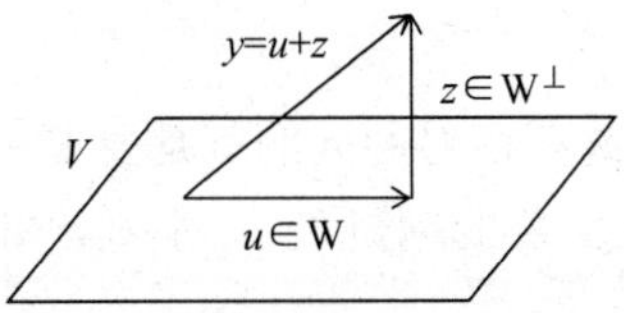

图 6-2 定理的几何意义

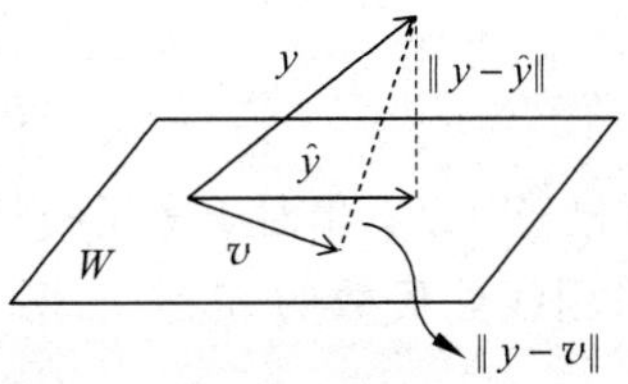

图 6-3 最佳逼近原理的几何解释

$$\|\boldsymbol{y}-\boldsymbol{v}\|^2=\Big\|\underbrace{\boldsymbol{y}-\hat{\boldsymbol{y}}}_{\in W^{\perp}}+\underbrace{\hat{\boldsymbol{y}}-\boldsymbol{v}}_{\in W}\Big\|^2$$

因为 $\boldsymbol{y}-\hat{\boldsymbol{y}} \perp \hat{\boldsymbol{y}}-\boldsymbol{v}$，所以应用勾股定理可得

$$\|\boldsymbol{y}-\hat{\boldsymbol{y}}+\hat{\boldsymbol{y}}-\boldsymbol{v}\|^2=\|\boldsymbol{y}-\hat{\boldsymbol{y}}\|^2+\|\hat{\boldsymbol{y}}-\boldsymbol{v}\|^2 \geqslant \|\boldsymbol{y}-\hat{\boldsymbol{y}}\|^2$$

当且仅当 $\hat{\boldsymbol{y}}=\boldsymbol{v}$ 时取等号。

现在回到一直在讨论的回归问题上。假设在某些时间点 x_i 上，观察到一些数值 y_i，于是有一组二维数据点 (x_i, y_i)，其中 $i=1,2,\cdots,n$。现在的任务是找到一条最能代表这些数据的直线。如图 6-4 所示，假设备选直线之方程为 $y=bx+c$。在 x_i 时刻，实际观测值为 y_i，而根据回归直线，我们的估计值应该是 bx_i+c。

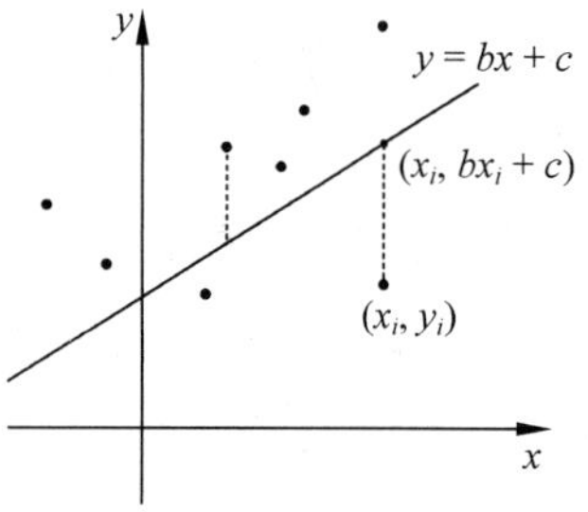

图 6-4　线性回归

因此，实际观测值与估计值之间的误差就可以表示为 $|y_i-cx_i-d|$。既然我们的任务是找到那条"最好的"直线，那么就可以用"总误差"最小来作为衡量所谓"最好的"标准。而且等价地，我们用平方来取代绝对值计算，注意 (x_i, y_i) 是已知的，于是现在的目标变为求使得下式（总误差）最小的参数 b 和 c：

$$\sum_{i=1}^{n}(y_i-bx_i-c)^2$$

一种可以想到的解法就是采用微积分的方法，这也是本书前面一直采用的方法。下面来看看如何把上述优化问题转变为矩阵问题。令

$$\boldsymbol{X}=\begin{bmatrix} x_1 & 1 \\ x_2 & 1 \\ \vdots & \\ x_n & 1 \end{bmatrix},\quad \boldsymbol{w}=\begin{bmatrix} b \\ c \end{bmatrix},\quad \boldsymbol{y}=\begin{bmatrix} y_1 \\ y_2 \\ \vdots \\ y_n \end{bmatrix}$$

此时问题就变成如下这样

$$E=\sum_{i=1}^{n}(y_i-cx_i-d)^2=\|\boldsymbol{y}-\boldsymbol{X}\boldsymbol{w}\|^2=\|\boldsymbol{X}\boldsymbol{w}-\boldsymbol{y}\|^2$$

可见这个形式也简单明了。不仅如此，矩阵也非常方便问题的推广，比如说现在不是要找直线，而是一个用多项式所表示的曲线（这时问题就变成了多元回归问题），例如二次曲线 $y=ax^2+bx+c$。这时其实只要像下面这样简单地改变一下矩阵的形式即可

$$\boldsymbol{X}=\begin{bmatrix} x_1^2 & x_1 & 1 \\ x_2^2 & x_2 & 1 \\ & \vdots & \\ x_n^2 & x_n & 1 \end{bmatrix},\quad \boldsymbol{w}=\begin{bmatrix} a \\ b \\ c \end{bmatrix},\quad \boldsymbol{y}=\begin{bmatrix} y_1 \\ y_2 \\ \vdots \\ y_n \end{bmatrix}$$

事实上，你已经可以看出对于多元回归问题，最终要面对的问题都是要求一个 $\|\boldsymbol{X}\boldsymbol{w}-\boldsymbol{y}\|^2$ 的最佳逼近，采用线性代数的方法，就将一个相当复杂的问题统一到一个相对简单的形式上来。

假设有一个很大的方程组 $\boldsymbol{X}\boldsymbol{w}=\boldsymbol{y}$，如果方程组的解不存在，但我们又需要对它进行求解时，其实要做的就是去寻找一个最佳的 $\boldsymbol{w}$，使得 $\boldsymbol{X}\boldsymbol{w}$ 尽量接近 $\boldsymbol{y}$。

考虑 $\boldsymbol{X}\boldsymbol{w}$ 作为 $\boldsymbol{y}$ 的一个近似，那么 $\boldsymbol{y}$ 到 $\boldsymbol{X}\boldsymbol{w}$ 的距离越小，以 $\|\boldsymbol{X}\boldsymbol{w}-\boldsymbol{y}\|$ 来度量的近似程度也就越好。一般的最小二乘问题就是要找出使得 $\|\boldsymbol{X}\boldsymbol{w}-\boldsymbol{y}\|$ 尽量小的 $\boldsymbol{w}$，术语"最小二

乘”来源于这样的事实：$\|\boldsymbol{Xw}-\boldsymbol{y}\|$ 是平方和的平方根。

定义：如果 $m\times n$ 的矩阵 $\boldsymbol{X}$ 和向量 $\boldsymbol{y}\in\mathbb{R}^m$，$\boldsymbol{Xw}-\boldsymbol{y}$ 的最小二乘解是 $\hat{\boldsymbol{w}}\in\mathbb{R}^n$，使得 $\|\boldsymbol{X}\hat{\boldsymbol{w}}-\boldsymbol{y}\|\leqslant\|\boldsymbol{Xw}-\boldsymbol{y}\|$ 对所有的 $\boldsymbol{w}\in\mathbb{R}^n$ 成立。

回忆一下列空间的概念。假设大小为 $m\times n$ 的矩阵 $\boldsymbol{X}=[x_1,x_2,\cdots,x_n]$，此处，$\boldsymbol{x}_i$ 表示矩阵中的一列，其中 $1\leqslant i\leqslant n$，那么矩阵 $\boldsymbol{X}$ 的列空间（记为 $\mathrm{Col}\boldsymbol{X}$）就是由 $\boldsymbol{X}$ 中各列的所有线性组合构成的集合，即 $\mathrm{Col}\boldsymbol{X}=\mathrm{Span}\{\boldsymbol{x}_1,\boldsymbol{x}_2,\cdots,\boldsymbol{x}_n\}$。

很显然，$\mathrm{Col}\boldsymbol{X}=\mathrm{Span}\{\boldsymbol{x}_1,\boldsymbol{x}_2,\cdots,\boldsymbol{x}_n\}$ 是一个子空间，进而可以知道 $m\times n$ 的矩阵 $\boldsymbol{X}$ 的列空间是 $\mathbb{R}^m$ 的一个子空间。此外，我们还注意到 $\mathrm{Col}\boldsymbol{X}$ 中的一个典型向量（或者称为元素）可以写成 $\boldsymbol{Xw}$ 的形式，其中 $\boldsymbol{w}$ 是某个向量，记号 $\boldsymbol{Xw}$ 表示 $\boldsymbol{X}$ 的列向量的一个线性组合，也就是说 $\mathrm{Col}\boldsymbol{X}=\{\boldsymbol{y}:\boldsymbol{y}=\boldsymbol{Xw},\boldsymbol{w}\in\mathbb{R}^n\}$，于是该式告诉我们：

(1) 记号 $\boldsymbol{Xw}$ 代表 $\mathrm{Col}\boldsymbol{X}$ 空间中的向量；

(2) $\mathrm{Col}\boldsymbol{X}$ 是线性变换 $\boldsymbol{w}\mapsto\boldsymbol{Xw}$ 的值域。

假设 W 是 $\mathbb{R}^n$ 空间中的一个子空间，$\boldsymbol{y}$ 是 $\mathbb{R}^n$ 中的任意向量，$\hat{\boldsymbol{y}}$ 是 $\boldsymbol{y}$ 在 W 上的正交投影，那么 $\hat{\boldsymbol{y}}$ 是 W 中最接近 $\boldsymbol{y}$ 的点，也就是说 $\|\boldsymbol{y}-\hat{\boldsymbol{y}}\|\leqslant\|\boldsymbol{y}-\boldsymbol{v}\|$ 对所有属于 W 又异于 $\hat{\boldsymbol{y}}$ 的 $\boldsymbol{v}$ 成立。这也就是本节开始时介绍的最佳逼近原理。其中，向量 $\hat{\boldsymbol{y}}$ 称为 W 中元素对 $\boldsymbol{y}$ 的最佳逼近。还可以知道，对于给定元素 $\boldsymbol{y}$，可以被某个给定子空间中的元素代替或“逼近”，用 $\|\boldsymbol{y}-\boldsymbol{v}\|$ 表示的从 $\boldsymbol{y}$ 到 $\boldsymbol{v}$ 的距离，可以认为是用 $\boldsymbol{v}$ 代替 $\boldsymbol{y}$ 的“误差”，而最佳逼近原理说明误差在 $\hat{\boldsymbol{y}}=\boldsymbol{v}$ 处取得最小值。

最佳逼近原理看似抽象，其实它的几何意义也是相当直观的。如图 6-5 所示，所取的向量空间为 $\mathbb{R}^2$，其中的一个子空间 W 就是横轴，$\boldsymbol{y}$ 是 $\mathbb{R}^2$ 中的任意向量，$\hat{\boldsymbol{y}}$ 是 $\boldsymbol{y}$ 在 W 上的正交投影，那么 $\hat{\boldsymbol{y}}$ 显然是 W 中最接近 $\boldsymbol{y}$ 的点。更要的是，这个结论不仅仅在欧几里得几何空间中成立，因为泛函中所讨论的“向量”可能是我们通常所说的向量，但也可能是函数、矩阵，甚至多项式等，但最佳逼近原理皆成立。

通过前面的分析，易知，最小二乘问题的最重要特征是无论怎么选取 $\boldsymbol{w}$，向量 $\boldsymbol{Xw}$ 必然位于列空间 $\mathrm{Col}\boldsymbol{X}$ 中。而最小二乘问题的本质任务就是要寻找一个 $\boldsymbol{w}$，使得 $\boldsymbol{Xw}$ 是 $\mathrm{Col}\boldsymbol{X}$ 中最接近 $\boldsymbol{y}$ 的向量。

还可以在复数域中把最小二乘问题重述如下：给定 $\boldsymbol{X}\in M_{m\times n}(\mathbb{F})$，以及 $\boldsymbol{y}\in\mathbb{F}^m$，找到一个 $\hat{w}\in\mathbb{F}^n$，使得 $\|\boldsymbol{X}\hat{\boldsymbol{w}}-\boldsymbol{y}\|$ 最小。（特别地，对于回归问题而言，就是给定一个测度的集合 (x_i,y_i)，其中 $i=1,2,\cdots,n$，找到一个最佳的 $n-1$ 阶多项式，来表示这个测度的集合。）

与之前的情况一样，只要利用“最佳逼近原理”，问题即可迎刃而解！如图 6-6 所示，子空间 W 是 $\boldsymbol{X}$ 的值域，即 W 中的每一个元素都是 $\boldsymbol{Xw}$。$\boldsymbol{y}$ 是 $\mathbb{F}^m$ 空间中的一个元素，如果要在 W 中找一个使得 $\|\boldsymbol{Xw}-\boldsymbol{y}\|$ 最小的 $\hat{\boldsymbol{w}}$，显然 $\hat{\boldsymbol{w}}$ 就是 $\boldsymbol{y}$ 在 $\boldsymbol{W}$ 中的投影。

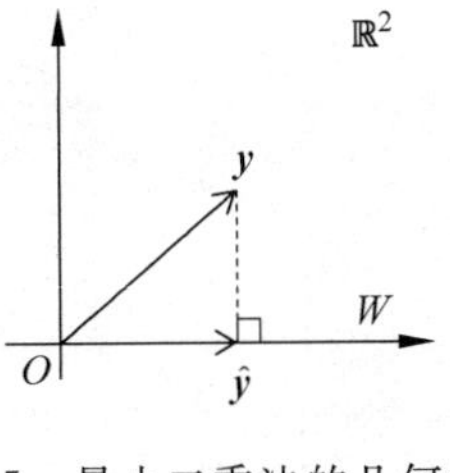

图 6-5　最小二乘法的几何解释

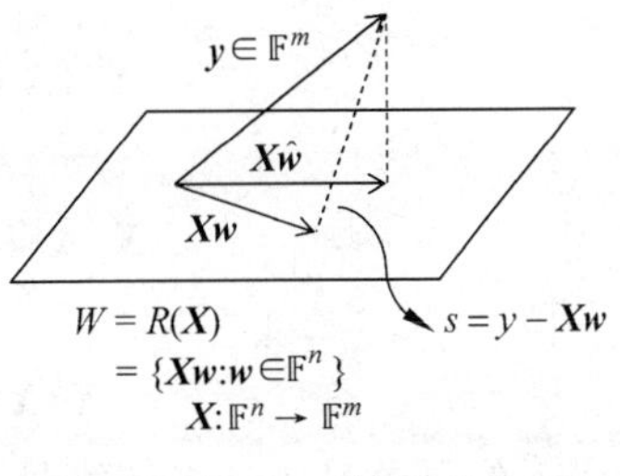

图 6-6　最小二乘的几何解释

特别地，如果 $\text{rank}(\boldsymbol{X})=n$，则有唯一解 $\hat{\boldsymbol{w}}=(\boldsymbol{X}^*\boldsymbol{X})^{-1}\boldsymbol{X}^*\boldsymbol{y}$。这与本书前面讨论的最小二乘解相一致，但此时我们把结论拓展到一个更大的范围内（复数域）给出结论。

注意到，令 $w_i=1,2,\cdots,m$ 都是互不相同的，假设 $m\geqslant n$，则有 $\text{rank}(\boldsymbol{X})=n$。

下面来推导这个结论。我们声称 $\hat{\boldsymbol{w}}$ 是最小二乘问题的解，意思就是需要证明，对于任何的 $\boldsymbol{w}\in\mathbb{F}^n$，有 $\|\boldsymbol{X}\hat{\boldsymbol{w}}-\boldsymbol{y}\|\leqslant\|\boldsymbol{X}\boldsymbol{w}-\boldsymbol{y}\|$ 成立。

证明：$\|\boldsymbol{X}\boldsymbol{w}-y\|^2=\|\boldsymbol{X}\hat{\boldsymbol{w}}-\boldsymbol{y}+\boldsymbol{X}\boldsymbol{w}-\boldsymbol{X}\hat{\boldsymbol{w}}\|^2$，根据勾股定理可得，$\|\boldsymbol{X}\hat{\boldsymbol{w}}-\boldsymbol{y}+\boldsymbol{X}\boldsymbol{w}-\boldsymbol{X}\hat{\boldsymbol{w}}\|^2=\|\boldsymbol{X}\hat{\boldsymbol{w}}-\boldsymbol{y}\|^2+\|\boldsymbol{X}\boldsymbol{w}-\boldsymbol{X}\hat{\boldsymbol{w}}\|^2\geqslant\|\boldsymbol{X}\hat{\boldsymbol{w}}-\boldsymbol{y}\|^2$。

对于所有的 $\boldsymbol{w}\in\mathbb{F}^n$，

$$\begin{aligned}\boldsymbol{y}-\boldsymbol{X}\hat{\boldsymbol{w}}\perp W=R(\boldsymbol{X})&\Rightarrow\langle\boldsymbol{X}\boldsymbol{w},\boldsymbol{y}-\boldsymbol{X}\hat{\boldsymbol{w}}\rangle=0\\&\Rightarrow\langle\boldsymbol{w},\boldsymbol{X}^*(\boldsymbol{y}-\boldsymbol{X}\hat{\boldsymbol{w}})\rangle=0\end{aligned}$$

因为对于所有的 $\boldsymbol{w}\in\mathbb{F}^n$ 上式都成立，所以有

$$\boldsymbol{X}^*(\boldsymbol{y}-\boldsymbol{X}\hat{\boldsymbol{w}})=0\Rightarrow\boldsymbol{X}^*\boldsymbol{X}\hat{\boldsymbol{w}}=\boldsymbol{X}^*\boldsymbol{y}$$

因为 $\boldsymbol{X}^*$ 的大小是 $n\times m$，$\boldsymbol{X}$ 的大小是 $m\times n$，所以 $\boldsymbol{X}^*\boldsymbol{X}\in M_{n\times n}(\mathbb{F})$，如果 $\text{rank}(\boldsymbol{X}^*\boldsymbol{X})=n$，那么 $\boldsymbol{X}^*\boldsymbol{X}$ 是可逆的，则有

$$\hat{\boldsymbol{w}}=(\boldsymbol{X}^*\boldsymbol{X})^{-1}\boldsymbol{X}^*\boldsymbol{y}$$

上述过程中的几个步骤可以实现，由下面两个引理来保证：

引理 1：$\langle\boldsymbol{X}\boldsymbol{w},\boldsymbol{y}\rangle_m=\langle\boldsymbol{w},\boldsymbol{X}^*\boldsymbol{y}\rangle_n$，这里 $\boldsymbol{X}\in M_{m\times n}(\mathbb{F})$，$\boldsymbol{w}\in\mathbb{F}^n$ 以及 $\boldsymbol{y}\in\mathbb{F}^m$。

引理 2：$\text{rank}(\boldsymbol{X}^*\boldsymbol{X})=\text{rank}(\boldsymbol{X})$，$\boldsymbol{X}\in M_{m\times n}(\mathbb{F})$。

综上所述，结论得证。

6.3.2 最小二乘问题的计算

对于给定的 $\boldsymbol{X}$ 和 $\boldsymbol{y}$，运用最佳逼近定理于 $\text{Col}\boldsymbol{X}$ 空间，取

$$\hat{\boldsymbol{y}}=\text{proj}_{\text{Col}\boldsymbol{X}}\boldsymbol{y}$$

由于 $\boldsymbol{y}$ 属于 $\boldsymbol{X}$ 的列空间，方程 $\boldsymbol{X}\boldsymbol{w}=\hat{\boldsymbol{y}}$ 是相容的且存在一个属于 $\mathbb{R}^n$ 的 $\hat{\boldsymbol{w}}$ 使得 $\boldsymbol{X}\hat{\boldsymbol{w}}=\hat{\boldsymbol{y}}$。由于 $\hat{\boldsymbol{y}}$ 是 $\text{Col}\boldsymbol{X}$ 中最接近 $\boldsymbol{y}$ 的点，一个向量 $\hat{\boldsymbol{w}}$ 是 $\boldsymbol{X}\boldsymbol{w}=\boldsymbol{y}$ 的一个最小二乘解的成分必要条件是 $\hat{\boldsymbol{w}}$ 满足 $\boldsymbol{X}\hat{\boldsymbol{w}}=\hat{\boldsymbol{y}}$。这个属于 $\mathbb{R}^n$ 的 $\hat{\boldsymbol{w}}$ 是一系列由 $\boldsymbol{X}$ 构造 $\hat{\boldsymbol{y}}$ 的权值（显然如果方程 $\boldsymbol{X}\hat{\boldsymbol{w}}=\hat{\boldsymbol{y}}$ 中存在自由变量，则这个方程会有多个解）。

如果 $\hat{\boldsymbol{w}}$ 满足 $\boldsymbol{X}\hat{\boldsymbol{w}}=\hat{\boldsymbol{y}}$，根据正交分解定理，投影 $\hat{\boldsymbol{y}}$ 具有这样的一个性质：$(\boldsymbol{y}-\hat{\boldsymbol{y}})$ 与 $\text{Col}\boldsymbol{X}$ 正交，即 $(\boldsymbol{y}-\boldsymbol{X}\hat{\boldsymbol{w}})$ 正交于 $\boldsymbol{X}$ 的每一列，如果 $\boldsymbol{x}_j$ 是 $\boldsymbol{X}$ 的任意列，那么 $\boldsymbol{x}_j\cdot(\boldsymbol{y}-\boldsymbol{X}\hat{\boldsymbol{w}})=0$ 且 $\boldsymbol{x}_j^{\text{T}}(\boldsymbol{y}-\boldsymbol{X}\hat{\boldsymbol{w}})=0$（注意前者是内积运算，后者是矩阵乘法），由于每个 $\boldsymbol{x}_j^{\text{T}}$ 是 $\boldsymbol{X}^{\text{T}}$ 的一行，于是可得

$$\boldsymbol{X}^{\text{T}}(\boldsymbol{X}\hat{\boldsymbol{w}}-\boldsymbol{y})=0$$

因此有

$$\boldsymbol{X}^{\text{T}}\boldsymbol{X}\hat{\boldsymbol{w}}-\boldsymbol{X}^{\text{T}}\boldsymbol{y}=0$$

或者

$$\boldsymbol{X}^{\text{T}}\boldsymbol{X}\hat{\boldsymbol{w}}=\boldsymbol{X}^{\text{T}}\boldsymbol{y}$$

这其实表明 $\boldsymbol{X}\boldsymbol{w}=\boldsymbol{y}$ 的每个最小二乘解满足方程

$$\boldsymbol{X}^{\mathrm{T}}\boldsymbol{X}\boldsymbol{w}=\boldsymbol{X}^{\mathrm{T}}\boldsymbol{y}$$

上述矩阵方程表示的线性方程组常称为 $\boldsymbol{X}\boldsymbol{w}=\boldsymbol{y}$ 的法方程，其解通常用$\hat{\boldsymbol{w}}$表示。最后我们还可以得出如下定理(证明从略)。

定理：方程 $\boldsymbol{X}\boldsymbol{w}=\boldsymbol{y}$ 的最小二乘解集和法方程 $\boldsymbol{X}^{\mathrm{T}}\boldsymbol{X}\boldsymbol{w}=\boldsymbol{X}^{\mathrm{T}}\boldsymbol{y}$ 的非空解集一致。

下面通过一个例子来说明最小二乘问题的解法。例：求不相容方程 $\boldsymbol{X}\boldsymbol{w}=\boldsymbol{y}$ 的最小二乘解，其中

$$\boldsymbol{X}=\begin{bmatrix}4&0\\0&2\\1&1\end{bmatrix},\quad \boldsymbol{y}=\begin{bmatrix}2\\0\\11\end{bmatrix}$$

利用前面给出的公式计算

$$\boldsymbol{X}^{\mathrm{T}}\boldsymbol{X}=\begin{bmatrix}4&0&1\\0&2&1\end{bmatrix}\begin{bmatrix}4&0\\0&2\\1&1\end{bmatrix}=\begin{bmatrix}17&1\\1&5\end{bmatrix}$$

$$\boldsymbol{X}^{\mathrm{T}}\boldsymbol{y}=\begin{bmatrix}4&0&1\\0&2&1\end{bmatrix}\begin{bmatrix}2\\0\\11\end{bmatrix}=\begin{bmatrix}19\\11\end{bmatrix}$$

那么法方程 $\boldsymbol{X}^{\mathrm{T}}\boldsymbol{X}\boldsymbol{w}=\boldsymbol{X}^{\mathrm{T}}\boldsymbol{y}$ 就变成了

$$\begin{bmatrix}17&1\\1&5\end{bmatrix}\begin{bmatrix}w_1\\w_2\end{bmatrix}=\begin{bmatrix}19\\11\end{bmatrix}$$

行变换可用于解此方程组，但由于 $\boldsymbol{X}^{\mathrm{T}}\boldsymbol{X}$ 是 2×2 的可逆矩阵，于是很容易得到

$$(\boldsymbol{X}^{\mathrm{T}}\boldsymbol{X})^{-1}=\frac{1}{84}\begin{bmatrix}5&-1\\-1&17\end{bmatrix}$$

那么可以解 $\boldsymbol{X}^{\mathrm{T}}\boldsymbol{X}\boldsymbol{w}=\boldsymbol{X}^{\mathrm{T}}\boldsymbol{y}$ 如下

$$\begin{aligned}\hat{\boldsymbol{w}}&=(\boldsymbol{X}^{\mathrm{T}}\boldsymbol{X})^{-1}\boldsymbol{X}^{\mathrm{T}}\boldsymbol{y}\\&=\frac{1}{84}\begin{bmatrix}5&-1\\-1&17\end{bmatrix}\begin{bmatrix}19\\11\end{bmatrix}=\begin{bmatrix}1\\2\end{bmatrix}\end{aligned}$$

在很多计算中，$\boldsymbol{X}^{\mathrm{T}}$ 是可逆的，但也并非都是如此，下面例子中的矩阵常常出现在统计学中的方差分析问题里。

例如，求 $\boldsymbol{X}\boldsymbol{w}=\boldsymbol{y}$ 的最小二乘解，其中

$$\boldsymbol{X}=\begin{bmatrix}1&1&0&0\\1&1&0&0\\1&0&1&0\\1&0&1&0\\1&0&0&1\\1&0&0&1\end{bmatrix},\quad \boldsymbol{y}=\begin{bmatrix}-3\\-1\\0\\2\\5\\1\end{bmatrix}$$

类似地，可以算得

$$
\boldsymbol{X}^{\mathrm{T}}\boldsymbol{X}=\begin{bmatrix}1&1&1&1&1&1\\1&1&0&0&0&0\\0&0&1&1&0&0\\0&0&0&0&1&1\end{bmatrix}\begin{bmatrix}1&1&0&0\\1&1&0&0\\1&0&1&0\\1&0&1&0\\1&0&0&1\\1&0&0&1\end{bmatrix}=\begin{bmatrix}6&2&2&2\\2&2&0&0\\2&0&2&0\\2&0&0&2\end{bmatrix}
$$

$$
\boldsymbol{X}^{\mathrm{T}}\boldsymbol{y}=\begin{bmatrix}1&1&1&1&1&1\\1&1&0&0&0&0\\0&0&1&1&0&0\\0&0&0&0&1&1\end{bmatrix}\begin{bmatrix}-3\\-1\\0\\2\\5\\1\end{bmatrix}=\begin{bmatrix}4\\-4\\2\\6\end{bmatrix}
$$

矩阵方程 $\boldsymbol{X}^{\mathrm{T}}\boldsymbol{X}\boldsymbol{w}=\boldsymbol{X}^{\mathrm{T}}\boldsymbol{y}$ 的增广矩阵为

$$
\begin{bmatrix}6&2&2&2&4\\2&2&0&0&-4\\2&0&2&0&2\\2&0&0&2&6\end{bmatrix}\sim\begin{bmatrix}1&0&0&1&3\\0&1&0&-1&-5\\0&0&1&-1&-2\\0&0&0&0&0\end{bmatrix}
$$

通解为 $x_1=3-x_4$，$x_2=-5+x_4$，$x_3=-2+x_4$，其中 x_4 是自由变量。

所以，$\boldsymbol{X}\boldsymbol{w}=\boldsymbol{y}$ 的最小二乘通解具有如下形式

$$
\hat{\boldsymbol{w}}=\begin{bmatrix}3\\-5\\-2\\0\end{bmatrix}+x_4\begin{bmatrix}-1\\1\\1\\1\end{bmatrix}
$$

在什么条件下，方程 $\boldsymbol{X}\boldsymbol{w}=\boldsymbol{y}$ 的最小二乘解是唯一的？下面的定理给出了判断准则（当然，正交投影总是唯一的），我们不具体讨论该定理的证明。

定理：矩阵 $\boldsymbol{X}^{\mathrm{T}}\boldsymbol{X}$ 是可逆的，其充分必要条件是 $\boldsymbol{X}$ 的列是线性无关的，在这种情况下，方程 $\boldsymbol{X}\boldsymbol{w}=\boldsymbol{y}$ 有唯一最小二乘解 $\hat{\boldsymbol{w}}$ 且它有下面的表达式

$$
\hat{\boldsymbol{w}}=(\boldsymbol{X}^{\mathrm{T}}\boldsymbol{X})^{-1}\boldsymbol{X}^{\mathrm{T}}\boldsymbol{y}
$$

注意，这是一个通解，也就是多元线性回归问题的解都可以用它来表示。每种具体的线性回归问题的解都可以看成是它的特例，例如第 5 章中给出的一元线性回归的解是

$$
\hat{w}_0=\frac{\sum x_i^2\sum y_i-\sum x_i\sum x_i y_i}{n\sum x_i^2-\left(\sum x_i\right)^2}
$$

$$
\hat{w}_1=\frac{n\sum x_i y_i-\sum x_i\sum y_i}{n\sum x_i^2-\left(\sum x_i\right)^2}
$$

下面就基于线性回归的通解来推导证明上述关于一元线性回归最小二乘解的结论。对于一元线性回归而言，假设训练集中有 n 个数据

$$\begin{bmatrix} y_1 \\ y_2 \\ \vdots \\ y_n \end{bmatrix} = \begin{bmatrix} 1 & x_1 \\ 1 & x_2 \\ \vdots & \vdots \\ 1 & x_n \end{bmatrix} \begin{bmatrix} w_0 \\ w_1 \end{bmatrix}$$

代入通解公式$\hat{\boldsymbol{w}}=(\boldsymbol{X}^{\mathrm{T}}\boldsymbol{X})^{-1}\boldsymbol{X}^{\mathrm{T}}\boldsymbol{y}$,则有

$$\begin{bmatrix} w_0 \\ w_1 \end{bmatrix} = \left(\begin{bmatrix} 1 & 1 & \cdots & 1 \\ x_1 & x_2 & \cdots & x_n \end{bmatrix} \begin{bmatrix} 1 & x_1 \\ 1 & x_2 \\ \vdots & \vdots \\ 1 & x_n \end{bmatrix} \right)^{-1} \begin{bmatrix} 1 & 1 & \cdots & 1 \\ x_1 & x_2 & \cdots & x_n \end{bmatrix} \begin{bmatrix} y_1 \\ y_2 \\ \vdots \\ y_n \end{bmatrix}$$

其中

$$\begin{bmatrix} 1 & 1 & \cdots & 1 \\ x_1 & x_2 & \cdots & x_n \end{bmatrix} \begin{bmatrix} y_1 \\ y_2 \\ \vdots \\ y_n \end{bmatrix} = \begin{bmatrix} \sum y_i \\ \sum x_i y_i \end{bmatrix}$$

另外

$$\begin{bmatrix} 1 & 1 & \cdots & 1 \\ x_1 & x_2 & \cdots & x_n \end{bmatrix} \begin{bmatrix} 1 & x_1 \\ 1 & x_2 \\ \vdots & \vdots \\ 1 & x_n \end{bmatrix} = \begin{bmatrix} n & \sum x_i \\ \sum x_i & \sum x_i^2 \end{bmatrix}$$

因此

$$(\boldsymbol{X}^{\mathrm{T}}\boldsymbol{X})^{-1} = \frac{1}{n\sum x_i^2 - \left(\sum x_i\right)^2} \begin{bmatrix} \sum x_i^2 & -\sum x_i \\ -\sum x_i & n \end{bmatrix}$$

综上可得

$$\hat{\boldsymbol{w}} = (\boldsymbol{X}^{\mathrm{T}}\boldsymbol{X})^{-1}\boldsymbol{X}^{\mathrm{T}}\boldsymbol{y}$$

$$\begin{bmatrix} \hat{w}_0 \\ \hat{w}_1 \end{bmatrix} = \frac{1}{n\sum x_i^2 - \left(\sum x_i\right)^2} \begin{bmatrix} \sum x_i^2 & -\sum x_i \\ -\sum x_i & n \end{bmatrix} \begin{bmatrix} \sum y_i \\ \sum x_i y_i \end{bmatrix}$$

$$= \frac{1}{n\sum x_i^2 - \left(\sum x_i\right)^2} \begin{bmatrix} \sum x_i^2 \sum y_i - \sum x_i \sum x_i y_i \\ n\sum x_i y_i - \sum x_i \sum y_i \end{bmatrix}$$

最终证明

$$\hat{w}_0 = \frac{\sum x_i^2 \sum y_i - \sum x_i \sum x_i y_i}{n\sum x_i^2 - \left(\sum x_i\right)^2}$$

$$\hat{w}_1 = \frac{n\sum x_i y_i - \sum x_i \sum y_i}{n\sum x_i^2 - \left(\sum x_i\right)^2}$$

下面的例子表明,当 $\boldsymbol{X}$ 的列向量不正交时,该如何找到 $\boldsymbol{X}\boldsymbol{w}=\boldsymbol{y}$ 的最小二乘解。这类矩阵在线性回归中常被用到。

例如,找出 $\boldsymbol{X}\boldsymbol{w}=\boldsymbol{y}$ 的最小二乘解,其中

$$\boldsymbol{X}=\begin{bmatrix}1 & -6\\ 1 & -2\\ 1 & 1\\ 1 & 7\end{bmatrix},\quad \boldsymbol{y}=\begin{bmatrix}-1\\ 2\\ 1\\ 6\end{bmatrix}$$

解：由于 $\boldsymbol{X}$ 的列 $\boldsymbol{x}_1$ 和 $\boldsymbol{x}_2$ 相互正交，$\boldsymbol{y}$ 在 Col$\boldsymbol{X}$ 的正交投影如下

$$\hat{\boldsymbol{y}}=\frac{\boldsymbol{y}\cdot\boldsymbol{x}_1}{\boldsymbol{x}_1\cdot\boldsymbol{x}_1}\cdot\boldsymbol{x}_1+\frac{\boldsymbol{y}\cdot\boldsymbol{x}_2}{\boldsymbol{x}_2\cdot\boldsymbol{x}_2}\cdot\boldsymbol{x}_2=\frac{8}{4}\cdot\boldsymbol{x}_1+\frac{45}{90}\cdot\boldsymbol{x}_2=\begin{bmatrix}2\\ 2\\ 2\\ 2\end{bmatrix}+\begin{bmatrix}-3\\ -1\\ 1/2\\ 7/2\end{bmatrix}=\begin{bmatrix}-1\\ 1\\ 5/2\\ 11/2\end{bmatrix}$$

既然$\hat{\boldsymbol{y}}$已知，我们可以解 $\boldsymbol{X}\hat{\boldsymbol{w}}=\hat{\boldsymbol{y}}$。这个很容易，因为我们已经知道$\hat{\boldsymbol{y}}$用 $\boldsymbol{X}$ 的列线性（通过线性组合来）表示时的权值。于是从上式可以立刻得到

$$\hat{\boldsymbol{w}}=\begin{bmatrix}8/4\\ 45/90\end{bmatrix}=\begin{bmatrix}2\\ 1/2\end{bmatrix}$$

某些时候，最小二乘解问题的法方程可能是病态的，也就是 $\boldsymbol{X}^{\mathrm{T}}\boldsymbol{X}$ 中元素在计算中出现较小的误差，可导致解$\hat{\boldsymbol{w}}$出现较大的误差。如果 $\boldsymbol{X}$ 的列线性无关，最小二乘解常常可通过 $\boldsymbol{X}$ 的 QR 分解更可靠地求出。来看下面这个定理。

定理：给定一个 $m\times n$ 的矩阵 $\boldsymbol{X}$，且具有线性无关的列，取 $\boldsymbol{X}=\boldsymbol{QR}$ 是 $\boldsymbol{X}$ 的 $\boldsymbol{QR}$ 分解，那么对每一个属于$\mathbb{R}^m$ 的 $\boldsymbol{y}$，方程 $\boldsymbol{Xw}=\boldsymbol{y}$ 有唯一的最小二乘解，其解为$\hat{\boldsymbol{w}}=\boldsymbol{R}^{-1}\boldsymbol{Q}^{\mathrm{T}}\boldsymbol{y}$。

这个定理的证明非常简单，这里不再赘述。更进一步，基于 QR 分解的知识，我们知道 $\boldsymbol{Q}$ 的列形成 Col$\boldsymbol{X}$ 的正交基，因此，$\boldsymbol{QQ}^{\mathrm{T}}\boldsymbol{y}$ 是 $\boldsymbol{y}$ 在 Col$\boldsymbol{X}$ 上的正交投影$\hat{\boldsymbol{y}}$，那么 $\boldsymbol{X}\hat{\boldsymbol{w}}=\hat{\boldsymbol{y}}$说明$\hat{\boldsymbol{w}}$是 $\boldsymbol{Xw}=\boldsymbol{y}$ 的最小二乘解。

此外，由于上述定理中的 $\boldsymbol{R}$ 是上三角形矩阵，$\hat{\boldsymbol{w}}$可从方程 $\boldsymbol{Rw}=\boldsymbol{Q}^{\mathrm{T}}\boldsymbol{y}$ 计算得到。求解该方程时，通过回代过程或行变换会比较高效。

例如，求出 $\boldsymbol{Xw}=\boldsymbol{y}$ 的最小二乘解，其中

$$\boldsymbol{X}=\begin{bmatrix}1 & 3 & 5\\ 1 & 1 & 0\\ 1 & 1 & 2\\ 1 & 3 & 3\end{bmatrix},\quad \boldsymbol{y}=\begin{bmatrix}3\\ 5\\ 7\\ -3\end{bmatrix}$$

解：我们可以计算矩阵 $\boldsymbol{X}$ 的 $\boldsymbol{QR}$ 分解为

$$\boldsymbol{X}=\boldsymbol{QR}=\begin{bmatrix}1/2 & 1/2 & 1/2\\ 1/2 & -1/2 & -1/2\\ 1/2 & -1/2 & 1/2\\ 1/2 & 1/2 & -1/2\end{bmatrix}\begin{bmatrix}2 & 4 & 5\\ 0 & 2 & 3\\ 0 & 0 & 2\end{bmatrix}$$

那么

$$\boldsymbol{Q}^{\mathrm{T}}\boldsymbol{y}=\begin{bmatrix}1/2 & 1/2 & 1/2 & 1/2\\ 1/2 & -1/2 & -1/2 & 1/2\\ 1/2 & -1/2 & 1/2 & 1/2\end{bmatrix}\begin{bmatrix}3\\ 5\\ 7\\ -3\end{bmatrix}=\begin{bmatrix}6\\ -6\\ 4\end{bmatrix}$$

满足 $\boldsymbol{Rw}=\boldsymbol{Q}^{\mathrm{T}}\boldsymbol{y}$ 的最小二乘解是$\hat{\boldsymbol{w}}$，也就是

$$\begin{bmatrix} 2 & 4 & 5 \\ 0 & 2 & 3 \\ 0 & 0 & 2 \end{bmatrix}\begin{bmatrix} x_1 \\ x_2 \\ x_3 \end{bmatrix} = \begin{bmatrix} 6 \\ -6 \\ 4 \end{bmatrix}$$

这个方程很容易解得

$$\hat{\boldsymbol{w}} = \begin{bmatrix} 10 \\ -6 \\ 2 \end{bmatrix}$$

6.4 多元回归模型检验

借由最小二乘法所构建的线性回归模型是否给出了观察值的一种有效描述呢？或者说，所构建的模型是否具有一定的解释力？要回答这些问题，就需要对模型进行一定的检验。

6.4.1 线性回归的显著性

与一元线性回归类似，要检测随机变量 y 和可控变量 $x_1, x_2, \cdots, x_m$ 之间是否存在线性相关关系，即检验关系式 $y = w_0 + w_1 x_1 + \cdots + w_m x_m + u$ 是否成立，其中 $u \sim N(0, \sigma^2)$。此时主要检验 m 个系数 $w_1, w_2, \cdots, w_m$ 是否全为零。如果全为零，则可认为线性回归不显著；反之，若系数 $w_1, w_2, \cdots, w_m$ 不全为零，则可认为线性回归是显著的。为进行线性回归的显著性检验，在上述模型中提出原假设和备择假设

H_0：$w_1 = w_2 = \cdots = w_m = 0$

H_1：H_0 是错误的

设对 $(x_1, x_2, \cdots, x_m, y)$ 已经进行了 n 次独立观测，得观测值 $(x_{i1}, x_{i2}, \cdots, x_{im}, y_i)$，其中 $i = 1, 2, \cdots, n$。由观测值确定的线性回归方程为

$$\hat{y} = \hat{w}_0 + \hat{w}_1 x_1 + \cdots + \hat{w}_m x_m$$

将 $(x_1, x_2, \cdots, x_m)$ 的观测值代入，有

$$\hat{y}_i = \hat{w}_0 + \hat{w}_1 x_{i1} + \cdots + \hat{w}_m x_{im}$$

令

$$\bar{y} = \frac{1}{n}\sum_{i=1}^{n} y_i$$

采用 F 检验法。首先对总离差平方和进行分解

$$SS_{\text{total}} = \sum (y_i - \bar{y})^2 = \sum (y_i - \hat{y}_i)^2 + \sum (\hat{y}_i - \bar{y})^2$$

与前面在一元线性回归时讨论的一样，残差平方和

$$SS_{\text{residual}} = \sum (y_i - \hat{y}_i)^2$$

反映了试验时随机误差的影响。

回归平方和

$$SS_{\text{regression}} = \sum (\hat{y}_i - \bar{y})^2$$

反映了线性回归引起的误差。

在原假设成立的条件下，可得

$$y_i = w_0 + u_i, \quad i = 1,2,\cdots,n$$

$$\bar{y} = w_0 + \bar{u}$$

观察 $SS_{\text{regression}}$ 和 SS_{residual} 的表达式，易见如果 $SS_{\text{regression}}$ 比 SS_{residual} 大得多，就不能认为所有的 $w_1, w_2, \cdots, w_m$ 全为零，即拒绝原假设，反之则接受原假设。从而考虑由这两项之比构造的检验统计量。

由 F 分布的定义可知

$$F = \frac{SS_{\text{regression}}/m}{SS_{\text{residual}}/(n-m-1)} \sim F(m, n-m-1)$$

给定显著水平 α，由 F 分布表查得临界值 $F_\alpha(m, n-m-1)$，使得

$$P\{F \geqslant F_\alpha(m, n-m-1)\} = \alpha$$

由抽样得到观测数据，求得 F 统计量的数值，如果 $F \geqslant F_\alpha(m, n-m-1)$，则拒绝原假设，即线性回归是显著的。否则，如果 $F < F_\alpha(m, n-m-1)$，则接受原假设，即认为线性回归方程不显著。

在土壤沉淀物吸收情况的例子中，可以算得 F 统计量的大小为 92.03，这个值要远远大于 $F_{0.05}(2,10)$，所以有理由拒绝原假设，即证明回归总体是显著线性的。也可以通过与这个 F 统计量对应的 P 值来判断，此时可以在 R 中使用下面的代码得到相应的 P 值。

```
> pf(92.03, 2, 10, lower.tail = FALSE)
[1] 3.633456e-07
```

可见，P 值远远小于 0.05，因此我们有足够的把握拒绝原假设，并同样得到回归总体具有显著线性的结论。

6.4.2 回归系数的显著性

在多元线性回归中，若线性回归显著，回归系数不全为零，则回归方程

$$\hat{y} = \hat{w}_0 + \hat{w}_1 x_1 + \hat{w}_2 x_2 + \cdots + \hat{w}_m x_m$$

是有意义的。但线性回归显著并不能保证每一个回归系数都足够大，或者说不能保证每一个回归系数都显著地不等于零。若某一系数等于零，如 $w_j = 0$，则变量 x_j 对 y 的取值就不起作用。因此，要考察每一个自变量 x_j 对 y 的取值是否起作用，其中 $j = 1,2,\cdots,m$，就需对每一个回归系数 w_j 进行检验。为此在线性回归模型上提出原假设

$$H_0: w_j = 0, \quad 1 \leqslant j \leqslant m$$

由于 $\hat{w}_j$ 是 w_j 的无偏估计量，自然由 $\hat{w}_j$ 构造检验用的统计量。由

$$\hat{\boldsymbol{w}} = (\boldsymbol{X}^{\mathrm{T}}\boldsymbol{X})^{-1}\boldsymbol{X}^{\mathrm{T}}\boldsymbol{y}$$

易知 $\hat{\boldsymbol{w}}_j$ 是相互独立的正态随机变量 $y_1, y_2, \cdots, y_n$ 的线性组合，所以 $\hat{\boldsymbol{w}}_j$ 也服从正态分布，并且有

$$E(\hat{w}_j) = w_j, \quad \text{var}(\hat{w}_j) = \sigma^2 \boldsymbol{A}_{jj}^{-1}$$

即 $\hat{w}_j \sim N(w_j, \sigma^2 \boldsymbol{A}_{jj}^{-1})$，其中 $\boldsymbol{A}_{jj}^{-1}$ 是矩阵 $\boldsymbol{A}^{-1}$ 的主对角线上的第 j 个元素，而且这里的 j 是从第零个算起的。于是

$$\frac{\hat{w}_j - w_j}{\sigma\ \sqrt{\mathbf{A}_{jj}^{-1}}} \sim N(0,1)$$

而

$$\frac{SS_{\text{residual}}}{\sigma^2} \sim \chi^2_{n-m-1}$$

还可以证明$\hat{w}_j$ 与 SS_{residual}是相互独立的。因此在原假设成立的条件下，有

$$T = \frac{\hat{w}_j}{\sqrt{\mathbf{A}_{jj}^{-1}\ SS_{\text{residual}}/(n-m-1)}} \sim t(n-m-1)$$

给定显著水平 α，查 t 分布表得到临界值$t_{\alpha/2}(n-m-1)$，由样本值算得 T 统计量的数值，若 $|T| \geqslant t_{\alpha/2}(n-m-1)$则拒绝原假设，即认为 w_j 和零有显著的差异；相反，若$|T| < t_{\alpha/2}(n-m-1)$则接受原假设，即认为 w_j 显著地等于零。

由于 $E[SS_{\text{residual}}/\sigma^2]=n-m-1$，所以

$$\hat{\sigma}^{*2} = \frac{SS_{\text{residual}}}{n-m-1}$$

是 σ^2 的无偏估计。于是 T 统计量的表达式也可以简写为

$$T = \frac{\hat{w}_j}{\hat{\sigma}^*\ \sqrt{\mathbf{A}_{jj}^{-1}}} = \frac{\hat{w}_j}{se(\hat{w}_j)} \sim t(n-m-1)$$

在土壤沉淀物吸收情况的例子中，R 计算得到的各参数估计值为

$$\hat{w}_0 = -7.350\,66, \quad \hat{w}_1 = 0.112\,73, \quad \hat{w}_2 = 0.349\,00$$

于是同三个参数相对应的 T 统计量分别为

$$T_{\hat{w}_0} = \frac{-7.350\,66}{4.379 \times \sqrt{0.633\,138}} = -2.109$$

$$T_{\hat{w}_1} = \frac{0.112\,73}{4.379 \times \sqrt{0.000\,046}} = 3.797$$

$$T_{\hat{w}_2} = \frac{0.349\,00}{4.379 \times \sqrt{0.000\,265}} = 4.894$$

相应的 P 值可以在 R 中用下列代码算得

```
> 2 * (1 - pt(2.109,10))
[1] 0.06114493
> 2 * (1 - pt(3.797,10))
[1] 0.003502977
> 2 * (1 - pt(4.894,10))
[1] 0.0006287067
```

这与 R 自动计算出的结果相一致，且可据此推断回归系数 w_1 和 w_2 是显著(不为零)的。注意截距项 w_0 是否为零并不是我们需要关心的。

6.5　多元线性回归模型预测

对于线性回归模型

$$y = w_0 + w_1 x_1 + w_2 x_2 + \cdots + w_m x_m + u$$

其中 $u \sim N(0,\sigma^2)$，当求得参数 w 的最小二乘估计$\hat{w}$之后，就可以建立回归方程

$$\hat{y} = \hat{w}_0 + \hat{w}_1 x_1 + \hat{w}_2 x_2 + \cdots + \hat{w}_m x_m$$

而且在经过线性回归显著性及回归系数显著性的检验后，表明回归方程和回归系数都是显著的，那么就可以利用回归方程来进行预测。给定自变量 $x_1, x_2, \cdots, x_m$ 的任意一组观察值 $x_{01}, x_{02}, \cdots, x_{0m}$，由回归方程可得

$$\hat{y}_0 = \hat{w}_0 + \hat{w}_1 x_{01} + \hat{w}_2 x_{02} + \cdots + \hat{w}_m x_{0m}$$

设 $\boldsymbol{x}_0 = (1, x_{01}, x_{02}, \cdots, x_{0m})$，则上式可以写成

$$\hat{y}_0 = \boldsymbol{x}_0 \hat{\boldsymbol{w}}$$

在 $\boldsymbol{x}=\boldsymbol{x}_0$ 时，由样本回归方程计算的$\hat{y}_0$ 是个别值 y_0 和总体均值 $E(y_0)$的无偏估计，所以$\hat{y}_0$ 可以作为 y_0 和 $E(y_0)$的预测值。

与上一章中讨论的情况相同，区间预测包括两个方面，一方面是总体个别值 y_0 的区间预测，另一方面是总体均值 $E(y_0)$的区间预测。设 $e_0 = y_0 - \hat{y}_0 = y_0 - x_0 \hat{w}$，则有

$$e_0 \sim N(0, \sigma^2[1 + x_0(\boldsymbol{x}^{\mathrm{T}}\boldsymbol{x})^{-1}\boldsymbol{x}_0^{\mathrm{T}})])$$

如果$\hat{w}$是统计模型中某个参数 w 的估计值，那么 T 统计量的定义式就为

$$t_{\hat{\beta}} = \frac{\hat{w}}{se(\hat{w})}$$

所以与 e_0 相对应的 T 统计量的表达式如下

$$T = \frac{e_0}{\hat{\sigma}\sqrt{1 + \boldsymbol{x}_0(\boldsymbol{x}^{\mathrm{T}}\boldsymbol{x})^{-1}\boldsymbol{x}_0^{\mathrm{T}}}} = \frac{y_0 - \hat{y}_0}{\hat{\sigma}\sqrt{1 + \boldsymbol{x}_0(\boldsymbol{x}^{\mathrm{T}}\boldsymbol{x})^{-1}\boldsymbol{x}_0^{\mathrm{T}}}} \sim t(n-m-1)$$

在给定显著水平 α 的情况下，可得

$$\hat{y}_0 - t_{\frac{\alpha}{2}}(n-m-1) \times \hat{\sigma}\sqrt{1 + x_0\ (\boldsymbol{x}^T\boldsymbol{x})^{-1}\boldsymbol{x}_0^T} \leqslant y_0$$

$$\leqslant \hat{y}_0 + t_{\frac{\alpha}{2}}(n-m-1) \times \hat{\sigma}\sqrt{1 + \boldsymbol{x}_0(\boldsymbol{x}^{\mathrm{T}}\boldsymbol{x})^{-1}\boldsymbol{x}_0^{\mathrm{T}}}$$

总体个别值 y_0 的区间预测就由上式给出。

针对土壤沉淀物吸收的例子，可以在 R 中使用下面的命令来预测当可提取的铁含量为 150，可提取的铝含量为 40 时，磷酸盐吸收情况。

```
> predict(soil.lm, newdata = data.frame(iron = 150, aluminium = 40),
+ interval = "prediction")
       fit      lwr      upr
1 23.51929 13.33372 33.70486
```

其中点预测的结果是 23.519 29，在 5%的显著水平下，个别值的区间预测结果是(13.333 72，33.704 86)。

当然也可以根据公式来手动计算这个结果，其中的 T 统计量临界值可以由下面的代码求得。

```
> qt(0.025, 10, lower.tail = FALSE)
[1] 2.228139
```

为了得到更精确的误差标准差，我们使用下面的代码进行计算。R 中自动输出的结果

4.379 是所计算结果在保留 4 位有效数字后得到的。

```
> soil.lm $ residuals
          1           2          3          4           5
- 0.06305233 - 1.70660766 0.46129830 3.34477065 - 3.64063944
          6           7          8          9          10
0.58585297 - 2.21821382 - 2.99022240 3.70238062 - 8.93519447
         11          12         13
4.29026500 1.09857044 6.07079214
> sqrt(sum(soil.lm $ residuals * soil.lm $ residuals)/10)
[1] 4.379375
```

另外还可以算得 $\boldsymbol{x}_0(\boldsymbol{x}^{\mathrm{T}}\boldsymbol{x})^{-1}\boldsymbol{x}_0^{\mathrm{T}}$ 的值为

$$\begin{bmatrix}1\\150\\40\end{bmatrix}^{\mathrm{T}}\times\begin{bmatrix}0.633\,138 & -0.003\,826 & 0.002\,477\\ -0.003\,826 & 0.000\,046 & -0.000\,088\\ 0.002\,477 & -0.000\,088 & 0.000\,265\end{bmatrix}\times\begin{bmatrix}1\\150\\40\end{bmatrix}=0.089\,587\,66$$

然后在 R 中使用下面的代码计算最终的预测区间,可见结果与前面给出的结果是基本一致的。

```
> 23.51929 - 2.228139 * sqrt(1 + 0.08958766) * 4.379375
[1] 13.33372
> 23.51929 + 2.228139 * sqrt(1 + 0.08958766) * 4.379375
[1] 33.70486
```

类似地,还可以得到总体均值 $E(y_0)$的区间预测表达式为

$$\hat{y}_0-t_{\frac{\alpha}{2}}(n-m-1)\times\hat{\sigma}\sqrt{\boldsymbol{x}_0(\boldsymbol{x}^{\mathrm{T}}\boldsymbol{x})^{-1}\boldsymbol{x}_0^{\mathrm{T}}}\leqslant E(y_0)\leqslant\hat{y}_0+t_{\frac{\alpha}{2}}(n-m-1)\times\hat{\sigma}\sqrt{\boldsymbol{x}_0(\boldsymbol{x}^{\mathrm{T}}\boldsymbol{x})^{-1}\boldsymbol{x}_0^{\mathrm{T}}}$$

并由下面的 R 代码来执行点预测和区间预测。而且 y_0 期望的置信区间要比 y_0 的置信区间更窄。

```
> predict(soil.lm, newdata = data.frame(iron = 150, aluminium = 40),
+ interval = "confidence")
       fit      lwr      upr
1 23.51929 20.59865 26.43993
```

同样,下面的代码给出了包含中间过程的手动计算方法,这与刚刚得到的结果是一致的。

```
> 23.51929 - 2.228139 * sqrt(0.08958766) * 4.379375
[1] 20.59865
> 23.51929 + 2.228139 * sqrt(0.08958766) * 4.379375
[1] 26.43993
```

6.6 格兰杰因果关系检验

所谓因果关系,可以通过变量之间的依赖性来定义,即作为结果的变量是由作为原因的变量所决定的,原因变量的变化引起结果变量的变化。

因果关系不同于相关关系；而且从一个回归关系式我们并不能确定变量之间是否具有因果关系。虽然我们说回归方程中解释变量是被解释变量的原因，但是，这一因果关系通常是先验设定的，或者是在回归之前就已确定。

实际上，在许多情况下，变量之间的因果关系并不总像农作物产量和降雨量之间的关系那样一目了然，或者没有充分的知识使我们认清变量之间的因果关系。此外，即使某一经济理论宣称某两个变量之间存在一种因果关系，也需要给以经验上的支持。

诺贝尔经济学奖获得者，英国经济学家克莱夫·格兰杰(Clive Granger)，是著名的经济时间序列分析大师，被认为是世界上最伟大的计量经济学家之一。格兰杰从预测的角度给出了因果关系的一种描述性定义，这就是我们现在所熟知的格兰杰因果关系。

格兰杰指出：如果一个变量 x 无助于预测另一个变量 y，则说 x 不是 y 的原因；相反，若 x 是 y 的原因，则必须满足两个条件：第一，x 应该有助于预测 y，即在 y 关于 y 的过去值的回归中，添加 x 的过去值作为独立变量应当显著地增加回归的解释能力；第二，y 不应当有助于预测 x，其原因是，如果 x 有助于预测 y，y 也有助于预测 x，则很可能存在一个或几个其他变量，它们既是引起 x 变化的原因，也是引起 y 变化的原因。现在人们一般把这种从预测的角度定义的因果关系称为格兰杰因果关系。

变量 x 是否为变量 y 的格兰杰原因，是可以检验的。检验 x 是否为引起 y 变化的格兰杰原因的过程如下：

第一步：检验原假设“H_0：x 不是引起 y 变化的格兰杰原因”。首先，估计下列两个回归模型：

无约束回归模型 (u)：$y_t = \alpha_0 + \sum_{i=1}^{p} \alpha_i y_{t-i} + \sum_{i=1}^{q} \beta_i x_{t-i} + \varepsilon_t$

有约束回归模型(r)：$y_t = \alpha_0 + \sum_{i=1}^{p} \alpha_i y_{t-i} + \varepsilon_t$

式中，α_0 表示常数项；p 和 q 分别为变量 y 和 x 的最大滞后期数，通常可以取的稍大一些；ε_t 为白噪声。

然后，用这两个回归模型的残差平方和 RSS_u 与 RSS_r 构造 F 统计量

$$F = \frac{(RSS_r - RSS_u)/q}{RSS_u/(n-p-q-1)} \sim F(q, n-p-q-1)$$

其中，n 为样本容量。

检验原假设“H_0：x 不是引起 y 变化的格兰杰原因”(等价于检验 H_0：$\beta_1 = \beta_2 = \cdots = \beta_q = 0$)是否成立。如果 $F \geqslant F_\alpha(q, n-p-q-1)$，则 $\beta_1, \beta_2, \cdots, \beta_q$ 显著不为 0，应拒绝原假设“H_0：x 不是引起 y 变化的格兰杰原因”；反之，则不能拒绝原假设。

第二步：将 y 与 x 的位置交换，按同样的方法检验原假设“H_0：y 不是引起 x 变化的格兰杰原因”。

第三步：要得到“x 是 y 的格兰杰原因”的结论，必须同时拒绝原假设“H_0：x 不是引起 y 变化的格兰杰原因”和接受原假设“H_0：y 不是引起 x 变化的格兰杰原因”。

最后，给出一个在 R 中进行格兰杰因果关系检验的实例。从一般的认识来讲，消费与经济增长之间存在相互促进的作用。但是，相比之下两者中哪一个对另外一个有更强的促进作用在各国经济发展过程中则呈现出不同的结论。就中国而言，自改革开放以来，我们都

认为经济增长对消费的促进作用要大于消费对经济增长的促进作用。或者说，在我国经济增长可以作为消费的格兰杰原因，反之不成立。但这一结论是否能够得到计量经济研究的支持呢？下面就在 R 中通过对 1978—2002 年的统计数据（数据来源为国家统计局网站）进行分析，进而来回答这个问题。

首先读入数据，并将 GDP 和消费数据用数据框组织起来，并最终形成时间序列数据。

```
> GDP <- c(3645.2, 4062.6, 4545.6, 4889.5, 5330.5, 5985.6,
+ 7243.8, 9040.7, 10274.4, 12050.6, 15036.8, 17000.9,
+ 18718.3, 21826.2, 26937.3, 35260.0, 48108.5, 59810.5,
+ 70142.5, 78060.8, 83024.3, 88479.2, 98000.5, 108068.2, 119095.7)
>
> consumption <- c(1759.1, 2014, 2336.9, 2627.5, 2867.1,
+ 3220.9, 3689.5, 4627.4, 5293.5, 6047.6, 7532.1, 8778,
+ 9435, 10544.5, 12312.2, 15696.2, 21446.1, 28072.9, 33660.3,
+ 36626.3, 38821.8, 41914.9, 46987.8, 50708.8, 55076.4)
>
> stat_data <- data.frame(GDP, consumption)
> ts.data <- ts(stat_data, frequency = 1, start = c(1978))
> ts.data
```

上述代码的执行结果如下：

```
Time Series:
Start = 1978
End = 2002
Frequency = 1
          GDP consumption
1978   3645.2      1759.1
1979   4062.6      2014.0
1980   4545.6      2336.9
1981   4889.5      2627.5
1982   5330.5      2867.1
1983   5985.6      3220.9
1984   7243.8      3689.5
1985   9040.7      4627.4
1986  10274.4      5293.5
1987  12050.6      6047.6
1988  15036.8      7532.1
1989  17000.9      8778.0
1990  18718.3      9435.0
1991  21826.2     10544.5
1992  26937.3     12312.2
1993  35260.0     15696.2
1994  48108.5     21446.1
1995  59810.5     28072.9
1996  70142.5     33660.3
1997  78060.8     36626.3
1998  83024.3     38821.8
1999  88479.2     41914.9
```

```
2000     98000.5     46987.8
2001    108068.2     50708.8
2002    119095.7     55076.4
```

接下来进行格兰杰因果校验，在 R 中可以用来支持格兰杰因果校验的包有很多，这里选用的是 lmtest 包(使用前需要先确保该包已经被正确安装)。

```
> library(lmtest)

> grangertest(GDP ~ consumption, order = 2, data = ts.data)
Granger causality test

Model 1: GDP ~ Lags(GDP, 1:2) + Lags(consumption, 1:2)
Model 2: GDP ~ Lags(GDP, 1:2)
  Res.Df Df F Pr(>F)
1    18
2    20  - 2 1.6437 0.221

> grangertest(consumption ~ GDP, order = 2, data = ts.data)
Granger causality test

Model 1: consumption ~ Lags(consumption, 1:2) + Lags(GDP, 1:2)
Model 2: consumption ~ Lags(consumption, 1:2)
  Res.Df Df F Pr(>F)
1    18
2    20  - 2 13.411 0.0002717 ***
---
Signif. codes: 0 '***' 0.001 '**' 0.01 '*' 0.05 '.' 0.1 ' ' 1
```

检验结果表示，当原假设为"consumption 不是引起 GDP 变化的格兰杰原因"，P 值为 $0.221>0.05$，我们无法拒绝原假设；而当原假设为"GDP 不是引起 consumption 变化的格兰杰原因"时，P 值为 $0.0002717<0.05$，我们可以拒绝原假设。因此，可以证明：GDP 是 consumption 的格兰杰 r 原因。

之前计算结果中的 P 值也可以用下面代码算得(注意当 $p=2$ 时，观测值的数量 $n=25-2=23$)。

```
> pf(1.6437, 2, 18, lower.tail = FALSE)
[1] 0.220978
> pf(13.411, 2, 18, lower.tail = FALSE)
[1] 0.0002716636
```

第 7 章 线性回归进阶

CHAPTER 7

本章介绍情况更加复杂的回归模型。首先，涉及的是以线性回归为基础实现的非线性模型。此后，我们还会讨论带正则化项的回归模型，即著名的岭回归和 LASSO。

7.1 更多回归模型函数形式

很多看似非线性的关系经由一定的转换也可以变成线性的。此外，在前面讨论的线性回归模型中，被解释变量是解释变量的线性函数，同时被解释变量也是参数的线性函数，或者说我们所讨论的模型既是变量线性模型也是参数线性模型。但很多时候，这种两种线性关系是很难同时满足的。下面我们要讨论的就是参数可以满足线性模型，但变量不是线性模型的一些情况。

7.1.1 双对数模型以及生产函数

通过适当的变量替换把非线性关系转换为线性是一种非常有用的技术。在很多时候，借由这种变换，我们可以在线性回归的模型框架里来考虑许多看似形式复杂的经典模型。作为对数-对数模型（或称为双对数模型）的一个典型例子，下面就让我们共同来研究生产理论中著名的柯布-道格拉斯生产函数（Cobb-Douglas Production Function）。

生产函数是指在一定时期内，在技术水平不变的情况下，生产中所使用的各种生产要素的数量与所能生产的最大产量之间的关系。换句话说，生产函数反映了一定技术条件下投入与产出之间的关系。柯布一道格拉斯生产函数最初是美国数学家查尔斯·柯布（Charles Wiggins Cobb）和经济学家保罗·道格拉斯（Paul Howard Douglas）在探讨投入和产出的关系时共同创造的。它的随机形式可以表达为

$$y_i = \beta_1 x_{2i}^{\beta_2} x_{3i}^{\beta_3} e^{u_i}$$

其中，y 是工业总产值，x_2 是投入的劳动力数（单位是万人或人），x_3 是投入的资本，一般指固定资产净值（单位是亿元或万元）。β_1 是综合技术水平，β_2 是劳动力产出的弹性系数，β_3 是资本产出的弹性系数，u 表示随机干扰项。

在柯布与道格拉斯二人于 1928 年发表的著作中，他们详细地研究了 1899 年至 1922 年美国制造业的生产函数。他们指出，制造业的投资分为，以机器和建筑物为主要形式的固定资本投资和以原料、半成品和仓库里的成品为主要形式的流动资本投资，同时还包括对土地

的投资。在他们看来，在商品生产中起作用的资本，是不包括流动资本的。这是因为，流动资本属于制造过程的结果，而非原因。同时，他们还排除了对土地的投资。这是因为，这部分投资受土地价值的异常增值的影响较大。因此，生产函数中，资本这一要素只包括对机器、工具、设备和工厂建筑的投资。而对劳动这一要素的度量，他们选用的是制造业的雇用工人数。

但不幸的是，由于当时对这些生产要素的统计工作既不是每年连续的，也不是恰好按他们的分析需要来分类统计的。所以他们不得不尽可能地利用可以获得的一些其他数据，来估计出他们打算使用的数据的数值。比如，用生铁、钢、钢材、木材、焦炭、水泥、砖和铜等用于生产机器和建筑物的原料的数量变化来估计机器和建筑物的数量的变化；用美国一两个州的雇用工人数的变化来代表整个美国的雇用工人数的变化等等。

经过一番处理，基于1899—1922年的数据，柯布与道格拉斯得到了前面所示之形式的生成函数。这一成果对后来的经济研究产生了十分重要的影响，而更令人敬佩的是，所有这些工作都是在没有计算机的年代里完成的。从二人所给出的模型中可以看出，决定工业系统发展水平的主要因素是投入的劳动力数、固定资产和综合技术水平(包括经营管理水平、劳动力素质和引进先进技术等)。

尽管柯布-道格拉斯生产函数给出的产出与两种投入之间的关系并不是线性的。但通过简单的对数变换即可以得到

$$\begin{aligned}\ln y_i &= \ln\beta_1 + \beta_2\ln x_{2i} + \beta_3\ln x_{3i} + u_i \\ &= \beta_0 + \beta_2\ln x_{2i} + \beta_3\ln x_{3i} + u_i\end{aligned}$$

其中 $\beta_0=\ln\beta_1$。此时模型对参数 β_0、β_2 和 β_3 是线性的，所以模型也就是一个线性回归模型，而且是一个对数-对数线性模型。

有资料给出了2005年美国50个州和哥伦比亚特区的制造业部门数据，包括制造业部门的价值加成(即总产出，单位：千美元)、劳动投入(单位：千小时)和资本投入(单位：千美元)。限于篇幅，此处我们不详细列出具体数据，有需要的读者可以从本书的在线支持网站上下载得到完整数据。假定上面给出的模型满足经典线性回归模型的假定。在 R 中使用最小二乘法对参数进行估计，最终可以得到如下所示的回归方程

$$\begin{aligned}\ln \hat{y}_i &= 3.8876 + 0.4683\ln x_{2i} + 0.5213\ln x_{3i} \\ &\quad\ (0.3962)\quad(0.0989)\qquad\quad(0.0969) \\ t &= (9.8115)\quad(4.7342)\qquad\quad(5.3803)\end{aligned}$$

从上述回归方程中可以看出2005年美国制造业产出的劳动和资本弹性分别是0.4683和0.5213。换言之，在研究时期，保持资本投入不变，劳动投入增加1%，平均导致产出增加约0.47%，类似地，保持劳动投入不变，资本投入增加1%平均导致产出增加约0.52%。把两个产出弹性相加得到0.99，即为规模报酬参数的取值。不难发现，在此研究期间，美国50个州和哥伦比亚特区的制造业具有规模报酬不变的特征。而从纯粹的统计观点来看，所估计的回归线对数据的拟合相当良好。R^2 取值为0.9642，表示96%的产出(的对数)都可以由劳动和资本(的对数)来解释。当然，要进一步阐明该模型的有效性，还应该借助前面介绍的方法对模型及其中参数的显著性进行检验。

表7-1给出了一些常用的不同函数形式的模型。这些模型的参数之间都是线性的，但(除普通线性模型以外)变量之间却不一定是线性的。表中的 * 表示弹性系数是一个变量，

其值依赖于 x 或 y 或 x 与 y。不难发现，在普通线性模型中，其斜率是一个常数，而弹性系数是一个变量。在双对数模型中，其弹性系数是一个常量，而斜率是一个变量。对表中的其他模型而言，斜率和弹性系数都是变量。

表 7-1　不同函数形式的模型比较

模　型	形　式	斜　率	弹　性
线性模型	$y_i=\beta_1+\beta_2 x_i$	β_2	$\beta_2(x/y)^*$
对数-对数模型	$\ln y_i=\beta_1+\beta_2\ln x_i$	$\beta_2(y/x)$	β_2
对数-线性模型	$\ln y_i=\beta_1+\beta_2 x_i$	$\beta_2 y$	$\beta_2(x)^*$
线性-对数模型	$y_i=\beta_1+\beta_2\ln x_i$	$\beta_2(1/x)$	$\beta_2(1/y)^*$
倒数模型	$y_i=\beta_1+\beta_2(1/x_i)$	$-\beta_2(1/x^2)$	$-\beta_2(1/xy)^*$

7.1.2　倒数模型与菲利普斯曲线

通常把具有如下形式的模型称为倒数模型

$$y_i=\beta_1+\beta_2(1/x_i)+u_i$$

上式中，变量之间是非线性的模型，因为解释变量 x 是以倒数的形式出现在模型中的，而模型中参数之间是线性的。如果令 $x_i^*=1/x_i$，则模型就变为

$$y_i=\beta_1+\beta_2 x_i^*+u_i$$

如果模型满足普通最小二乘法的基本假定，那么就可以运用普通最小二乘法进行参数估计进而进行检验及预测。倒数模型的一个显著特征是，随着 x 的无限增大，$1/x$ 将趋近于零，y 将逐渐接近 β_1 的渐近值或极值。所以，当变量 x 无限增大时，倒数回归模型将逐渐趋近其渐近值或极值。

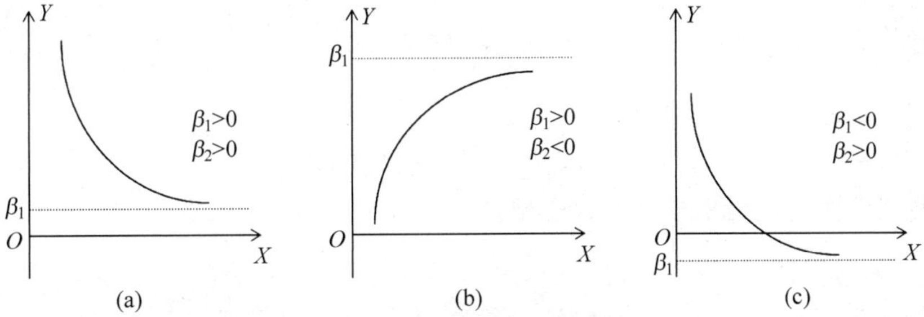

图 7-1　倒数函数模型

图 7-1 给出了倒数函数模型的一些可能的形状。倒数模型在经济学中有着非常广泛的应用。例如，形如图 7-1 中(b)图所示的倒数模型常用来描述恩格尔消费曲线(Engel Expenditure Curve)。该曲线表明，消费者对某一商品的支出占其总收入或总消费支出的比例。

倒数模型的一个重要应用就是被拿来对宏观经济学中著名的菲利普斯曲线(Phillips Curve)加以描述。菲利普斯曲线最早由新西兰经济学家威廉·菲利普斯提出，他在 1958 年发表的一篇文章里根据英国 1861—1957 年失业率和货币工资变动率的经验统计资料，提出了一条用以表示失业率和货币工资变动率之间交替关系的曲线。该条曲线表明：当失业率

较低时，货币工资增长率较高；反之，当失业率较高时，货币工资增长率较低。西方经济学家认为，货币工资率的提高是引起通货膨胀的原因，即货币工资率的增加超过劳动生产率的增加，引起物价上涨，从而导致通货膨胀。据此理论，美国经济学家保罗·萨缪尔森(Paul Samuelson)和罗伯特·索洛(Robert Solow)便将原来表示失业率与货币工资率之间交替关系的菲利普斯曲线发展成为用来表示失业率与通货膨胀率之间交替关系的曲线。事实上，“菲利普斯曲线”这个名称也是萨缪尔森和索洛给起的。

表 7-2 美国的小时收入指数年变化与失业率

年份	收入指数	失业率	年份	收入指数	失业率
1958	4.2	6.8	1964	2.8	5.2
1959	3.5	5.5	1965	3.6	4.5
1960	3.4	5.5	1966	4.3	3.8
1961	3.0	6.7	1967	5.0	3.8
1962	3.4	5.5	1968	6.1	3.6
1963	2.8	5.7	1969	6.7	3.5

表 7-2 给出了 1958—1969 年美国小时收入指数年变化的百分比与失业率数据，下面就试着运用线性回归的方法来建立 1958—1969 年间美国的菲利普斯曲线。

作为对比，首先采用普通的一元线性回归方法，请在 R 中执行下列代码。

```
> x <- c(6.8, 5.5, 5.5, 6.7, 5.5, 5.7, 5.2, 4.5, 3.8, 3.8, 3.6, 3.5)
> y <- c(4.2, 3.5, 3.4, 3.0, 3.4, 2.8, 2.8, 3.6, 4.3, 5.0, 6.1, 6.7)

> phillips.lm.1 <- lm(y ~ x)
> coef(phillips.lm.1)
(Intercept) x
  8.0147014 -0.7882931
```

于是便得到如下形式的回归方程

$$\hat{y}_i = 8.0417 - 0.7883x_i$$

然后使用下面的代码来建立倒数模型。

```
> x.rec <- 1/x
> phillips.lm.2 <- lm(y ~ x.rec)
> coef(phillips.lm.2)
(Intercept) x.rec
-0.2594365 20.5878817
```

由此得到的回归方程如下

$$\hat{y}_i = -0.2594 + 20.579/x_i$$

基于已经得到的参数，可采用下面的代码来绘制相应的菲利普斯曲线，执行结果如图 7-2 所示。

```
> par(mfrow = c(1,2))
> plot(y ~ x, xlim = c(3.5, 7), ylim = c(2.8, 7),
```

```
+ main = "Phillips Curve (Linear Model)")
> abline(phillips.lm, col = "red")

> plot(y ~ x, xlim = c(3.5, 7), ylim = c(2.8, 7),
+ main = "Phillips Curve (Reciprocal Model)")
> par(new = TRUE)
> curve( - 0.2594 + 20.5879 * (1/x), xlim = c(3.5, 7), ylim = c(2.8, 7),
+ col = "red", ylab = "", xlab = "")
```

现在来分析一下已经得到的结果。在一元线性回归模型中，斜率为负，表示在其他条件保持不变的情况下，就业率越高，收入的增长率就越低。而在倒数模型中，斜率为正，这是由于 x 是以倒数的形式进入模型的。也就是说，倒数模型中正的斜率与普通线性模型中负的斜率所起的作用是相同的。线性模型表明失业率每上升 1%，平均而言，收入的变化率为常数，约为−0.79；而另一方面，倒数模型中，收入的变化率却不是常数，它依赖于 x（即就业率）的水平。显然，后一种模型更符合经济理论。此外，由于在两个模型中因变量是相同的，所以我们可以比较 R^2 值，倒数模型中 $R^2=0.6594$ 也大于普通线性模型中的 $R^2=0.5153$。这也表明倒数模型更好地拟合了观察数据。而反映在图形上，也不难看出倒数模型对观察值的解释更有效。

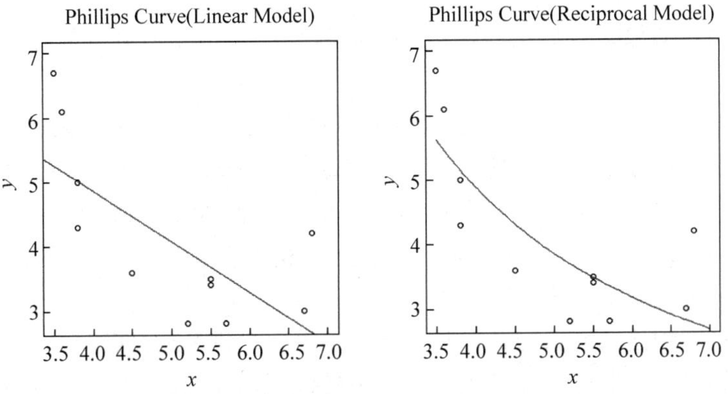

图 7-2　菲利普斯曲线

7.1.3　多项式回归模型及其分析

最后来考虑一类特殊的多元回归模型——多项式回归模型（Polynomial Regression Models）。这类模型在有关成本和生产函数的计量经济研究中有广泛的用途。而且在介绍这些模型的同时，我们进一步扩大了经典线性回归模型的适用范围。

现在有一组如图 7-3 所示的数据，图中的虚线是采用普通一元线性回归的方法进行估计的结果，不难发现，尽管这种方法也能够给出数据分布上的一种趋势，但是由此得到的模型其实拟合度并不高，从图中可以非常直观地看出估计值与观察值间的误差平方和是比较大的。为了提高拟合效果，我们很自然地想到使用多项式来建模，图中所示的实线就是采用三次多项式进行拟合后的结果，它显然有效地降低了误差平方和。

事实上，采用多项式建模的确会较为明显地提高拟合优度。如果要解释这其中的原理，我们可以从微积分中的泰勒公式中找到理论依据。泰勒公式告诉我们如果一个函数足够光滑，那么就可以在函数上某点的一个邻域内用一个多项式来对函数进行逼近，而且随着多项式阶数的提高，这种逼近的效果也会越来越好。同理，如果确实有一条光滑的曲线可以对所有数据点都进行毫无偏差的拟合，理论上就可以找到一个多项式对这条曲线进行较为精确的拟合。

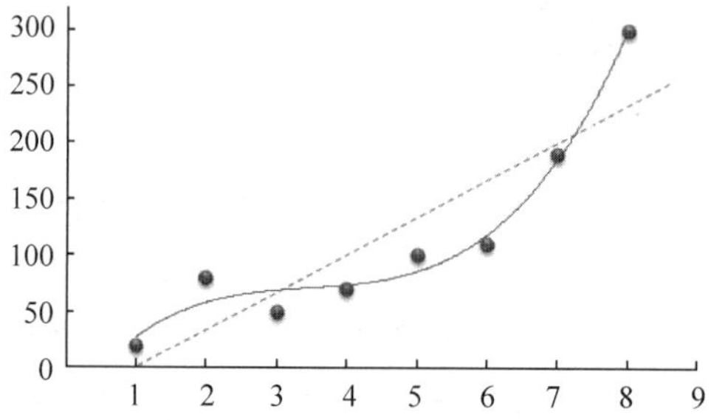

图 7-3　多项式回归拟合曲线

多项式回归通常可以写成下面这种形式

$$y_i = \beta_0 + \beta_1 x_i + \beta_2 x_i^2 + \cdots + \beta_k x_i^k + u_i$$

在这类多项式回归中，方程右边只有一个解释变量，但以不同乘方出现，从而使方程成为多元回归模型。而且如果 x 被假定为固定的或非随机的，那么带有乘方的各 x_i 项也将是固定的或非随机的。

各阶多项式对参数 β 而言都是线性的，故可用普通最小二乘法来估计。但这种模型会带来什么特殊的估计问题吗？既然各个 x 项都是 x 的幂函数，它们会不会高度相关呢？这种情况的确存在。但是 x 的各阶乘方项都是 x 的非线性函数，所以严格地说，这并不违反无多重共线性的假定。总之，多项式回归模型没有提出任何新的估计问题，所以我们可以采用前面所介绍的方法去估计它们。

这里以上一章中给出的树龄与树高的例子来说明构建多项式回归模型的基本方法。下面这段代码分别采用普通的一元线性回归方法（这也是上一章中所用过的方法）以及多项式回归方法来对树龄与树高数据进行建模。可以看到此处我们所采用的是三阶多项式。

```
> plants.lm.1 <- lm(height ~ age, data = plants)
> plants.lm.3 <- lm(height ~ age + I(age^2) + I(age^3), data = plants)
```

下面给出的是采用三阶多项式进行回归分析的结果。

```
> summary(plants.lm.3)

Call:
lm(formula = height ~ age + I(age^2) + I(age^3), data = plants)

Residuals:
Min 1Q Median 3Q Max
 -0.55377 -0.13338 0.02599 0.17758 0.38591
```

```
Coefficients:
Estimate Std. Error t value Pr(>|t|)
(Intercept) 1.67381 1.22876 1.362 0.18828
age          2.84203    0.96302    2.951     0.00790 **
I(age^2)    -0.59732    0.22925    -2.606    0.01692 *
I(age^3)     0.04815    0.01690    2.849     0.00992 **
---
Signif. codes: 0 '***' 0.001 '**' 0.01 '*' 0.05 '.' 0.1 ' ' 1

Residual standard error: 0.2721 on 20 degrees of freedom
Multiple R-squared: 0.9517, Adjusted R-squared: 0.9445
F-statistic: 131.4 on 3 and 20 DF, p-value: 2.499e-13
```

由上述结果所给出之参数估计，我们可以建立如下的多项式回归方程

$$\hat{y}_i = 1.67381 + 0.96302x_i - 0.59732x_i^2 + 0.04815x_i^3$$

为了便于比较，可以采用下面的代码来分别绘制出采用一元线性回归方法构建的模型曲线和多项式回归方法构建的模型曲线，结果如图 7-4 所示。直观上来看，多项式回归的效果要优于普通一元线性回归。这一点可以从 R 中输出的结果作出定量的分析，在多项式回归分析中 $R^2=0.9517$，这个值也确实大于普通一元线性回归分析中的 $R^2=0.9186$，这也表明多项式回归的拟合优度更高。

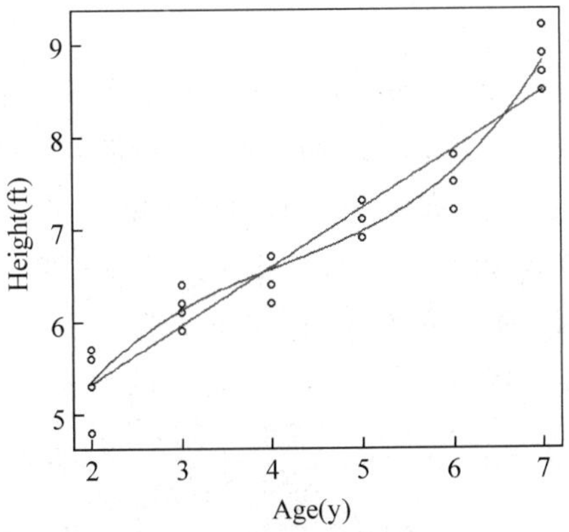

图 7-4　树龄与树高的拟合曲线

```
> plot(height ~ age, data = plants, xlab = "Age (y)", ylab = "Height (ft)")
> curve(predict(plants.lm.1,
+ newdata = data.frame(age = x)), add = TRUE, col = "red")
> curve(predict(plants.lm.3,
+ newdata = data.frame(age = x)), add = TRUE, col = "blue")
```

最后还需要说明的是，一味追求高的拟合优度是不可取的。由于数据观察值中其实是包含有随机噪声的，如果有一个模型可以对观察值进行天衣无缝的拟合，这其实说明模型对噪声也进行了完美的拟合，这显然不是我们所期望看到的。当面对多个可选的回归模型时，该如何进行甄选？这个话题我们将在下一节中进行探讨。

7.2 回归模型的评估与选择

在多元回归分析中，有时能对数据集进行拟合的模型可能不止一个。因此就非常有必要设法对多个模型进行比较并评估出其中哪个才是最合适的。特别是在解释变量比较多的时候，很可能其中一些解释变量的显著性不高，决定保留哪些变量或者排除哪些变量都是模型选择过程中需要慎重考量的问题。

7.2.1 嵌套模型选择

有时在较好的拟合性与简化性之间也要进行权衡。因为我们之前曾经提到过，更复杂的(或者包含更多解释变量的)模型总是能够比简单的模型表现出更好的拟合优度。这是因为更小的残差平方和就意味着更高的 R^2 值。但是如果在拟合优度差别不大的情况下，我们则更倾向于选择一个简单的模型。所以一个大的指导原则就是除非复杂的模型能够显著地降低残差平方和，否则就坚持使用简单的模型。这也被称为是“精简原则”或“吝啬原则”(Principle of Parsimony)。

当我们对比两个模型时，其中一个恰好是另外一个的特殊情况，那么就称这两个模型是嵌套模型。最通常的做法是基于前面介绍的 F 检验来进行模型评估。当然，应用 F 检验的前提仍然是我们本章始终强调的几点，即误差满足零均值、同方差的正态分布，并且被解释变量与解释变量之间存在线性关系。

基于上述假设，对两个嵌套模型执行 F 检验的基本步骤如下：假设两个模型分别是 M_0 和 M_1，其中 M_0 被嵌套在 M_1 中，即 M_0 是 M_1 的一个特例，且 M_0 中的参数数量 p_0 小于 M_1 中的参数数量 p_1。令 $y_1,y_2,\cdots,y_n$ 表示响应值的观察值。对于 M_0，首先对参数进行估计，然后对于每个观察值 y_i 计算其预测值 $\hat{y}_i$，然后计算残差 $y_i-\hat{y}_i$，其中 $i=1,\cdots,n$。并由此得到残差平方和，对于模型 M_0，将它的残差平方和记为 RSS_0。与 RSS_0 相对于的自由度 $df_0=n-p_0$。重复相同的步骤即可获得与 M_1 相对于的 RSS_1 和 df_1。此时 F 统计量为

$$F=\frac{(RSS_0-RSS_1)/(df_0-df_1)}{RSS_1/df_1}$$

在空假设之下，F 统计量满足自由度为(df_0-df_1,df_1)的 F 分布。一个大的 F 值表示残差平和的变化也很大(当我们将模型从 M_0 转换成 M_1 时)。也就是说 M_1 的拟合优度显著好于 M_0。因此，较大的 F 值会让我们拒绝 H_0。注意这是一个右尾检验，所以我们仅取 F 分布中的正值，而且仅当 M_0 拟合较差时 F 统计量才会取得一个较大的数值。

残差平方和度量了实际观察值偏离估计模型的情况。若 RSS_0-RSS_1 的差值较小，那么模型 M_0 就与 M_1 相差无几，此时基于“吝啬原则”我们会倾向于接受 M_0，因为模型 M_1 并未显著地优于 M_0。进一步观察 F 统计量的定义，不难发现，一方面它考虑到了数据的内在变异，即 RSS_1/df_1，另一方面，它也评估了两个模型间残差平方和的减少是以额外增加多少个参数为代价的。

还是来考察树龄和树高的例子。前一章中，我们使用了一元线性回归来构建模型，本章使用多项式回归的方法来建模。显然，一元线性模型是本章中多项式回归模型的一个特例，即两个模型构成了嵌套关系。下面的代码对这两个回归模型进行了 ANOVA 分析。

```
> anova(plants.lm.1, plants.lm.3)

Analysis of Variance Table

Model 1: height ~ age
Model 2: height ~ age + I(age^2) + I(age^3)
        Res.Df RSS Df Sum of Sq F Pr(>F)
1 22 2.4960
2 20 1.4808 2 1.0153 6.8566 0.005399 **
---
Signif. codes: 0 '***' 0.001 '**' 0.01 '*' 0.05 '.' 0.1 ' ' 1
```

从上述结果中可以看到 $RSS_0=2.4960$ 和 $RSS_1=1.4804$，以及

$$F=\frac{(2.4960-1.4804)/2}{1.4804/20}=6.8566$$

若原假设为真，则有 $Pr(F_{2,20}>6.8566)=0.0054$，可见这个概率非常低，因此我们在 5%的显著水平上拒绝原假设。而原假设是说两个模型的 RSS 没有区别。现在原假设被拒绝了，即认为两者之间存在区别，加之 $RSS_1<RSS_0$，所以认为 M_1 相比于 M_0 而言，确实显著降低了 RSS。最后再次提醒读者注意，本小节所介绍的方法仅适用于嵌套模型，这也是对两个回归模型进行 ANOVA 分析的基础。

7.2.2 赤池信息准则

赤池信息准则(Akaike's Information Criterion，AIC)是统计模型选择中(用于评判模型优劣的)一个应用非常广泛的信息量准则，它是由日本统计学家赤池弘次(Hirotugu Akaike)于 20 世纪 70 年代提出的。AIC 的定义式为 $\text{AIC}=-2\ln(\mathcal{L})+2k$，其中$\mathcal{L}$是模型的极大似然函数，$k$ 是模型中的独立参数个数。

当我们打算从一组可供选择的模型中选择一个最佳模型时，应该选择 AIC 值最小的模型。当两个模型之间存在着相当大的差异时，这个差异就表现在 AIC 定义式中等式右边的第一项，而当第一项不出现显著性差异时，第二项则起作用，从而参数个数少的模型是好的模型。这其实就是前面曾经介绍过的"吝啬原则"的一个具体化。

设随机变量 Y 具有概率密度函数 $q(y|\beta)$，β 是参数向量。当我们得到 Y 的一组独立观察值 $y_1,y_2,\cdots,y_N$时，定义 β 的似然函数为

$$\mathcal{L}(\beta)=q(y_1\mid\beta)q(y_2\mid\beta)\cdots q(y_N\mid\beta)$$

极大似然法是，采用使$\mathcal{L}(\beta)$为最大的 β 的估计值$\hat{\beta}$ 作为参数值。当刻画 Y 的真实分布的密度函数 $p(y)$等于 $q(y|\beta_0)$时，若 $N\to\infty$，则 $\hat{\beta}$ 是 β_0 的一个良好的估计值。这时 $\hat{\beta}$ 叫作极大似然估计值(Maximum Likelihood Estimate，MLE)。

现在，$\hat{\beta}$ 也可以考虑为不是使似然函数$\mathcal{L}(\beta)$而是使得对数似然函数 $l(\beta)=\ln\mathcal{L}(\beta)$取得最大值的 β 的估计值。由于

$$l(\beta)=\sum\ln q(y_i\mid\beta)$$

当 $N\to\infty$时，几乎处处有

$$\frac{1}{N}\sum_{i=1}^{N}\ln q(y_i \mid \beta) \rightarrow E\ln q(Y \mid \beta)$$

其中 E 表示 Y 的分布的数学期望。由此可知，极大似然估计值 $\hat{\beta}$ 是使 $E\ln q(Y|\beta)$ 为最大的 β 的估计值，有

$$E\ln q(Y \mid \beta) = \int p(y)\ln q(y \mid \beta)\mathrm{d}y$$

而根据库尔贝克-莱布勒(Kullback- Leibler)散度(或称相对熵)公式

$$D[p(y);\ q(y \mid \beta)] = E\ln p(Y) - E\ln q(Y \mid \beta) = \int p(y)\ln\frac{p(y)}{q(y \mid \beta)}\mathrm{d}y$$

是非负的，所以只有当 $q(y|\beta)$ 的分布与 $p(y)$ 的分布相一致时才等于 0，于是原本想求的 $Eln p(Y|\beta)$ 的极大化，就准则 $D[p(y);\ q(y|\beta)]$ 而言，即是求近似于 $p(y)$ 的 $q(y|\beta)$。这个解释就透彻地说明了极大似然法的本质。

作为衡量 $\hat{\beta}$ 优劣的标准，我们不使用残差平方和，而使用 $E^* D[p(y);\ q(y|\hat{\beta})]$，这里 $\hat{\beta}$ 是现在的观察值 $x_1, x_2, \cdots, x_N$ 的函数，假定 $x_1, x_2, \cdots, x_N$ 与 $y_1, y_2, \cdots, y_N$ 独立但具有相同的分布，同时让 E^* 表示对 $x_1, x_2, \cdots, x_N$ 的分布的数学期望。忽略 $E^* D[p(y);\ q(y|\hat{\beta})]$ 中的公共项 $E\ln p(Y)$，只要求得有关 $E^* E\ln q(Y|\beta)$ 的良好的估计值即可。

考虑 Y 与 $y_1, y_2, \cdots, y_N$ 为相互独立的情形，设 $p(y)=q(y|\beta_0)$，那么当 $N\rightarrow\infty$ 时，$-2\ln\lambda$ 渐近地服从 χ_k^2 分布，此处

$$\lambda = \frac{\max l(\beta_0)}{\max l(\hat{\beta})}$$

并且 k 是参数向量 β 的维数。于是，极大对数似然函数

$$l(\hat{\beta}) = \sum\ln q(y_i \mid \hat{\beta}) \quad 与 \quad l(\beta_0) = \sum\ln q(y_i \mid \beta_0)$$

之差的 2 倍，在 $N\rightarrow\infty$ 时，渐近地服从 χ_k^2 分布，k 是参数向量的维数。由于卡方分布的均值等于其自由度，$2l(\hat{\beta})$ 比起 $2l(\beta_0)$ 来说平均要高出 k 那么多。这时，$2l(\beta)$ 在 $\beta=\hat{\beta}$ 的邻近的形状可由 $2E^* l(\beta)$ 在 $\beta=\beta_0$ 邻近的形状来近似，且两者分别由以 $\beta=\hat{\beta}$ 和 $\beta=\beta_0$ 为顶点的二次曲面来近似。这样一来，从 $2l(\hat{\beta})$ 来看 $2l(\beta_0)$ 时，后者平均只低 k 那么多，这意味着反过来从 $2E^* l(\beta_0)$ 再来看 $[2E^* l(\beta)]_{\beta=\hat{\beta}}$ 时，后者平均只低 k 那么多。

由于 $2E^* l(\beta)=2NE\ln q(Y|\beta)$，如果采用 $2l(\hat{\beta})-2k$ 来作为

$$E\{[2E^* l(\beta)]_{\beta=\hat{\beta}}\} = 2NE^* E\ln q(Y \mid \hat{\beta})$$

的估计值，则由 k 之差而导致的偏差得到了修正。为了与相对熵相对应，把这个量的符号颠倒过来，得到

$$\mathrm{AIC} = (-2)l(\hat{\beta}) + 2k$$

所以上式可以用来度量条件分布 $q(y|\beta)$ 与总体分布 $p(y)$ 之间的差异。AIC 值越小，两者的接近程度越高。一般情况下，当 β 的维数 k 增加时，对数似然函数 $l(\hat{\beta})$ 也将增加，从而使 AIC 值变小。但当 k 过大时，$l(\hat{\beta})$ 的增速减缓，导致 AIC 值反而增加，使得模型变坏。可见 AIC 准则有效且合理地控制了参数维数。显然 AIC 准则在追求 $l(\hat{\beta})$ 尽可能大的同时，k 要

尽可能地小，这就体现了“吝啬原则”的思想。

R 语言中提供的用以计算 AIC 值的函数有两个，第一个函数为 AIC()。具体来说，在评估回归模型时，如果使用 AIC()函数，那么就相当于采用下面的公式来计算 AIC 值

$$AIC = n + n\ln 2\pi + n\ln(SS_{residual}/n) + 2(p+1)$$

因为对数似然值的计算公式如下，只要将其代入前面讨论的 AIC 公式就能得到上面的 AIC 算式

$$L = -\frac{n}{2}\ln 2\pi - \frac{n}{2}\ln(SS_{residual}/n) - \frac{n}{2}$$

理论上 AIC 准则不能给出模型阶数的相容估计，即当样本趋于无穷大时，由 AIC 准则选择的模型阶数不能收敛到其真值。此时需考虑用 BIC 准则（或称 Schwarz BIC），BIC 准则对模型参数考虑更多，定出的阶数低。限于篇幅，此处不打算对 BIC 进行过多解释，仅仅给出其计算公式如下

$$BIC = n + n\ln 2\pi + n\ln(SS_{residual}/n) + (\ln n)(p+1)$$

可以使用 BIC()函数来获取回归模型的 BIC 信息量。另外，在 AIC()函数中，有一个默认值为 2 的参数 k，如果将其改为 $\log(n)$，那么此时 AIC()算得就是 BIC 值。这一点从它们两者的计算公式也很容易能看出来。现在就来计算土壤沉淀物吸收情况例子中所构建之回归模型的 AIC 值和 BIC 值，示例代码如下。

```
> n <- 13
> p <- 3
> rss <- sum(soil.lm$residuals * soil.lm$residuals)

> AIC(soil.lm)
[1] 79.88122
> n + n * log(2 * pi) + n * log(rss/n) + 2 * (p+1)
[1] 79.88122

> BIC(soil.lm)
[1] 82.14102
> AIC(soil.lm, k = log(n))
[1] 82.14102
> n + n * log(2 * pi) + n * log(rss/n) + log(n) * (p+1)
[1] 82.14102
```

R 语言中提供的另外一个用以计算 AIC 值的函数是 extractAIC()，当我们采用这个函数来计算时，就相当于采用下面的公式来计算 AIC 值

$$AIC = n\ln(SS_{residual}/n) + 2p$$

相应的 BIC 值计算公式为

$$BIC = n\ln(SS_{residual}/n) + (\ln n)p$$

比如在土壤沉淀物吸收情况的例子中，可以采用下面代码来获取 AIC 值和 BIC 值。

```
> extractAIC(soil.lm)
[1] 3.00000 40.98882
```

```
> n * log(rss/n) + 2 * p
[1] 40.98882
> extractAIC(soil.lm, k = log(n))
[1] 3.00000 42.68367
> n * log(rss/n) + log(n) * p
[1] 42.68367
```

7.2.3 逐步回归方法

为了检测水泥中各种成分在水泥硬化过程中对于散热的影响，研究人员进行了相关实验。共获得试验数据 14 组，每组都包含 4 个解释变量以及一个响应值(见表 7-3)，读者可以使用下面代码读入相关数据。

```
> heat <- read.csv("c:/cement.csv")
```

其中，y 表示每克水泥的散热量(单位：卡路里)，x_1 表示水泥中 $3CaO\cdot Al_2O_3$ 的含量，x_2 表示水泥中 $3CaO\cdot SiO_2$ 的含量，x_3 表示水泥中 $4CaO\cdot Al_2O_3\cdot Fe_2O_3$ 的含量，x_4 表示水泥中 $2CaO\cdot SiO_2$ 的含量。数据文件可以从本书的在线支持网站中得到，限于篇幅，这里不再详细列出。

表 7-3 拟合度评价指标

模　型	R^2	AIC
x_1	0.534 00	63.52
x_2	0.666 00	59.18
x_3	0.287 00	69.07
x_4	0.675 00	58.85
x_1, x_2	0.979 00	25.42
x_1, x_3	0.548 00	65.12
x_1, x_4	0.972 00	28.74
x_2, x_3	0.847 00	51.04
x_2, x_4	0.680 00	60.63
x_3, x_4	0.935 00	39.85
x_1, x_2, x_3	0.982 28	25.01
x_1, x_2, x_4	0.982 34	24.97
x_1, x_3, x_4	0.981 00	25.73
x_2, x_3, x_4	0.973 00	30.58
x_1, x_2, x_3, x_4	0.982 37	26.94

在实际分析中，使用多元线性模型描述变量之间的关系时，无法事先了解哪些变量之间的关系显著，就会考虑很多的潜在自变量。例如在水泥散热分析的这个例子中，我们并不能提前预知 4 种成分中哪些对于水泥的散热具有显著影响。因此便不得不考虑所有的可能情况，如表 7-3 所示，我们给出了各种可能的线性组合模型下用于评价拟合优度的 R^2 值和 AIC 值，其中 AIC 值由函数 extractAIC()获得。从表中的结果来看，模型(x_1, x_2, x_3)应该

最好的，因为它的 AIC 值最小。尽管模型(x_1, x_2, x_3, x_4)的R^2 值略高于(x_1, x_2, x_3)，但这是以增加一个解释变量为代价换取的，基于“吝啬原则”，我们当然更倾向于选择更加精简的模型。

但是上面这种事后再逐一评估剔除欠妥的变量的做法显然令使建模过程变得烦琐复杂。为了简化建模过程，一个值得推荐的方法就是所谓的逐步回归法(Stepwise Methods)。逐步回归建模时，按偏相关系数的大小次序(即解释变量对被解释变量的影响程度)将自变量逐个引入方程，对引入的每个自变量的偏相关系数进行统计检验，效应显著的自变量留在回归方程内，如此继续遴选下一个自变量。R 中进行逐步回归的函数是 step()，并以 AIC 信息准则作为添加或删除变量的判别方法。

从一个包含所有解释变量的“完整模型”开始，首先消除其中最不显著的解释变量，再消除其次不显著的变量(如果有的话)，继续下去直到最后所保留的都是显著的解释变量。该类型的逐步回归方法也称为“后向消除法”，例如下面的代码所演示的就是进行后向消除的过程。

```
> heat.lm1 <- lm(y~x1 + x2 + x3 + x4, data = heat)
> step(heat.lm1, ~.)
Start: AIC = 26.94
y ~ x1 + x2 + x3 + x4

       Df    Sum of Sq     RSS AIC
- x3    1    0.1091 47.973 24.974
- x4    1    0.2470 48.111 25.011
- x2    1    2.9725 50.836 25.728
<none>              47.864 26.944
- x1    1    25.9509 73.815 30.576

Step: AIC = 24.97
y ~ x1 + x2 + x4

       Df Sum of Sq    RSS    AIC
<none>               47.97 24.974
- x4    1    9.93 57.90 25.420
+ x3    1    0.11 47.86 26.944
- x2    1    26.79 74.76 28.742
- x1    1    820.91 868.88 60.629

Call:
lm(formula = y ~ x1 + x2 + x4, data = heat)

Coefficients:
(Intercept)          x1          x2          x4
    71.6483      1.4519      0.4161     - 0.2365
```

函数 step()中的参数 direction 用于控制逐步回归的方向，如果用于确定逐步搜索范围的参数 scope 缺省，那么 direction 的默认值就是“backward”，所以下面的这种语法与前面所采用的语法是等价的。

```
> step(heat.lm1, ~.,direction = "backward")
```

从输出结果来看，最终得到的回归方程为

$$\hat{y} = 71.6483 + 1.4519x_1 + 0.4161x_2 - 0.2365x_4$$

这与本小节开始时分析所得之结果是一致的。

与后向消除法相对应的还有“前向选择法”，此时从一个空模型开始，然后向其中加入一个最显著的解释变量，再加入其次显著的解释变量(如果有)，直到仅剩下那些不显著的解释变量为止。例如下面的代码所演示的就是进行前向选择的过程。

```
> heat.lm2 <- lm(y~1, data = heat)
> step(heat.lm2, ~. + x1 + x2 + x3 + x4)
Start: AIC = 71.44
y ~ 1

        Df   Sum of Sq     RSS     AIC
+ x4     1     1831.90  883.87  58.852
+ x2     1     1809.43  906.34  59.178
+ x1     1     1450.08 1265.69  63.519
+ x3     1      776.36 1939.40  69.067
<none>                 2715.76  71.444

Step: AIC = 58.85
y ~ x4

       Df Sum of Sq      RSS     AIC
+ x1    1    809.10    74.76  28.742
+ x3    1    708.13   175.74  39.853
<none>                883.87  58.852
+ x2    1     14.99   868.88  60.629
- x4    1   1831.90  2715.76  71.444

Step: AIC = 28.74
y ~ x4 + x1

       Df Sum of Sq      RSS     AIC
+ x2    1     26.79    47.97  24.974
+ x3    1     23.93    50.84  25.728
<none>                 74.76  28.742
- x1    1    809.10   883.87  58.852
- x4    1   1190.92  1265.69  63.519

Step: AIC = 24.97
y ~ x4 + x1 + x2

        Df   Sum of Sq    RSS     AIC
<none>                  47.97  24.974
- x4     1      9.93    57.90  25.420
+ x3     1      0.11    47.86  26.944
- x2     1     26.79    74.76  28.742
- x1     1    820.91   868.88  60.629
```

```
Call:
lm(formula = y ~ x4 + x1 + x2, data = heat)

Coefficients:
(Intercept)          x4          x1          x2
    71.6483     -0.2365      1.4519      0.4161
```

从输出可以看出,我们得到了同样的回归结果。此外,下面的这种语法与前面所采用的语法是等价的。

```
> step(heat.lm2, ~. + x1 + x2 + x3 + x4, direction = "forward")
```

默认情况下,step()函数中参数 trace 的值为 TRUE,此时逐步回归分析的过程将被打印出来。如果希望精简逐步回归分析的输出结果,可以将其置为 FALSE。

7.3 现代回归方法的新进展

当设计矩阵 $\boldsymbol{X}$ 呈病态时,$\boldsymbol{X}$ 的列向量之间有较强的线性相关性,即解释变量间出现严重的多重共线性。这种情况下,用普通最小二乘法对模型参数进行估计,往往参数估计的方差太大,使普通最小二乘法的效果变得很不理想。为了解决这一问题,统计学家从模型和数据的角度考虑,采用回归诊断和自变量选择来克服多重共线性的影响。另外人们还对普通最小二乘估计进行了一定的改进。本章将以岭回归和 Lasso 方法为例讨论现代回归分析中的一些新进展和新思想。

7.3.1 多重共线性

前面已经讲过,多元线性回归模型有一个基本假设,即要求设计矩阵 $\boldsymbol{X}$ 的列向量之间线性无关。下面就来研究一下,如果这个条件无法满足,将会导致何种后果。设回归模型

$$y = \beta_0 + \beta_1 x_1 + \beta_2 x_2 + \cdots + \beta_p x_p + \varepsilon$$

存在完全的多重共线性,换言之,设计矩阵 $\boldsymbol{X}$ 的列向量间存在不全为零的一组数 $c_0, c_1, c_2, \cdots, c_p$,使得

$$c_0 + c_1 x_{i1} + c_2 x_{i2} + \cdots + c_p x_{ip} = 0, \quad i = 1,2,\cdots,n$$

此时便有 $|\boldsymbol{X}^{\mathrm{T}}\boldsymbol{X}| = 0$。

前面曾经给出多元线性回归模型的矩阵形式为

$$\boldsymbol{y} = \boldsymbol{X}\hat{\boldsymbol{\beta}} + \boldsymbol{\varepsilon}$$

并且正规方程组可以表示为

$$(\boldsymbol{X}^{\mathrm{T}}\boldsymbol{X})\hat{\boldsymbol{\beta}} = \boldsymbol{X}^{\mathrm{T}}\boldsymbol{y}$$

进而,当系数矩阵可逆时,正规方程组的解为

$$\hat{\boldsymbol{\beta}} = (\boldsymbol{X}^{\mathrm{T}}\boldsymbol{X})^{-1}\boldsymbol{X}^{\mathrm{T}}\boldsymbol{y}$$

由线性代数知识可得,矩阵可逆的充分必要条件是其行列式不为零。通常把一个行列式等于 0 的方阵称为奇异矩阵,即可逆矩阵就是指非奇异矩阵。显然,存在完全共线性时,

系数矩阵的行列式$|\boldsymbol{X}^{\mathrm{T}}\boldsymbol{X}|=0$,此时系数矩阵是不可逆的,即$(\boldsymbol{X}^{\mathrm{T}}\boldsymbol{X})^{-1}$不存在。所以回归参数的最小二乘估计表达式也不成立。

另外,在实际问题中,更容易发生的情况是近似共线性的情形,即存在不全为零的一组数 $c_0,c_1,c_2,\cdots,c_p$,使得

$$c_0+c_1x_{i1}+c_2x_{i2}+\cdots+c_px_{ip}\approx 0,\quad i=1,2,\cdots,n$$

这时,由于$|\boldsymbol{X}^{\mathrm{T}}\boldsymbol{X}|\approx 0$,$(\boldsymbol{X}^{\mathrm{T}}\boldsymbol{X})^{-1}$的对角线元素将变得很大,$\hat{\boldsymbol{\beta}}$的方差阵$D(\hat{\boldsymbol{\beta}})=\sigma^2(\boldsymbol{X}^{\mathrm{T}}\boldsymbol{X})^{-1}$的对角线元素也会变得很大,而$D(\hat{\boldsymbol{\beta}})$的对角线元素就是相应$\hat{\boldsymbol{\beta}}_i$的方差$\mathrm{var}(\hat{\beta}_i)$。因而$\beta_0,\beta_1,\cdots,\beta_p$的估计精度很低。如此一来,虽然用最小二乘估计能得到$\boldsymbol{\beta}$的无偏估计,但估计量$\hat{\boldsymbol{\beta}}$的方差很大,就会致使解释变量对被解释变量的影响程度无法被正确评价,甚至可能得出与实际数值截然相反的结果。下面就通过一个例子来说明这一点。

假设解释变量x_1、x_2与被解释变量y的关系服从多元线性回归模型

$$y=10+2x_1+3x_2+\varepsilon$$

现给定x_1、x_2的10组值,如表7-4所示。然后用模拟的方法产生10个正态分布的随机数,作为误差项$\varepsilon_1,\varepsilon_2,\cdots,\varepsilon_{10}$。再由上述回归模型计算出10个相应的$y_i$值。

表 7-4 模型取值

i	1	2	3	4	5	6	7	8	9	10
x_1	1.1	1.4	1.7	1.7	1.8	1.8	1.9	2.0	2.3	2.4
x_2	1.1	1.5	1.8	1.7	1.9	1.8	1.8	2.1	2.4	2.5
ε_i	0.8	−0.5	0.4	−0.5	0.2	1.9	1.9	0.6	−1.5	−1.5
y_i	16.3	16.8	19.2	18.0	19.5	20.9	21.1	20.9	20.3	22.0

假设回归系数与误差项未知,用普通最小二乘法求回归系数的估计值将得

$$\hat{\beta}_0=11.292,\quad \hat{\beta}_1=11.307,\quad \hat{\beta}_2=-6.591$$

这显然与原模型中的参数相去甚远。事实上,如果计算x_1、x_2的样本相关系数就会得到0.986这个结果,也就表明x_1与x_2之间高度相关。这也就揭示了存在多重共线性时,普通最小二乘估计可能引起的麻烦。

7.3.2 岭回归

在普通最小二乘估计的众多改进方法中,岭回归无疑是当前最有影响力的一种新思路。针对出现多重共线性时,普通最小二乘估计将发生严重劣化的问题,美国特拉华大学的统计学家亚瑟·霍尔(Arthur E. Hoerl)在1962年首先提出了现今被称为岭回归(Ridge Regression)的方法。后来,霍尔和罗伯特·肯纳德(Robert W. Kennard)在1970年前后又对此进行了详细的讨论。

岭回归提出的想法是很自然的。正如前面所讨论的,自变量间存在多重共线性时,$|\boldsymbol{X}^{\mathrm{T}}\boldsymbol{X}|\approx 0$,不妨设想给$\boldsymbol{X}^{\mathrm{T}}\boldsymbol{X}$加上一个正常数矩阵$\lambda\boldsymbol{I}$,其中$\lambda>0$。那么$\boldsymbol{X}^{\mathrm{T}}\boldsymbol{X}+\lambda\boldsymbol{I}$接近奇异的程度就会比$\boldsymbol{X}^{\mathrm{T}}\boldsymbol{X}$接近奇异的程度小得多。于是原正规方程组的解就变为

$$\hat{\boldsymbol{\beta}}(\lambda)=(\boldsymbol{X}^{\mathrm{T}}\boldsymbol{X}+\lambda\boldsymbol{I})^{-1}\boldsymbol{X}^{\mathrm{T}}\boldsymbol{y}$$

上式称为$\boldsymbol{\beta}$的岭回归估计,其中λ是岭参数。$\hat{\boldsymbol{\beta}}(\lambda)$作为$\boldsymbol{\beta}$的估计应比最小二乘估计$\hat{\boldsymbol{\beta}}$稳定。

特别地，当 $\lambda=0$ 时的岭回归估计 $\hat{\boldsymbol{\beta}}(0)$ 就是普通最小二乘估计。这是理解岭回归最直观的一种方法，后面我们还会从另外一个角度来解读它。

因为岭参数 λ 不是唯一确定的，所以得到的岭回归估计 $\hat{\boldsymbol{\beta}}(\lambda)$ 实际是回归参数 $\boldsymbol{\beta}$ 的一个估计族。例如，对上一节中讨论的例子可以算得 λ 取不同值时，回归参数的不同估计结果，如表 7-5 所示。

表 7-5　参数估计族

λ	0	0.1	0.15	0.2	0.3	0.4	0.5	1.0	1.5	2.0	3.0
$\hat{\beta}_1(\lambda)$	11.31	3.48	2.99	2.71	2.39	2.20	2.06	1.66	1.43	1.27	1.03
$\hat{\beta}_2(\lambda)$	−6.59	0.63	1.02	1.21	1.39	1.46	1.49	1.41	1.28	1.17	0.98

以 λ 为横坐标，$\hat{\beta}_1(\lambda)$，$\hat{\beta}_2(\lambda)$ 为纵坐标画成图 7-5。从图上可看到，当 λ 较小时，$\hat{\beta}_1(\lambda)$，$\hat{\beta}_2(\lambda)$ 很不稳定；当 λ 逐渐增大时，$\hat{\beta}_1(\lambda)$，$\hat{\beta}_2(\lambda)$ 趋于稳定。λ 取何值时，对应的 $\hat{\beta}_1(\lambda)$，$\hat{\beta}_2(\lambda)$ 才是一个优于普通最小二乘估计的估计呢？这是实际应用中非常现实的一个问题，但本书无意在此处展开，有兴趣的读者可以参阅其他相关著作以了解更多。

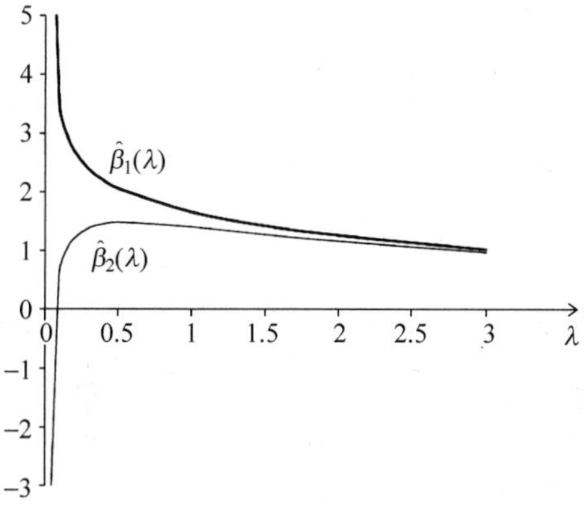

图 7-5　估计值随岭参数的变化情况

7.3.3　从岭回归到 LASSO

下面尝试从另外一个角度来理解岭回归的意义。回想一下普通最小二乘估计的基本思想，人们希望参数估计的结果能够使得由下面这个公式所给出的离差平方和最小

$$\sum_{i=1}^{n} e_i^2 = \sum_{i=1}^{n}(y_i - \hat{y}_i)^2 = \sum_{i=1}^{n}\left(y_i - \sum_{j=1}^{p} x_{ij}\hat{\beta}_j\right)^2 = \sum_{i=1}^{n}(y_i - \boldsymbol{X}_i^{\mathrm{T}}\hat{\boldsymbol{\beta}})^2$$

但是，当出现多重共线性时，由于估计量 $\hat{\boldsymbol{\beta}}$ 的方差很大，上述离差平方和取最小时依然可能很大，这时我们能想到的方法就是引入一个惩罚因子，于是可得

$$RSS(\hat{\boldsymbol{\beta}}^{\text{Ridge}}) = \underset{\hat{\beta}}{\operatorname{argmin}}\left\{\sum_{i=1}^{n}(y_i - \boldsymbol{X}_i^{\mathrm{T}}\hat{\boldsymbol{\beta}})^2 + \lambda\sum_{j=1}^{p}\hat{\beta}_j^2\right\}$$

可想而知的是，当估计量 $\hat{\boldsymbol{\beta}}$ 的方差很大时，上式再取最小值，所得之离差平方和势必被压缩，从而得到更为理想的回归结果。

对上式求极小值，并采用向量形式对原式进行改写，便可根据微积分中的费马定理得到

$$\frac{\partial RSS(\hat{\boldsymbol{\beta}}^{\text{Ridge}})}{\partial\hat{\boldsymbol{\beta}}}=\frac{\partial[(\boldsymbol{y}-\boldsymbol{X}\hat{\boldsymbol{\beta}})^{\mathrm{T}}(\boldsymbol{y}-\boldsymbol{X}\hat{\boldsymbol{\beta}})+\lambda\hat{\boldsymbol{\beta}}^{\mathrm{T}}\hat{\boldsymbol{\beta}}]}{\hat{\boldsymbol{\beta}}}=0$$

$$2\boldsymbol{X}^{\mathrm{T}}\boldsymbol{X}\hat{\boldsymbol{\beta}}-2\boldsymbol{X}^{\mathrm{T}}\boldsymbol{y}+2\lambda\hat{\boldsymbol{\beta}}=0\Rightarrow\boldsymbol{X}^{\mathrm{T}}\boldsymbol{X}\hat{\boldsymbol{\beta}}+\lambda\hat{\boldsymbol{\beta}}=\boldsymbol{X}^{\mathrm{T}}\boldsymbol{y}$$

进而有

$$\mathrm{X}^{\mathrm{T}}\boldsymbol{y}=(\boldsymbol{X}^{\mathrm{T}}\boldsymbol{X}+\lambda\boldsymbol{I})\hat{\boldsymbol{\beta}}\Rightarrow\hat{\boldsymbol{\beta}}=(\boldsymbol{X}^{\mathrm{T}}\boldsymbol{X}+\lambda\boldsymbol{I})^{-1}\boldsymbol{X}^{\mathrm{T}}\boldsymbol{y}$$

最终便得到了与上一节中一致的参数岭回归估计表达式。

再来观察一下 $RSS(\hat{\boldsymbol{\beta}}^{\text{Ridge}})$的表达式，你能否发现某些我们曾经介绍过的关于最优化问题的蛛丝马迹。是的，这其实是一个带不等式约束的优化问题而导出的广义拉格朗日函数。原始的不等式约束优化问题可写为

$$\underset{\hat{\beta}}{\operatorname{argmin}}\sum_{i=1}^{n}(y_i-\boldsymbol{X}_i^{\mathrm{T}}\hat{\boldsymbol{\beta}})^2,\quad \text{s. t.}\sum_{j=1}^{p}\hat{\beta}_j^2-C\leqslant 0$$

其中，C 是一个常数。

泛函分析的基本知识告诉我们，n 维矢量空间R_n 中的元素 $\boldsymbol{X}=[x_i]_{i=1}^{n}$ 的范数可以定义为

$$\|\boldsymbol{X}\|_2=\left\{\sum_{i=1}^{n}|x_i|^2\right\}^{\frac{1}{2}}$$

这也就是所谓的欧几里得范数。还可以更一般地定义(p 为任意不小于 1 的数)

$$\|\boldsymbol{X}\|_p=\left\{\sum_{i=1}^{n}|x_i|^p\right\}^{\frac{1}{p}}$$

于是如果采用范数的形式，前面的极值表达式还常常写成下面这种形式

$$\underset{\hat{\beta}}{\operatorname{argmin}}\left\{\sum_{i=1}^{n}(y_i-\boldsymbol{X}_i^{\mathrm{T}}\hat{\boldsymbol{\beta}})^2+\lambda\|\hat{\boldsymbol{\beta}}\|_2^2\right\}$$

进而得到原始的不等式约束优化问题为

$$\underset{\hat{\beta}}{\operatorname{argmin}}\sum_{i=1}^{n}(y_i-\boldsymbol{X}_i^{\mathrm{T}}\hat{\boldsymbol{\beta}})^2,\quad \text{s. t.}\ \|\hat{\boldsymbol{\beta}}\|_2^2\leqslant C$$

其中，C 是一个常数。

此时这个优化问题的意义就变得更加明晰了。现在以二维的情况为例来加以说明，即此时参数向量$\boldsymbol{\beta}$ 由 β_1 和 β_2 两个分量构成。如图 7-6 所示，当常数 C 取不同值时，二维欧几里得范数所限定的界限相当于是一系列同心但半径不等的圆形。向量$\boldsymbol{\beta}$ 所表示的是二维平面上的一个点，而这个点就必须位于一个个圆形之内。另一方面，红色的原点是采用普通最小二乘估计求得的(不带约束条件的)最小离差平方和。围绕在它周围的闭合曲线表示了一系列的等值线。也就是说，在同一条闭合曲线上，离差平方和是相等的。而且随着闭合曲线由内向外的扩张，离差平方和也会逐渐增大。我们现在要求

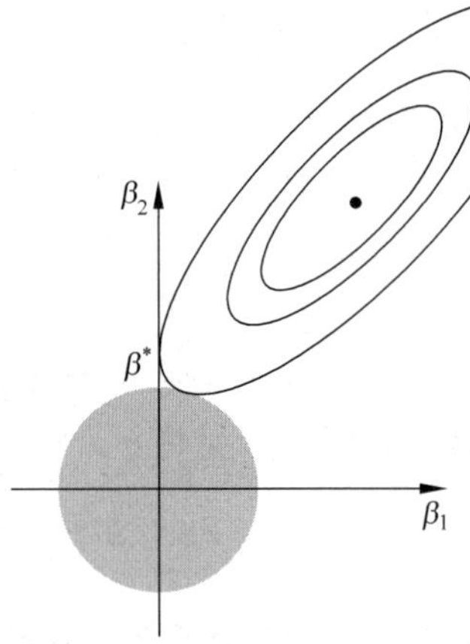

图 7-6　岭回归的意义

的是在满足约束条件的前提下，离差平方和取得最小值，显然等值线与圆周的第一个切点 $\boldsymbol{\beta}^*$ 就是要求的最优解。

可见，根据 n 维矢量空间 $p=2$ 时的范数定义，就能推演出岭回归的方法原理。其实我们也很自然地会想到，简化这个限制条件，采用 $p=1$ 时的范数定义来设计一个新的回归方法，即

$$\underset{\hat{\boldsymbol{\beta}}}{\operatorname{argmin}} \sum_{i=1}^{n} (y_i - \boldsymbol{X}_i^{\mathrm{T}} \hat{\boldsymbol{\beta}})^2, \quad \text{s. t. } \| \hat{\boldsymbol{\beta}} \|_1 \leqslant C$$

此时新的广义拉格朗日方程就为

$$\underset{\hat{\boldsymbol{\beta}}}{\operatorname{argmin}} \left\{ \sum_{i=1}^{n} (y_i - \boldsymbol{X}_i^{\mathrm{T}} \hat{\boldsymbol{\beta}})^2 + \lambda \| \hat{\boldsymbol{\beta}} \|_1 \right\}$$

这时得到的回归方法就是所谓的 LASSO（Least Absolute Shrinkage and Selection Operator）方法。该方法最早由美国斯坦福大学的统计学家罗伯特·蒂博施兰尼（Robert Tibshirani）于 1996 年提出。

根据前面给出的范数定义，当 $p=1$ 时，则

$$\| \boldsymbol{\beta} \|_1 = \sum_{i=1}^{n} | \beta_i |$$

对于二维向量而言，$\| \hat{\boldsymbol{\beta}} \|_1 \leqslant C$ 所构成的图形就是如图 7-7 所示的一系列以原点为中心的菱形，即 $|\beta_1| + |\beta_2| \leqslant C$。从图中可以清晰地看出 Lasso 方法的几何意义，这与岭回归的情形非常类似。只是将限定条件从圆形换成了菱形，这里不再赘言。

与岭回归不同，LASSO 方法并没有明确的解析解（或称闭式解，closed-form solution），但是 LASSO 方法的解通常是稀疏的，因此非常适合于高维的情况。

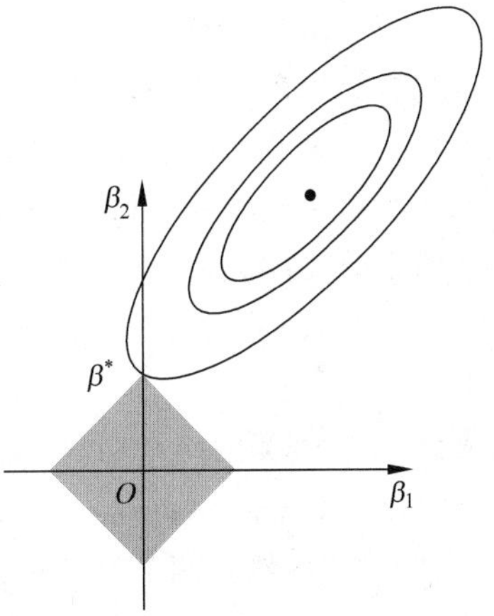

图 7-7 Lasso 的意义

LASSO 还有很多变种。

（1）弹性网络（Elastic Net）

$$\hat{\boldsymbol{\beta}} = \underset{\hat{\boldsymbol{\beta}}}{\operatorname{argmin}} \| \boldsymbol{y} - \boldsymbol{X}\hat{\boldsymbol{\beta}} \|^2 + \lambda_2 \| \hat{\boldsymbol{\beta}} \|_2^2 + \lambda_1 \| \hat{\boldsymbol{\beta}} \|_1$$

（2）适应性 LASSO

$$\hat{\boldsymbol{\beta}}^{(n)} = \underset{\hat{\boldsymbol{\beta}}}{\operatorname{argmin}} \left\| \boldsymbol{y} - \sum_{i=1}^{n} \boldsymbol{X}_i^{\mathrm{T}} \hat{\boldsymbol{\beta}} \right\|^2 + \lambda_n \sum_{i=1}^{n} | \hat{\beta}_i |$$

（3）组 LASSO

$$\hat{\boldsymbol{\beta}}_\lambda = \underset{\hat{\boldsymbol{\beta}}}{\operatorname{argmin}} \| \boldsymbol{y} - \boldsymbol{X}\hat{\boldsymbol{\beta}} \|_2^2 + \lambda \sum_{g=1}^{G} \| \beta_{I_g} \|_2$$

有兴趣的读者可以查阅相关资料以了解更多。

7.3.4 正则化

回归和分类本质上是统一的。区别在于，回归模型的值域取值可能有无限多个，而分类的值域取值是有限个。我们先从一个回归的问题开始。如图 7-8 所示，有一个训练数据集，

我们要用不同的回归曲线来拟合这些数据点。图 7-8(a)所示显然应该是一条类似 $f(x)=w_0+w_1x_1$ 形式的直线，虽然直线也体现出了数据集整体上升的趋势，但显然拟合效果并不理想。图 7-8(b)采用了一条类似 $f(x)=w_0+w_1x_1+w_2x_2$ 形式的二次多项式曲线，似乎拟合效果稍微改进了一些。图 7-8(c)采用了一条 $f(x)=w_0+w_1x_1+w_2x_2+w_3x_3+w_4x_4+w_5x_5$ 形式的五次多项式曲线，已经完美地拟合了所有训练数据集中的数据点。

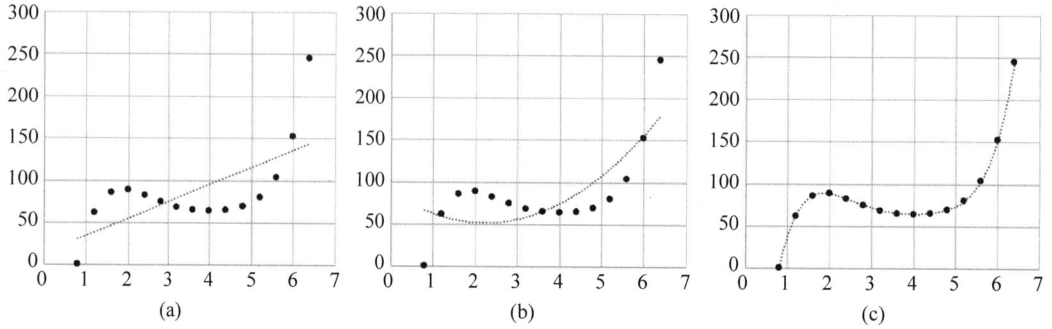

图 7-8 回归拟合

当我们不断增加多项式的长度时，就能不断增强回归曲线对训练数据集中的数据点的拟合能力。如果要从数学上解释这背后的原理，其实就是所谓的泰勒展开：只要泰勒展开的项数够长就能尽可能地逼近目标函数。但是不是采用越长、越复杂的模型就越好呢？当然不是。通常我们收集到的数据集中有可能是包含噪声的，比如图 7-8 中的(c)，我们的回归曲线很有可能把噪声(或者 outlier)也拟合了，这是我们不希望看到的！

对于分类问题而言，有类似的结果。假设要根据特征集来训练一个分类模型，标签集为{男人 X，女人 O}。图 7-9 在解释过拟合的概念时经常被用到。其中的三幅子图也很容易解释：

(a)图：分类的结果明显有点欠缺，有很多的“男人”被分类成了“女人”。分类模型可以用 $f(x)=g(w_0+w_1x_1+w_2x_2)$ 来表示。

(b)图：虽然有两个点分类错误，但也能够解释，毕竟现实世界中总有一些特例，或者是有噪音干扰，比如有些人男人留长发、反串等。分类模型可能是类似 $f(x)=g(w_0+w_1x_1+w_2x_2+w_3x_1^2+w_4x_2^2+w_5x_1x_2)$ 这样的形式。

(c)图：分类结果全部正确，或者说是正确得有点过分了。可想而知，学习的时候需要更多的参数项(也就是要收集更多的特征，例如喉结的大小、说话声音的粗细等)。总而言之，$f(x)$ 多项式的项数特别多，因为需要提供的特征多。或者是在提供的数据集中使用到的特征非常多(一般而言，机器学习的过程中，所提供的很多特征未必都要被用到)。

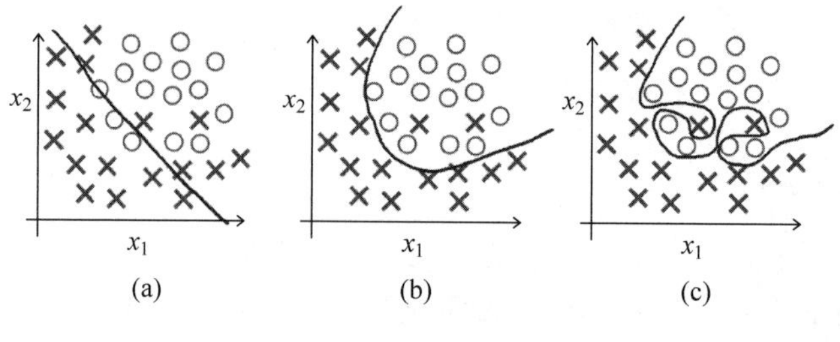

图 7-9 分类中的欠拟合、拟合与过拟合

总结一下三幅子图：(a)图通常称为“欠拟合”(Under fit)；(b)图则称为“拟合”，或者其他能够表示“容错情况下刚好”的意思；(c)图一般称为“过拟合”(Over fit)。欠拟合和过拟合都是我们不希望出现的情况。欠拟合自不必说，因为在训练集中很多正确的东西被错误地分类了，可想而知在使用测试集时，分类效果也不会太好。过拟合表示它的分类只是适合于自己这个测试用例，对需要分类的真实样本(例如测试集)而言，实用性反倒可能会低很多。

正所谓“天下没有免费的午餐”。一个对当前数据集适应得非常好的模型，必然会对另外一些数据集适应得非常糟糕！这句常理在数学中有一个定理专门描述它，这个定理就叫作没有免费午餐(No Free Lunch，NFL)定理。最原始的没有免费午餐定理是在最优化理论中出现的(而后又推广到例如机器学习这样的领域)，它在数学上已经被严格证明。

我们知道，最优化，其实就是寻找函数最大(或最小)值的办法。想必读者在微积分中已经接触过类似的数学知识，彼时大家更关注函数是否存在最值。但搞其他应用学科的人往往要知道这个最值在哪里，多大以及如何计算。例如在机器学习中常常采样迭代法计算极值。当然，计算机的计算能力始终是有限的，要尽可能花费更少的时间和资源来算出最值，这也成为最优化算法尤其要解决的一个问题。

回过头来再看这个没有免费午餐定理，这个定理最最原始的表述是说：对于基于迭代的最优化算法，不存在某种算法，对所有问题都好。如果一个算法对某些问题非常好，那么一定存在另一些问题，对于这些问题，该算法比随机猜测还要差。为了确保此处的转述尽可能的准确，我们引用 Wolpert 和 Macready 在其经典论文中的原话如下：

“NFL 定理意味着如果一个算法可以在某一类问题中表现得特别好，那么在剩余的其他问题上它很可能表现得较差。特别地，如果一个算法在某一类问题上表现得优于随机搜索，那么在剩余的其他问题上，它就一定会劣于随机搜索。如果一个算法 A 在某些代价函数下表现得优于算法 B，那么宽松地讲，一定存在很多其他一些函数，其上算法 B 将优于算法 A。”

NFL 其实就告诉我们对于具体问题必须具体分析。不存在某种方法，能放之四海而皆准。由如此扩展开来，我们认为在机器学习中，不可能找到一个模型对所有数据都有效。所以若是在训练集特别有效的，那么通常在很大程度上在训练集以外就会特别糟糕。对于目标函数 f 一无所知的的情况下，机器学习算法从已知的(训练)数据集 D 中学到了一个 f 的近似函数 g，由 NFL 可知在数据集 D 以外我们并不能保证函数 g 仍然近似于目标函数 f。

既然过拟合是我们不希望看到的，那么该如何去规避这种风险。显而易见的是：从欠拟合→拟合→过拟合，多项式 $f(x)$ 的表达式越来越长，所要用到的特征也越来越多。注意到最终得到的模型是由参数向量 $\boldsymbol{w}=(w_0,w_1,\cdots,w_N)^{\mathrm{T}}$ 来定义的。一个很直接的想法就是，我们必须要控制 N 的大小，如果 N 太大就过拟合了。

如何求解“让 $\boldsymbol{w}$ 向量中项的个数最小化”这个问题，看到这个问题你有没有想起点什么？是的，这其实就是 0 范数的概念！易见，向量中的 0 元素，对应于 $\boldsymbol{x}$ 样本中那些我们不需要考虑的项，是可以删掉的。因为 $0x_i$ 不对模型产生影响，也就是说 x_i 项没有任何权重。

对于一个回归问题而言，机器学习算法是要从假设集合中选出一个最优假设。而这个最优的标准通常是损失函数取最小，例如平方误差最小，即

$$\mathrm{argmin}\left\{\frac{1}{N}\sum_{i=1}^{N}[y_i - f(\boldsymbol{x}_i)]^2\right\}$$

但如果你一味地追求上面这个式子尽可能小的问题就在于可能产生过拟合，因为上这个式子会把噪声也拟合进去。这个时候就需要用到一个“惩罚项”来抵抗这种可能的过拟合倾向。于是有

$$\mathrm{argmin}\left\{\frac{1}{N}\sum_{i=1}^{N}[y_i - f(\boldsymbol{x}_i)]^2 + r(d)\right\}$$

其中，$r(d)$可以理解为对维度的数量 d 进行的约束，或者说 $r(d)=$“让 $\boldsymbol{w}$ 向量中项的个数最小化”$=\|\boldsymbol{w}\|_0$。为了防止过拟合，除了需要平方误差最小以外，还需要让 $r(d)=\|\boldsymbol{w}\|_0$ 最小，所以，为了同时满足两项都最小化，可以求解让平方误差和 $r(d)$之和最小，这样不就同时满足两者了吗？如果 $r(d)$过大，平方误差再小也没用；相反 $r(d)$再小，平方误差太大也失去了求解问题的意义。

一般地，把类似平方误差（也可能有其他形式）这样的项做经验风险，把上面整个控制过拟合的过程叫作正则化，所以也就把 $r(d)$叫做正则化项，然后把平方误差与 $r(d)$之和叫作结构风险，进而可知正则化过程其实就是将结构风险最小化的过程。

实际应用过程中，0 范数是比较麻烦的，因为它很不容易形式化。甚至问题本身就是 NP 完全问题。既然 0 范数难求，那一个比较简单直接的想法就是退而求其次，求 L_1 范数，然后有

$$\min_{\mathrm{s.t.}\ \boldsymbol{A}x=b}\|\boldsymbol{x}\|_0 \xLeftrightarrow[\text{以概率1等价}]{\text{在一定条件下}} \min_{\mathrm{s.t.}\ \boldsymbol{A}x=b}\|\boldsymbol{x}\|_1$$

结合本章前面所介绍的内容可知，LASSO 就是基于 L_1 范数所给出的带正则化项的回归模型。既然有 L_1 范数，自然也应该有 L_2 范数。以此为基础所的到的就是岭回归。如果，我们让 L_2 范数的正则项最小，可以使得 $\boldsymbol{w}$ 的每个元素都很小，都接近于 0，但与 L_1 范数不同，它不会让它等于 0，而是接近于 0，这一点从图 7-7 和图 7-8 的对比上，也可以一目了然地看出。所以比起 L_1 范数，人们通常更偏爱 L_2 范数。

第 8 章 方差分析方法

CHAPTER 8

方差分析的方法本书前面其实已经多次使用过了，本章将更加系统更加深入地探讨与此相关的话题。初听名字，人们很容易误以为这是要对总体方差进行分析的意思，然而方差分析却是对多个总体均值是否相等进行分析的统计方法。更深层次地讲，方差分析所探讨的其实是分类型自变量对数值型因变量的作用，这一点读者也应该在学习过程中注意体会。

8.1 方差分析的基本概念

事实上，本书前面已经介绍了很多检验多个总体均值是否相等的方法。例如，参数检验中的 t 检验就可以用来检验双总体均值是否相等，还有非参数检验中的威尔科克森符号秩检验，以及秩和检验。当然它们的适用情况并不完全相同。在已学过的众多检验方法中，与方差分析最相像的是非参数检验方法中的克鲁斯卡尔一沃利斯检验，它们都被用来对多总体(≥3)进行均值检验。方差分析(Analysis of variance，ANOVA)是通过检验各总体均值是否相等来判断分类型变量对数值因变量是否有显著影响的统计检验方法。方差分析最初是由费希尔提出的，因此又称 F 检验。

下面以克鲁斯卡尔一沃利斯检验中曾经用过的大鼠试验为例来说明方差分析的有关概念以及方差分析所要研究的问题。在研究煤矿粉尘作业环境对尘肺影响的试验中，我们将 18 只大鼠随机分到甲、乙和丙 3 个组，每组 6 只，分别在地面办公楼、煤炭仓库和矿井下染尘，12 周后测量大鼠全肺湿重，然后尝试研究不同环境下大鼠全肺湿重有无显著差别。要分析不同环境下大鼠全肺湿重有无显著差别，实际上也是判断“环境”(类别数据)对“全肺湿重”(数值数据)是否有显著影响，做出这种判断最终被归结为检验这三种环境大鼠的全肺湿重均值是否相等。如果它们的均值(在统计上)相等，就意味着环境对大鼠全肺湿重没有显著影响，否则就意味着环境对于大鼠全肺湿重是有显著影响的。

方差分析中，将要检验的对象称为因素或因子，因素的不同表现称为水平或处理。每个因子水平下得到的样本数据称为观察值。例如，在大鼠试验中要分析不同环境对大鼠全肺湿重是有显著影响，那么这里的环境就是要检验的对象，即因子(或因素)；地面办公楼、煤炭仓库和矿井下是这一因子的具体表现，也就是水平(或处理)。每个环境下得到的样本数据(大鼠全肺湿重)称为观察值。

在大鼠试验中，由于只涉及环境这一个因素，因此称为单因素3处理的试验。因素的每个处理都可以看成是一个总体，如地面办公楼、煤炭仓库和矿井下可以看成是3个总体。只有一个因素的方差分析也被称为是"单因素方差分析"。在单因素方差分析中，涉及两个变量：一个是分类型自变量，一个是数值型因变量。例如，在上面的例子中，要研究不同环境对大鼠全肺湿重是否有影响，这里的不同环境就是自变量，而且它是一个类型变量。大鼠全肺湿重是因变量，它是一个数值变量。

方差分析之所以被称为是方差分析，那是因为虽然我们感兴趣的指标是均值，但在判断均值之间是否有差异时需要借助于方差。或者说通过对数据误差的考察来判断不同总体的均值是否相等，进而分析自变量对因变量是否有显著影响。为了对误差进行分析，我们首先要明确这些数据误差是从何而来的。从前面给出的试验资料中可看出，三组数据各不相同，但这种差异(总变异)可以分解成两部分：

组间变异：甲、乙、丙三个组大鼠全肺湿重各不相等(此变异反映了处理因素的作用，以及随机误差的作用)。

组内变异：各组内部大鼠的全肺湿重各不相等(此变异主要反映的是随机误差的作用)。

反映全体数据误差大小的平方和称为总变异，用总离均差平方和 SS_T 来表示

$$SS_T = \sum_{i=1}^{g}\sum_{j=1}^{n_i}(X_{ij}-\overline{X})^2 = \sum_{i=1}^{g}\sum_{j=1}^{n_i}(X_{ij}^2 - 2X_{ij}\overline{X}+\overline{X}^2) = \sum_{i=1}^{g}\sum_{j=1}^{n_i}X_{ij}^2 - C$$

其中

$$C = \frac{1}{N}\left(\sum_{i=1}^{g}\sum_{j=1}^{n_i}X_{ij}\right)^2$$

由于所接受的处理因素不同而致各组间大小不等的变异称为组间变异，用组间离均差平方和 SS_A 来表示

$$SS_A = \sum_{i=1}^{g}\sum_{j=1}^{n_i}(\overline{X}_i-\overline{X})^2 = \sum_{i=1}^{g}n_i(\overline{X}_i-\overline{X})^2 = \sum_{i=1}^{g}\left[\frac{1}{n_i}\left(\sum_{j}^{n_i}X_{ij}\right)^2\right] - C$$

可见，各组平均数 $\overline{X}_i$ 之间相差越大，它们与总平均数 $\overline{X}$ 的差值就越大，SS_A 越大；反之，SS_A 越小。

反映同一处理组内部试验数据大小不等的变异称为组内变异，用组内离均差平方和 SS_E 来表示

$$SS_E = \sum_{i=1}^{g}\sum_{j=1}^{n_i}(X_{ij}-\overline{X}_i)^2$$

而且三个变异之间还有如下关系

$$SS_T = SS_A + SS_E$$

以及

$$df_T = df_A + df_E$$

其中，$df_T = N-1$，$df_A = g-1$，$df_E = N-g$。

离均差平方和只能反映变异的绝对大小。变异程度除与离均差平方和的大小有关外，还与其自由度有关，由于各部分自由度不相等，因此各部分离均差平方和不能直接比较，须

除以相应的自由度，该比值称均方差，均方差的大小就反映了各部分变异的平均大小，则

$$MS_A = \frac{SS_A}{df_A}, \quad MS_E = \frac{SS_E}{df_E}$$

如果不同环境对大鼠全肺湿重没有影响，那么在组间误差中就将只包含随机误差，而没有系统误差。这时，组间误差与组内误差经过平均后的数值(即均方差)就应该很接近，它们的比值就会接近 1；否则，若不同环境对大鼠全肺湿重在统计上有显著影响，那么组间误差中除了包含随机误差，还会包含系统误差，这时组间均方差就会大于组内均方差，它们之比就会大于 1。当这个比值大到某种程度时，我们就认为因子的不同水平之间存在显著差异，即自变量对因变量有显著影响。F 统计量就定义为 MS_A 与 MS_E 之比，即

$$F = \frac{MS_A}{MS_E}$$

可见，方差分析的基本思想就是根据实验设计的类型，将全部测量值总的变异分解成两个或多个部分，每个部分的变异可由某个因素的作用(或某几个因素的作用)加以解释，通过比较各部分的均方与随机误差项均方的大小，借助 F 分布来推断各研究因素对实验结果有无影响。

在进行方差分析之前，应当保证模型满足如下三个基本假定：

(1) 每个总体都服从正态分布，即对于因素的每个水平，其观察值是来自正态总体的随机样本；

(2) 各观测值相互独立；

(3) 各组总体方差相等，即方差齐性。换言之，各组观察数据都是从具有相同方差的正态总体中抽取的。

在上述假定成立的前提下，要分析自变量对因变量是否有影响，实际上就是要检验自变量的各个水平(总体)的均值是否相等。比如，判断不同环境对大鼠全肺湿重是否有显著影响，实际上也就是检验具有同方差的三个正态总体的均值(大鼠全肺湿重的均值)是否相等。判断的方法是用样本数据对总体均值进行检验。在我们讨论的例子中，如果三个总体的均值相等，可以期望三个样本的均值也会很接近。而且样本均值越接近，总体均值相等的证据也就越充分；反之，样本均值不同，推断总体均值不相等的证据就越充分。

如果原假设 $H_0: \mu_1 = \mu_2 = \mu_3$ 为真，即三个不同的环境下大鼠全肺湿重的均值相等，就意味着每个样本都来自均值为 μ，方差为 σ^2 的同一个正态分布的总体。从样本均值的抽样分布可知，来自正态总体的一个简单随机样本的均值 $\bar{x}$ 服从均值为 μ，方差为 σ^2/n 的正态分布。如果 μ_1、μ_2 和 μ_3 完全不同，则意味着三个样本分别来自均值不同的三个正态总体。此时，三个样本均值的分布就呈现出如图 8-1 所示的情形。

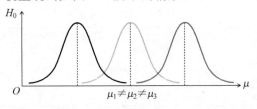

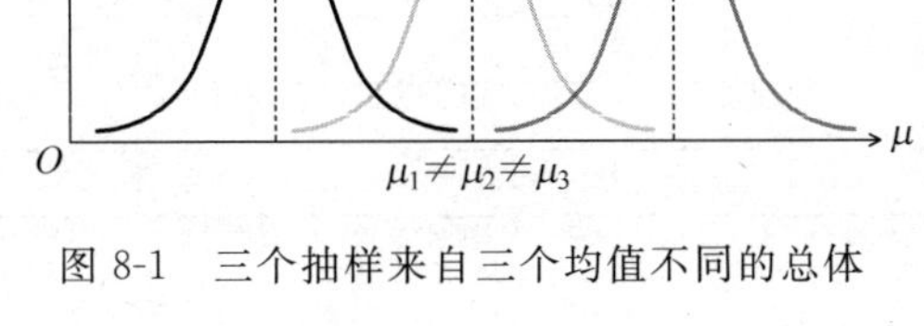

图 8-1　三个抽样来自三个均值不同的总体

8.2 单因素方差分析方法

根据分类变量的多少，方差分析可以分为单因素方差分析和双因素方差分析。本节介绍与单因素方差分析有关的话题。

8.2.1 基本原理

可以证明，当若干样本都来自均值相同的正态总体时，将有

$$\frac{SS_E}{\sigma^2} \sim \chi^2_{(n-r)}, \quad \frac{SS_A}{\sigma^2} \sim \chi^2_{(r-1)}$$

且 SS_E 与 SS_A 相互独立，于是

$$F = \frac{MS_A}{MS_E} = \frac{SS_A/(r-1)}{SS_E/(n-r)} \sim F(r-1, n-r)$$

如果 $F > F_\alpha(r-1, n-r)$ 则拒绝原假设，认为因素的几个水平有显著差异，反之"接受"原假设。当然，也可以通过检验的 P 值来决定是接受还是拒绝原假设。

8.2.2 分析步骤

现在就以大鼠试验为例来说明进行单因素方差分析的基本步骤。首先提出原假设。由于原假设所描述的是按照自变量取值分成的类别中，因变量的均值相等。所以提出如下原假设和备择假设：

H_0：$\mu_1 = \mu_2 = \mu_3$；

H_1：原假设不成立。

为了对原假设进行检验，接下来计算 F 统计量。因为

$$\sum_j^{n_1} X_{ij} = 22.9, \quad \sum_j^{n_2} X_{ij} = 25.4, \quad \sum_j^{n_3} X_{ij} = 28.4$$

$$\sum_{i=1}^{g} \sum_{j=1}^{n_i} X_{ij}^2 = 333.39, \quad C = \frac{76.7^2}{18} = 326.8272$$

所以

$$SS_T = 333.39 - 326.8272 = 6.5628$$

$$SS_A = \frac{22.9^2}{6} + \frac{25.4^2}{6} + \frac{28.4^2}{6} - 326.8272 = 2.5278$$

$$SS_E = SS_T - SS_A = 6.5628 - 2.5278 = 4.0350$$

将以上计算结果代入方差分析表，并求出相应的 MS 及 F 值，结果如表 8-1 所示。

表 8-1 方差分析表

变异来源	SS	df	MS	F 值	P 值
组间	2.528	2	1.264	4.698	<0.05
组内	4.035	15	0.269		
总计	6.563	17			

其中 5% 显著水平下的临界值和 P 值可以通过下面的代码获得。

```
> qf(0.05 , 2, 15, lower.tail = FALSE)
[1] 3.68232
> pf(4.698, 2, 15, lower.tail = FALSE)
[1] 0.02604922
```

R 中的函数 aov()提供了方差分析的计算与检验。示例代码如下。从输出结果中可知 $F=4.698>F_{0.05}(2,15)$，故 $P<0.05$，按 $\alpha=0.05$ 的显著水平拒绝 H_0，接受 H_1，差别有统计学意义，可认为不同粉尘环境影响大鼠的全肺湿重。

```
> X <- c(4.2, 3.3, 3.7, 4.3, 4.1, 3.3,
+          4.5, 4.4, 3.5, 4.2, 4.6, 4.2,
+          5.6, 3.6, 4.5, 5.1, 4.9, 4.7)
> A <- factor(rep(1:3, each = 6))
> my.data <- data.frame(X, A)
> my.aov <- aov(X~A, data = my.data)
> summary(my.aov)
            Df Sum Sq Mean Sq F value Pr(>F)
A            2  2.528   1.264   4.698  0.026 *
Residuals   15  4.035   0.269
---
Signif. codes: 0 '***' 0.001 '**' 0.01 '*' 0.05 '.' 0.1 ' ' 1
```

另外，还需说明的是，当 $g=2$ 时，方差分析的结果与两样本均数比较的 t 检验等价。

8.2.3 强度测量

在不同环境对大鼠全肺湿重影响的例子中，方差分析的结果表明不同环境下大鼠全肺湿重的均值之间确有显著差异，这就表明环境（自变量）与大鼠全肺湿重（因变量）之间的关系是显著的。那么这种关系的强度该如何定量地评判呢？

回想一下在线性回归中曾经使用过的判断系数 R^2，它是一个回归直线与样本观察值拟合优度的数量指标，R^2 越大则拟合优度就越好；相反，若 R^2 越小，则拟合优度就越差。线性回归中的总离差平方和可以被分解为两部分，即残差平方和及回归平方和。而判断系数 R^2 就定义为回归平方和与总离差平方和之比。这是因为在总离差平方和中，如果回归平方和比例越大，残差平方和所占比例就越小，表示回归直线与样本点拟合得越好；反之，也就表明拟合得就不好。

总离均差平方和 SS_T 同样可以被分解为组间离均差平方 SS_A 和与组内离均差平方和 SS_E 两部分。当组间离均差平方和比组内离均差平方和大，而且大到一定程度时，就意味着自变量与因变量之间的关系显著大得越多，表明它们之间的关系就越强；反之，当组间离均差平方和比组内离均差平方和小时，就意味着自变量与因变量之间的关系不显著，小得越多，也就表明它们之间的关系就越弱。线性回归中的回归平方和就对应于这里的组间离均差平方 SS_A，残差平方和就对应于这里的组内离均差平方和 SS_E。借鉴线性回归中的做法，便可以用组间离均差平方 SS_A 与总离差平方和 SS_T 之比来作为判断系数 R^2，即

$$R^2 = \frac{SS_A}{SS_T}$$

于是，R^2 即可用于测量自变量与因变量之间的关系强度。例如在大鼠全肺湿重的例子中可以算得

$$R^2 = \frac{2.528}{6.563} \approx 38.51\%$$

这个结果表明环境（自变量）对大鼠全肺湿重（因变量）的影响效应占总效应的 38.51%，而残差效应则占 61.49%。换句话说，环境对大鼠全肺湿重差异解释的比例为 38.51%，而其他因素（残差变量）所解释的比例为 61.49%。尽管 R^2 并不高，但环境对于大鼠全肺湿重的影响已经达到了统计上显著的程度。

8.3 双因素方差分析方法

单因素方差分析仅考虑了一个分类型自变量对数值型因变量的影响。但在实际应用中，考虑多个因素对试验结果影响的情况也是存在的。例如在分析影响某种产品销量的因素时，就通常需要考虑品牌、价格和区域等多个因素的影响。特别地，如果方差分析中涉及两个分类型自变量时，就通常将其称为双因素方差分析。

8.3.1 无交互作用的分析

在双因素方差分析中，被纳入考虑范畴的两个影响因素对于因变量的作用是彼此独立的，这时的双因素方差分析称为无交互作用的双因素方差分析，或称为无重复双因素分析。

在问题研究过程中，经过一定分析后，认定两个影响因素均各自独立地作用于因变量，这客观上也属于是一种被动的无重复双因素情况。除此之外，应用无交互作用方差分析的另外一种情况则是在实验设计时主动地对实验对象进行配伍，即运用随机区组设计(Randomized Block Design)方案，它是配对设计的扩展。

随机区组设计的具体做法是：先按影响试验结果的非处理因素将受试对象配成区组，再将各区组内的受试对象随机分配到不同的处理组，各处理组分别接受不同的处理，试验结束后比较各组均数之间差别有无统计学意义，以推断处理因素的效应。

这种设计的特点如下：首先，该设计包含两个因素，一个是区组因素，一个是处理因素；其次，各区组及处理组的受试对象数相等，各处理组的受试对象的特性较均衡，可减少试验误差，提高假设检验的效率。

为了研究甲、乙、丙三种营养素对小白鼠体重增加的影响，特开展相关实验。现在已知窝别为影响因素。拟用 6 窝小白鼠，每窝 3 只，随机地安排喂养甲、乙、丙三种营养素之一种，一段时间后观察并记录小白鼠体重增加情况（单位：g），数据如表 8-2 所示。请问不同营养素之间小白鼠的体重增加是否不同？不同窝别之间小白鼠的体重增加是否不同？

表 8-2　三种营养素喂养小白鼠所增体重/g

窝 别 号	甲营养素	乙营养素	丙营养素
1	64	65	73
2	53	54	59

续表

窝 别 号	甲营养素	乙营养素	丙营养素
3	71	68	79
4	41	46	38
5	50	58	65
6	42	40	46

双因素方差分析与单因素方差分析的基本原理相同，仍然是从反映全部试验数据间大小不等状况的总变异开始。总变异用总离差平方和 SS_T 来表示，它是全部样本观察值 x_{ij} 与总的样本平均值间差的平方和，其中 $i=1,2,\cdots,r$ 及 $j=1,2,\cdots,k$，即

$$SS_T=\sum_{i=1}^{r}\sum_{j=1}^{k}(x_{ij}-\bar{x})^2=\sum_{i=1}^{r}\sum_{j=1}^{k}x_{ij}^2-C$$

其中

$$C=\frac{1}{N}\left(\sum_{i=1}^{r}\sum_{j=1}^{k}x_{ij}\right)^2$$

因为随机区组设计可以将区组间变异从完全随机设计的组内变异中分离出来以反映不同区组对结果的影响，所以随机区组设计全部测量值总的变异相应地就分成三部分。

首先是表示各处理组间测量值均数之大小差异的处理组间变异(或者也可以认为是列因素所导致的误差平方和)，通常用 SS_A 来表示。

$$SS_A=\sum_{i=1}^{r}\sum_{j=1}^{k}(\bar{x}_i-\bar{x})^2=\sum_{i=1}^{r}k(\bar{x}_i-\bar{x})^2=\sum_{i=1}^{r}\left[\frac{1}{k}\left(\sum_{j=1}^{k}x_{ij}\right)^2\right]-C$$

其次是表示各个区组间测量值均数之大小差异的区块组间变异(或者也可以认为是行因素所导致的误差平方和)，通常用 SS_B 来表示，即

$$SS_B=\sum_{i=1}^{r}\sum_{j=1}^{k}(\bar{x}_j-\bar{x})^2=\sum_{j=1}^{k}r(\bar{x}_j-\bar{x})^2=\sum_{j=1}^{k}\left[\frac{1}{r}\left(\sum_{i=1}^{r}x_{ij}\right)^2\right]-C$$

最后是除了行因素和列因素之外剩余因素影响产生的误差平方和，称为随机误差平方和，通常用 SS_E 来表示，即

$$SS_E=\sum_{i=1}^{r}\sum_{j=1}^{k}(x_{ij}-\bar{x}_i-\bar{x}_j-\bar{x})^2$$

而且各种变异之间的还有如下关系

$$SS_T=SS_A+SS_B+SS_E$$

以及

$$df_T=df_A+df_B+df_E$$

其中，$df_T=k\times r-1$，$df_B=k-1$，$df_A=r-1$，$df_E=(k-1)(r-1)$。

为了构造检验统计量，还需要计算下列几个均方差，首先是列因素的均方差，记为 MS_A，即

$$MS_A=\frac{SS_A}{r-1}$$

其次是行因素的均方差，记为 MS_B，即

$$MS_B=\frac{SS_B}{k-1}$$

以及随机误差项的均方差，记为 MS_E，即

$$MS_E = \frac{SS_E}{(k-1)(r-1)}$$

与单因素方差分析类似，在给定的显著水平下，分别对因素 A 和因素 B 提出如下原假设

$$H_{01}: \beta_1 = \beta_2 = \cdots = \beta_r = 0\text{(因素 } A \text{ 对因变量无显著影响)}$$

$$H_{02}: \gamma_1 = \gamma_2 = \cdots = \gamma_s = 0\text{(因素 } B \text{ 对因变量无显著影响)}$$

在原假设 H_{01} 的条件下，可以证明

$$\frac{SS_E}{\sigma^2} \sim \chi^2_{(r-1)(k-1)}, \quad \frac{SS_A}{\sigma^2} \sim \chi^2_{(r-1)}$$

并且 SS_A 和 SS_E 相互独立，所以对因素 A 可以构造出 F 统计量

$$F_A = \frac{MS_A}{MS_E} \sim F[r-1,(r-1)(k-1)]$$

同理，在原假设 H_{02} 的条件下，对因素 B 也可以得到类似的 F 统计量

$$F_B = \frac{MS_B}{MS_E} \sim F[k-1,(r-1)(k-1)]$$

下面就以不同营养素对小白鼠体重增加影响的数据为例，来演示无交互作用方差分析的基本步骤。

首先对于处理因素建立如下原假设和备择假设

$$H_{01}: \beta_1 = \beta_2 = \beta_3; \ H_{11}: \beta_1, \beta_2, \beta_3 \text{ 不全相等}$$

对于区组因素建立如下原假设和备择假设

$$H_{02}: \gamma_1 = \gamma_2 = \gamma_3; \ H_{12}: \gamma_1, \gamma_2, \gamma_3 \text{ 不全相等}$$

为了对原假设进行检验，接下来计算 F 统计量。因为

$$\sum_i^r x_{i1} = 321, \quad \sum_i^r x_{i2} = 331, \quad \sum_i^r x_{i3} = 360$$

$$\sum_j^k x_{1j} = 202, \quad \sum_j^k x_{2j} = 166, \quad \sum_j^k x_{3j} = 218$$

$$\sum_j^k x_{4j} = 125, \quad \sum_j^k x_{5j} = 173, \quad \sum_j^k x_{6j} = 128$$

$$\sum_{i=1}^r \sum_{j=1}^k x_{ij}^2 = 59\,572, \quad C = \frac{1012^2}{18} = 56\,896.89$$

所以

$$SS_T = 59\,572 - 56\,896.89 \approx 2675.1$$

$$SS_A = \frac{321^2 + 331^2 + 360^2}{6} - 56\,896.89 \approx 136.8$$

$$SS_B = \frac{202^2 + 166^2 + 218^2 + 125^2 + 173^2 + 128^2 +}{3} - 56\,896.89 \approx 2377.1$$

$$SS_E = SS_T - SS_A - SS_B = 2675.1 - 136.8 - 2377.1 = 161.2$$

将以上计算结果代入方差分析表，并求出相应的 MS 及 F 值，结果如表 8-3 所示。

表 8-3 方差分析表

变异来源	SS	df	MS	F 值	P 值
处理组间	136.8	2	68.4	4.24	<0.05
区块组间	2377.1	5	475.4	29.49	<0.01
误差	161.2	10	16.12		
总计	2675.1	17			

对于处理因素而言，查表(或使用下述 R 代码)可知临界值 $F_{0.05}(2,10)=4.10$，又因为 $F=4.24>F_{0.05}(2,10)$，所以 P 值小于 0.05。按 $\alpha=0.05$ 的显著水平，应该选择拒绝原假设 H_0，即差别有统计学意义，并可据此认为不同营养素对小白鼠体重增加有影响。

```
> qf(0.05, 2, 10, lower.tail = FALSE)
[1] 4.102821
> pf(4.24, 2, 10, lower.tail = FALSE)
[1] 0.04639703
```

同理对区组因素而言，使用下述 R 代码可知 $F=29.49>F_{0.01}(5,10)$，因此 $P<0.05$。按 $\alpha=0.05$ 的显著水平，应该选择拒绝原假设 H_0，即差别有统计学意义，并可据此认为不同窝别对小白鼠体重增加有影响。

```
> qf(0.05, 5, 10, lower.tail = FALSE)
[1] 3.325835
> pf(29.49, 5, 10, lower.tail = FALSE)
[1] 1.117357e-05
```

在 R 中可以使用非常简介的代码来完成以上复杂烦琐的运算。但在此之前需要先用下面的代码来将数据组织到数据框中。

```
> x <- c(64, 65, 73, 53, 54, 59, 71, 68, 79,
+          41, 46, 38, 50, 58, 65, 42, 40, 46)
> my.data <- data.frame(x, A = gl(6, 3), B = gl(3, 1, 18))
```

上述代码用到了函数 gl()，它的作用是生成因子水平，其调用格式如下。其中参数 n 是因子水平的个数，k 表示每一水平上的重复次数；length 表示总观察数；可通过参数 labels 来对因子的不同水平添加标签；逻辑值 ordered 指示是否先对各个水平进行排序。

```
gl(n, k, length = n * k, labels = 1:n, ordered = FALSA)
```

同样使用函数 aov()来进行双因素方差分析，只需要将第一个参数改为 $x \sim A+B$ 的形式即可。示例代码如下。可见输出的结果与我们之前手动算得之结果是一致的。

```
> my.aov <- aov(x ~ A + B, data = my.data)
> summary(my.aov)
            Df Sum Sq Mean Sq F value Pr(> F)
```

```
A            5    2377.1    475.4    29.489    1.12e-05    ***
B            2     136.8     68.4     4.242      0.0463    *
Residuals   10     161.2     16.1
---
Signif. codes: 0 '***' 0.001 '**' 0.01 '*' 0.05 '.' 0.1 ' ' 1
```

随机区组设计的优点是，从组内变异中分离出区组变异从而减少了误差均方，使处理组间的 F 值更容易出现显著性，即提高了统计检验效率。注意到当处理因素刚好等于 2 时，随机区组设计方差分析与配对设计的 t 检验等价。

8.3.2 有交互作用的分析

与无交互作用的双因素方差分析相比，有交互作用的情况（或称为可重复双因素分析）则会显得更加复杂。此时，被纳入考虑的两个影响因素除了对因变量独自发挥作用以外，它们的搭配也会对因变量产生一种新的影响。

来看一个例子。已知某种糕点的品质受两个因素的影响：其一为是否添加某种增味剂，其二是乳清的用量。在一个完全随机的实验中，我们采用 4 种乳清含量和是否添加增味剂来进行搭配组合，然后根据每种组合方案制作三批糕点。并聘请相关专家对糕点的品质进行打分，最终结果如表 8-4 所示。

表 8-4　糕点质量及影响因素数据/mg

	乳清含量				
	0%	10%	20%	30%	均值
未加	4.4	4.6	4.5	4.6	4.63
	4.5	4.5	4.8	4.7	
	4.3	4.8	4.8	5.1	
加料	3.3	3.8	5.0	5.4	4.34
	3.2	3.7	5.3	5.6	
	3.1	3.6	4.8	5.3	
均值	3.80	4.17	4.87	5.12	4.49

从表中的数据分布特点来看，总的来说，使用增味剂对于最终品质而言将有一种负面效应，因为加料组的平均评分低于未添加组。乳清的用量对于最终品质则是正相关的，随着乳清用量的增加，糕点品质的平均评分也会提高。除此之外，我们还应该考察对于其中一种因素的不同处理，另外一种因素所产生的影响。不妨来审视一下每种处理组合所得之平均评分的情况，为此可以在 R 中使用下面的代码进行数据组织。

```
> pancakes <- data.frame(supp = rep(c("no supplement", "supplement"),
+   each = 12), whey = rep(rep(c("0%", "10%", "20%", "30%"),
+   each = 3), 2), quality = c(4.4, 4.5, 4.3, 4.6, 4.5, 4.8,
+   4.5, 4.8, 4.8, 4.6, 4.7, 5.1, 3.3, 3.2, 3.1, 3.8, 3.7, 3.6,
+   5, 5.3, 4.8, 5.4, 5.6, 5.3))
```

然后将每种处理组合中三批糕点的平均得分组织到一张表中以便分析，遂采用下述代码。

```
> round(tapply(pancakes $ quality, pancakes[, 1:2], mean), 2)
                whey
supp          0 %   10 %   20 %   30 %
  no supplement  4.4 4.63 4.70 4.80
  supplement     3.2 3.70 5.03 5.43
```

一个包含有更丰富信息的结果出现了。我们原本认为就总体情况而言，增味剂的使用对于糕点品质的提升是不利的，但上述数据却显示随着乳清用量的增加，增味剂对糕点品质的负作用将被逐渐削弱。特别地，当乳清用量达到 30%时，增味剂的使用甚至对糕点品质显示出了提升作用。或者从另外一个角度来看，在不使用增味剂时，增加乳清用量对于糕点品质的提升作用远小于使用增味剂时的提升作用。这其实就表明两个因素是相互影响的，或称是有交互作用的。

交互作用图是用于描述多因素间互相影响的一种非常有用的统计图形。图中的纵坐标用于表示响应变量，横坐标则用于表示其中某个因素 A(通常是处理或水平数量最多的一个因素)。另外一个因素 B 的每个水平都被绘制成立一条线，用于表示它们与因素 A 的每个水平组合后得到的响应变量值。在交互作用图中，如果两个因素之间没有交互作用，那么结果将是两条不相交的折线(或是分段平行线)，否则如果两条直线有交点，就表示它们之间是存在交互作用的。而且两条线越不(分段)平行，就表示它们之间的交互作用越大。

在 R 中可以使用 stats 包中的 interaction. plot()函数来绘制交互作用图，示例代码如下。交互作用图的绘制结果如图 8-2 所示，易见两个因素之间是存在较为明显的交互作用的。

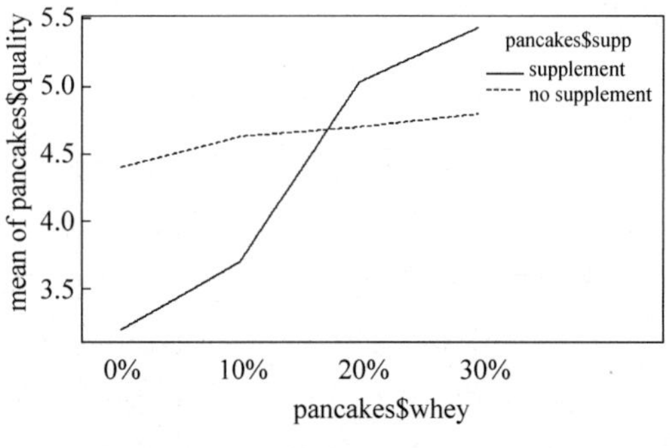

图 8-2　两个因素的交互作用

```
> library(stats)
> interaction.plot(pancakes $ whey, pancakes $ supp, pancakes $ quality)
```

与之前一样，有交互作用的双因素方差分析仍然从反映全部试验数据间大小不等状况的总变异开始。总变异用总离差平方和 SS_T 来表示，它是全部样本观察值 x_{ijk} 与总的样本平均值间差的平方和，其中 $i=1,2,\cdots,r$、$j=1,2,\cdots,s$ 及 $k=1,2,\cdots,t$，即

$$SS_T=\sum_{i=1}^{r}\sum_{j=1}^{s}\sum_{k=1}^{t}(x_{ijk}-\bar{x})^2=SS_E+SS_A+SS_B+SS_{A\times B}$$

即总变异被分成了 4 部分。其中，SS_E 为随机误差平方和。SS_A 是由列因素(或因素 A)所

导致的误差平方和

$$SS_A = rt\sum_{j=1}^{s}(\bar{x}_j - \bar{x})^2$$

然后是由行因素(或因素 B)所导致的误差平方和,用 SS_B 来表示

$$SS_B = st\sum_{i=1}^{r}(\bar{x}_i - \bar{x})^2$$

以及交互作用的误差平方和,用 $SS_{A\times B}$来表示

$$SS_{A\times B} = t\sum_{i=1}^{r}\sum_{j=1}^{s}(\bar{x}_{ij} - \bar{x}_i - \bar{x}_j + \bar{x})^2$$

在给定的显著水平下,分别对因素 A、因素 B 以及两者的交互作用 $A\times B$ 提出如下原假设

$H_{01}: \beta_1 = \beta_2 = \cdots = \beta_r = 0$(因素 A 对因变量无显著影响)

$H_{02}: \gamma_1 = \gamma_2 = \cdots = \gamma_s = 0$(因素 B 对因变量无显著影响)

$H_{03}: \delta_1 = \delta_2 = \cdots = \delta_{rs} = 0$(因素 A 和 B 对因变量无联合作用)

可以证明在原假设 H_{01}的条件下

$$F_A = \frac{SS_A/(r-1)}{SS_E/[rs(t-1))]} = \frac{MS_A}{MS_E} \sim F[r-1, rs(t-1)]$$

同理,在原假设 H_{02}的条件下有

$$F_B = \frac{SS_B/(s-1)}{SS_E/[rs(t-1)]} = \frac{MS_B}{MS_E} \sim F[s-1, rs(t-1)]$$

此外,在原假设 H_{03}的条件下有

$$F_{A\times B} = \frac{SS_{A\times B}/[(r-1)(s-1)]}{SS_E/[rs(t-1)]} = \frac{MS_{A\times B}}{MS_E} \sim F[(r-1)(s-1), rs(t-1)]$$

在 R 中可以借助线性回归函数 lm()来执行有交互的双因素方差分析。针对当前讨论的糕点品质例子而言,可以建立如下的线性回归模型用以描述各个因素对响应值的影响(注意这并不是上一章中介绍的多元线性回归模型)。

$$y_{ijk} = \mu + \alpha_i + \beta_j + \gamma_{ij} + e_{ijk}$$

此处 α_i 表示增味剂对总体均值的影响,其中 $i=1,2$,即分别对应使用或者不使用增味剂;β_j 表示乳清用量对总体均值的影响,其中 $j=1,2,3,4$,即分别对应不同的用量水平;第三个下标 $k=1,2,3$,表示每种增味剂与乳清用量的搭配组合下的三批糕点。α_i 和 β_j 被称为是主要影响,γ_{ij} 是交互因素,它是由不同的增味剂与乳清用量方案所构成的一种新的影响。例如,γ_{23} 就表示在采用增味剂的同时加入 20%的乳清用量这种组合对于总体均值的影响。

基于上述分析,我们使用如下代码来执行基于线性回归模型的(有交互作用的)双因素方差分析。注意到表达式 supp * whey 的意思就是既包含主要影响也包含交互影响,它等同于 supp+whey+supp:whey 这样的写法。

```
> pancakes.lm <- lm(quality ~ supp * whey, data = pancakes)
> anova(pancakes.lm)
Analysis of Variance Table
```

```
Response: quality
           Df  Sum      Sq Mean    Sq F value    Pr(>F)
supp        1  0.5104   0.51042    17.014        0.0007942 ***
whey        3  6.6912   2.23042    74.347        1.304e-09 ***
supp:whey   3  3.7246   1.24153    41.384        9.130e-08 ***
Residuals  16  0.4800   0.03000
---
Signif. codes: 0 '***' 0.001 '**' 0.01 '*' 0.05 '.' 0.1 ' ' 1
```

如果采用之前(进行无交互作用方差分析时)的写法,上述代码也可以写成下面这种形式,两者的输出是完全一样的。

```
> my.aov <- aov(quality ~ supp * whey, data = pancakes)
> summary(my.aov)
```

最后来分析一下输出结果的意义。就本例而言,我们希望进行检验的三个原假设分别为:

H_{01}: $\beta_1=\beta_2=0$(增味剂因素对因变量无影响)。

H_{02}: $\gamma_1=\gamma_2=\gamma_3=\gamma_4=0$(乳清用量因素对因变量无影响)。

H_{03}: $\delta_{ij}=0$,其中 $i=1,2,j=1,2,3,4$(交互因素对因变量无影响)。

由于输出结果中所有的 P 值都非常小,所以应该由此拒绝上述三个原假设并认为主要因素和交互因素对于因变量都是有显著影响的。

8.4　多重比较

经过方差分析,若拒绝了原假设,只能说明多个总体的平均数不等或不全相等。若要得到各组均数间更详细的信息,即设法获知具体哪些均值不等,就应在方差分析的基础上进行多个样本均数的两两比较。此时所使用的方法就称为多重比较方法(Multiple Comparison Procedures),它是通过对总体均值之间的配对比较来进一步检验到底哪些均值之间存有差异的方法。

8.4.1　多重 t 检验

在已知多个总体的平均数不等或不全相等的情况下,欲继续探知到底哪些均值不等,最容易想到的办法就是从我们前面学过的 t 检验出发,即对每个处理下的数据均值进行两两比较的 t 检验,或称多重 t 检验。

多重 t 检验方法使用方便,但当多次重复使用 t 检验时会增大犯第一类错误的概率,从而使得"有显著差异"的结论不一定可靠。例如,因子 A 有三个处理,需要进行 3 次显著水平为 0.05 的两两比较,所以每次比较犯第一类错误的概率就是 0.05,那么 3 次比较同时进行,犯第一类错误的总概率就是

$$1-(1-\alpha)^n = 1-0.95^3 = 0.1426$$

这样一来,进行简单的多重 t 检验结果就很有可能出差错。因此在进行较多次重复比较时,

我们要对 P 值进行调整。

统计学家们已经提出了多种对 P 值进行修正的方法，使用下面的代码可以看到 R 中已经实现了几种修正方法。注意其中的“none”表示的是不进行任何修正。其他一些参数的释义可以参见表 8-5。

表 8-5　P 值修正方法

参　　数	对应的修正方法
“Bonferroni”	Bonferroni
“holm”	Holm (1979)
“hommel”	Hommel (1988)
“hochberg”	Hochberg (1988)
“BH”/“fdr”	Benjamini & Hochberg (1995)
“BY”	Benjamini & Yekutieli (2001)

```
> p.adjust.methods
[1] "holm"     "hochberg"    "hommel"     "Bonferroni"
[5] "BH"       "BY"          "fdr"        "none"
```

当多重检验次数较多时，Bonferroni 修正方法效果较好。该法得名于意大利数学家卡洛·艾米里奥·邦弗朗尼(Carlo Emilio Bonferroni)，因为算法推导中用到了著名的邦弗朗尼不等式。但真正将这一思想应用到统计学，并提出基于 Bonferroni 修正之多重 t 检验法的人则是美国统计学家奥利弗·吉恩·邓恩(Olive Jean Dunn)。Bonferroni 修正法的思路也很简单：如果在同一数据集上同时进行 n 个独立的假设检验，那么用于每一假设的统计显著水平，应为仅检验一个假设时显著水平的 $1/n$，即 $\alpha'=\alpha/n$，n 是多重 t 检验的次数。

在 R 中执行均值的多重 t 检验可以使用 pairwise.t.test()函数，它返回多重比较后的 P 值，其调用格式为

```
pairwise.t.test(x, g, p.adjust.method, paired = FALSE,
                alternative = c("two.sided", "less", "greater"), ...)
```

其中，参数 x 是响应向量，g 是因子向量，p.adjust.method 指示所要采用的 P 值修正方法，默认为 Holm 修正法，若不想进行任何调整可以将其置为 none。此外，逻辑变量 paired 指示是否要进行配对 t 检验，alternative 用于调整检验的方向。

例如对大鼠全肺湿重的实验，可以采用如下代码进行基于 Bonferroni 修正的多重 t 检验，最终程序返回各因子水平下两两检验的 P 值矩阵。

```
> pairwise.t.test(X, A, p.adjust.method = "Bonferroni")

        Pairwise comparisons using t tests with pooled SD

data: X and A

  1     2
2 0.553 -
```

```
3 0.024 0.347

P value adjustment method: bonferroni
```

从输出结果来看只有 0.024≤0.05,遂在 0.05 的显著水平下拒绝对应的原假设,认为 X_1 和 X_3 之间有显著差异。其他两两比较的差异则不显著。有兴趣的读者还可以尝试不采用任何修正方法,并观察输出结果。不难发现,经过修正的 P 值比不加修正的结果增大了很多,这在一定程度上克服了常规多重 t 检验增加犯第一类错误概率的缺点。

8.4.2 Dunnett 检验

18 世纪是欧洲主要国家海上活动相当频繁的一段时期,同时也是败血症肆虐的一段时期。由于对发病原因认识不清,人们一直无法找到有效的治疗办法,所以对于那些远航水手们来说,败血病无疑是一种令人谈之色变的恐怖疾病。1747 年,时任英国皇家海军外科医生的詹姆斯·林德(James Lind)为了寻求有效的治疗方案,进行了人类历史上的首次临床对照实验。林德在一艘远航的船只上找到 12 个患有严重败血病的海员,并让大家都吃相同的食物,唯一不同的药物是当时传说可以治疗败血病的药方。两个病人每天吃两个橘子和一个柠檬,另两人喝苹果汁,其他人是喝稀硫酸、酸醋、海水,或是一些其他当时被认为对败血病有效的药物。六天之后,只有吃柑橘水果的两人好转,其他人病情依然。该对照实验不仅证明柑橘类水果确实可以用于治疗败血症,更重要的是它的试验设计思想对后世亦具有深远影响。

在许多研究与试验中,研究者们为了便于比较,通常都会引入对照(或者说控制)组。对照处理的种类很多,但通常对照组是作为一个标准以便能够给其他处理形成参考。例如考虑到安慰剂效应的存在(即参与试验者不管接受任何合理的治疗都倾向于产生希望看到的响应),在设计这类试验时,需要像对待接受积极治疗的受试者一样,随机指定一些参与者组成对照组。只有当对照组与接受治疗组产生明显差距时,才能认定试验的药物或者疗法显著有效。

在包含对照组(或者说控制组)的试验中,研究者们想知道接受治疗组的平均效果是否不同于控制组。为此,加拿大统计学家查尔斯·邓尼特(Charles Dunnett)提出了一种与对照组进行多重比较的方法,即 Dunnett 检验法。当进行多个实验组与一个对照组均数差别的多重比较,Dunnett 检验统计量定义为

$$t_D = \frac{|\overline{X}_i - \overline{X}_c|}{\sqrt{MSE\left(\frac{1}{n_i} + \frac{1}{n_c}\right)}}$$

其中,$\overline{X}_i - \overline{X}_c$ 表示每个处理的均值与对照组均值之差,n_i 是每个处理的样本容量,n_c 是控制组的样本容量。MSE 是残差均方(或称均方误差)。需要说明的是,对比可以是单尾的,也可是双尾的。

下面就以大鼠全肺湿重的数据为例来说明 Dunnett 检验法执行的步骤。由于原题是要研究煤矿粉尘作业环境对尘肺的影响,因此我们将在地面办公楼环境作为对照组。首先提出如下原假设和备择假设

$$H_0: \mu_T = \mu_C(\text{比较实验组与对照组总体均数相等})$$

$$H_1: \mu_T \neq \mu_C$$（比较实验组与对照组总体均数不等）

为了计算检验统计量，先用数据框将相关数据组织起来，并执行方差分析，由此可以得到均方误差，我们已经在输出结果中用方框标出。

```
> x <- c(4.2, 3.3, 3.7, 4.3, 4.1, 3.3,
+          4.5, 4.4, 3.5, 4.2, 4.6, 4.2,
+          5.6, 3.6, 4.5, 5.1, 4.9, 4.7)
> group <- factor(rep(LETTERS[1:3], each = 6));
> mice <- data.frame(x, group)
> mice.aov <- aov(x ~ group, data = mice)
> summary(mice.aov)
            Df Sum Sq  Mean Sq F  value   Pr(>F)
group        2   2.528   1.264    4.698   0.026   *
Residuals 15   4.035   0.269
---
Signif. codes: 0 '***' 0.001 '**' 0.01 '*' 0.05 '.' 0.1 ' ' 1
```

控制组均值为 $\overline{X}_A = 3.817$；实验组的均值分别为 $\overline{X}_B = 4.233$ 和 $\overline{X}_C = 4.733$。于是统计量为

$$t'_D = \frac{|3.817 - 4.233|}{\sqrt{0.269 \times \left(\frac{1}{6} + \frac{1}{6}\right)}} \approx 1.391$$

$$t''_D = \frac{|3.817 - 4.733|}{\sqrt{0.269 \times \left(\frac{1}{6} + \frac{1}{6}\right)}} \approx 3.061$$

得到上述结果之后，我们要查询相应的统计表得到临界值，然后将检验统计量与临界值进行比较，从而决定是否拒绝原假设。或者在 R 中使用 glht() 函数来完成 Dunnett 检验。使用该函数需要引用 multcomp 包，下面给出示例代码。从输出中不难发现，被方框标注出来的检验统计量与前面算出的结果是一致的。

```
> library(multcomp)
> mice.Dunnett <- glht(mice.aov, linfct = mcp(group = "Dunnett"))
> summary(mice.Dunnett)

         Simultaneous Tests for General Linear Hypotheses

Multiple Comparisons of Means: Dunnett Contrasts

Fit: aov(formula = x ~ group, data = mice)

Linear Hypotheses:
             Estimate Std. Error t  value    Pr(>|t|)
B - A == 0   0.4167     0.2994     1.391     0.3055
C - A == 0   0.9167     0.2994     3.061     0.0147 *
---
```

```
Signif. codes: 0 '***' 0.001 '**' 0.01 '*' 0.05 '.' 0.1 ' ' 1
(Adjusted p values reported -- single-step method)
```

上述结果也可以采用图形化的手动进行显示，示例代码如下，图 8-3 所示为绘图结果。

```
> windows(width = 5, height = 3, pointsize = 10)
> plot(mice.Dunnett, sub = "Mice Data")
> mtext("Dunnet's Method", side = 3, line = 0.5)
```

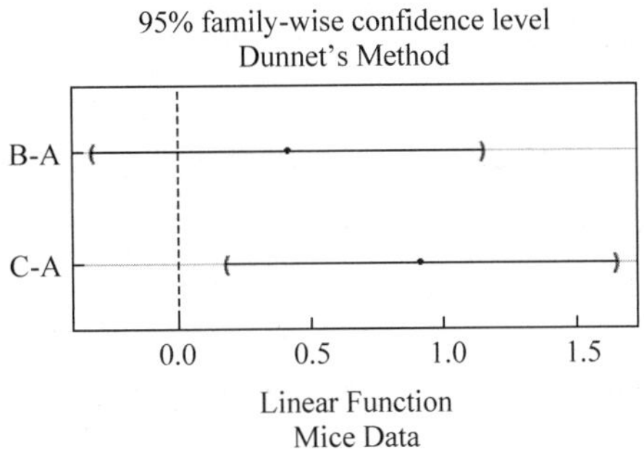

图 8-3 图形化展示 Dunnett 检验结果

从输出结果中可以看出，A 组与 C 组比较 $P<0.05$，按 0.05 的显著水平拒绝原假设，因此可以认为办公楼中大鼠全肺湿重小于矿井下大鼠全肺湿重；其余对比组之间比较，$P>0.05$，在 0.05 的显著水平下，无法拒绝原假设。最终可认为矿井下环境会造成肺功能损害。

8.4.3 Tukey 的 HSD 检验

多重比较方法的一个主要问题是如何控制每一对比较的错误率。除非每一对比较的错误率 α 都很小，在多重比较中存在至少一对均值不等的概率仍然很高。为了弥补这种缺陷，人们尝试建立了另外一些多重比较方法来控制不同的错误率。

美国统计学家约翰·图基(John Tukey)在 1953 年，提出了利用学生化极差分布(Studentized Range Distribution)的方法。当比较两个以上的样本均值时，要检验最大与最小样本均值，可以使用如下的统计检验量

$$\frac{\overline{X}_{\max}-\overline{X}_{\min}}{s_p\sqrt{2/n}}$$

其中，n 是每个样本的观察值个数，s_p 是共同的总体标准差组合估计。这个检验统计量与两个均值比较时的检验统计量十分相似，但它不服从 t 分布。原因之一是在观察到最大与最小样本均值之前不能确定到底要比较哪两个样本均值。上述统计量服从学生化极差分布。此处不打算讨论该分布的特性，而只是介绍它在 Tukey 多重比较中的应用。

在进行 Tukey 的 HSD 检验法时，首先对 g 个样本均值进行排序。如果

$$|\overline{X}_i-\overline{X}_j|\geqslant W$$

则两个总体均值 μ_i 和 μ_j 不相等，其中

$$W=q_\alpha(g,v)\sqrt{MSE/n}$$

其中 MSE 是自由度为 v 的样本组内均方差，$q_\alpha(g,v)$是比较 g 个不同总体时学生化极差的

上侧尾部临界值，n 是每个样本的观察值个数。

下面就结合大鼠全肺湿重的例子来说明 Tukey 的 HSD 检验法的具体执行步骤。从问题描述中，可知我们是在三个均值间进行两两比较，即 $g=3$。另外，MSE 的自由度其实就等于方差分析中的 df_E，所以有 $v=15$。对于 $\alpha=0.05$ 的显著水平，可以查表求得临界值 $q_\alpha(g,v)$，或在 R 中使用如下代码获取临界值

```
> qtukey(0.05, 3, 15, lower.tail = F)
[1] 3.673378
```

于是，每一个样本均值之差的绝对值 $|\overline{X}_i-\overline{X}_j|$ 要与

$$W = q_\alpha(g,v)\sqrt{MSE/n} = 3.673\times\sqrt{0.269/6}\approx 0.7777$$

作比较。注意，当样本容量相同时 我们并不需要对所有的样本均值进行两两比较，因为所有的比较都应用相同的 W，所以采用以下方法将更简便一些。假设已经将所有的样本均值从小到大进行了排序。那么就计算下列样本均值的差

$$\overline{X}_{1st\_max}-\overline{X}_{1st\_min}$$

如果这个差值大于 W，就可断言相应的总体均值相互差异显著。接着计算下列样本均值的差

$$\overline{X}_{2nd\_max}-\overline{X}_{1st\_min}$$

并把结果与 W 相比较。然后继续计算下列差值并与 W 相比较

$$\overline{X}_{3rd\_max}-\overline{X}_{1st\_min}$$

等等，直至发现要么所有的样本均值与 $\overline{X}_{1st\_min}$ 之差均大于 W（因此相应的总体均值不相同），要么有一个样本均值与 $\overline{X}_{1st\_min}$ 之差小于 W。如果情况是后者的话，我们就停止与 $\overline{X}_{1st\_min}$ 作比较。针对大鼠全肺湿重数据，与 $\overline{X}_{1st\_min}$ 对比的结果如表 8-6 所示。

表 8-6 差值比较结果

比 较	结 论
$\overline{X}_{1st\_max}-\overline{X}_{1st\_min}=\overline{X}_3-\overline{X}_1=4.733-3.817\approx 0.917$	$>W$；继续
$\overline{X}_{2nd\_max}-\overline{X}_{1st\_min}=\overline{X}_2-\overline{X}_1=4.233-3.817\approx 0.417$	$<W$；停止

注意由于样本均值已经被排序，所以这里的 $\overline{X}_1$ 对应的是原来的 $\overline{X}_A$，$\overline{X}_2$ 对应的是原来的 $\overline{X}_B$，$\overline{X}_3$ 对应的是原来的 $\overline{X}_C$。现在可以通过下面的图表来概括已经得到的结果

$$\underline{1\quad 2}\quad 3$$

那些用下画线连起来的总体，其均值与 $\overline{X}_1$ 的差异不显著。注意样本 3 与样本 1 的差值大于 W，所以没有加下画线。

类似地，再与第二小的样本作比较（即本例中的 $\overline{X}_2$），对这种情况沿用与刚才相同的方法可得

$$1\quad \underline{2\quad 3}$$

综上可得

$$\begin{array}{l}\underline{1\quad 2}\quad 3\\ \underline{2\quad 3}\end{array}$$

其中那些没有被下画线连接起来的总体表明其均值存在显著差异。而在本例中则有 μ_1 显

著地小于 μ_3,所以总体 X_A 和总体 X_C 之间是存在显著差异的。即得办公楼中大鼠全肺湿重小于矿井下大鼠全肺湿重。

在 R 中执行 Tukey 的 HSD 检验的一种方法是使用 TukeyHSD()函数,下面给出示例代码。

```
> posthoc <- TukeyHSD(mice.aov, 'group')
> posthoc
  Tukey multiple comparisons of means
    95 % family-wise confidence level

Fit: aov(formula = x ~ group, data = mice)

$ group
          diff         lwr        upr      p adj
B-A  0.4166667  -0.3611300  1.194463  0.3699714
C-A  0.9166667   0.1388700  1.694463  0.0203811
C-B  0.5000000  -0.2777967  1.277797  0.2487028
```

前面讲过,两个总体均值 μ_i 和 μ_j 不相等,会有

$$|\overline{X}_i - \overline{X}_j| \geqslant W = q_\alpha(g,v)\sqrt{MSE/n} \Rightarrow q_\alpha(g,v) \leqslant \frac{|\overline{X}_i - \overline{X}_j|}{\sqrt{MSE/n}}$$

于是首先计算检验统计量

$$W_{\overline{X}_A-\overline{X}_B} = \frac{|4.233-3.817|}{\sqrt{0.269/6}} \approx 1.967\ 85$$

$$W_{\overline{X}_C-\overline{X}_A} = \frac{|4.733-3.817|}{\sqrt{0.269/6}} \approx 4.329\ 25$$

$$W_{\overline{X}_C-\overline{X}_B} = \frac{|4.733-4.233|}{\sqrt{0.269/6}} \approx 2.361\ 40$$

由此可以算得相应的 P 值为

```
> ptukey(1.96785, 3, 15, lower.tail = F)
[1] 0.3699654
> ptukey(4.32925, 3, 15, lower.tail = F)
[1] 0.02038061
> ptukey(2.36140, 3, 15, lower.tail = F)
[1] 0.2487027
```

在 0.05 的显著水平下,只有 0.020 38≤0.05,所以拒绝原假设,同样得出结论总体 X_A 和总体 X_C 之间是存在显著差异的。

在 R 中执行 Tukey 的 HSD 检验的另一种方法是使用 HSD.test()函数,它位于 agricolae 包中,使用前需注意先引用该包。函数 HSD.test()的执行结果与我们最初的分析步骤是更为相像的。函数 HSD.test()中的参数 console 用以指示是否要将分析结果输入到控制台上。示例代码如下。

```
> library(agricolae)
> comparison <- HSD.test(mice.aov, 'group', console = T)

Study: mice.aov ~ "group"

HSD Test for x

Mean Square Error: 0.269

group, means

        x         std   r  Min  Max
A  3.816667  0.4490731  6  3.3  4.3
B  4.233333  0.3932768  6  3.5  4.6
C  4.733333  0.6713171  6  3.6  5.6

alpha: 0.05 ; Df Error: 15
Critical Value of Studentized Range: 3.673378

Honestly Significant Difference: 0.7777967

Means with the same letter are not significantly different.

Groups, Treatments and means
a    C    4.733
ab   B    4.233
b    A    3.817
```

首先注意到,上述输出中被方框标识出来的临界值与我们前面算得的结果是一致的。最终判断结果是采用所谓的"标记字母法"给出的,该方法与我们前面采用的下画线标记法是相通的。利用字母标记法表示的多重比较结果,通常所占篇幅都相对较小,因此在科技文献中比较常见。

标记字母法先将各处理平均数由大到小自上而下排列;然后在最大平均数后标记字母 a,并将该平均数与以下各平均数依次相比,凡差异不显著标记同一字母 a,注意这里的"差异显著"是指同临界统计量 W 相比而言的。直到出现某一个差异显著的平均数,则用字母 b 标注这个差异显著的新平均数。再以标有字母 b 的平均数为标准,与上方比它大的各个平均数比较,凡差异不显著一律再加标 b,直至显著为止;再以标记有字母 b 的最大平均数为标准,与下面各未标记字母的平均数相比,凡差异不显著,继续标记字母 b,直至某一个与其差异显著的平均数标记 c……如此重复下去,直至最小一个平均数被标记比较完毕为止。

各平均数间凡有一个相同字母的即为差异不显著,凡无相同字母的即为差异显著。例如在上述输出结果中,样本总体 A 与样本总体 C 所标记的字母不相同,就表明它们两者之间是存在显著差异的,这与之前的分析结果相一致。如果希望仅输出最终的字母标记结果,可以采用如下代码。

```
> print(comparison$groups)
  trt    means     M
1  C   4.733333   a
2  B   4.233333   ab
3  A   3.816667   b
```

通常，Tukey 的 HSD 检验法要比多重 t 检验更加保守(即发现较少的显著差异)。之所以这样是因为，尽管两个方法都有试验错误率，但是多重 t 检验法中每一个比较出错的概率更大。此外，Tukey 方法的局限性在于它要求所有的样本均值来自于容量相等的样本。对于样本容量差别不大的情况，也有学者提出了改进建议。但如果各样本容量相差较大，我们还是建议考虑采用修正的多重 t 检验法。

8.4.4 Newman-Keuls 检验

另外一种常用的多重比较方法是 Newman-Keuls 检验法，有时也称为 Student-Newman-Keuls 检验法，或简称为 SNK 检验法。它适用于多个均数两两之间的全面比较，在功用上与多重 t 检验类似。更重要的是，SNK 检验法是对 Tukey 的 HSD 法的一种修正。为了比较这两个方法，仍然以大鼠全肺湿重的例子来进行演示。将样本均值从小到大排列，如表 8-7 所示。

表 8-7 样本均值排列

样　本	1	2	3
$\overline{X}_i$	3.817	4.233	4.733

Tukey 的 HSD 方法的学生化极差临界值为

$$q_\alpha(g,v) = q_{0.05}(3,15) \approx 3.673$$

而且对三个处理均值的所有两两比较都使用相同的 q 值。

但在 SNK 方法中，当 g 个样本均值从小到大排列时，距离 r 步的均值间的临界值为

$$W_r = q_\alpha(r,v)\sqrt{MSE/n}$$

在当前讨论的例子中，$\overline{X}_{1st\_max}$ 与 $\overline{X}_{1st\_min}$ 相差三步，要比较它们应该使用

$$W_3 = q_\alpha(3,v)\sqrt{MSE/n} = q_{0.05}(3,15)\sqrt{0.269/6} \approx 0.7777$$

在 Tukey 的 HSD 方法中，每次比较时所选择的统计量都是相同的，它们都是以所有样本数量为基础算得的。但是在执行比较时，实际参与的样本数量其实是在变化的。所以这里的步长可以理解为当前步骤参与比较的样本数量。例如(在 HSD 方法中)将所有样本均值与 $\overline{X}_{1st\_min}$ 比较完之后，就要开始将所有样本均值与 $\overline{X}_{2nd\_min}$ 来进行比较，此时参与比较的样本数量就减少了 1 个。就当前所讨论的例子而言，此时 $r=2$，即有

$$W_2 = q_\alpha(2,v)\sqrt{MSE/n} = q_{0.05}(2,15)\sqrt{0.269/6} \approx 0.6382$$

就大鼠全肺湿重的例子而言，我们所需要用到的检验统计量临界值就只有这两个。

SNK 方法在决定观察到的样本差异显著性时，需要依赖这两个样本均值间排序的步

宽，它既没有引入试验的错误率也没有每次比较的错误率。此外错误率是根据均值的相应步宽而定义的。由于随着要比较均值的样本数量的减小临界值 W_r，也在减小，SNK 方法相对于 HSD 方法来说没有那么保守，因此一般能发现较多的显著差异，这是由于 HSD 方法不管要比较的均值相差几步都使用最大的 W 值。不难发现，HSD 方法所使用的 W 临界值其实是 W_g，而对所有 $r<g$ 均有 $W_r<W_g$。

可以总结 SNK 方法执行的一般步骤如下：将 g 个样本从小到大排列。对步长为 r 的两个均量 $\overline{X}_i$ 与 $\overline{X}_j$，如果它们满足

$$|\overline{X}_i - \overline{X}_j| \geqslant W_r$$

就认为两者具有显著差异，其中 $W_r = q_\alpha(r,v)\sqrt{MSE/n}$，$n$ 为每个样本观察值个数。特别地，如果参与比较的两个样本容量不等，则有

$$W_r = q_\alpha(r,v)\sqrt{\frac{MSE}{2}\left(\frac{1}{n_i}+\frac{1}{n_j}\right)}$$

这里的 n_i 和 n_j 是相应的处理组之样本容量。MSE 是自由度为 v 的样本组内均方差。$q_\alpha(r,v)$ 是学生化极差的临界值。在此基础上的比较过程与 HSD 中的方法类似，这里不再赘述。

在 R 中执行 SNK 检验的方法是使用 SNK.test()函数，该函数位于 agricolae 包中，使用前需注意先引用该包。下面给出一段示例代码。易见其中被方框标识出来的检验统计量临界值与我们前面算出的结果是一致的。

```
> library(agricolae)
> comparison <- SNK.test(mice.aov, "group", console = T)

Study: mice.aov ~ "group"

Student Newman Keuls Test
for x

Mean Square Error: 0.269

group, means

         x       std   r  Min  Max
A 3.816667 0.4490731  6  3.3  4.3
B 4.233333 0.3932768  6  3.5  4.6
C 4.733333 0.6713171  6  3.6  5.6

alpha: 0.05 ; Df Error: 15

Critical Range
        2         3
0.6382496 0.7777967

Means with the same letter are not significantly different.
Groups, Treatments and means
a    C    4.733
ab   B    4.233
b    A    3.817
```

判断结果同样是采用“标记字母法”给出的，它的意义前面已经详细讨论过了，这里不再赘言。可见，最终我们得到了与前面分析相一致的结果，即可以认为办公楼中大鼠全肺湿重小于矿井下大鼠全肺湿重。

同样地，我们也可以为每对比较算出一个 P 值，并据此决定是否接受原假设。此时需要使用的检验统计量为

$$q = \frac{|\overline{X}_i - \overline{X}_j|}{\sqrt{\frac{MSE}{2}\left(\frac{1}{n_i}+\frac{1}{n_j}\right)}}$$

其中，$\overline{X}_i - \overline{X}_j$ 表示两两比较的处理组均值之差。与之前相同，MSE 是均方误差，n_i 和 n_j 是相应的处理组之样本容量。

在大鼠全肺湿重的例子中，基于如下原假设和备择假设

$$H_0: \mu_i = \mu_j\text{（对比组总体均数相等）}$$

$$H_1: \mu_i \neq \mu_j\text{（对比组总体均数不等）}$$

便可计算相应的统计量如下

$$q_{\overline{X}_A - \overline{X}_B} = \frac{|3.817 - 4.233|}{\sqrt{\frac{0.269}{2}\times\left(\frac{1}{6}+\frac{1}{6}\right)}} \approx 1.968$$

$$q_{\overline{X}_A - \overline{X}_C} = \frac{|3.817 - 4.733|}{\sqrt{\frac{0.269}{2}\times\left(\frac{1}{6}+\frac{1}{6}\right)}} \approx 4.329$$

$$q_{\overline{X}_B - \overline{X}_C} = \frac{|4.233 - 4.733|}{\sqrt{\frac{0.269}{2}\times\left(\frac{1}{6}+\frac{1}{6}\right)}} \approx 2.361$$

并在 R 中使用下列代码算得相应的 P 值。

```
> ptukey(1.968, 2, 15, lower.tail = F)
[1] 0.1843417
> ptukey(4.329, 3, 15, lower.tail = F)
[1] 0.02038771
> ptukey(2.361, 2, 15, lower.tail = F)
[1] 0.1157534
```

从输出结果来看，在 0.05 的显著水平下，只有 0.020 388≤0.05，所以拒绝相应的原假设，同样得出结论总体 X_A 和总体 X_C 之间是存在显著差异的。

8.5　方差齐性的检验方法

方差分析的一个前提条件是相互比较的各样本的总体方差相等，即具有方差齐性，这就需要在作方差分析之前，先对数据的方差齐性进行检验，特别是在样本方差相差悬殊时，应注意这个问题。本节介绍两种多样本方差齐性的检验方法，即 Bartlett 检验法和 Levene 检验法。

8.5.1 Bartlett 检验法

对于正态分布总体,可采用 Bartlett 法来检验齐方差性,该检验法得名于英国统计学家莫里斯·史蒂文森·巴特利特(Maurice Stevenson Bartlett)。假设有一个给定的随机变量 Y,它的一个容量为 N 的样本被分成了 g 个子组,n_i 是其中第 i 个子组的容量,s_i^2 是第 i 个子组的方差。那么相应的统计量定义为

$$T=\frac{(N-g)\ln s_p^2-\sum_{i=1}^{g}(n_i-1)\ln s_i^2}{1+\frac{1}{3(g-1)}\left[\sum_{i=1}^{g}\left(\frac{1}{n_i-1}\right)-\frac{1}{N-g}\right]}$$

其中,s_p^2 是合并方差,它定义为子组方差的加权平均,即

$$s_p^2=\sum_{i=1}^{g}\frac{(N_i-1)s_i^2}{N-g}$$

现在来考察一下 Bartlett 检验法的基本原理。s_p^2 是子组方差的算术平均数,这些子组相应的几何平均数可以记为

$$GMS=[(s_1^2)^{f_1}(s_2^2)^{f_2}\cdots(s_g^2)^{f_g}]^{\frac{1}{f}}$$

其中,$f_i=n_i-1, f=f_1+f_2+\cdots+f_g=\sum_{i=1}^{g}(n_i-1)=N-g$。

由于几何平均数总不会超过算术平均数,所以有 $GMS\leqslant s_p^2$,等号成立当且仅当各个 s_i^2 彼此相等,如果各个 s_i^2 间的差异越大,则这两个平均值相差也越大。由此可见,如果各总体方差相等时,其样本方差间不应相差较大,从而比值 s_p^2/GMS 接近于 1。反之,在比值 s_p^2/GMS 较大时,就意味着各样本方差差异较大,从而反映各总体方差差异也较大。这个结论对该比值的对数也成立。巴特利特证明,在样本量较大时,有如下近似分布

$$\frac{(N-g)}{C}[\ln s_p^2-\ln GMS]=\frac{(N-g)}{C}\left\{\ln s_p^2-\frac{1}{f}\ln[(s_1^2)^{f_1}(s_2^2)^{f_2}\cdots(s_g^2)^{f_g}]\right\}$$

$$=\frac{1}{C}[(N-g)\ln s_p^2-(f_1\ln s_1^2+f_2\ln s_2^2+\cdots+f_g\ln s_g^2)]$$

$$=\frac{1}{C}\left[(N-g)\ln s_p^2-\sum_{i=1}^{g}(n_i-1)\ln s_i^2\right]\sim\chi^2(g-1)$$

其中

$$C=1+\frac{1}{3(g-1)}\left[\sum_{i=1}^{g}\left(\frac{1}{n_i-1}\right)-\frac{1}{N-g}\right]$$

因此作为检验统计量,对于给定的显著水平 α,检验的拒绝域为

$$W=\{T>\chi_{1-\alpha}^2(g-1)\}$$

考虑到这里的卡方分布是近似分布,所以各样本的容量在均不小于 5 时使用上述检验是比较妥当的。

下面以大鼠全肺湿重的数据为例演示使用 Bartlett 法进行方差齐性检验的基本步骤。首先提出如下原假设和备择假设。

$$H_0: \sigma_1^2=\sigma_2^2=\sigma_3^2;\ H_1: H_0 \text{ 不成立。}$$

然后根据上面的公式，可以算得一些中间过程的结果如下

$s_1^2 = 0.2017,\quad s_2^2 = 0.1547,\quad s_3^2 = 0.4507$

$\ln s_1^2 = -1.6011,\quad \ln s_2^2 = -1.8665,\quad \ln s_3^2 = -0.7970$

$$\sum_{i=1}^{g}(n_i - 1)\ln s_i^2 = \sum_{i=1}^{3}(6-1)\ln s_i^2 = -21.3232$$

$$s_p^2 = \sum_{i=1}^{g}\frac{(N_i - 1)s_i^2}{N-g} = \frac{1}{15}\sum_{i=1}^{3}(6-1)s_i^2 = 0.269$$

$$(N-g)\ln s_p^2 = 15 \times \ln 0.269 = -19.6957$$

$$1 + \frac{1}{3(g-1)}\left[\sum_{i=1}^{g}\left(\frac{1}{n_i - 1}\right) - \frac{1}{N-g}\right] = 1 + \frac{1}{6}\times\left(\frac{1}{5}+\frac{1}{5}+\frac{1}{5}-\frac{1}{15}\right) = 1.0889$$

于是可以得出检验统计量

$$T = \frac{-19.6957-(-21.3232)}{1.0889} = 1.4947$$

在 R 中使用下面的代码来算得相应的 P 值。由于 P 值远远大于 0.05 的显著水平，不能拒绝原假设，据此可以认为不同环境下的各组数据是等方差的。

```
> pchisq(1.4947, 2, lower.tail = F)
[1] 0.47362
```

上述计算过程可以使用 R 中提供的函数 bartlett.test()来完成。该函数的调用形式有两种，其一是

```
bartlett.test(x, g, ...)
```

此处的参数 x 是数据向量或者列表，g 是因子向量，如果 x 是列表则忽略 g。另外一种调用形式为

```
bartlett.test(formula, data, subset, na.action...)
```

此处 formula 表示方差分析公式；data 指数据集；subset 是可选项，用来指定观测值的一个子集用于分析；na.action 表示遇到缺失值时应该采取的行为。下面的代码演示了这种形式的用法。易见所得之结果与前面的计算结果是相一致的。

```
> bartlett.test(X ~ A, data = my.data)

        Bartlett test of homogeneity of variances

data: X by A
Bartlett's K-squared = 1.4947, df = 2, p-value = 0.4736
```

8.5.2 Levene 检验法

与 Bartlett 检验法比较，Levene 检验法在用于多样本方差齐性检验时，所分析的资料

可不具有正态性。对于一个给定的随机变量 Y,它的一个容量为 N 的样本被分成了 g 个子组,n_i 是其中第 i 个子组的容量。则 Levene 检验统计量定义为

$$W = (N-g)\sum_{i=1}^{g} n_i(\bar{Z}_i - \bar{Z}^2/(g-1)\sum_{i=1}^{g}\sum_{j}^{n_i}(Z_{ij} - \bar{Z}_i)^2$$

其中 Z_{ij} 可以是如下三个定义中的一个

- $Z_{ij} = |Y_{ij} - \bar{Y}_i|$

  这里 $\bar{Y}_i$ 是第 i 个子组的平均数。
- $Z_{ij} = |Y_{ij} - \widetilde{Y}_i|$

  这里$\widetilde{Y}_i$ 是第 i 个子组的中位数。
- $Z_{ij} = |Y_{ij} - \bar{Y}'_i|$

  这里 $\bar{Y}'_i$是第 i 个子组的 10%切尾平均数。

美国生物统计学家和遗传学家霍华德·莱文(Howard Levene)最初在 1960 年提出该方法时只提出使用平均值。后来在 1974 年,美国生物统计学家莫顿·布朗(Morton Brown)和艾兰·福赛思(Alan Forsythe)扩展了原有的 Levene 检验。他们使用蒙特卡洛法进行研究,结果表明如果数据呈现柯西分布(即重尾)时,最好使用切尾平均数。如果数据服从一个 χ_4^2 分布(即偏态)时,则最好使用中位数。

若检验统计量 $W > F_\alpha(g-1, N-g)$,Levene 检验将在显著水平 α 下,拒绝原假设,即认为数据不满足齐方差性。

观察 Levene 检验统计量的定义式,其实不难发现,该检验的本质就是对由随机变量 Y 的均值(或中位数、或切位均值)离差构成的新分组数据进行单因素方差分析。因为这些离差反映了原数据的方差分布特性,如果这些离差被认定是等均值的,那么显然就表明原数据是齐方差的。定义式所反映的内容经由如下变化将成为本章前面已经给出的形式

$$W = \frac{\sum_{i=1}^{g} n_i(\bar{Z}_i - \bar{Z}^2/(g-1)}{\sum_{i=1}^{g}\sum_{j}^{n_i}(Z_{ij} - \bar{Z}_i)^2/(N-g)} = \frac{\sum_{i=1}^{g}\sum_{j=1}^{n_i}(\bar{Z}_i - \bar{Z}^2/(g-1)}{\sum_{i=1}^{g}\sum_{j}^{n_i}(Z_{ij} - \bar{Z}_i)^2/(N-g)}$$

$$= \frac{SS_A/(g-1)}{SS_E/(N-g)} = \frac{MS_A}{MS_E}$$

下面以大鼠全肺湿重的数据为例演示在第一种定义下的 Levene 检验统计量计算步骤。首先,根据公式 $Z_{ij} = |Y_{ij} - \bar{Y}_i|$来计算出由 Y 的均值离差构成的新分组数据,如表 8-8 所示。

表 8-8 分组数据

$\lvert Y_{1j} - \bar{Y}_1\rvert$	0.383	0.517	0.117	0.483	0.283	0.517
$\lvert Y_{2j} - \bar{Y}_2\rvert$	0.267	0.167	0.733	0.033	0.367	0.033
$\lvert Y_{3j} - \bar{Y}_3\rvert$	0.867	1.133	0.233	0.367	0.167	0.033

根据上表可以算得一些中间过程的结果如下

$$SS_E = \sum_{i=1}^{g}\sum_{j=1}^{n_i}(Z_{ij} - \bar{Z}_i)^2$$

$$= \sum_{j=1}^{6}(Z_{1j} - 0.383)^2 + \sum_{j=1}^{6}(Z_{2j} - 0.267)^2 + \sum_{j=1}^{6}(Z_{3j} - 0.467)^2$$
$$= 1.420$$

$$SS_T = \sum_{i=1}^{g}\sum_{j=1}^{n_i}(Z_{ij} - \bar{Z})^2 = \sum_{i=1}^{3}\sum_{j=1}^{6}(Z_{ij} - 0.372)^2 = 1.541$$

$$SS_A = SS_T - SS_E = 0.121$$

此外，SS_A 亦可由下面的过程算得

$$SS_A = \sum_{i=1}^{g} n_i(\bar{Z}_i - \bar{Z})^2$$
$$= 6 \times (\bar{Z}_1 - \bar{Z})^2 + 6 \times (\bar{Z}_2 - \bar{Z})^2 + 6 \times (\bar{Z}_3 - \bar{Z})^2$$
$$= 0.000\,77 + 0.066\,57 + 0.053\,77 = 0.121\,11$$

于是可得

$$W = \frac{15 \times SS_A}{2 \times SS_E} = \frac{15 \times 0.121}{2 \times 1.420} \approx 0.639$$

上述过程显然只是一个单因素方差分析中的 F 统计量计算过程，所以可以在 R 中使用 aov()函数来完成。

```
> X <- c(0.383, 0.517, 0.117, 0.483, 0.283, 0.517,
+ 0.267, 0.167, 0.733, 0.033, 0.367, 0.033,
+ 0.867, 1.133, 0.233, 0.367, 0.167, 0.033)
> A <- factor(rep(1:3, each = 6))
> my.data <- data.frame(X, A)
> my.aov <- aov(X~A, data = my.data)
> summary(my.aov)
            Df Sum Sq Mean Sq F value Pr(>F)
A            2 0.1211 0.06056 0.64 0.541
Residuals 15 1.4200 0.09467
```

除此之外，R 中还提供了之间进行 Levene 检验的函数。首先我们可以使用 car 包中的函数 leveneTest()，其中参数 center 用以指定使用何种定义的 Levene 检验，其默认值为"median"，即采用由中位数定义的形式。如果将这个参数的值置为"mean"则表示使用均值定义的形式。下面示例代码的输出结果与我们前面算得的结果是一致的。

```
> library(car)
> leveneTest(X ~ A, data = my.data)
Levene's Test for Homogeneity of Variance (center = median)
      Df F value Pr(>F)
group 2 0.5996 0.5617
      15

> leveneTest(X ~ A, data = my.data, center = mean)
Levene's Test for Homogeneity of Variance (center = mean)
      Df F value Pr(>F)
group 2 0.6397 0.5413
      15
```

在 lawstat 包中也提供了一个用于执行 Levene 检验的函数 levene.test()，它的使用与 car 包中的函数 leveneTest()略有不同，读者可以参考下列示例代码来了解它的用法。特别地，用于指示采用何种定义形式的参数 location 可以接受三个值，即除了均值、中位数以外，levene.test()函数还可以用于执行切位均值定义下的 Levene 检验。

```
> library(lawstat)
> levene.test(X, A, location = "median")

        modified robust Brown - Forsythe Levene - type test based on the
        absolute deviations from the median


data: X
Test Statistic  =  0.5996, p - value  =  0.5617

> levene.test(X, A, location = "mean")

        classical Levene's test based on the absolute deviations from the
        mean ( none not applied because the location is not set to median )


data: X
Test Statistic  =  0.6397, p - value  =  0.5413
```

以上各种方法所得之结果都是一致的，因为 P 值远大于 0.05，我们无法拒绝原假设，所以认为原数据是满足方差齐性的。

第9章 逻辑回归与最大熵模型

CHAPTER 9

逻辑回归的核心思想是把原线性回归的取值范围通过 Logistic 函数映射到一个概率空间，从而将一个回归模型转换成一个分类模型。本章将从最简单的二元逻辑回归出发，逐渐拓展到多元逻辑回归。非常重要的一点是，多元逻辑回归同时也是人工神经网络中的 Softmax 模型，或者从信息论的角度来解释，它又被称为最大熵模型。在推导最大熵模型时，还会用到凸优化(包含拉格朗日乘数法)的内容。

9.1 逻辑回归

下面通过一个例子来引出 Logistic 回归的基本思想。急性心肌梗塞经急诊抢救后，病患有脱离生命危险的可能，为研究与其相关的因素，现收集了 200 个急性心肌梗塞的病例如表 9-1 所示。其中，x_1 用于指示救治前是否休克，$x_1=1$ 表示救治前已休克，$x_1=0$ 表示救治前未休克；x_2 用于指示救治前是否心衰，$x_2=1$ 表示救治前已发生心衰，$x_2=0$ 表示救治前未发生心衰；x_3 用于指示 12 小时内有无治疗措施，$x_3=1$ 表示没有，否则 $x_3=0$。最后 P 给出了病患的最终结局，当 $P=0$ 时，表示患者生存；否则当 $P=1$ 时，表示患者死亡。表中 N 为病历数。

表 9-1 急性心肌梗塞的病例数据

$P=0$				$P=1$			
x_1	x_2	x_3	N	x_1	x_2	x_3	N
0	0	0	35	0	0	0	4
0	0	1	34	0	0	1	10
0	1	0	17	0	1	0	4
0	1	1	19	0	1	1	15
1	0	0	17	1	0	0	6
1	0	1	6	1	0	1	9
1	1	0	6	1	1	0	6
1	1	1	6	1	1	1	6

如果要建立回归模型，进而来预测不同情况下病患生存的概率，考虑用多重回归来做

$$P = w_0 + w_1 x_1 + w_2 x_2 + w_3 x_3$$

显然将自变量代入上述回归方程，不能保证概率 P 一定位于 0 到 1 之间。于是想到用 Logistic 函数将自变量映射至 0 到 1 之间。Logistic 函数的定义如下

$$P=\frac{e^y}{1+e^y}$$

或

$$y=\ln\frac{P}{1-P}$$

其函数的图像如图 9-1 所示。

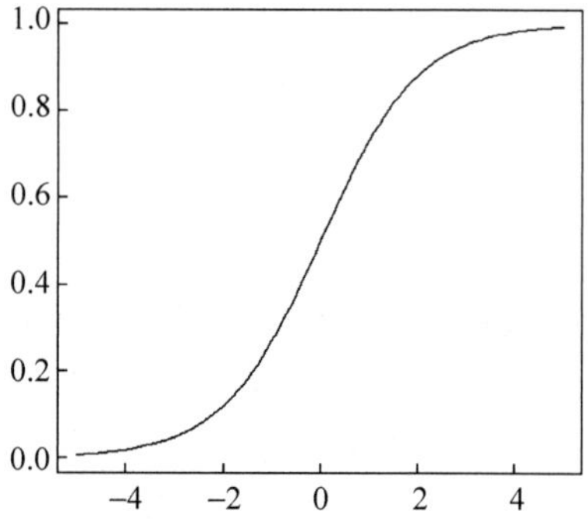

图 9-1　Logistic 函数图形

用上面的 Logistic 函数定义式将多元线性回归中的因变量替换得到

$$\ln\frac{P}{1-P}=w_0+w_1x_1+\cdots+w_nx_n$$

或者

$$P=\frac{e^{w_0+w_1x_1+\cdots+w_nx_n}}{1+e^{w_0+w_1x_1+\cdots+w_nx_n}}$$

或者

$$P=\frac{1}{1+e^{-(w_0+w_1x_1+\cdots+w_nx_n)}}$$

可以简单记为

$$P(\boldsymbol{z})=\frac{1}{1+e^{-z}}$$

其中，$\boldsymbol{z}=w_0+w_1x_1+\cdots+w_nx_n$，而且在当前所讨论的例子中 $n=3$。

上式中的 $w_0,w_1,\cdots,w_n$ 正是要求的参数，通常采用极大似然估计法对参数进行求解。对于本题而言则有

$$P(y=0)=\frac{1}{1+e^z},\quad P(y=1)=\frac{1}{1+e^{-z}}$$

进而有

$$\begin{aligned}\mathcal{L}=&\left\{\left[\frac{\exp(w_0)}{1+\exp(w_0)}\right]^{35}\left[\frac{1}{1+\exp(w_0)}\right]^{4}\right\}\\&\left\{\left[\frac{\exp(w_0+w_3)}{1+\exp(w_0+w_3)}\right]^{34}\left[\frac{1}{1+\exp(w_0+w_3)}\right]^{10}\right\}\cdots\\&\left\{\left[\frac{\exp(w_0+w_1+w_2+w_3)}{1+\exp(w_0+w_1+w_2+w_3)}\right]^{6}\left[\frac{1}{1+\exp(w_0+w_1+w_2+w_3)}\right]^{6}\right\}\\=&\prod_{i=1}^{k}\left\{\left[\frac{\exp(w_0+w_1x_{1i}+w_2x_{2i}+w_3x_{3i})}{1+\exp(w_0+w_1x_{1i}+w_2x_{2i}+w_3x_{3i})}\right]^{n_{i0}}\right.\\&\left.\left[\frac{1}{1+\exp(w_0+w_1x_{1i}+w_2x_{2i}+w_3x_{3i})}\right]^{n_{i1}}\right\}\end{aligned}$$

寻找最适宜的 $\hat{w}_0,\hat{w}_1,\hat{w}_2,\hat{w}_3$ 使得 $\mathcal{L}$ 达到最大，最终得到估计模型为

$$\ln\frac{P}{1-P}=-2.0858+1.1098x_1+0.7028x_2+0.9751x_3$$

或写成

$$P=\frac{1}{1+e^{-(-2.0858+1.1098x_1+0.7028x_2+0.9751x_3)}}$$

得到上面的公式后，如果再有一组观察样本，将其代入公式，就可以算得病人生存与否的概率。例如现在有一名患者 A 没有休克，病发 5 小时后送医院，而且已出现了症状，即 $x_1=0, x_2=1, x_3=0$，则可据此计算其生存的概率为

$$P_A = \frac{1}{1+\mathrm{e}^{-(-2.0858+0.7028)}} = 0.200$$

同理，若另有一名患者 B 已经出现休克，病发 18 小时后送医院，出现了症状，即 $x_1=1$，$x_2=1, x_3=1$，则可据此计算其生存的概率为

$$P_B = \frac{1}{1+\mathrm{e}^{-(-2.0858+1.1098+0.7028+0.9751)}} = 0.669$$

前面在对参数进行估计时，假设 $y=1$ 的概率为

$$P(y=1 \mid \boldsymbol{x};\ \boldsymbol{w}) = h_{\boldsymbol{w}}(\boldsymbol{x}) = g(\boldsymbol{w}^{\mathrm{T}}\boldsymbol{x}) = \frac{\mathrm{e}^{\boldsymbol{w}^{\mathrm{T}}\boldsymbol{x}}}{1+\mathrm{e}^{\boldsymbol{w}^{\mathrm{T}}\boldsymbol{x}}}$$

于是还有

$$P(y=0 \mid \boldsymbol{x};\ \boldsymbol{w}) = 1-h_{\boldsymbol{w}}(\boldsymbol{x}) = 1-g(\boldsymbol{w}^{\mathrm{T}}\boldsymbol{x}) = \frac{1}{1+\mathrm{e}^{\boldsymbol{w}^{\mathrm{T}}\boldsymbol{x}}}$$

由此，便可以利用 Logistic 回归来从特征学习中得出一个非 0 即 1 的分类模型。当要判别一个新来的特征属于哪个类时，只需求 $h_{\boldsymbol{w}}(\boldsymbol{x})$ 即可，若 $h_{\boldsymbol{w}}(\boldsymbol{x})$ 大于 0.5 就可被归为 $y=1$ 的类，反之就被归为 $y=0$ 类。

以上我们通过了一个例子向读者演示了如何从原始的线性回归演化出 Logistic 回归。而且不难发现，Logistic 回归可以用作机器学习中的分类器。当我们得到一个事件发生与否的概率时，自然就已经得出结论，其到底应该属于“发生”的那一类别，还是属于“不发生”的那一类别。

机器学习最终是希望机器自己学到一个可以用于问题解决的模型。而这个模型本质上是由一组参数(或权值)定义的，也就是前面讨论的 $w_0, w_1, \cdots, w_n$。在得到测试数据时，将这组参数与测试数据线性加和得到

$$\boldsymbol{z} = w_0 + w_1 x_1 + \cdots + w_n x_n$$

这里 $x_1, x_2, \cdots, x_n$ 是每个样本的 n 个特征。之后再按照 Logistic 函数的形式求出

$$P(\boldsymbol{z}) = \frac{1}{1+\mathrm{e}^{-z}}$$

在给定特征向量 $\boldsymbol{x}=(x_1, x_2, \cdots, x_n)$ 时，条件概率 $P(y=1|\boldsymbol{x})$ 为根据观测量某事件 y 发生的概率。那么 Logistic 回归模型可以表示为

$$P(y=1 \mid \boldsymbol{x}) = \pi(\boldsymbol{x}) = \frac{1}{1+\mathrm{e}^{-z}}$$

相对应地，在给定条件 $\boldsymbol{x}$ 时，事件 y 不发生的概率为

$$P(y=0 \mid \boldsymbol{x}) = 1-\pi(\boldsymbol{x}) = \frac{1}{1+\mathrm{e}^{z}}$$

而且还可以得到事件发生与不发生的概率之比为

$$odds = \frac{P(y=1 \mid \boldsymbol{x})}{P(y=0 \mid \boldsymbol{x})} = \mathrm{e}^{z}$$

这个比值称为事件的发生比。

概率论的知识告诉我们参数估计时可以采用最大似然法。假设有 m 个观测样本,观测值分别为 $y_1, y_2, \cdots, y_n$,设 $p_i = P(y_i = 1 | \boldsymbol{x}_i)$ 为给定条件下得到 $y_i = 1$ 的概率。同样地,$y_i = 0$ 的概率为 $1 - p_i = P(y_i = 0 | \boldsymbol{x}_i)$,所以得到一个观测值的概率为 $P(y_i) = p_i^{y_i}(1-p_i)^{1-y_i}$。

各个观测样本之间相互独立,那么它们的联合分布为各边缘分布的乘积。得到似然函数为

$$\mathcal{L}(\boldsymbol{w}) = \prod_{i=1}^{m} [\pi(\boldsymbol{x}_i)]^{y_i} [1 - \pi(\boldsymbol{x}_i)]^{1-y_i}$$

然后我们的目标是求出使这一似然函数值最大的参数估计,于是对函数取对数得到

$$\begin{aligned}
\ln \mathcal{L}(\boldsymbol{w}) &= \sum_{i=1}^{m} \{ y_i \ln[\pi(\boldsymbol{x}_i)] + (1 - y_i) \ln[1 - \pi(\boldsymbol{x}_i)] \} \\
&= \sum_{i=1}^{m} \ln[1 - \pi(\boldsymbol{x}_i)] + \sum_{i=1}^{m} y_i \ln \frac{\pi(\boldsymbol{x}_i)}{1 - \pi(\boldsymbol{x}_i)} \\
&= \sum_{i=1}^{m} \ln[1 - \pi(\boldsymbol{x}_i)] + \sum_{i=1}^{m} y_i \boldsymbol{z}_i \\
&= \sum_{i=1}^{m} - \ln[1 + \mathrm{e}^{\boldsymbol{z}_i}] + \sum_{i=1}^{m} y_i \boldsymbol{z}_i
\end{aligned}$$

其中,$\boldsymbol{z}_i = \boldsymbol{w} \cdot \boldsymbol{x}_i = w_0 + w_1 x_{i1} + \cdots + w_n x_{in}$ 根据多元函数求极值的方法,为了求出使得 $\ln \mathcal{L}(\boldsymbol{w})$ 最大的向量 $\boldsymbol{w} = (w_0, w_1, \cdots, w_n)$,对上述的似然函数求偏导后得到

$$\begin{aligned}
\frac{\partial \ln \mathcal{L}(\boldsymbol{w})}{\partial w_k} &= \sum_{i=1}^{m} y_i x_{ik} - \sum_{i=1}^{m} \frac{1}{1 + \mathrm{e}^{\boldsymbol{z}_i}} \mathrm{e}^{\boldsymbol{z}_i} \cdot x_{ik} \\
&= \sum_{i=1}^{m} x_{ik} [y_i - \pi(\boldsymbol{x}_i)]
\end{aligned}$$

现在,我们所要做的就是通过上面已经得到的结论来求解使得似然函数最大化的参数向量。在实际中有很多方法可供选择,其中比较常用的包括梯度下降法、牛顿法和拟牛顿法等。

9.2 牛顿法解 Logistic 回归

现代计算中涉及大量的工程计算问题,这些计算问题往往很少采用我们通常在求解计算题甚至是考试时所采用的方法,因为计算机最擅长的无非就是“重复执行大量的简单任务”,所以数值计算方面的迭代法在计算机时代便有了很大的作用。一个典型的例子就是利用牛顿迭代法近似求解方程的方法。牛顿迭代又称为牛顿-拉夫逊(Newton-Raphson)方法。

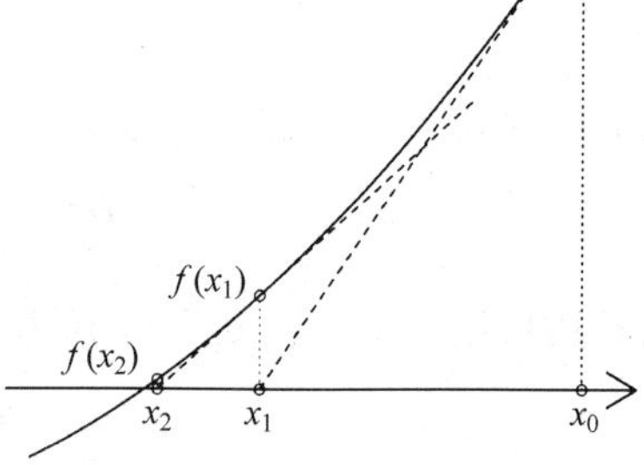

图 9-2 牛顿迭代法求方程的根

有时候某些方程的求根公式可能很复杂(甚至有些方程可能没有求根公式),导致求解困难。这时便可利用牛顿法进行迭代求解。

假设我们要求解方程 $f(x) = 0$ 的根,首先随便找一个初始值 x_0,如果 x_0 不是解,做一个经过 $(x_0, f(x_0))$ 这

个点的切线，与 x 轴的交点为 x_1。同样的道理，如果 x_1 不是解，做一个经过$(x_1,f(x_1))$这个点的切线，与 x 轴的交点为x_2。以此类推。以这样的方式得到的 x_i 会无限趋近于 $f(x)=0$ 的解，如图 9-2 所示。

判断 x_i 是否是 $f(x)=0$ 的解有两种方法：一是直接计算 $f(x_i)$的值判断是否为 0；二是判断前后两个解 x_i 和 x_{i-1}是否无限接近。经过$(x_i,f(x_i))$这个点的切线方程为(注意这也是一元函数的一阶泰勒展式)

$$f(x)=f(x_i)+f'(x_i)(x-x_i)$$

其中，$f'(x)$为 $f(x)$的导数。令切线方程等于 0，即可求出

$$x_{i+1}=x_i-\frac{f(x_i)}{f'(x_i)}$$

于是我们就得到了一个迭代公式，而且它必然在 $f(x^*)=0$ 处收敛，其中 x^* 就是方程的根，由此便可对方程进行迭代求根。

接下来，我们讨论牛顿法在最优化问题中的应用。假设当前任务是优化一个目标函数 f，也就是求该函数的极大值或极小值问题，可以转化为求解函数 f 的导数 $f'=0$ 的问题，这样就可以把优化问题看成方程 $f'=0$ 的求解问题。剩下的问题就和前面提到的牛顿迭代法求解很相似了。

这次为了求解方程 $f'=0$ 的根，把原函数 $f(x)$做泰勒展开，展开到二阶形式(注意之前是一阶)

$$f(x+\Delta x)=f(x)+f'(x)\Delta x+\frac{1}{2}f''(x)\Delta x^2$$

当且仅当 Δx 无限趋近于 0 时，(可以舍去后面的无穷小项)使得等式成立。此时，上式等价于

$$f'(x)+\frac{1}{2}f''(x)\Delta x=0$$

注意：因为 Δx 无限趋近于 0，前面的常数$\frac{1}{2}$将不再起作用，可以将其一并忽略，即

$$f'(x)+f''(x)\Delta x=0$$

求解

$$\Delta x=-\frac{f'(x)}{f''(x)}$$

得出迭代公式

$$x_{n+1}=x_n-\frac{f'(x)}{f''(x)},\quad n=0,1,\cdots$$

最优化问题除了用牛顿法来解之外，还可以用梯度下降法来解。但是通常来说，牛顿法可以利用曲线本身的信息，比梯度下降法更容易收敛，即迭代次数更少。

再次联系到 Hessian 矩阵与多元函数极值，对于一个多维向量 $\boldsymbol{x}$，以及在点 $\boldsymbol{x}_0$ 的邻域内有连续二阶偏导数的多元函数 $f(\boldsymbol{x})$，可以写出该函数在点 $\boldsymbol{x}_0$ 处的(二阶)泰勒展开式

$$f(\boldsymbol{x})=f(\boldsymbol{x}_0)+(\boldsymbol{x}-\boldsymbol{x}_0)^{\mathrm{T}}\nabla f(\boldsymbol{x}_0)+\frac{1}{2}(\boldsymbol{x}-\boldsymbol{x}_0)^{\mathrm{T}}\boldsymbol{H}f(\boldsymbol{x}_0)(\boldsymbol{x}-\boldsymbol{x}_0)+o(\|\boldsymbol{x}-\boldsymbol{x}_0\|^2)$$

其中，$o(\|\boldsymbol{x}-\boldsymbol{x}_0\|^2)$是高阶无穷小表示的皮亚诺余项。而 $\boldsymbol{H}f(\boldsymbol{x}_0)$是一个 Hessian 矩阵。依据之前的思路，忽略掉无穷小项，写出迭代公式即为

$$\boldsymbol{x}_{n+1}=\boldsymbol{x}_n-\frac{\nabla f(\boldsymbol{x}_n)}{\boldsymbol{H}f(\boldsymbol{x}_n)},\quad n\geqslant 0$$

由此可知，高维情况依然可以用牛顿迭代求解，但是问题是 Hessian 矩阵引入的复杂性，使得牛顿迭代求解的难度大大增加。所以人们又提出了所谓的拟牛顿法（Quasi-Newton method），不再直接计算 Hessian 矩阵，而是每一步的时候都使用梯度向量更新 Hessian 矩阵的近似。

现在尝试用牛顿法来求解 Logistic 回归。我们已经求出了 Logistic 回归的似然函数的一阶偏导数

$$\frac{\partial \ln \mathcal{L}(\boldsymbol{w})}{\partial w_k}=\sum_{i=1}^{m}x_{ik}[y_i-\pi(\boldsymbol{x}_i)]$$

由于 $\ln \mathcal{L}(\boldsymbol{w})$ 是一个多元函数，变量是 $\boldsymbol{w}=(w_0,w_1,\cdots,w_n)$，所以根据多元函数求极值问题的规则，易知极值点处的导数一定均为零，所以一共需要列出 $n+1$ 个方程，联立解出所有的参数。下面列出方程组如下

$$\frac{\partial \ln \mathcal{L}(\boldsymbol{w})}{\partial w_0}=\sum_{i=1}^{m}x_{i0}[y_i-\pi(\boldsymbol{x}_i)]=0$$

$$\frac{\partial \ln \mathcal{L}(\boldsymbol{w})}{\partial w_1}=\sum_{i=1}^{m}x_{i1}[y_i-\pi(\boldsymbol{x}_i)]=0$$

$$\frac{\partial \ln \mathcal{L}(\boldsymbol{w})}{\partial w_2}=\sum_{i=1}^{m}x_{i2}[y_i-\pi(\boldsymbol{x}_i)]=0$$

$$\vdots$$

$$\frac{\partial \ln \mathcal{L}(\boldsymbol{w})}{\partial w_n}=\sum_{i=1}^{m}\boldsymbol{x}_{in}[y_i-\pi(\boldsymbol{x}_i)]=0$$

当然，在具体解方程组之前需要用 Hessian 矩阵来判断极值的存在性。求 Hessian 矩阵就得先求二阶偏导，即

$$\begin{aligned}\frac{\partial^2 \ln \mathcal{L}(\boldsymbol{w})}{\partial w_k \partial w_j}&=\frac{\partial \sum_{i=1}^{m}x_{ik}[y_i-\pi(\boldsymbol{x}_i)]}{\partial w_j}\\&=\sum_{i=1}^{m}x_{ik}\frac{\partial\left(-\frac{\mathrm{e}^{z_i}}{1+\mathrm{e}^{z_i}}\right)}{\partial w_j}\\&=-\sum_{i=1}^{m}x_{ik}\frac{\partial(1+\mathrm{e}^{-z_i})^{-1}}{\partial w_j}\\&=-\sum_{i=1}^{m}x_{ik}\left[-(1+\mathrm{e}^{-z_i})^{-2}\cdot\mathrm{e}^{-z_i}\cdot\left(-\frac{\partial \boldsymbol{z}_i}{\partial w_j}\right)\right]\\&=-\sum_{i=1}^{m}x_{ik}[(1+\mathrm{e}^{-z_i})^{-2}\cdot\mathrm{e}^{-z_i}\cdot x_{ij}]\\&=-\sum_{i=1}^{m}x_{ik}\cdot\frac{1}{1+\mathrm{e}^{z_i}}\cdot\frac{\mathrm{e}^{z_i}}{1+\mathrm{e}^{z_i}}\cdot x_{ij}\\&=\sum_{i=1}^{m}x_{ik}\cdot\pi(\boldsymbol{x}_i)\cdot[\pi(\boldsymbol{x}_i)-1]\cdot x_{ij}\end{aligned}$$

显然可以用 Hessian 矩阵来表示以上多元函数的二阶偏导数，于是有

$$\boldsymbol{X}=\begin{bmatrix}x_{10} & x_{11} & \cdots & x_{1n}\\ x_{20} & x_{21} & \cdots & x_{2n}\\ \vdots & \vdots & \ddots & \vdots\\ x_{m0} & x_{m1} & \cdots & x_{mn}\end{bmatrix}$$

$$\boldsymbol{A}=\begin{bmatrix}\pi(\boldsymbol{x}_1)\cdot[\pi(\boldsymbol{x}_1)-1] & 0 & \cdots & 0\\ 0 & \pi(\boldsymbol{x}_2)\cdot[\pi(\boldsymbol{x}_2)-1] & \cdots & 0\\ \vdots & \vdots & \ddots & \vdots\\ 0 & 0 & \cdots & \pi(\boldsymbol{x}_m)\cdot[\pi(\boldsymbol{x}_m)-1]\end{bmatrix}$$

所以得到 Hessian 矩阵 $\boldsymbol{H}=\boldsymbol{X}^{\mathrm{T}}\boldsymbol{A}\boldsymbol{X}$，可以看出矩阵 $\boldsymbol{A}$ 是负定的。线性代数的知识告诉我们，如果 $\boldsymbol{A}$ 是负定的，那么 Hessian 矩阵 $\boldsymbol{H}$ 也是负定的。也就是说，多元函数存在局部极大值，这刚好符合我们的要求，即与最大似然估计相吻合。于是我们确信可以用牛顿迭代法来继续求解最优化问题。

对于多元函数求解零点，同样可以用牛顿迭代法，对于当前讨论的 Logistic 回归，可以得到如下迭代式

$$\boldsymbol{X}_{\text{new}}=\boldsymbol{X}_{\text{old}}-\frac{\boldsymbol{U}}{\boldsymbol{H}}=\boldsymbol{X}_{\text{old}}-\boldsymbol{H}^{-1}\boldsymbol{U}$$

其中 $\boldsymbol{H}$ 是 Hessian 矩阵，$\boldsymbol{U}$ 的表达式为

$$\boldsymbol{U}=\begin{bmatrix}x_{10} & x_{11} & \cdots & x_{1n}\\ x_{20} & x_{21} & \cdots & x_{2n}\\ \vdots & \vdots & \ddots & \vdots\\ x_{m0} & x_{m1} & \cdots & x_{mn}\end{bmatrix}\begin{bmatrix}y_1-\pi(\boldsymbol{x}_1)\\ y_2-\pi(\boldsymbol{x}_2)\\ \vdots\\ y_m-\pi(\boldsymbol{x}_m)\end{bmatrix}$$

由于 Hessian 矩阵 $\boldsymbol{H}$ 是对称负定的，将矩阵 $\boldsymbol{A}$ 提取一个负号出来，得到

$$\boldsymbol{A}'=\begin{bmatrix}\pi(\boldsymbol{x}_1)\cdot[1-\pi(\boldsymbol{x}_1)] & 0 & \cdots & 0\\ 0 & \pi(\boldsymbol{x}_2)\cdot[1-\pi(\boldsymbol{x}_2)] & \cdots & 0\\ \vdots & \vdots & \ddots & \vdots\\ 0 & 0 & \cdots & \pi(\boldsymbol{x}_m)\cdot[1-\pi(\boldsymbol{x}_m)]\end{bmatrix}$$

然后 Hessian 矩阵 $\boldsymbol{H}$ 变为 $\boldsymbol{H}'=\boldsymbol{X}^{\mathrm{T}}\boldsymbol{A}'\boldsymbol{X}$，这样 $\boldsymbol{H}'$ 就是对称正定的了。那么现在牛顿迭代公式变为

$$\boldsymbol{X}_{\text{new}}=\boldsymbol{X}_{\text{old}}+(\boldsymbol{H}')^{-1}\boldsymbol{U}$$

现在我们需要考虑如何快速地算得 $(\boldsymbol{H}')^{-1}\boldsymbol{U}$，即解方程组 $(\boldsymbol{H}')\boldsymbol{X}=\boldsymbol{U}$，通常的做法是直接用高斯消元法求解，但是这种方法的效率一般比较低。而当前我们可以利用的一个有利条件是 $\boldsymbol{H}'$ 是对称正定的，所以可以用 Cholesky 矩阵分解法来解。

到这里，牛顿迭代法求解 Logistic 回归的原理已经介绍完了，但正如前面所提过的，在这个过程中因为要对 Hessian 矩阵求逆，计算量还是很大。于是研究人员又提出了拟牛顿法，它是针对牛顿法的弱点进行了改进，更具实践应用价值。

9.3 多元逻辑回归

在本章前面的介绍中,逻辑回归通常只用来处理二分类问题,所以又称这种逻辑回归为 Binary(或 Binomial)Logistic Regression。本节以此为基础,讨论如何处理多分类问题,这也就是通常所说的 Multinomial Logistic Regression。MLR 还有很多可能听起来更熟悉的名字,例如,在神经网络中,我们称其为 Softmax;从最大熵原理出发,我们又称其为最大熵模型。

人们之所以会提出逻辑回归的方法,其实是从线性回归中得到的启发。通常,线性回归可以表示为

$$P = \boldsymbol{w} \cdot \boldsymbol{x}$$

其中 $\boldsymbol{w}$ 是参数向量,$\boldsymbol{x}$ 是样本观察值向量。对于一个二元分类器问题而言,我们希望 P 表示一个概率,也就是由 $\boldsymbol{x}$ 所表征的样本属于两个分类之一的概率。既然是概率,所以也就要求 P 介于 0 和 1 之间。但上述方程左侧的 $\boldsymbol{w} \cdot \boldsymbol{x}$ 可以取任何实数值。

为此,定义

$$\text{odds} = \frac{P}{1-P}$$

为概率 P 对它的补$(1-P)$的比率,或正例对负例的比率。

然后对上式两边同时取对数,得到 logit 或 log-odds 如下

$$y = \text{logit}(P) = \log \frac{P}{1-P} = \boldsymbol{w} \cdot \boldsymbol{x}$$

取反函数可得

$$P = \frac{\mathrm{e}^y}{1+\mathrm{e}^y}$$

此时,概率 P 就介于 0~1 之间了。

在其他一些文献中,也有人从另外一个角度对逻辑回归进行了解读。既然我们最终是想求条件概率 $P(y|\boldsymbol{x})$,其中 y 是目标的类别,$\boldsymbol{x}$ 是特征向量(或观察值向量)。那么根据贝叶斯定理,则有

$$\begin{aligned} P(y=1 \mid \boldsymbol{x}) &= \frac{P(\boldsymbol{x} \mid y=1)P(y=1)}{P(\boldsymbol{x} \mid y=1)P(y=1)+P(\boldsymbol{x} \mid y=0)P(y=0)} \\ &= \frac{\mathrm{e}^y}{1+\mathrm{e}^y} = \frac{1}{1+\mathrm{e}^{-y}} \end{aligned}$$

其中

$$y = \log \frac{P(\boldsymbol{x} \mid y=1)P(y=1)}{P(\boldsymbol{x} \mid y=0)P(y=0)} = \log \frac{P(y=1 \mid \boldsymbol{x})}{P(y=0 \mid \boldsymbol{x})} = \log \frac{P}{1-P}$$

这跟本书前面的解读是一致的。

逻辑回归遵循一个(单次的)二项分布。所以可以写出下列 PMF:

$$P(y \mid \boldsymbol{x}) = \begin{cases} P_{\boldsymbol{w}}(\boldsymbol{x}), & y=1 \\ 1-P_{\boldsymbol{w}}(\boldsymbol{x}), & y=0 \end{cases}$$

其中，$\boldsymbol{w}$ 是参数向量，且

$$P_w(\boldsymbol{x}) = \frac{1}{1+\mathrm{e}^{-w\cdot x}}$$

上述 PMF 亦可写为如下形式

$$P(y \mid \boldsymbol{x}) = [P_{\boldsymbol{w}}(\boldsymbol{x})]^y [1-P_{\boldsymbol{w}}(\boldsymbol{x})]^{1-y}$$

然后就可以使用 N 次观测样本的最大对数似然对参数进行估计：

$$\begin{aligned}\ln \mathcal{L}(\boldsymbol{w}) &= \ln\left\{\prod_{i=1}^{N}[P_{\boldsymbol{w}}(\boldsymbol{x}_i)]^{y_i}[1-P_{\boldsymbol{w}}(\boldsymbol{x}_i)]^{1-y_i}\right\} \\ &= \sum_{i=1}^{N}\{y_i \log P_w(\boldsymbol{x}_i)+(1-y_i)\log[1-P_{\boldsymbol{w}}(\boldsymbol{x}_i)]\}\end{aligned}$$

根据多元函数求极值的方法，为了求出使得 $\ln \mathcal{L}(\boldsymbol{w})$ 最大的向量 $\boldsymbol{w}=(w_0, w_1, \cdots, w_n)$，对上述的似然函数求偏导后得到

$$\begin{aligned}\frac{\partial \ln \mathcal{L}(\boldsymbol{w})}{\partial w_k} &= \frac{\partial}{\partial w_k}\sum_{i=1}^{N}\{y_i \log P_{\boldsymbol{w}}(\boldsymbol{x}_i)+(1-y_i)\log[1-P_{\boldsymbol{w}}(\boldsymbol{x}_i)]\} \\ &= \sum_{i=1}^{N} x_{ik}[y_i - P_{\boldsymbol{w}}(\boldsymbol{x}_i)]\end{aligned}$$

因此，所要做的就是通过上面已经得到的结论来求解使得似然函数最大化的参数向量。我们已经在本章前面给出了基于牛顿迭代法求解的步骤。

现在考虑当目标类别数超过 2 个时的情况，这时就需要使用多元逻辑回归(Multinormal Logistic Regression)。总的来说，

- 二元逻辑回归是一个针对二项分布样本的概率模型；
- 多元逻辑回归则将同样的原则扩展到了多项分布的样本上。

在这个从二分类向多分类演进的过程中，参考之前的做法无疑会带给我们许多启示。由于参数向量 $\boldsymbol{w}$ 和特征向量 $\boldsymbol{x}$ 的线性组合 $\boldsymbol{w}\cdot\boldsymbol{x}$ 的取值范围是任意实数，为了能够引入概率值 P，在二分类中我们的做法是将两种分类情况的概率之比(取对数后)作为与 $\boldsymbol{w}\cdot\boldsymbol{x}$ 相对应的取值，因为只有两个类别，所以类别 1 比上类别 2 也就等于类别 1 比上类别 2 的补，即

$$\log\frac{P(y=1 \mid \boldsymbol{x})}{P(y=0 \mid \boldsymbol{x})} = \log\frac{P}{1-P} = \boldsymbol{w}\cdot\boldsymbol{x}$$

事实上，我们知道，如果 $P(y=1|\boldsymbol{x})$ 大于 $P(y=0|\boldsymbol{x})$，自然就表示特征向量 $\boldsymbol{x}$ 所标准的样本属于 $y=1$ 这一类别的概率更高。所以 odds 这个比值是相当有意义的。同样的道理，如果现在的目标类别超过 2 个，即 $y=1, y=2, \cdots, y=j, \cdots, y=J$，那么我们就应该从这些目标类别中找一个类别来作为基线，然后计算其他类别相对于这个基线的 log-odds，并让这个 log-odds 作为线性函数的自变量。通常，我们选择最后一个类别作为基线。

在多元逻辑回归模型中，我们假设每一个响应(response)的 log-odds 遵从一个线性模型，即

$$y_j = \log\frac{P_j}{P_J} = \boldsymbol{w}_j \cdot \boldsymbol{x}$$

其中，$j=1,2,\cdots,J-1$。这个模型与之前的二元逻辑回归模型本质上是一致的，只是响应

Y 的分布由二项分布变成了多项分布，而且我们不再只有一个方程，而是 $J-1$ 个。例如当 $J=3$ 时，我们有两个方程，分别比较 $j=1$ 对 $j=3$ 和 $j=2$ 对 $j=3$。你可能会疑惑是不是缺失了一个比较。缺失的那个比较是在类别 1 和类别 2 之间进行的，而它很容易从另外两个比较的结果中获得，因为 $\log(P_1/P_2)=\log(P_1/P_3)-\log(P_2/P_3)$。

多元逻辑回归也可以写成原始概率 P_j（而不是 log-odds）的形式。从二项分布的逻辑回归出发，有

$$y=\log\frac{P(y=1)}{P(y=0)}\Rightarrow P=\frac{\mathrm{e}^y}{1+\mathrm{e}^y}$$

类似地，在多项式分布的情况中，我们还可以得到

$$y_j=\log\frac{P_j}{P_J}=\boldsymbol{w}_j\cdot\boldsymbol{x}\Rightarrow P_j=\frac{\mathrm{e}^{y_j}}{\sum_{k=1}^{J}\mathrm{e}^{y_k}}$$

其中，$j=1,\cdots,J$。

下面我们来证明它。这里需要用到的一个事实是 $\sum_{j=1}^{J}P_j=1$。我们首先来证明

$$P_J=\frac{1}{\sum_{j=1}^{J}\mathrm{e}^{y_j}}$$

如下

$$\begin{aligned}
P_J&=P_J\cdot\frac{\sum_{j=1}^{J}P_j}{\sum_{j=1}^{J}P_j}=\frac{P_J(P_1+P_2+\cdots+P_J)}{\sum_{j=1}^{J}P_j}\\
&=\frac{P_1}{\frac{P_1+P_2+\cdots+P_J}{P_J}}+\frac{P_2}{\frac{P_1+P_2+\cdots+P_J}{P_J}}+\cdots+\frac{P_J}{\frac{P_1+P_2+\cdots+P_J}{P_J}}\\
&=\frac{P_1}{\mathrm{e}^{y_1}+\mathrm{e}^{y_2}+\cdots+\mathrm{e}^{y_J}}+\frac{P_2}{\mathrm{e}^{y_1}+\mathrm{e}^{y_2}+\cdots+\mathrm{e}^{y_J}}+\cdots+\frac{P_J}{\mathrm{e}^{y_1}+\mathrm{e}^{y_2}+\cdots+\mathrm{e}^{y_J}}\\
&=\frac{P_1+P_2+\cdots+P_J}{\mathrm{e}^{y_1}+\mathrm{e}^{y_2}+\cdots+\mathrm{e}^{y_J}}=\frac{\sum_{j=1}^{J}P_j}{\sum_{j=1}^{J}\mathrm{e}^{y_j}}=\frac{1}{\sum_{j=1}^{J}\mathrm{e}^{y_j}}
\end{aligned}$$

又因为 $P_j=P_J\cdot\mathrm{e}^{y_j}$，而且 $y_J=0$，综上便证明了之前的结论。

此外，由贝叶斯定理可得

$$P(y=j\mid\boldsymbol{x})=\frac{P(\boldsymbol{x}\mid y=j)P(y=j)}{\sum_{k=1}^{J}P(\boldsymbol{x}\mid y=k)P(y=k)}=\frac{y_j}{\sum_{k=1}^{J}\mathrm{e}^{y_k}}$$

其中，$y_k=\log[P(\boldsymbol{x}|y=k)P(y=k)]$。

前面的推导就告诉我们，在多元逻辑回归中，响应变量 y 遵循一个多项分布。可以写出下列 PMF（假设有 J 个类别）

$$P(y \mid \boldsymbol{x})=\begin{cases}\dfrac{e^{y_1}}{\sum_{k=1}^{J} e^{y_k}}=\dfrac{e^{\boldsymbol{w}_1 \cdot \boldsymbol{x}}}{\sum_{k=1}^{J} e^{\boldsymbol{w}_k \cdot \boldsymbol{x}}}, & y=1 \\ \dfrac{e^{y_2}}{\sum_{k=1}^{J} e^{y_k}}=\dfrac{e^{\boldsymbol{w}_2 \cdot \boldsymbol{x}}}{\sum_{k=1}^{J} e^{\boldsymbol{w}_k \cdot \boldsymbol{x}}}, & y=2 \\ \qquad\vdots & \\ \dfrac{e^{y_j}}{\sum_{k=1}^{J} e^{y_k}}=\dfrac{e^{\boldsymbol{w}_j \cdot \boldsymbol{x}}}{\sum_{k=1}^{J} e^{\boldsymbol{w}_k \cdot \boldsymbol{x}}}, & y=j \\ \qquad\vdots & \\ \dfrac{e^{y_J}}{\sum_{k=1}^{J} e^{y_k}}=\dfrac{e^{\boldsymbol{w}_J \cdot \boldsymbol{x}}}{\sum_{k=1}^{J} e^{\boldsymbol{w}_k \cdot \boldsymbol{x}}}, & y=J\end{cases}$$

二元逻辑回归和多元逻辑回归本质上是统一的，二元逻辑回归是多元逻辑回归的特殊情况。我们将这两类机器学习模型统称为逻辑回归。更进一步地，逻辑回归和“最大熵模型”本质上也是一致的、等同的。或者说最大熵模型是多元逻辑回归的另外一个称谓，我们将在下一小节中讨论最大熵模型和多元逻辑回归的等同性。

9.4　最大熵模型

我们在上一节中导出的多元逻辑回归之一般形式为

$$P(y=j \mid \boldsymbol{x})=\frac{e^{\boldsymbol{w}_j \cdot \boldsymbol{x}}}{\sum_{k=1}^{J} e^{\boldsymbol{w}_k \cdot \boldsymbol{x}}}$$

而本节将要介绍的最大熵模型的一般形式（其中的 f 为特征函数）为

$$P_{\boldsymbol{w}}(y \mid \boldsymbol{x})=\frac{1}{Z_{\boldsymbol{w}}(\boldsymbol{x})} \exp \left[\sum_{k=1}^{J} \boldsymbol{w}_k f_k(\boldsymbol{x}, y)\right]$$

其中

$$Z_{\boldsymbol{w}}(\boldsymbol{x})=\sum_{y} \exp \left[\sum_{k=1}^{J} \boldsymbol{w}_k f_k(\boldsymbol{x}, y)\right]$$

此处，$\boldsymbol{x} \in \mathbb{R}^J$ 为输入，$y=\{1,2,\cdots,K\}$为输出，$\boldsymbol{w}=\mathbb{R}^J$ 为权值向量，$f_k(\boldsymbol{x},y)$为任意实值特征函数，其中 $k=1,2,\cdots,J$。

可见，多元逻辑回归和最大熵模型在形式上是统一的。事实上，尽管采用的方法不同，但两者最终是殊途同归、万法归宗的。因此，无论是多元逻辑回归，还是最大熵模型，又或者是 Softmax，它们本质上都是统一的。本节就将从最大熵原理这个角度来推导上述最大熵模型的一般形式。

9.4.1　最大熵原理

本书前面已经讨论过熵的概念了。简单地说，假设离散随机变量 X 的概率分布是

$P(X)$，则其熵是

$$H(P)=-\sum_{x}P(x)\log P(x)$$

而且熵满足下列不等式

$$0\leqslant H(P)\leqslant \log|X|$$

其中，$|X|$是 X 的取值个数，当且仅当 X 的分布是均匀分布时右边的等号成立。也就是说，当 X 服从均匀分布时，熵最大。

直观地，最大熵原理认为要选择的概率模型首先必须满足已有的事实，即约束条件。在没有更多信息的情况下，那些不确定的部分都是"等可能的"。最大熵原理通过熵的最大化来表示等可能性。"等可能性"不容易操作，而熵则是一个可以优化的数值指标。

吴军博士在其所著的《数学之美》一书中曾经谈到："有一次，我去 AT&T 实验室作关最大熵模型的报告，随身带了一个骰子。我问听众'每个面朝上的概率分别是多少'，所有人都说是等概率，即各种点数的概率均为 1/6。这种猜测当然是对的。我问听众为什么，得到的回答是一致的：对这个'一无所知'的骰子，假定它每一面朝上的概率均等是最安全的做法。(你不应该主观假设它像韦小宝的骰子一样灌了铅。)从投资的角度看，就是风险最小的做法。从信息论的角度讲，就是保留了最大的不确定性，也就是说让熵达到最大。接着我又告诉听众，我的这个骰子被我特殊处理过，已知四点朝上的概率是 1/3，在这种情况下，每个面朝上的概率是多少？这次，大部分人认为除去四点的概率是 1/3，其余的均是 2/15，也就是说已知的条件(四点概率为 1/3)必须满足，而对于其余各点的概率因为仍然无从知道，因此只好认为它们均等。注意，在猜测这两种不同情况下的概率分布时，大家都没有添加任何主观的假设，诸如四点的反面一定是三点，等等。(事实上，有的骰子四点的反面不是三点而是一点。)这种基于直觉的猜测之所以准确，是因为它恰好符合了最大熵原理。"

通过上面这个关于骰子的例子，我们对最大熵原理应该已经有了一个基本的认识，即"对已有知识进行建模，对未知内容不做任何假设(model all that is known and assume nothing about that which is unknown)"。

9.4.2 约束条件

最大熵原理是统计学习理论中的一般原理，将它应用到分类任务上就会得到最大熵模型。假设分类模型是一个条件概率分布 $P(Y|\boldsymbol{X})$，$\boldsymbol{X}\in Input\subseteq\mathbb{R}^n$ 表示输入(特征向量)，$Y\in Output$ 表示输出(分类标签)，$Input$ 和 $Output$ 分别是输入和输出的集合。这个模型表示的是对于给定的输入 $\boldsymbol{X}$，输出为 Y 的概率是 $P(Y|\boldsymbol{X})$。

给定一个训练数据集

$$\mathcal{T}=\{(x_1,y_1),(x_2,y_2),\cdots,(x_N,y_N)\}$$

我们现在的目标是利用最大熵原理来选择最好的分类模型。首先来考虑模型应该满足的条件。给定训练数据集，便可以据此确定联合分布 $P(\boldsymbol{X},Y)$的经验分布$\widetilde{P}(\boldsymbol{X},Y)$，以及边缘分布 $P(\boldsymbol{X})$的经验分布。此处，则有

$$\widetilde{P}(\boldsymbol{X}=\boldsymbol{x},Y=y)=\frac{v(\boldsymbol{X}=\boldsymbol{x},Y=y)}{N}$$

$$\widetilde{P}(\boldsymbol{X}=\boldsymbol{x})=\frac{v(\boldsymbol{X}=x)}{N}$$

其中，$v(\boldsymbol{X}=\boldsymbol{x},Y=y)$ 表示训练数据集中样本$(\boldsymbol{x},y)$出现的频率(也就是计数)；$v(\boldsymbol{X}=\boldsymbol{x})$表示训练数据集中输入 $\boldsymbol{x}$ 出现的频率(也就是计数)，N 是训练数据集的大小。

举个例子，在英汉翻译中，take 有多种解释例如下文中存在 7 种：

(t_1)"抓住"：The mother takes her child by the hand. 母亲抓住孩子的手。

(t_2)"拿走"：Take the book home. 把书拿回家。

(t_3)"乘坐"：I take a bus to work. 我乘坐公交车上班。

(t_4)"量"：Take your temperature. 量一量你的体温。

(t_5)"装"：The suitcase wouldn't take another thing. 这个衣箱不能装下别的东西了。

(t_6)"花费"：It takes a lot of money to buy a house. 买一座房子要花很多钱。

(t_7)"理解"：How do you take this package? 你怎么理解这段话？

在没有任何限制的条件下，最大熵原理认为翻译成任何一种解释都是等概率的，即

$$P(t_1 \mid \boldsymbol{x}) = P(t_2 \mid \boldsymbol{x}) = \cdots = P(t_7 \mid \boldsymbol{x}) = \frac{1}{7}$$

实际中总有许多的限制条件，例如 t_1、t_2 比较常见，假设满足

$$P(t_1 \mid \boldsymbol{x}) + P(t_2 \mid \boldsymbol{x}) = \frac{2}{5}$$

同样根据最大熵原理，可以得出

$$P(t_1 \mid \boldsymbol{x}) = P(t_2 \mid \boldsymbol{x}) = \frac{1}{5}$$

$$P(t_3 \mid \boldsymbol{x}) = P(t_4 \mid \boldsymbol{x}) = P(t_5 \mid \boldsymbol{x}) = P(t_6 \mid \boldsymbol{x}) = P(t_7 \mid \boldsymbol{x}) = \frac{3}{25}$$

通常可以用特征函数 $f(\boldsymbol{x},y)$来描述输入 $\boldsymbol{x}$ 和输出 y 之间的某一个事实。一般来说，特征函数可以是任意实值函数。下面我们采用一种最简单的二值函数来定义我们的特征函数

$$f(\boldsymbol{x},y) = \begin{cases} 1, & \boldsymbol{x},y\text{ 满足某一事实} \\ 0, & \text{否则} \end{cases}$$

它表示当 $\boldsymbol{x}$ 和 y 满足某一事实时，函数取值为 1，否则取值为 0。

实际的统计模型中，我们通过引入特征(以特征函数的形式)提高准确率。例如 take 翻译为乘坐的概率小，但是当后面跟着交通工具的名词"bus"时，概率就变得非常大。于是有

$$f(\boldsymbol{x},y) = \begin{cases} 1, & \text{如果 } y = \text{“乘坐”，并且 next}(\boldsymbol{x}) = \text{“bus”} \\ 0, & \text{否则} \end{cases}$$

特征函数 $f(\boldsymbol{x},y)$关于经验分布$\widetilde{P}(\boldsymbol{X},Y)$的期望值，用 $E_{\widetilde{P}}(f)$表示。

$$E_{\widetilde{P}}(f) = \sum_{\boldsymbol{x},y} \widetilde{P}(\boldsymbol{x},y) f(\boldsymbol{x},y)$$

同理，$E_P(f)$表示 $f(\boldsymbol{x},y)$在模型上关于实际联合分布 $P(\boldsymbol{X},Y)$的数学期望，类似地则有

$$E_P(f) = \sum_{\boldsymbol{x},y} P(\boldsymbol{x},y) f(\boldsymbol{x},y)$$

注意到 $P(\boldsymbol{x},y)$是未知的，而建模的目标是生成 $P(y|\boldsymbol{x})$，因此我们希望将 $P(\boldsymbol{x},y)$表示成 $P(y|\boldsymbol{x})$的函数。因此，利用贝叶斯公式，有 $P(\boldsymbol{x},y)=P(\boldsymbol{x})P(y|\boldsymbol{x})$，但 $P(\boldsymbol{x})$仍然是未知的。此时，只得利用$\widetilde{P}(\boldsymbol{x})$来近似。于是便可以将 $E_P(f)$重写成

$$E_P(f) = \sum_{\boldsymbol{x},y} \widetilde{P}(\boldsymbol{x}) P(y \mid \boldsymbol{x}) f(\boldsymbol{x},y)$$

以上公式中的求和号 $\sum\limits_{\boldsymbol{x},y}$ 均是对 $\sum\limits_{(\boldsymbol{x},y)\in\boldsymbol{\tau}}$ 的简写，下同。

对于概率分布 $P(y|\boldsymbol{x})$，我们希望特征函数 f 的期望值应该与从训练数据集中得到的特征期望值相一致，因此提出约束

$$E_P(f)=E_{\widetilde{P}}(f)$$

即

$$\sum_{\boldsymbol{x},y}\widetilde{P}(\boldsymbol{x})P(y\mid\boldsymbol{x})f(\boldsymbol{x},y)=\sum_{\boldsymbol{x},y}\widetilde{P}(\boldsymbol{x},y)f(\boldsymbol{x},y)$$

把上式作为模型学习的约束条件。假如有 J 个特征函数 $f_k(\boldsymbol{x},y)$，$k=1,2,\cdots,J$，那么就相应有 J 个约束条件。

9.4.3 模型推导

给定训练数据集，我们的目标是：利用最大熵原理选择一个最好的分类模型，即对于任意给定的输入 $\boldsymbol{x}\in Input$，可以以概率 $P(y|\boldsymbol{x})$ 输出 $y\in Output$。要利用最大熵原理，而目标是获取一个条件分布，因此要采用相应的条件熵 $H(Y|\boldsymbol{X})$，或者记作 $H(P)$。

$$\begin{aligned}H(Y\mid\boldsymbol{X})&=-\sum_{\boldsymbol{x},y}P(\boldsymbol{x},y)\log P(y\mid\boldsymbol{x})\\&=-\sum_{\boldsymbol{x},y}\widetilde{P}(\boldsymbol{x})P(y\mid\boldsymbol{x})\log P(y\mid\boldsymbol{x})\end{aligned}$$

至此，我们就可以给出最大熵模型的完整描述了。对于给定的训练数据集以及特征函数 $f_k(\boldsymbol{x},y)$，$k=1,2,\cdots,J$，最大熵模型就是求解

$$\begin{aligned}&\max_{P\in C}H(P)=-\sum_{\boldsymbol{x},y}\widetilde{P}(\boldsymbol{x})P(y\mid\boldsymbol{x})\log P(y\mid\boldsymbol{x})\\&\text{s.t.}\quad E_P(f_k)=E_{\widetilde{P}}(f_k),\quad k=1,2,\cdots,J\\&\sum_y P(y\mid\boldsymbol{x})=1\end{aligned}$$

或者按照最优化问题的习惯，可以将上述求最大值的问题等价地转化为下面这个求最小值的问题：

$$\begin{aligned}&\min_{P\in C}-H(P)=\sum_{\boldsymbol{x},y}\widetilde{P}(\boldsymbol{x})P(y\mid\boldsymbol{x})\log P(y\mid\boldsymbol{x})\\&\text{s.t.}\quad E_P(f_k)-E_{\widetilde{P}}(f_k)=0,\quad k=1,2,\cdots,J\\&\sum_y P(y\mid\boldsymbol{x})=1\end{aligned}$$

其中的约束条件 $\sum\limits_y P(y\mid\boldsymbol{x})=1$ 是为了保证 $P(y\mid\boldsymbol{x})$ 是一个合法的条件概率分布。注意上面的式子其实还隐含一个不等式约束，即 $P(y|\boldsymbol{x})\geqslant 0$，尽管无须显式地讨论它。现在便得到了一个带等式约束的最优化问题，求解这个带约束的最优化问题，所得之解即为最大熵模型学习的解。

这里需要使用拉格朗日乘数法，并将带约束的最优化之原始问题转化为无约束的最优化之对偶问题，并通过求解对偶问题来求解原始问题。首先，引入拉格朗日乘子 w_0，$w_1,\cdots,w_J$，并定义拉格朗日函数

$$\mathcal{L}(P,\boldsymbol{w})=-H(P)+w_0\left(1-\sum_y P(y\mid\boldsymbol{x})\right)+\sum_{k=1}^{J}w_k\left[E_P(f_k)-E_{\widetilde{P}}(f_k)\right]$$

$$= \sum_{x,y} \widetilde{P}(x)P(y \mid x)\log P(y \mid x) + w_0\left(1 - \sum_y P(y \mid x)\right) + \sum_{k=1}^{J} w_k\left[\sum_{x,y} \widetilde{P}(x,y)f_k(x,y) - \sum_{x,y} \widetilde{P}(x)P(y \mid x)f_k(x,y)\right]$$

为了找到该最优化问题的解，我们将诉诸于 Kuhn-Tucker 定理。该定理表明，我们可以先将 P 看成待求解的值，然后求解 $\mathcal{L}(P,\boldsymbol{w})$ 得到一个以 $\boldsymbol{w}$ 为参数形式的 P^*，然后把 P^* 带回 $\mathcal{L}(P,\boldsymbol{w})$ 中，这时再求解 $\boldsymbol{w}^*$。本书后面介绍 SVM 时，我们还会再遇到这个问题。

最优化的原始问题是

$$\min_{P\in C} \max_{w} \mathcal{L}(P,\boldsymbol{w})$$

通过交换极大和极小的位置，可以得到如下这个对偶问题

$$\max_{w} \min_{P\in C} \mathcal{L}(P,\boldsymbol{w})$$

由于拉格朗日函数 $\mathcal{L}(P,\boldsymbol{w})$ 是关于 P 的凸函数，原始问题与对偶问题的解是等价的。这样便可以通过求解对偶问题来求解原始问题。

对偶问题内层的极小问题 $\min\limits_{P\in C}\mathcal{L}(P,\boldsymbol{w})$ 是关于参数 $\boldsymbol{w}$ 的函数，将其记为

$$\Psi(\boldsymbol{w}) = \min_{P\in C} \mathcal{L}(P,\boldsymbol{w}) = \mathcal{L}(P_w,\boldsymbol{w})$$

同时将其解记为

$$P_w = \underset{P\in C}{\operatorname{argmin}}\, \mathcal{L}(P,\boldsymbol{w}) = P_w(y \mid \boldsymbol{x})$$

接下来，根据费马定理，求 $\mathcal{L}(P,\boldsymbol{w})$ 对 $P(y|\boldsymbol{x})$ 的偏导数

$$\begin{aligned}\frac{\partial \mathcal{L}(P,\boldsymbol{w})}{\partial P(y \mid \boldsymbol{x})} &= \sum_{x,y} \widetilde{P}(\boldsymbol{x})[\log P(y \mid \boldsymbol{x}) + 1] - \sum_y w_0 - \sum_{x,y}\left[\widetilde{P}(\boldsymbol{x})\sum_{k=1}^{J} w_k f_k(\boldsymbol{x},y)\right] \\ &= \sum_{x,y} \widetilde{P}(\boldsymbol{x})[\log P(y \mid \boldsymbol{x}) + 1] - \sum_x \widetilde{P}(\boldsymbol{x})\sum_y w_0 - \sum_{x,y}\left[\widetilde{P}(\boldsymbol{x})\sum_{k=1}^{J} w_k f_k(\boldsymbol{x},y)\right] \\ &= \sum_{x,y} \widetilde{P}(\boldsymbol{x})\left[\log P(y \mid \boldsymbol{x}) + 1 - w_0 - \sum_{k=1}^{J} w_k f_k(\boldsymbol{x},y)\right]\end{aligned}$$

注意上述推导中运用了下面这个事实

$$\sum_x \widetilde{P}(\boldsymbol{x}) = 1$$

进一步地，令

$$\frac{\partial \mathcal{L}(P,\boldsymbol{w})}{\partial P(y \mid \boldsymbol{x})} = 0$$

又因为 $\widetilde{P}(\boldsymbol{x})>0$，于是有

$$\log P(y \mid \boldsymbol{x}) + 1 - w_0 - \sum_{k=1}^{J} w_k f_k(\boldsymbol{x},y) = 0$$

进而有

$$P(y \mid \boldsymbol{x}) = \exp\left[w_0 - 1 + \sum_{k=1}^{J} w_k f_k(\boldsymbol{x},y)\right] = \exp[w_0 - 1]\cdot \exp\left[\sum_{k=1}^{J} w_k f_k(\boldsymbol{x},y)\right]$$

又因为

$$\sum_y P(y \mid \boldsymbol{x}) = 1$$

所以可得

$$\sum_{y} P(y \mid \boldsymbol{x}) = \exp[w_0 - 1] \cdot \sum_{y} \exp\left[\sum_{k=1}^{J} w_k f_k(\boldsymbol{x}, y)\right] = 1$$

即

$$\exp[w_0 - 1] = 1 / \sum_{y} \exp\left[\sum_{k=1}^{J} w_k f_k(\boldsymbol{x}, y)\right]$$

将上面的式子带回前面 $P(y|\boldsymbol{x})$的表达式，则得到

$$P_w = \frac{1}{Z_w(\boldsymbol{x})} \exp\left[\sum_{k=1}^{J} w_k f_k(\boldsymbol{x}, y)\right]$$

其中

$$Z_w(\boldsymbol{x}) = \sum_{y} \exp\left[\sum_{k=1}^{J} w_k f_k(\boldsymbol{x}, y)\right]$$

$Z_w(\boldsymbol{x})$称为规范化因子；$f_k(\boldsymbol{x}, y)$是特征函数；w_k 是特征的权值。由上述两式所表示的模型 $P_w = P_w(y|\boldsymbol{x})$就是最大熵模型。这里，$\boldsymbol{w}$ 是最大熵模型中的参数向量。注意到，我们之前曾经提过，特征函数可以是任意实值函数，如果 $f_k(\boldsymbol{x}, y) = x_k$，那么这其实也就是上一小节中所说的多元逻辑回归模型，即

$$P_j = P(y = j \mid \boldsymbol{x}) = \frac{e^{\boldsymbol{w}_j \cdot \boldsymbol{x}}}{\sum_{k=1}^{J} e^{\boldsymbol{w}_k \cdot \boldsymbol{x}}}$$

9.4.4 极大似然估计

下面，需要求解对偶问题中外部的极大化问题

$$\max_{\boldsymbol{w}} \Psi(\boldsymbol{w})$$

将其解记为 $\boldsymbol{w}^*$，即

$$\boldsymbol{w}^* = \arg\max_{\boldsymbol{w}} \Psi(\boldsymbol{w})$$

这就是说，可以应用最优化算法求对偶函数 $\Psi(\boldsymbol{w})$的极大化，得到 $\boldsymbol{w}^*$，用来表示 $P^* \in \mathcal{C}$。这里，$P^* = P_{\boldsymbol{w}^*} = P_{\boldsymbol{w}^*}(y|\boldsymbol{x})$是学习到的最优模型(最大熵模型)。于是，最大熵模型的学习算法现在就归结为对偶函数 $\Psi(\boldsymbol{w})$的极大化问题上来。

前面已经给出了 $\Psi(\boldsymbol{w})$的表达式

$$\Psi(\boldsymbol{w}) = \sum_{\boldsymbol{x}, y} \widetilde{P}(\boldsymbol{x}) P(y \mid \boldsymbol{x}) \log P(y \mid \boldsymbol{x}) + w_0 \left(1 - \sum_{y} P(y \mid \boldsymbol{x})\right) + \sum_{k=1}^{J} w_k \left[\sum_{\boldsymbol{x}, y} \widetilde{P}(\boldsymbol{x}, y) f_k(\boldsymbol{x}, y) - \sum_{\boldsymbol{x}, y} \widetilde{P}(\boldsymbol{x}) P(y \mid \boldsymbol{x}) f_k(\boldsymbol{x}, y)\right]$$

由于，其中

$$\sum_{y} P_w(y \mid \boldsymbol{x}) = 1$$

于是将 $P_w(y|\boldsymbol{x})$代入 $\Psi(\boldsymbol{w})$，可得

$$\Psi(\boldsymbol{w}) = \sum_{\boldsymbol{x}, y} \widetilde{P}(\boldsymbol{x}) P_w(y \mid \boldsymbol{x}) \log P_w(y \mid \boldsymbol{x}) + \sum_{k=1}^{J} w_k \left[\sum_{\boldsymbol{x}, y} \widetilde{P}(\boldsymbol{x}, y) f_k(\boldsymbol{x}, y) - \sum_{\boldsymbol{x}, y} \widetilde{P}(\boldsymbol{x}) P_w(y \mid \boldsymbol{x}) f_k(\boldsymbol{x}, y)\right]$$

$$
\begin{aligned}
&= \sum_{k=1}^{J} w_k \sum_{\boldsymbol{x},y} \widetilde{P}(\boldsymbol{x},y) f_k(\boldsymbol{x},y) + \sum_{\boldsymbol{x},y} \widetilde{P}(\boldsymbol{x}) P_w(y \mid \boldsymbol{x}) \log P_w(y \mid \boldsymbol{x}) - \sum_{k=1}^{J} w_k \sum_{\boldsymbol{x},y} \widetilde{P}(\boldsymbol{x}) P_w(y \mid \boldsymbol{x}) f_k(\boldsymbol{x},y) \\
&= \sum_{\boldsymbol{x},y} \widetilde{P}(\boldsymbol{x},y) \sum_{k=1}^{J} w_k f_k(\boldsymbol{x},y) + \sum_{\boldsymbol{x},y} \widetilde{P}(\boldsymbol{x}) P_w(y \mid \boldsymbol{x}) \left[\log P_w(y \mid \boldsymbol{x}) - \sum_{k=1}^{J} w_k f_k(\boldsymbol{x},y) \right] \\
&= \sum_{\boldsymbol{x},y} \widetilde{P}(\boldsymbol{x},y) \sum_{k=1}^{J} w_k f_k(\boldsymbol{x},y) - \sum_{\boldsymbol{x},y} \widetilde{P}(x) P_w(y \mid \boldsymbol{x}) \log Z_w(x) \\
&= \sum_{\boldsymbol{x},y} \widetilde{P}(\boldsymbol{x},y) \sum_{k=1}^{J} w_k f_k(\boldsymbol{x},y) - \sum_{\boldsymbol{x}} \widetilde{P}(\boldsymbol{x}) \log Z_w(\boldsymbol{x}) \sum_{y} P_w(y \mid \boldsymbol{x}) \\
&= \sum_{\boldsymbol{x},y} \widetilde{P}(\boldsymbol{x},y) \sum_{k=1}^{J} w_k f_k(\boldsymbol{x},y) - \sum_{\boldsymbol{x}} \widetilde{P}(\boldsymbol{x}) \log Z_w(\boldsymbol{x})
\end{aligned}
$$

注意其中倒数第 4 行至倒数第 3 行运用了下面这个推导

$$
P_w(y \mid \boldsymbol{x}) = \frac{1}{Z_w(\boldsymbol{x})} \exp\left[\sum_{k=1}^{J} w_k f_k(\boldsymbol{x},y) \right] \Rightarrow \log P_w(y \mid \boldsymbol{x}) = \sum_{k=1}^{J} w_k f_k(\boldsymbol{x},y) - \log Z_w(\boldsymbol{x})
$$

下面来证明对偶函数的极大化等价于最大熵模型的极大似然估计。已知训练数据的经验概率分布$\widetilde{P}(\boldsymbol{X},Y)$，条件概率分布 $P(Y|\boldsymbol{X})$的对数似然函数表示为

$$
\mathcal{L}_{\widetilde{P}}(P_w) = \log \prod_{\boldsymbol{x},y} P(y \mid \boldsymbol{x})^{\widetilde{P}(\boldsymbol{x},y)} = \sum_{\boldsymbol{x},y} \widetilde{P}(\boldsymbol{x},y) \log P(y \mid \boldsymbol{x})
$$

当条件概率分布 $P(y|\boldsymbol{x})$是最大熵模型时，对数似然函数为

$$
\begin{aligned}
\mathcal{L}_{\widetilde{P}}(P_w) &= \sum_{\boldsymbol{x},y} \widetilde{P}(\boldsymbol{x},y) \log P_w(y \mid \boldsymbol{x}) \\
&= \sum_{\boldsymbol{x},y} \widetilde{P}(\boldsymbol{x},y) \left[\sum_{k=1}^{J} w_k f_k(\boldsymbol{x},y) - \log Z_w(\boldsymbol{x}) \right] \\
&= \sum_{\boldsymbol{x},y} \widetilde{P}(\boldsymbol{x},y) \sum_{k=1}^{J} w_k f_k(\boldsymbol{x},y) - \sum_{\boldsymbol{x},y} \widetilde{P}(\boldsymbol{x},y) \log Z_w(\boldsymbol{x})
\end{aligned}
$$

对比之后，不难发现

$$
\Psi(\boldsymbol{w}) = \mathcal{L}_{\widetilde{P}}(P_w)
$$

既然对偶函数 $\Psi(\boldsymbol{w})$等价于对数似然函数，于是也就证明了最大熵模型学习中的对偶函数极大化等价于最大熵模型的极大似然估计这一事实。由此，最大熵模型的学习问题就转化为具体求解“对数似然函数极大化的问题”或者“对偶函数极大化的问题”。

第10章 聚类分析

CHAPTER 10

聚类是将相似对象归到同一个簇中的方法，这有点像全自动分类。簇内的对象越相似，聚类的效果越好。本章后面所讨论的分类问题都是有监督的学习方式（例如支持向量机、神经网络等），本章所介绍的聚类则是无监督的。

10.1 聚类的概念

聚类（Clustering）分析试图将相似对象归入同一簇，将不相似对象归到不同簇。相似这一概念取决于所选择的相似度计算方法。后面我们还会介绍一些常见的相似度计算方法。这里需要说明的是，到底使用哪种相似度计算方法取决于具体应用。聚类分析的依据仅仅是那些在数据中发现的描述特征及其关系，而聚类的最终目标是，组内的对象相互之间是相似的（或相关的），而不同组中的对象是不同的（或不相关的）。也就是说，组内的相似性越大，组间差别越大，聚类就越好。

在许多应用中，簇的概念都没有很好地加以定义。为了理解确定簇构造的困难性，考虑图10-1所示的数据集。显然，无论是左图还是右图，左下方的数据集都能够很明显地与右上方的数据集区别开。但是右上方的数据集在左图中又被分成了两个簇，而在右图中则被看成是一个簇，从视觉角度来说，这可能也不无道理。该图表明簇的定义是不精确的，而最好的定义依赖于数据的特性和期望的结果。

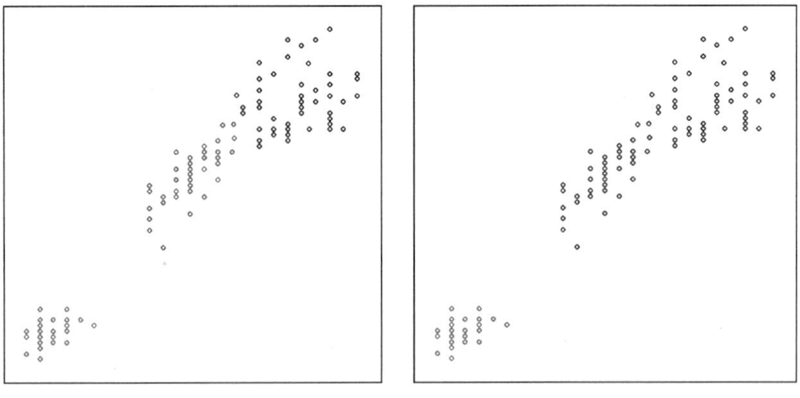

图10-1 相同点集的不同聚类方法

聚类分析与其他将数据对象分组的技术相关。聚类也可以被看成一种分类，它用分类(或称簇)标号来标记所创建对象。但正如定义中所谈到的，只能从数据入手设法导出这些标号。相比之下，本书后面章节中所讨论的分类是监督分类(Supervised classification)，即使用类标号原本就已知的对象建立的模型，对新的、无标记的对象进行分类标记。因此，有时称聚类分析为非监督分类(Unsupervised classification)。在数据挖掘中，术语分类(Classification)在不加任何说明时，通常指监督分类。总而言之，聚类与分类的最大不同在于，分类的目标事先已知，而聚类则不一样。因为其产生的结果与分类相同，而只是类别没有预先定义，聚类有时也被称为无监督分类。

术语分割(Segmentation)和划分(Partitioning)有时也被用作聚类的同义词，但是这些术语通常是针对某些特殊应用而言的，或者说是用来表示传统聚类分析之外的方法。术语分割在数字图像处理和计算机视觉领域中被用来指代对图像不同区域的分类(例如前景和背景的分割，或者高亮部分和灰暗部分的分割等)，例如典型的大津算法等。但我们知道，图像分割中的很多技术都源自机器学习中的聚类分析。

不同类型的聚类之间最常被讨论的差别是：簇的集合是嵌套的，还是非嵌套的；或者用更标准的术语来说，聚类可以分成层次聚类和划分聚类两种。其中，划分聚类(Partitional clustering)简单地将数据集划分成不重叠的子集(也就是簇)，使得每个数据对象恰在一个子集中。与之相对应的，如果允许子集中还嵌套有子子集，则我们得到一个层次聚类(Hierarchical clustering)。层次聚类的形式很像一棵树的结构。除叶结点以外，树中每一个结点(簇)都是其子女(子簇)的并集，而根是包含所有对象的簇。通常情况下(但也并非绝对的)，树叶是单个数据对象的单元素簇。本书不讨论层次聚类的情况。

10.2 K均值算法

K均值(K-means)聚类算法是一种最老的、最广泛使用的聚类算法。该算法之所以称为K均值，那是因为它可以发现K个不同的簇，且每个簇的中心均采用簇中所含数据点的均值计算而成。

10.2.1 距离度量

组内元素的相似性越大，组间差别越大，聚类就越好。当要讨论两个对象之间的相似度时，同时也是在隐含地讨论它们之间的距离。显然，相似度和距离是一对共生的概念。对象之间的距离越小，它们的相似度就越高，反之亦然。通常用于定义距离(或相似度)的方法也有很多。这里介绍其中最主要的三种方法。

1. 闵科夫斯基距离

通常，n 维矢量空间 R_n 中任意两个元素 $\boldsymbol{x}=[\xi_i]_{i=1}^n$ 和 $\boldsymbol{y}=[\eta_i]_{i=1}^n$ 的距离定义为

$$d_2(\boldsymbol{x},\boldsymbol{y})=\left[\sum_{i=1}^n|\xi_i-\eta_i|^2\right]^{\frac{1}{2}}$$

上式所定义的就是最常用到的欧几里得距离。同样，在 R_n 中还可以引入曼哈顿距离

$$d_1(\boldsymbol{x},\boldsymbol{y})=\sum_{i=1}^n|\xi_i-\eta_i|$$

而对于更泛化的情况，我便可推广出下面的这个所谓闵科夫斯基距离

$$d_p(\boldsymbol{x},\boldsymbol{y})=\left[\sum_{i=1}^{n}|\xi_i-\eta_i|^p\right]^{\frac{1}{p}},\quad p>1$$

2. 余弦距离

对于两个 n 维样本点 $\boldsymbol{x}(\xi_1,\xi_2,\cdots,\xi_n)$ 和 $\boldsymbol{y}(\eta_1,\eta_2,\cdots,\eta_n)$，可以使用类似于夹角余弦的概念来衡量它们间的距离(相似程度)

$$\cos\theta=\frac{\boldsymbol{x}\cdot\boldsymbol{y}}{|\boldsymbol{x}||\boldsymbol{y}|}$$

即

$$\cos\theta=\frac{\sum_{i=1}^{n}\xi_i\eta_i}{\sqrt{\sum_{i=1}^{n}\xi_i^2}\sqrt{\sum_{i=1}^{n}\eta_i^2}}$$

夹角余弦取值范围为[−1,1]。其值越大表示两个向量的夹角越小，夹角余弦越小表示两向量的夹角越大。当两个向量的方向重合时夹角余弦取最大值 1，当两个向量的方向完全相反夹角余弦取最小值−1。

3. 杰卡德相似系数

杰卡德相似系数(Jaccard similarity coefficient)是衡量两个集合相似度的一种指标。两个集合 A 和 B 的交集元素在 A 和 B 的并集中所占的比例，称为两个集合的杰卡德相似系数

$$J(A,B)=\frac{|A\cap B|}{|A\cup B|}$$

与杰卡德相似系数相反的概念是杰卡德距离。杰卡德距离可用如下公式表示

$$J_\delta(A,B)=1-J(A,B)=\frac{|A\cup B|-|A\cap B|}{|A\cup B|}$$

杰卡德距离用两个集合中不同元素占所有元素的比例来衡量两个集合的区分度。

杰卡德相似系数(或距离)的定义与前面讨论的两个相似度度量的方法看起来很不一样，它面向的不再是两个 n 维矢量，而是两个集合。本书中的例子不太会用到这种定义，但读者不禁要问，这种相似性定义在实际中有何应用? 对此，我们稍做补充。杰卡德相似系数的一个典型应用就是分析社交网络中的结点关系。例如，现在有两个微博用户 A 和 B，$\Gamma(A)$和 $\Gamma(B)$分别表示 A 和 B 的好友集合。系统在为 A 或 B 推荐可能认识的人时，就会考虑 A 和 B 之间彼此认识的可能性有多少(假设两者的微博并未互相关注)。此时，系统就可以根据杰卡德相似系数来定义两者彼此认识的可能性为

$$J(A,B)=\frac{|\Gamma(A)\cap\Gamma(B)|}{|\Gamma(A)\cup\Gamma(B)|}$$

当然，这仅仅是现实社交网络系统中进行关系分析的的一个维度，但它的确反映了杰卡德相似系数在实际中的一个典型应用。

10.2.2 算法描述

在 K 均值算法中，质心是定义聚类原型(也就是机器学习获得的结果)的核心。在介绍算法实施的具体过程中，我们将演示质心的计算方法。而且你将看到除了第一次的质心是

被指定的以外，此后的质心都是经由计算均值而获得的。

首先，选择 K 个初始质心(这 K 个质心并不要求来自于样本数据集)，其中 K 是用户指定的参数，也就是所期望的簇的个数。每个数据点都被收归到距其最近之质心的分类中，而同一个质心所收归的点集为一个簇。然后，根据本次分类的结果，更新每个簇的质心。重复上述数据点分类与质心变更步骤，直到簇内数据点不再改变，或者等价地说，直到质心不再改变。

基本的 K 均值算法描述如下：

(1) 选择 K 个数据点作为初始质心；

(2) 重复以下步骤，直到质心不再发生变化；

(3) 将每个点收归到距其最近的质心，形成 K 个簇；

(4) 重新计算每个簇的质心。

图 10-2 通过一个例子演示了 K 均值算法的具体操作过程。假设数据集如表 10-1 所示。开始时，算法指定了两个质心 $A(15,5)$ 和 $B(5,15)$，并由此出发，如图 10-2(a)所示。

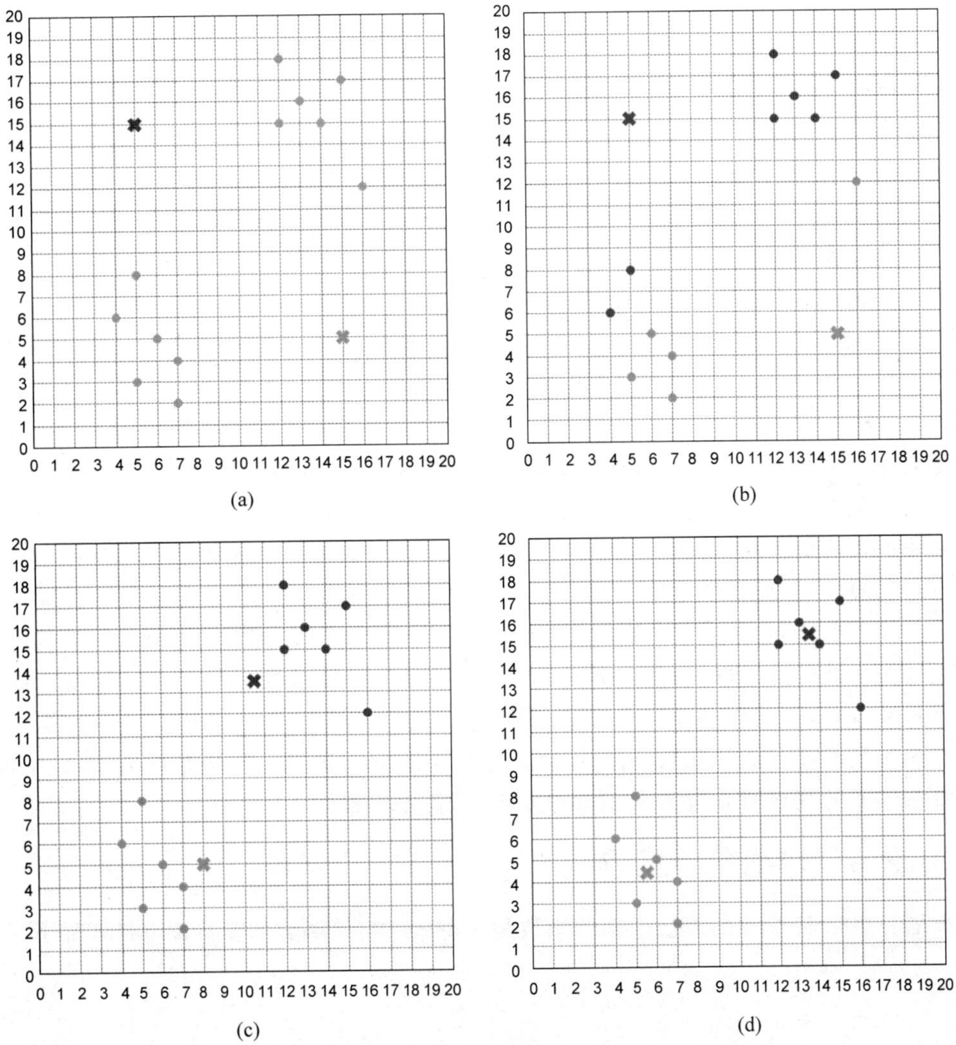

图 10-2　K 均值聚类实例

表 10-1 初始数据集

x	15	12	14	13	12	16	4	5	5	7	7	6
y	17	18	15	16	15	12	6	8	3	4	2	5

根据数据点到质心 A 和 B 的距离对数据集中的点进行分类，此处使用欧几里得距离，如图 10-2(b)所示。在此之后，算法根据新的分类来计算新的质心(也就是均值)，得到结果 $A(8.2,5.2)$和 $B(10.7,13.6)$，如表 10-2 所示。

表 10-2 计算新质心

	分类 1							均值
x	15	12	14	13	12	4	5	10.7
y	17	18	15	16	15	6	8	13.6
	分类 2							均值
x	16	5	7	7	6			8.2
y	12	3	4	2	5			5.2

根据数据点到新质心的距离，再次对数据集中的数据进行分类，如图 10-2(c)所示。然后，算法根据新的分类来计算新的质心，并再次根据数据点到新质心的距离，对数据集中的数据进行分类。结果发现簇内数据点不再改变，所以算法执行结束，最终的聚类结果如图 10-2(d)所示。

对于距离函数和质心类型的某些组合，算法总是收敛到一个解，即 K 均值到达一种状态，聚类结果和质心都不再改变。但为了避免过度迭代所导致的时间消耗，实践中，也常用一个较弱的条件替换掉“质心不再发生变化”这个条件。例如，使用“直到仅有 1%的点改变簇”。

尽管 K 均值聚类比较简单，但它也的确相当有效。它的某些变种甚至更有效，并且不太受初始化问题的影响。但 K 均值并不适合所有的数据类型。它不能处理非球形簇、不同尺寸和不同密度的簇，尽管指定足够大的簇个数时它通常可以发现纯子簇。对包含离群点的数据进行聚类时，K 均值也有问题。在这种情况下，离群点检测和删除大有帮助。K 均值的另一个问题是，它对初值的选择是敏感的，这说明不同初值的选择所导致的迭代次数可能相差很大。此外，K 值的选择也是一个问题。显然，算法本身并不能自适应地判定数据集应该被划分成几个簇。最后，K 均值仅限于具有质心(均值)概念的数据。一种相关的 K 中心点聚类技术没有这种限制。在 K 中心点聚类中，每次选择的不再是均值，而是中位数。这种算法实现的其他细节与 K 均值相差不大，这里不再赘述。

10.2.3 数据分析实例

R 语言中实现 K 均值算法的核心函数是 kmeans()，该函数的基本调用格式如下。

```
kmeans(x, centers, iter.max = 10, nstart = 1,
        algorithm = c("Hartigan-Wong", "Lloyd", "Forgy", "MacQueen"))
```

其中，参数 x 是要进行聚类分析的数据集；centers 为预设的类别数 K；iter.max 为最大迭代次数，其默认值为 10。参数 nstart 指定了选择随机其实质心的次数，默认值为 1。最后，参数 algorithm 给出了 4 种可供选择的算法，它们本质上仍然是 K 均值算法，只是在具体执行时会有细微差别，读者可不必深究。缺省情况下，参数 algorithm 的默认值为“Hartigan-Wong”。

一组来自世界银行的数据统计了 30 个国家的两项指标，用如下代码读入文件并显示其中最开始的几行数据。可见，数据共分散列，其中第 1 列是国家的名字，该项与后面的聚类分析无关，我们更关心后面两列信息。第 2 列给出的该国第三产业增加值占 GDP 的比重，最后一列给出的是人口结构中年龄大于等于 65 岁的人口(也就是老龄人口)占总人口的比重。

```
> countries = read.csv("c:/countries_data.csv")
> head(countries)
   countries services_of_GDP ages65_above_of_total
1    Belgium            76.7            18
2     France            78.9            18
3    Denmark            76.2            18
4      Spain            73.9            18
5      Japan            72.6            25
6     Sweden            72.7            19
```

为了方便后续处理，下面对读入的数据库进行一些必要的预处理，主要是调整列标签，以及用国名替换掉行标签(同时删除包含国名的列)。

```
> var = as.character(countries $ countries)
> for(i in 1:30) dimnames(countries)[[1]][i] = var[i]
> countries = countries[,2:3]
> names(countries) = c("Services( % )", "Aged_Population( % )")
> head(countries)
         Services( % ) Aged_Population( % )
Belgium          76.7           18
France           78.9           18
Denmark          76.2           18
Spain            73.9           18
Japan            72.6           25
Sweden           72.7           19
```

如果绘制这些数据的散点图，不难发现这些数据大致可以分为两组。事实上，数据中有一半的国家是 OECD 成员国，而另外一半则属于发展中国家(包括一些东盟国家、南亚国家和拉美国家)。所以可以采用下面的代码来进行 K 均值聚类分析。

```
> my.km <- kmeans(countries, center = 2)
> my.km $ center
  Services( % ) Aged_Population( % )
1       74.42667          17.133333
2       48.29333           5.533333
> head(my.km $ cluster)
Belgium France Denmark Spain Japan Sweden
      1      1       1     1     1      1
```

对于聚类结果，限于篇幅这里仍然只列出了最开始的几条。但是如果用图形来显示的话，可能更易于接受。下面是示例代码。

```
> plot(countries, col = my.km$cluster)
> points(my.km$centers, col = 1:2, pch = 8, cex = 2)
```

上述代码的执行结果如图 10-3 所示。

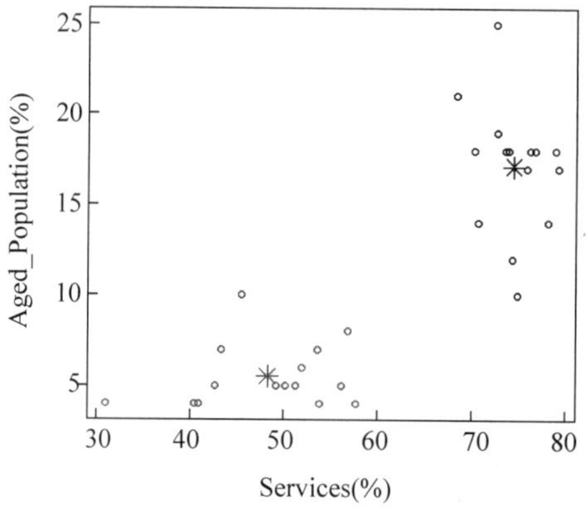

图 10-3　聚类结果

10.2.4　图像处理应用举例

机器学习在很多领域都已经取得了引人注目的成果。本小节将用色彩量化(Color Quantization)为例子来演示 K 均值聚类算法在图像处理领域中的应用。如图 10-4 所示是一张颐和园的彩色照片，它的色彩是非常丰富的，经统计其中共有 96 615 种不同的色彩。

图 10-4　原始图像

现在希望用更少的色彩来展示这张图片(从而实现类似图像压缩的目的)，例如只用 64 种颜色。这时不难想到 K 均值算法可以帮助我们将原来的 96 615 种色彩聚合成 64 个类，然后便可将新的 64 个色彩中心作为新图像中所使用的色彩。这其实是类似实现了调色板的功能，如果读者对图像格式比较了解，可知很多图像格式中都有调色板的存在。

不仅如此，为了加速聚类过程，其实也并不需要让原来的 96 615 种色彩都参与计算，一种方法是可以随机从中选取部分(例如 1000 种)颜色来进行计算。接下来，定义聚类的数目为 64。并把待处理的图像的像素数据转换到[0,1]区间，以向量保存。

然后从图中随机选取 1000 个点（注意这里的“每个点”都是一个类似[0.25,0.10,0.68]这样的三元组，表示一个像素的三种色彩分量），并以此为基础进行 K 均值聚类。图 10-5 显示了仅用 64 种色彩重建后的图像效果。可见，尽管大量减少了色彩使用量，图像在细节上仍然基本保持了原貌。

图 10-5　经色彩量化处理后的图像

10.3　最大期望算法

K 均值算法非常简单，相信读者都可以轻松地理解它。但下面将要介绍的 EM 算法就要困难许多了，它与本书前面介绍过的极大似然估计密切相关。

10.3.1　算法原理

不妨从一个例子开始讨论，假设现在有 100 个人的身高数据，而且这 100 条数据是随机抽取的。一个常识性的看法是，男性身高满足一定的分布（例如正态分布），女性身高也满足一定的分布，但这两个分布的参数不同。我们现在不仅不知道男女身高分布的参数，甚至不知道这 100 条数据哪些是来自男性，哪些是来自女性。这正符合聚类问题的假设，除了数据本身以外，并不知道其他任何信息。而我们的目的正是推断每个数据应该属于哪个分类。所以对于每个样本，都有两个需要被估计的项，一个就是它到底是来自男性身高的分布，还是来自女性身高的分布。另外一个就是，男女身高分布的参数各是多少。

既然我们要估计知道 A 和 B 两组参数，在开始状态下两者都是未知的，但如果知道了 A 的信息就可以得到 B 的信息，反过来知道了 B 也就得到了 A。所以可能想到的一种方法就是考虑首先赋予 A 某种初值，以此得到 B 的估计，然后从 B 的当前值出发，重新估计 A 的取值，这个过程一直持续到收敛为止。你是否隐约想到了什么？是的，这恰恰是 K 均值算法的本质，所以说 K 均值算法中其实蕴含了 EM 算法的本质。

EM 算法，又称期望最大化（Expectation Maximization）算法。在男女身高的问题里面，可以先随便猜一下男生身高的正态分布参数：比如可以假设男生身高的均值是 1.7m，方差是 0.1m。当然，这仅仅是一个猜测，最开始肯定不会太准确。但以这个猜测为基础，便可计算出每个人更可能属于男性分布还是属于女性分布。例如有个人的身高是 1.75m，显然它更可能属于男性身高这个分布。据此，我们为每条数据都划定了一个归属。接下来就可以根据最大似然法，通过这些被大概认为是男性的若干条数据来重新估计男性身高正态分布的参数，女性的那个分布同样方法重新估计。然后，当更新了这两个分布的时候，每一个属于这两个分布的概率又发生了改变，那么就再需要调整参数。如此迭代，直到参数基本不再发生变化为止。

给定训练样本集合$\{x_1,x_2,\cdots,x_n\}$，样本间相互独立，但每个样本对应的类别z_i未知，也即隐含变量。我们的终极目标是确定每个样本所属的类别z_i使得$p(x_i;z_i)$取得最大。则可以写出似然函数为

$$\mathcal{L}(\theta)=\prod_{i=1}^{n}p(x_i;\theta)$$

然后对两边同时取对数得

$$\ell(\theta)=\log\mathcal{L}(\theta)=\sum_{i=1}^{n}\log p(x_i;\theta)=\sum_{i=1}^{n}\log\sum_{z_i}p(x_i,z_i;\theta)$$

注意到上述等式的最后一步，其实利用了边缘分布的概率质量函数公式做了一个转换，从而将隐含变量z_i显示了出来。它的意思是说$p(x_i)$的边缘概率质量就是联合分布$p(x_i,z_i)$中的z_i取遍所有可能取值后，联合分布的概率质量之和。在 EM 算法中，z_i是标准类别归属的变量。例如在身高的例子中，它有两个可能的取值，即要么是男性要么是女性。

EM 算法是一种解决存在隐含变量优化问题的有效方法。直接最大化$\ell(\theta)$存在一定困难，于是想到不断地建立$\ell(\theta)$的下界，然后优化这个下界来实现我们的最终目标。目前这样的解释仍然显得很抽象，下面将逐步讲述。

对于每一个样本x_i，让Q_i表示该样例隐含变量z_i的某种分布，Q_i满足的条件是（对于离散分布，Q_i就是通过给出概率质量函数来表征某种分布的）

$$\sum_{z_i}Q_i(z_i)=1,\quad Q_i(z_i)\geqslant 0$$

如果z_i是连续的（例如正态分布），那么Q_i是概率密度函数，需要将求和符号换作积分符号。

可以由前面阐述的内容得到下面的公式

$$\begin{aligned}\sum_{i=1}^{n}\log p(x_i;\theta)&=\sum_{i=1}^{n}\log\sum_{z_i}p(x_i,z_i;\theta)\\&=\sum_{i=1}^{n}\log\sum_{z_i}Q_i(z_i)\frac{p(x_i,z_i;\theta)}{Q_i(z_i)}\geqslant\sum_{i=1}^{n}\sum_{z_i}Q_i(z_i)\log\frac{p(x_i,z_i;\theta)}{Q_i(z_i)}\end{aligned}$$

这是 EM 算法推导中的至关重要的一步，它巧妙地利用了詹森不等式。

考虑到对数函数是一个凹函数，所以需要把关于凸函数的结论颠倒一个方向。而且尽管形式复杂，但是还应该注意到下面这个式子

$$\sum_{z_i}Q_i(z_i)\frac{p(x_i,z_i;\theta)}{Q_i(z_i)}$$

其实就是

$$\frac{p(x_i,z_i;\theta)}{Q_i(z_i)}$$

的数学期望。所以就可以运用詹森不等式来进行变量代换，即

$$f(E[X]) = \log \sum_{z_i} Q_i(z_i) \frac{p(x_i, z_i; \theta)}{Q_i(z_i)} \geqslant E[f(X)] = \sum_{z_i} Q_i(z_i) \log \frac{p(x_i, z_i; \theta)}{Q_i(z_i)}$$

这也就解释了上述推导的原理。

上述不等式给出了 $\ell(\theta)$ 的下界。假设 θ 已经给定，那么 $\ell(\theta)$ 的值就决定于 $Q_i(z_i)$ 和 $p(x_i, z_i)$。可以通过调整这两个概率使下界不断上升，以逼近 $\ell(\theta)$ 的真实值，那么什么时候算是调整好了呢？当不等式变成等式的时候，就说明调整后的概率能够等价于 $\ell(\theta)$ 了。按照这个思路，算法应该要找到等式成立的条件。根据詹森不等式，要想让等式成立，需要让随机变量变成常数值。就现在讨论的问题而言，也就是

$$\frac{p(x_i, z_i; \theta)}{Q_i(z_i)} = \mathcal{C}$$

其中，$\mathcal{C}$为常数，不依赖于 z_i。因此，当 z_i 取不同的值时，会得到很多个上述形式的等式（只不过其中的 z_i 不同），然后将多个等式的分子分母相加，结果仍然成比例

$$\frac{\sum_{z_i} p(x_i, z_i; \theta)}{\sum_{z_i} Q_i(z_i)} = \mathcal{C}$$

又因为

$$\sum_{z_i} Q_i(z_i) = 1$$

所以可知

$$\sum_{z_i} p(x_i, z_i; \theta) = \mathcal{C}$$

进而根据条件概率的公式有

$$Q_i(z_i) = \frac{p(x_i, z_i; \theta)}{\mathcal{C}} = \frac{p(x_i, z_i; \theta)}{\sum_{z_i} p(x_i, z_i; \theta)}$$

$$= \frac{p(x_i, z_i; \theta)}{p(x_i; \theta)} = p(z_i \mid x_i; \theta)$$

到目前为止，我们得到了在给定 θ 的情况下，$Q_i(z_i)$ 的计算公式，从而解决了 $Q_i(z_i)$ 如何选择的问题。这一步还建立了 $\ell(\theta)$ 的下界。下面就需要进行最大化，也就是在给定 $Q_i(z_i)$ 之后，调整 θ，从而极大化 $\ell(\theta)$ 的下界。那么一般的 EM 算法步骤便可如下执行。

> 给定初始值 θ，循环重复下列步骤，直到收敛：
>
> (E 步)记对于每个 x_i，计算 $Q_i(z_i) = p(z_i \mid x_i; \theta)$
>
> (M 步)计算
>
> $$\theta := \arg\max_{\theta} \sum_{i=1}^{n} \sum_{z_i} Q_i(z_i) \log \frac{p(x_i, z_i; \theta)}{Q_i(z_i)}$$

10.3.2　收敛探讨

如何确定算法有否收敛呢？假设 $\theta^{(t)}$ 和 $\theta^{(t+1)}$ 是算法第 t 和 $t+1$ 次迭代的结果。如果有证据表明 $\ell[\theta^{(t)}] \leqslant \ell[\theta^{(t+1)}]$，就表明似然函数单调递增，那么算法最终总会取得极大值。选

定 $\theta^{(t)}$ 之后，通过 E 步计算可得

$$Q_i^{(t)}(z_i) = p[z_i \mid x_i;\ \theta^{(t)}]$$

这一步保证了在给定 $\theta^{(t)}$ 时，詹森不等式中的等号成立，也就是

$$\ell[\theta^{(t)}] = \sum_{i=1}^{n} \sum_{z_i} Q_i^{(t)}(z_i) \log \frac{p[x_i, z_i;\ \theta^{(t)}]}{Q_i^{(t)}(z_i)}$$

然后进入 M 步，固定 $Q_i^{(t)}(z_i)$，并将 $\theta^{(t)}$ 看作是变量，对上面的 $\ell[\theta^{(t)}]$ 求导后，得到 $\theta^{(t+1)}$。同时会有下面的关系成立

$$\ell[\theta^{(t+1)}] \geqslant \sum_{i=1}^{n} \sum_{z_i} Q_i^{(t)}(z_i) \log \frac{p[x_i, z_i;\ \theta^{(t+1)}]}{Q_i^{(t)}(z_i)}$$

$$\geqslant \sum_{i=1}^{n} \sum_{z_i} Q_i^{(t)}(z_i) \log \frac{p[x_i, z_i;\ \theta^{(t)}]}{Q_i^{(t)}(z_i)} = \ell[\theta^{(t)}]$$

我们来解释一下上述结果。第一个不等号是根据

$$\ell(\theta) = \sum_{i=1}^{n} \log \sum_{z_i} p(x_i, z_i;\ \theta) \geqslant \sum_{i=1}^{n} \sum_{z_i} Q_i(z_i) \log \frac{p(x_i, z_i;\ \theta)}{Q_i(z_i)}$$

得到的。因为上式对所有的 θ 和 Q_i 都成立，所以只要用 $\theta^{(t+1)}$ 替换 θ 就得到了关系中的一个不等式。

第二个不等号利用了 M 步的定义。公式

$$\theta := \arg\max_{\theta} \sum_{i=1}^{n} \sum_{z_i} Q_i(z_i) \log \frac{p(x_i, z_i;\ \theta)}{Q_i(z_i)}$$

的意思是用使得右边式子取得极大值的 $\theta^{(t)}$ 来更新 $\theta^{(t+1)}$，所以如果右边式子中使用的是 $\theta^{(t+1)}$ 必然会大于等于使用 $\theta^{(t)}$ 的原式子。换言之，在众多 $\theta^{(t)}$ 中，有一个被用来当作 $\theta^{(t+1)}$ 的值，会令右式的值相比于取其他 $\theta^{(t)}$ 时所得出的结果更大。

关系中的最后一个等号由本小节的第二条公式即可直接得出。

因此，就证明了 $\ell(\theta)$ 会单调增加，也就表明 EM 算法最终会收敛到一个结果（尽管不能保证它一定是全局最优结果，但必然是局部最优）。实践中，收敛的方式可以是似然函数 $\ell(\theta)$ 的值不再变化，也可以是变化非常之小。

10.4 高斯混合模型

高斯混合模型（Gaussian Mixture Model，GMM）可以看成是 EM 算法的一种现实应用。利用这个模型可以解决聚类分析、机器视觉等领域中的许多实际问题。

10.4.1 模型推导

在讨论 EM 算法时，我们并未指定样本来自于何种分布。实际应用中，常常假定样本是来自正态分布之总体的。也就是说，在进行聚类分析时，认为所有样本都来自具有不同参数控制的数个正态总体。例如前面讨论的男性女性身高问题，我们就可以假定样本数据是来自如图 10-6 所示的一个双正态分布混合模型。

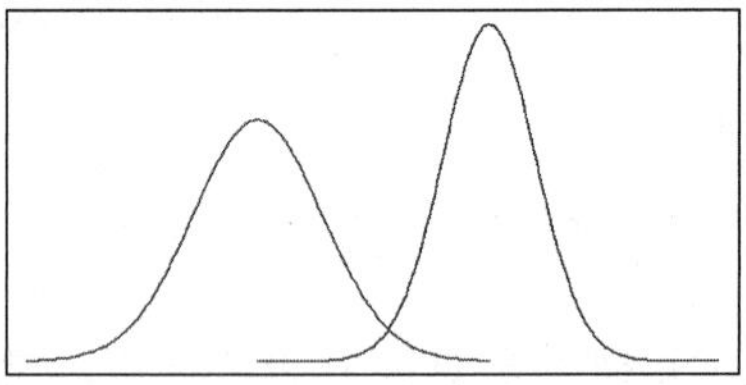

图 10-6 双正态模型

这便有了接下来要讨论的高斯混合模型。

给定的训练样本集合是$\{x_1, x_2, \cdots, x_n\}$，将隐含类别标签用 z_i 表示。假定 z_i 满足参数为 ϕ 的多项式分布，同时跟上一节所讨论的一致，用

$$Q_i = P(z_i = j) = P(z_i = j \mid x_i; \phi, \boldsymbol{\mu}, \boldsymbol{\sigma})$$

也就是在 E 步，假定知道所有的正态分布参数和多项式分布参数，然后在给定 x_i 的情况下算一个它属于 z_i 分布的概率。而且 z_i 有 k 个值，即 $1, \cdots, k$，可以选取，也就是 k 个高斯分布。在给定 z_i 后，X 满足高斯分布(x_i 是从分布 X 中抽取的)，即

$$(X \mid z_i = j) \sim N(\mu_j, \sigma_j)$$

由贝叶斯公式可得

$$P(z_i = j \mid x_i; \phi, \boldsymbol{\mu}, \boldsymbol{\sigma}) = \frac{P(z_i = j \mid x_i; \phi) P(x_i \mid z_i = j, \boldsymbol{\mu}, \boldsymbol{\sigma})}{\sum_{m=1}^{k} P(z_i = m \mid x_i; \phi) P(x_i \mid z_i = m, \boldsymbol{\mu}, \boldsymbol{\sigma})}$$

而在 M 步，则要对

$$\sum_{i=1}^{n} \sum_{z_i} Q_i(z_i) \log \frac{p(x_i, z_i; \phi, \boldsymbol{\mu}, \boldsymbol{\sigma})}{Q_i(z_i)}$$

求极大值，并由此来对参数 $\phi, \boldsymbol{\mu}, \boldsymbol{\sigma}$ 进行估计。将高斯分布的函数展开，并且为了简便，用记号 w_j^i 来替换 $Q_i(z_i=j)$，于是上式可进一步变为

$$= \sum_{i=1}^{n} \sum_{j=1}^{k} Q_i(z_i = j) \log \frac{p(x_i \mid z_i = j; \boldsymbol{\mu}, \boldsymbol{\sigma}) P(z_i = j; \phi)}{Q_i(z_i = j)}$$

$$= \sum_{i=1}^{n} \sum_{j=1}^{k} w_j^i \log \frac{\frac{1}{(2\pi)^{\frac{n}{2}} \mid \sigma_j \mid^{\frac{1}{2}}} \exp\left[-\frac{1}{2}(x_i - \mu_j)\sigma_j^{-1}(x_i - \mu_j)\right] \cdot \phi_j}{w_j^i}$$

为了求极值，对上式中的每个参数分别求导，则有

$$\frac{\partial f}{\partial \mu_j} = \frac{-\sum_{i=1}^{n} \sum_{j=1}^{k} w_j^i \frac{1}{2}(x_i - \mu_j)^2 \sigma_j^{-1}}{\partial \mu_j}$$

$$= \frac{1}{2} \sum_{i=1}^{n} w_j^i \frac{2\mu_j \sigma_j^{-1} x_i - \mu_j^2 \sigma_j^{-1}}{\partial \mu_j} = \sum_{i=1}^{n} w_j^i (\sigma_j^{-1} x_i - \sigma_j^{-1} \mu_j)$$

令上式等于零，可得

$$\mu_j = \frac{\sum_{i=1}^{n} w_j^i x_i}{\sum_{i=1}^{n} w_j^i}$$

这也就是 M 步中对$\boldsymbol{\mu}$ 进行更新的公式。$\boldsymbol{\sigma}$ 更新公式的计算与此类似，我们不再具体给出计算过程，后面在总结高斯模型算法时会给出结果。

下面来谈到参数 ϕ 的更新公式。需要求偏导数的公式在消掉常数项后，可以化简为

$$\sum_{i=1}^{n} \sum_{j=1}^{k} w_j^i \log \phi_j$$

而且 ϕ_j 还需满足一定的约束条件，即 $\sum_{j=1}^{k} \phi_j = 1$。这时需要使用拉格朗日乘子法，于是有

$$\mathcal{L}(\phi) = \sum_{i=1}^{n}\sum_{j=1}^{k} w_j^i \log\phi_j + \beta\left(-1 + \sum_{j=1}^{k}\phi_j\right)$$

当然 $\phi_j \geqslant 0$,但是对数公式已经隐含地满足了这个条件,可不必做特殊考虑。求偏导数可得

$$\frac{\partial\ \mathcal{L}(\phi)}{\phi_j} = \beta + \sum_{i=1}^{n}\frac{w_j^i}{\phi_j}$$

令偏导数等于零,则有

$$\phi_j = \frac{\sum_{i=1}^{n} w_j^i}{-\beta}$$

这表明 ϕ_j 与 $\sum_{i=1}^{n} w_j^i$ 成比例,所以再次使用约束条件 $\sum_{j=1}^{k}\phi_j = 1$,得到

$$-\beta = \sum_{i=1}^{n}\sum_{j=1}^{k} w_j^i = \sum_{i=1}^{n} 1 = n$$

这样就得到了 β 的值,于是最终得到 ϕ_j 的更新公式为

$$\phi_j = \frac{1}{n}\sum_{i=1}^{n} w_j^i$$

综上所述,最终求得的高斯混合模型求解算法如下。

循环重复下列步骤,直到收敛:

(E 步)记对于每个 i 和 j,计算

$$w_j^i = P(z_i = j \mid x_i;\ \phi, \boldsymbol{\mu}, \boldsymbol{\sigma})$$

(M 步)更新参数

$$\phi_j := \frac{1}{n}\sum_{i=1}^{n} w_j^i$$

$$\mu_j := \frac{\sum_{i=1}^{n} w_j^i x_i}{\sum_{i=1}^{n} w_j^i}$$

$$\sigma_j := \frac{\sum_{i=1}^{n} w_j^i\ (x_i - \mu_j)^2}{\sum_{i=1}^{n} w_j^i}$$

10.4.2 应用实例

软件包 mclust 提供了利用高斯混合模型对数据进行聚类分析的方法。其中函数 Mclust()是进行 EM 聚类的核心函数,它的基本调用格式如下。

```
Mclust(data, G = NULL, modelNames = NULL, prior = NULL,
       control = emControl(), initialization = NULL,
       warn = mclust.options("warn"), ...)
```

其中，data 是待处理数据集；G 为预设类别数，默认值为 1～9，即由软件根据 BIC 的值在 1～9 中选择最优值。第 11 章将利用 BIC(或 AIC)对模型进行选择的方法做说明。简而言之，就是将 BIC 值作为评价模型优劣的标准时，BIC 值越高模型越优。

下面的示例代码对前面给出的国家数据进行聚类分析，结果仍然显示这些国家被成功地分成了两类，每类包含 15 个国家。

```
> my.em <- Mclust(countries)
> summary(my.em)
----------------------------------------------------
Gaussian finite mixture model fitted by EM algorithm
----------------------------------------------------

Mclust EVI (diagonal, equal volume, varying shape) model with 2 components:

 log.likelihood n df       BIC       ICL
      -179.2962 30  8 -385.802 -385.8023

Clustering table:
 1  2
15 15
```

如果想获得包括参数估计值在内的更为具体的信息，这可对以上代码稍作修改。注意，这里略去了输出中与上面重复的部分。

```
> summary(my.em, parameters = TRUE)
Mixing probabilities:
        1         2
0.4999956 0.5000044

Means:
                      [,1]         [,2]
Services(%)       74.42666    48.293568
Aged_Population(%) 17.13340    5.533373

Variances:
[,,1]
                   Services(%) Aged_Population(%)
Services(%)            10.1814            0.00000
Aged_Population(%)      0.0000           13.07313
[,,2]
                   Services(%) Aged_Population(%)
Services(%)            48.9951           0.000000
Aged_Population(%)      0.0000           2.716653
```

也可以利用图形化手段对上述结果进行展示。此时需要用到 mclust 软件包中的函数 mclust2Dplot()，示例代码如下。

```
> mclust2Dplot(countries, parameters = my.em$parameters,
+   z = my.em$z, what = "classification", main = TRUE)
```

上述示例代码所绘制的聚类结果如图 10-7 所示。不同形状和颜色的数据标记表明了数据点所属的类别。此外,如果将上述代码中的参数值 classification 修改成 uncertainty,那么绘制的结果将变成图 10-8 所示之图形。该图所展示的是分类结果的不确定性情况。表示样本数据的圆点,如果颜色越深、面积越大,这表示不确定性越高。显然,经过所有的数据点都被正确分类了,但是两个簇之间彼此靠近的部分往往是不确定性更高的区域。

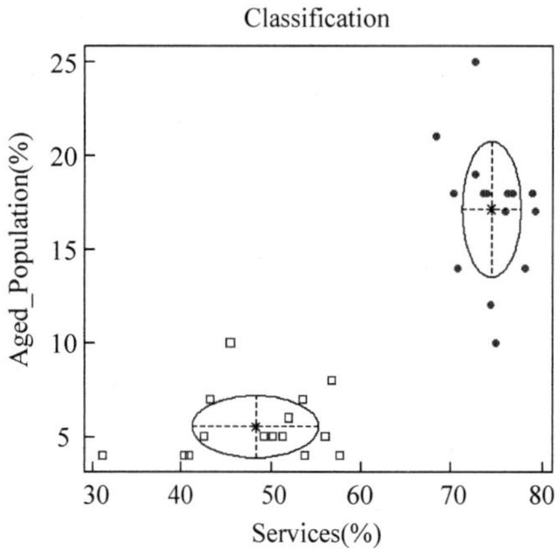

图 10-7 高斯混合模型聚类结果

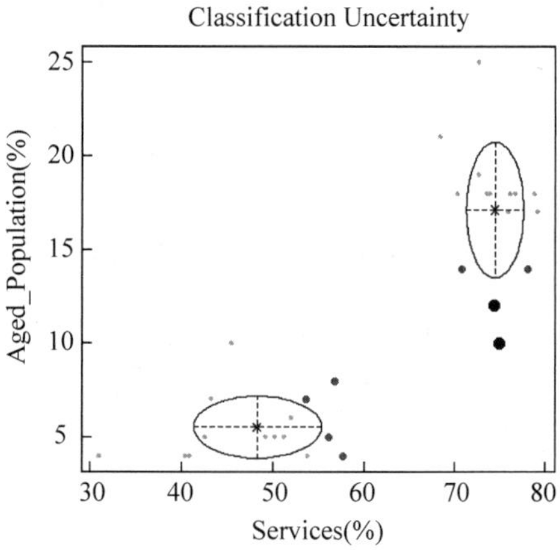

图 10-8 高斯混合模型聚类的不确定性

借助 densityMclust()函数,还可以绘制出高斯混合模型的密度图,下面的代码用于绘制二维的概率密度图,结果如图 10-9 所示。

```
> model_density <- densityMclust(countries)
> plot(model_density, countries, col = "cadetblue",
              nlevels = 25, what = "density")
```

或者也可以使用下面代码来绘制三维的概率密度图,结果如图 10-10 所示。其中参数 theta 用于控制三维图像水平方向上的旋转角度。

```
> plot(model_density, what = "density", type = "persp", theta = 235)
```

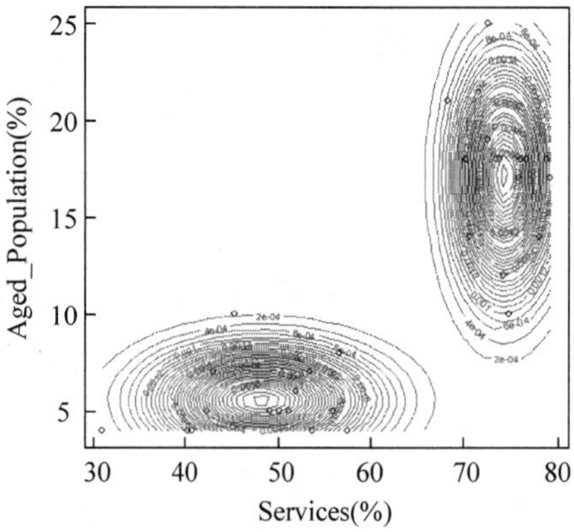

图 10-9 高斯混合模型的二维密度图

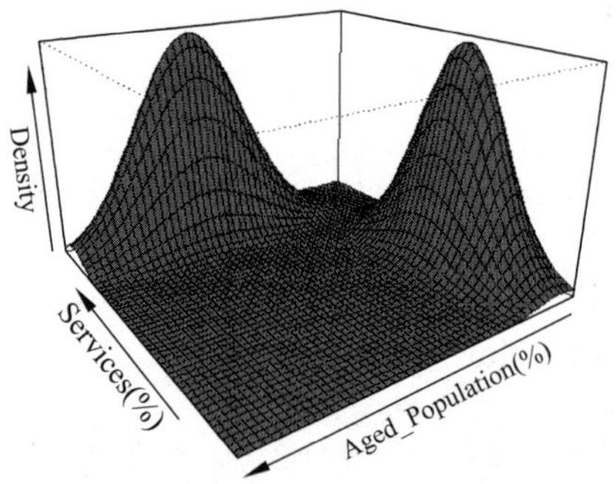

图 10-10 高斯混合模型的三维密度图

10.5 密度聚类与 DBSCAN 算法

利用 K 均值算法进行聚类时需要事先知道簇的个数，也就是 k 值。不同的是，基于密度聚类的算法却可以在无需事先获知聚类个数的情况下找出形状不规则的簇，例如图 10-11 所示的情况。

密度聚类的基本思想是：

(1) 簇是数据空间中稠密的区域，簇与簇之间由对象密度较低的区域所隔开；

(2) 一个簇可以被定义为密度连通点的一个最大集合；

(3) 发现任意形状的簇。

著名的 DBSCAN(Density-based spatial clustering of applications with noise)算法就是密度聚类的经典算法。

DBSCAN 算法中有两个重要参数：ε 和 MinPts，前者为定义密度时的邻域半径，后者是定义核心点时的阈值(也就是可以构成一个簇所需之最小的数据点数)。由此，还可以定义一个对象的 ε-邻域 N_ε 为以该对象为中心半径为 ε 范围内的所有对象。如图 10-12 所示，$N_\varepsilon(p)$：$\{q \mid d(p,q) \leqslant \varepsilon\}$。

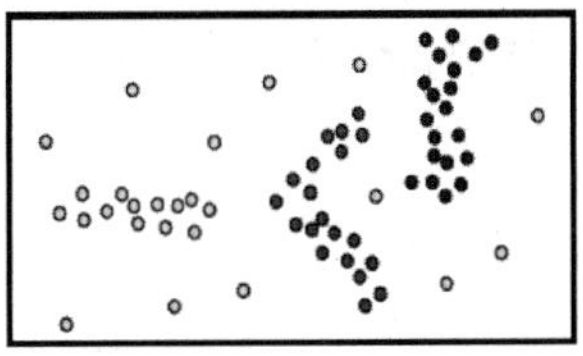

图 10-11　密度聚类

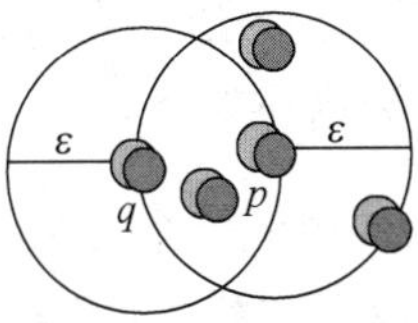

图 10-12　ε-邻域

另外一个重要概念是"高密度"：如果一个对象的 ε-邻域中至少包含 MinPts 个对象，那么它就是高密度的。例如，在图 10-12 中，假设 MinPts= 4，则有

(1) 点 p 的 ε-邻域是高密度的；

(2) 点 q 的 ε-邻域是低密度的。

接下来，基于上面给出的概念，就可以定义三种类型的点：核心点(Core)、边界点(Border)和噪声点(Noise 或 Outlier)。

(1) 如果一个点的 ε-邻域内有超过特定数量(MinPts)的点，那么它就是一个核心点。这些点也就是位于同一簇内部的点；

(2) 如果一个点的 ε-邻域内包含的点数少于 MinPts，但它又属于一个核心点的邻域，则它就是一个边界点；

(3) 如果一个点既不是核心点也不是边界点，那么它就是一个噪声点。

可见，核心点位于簇的内部，它确定无误地属于某个特定的簇；噪声点是数据集中的干扰数据，它不属于任何一个簇；而边界点是一类特殊的点，它位于一个或几个簇的边缘地带，可能属于一个簇，也可能属于另外一个簇，其归属并不明确。图 10-13 分别给出了这三类点的例子，其中 MinPts=5。

接下来讨论密度可达(Density-reachability)这个概念。如果对象 p 是一个核心点，而

对象 q 位于 p 的 ε-邻域内，那么 q 就是从对象 p 直接密度可达的。易见，密度可达性是非对称的。例如，在图 10-12 中，点 q 是从点 p 直接密度可达的；而点 p 则不是从点 q 直接密度可达的。

密度可达又分两种情况，即直接密度可达和间接密度可达。例如，在图 10-14 中，点 p 是从点 p_2 直接密度可达的。点 p_2 是从点 p_1 直接密度可达的。点 p_1 是从点 q 直接密度可达的。于是，$q \to p_1 \to p_2 \to p$ 就形成了一个链。那么，点 p 就是从点 q 间接密度可达的。此外，还可以看出，点 q 不是从点 p 密度可达的。

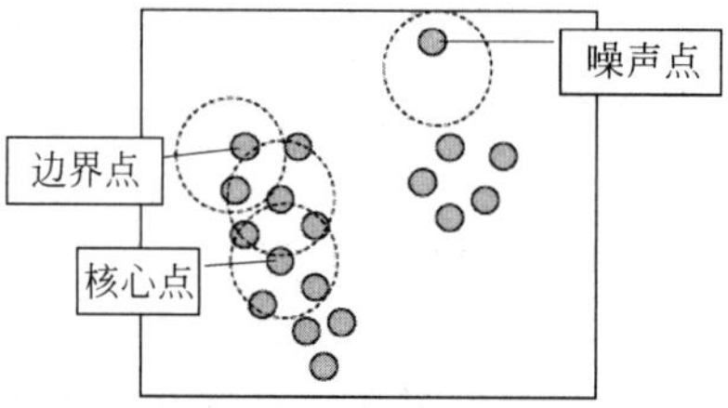

图 10-13　核心点、边界点与噪声点

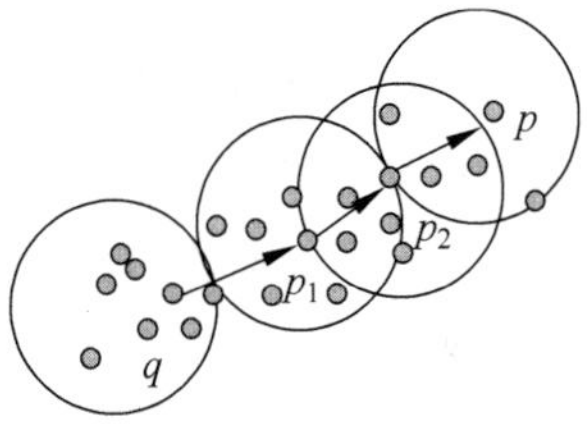

图 10-14　直接密度可达和间接密度可达

密度可达关系不具有对称性，即如果 p_m 是从 p_1 密度可达的，那么 p_1 不一定是从 p_m 密度可达的。因为从上述定义可知，$p_1, p_2, \cdots, p_{m-1}$ 必须是核心点，而 p_m 可以是核心点，也可以是边界点。当 p_m 为边界点时，p_1 就不可能是从 p_m 密度可达的。

DBSCAN 算法描述如下。

```
遍历数据集 D 中的每个对象 o：
  如果 o 还没有被分类，那么：
      如果 o 是一个核心点，那么：
          收集从 o 出发所有的密度可达对象并将它们划入一个新簇
      否则：
          将 o 标记成噪声点
```

可见，DBSCAN 算法需要访问 D 中的所有结点（某些结点可能还需要访问多次），所以该算法的时间复杂度主要取决于区域查询（获取某结点的 ε-邻域）的次数。由此而得的 DBSCAN 算法，其时间复杂度为 $O(N^2)$。如果使用 k-d 树等高级数据结构，其复杂度可以降为 $O(N\log N)$。

DBSCAN 算法中使用了统一的 ε 值，因此数据空间中所有结点邻域大小是一致的。当数据密度和簇之间的距离分布不均匀时，如果选取较小的 ε 值，则较稀疏的簇中之结点密度不会小于 MinPts，从而被认为是边界点而不被用于所在簇点进一步扩展。这样做的结果是，较为稀疏的簇可能被划分成多个性质相似的簇；与此相反，如果选取较大的 ε 值，则离得较近而密度较大的簇将很可能被合并成同一个簇，它们之间的差异将被忽略。显然，在这种情况下，要选取一个合适的 ε 值并非易事。尤其对于高维数据，ε 值的合理选择将变得更加困难。最后，关于 MinPts 值的选取有一个指导性的原则，即 MinPts 值应不小于数据空间的维数加 1。

第11章 支持向量机

CHAPTER 11

支持向量机(Support Vector Machine,SVM)是统计机器学习和数据挖掘中常用的一种分类模型。它在自然语言处理、计算机视觉以及生物信息学中都有重要应用。

11.1 线性可分的支持向量机

构建线性可分情况下的支持向量机所考虑的情况最为简单,我们就以此为始展开对支持向量机的讨论。所谓线性可分的情况,直观上理解,就如同本章前面所给出的各种线性分类器模型中的示例一样,两个集合之间是彼此没有交叠的。在这种情况下,通常一个简单的线性分类器就能胜任分类任务。

11.1.1 函数距离与几何距离

给定一些数据点,它们分别属于两个不同的类,现在要找到一个线性分类器把这些数据分成两类。如果用 $\boldsymbol{x}$ 表示数据点,用 y 表示类别(y 可以取 1 或者 -1,分别代表两个不同的类),一个线性分类器的学习目标便是要在 n 维的数据空间中找到一个超平面,这个超平面的方程可以表示为

$$\boldsymbol{w}^{\mathrm{T}}\boldsymbol{x}+b=0$$

超平面是直线概念在高维上的拓展。通常直线的一般式方程可以写为 $w_1x_1+w_2x_2+b=0$,拓展到三维上,就得到平面的方程 $w_1x_1+w_2x_2+w_3x_3+b=0$。所以可以定义高维上的超平面为 $\sum_{i=1}^{n} w_ix_i+b=0$。上面给出的超平面方程仅仅是采用向量形式来描述的超平面方程。

在使用 Logistic 回归进行分类时,我们认为若 $h_\beta(X)>0.5$,就将待分类的属性归为 $Y=1$ 的类,反之就被归为 $Y=0$ 类。类似地,此时我们希望把分类标签换成 $y=1$ 和 $y=-1$,于是可以规定当 $\boldsymbol{w}^{\mathrm{T}}\boldsymbol{x}+b>0$ 时,$h_{w,b}(\boldsymbol{x})=g(\boldsymbol{w}^{\mathrm{T}}\boldsymbol{x}+b)$ 就映射到 $y=1$ 的类别,否则即被映射到 $y=-1$ 的类别。

接下来就以最简单的二维情况为例来说明基于超平面的线性分类器。现在有一个二维平面,平面上有两种不同的数据,分别用圆圈和方框来表示,如图 11-1 所示。由于这些数据是线性可分的,所以可以用一条直线将这两类数据分开,这条直线就相当于一个超平面(因为在二维的情况下超平面之方程就是一个直线方程),超平面一边的数据点所对应的 y 全

是 1，另一边所对应的 y 全是 -1。

这个基于超平面的分类模型可以用 $f(\boldsymbol{x})=\boldsymbol{w}^{\mathrm{T}}\boldsymbol{x}+b$ 来描述，当 $f(\boldsymbol{x})$ 等于 0 的时候，$\boldsymbol{x}$ 便是位于超平面上的点，而 $f(\boldsymbol{x})$ 大于 0 的点对应 $y=1$ 的数据点，$f(\boldsymbol{x})$ 小于 0 的点对应 $y=-1$ 的点，如图 11-2 所示。

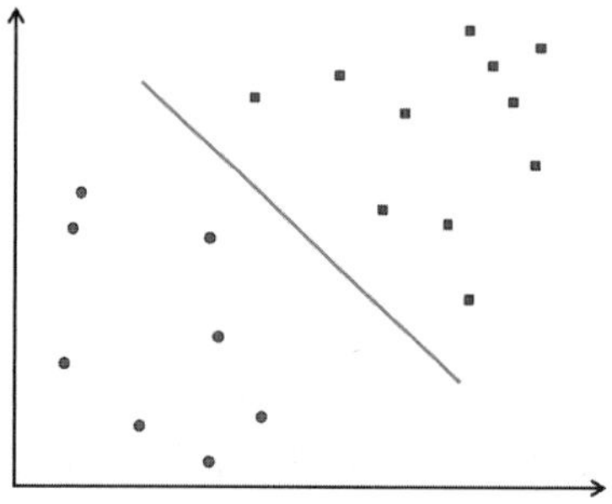

图 11-1　二维情况下基于超平面的线性分类器

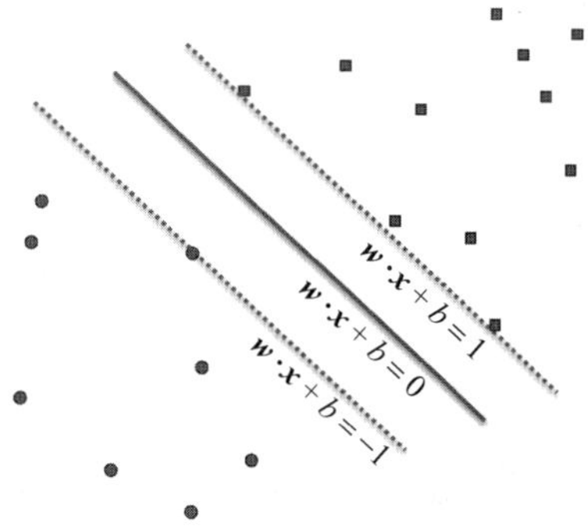

图 11-2　分类模型举例

这里 y 仅仅是一个分类标签，二分时 y 就取两个值，严格来说这两个值是可以任意取的，就如同使用 Logistic 回归进行分类时，我们选取的标签是 0 和 1 一样。但是在使用支持向量机去求解二分类问题时，其目标是求一个特征空间的超平面，而被超平面分开的两个类，它们所对应的超平面的函数值之符号应该是相反的，因此为了使问题足够简单，使用 1 和 -1 就成为理所应当的选择了。

如果有了超平面，二分类问题就得以解决。那么超平面又该如何确定呢？直观上来看，这个超平面应该是既能将两类数据正确划分，又能使得其自身距离两边的数据的间隔最大的直线。

在超平面 $\boldsymbol{w}^{\mathrm{T}}\boldsymbol{x}+b=0$ 确定的情况下，数据集中的某一点 $\boldsymbol{x}$ 到该超平面的距离可以通过多种方式来定义。再次强调，这里 $\boldsymbol{x}$ 表示一个向量，如果是二维平面的话，那么它的形式应该是 (x_{10},x_{20}) 这样的坐标。

首先，分类超平面的方程可以写为 $h(\boldsymbol{x})=0$。过点 (x_{10},x_{20}) 做一个与 $h(\boldsymbol{x})=0$ 相平行的超平面，如图 11-3 所示，那么这个与分类超平面相平行的平面方程可以写成 $f(\boldsymbol{x})=c$，其中 $c\neq0$。

不妨考虑用 $|f(\boldsymbol{x})-h(\boldsymbol{x})|$ 来定义点 (x_{10},x_{20}) 到 $h(\boldsymbol{x})$ 的距离。而且又因 $h(\boldsymbol{x})=0$，则有 $|f(\boldsymbol{x})-h(\boldsymbol{x})|=|f(\boldsymbol{x})|$。通过观察可发现 $f(\boldsymbol{x})$ 的值与分类标记 y 的值总是具有相同的符号，且 $|y|=1$，所以可以用两者乘积的形式去掉绝对值符号。由此便引出函数距离(functional margin)的定义

$$\hat{\gamma}=yf(\boldsymbol{x})=y(\boldsymbol{w}^{\mathrm{T}}\boldsymbol{x}+b)$$

但这个距离定义还不够完美。从解析几何的角度来说，$w_1x_1+w_2x_2+b=0$ 的平行线可以具有类似 $w_1x_1+w_2x_2+b=c$ 的形式，即 $h(\boldsymbol{x})$ 和 $f(\boldsymbol{x})$ 具有相同的表达式（都为 $\boldsymbol{w}^{\mathrm{T}}\boldsymbol{x}+b$），只是两个超平面方程相差等式右端的一个常数值。

另外一种情况，即 $\boldsymbol{w}$ 和 b 都等比例变化时，所得的依然是平行线，例如 $2w_1x_1+2w_2x_2+2b=2c$。但这时如果使用函数距离的定义来描述点到超平面的距离，结果就会得到一个被

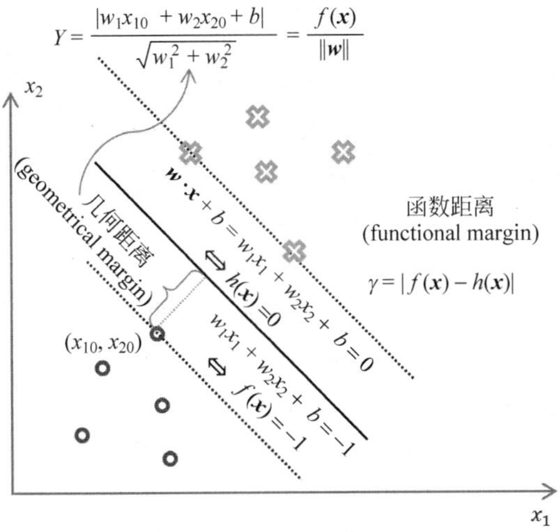

图 11-3　函数距离与几何距离

放大的距离，但事实上，点和分类超平面都没有移动。

于是应当考虑采用几何距离(geometrical margin)来描述某一点到分类超平面的距离。回忆解析几何中点到直线的距离公式，并同样用与分类标记 y 相乘的方式来拿掉绝对值符号，由此引出点 $\boldsymbol{x}$ 到分类超平面的几何距离为

$$\gamma=\frac{|f(\boldsymbol{x})|}{\|\boldsymbol{w}\|}=\frac{yf(\boldsymbol{x})}{\|\boldsymbol{w}\|}$$

易见，几何距离就是函数距离除以 $\|\boldsymbol{w}\|$。

11.1.2　最大间隔分类器

对一组数据点进行分类时，显然当超平面离数据点的“间隔”越大，分类的结果就越可靠。于是，为了使得分类结果的可靠程度尽量高，需要让所选择的超平面能够最大化这个“间隔”值。

过集合的一点并使整个集合在其一侧的超平面，就称为支持超平面。如图 11-4 所示，被圆圈标注的点被称为支持向量，过支持向量并使整个集合在其一侧的虚线就是我们所做的支持超平面。后面会解释如何确定支持超平面。但现在从图中已经很容易看出，均分两个支持超平面间距离的超平面就应当是最终被确定为分类标准的超平面，或称最大间隔分类器。现在的任务就变成了寻找支持向量，然后构造超平面。注意我们最终的目的是构造分类超平面，而不是支持超平面。

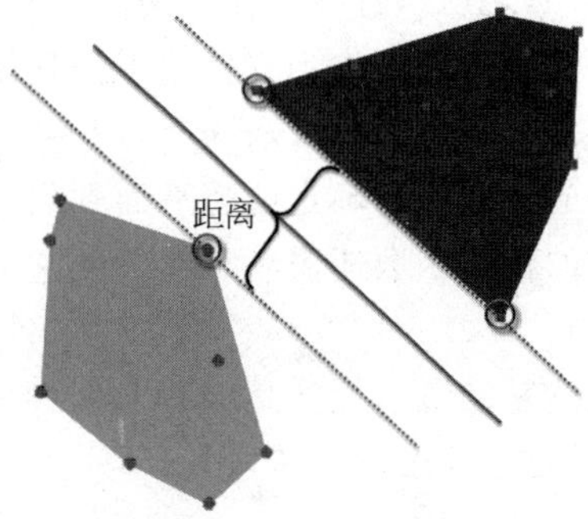

图 11-4　支持超平面

前面已经得出结论，几何距离非常适合用来描述一点到分类超平面的距离。所以，这里要找的最大间隔分类超平面中的“间隔”指的是几何距离。由此定义最大间隔分类器(maximum margin classifier)的目标函数可以为

$$\underset{w,b}{\operatorname{argmax}}\left\{\frac{1}{\| w \|}\min_n[y_n(w^{\mathrm{T}}\boldsymbol{x}+b)]\right\}$$

来解读一下这个目标函数。现在训练数据集中共有 n 个点，按照图 11-5 所示的情况，这里 $n=3$。这三个点分别是 A、B 和 C。当参数 $\boldsymbol{w}$ 和 b 确定时，显然我们就得到了一个线性分类器，比如图中的l_1。现在可以确定数据集中各个点到直线 l_1 的几何距离分别为$|AA_1|$、$|BB_1|$和$|CC_1|$。然后我们选其中几何距离最小的那个(从图中来看应该是$|BB_1|$)来作为衡量数据集到该直线的距离。然后我们又希望数据集到分类器的距离最大化。也就是说当参数 $\boldsymbol{w}$ 和 b 取不同值时，可以得到很多个 l，例如图中的 l_1 和 l_2。那么到底该选哪条来作为最终的分类器呢？显然应该选择使得数据集到分类器的间隔最大的那条直线作为分类器。从图中可以看出，数据集中的所有点到 l_1 的几何距离最短的应该是 B 点，到 l_2 的几何距离最短的同样是 B 点。而 B 点到l_1 的距离$|BB_1|$又小于 B 点到l_2 的距离$|BB_2|$，所以选择 l_2 作为最终的最大间隔分类器就是更合理的。而且在这个过程中，其实也是选定了 B 来作为支持向量。注意，支持向量不一定只有一个，也有可能是多个，即如果一些点达到最大间隔分类器的距离都是相等的，那么它们就都会同时成为支持向量。

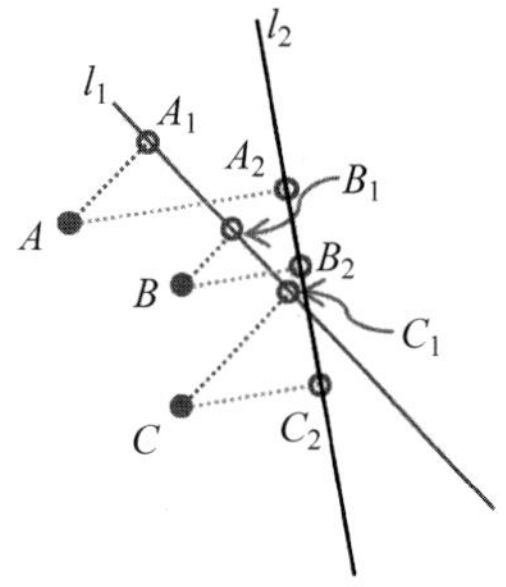

图 11-5　最大间隔分类器

事实上，我们通常会令支持超平面(就是过支持向量且与最大间隔分类器平行的超平面)到最大间隔分类超平面的函数距离为 1，如图 11-2 所示。这里需要理解的地方主要有两个。第一，支持超平面到最大间隔分类超平面的函数距离可以通过线性变换而得到任意值。继续使用前面曾经用过的记法，我们知道 $h(\boldsymbol{x})=\boldsymbol{w}^{\mathrm{T}}\boldsymbol{x}+b=0$ 就是最大间隔分类超平面的方程，而 $f(\boldsymbol{x})=\boldsymbol{w}^{\mathrm{T}}\boldsymbol{x}+b=c$ 就是支持超平面的方程。这两个超平面之间的函数距离就是 $yf(\boldsymbol{x})=yc$。而我们前面也曾经演示过，通过线性变换，c 的取值并不固定。例如，可以将所有的参数都放大两倍，得到 $h'(\boldsymbol{x})=2\boldsymbol{w}^{\mathrm{T}}\boldsymbol{x}+2b=0$，因为 $f'(\boldsymbol{x})$只要保证是与 $h'(\boldsymbol{x})$平行的即可，那么显然 $f'(\boldsymbol{x})=2\boldsymbol{w}^{\mathrm{T}}\boldsymbol{x}+2b=2c$，于是两个超平面间的函数距离就变成了 $yf'(\boldsymbol{x})=2yc$。可见这个函数距离通过线性变换其实可以是任意值，而此处就选定 1 作为它们的函数距离。第二，之所以选择 1 作为两个超平面间的函数距离，主要是为了方便后续的推导和优化。

若选定 1 作为支持超平面到最大间隔分类超平面的函数距离，其实就指明了支持超平面的方程应为 $f(\boldsymbol{x})=\boldsymbol{w}^{\mathrm{T}}\boldsymbol{x}+b=1$ 或者 $f(\boldsymbol{x})=\boldsymbol{w}^{\mathrm{T}}\boldsymbol{x}+b=-1$。而数据集中除了支持向量以外的其他点所确定的超平面到最大间隔分类超平面的函数距离将都是大于 1 的，即前面给出的目标函数还需满足的下面这个条件

$$y_i(\boldsymbol{w}^{\mathrm{T}}\boldsymbol{x}_i+b)\geqslant 1,\quad i=1,2,\cdots,n$$

显然它的最小值就是 1，所以原来的目标函数就得到了下面这个简化的表达式

$$\max\frac{1}{\|\boldsymbol{w}\|}$$

这表示求解最大间隔分类超平面的过程就是最大化支撑超平面到分类超平面两者间几何距离的过程。

11.1.3　拉格朗日乘数法

在得到目标函数之后，分类超平面的建立过程就转化成了一个求极值的最优化问题。

通常，我们需要求解的最优化问题主要包含有三类。首先是无约束优化问题，可以写为

$$\min f(x)$$

对于这一类的优化问题，常常的解法就是运用费马定理，即使用求取函数 $f(x)$ 的导数，然后令其为零，可以求得候选最优值，再在这些候选值中进行验证；而且如果 $f(x)$ 是凸函数，可以保证所求值就是最优解。

其次是有等式约束的优化问题，可以写为

$$\begin{aligned}&\min f(x)\\&\text{s.t. } h_i(x)=0,\quad i=1,2,\cdots n\end{aligned}$$

对于此类的优化问题，常常使用的方法就是拉格朗日乘子法，即用一个系数 λ_i 把等式约束 $h_i(x)$ 和目标函数 $f(x)$ 组合成为一个新式子，称为拉格朗日函数，而系数 λ_i 称为拉格朗日乘子。即写成如下形式

$$\mathcal{L}(x,\lambda)=f(x)+\sum_{i=1}^{n}\lambda_i h_i(x)$$

然后通过拉格朗日函数对各个变量求导，令其为零，可以求得候选值集合，然后验证求得最优值。

最后是有不等式约束的优化问题，可以写为

$$\begin{aligned}&\min f(x)\\&\text{s.t. } h_i(x)=0,\quad i=1,2,\cdots,n\\&g_i(x)\leqslant 0,\quad i=1,2,\cdots,k\end{aligned}$$

统一的形式能够简化推导过程中不必要的复杂性。而其他的形式都可以归约到这样的标准形式。例如假设目标函数是 $\max f(x)$，那么就可以将其转化为 $-\min f(x)$。

虽然约束条件能够帮助我们减小搜索空间，但如果约束条件本身就具有比较复杂的形式，那么仍然会显得有些麻烦。于是，我们希望把带有不等式约束的优化问题转化为仅有等式约束的优化问题。为此定义广义拉格朗日函数如下

$$\mathcal{L}(x,\lambda,\upsilon)=f(x)+\sum_{i=1}^{k}\lambda_i g_i(x)+\sum_{i=1}^{n}\upsilon_i h_i(x)$$

它通过一些系数把约束条件和目标函数结合在了一起。现在我们令

$$z(x)=\max_{\lambda\geqslant 0,\upsilon}\mathcal{L}(x,\lambda,\upsilon)$$

注意上式中，$\lambda\geqslant 0$ 的意思是集合 λ 的每一个元素 λ_i 都是非负的。函数 $z(x)$ 对于满足原始问题约束条件的那些 x 来说，其值都等于 $f(x)$ 。这很容易验证，因为满足约束条件的 x 会使得 $h_i(x)=0$，因此最后一项就消掉了。而 $g_i(x)\leqslant 0$，并且我们要求 $\lambda\geqslant 0$，于是 $\lambda_i g_i(x)\leqslant 0$，那么最大值只能在它们都取零的时候得到，此时就只剩下 $f(x)$ 了。所以我们知道对于满足约束条件的那些 x 来说，必然有 $f(x)=z(x)$。这样一来，原始的带约束的优化问题其实等价于如下的无约束优化问题

$$\min_x z(x)$$

如果原始问题有最优值，那么肯定是在满足约束条件的某个 x^* 取得，而对于所有满足约束条件的 x，$z(x)$ 和 $f(x)$ 都是相等的。至于那些不满足约束条件的 x，原始问题是无法取到的，否则极值问题无解。很容易验证对于这些不满足约束条件的 x 有 $z(x)\to\infty$，这也和原始问题是一致的，因为求最小值得到无穷大可以和“无解”看作是等同的。

到此为止，我们已经成功地把带不等式约束的优化问题转化为了仅有等式约束的问题。而且，这个过程其实只是一个形式上的重写，并没有什么本质上的改变。我们只是把原来的问题通过拉格朗日方程写成了如下形式

$$\min_{x} \max_{\lambda \geqslant 0, \upsilon} \mathcal{L}(x, \lambda, \upsilon)$$

上述这个问题（或者说最开始那个带不等式约束的优化问题）也称作原始问题（Primal Problem）。相对应的还有一个对偶问题（Dual Problem），其形式与之非常类似，只是把 min 和 max 交换了一下，即

$$\max_{\lambda \geqslant 0, \upsilon} \min_{x} \mathcal{L}(x, \lambda, \upsilon)$$

交换之后的对偶问题和原来的原始问题并不一定等价。为了进一步分析这个问题，和刚才的 $z(x)$类似，我们也用一个记号来表示内层的这个函数，记为

$$y(\lambda, \upsilon) = \min_{x} \mathcal{L}(x, \lambda, \upsilon)$$

并称 $y(\lambda, \upsilon)$为拉格朗日对偶函数。该函数的一个重要性质即它是原始问题的一个下界。换言之，如果原始问题的最小值记为 p^*，那么对于所有的 $\lambda \geqslant 0$ 和 υ 来说，都有

$$y(\lambda, \upsilon) \leqslant p^*$$

因为对于极值点（实际上包括所有满足约束条件的点）x^*，注意到 $\lambda \geqslant 0$，总是有

$$\sum_{i=1}^{k} \lambda_i g_i(x^*) + \sum_{i=1}^{n} \upsilon_i h_i(x^*) \leqslant 0$$

因此

$$\mathcal{L}(x^*, \lambda, \upsilon) = f(x^*) + \sum_{i=1}^{k} \lambda_i g_i(x^*) + \sum_{i=1}^{n} \upsilon_i h_i(x^*) \leqslant f(x^*)$$

进而有

$$y(\lambda, \upsilon) = \min_{x} \mathcal{L}(x, \lambda, \upsilon) \leqslant \mathcal{L}(x^*, \lambda, \upsilon) \leqslant f(x^*) = p^*$$

也就是说

$$\max_{\lambda \geqslant 0, \upsilon} y(\lambda, \upsilon)$$

实际上就是原始问题的下确界。现在记对偶问题的最优解为 d^*，那么根据上述推导就可以得出如下性质

$$d^* \leqslant p^*$$

这个性质叫作弱对偶性（Weak Duality），对于所有的优化问题都成立。其中 $p^* - d^*$ 被称作对偶性间隔（Duality Gap）。需要注意的是，无论原始是什么形式，对偶问题总是一个凸优化的问题，即如果它的极值存在，则必是唯一的。这样一来，对于那些难以求解的原始问题，我们可以设法找出它的对偶问题，再通过优化这个对偶问题来得到原始问题的一个下界估计。或者说我们甚至都不用去优化这个对偶问题，而是（通过某些方法，例如随机）选取一些 $\lambda \geqslant 0$ 和 υ，带到 $y(\lambda, \upsilon)$中，这样也会得到一些下界（但不一定是下确界）。

另一方面，读者应该很自然地会想到既然有弱对偶性，就势必会有强对偶性（Strong Duality）。所谓强对偶性，就是

$$d^* = p^*$$

在强对偶性成立的情况下，可以通过求解对偶问题来优化原始问题。后面我们会看到在支持向量机的推导中就是这样操作的。当然并不是所有的问题都能满足强对偶性。

为了对问题做进一步的分析，不妨来看看强对偶性成立时的一些性质。假设 x^* 和 (λ^*, υ^*) 分别是原始问题和对偶问题的极值点，相应的极值为 p^* 和 d^*。如果 $d^*=p^*$，此时则有

$$f(x^*) = y(\lambda^*, \upsilon^*) = \min_x \left[f(x) + \sum_{i=1}^{k} \lambda_i^* g_i(x) + \sum_{i=1}^{n} \upsilon_i^* h_i(x) \right]$$

$$\leqslant f(x^*) + \sum_{i=1}^{k} \lambda_i^* g_i(x^*) + \sum_{i=1}^{n} \upsilon_i^* h_i(x^*) \leqslant f(x^*)$$

由于两头是相等的，所以这一系列的式子里的不等号全部都可以换成等号。根据第一个不等号我们可以得到 x^* 是 $\mathcal{L}(x, \lambda^*, \upsilon^*)$ 的一个极值点，由此可以知道 $\mathcal{L}(x, \lambda^*, \upsilon^*)$ 在 x^* 处的梯度应该等于 0，亦即

$$\nabla f(x^*) + \sum_{i=1}^{k} \lambda_i^* \nabla g_i(x^*) + \sum_{i=1}^{n} \upsilon_i^* \nabla h_i(x^*) = 0$$

此外，由第二个不等式，又显然 $\lambda_i^* g_i(x^*)$ 都是非正的，因此我们可以得到

$$\lambda_i^* g_i(x^*) = 0, \quad i = 1, 2, \cdots, k$$

另外，如果 $\lambda_i^* > 0$，那么必定有 $g_i(x^*) = 0$；反过来，如果 $g_i(x^*) < 0$，那么可以得到 $\lambda_i^* = 0$。这个条件在后续关于支持向量机的讨论中将被用来证明那些非支持向量（对应于 $g_i(x^*) < 0$）所对应的系数是为零的。再将其他一些显而易见的条件写到一起，便得出了所谓的 KKT（Karush-Kuhn-Tucker）条件：

$$h_i(x^*) = 0, \quad i = 1, 2, \cdots, n$$

$$g_i(x^*) \leqslant 0, \quad i = 1, 2, \cdots, k$$

$$\lambda_i^* \geqslant 0, \quad i = 1, 2, \cdots, k$$

$$\lambda_i^* g_i(x^*) = 0, \quad i = 1, 2, \cdots, k$$

$$\nabla f(x^*) + \sum_{i=1}^{k} \lambda_i^* \nabla g_i(x^*) + \sum_{i=1}^{n} \upsilon_i^* \nabla h_i(x^*) = 0$$

任何满足强对偶性的问题都满足 KKT 条件，换句话说，这是强对偶性的一个必要条件。不过，当原始问题是凸优化问题的时候，KKT 就可以升级为充要条件。换句话说，如果原始问题是一个凸优化问题，且存在 x^* 和 (λ^*, υ^*) 满足 KKT 条件，那么它们分别是原始问题和对偶问题的极值点并且强对偶性成立。其证明也比较简单，首先，如果原始问题是凸优化问题

$$y(\lambda, \upsilon) = \min_x \mathcal{L}(x, \lambda, \upsilon)$$

的求解对每一组确定的 (λ, υ) 来说也是一个凸优化问题，由 KKT 条件的最后一个式子，知道 x^* 是 $\min\limits_x \mathcal{L}(x, \lambda^*, \upsilon^*)$ 的极值点（如果不是凸优化问题，则不一定能推出来），亦即

$$y(\lambda^*, \upsilon^*) = \min_x \mathcal{L}(x, \lambda^*, \upsilon^*) = \mathcal{L}(x^*, \lambda^*, \upsilon^*)$$

$$= f(x^*) + \sum_{i=1}^{k} \lambda_i^* g_i(x^*) + \sum_{i=1}^{n} \upsilon_i^* h_i(x^*) = f(x^*)$$

最后一个式子是根据 KKT 条件的第二和第四个条件得到。由于 y 是 f 的下界，如此一来，便证明了对偶性间隔为零，即强对偶性成立。

11.1.4 对偶问题的求解

接着考虑之前得到的目标函数

$$\max \frac{1}{\|\boldsymbol{w}\|}$$
$$\text{s.t. } y_i(\boldsymbol{w}^{\mathrm{T}}\boldsymbol{x}_i+b)\geqslant 1,\quad i=1,2,\cdots,n$$

根据上一小节讨论的内容，现在设法将上式转换为标准形式，即将求最大值转换为求最小值。由于求 $1/\|\boldsymbol{w}\|$ 的最大值与求 $\|\boldsymbol{w}\|^2/2$ 的最小值等价，所以上述目标函数就等价于

$$\min \frac{1}{2}\|\boldsymbol{w}\|^2$$
$$\text{s.t. } y_i(\boldsymbol{w}^{\mathrm{T}}\boldsymbol{x}_i+b)\geqslant 1,\quad i=1,2,\cdots,n$$

现在的目标函数是二次的，约束条件是线性的，所以它是一个凸二次规划问题。更重要的是，由于这个问题的特殊结构，还可以通过拉格朗日对偶性将原始问题的求解变换到对偶问题的求解，从而得到等价的最优解。这就是线性可分条件下支持向量机的对偶算法，这样做的优点在于：一者对偶问题往往更容易求解；两者可以很自然地引入核函数，进而推广到非线性分类问题。

根据上一节中所讲的方法，给每个约束条件加上一个拉格朗日乘子 α，定义广义拉格朗日函数

$$\mathcal{L}(\boldsymbol{w},b,\boldsymbol{\alpha})=\frac{1}{2}\|\boldsymbol{w}\|^2-\sum_{i=1}^{k}\alpha_i[y_i(\boldsymbol{w}^{\mathrm{T}}\boldsymbol{x}_i+b)-1]$$

上述问题可以改写成

$$\min_{\boldsymbol{w},b}\max_{\alpha_i\geqslant 0}\mathcal{L}(\boldsymbol{w},b,\boldsymbol{\alpha})=p^*$$

可以验证原始问题是满足 KKT 条件的，所以原始问题与下列对偶问题等价

$$\max_{\alpha_i\geqslant 0}\min_{\boldsymbol{w},b}\mathcal{L}(\boldsymbol{w},b,\boldsymbol{\alpha})=d^*$$

易知，p^* 表示原始问题的最优值，且和最初的问题是等价的。如果直接求解，那么一上来便得面对 $\boldsymbol{w}$ 和 b 两个参数，而 α_i 又是不等式约束，这个求解过程比较麻烦。在满足 KKT 条件的情况下，可以将其转换到与之等价的对偶问题，问题求解的复杂性被大大降低了。

下面来求解对偶问题。首先固定$\boldsymbol{\alpha}$，要让$\mathcal{L}$关于 $\boldsymbol{w}$ 和 b 取最小，则分别对两者求偏导数，并令偏导数等于零，即

$$\frac{\partial\mathcal{L}}{\partial\boldsymbol{w}}=0\Rightarrow\sum_{i=1}^{k}\alpha_i y_i x_i=\boldsymbol{w}$$

$$\frac{\partial\mathcal{L}}{\partial b}=0\Rightarrow\sum_{i=1}^{k}\alpha_i y_i=0$$

将上述结果代入之前的$\mathcal{L}$，则有

$$\begin{aligned}\mathcal{L}(\boldsymbol{w},b,\boldsymbol{\alpha})&=\frac{1}{2}\|\boldsymbol{w}\|^2-\sum_{i=1}^{k}\alpha_i[y_i(\boldsymbol{w}^{\mathrm{T}}\boldsymbol{x}_i+b)-1]\\&=\frac{1}{2}\boldsymbol{w}^{\mathrm{T}}\boldsymbol{w}-\sum_{i=1}^{k}\alpha_i y_i\boldsymbol{w}^{\mathrm{T}}x_i-\sum_{i=1}^{k}\alpha_i y_i b+\sum_{i=1}^{k}\alpha_i\end{aligned}$$

$$= \frac{1}{2}\boldsymbol{w}^{\mathrm{T}}\sum_{i=1}^{k}\alpha_i y_i x_i - \sum_{i=1}^{k}\alpha_i y_i \boldsymbol{w}^{\mathrm{T}} x_i - b\sum_{i=1}^{k}\alpha_i y_i + \sum_{i=1}^{k}\alpha_i$$

$$= -\frac{1}{2}\left(\sum_{i=1}^{k}\alpha_i y_i x_i\right)^{\mathrm{T}}\sum_{i=1}^{k}\alpha_i y_i x_i - b\cdot 0 + \sum_{i=1}^{k}\alpha_i$$

$$= -\frac{1}{2}\sum_{i=1}^{k}\alpha_i y_i (x_i)^{\mathrm{T}}\sum_{i=1}^{k}\alpha_i y_i x_i + \sum_{i=1}^{k}\alpha_i = \sum_{i=1}^{k}\alpha_i - \frac{1}{2}\sum_{i,j=1}^{k}\alpha_i\alpha_j y_i y_j (x_i)^{\mathrm{T}} x_j$$

易见，此时的拉格朗日函数只包含了一个变量，也就是 a_i，求出它便能求出 $\boldsymbol{w}$ 和 b。在确定了 $\boldsymbol{w}$ 和 b，就可以将它们带回原式子然后再关于 $\boldsymbol{\alpha}$ 求最终表达式的极大。

$$\max_{\alpha_i \geqslant 0}\min_{\boldsymbol{w},b}\mathcal{L}(\boldsymbol{w},b,\boldsymbol{\alpha}) = \max_{\alpha}\left[\sum_{i=1}^{k}\alpha_i - \frac{1}{2}\sum_{i,j=1}^{k}\alpha_i\alpha_j y_i y_j (x_i)^{\mathrm{T}} x_j\right]$$

$$\text{s. t.} \sum_{i=1}^{k}\alpha_i y_i = 0, \quad \alpha_i \geqslant 0, i = 1,2,\cdots,n$$

将上面的式子稍加改造，就可以得到下面这个新的目标函数，而且两者是完全等价的。更重要的，这是一个标准的，仅包含有等式约束的优化问题。

$$\min_{\alpha}\left[\frac{1}{2}\sum_{i,j=1}^{k}\alpha_i\alpha_j y_i y_j (x_i)^{\mathrm{T}} x_j - \sum_{i=1}^{k}\alpha_i\right] = \min_{\alpha}\left[\frac{1}{2}\sum_{i,j=1}^{k}\alpha_i\alpha_j y_i y_j (x_i \cdot x_j) - \sum_{i=1}^{k}\alpha_i\right]$$

$$\text{s. t.} \sum_{i=1}^{k}\alpha_i y_i = 0, \quad \alpha_i \geqslant 0, i = 1,2,\cdots,n$$

由此我们可以很容易地求出最优解 $\boldsymbol{\alpha}^*$，求出该值之后将其代入

$$\boldsymbol{w}^* = \sum_{i=1}^{k}\alpha_i^* y_i x_i$$

就能求出 $\boldsymbol{w}$，注意 x_i 和 y_i 都是训练数据所给定的已知信息。在得到 $\boldsymbol{w}^*$ 也就可以由

$$b^* = y_i - (\boldsymbol{w}^*)^{\mathrm{T}} x_i$$

来求得 b，其中 x_i 为任意选定的一个支持向量。

下面举一个简单的例子来演示分类超平面的确定过程。给定平面上三个数据点，其中标记为 +1 的数据点 $x_1=(3,3)$，$x_2=(4,3)$，标记为 −1 的数据点 $x_3=(1,1)$。求线性可分支持向量机，也就是最终的分类超平面(直线)。

由题意可知目标函数为

$$\min_{\alpha} f(\alpha), \quad \text{s. t.}\ \alpha_1 + \alpha_2 - \alpha_3 = 0, \quad \alpha_i \geqslant 0, i = 1,2,3$$

其中

$$f(\boldsymbol{\alpha}) = \frac{1}{2}\sum_{i,j=1}^{3}\alpha_i\alpha_j y_i y_j (x_i \cdot x_j) - \sum_{i=1}^{3}\alpha_i$$

$$= \frac{1}{2}(18\alpha_1^2 + 25\alpha_2^2 + 2\alpha_3^2 + 42\alpha_1\alpha_2 - 12\alpha_1\alpha_3 - 14\alpha_2\alpha_3) - \alpha_1 - \alpha_2 - \alpha_3$$

然后，将 $\alpha_3=\alpha_1+\alpha_2$ 代入目标函数，得到一个关于 α_1 和 α_2 的函数

$$s(\alpha_1,\alpha_2) = 4\alpha_1^2 + \frac{13}{2}\alpha_2^2 + 10\alpha_1\alpha_2 - 2\alpha_1 - 2\alpha_2$$

对 α_1 和 α_2 求偏导数并令其为 0，易知 $s(\alpha_1,\alpha_2)$ 在点(1.5，−1)处取极值。而该点不满足 $a_i \geqslant 0$ 的约束条件，于是可以推断最小值在边界上达到。经计算当 $\alpha_1=0$ 时，$s(\alpha_1=0, \alpha_2=2/13)=-0.1538$；当 $\alpha_2=0$ 时，$s(\alpha_1=1/4,\alpha_2=0)=-0.25$。于是 $s(\alpha_1,\alpha_2)$ 在 $\alpha_1=1/4$，

$\alpha_2=0$ 时取得最小值，此时亦可算出 $\alpha_3=\alpha_1+\alpha_2=1/4$。因为 α_1 和 α_3 不等于 0，所以对应的点 x_1 和 x_3 就应该是支持向量。

进而可以求得

$$\boldsymbol{w}^* = \sum_{i=1}^{3}\alpha_i^* y_i x_i = \frac{1}{4}\times(3,3)-\frac{1}{4}\times(1,1)=\left(\frac{1}{2},\frac{1}{2}\right)$$

即 $w_1=w_2=0.5$。进而有

$$b^* = 1-(w_1,w_2)\cdot(3,3)=-2$$

因此最大间隔分类超平面为

$$\frac{1}{2}x_1+\frac{1}{2}x_2-2=0$$

分类决策函数为

$$f(\boldsymbol{x})=\operatorname{sign}\left(\frac{1}{2}x_1+\frac{1}{2}x_2-2\right)$$

最终构建的支持向量机如图 11-6 所示。可见 $x_1=(3,3)$和 $x_3=(1,1)$是支持向量，分别过两点所做的直线就是支持超平面。与两个支持超平面平行并位于两者正中位置的就是最终确定的最大间隔分类超平面。

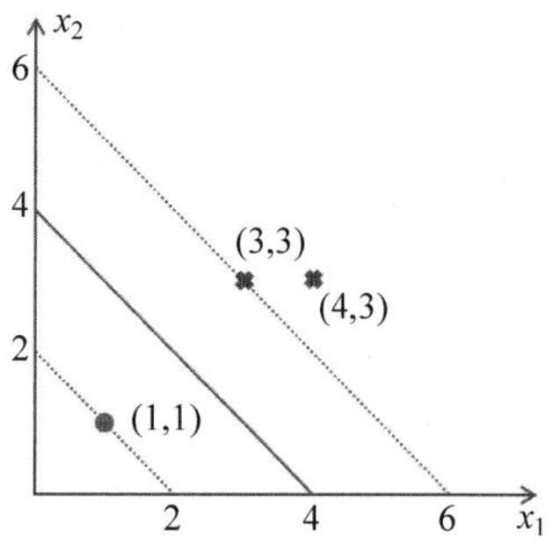

图 11-6 最大间隔分类器

当要利用建立起来的支持向量机对一个数据点进行分类时，实际上是通过把点 $\boldsymbol{x}_j$ 代入到 $f(\boldsymbol{x}_j)=\boldsymbol{w}^{\mathrm{T}}\boldsymbol{x}_j+b$，并算出结果，再根据结果的正负号来进行类别划分的。而前面的推导中我们得到

$$\boldsymbol{w}^* = \sum_{i=1}^{k}\alpha_i^* y_i\boldsymbol{x}_i$$

因此分类函数为

$$f(\boldsymbol{x})=\left(\sum_{i=1}^{k}\alpha_i^* y_i\boldsymbol{x}_i\right)^{\mathrm{T}}\boldsymbol{x}_j+b=\left(\sum_{i=1}^{k}\alpha_i^* y_i\boldsymbol{x}_i^{\mathrm{T}}\right)\boldsymbol{x}_j+b=\sum_{i=1}^{k}\alpha_i^* y_i(\boldsymbol{x}_i,\boldsymbol{x}_j)+b$$

可见，对于新点 $\boldsymbol{x}_j$ 的预测，只需要计算它与训练数据点的内积即可，这一点对后面使用 Kernel 进行非线性推广至关重要。此外，所谓支持向量也在这里显示出来——事实上，所有非支持向量所对应的系数都是等于零的，因此对于新点的内积计算实际上只要针对少量的“支持向量”而不是所有的训练数据即可。

为什么非支持向量对应的系数等于零呢？直观上来理解，就是那些非支持向量对超平面是没有影响的，由于分类完全由超平面决定，所以这些无关的点并不会参与分类问题的计算，因而也就不会产生任何影响了。如果要从理论上介绍这件事，不妨回想一下前面得到的拉格朗日函数

$$\mathcal{L}(\boldsymbol{w},b,\boldsymbol{\alpha})=\frac{1}{2}\|\boldsymbol{w}\|^2-\sum_{i=1}^{k}\alpha_i[y_i(\boldsymbol{w}^{\mathrm{T}}\boldsymbol{x}_i+b)-1]$$

注意到如果 $\boldsymbol{x}_i$ 是支持向量，因为支持向量的函数距离等于 1，所以上式中求和符号后面的部分就是等于 0 的。而对于非支持向量来说，函数距离会大于 1，因此上式中求和符号后面的部分就是大于零的。而 α_i 又是非负的，为了满足最大化，α_i 必须等于 0。

11.2　松弛因子与软间隔模型

前面讨论的支持向量机所能解决的问题仍然比较简单，因为我们假定数据集本身是线性可分的。在这种情况下，我们要求待分类的两个数据集之间没有彼此交叠。现在考虑存在噪声的情况。如图 11-7 所示，其实很难找到一个分割超平面来将两个数据集准确分开。究其原因，主要是图中存在某些偏离正常位置很远的数据点。例如方块型 x_i 明显落入了圆圈型数据集的范围内。像这种偏离了正常位置较远的点，我们称之为异常点(Outlier)，它有可能是采集训练样本的时候的噪声，也有可能是数据录入时被错误标记的观察值。通常，如果我们直接忽略它，原来的分隔超平面表现仍然是可以被接受的。但如果真的存在有异常点，则结果要么是导致分类间隔被压缩得异常狭窄，要么是找不到合适的超平面来对数据进行分类。

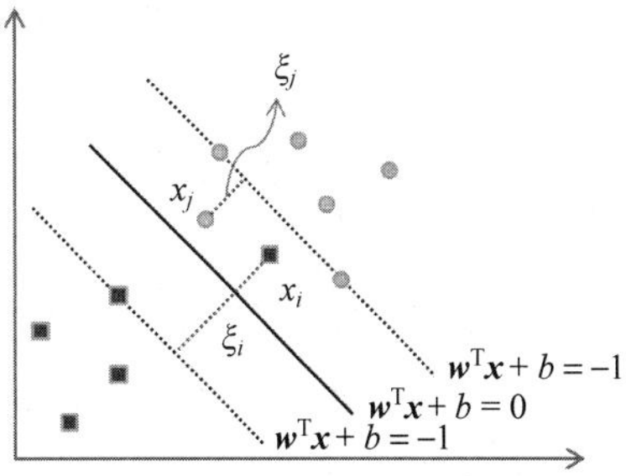

图 11-7　松弛因子

为了处理这种情况，我们允许数据点在一定程度上偏离超平面。也就是允许一些点跑到两个支持超平面之间，此时它们到分类面的“函数间隔”将会小于 1。如图 11-7 所示，异常点 x_i 到其对应的分类超平面的函数间隔是 ξ_i，同时数据点 x_j 到其对应的分类超平面的函数间隔是 ξ_j。这里的 ξ 就是我们引入的松弛因子，它的作用是允许样本点在超平面之间的一些相对偏移。

所以考虑到异常点存在的可能性，约束条件就变成了

$$y_i(\boldsymbol{w}^{\mathrm{T}}\boldsymbol{x}_i+b)\geqslant 1-\xi_i,\quad \xi_i\geqslant 0,\quad i=1,2,\cdots,n$$

当然，如果允许 ξ_i 任意大，那么任意的超平面都是符合条件的了。所以，需要在原来的目标函数后面加上一项，使得这些 ξ_i 的总和也要最小

$$\min\frac{1}{2}\|\boldsymbol{w}\|^2+C\sum_{i=1}^{n}\xi_i$$

引入松弛因子后，就允许某些样本点到分类超平面的函数间隔小于 1，即在最大间隔区间里面，比如图 11-7 中的 x_j；或者函数间隔是负数，即样本点在对方的区域中，比如图 11-7 中的 x_i。而放松限制条件后，我们需要重新调整目标函数，以对离群点进行处罚，上述目标函数后面加上的第二项就表示离群点越多，目标函数值越大，而我们要求的是尽可能小的目标函数值。这里的参数 C 是离群点的权重，C 越大表明离群点对目标函数影响越大，也就是越不希望看到离群点。这时候，间隔也会很小。我们看到，目标函数控制了离群点的数目和程度，使大部分样本点仍然遵守限制条件。注意，其中 ξ 是需要优化的变量(之一)，而 C 是一个事先确定好的常量。完整地写出来是如下形式

$$\min\frac{1}{2}\|\boldsymbol{w}\|^2+C\sum_{i=1}^{n}\xi_i$$

$$\text{s. t. } y_i(\boldsymbol{w}^{\mathrm{T}}\boldsymbol{x}_i+b)\geqslant 1-\xi_i,\quad \xi_i\geqslant 0,\quad i=1,2,\cdots,n$$

再用之前的方法将限制或约束条件加入到目标函数中，得到新的拉格朗日函数如下

$$\mathcal{L}(\boldsymbol{w},b,\boldsymbol{\alpha},\boldsymbol{\xi},\boldsymbol{\mu})=\frac{1}{2}\|\boldsymbol{w}\|^2+C\sum_{i=1}^{n}\xi_i-\sum_{i=1}^{n}\alpha_i[y_i(\boldsymbol{w}^{\mathrm{T}}\boldsymbol{x}_i+b)-1+\xi_i]-\sum_{i=1}^{n}\mu_i\xi_i$$

同前面介绍的方法类似，此处先让$\mathcal{L}$对 $\boldsymbol{w}$、b 和$\boldsymbol{\xi}$ 最小化，可得

$$\frac{\partial\mathcal{L}}{\partial\boldsymbol{w}}=0\Rightarrow\sum_{i=1}^{n}\alpha_i y_i x_i=\boldsymbol{w}$$

$$\frac{\partial\mathcal{L}}{\partial b}=0\Rightarrow\sum_{i=1}^{n}\alpha_i y_i=0$$

$$\frac{\partial\mathcal{L}}{\partial\xi_i}=0\Rightarrow C-\alpha_i-\mu_i=0,\quad i=1,2,\cdots,n$$

将 $\boldsymbol{w}$ 带回$\mathcal{L}$并进行化简以得到和原来一样的目标函数

$$\max_{\alpha}\left[\sum_{i=1}^{n}\alpha_i-\frac{1}{2}\sum_{i,j=1}^{n}\alpha_i\alpha_j y_i y_j x_i^{\mathrm{T}}x_j\right]$$

此外，由于我们同时得到 $C-\alpha_i-\mu_i=0$，并且有$r_i\geqslant0$(注意这是作为拉格朗日乘数的条件)，因此有 $\alpha_i\leqslant C$，所以完整的对偶问题应该写成

$$\max_{\alpha}\left[\sum_{i=1}^{n}\alpha_i-\frac{1}{2}\sum_{i,j=1}^{n}\alpha_i\alpha_j y_i y_j x_i^{\mathrm{T}}x_j\right]$$

$$\text{s. t.}\sum_{i=1}^{k}\alpha_i y_i=0,\quad 0\leqslant\alpha_i\leqslant C,i=1,2,\cdots,n$$

在这种情况下构建的支持向量机对异常点有一定的容忍程度，我们也称这种模型为软间隔模型。显然，上一节中介绍的(没有引入松弛因子的)模型就是硬间隔模型。把当前得到的结果与硬间隔时的结果进行对比，可以看到唯一的区别就是现在限制条件上多了一个上限 C。

11.3 非线性支持向量机方法

但是到目前为止，我们的支持向量机之适应性还比较弱，只能处理线性可分的情况，不过，在得到了对偶形式之后，通过 Kernel 推广到非线性的情况其实已经是一件非常容易的事情了。

11.3.1 从更高维度上分类

来看一个到目前为止我们的支持向量机仍然无法处理的问题。考察图 11-8 所给出的二维数据集，它包含方块(标记为 $y=+1$)和圆圈(标记为 $y=-1$)。其中所有的圆圈都聚集在图中所绘制的圆周范围内，而所有的方块都分布在离中心较远的地方。

显然如果用一体直线，无论怎么样我们也不能把两类数据集较为准确地划分开。回想一下在进行回归分析时，如果一元线性回归对数据进行拟合无法达到理想的准确度，我们应考虑采用多元线性回归，也就是用多项式所表示的曲线来替代一元线性回归模型所表示的直线。此时的思路也是这样。如果采用像图中所示的那个圆周来作为最大间隔分类器很显然就会得到很理想的效果。所以不妨使用下面的公式对数据集中的实例进行分类

$$y(x_1,x_2)=\begin{cases}+1, & \sqrt{(x_1-0.5)^2+(x_2-0.5)^2}>0.2\\-1, & \text{其他}\end{cases}$$

这里所采用的分类依据就是下面这个圆周

$$\sqrt{(x_1-0.5)^2+(x_2-0.5)^2}=0.2$$

这似乎和我们所说的多项式还有些距离，所以将其进一步化简为下面这个二次方程

$$x_1^2-x_1+x_2^2-x_2=-0.46$$

事实上我们所要做的就是将数据从原先的坐标空间 x 变换到一个新的坐标空间 $\Phi(x)$ 中，从而可以在变换后的坐标空间中使用一个线性的决策边界来划分样本。进行变换后，就可以应用之前介绍的方法在变换后的空间中找到一个线性的决策边界。就本例而言，为了将数据从原先的特征空间映射到一个新的空间，而且保证决策边界在这个新空间下成为线性的，可以考虑选择如下的变换

$$\Phi:(x_1,x_2)\rightarrow(x_1^2,x_2^2,x_1,x_2,x_1x_2,1)$$

然后在变换后的空间中，找到参数 $w=(w_0,w_1,\cdots,w_5)$，使得

$$w_5x_1^2+w_4x_2^2+w_3x_1+w_2x_1+w_1x_1x_2+w_0=0$$

这是一个五维的空间，而且分类器函数是线性的。最初在二维空间中无法被线性分离的数据集，映射到一个高维空间后，就可以找到一个线性的分类器来对数据集进行分割。我们无法绘制出这个五维的空间，但是为了演示得到之分类器在新空间中的可行性（而且仅仅是为了绘图的方便），还可以把 $x_1^2-x_1$ 合并成一个维度（记为 x），然后再把 $x_2^2-x_2$ 作为另外一个维度（记为 y）。如此一来，就可以绘制与新生成之空间等价的一个空间，并演示最终的划分效果如图 11-9 所示，其中虚线所示之方程为 $x+y+0.46=0$。显然两个数据集在新的空间中已经被成功地分开了。

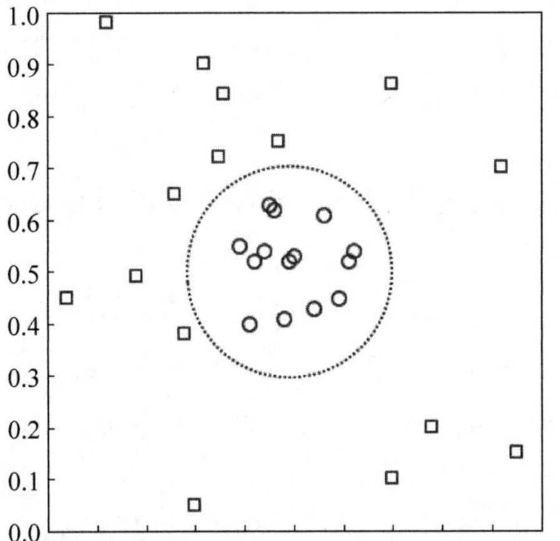

图 11-8　非线性可分的数据集

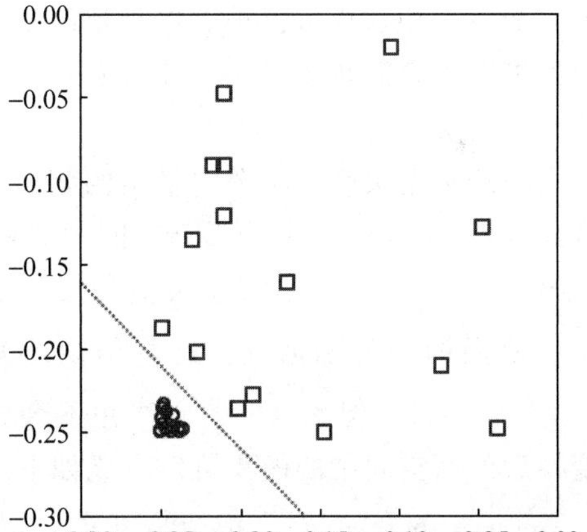

图 11-9　变换后新空间中的分类器

但这种方法仍然是有问题的。在这个例子中，对一个二维空间做映射，选择的新空间是原始空间的所有一阶和二阶的组合，得到了五个维度；如果原始空间是三维，那么最终会得到 19 维的新空间，而且这个数目是呈爆炸性增长的，这给变换函数的计算带来了非常大的困难。下一小节将给出解决之道。

11.3.2　非线性核函数方法

假定存在一个合适的函数 $\Phi(x)$ 来将数据集映射到新的空间中。而且在新的空间中，我

们可以构建一个线性的分类器来有效地将样本划分到它们各自的属类中去。在变换后的新空间中，线性决策边界具有如下形式 $\boldsymbol{w}\cdot\Phi(\boldsymbol{x})+b=0$。

于是非线性支持向量机的目标函数就可以形式化地表述为如下形式

$$\min \frac{1}{2}\|\boldsymbol{w}\|^2$$
$$\text{s.t. } y_i[\boldsymbol{w}^{\mathrm{T}}\Phi(\boldsymbol{x}_i)+b]\geqslant 1,\quad i=1,2,\cdots,n$$

不难发现，非线性支持向量机其实和我们在处理线性支持向量机时的情况非常相似。区别主要在于，机器学习过程是在变换后的 $\Phi(\boldsymbol{x}_i)$ 上进行的，而非原来的 $\boldsymbol{x}_i$。采用与之前相同的处理策略，可以得到优化问题的拉格朗日对偶函数为

$$\mathcal{L}(\boldsymbol{w},b,\boldsymbol{\alpha})=\sum_{i=1}^{k}\alpha_i-\frac{1}{2}\sum_{i,j=1}^{k}\alpha_i\alpha_j y_i y_j\langle\Phi(\boldsymbol{x}_i),\Phi(\boldsymbol{x}_j)\rangle$$

同理，在得到 α_i 之后，就可以通过下面的方程导出参数 $\boldsymbol{w}$ 和 b 的值

$$\boldsymbol{w}=\sum_{i=1}^{k}\alpha_i y_i\Phi(\boldsymbol{x}_i)$$

$$b=y_i-\sum_{j=1}^{k}\alpha_j y_j\Phi(\boldsymbol{x}_j)\cdot\Phi(\boldsymbol{x}_i)$$

最后，可以通过下式对检验实例进行分类决策

$$f(\boldsymbol{z})=\operatorname{sign}[\boldsymbol{w}\cdot\Phi(\boldsymbol{z})+b]=\operatorname{sign}\left[\sum_{i=1}^{k}\alpha_i y_i\Phi(\boldsymbol{x}_i)\cdot\Phi(\boldsymbol{z})+b\right]$$

不难发现，上述几个算式基本都涉及变换后新空间中向量对之间的内积运算 $\Phi(\boldsymbol{x}_i)$，$\Phi(\boldsymbol{x}_j)$，而且内积这也可以被看作是相似度的一种度量。但这种运算是相当麻烦的，很有可能导致维度过高而难于计算。幸运的是，核技术或核方法(Kernel Trick)为这一窘境提供了良好的解决方案。

内积经常用来度量两个向量间的相似度。类似地，内积 $\Phi(\boldsymbol{x}_i)$，$\Phi(\boldsymbol{x}_j)$可以看成是两个样本观察值 $\boldsymbol{x}_i$ 和 $\boldsymbol{x}_j$ 在变换后新空间中的相似性度量。

核技术是一种使用原数据集计算变换后新空间中对应相似度的方法。考虑上一小节例子中所使用的映射函数 Φ。这里稍微对其进行一些调整，Φ：$(x_1,x_2)\rightarrow(x_1^2,x_2^2,\sqrt{2}x_1,\sqrt{2}x_2,\sqrt{2}x_1x_2,1)$，但系数上的调整并不会导致实质上的改变。由此，两个输入向量 $\boldsymbol{u}$ 和 $\boldsymbol{v}$ 在变换后的新空间中的内积可以写成如下形式

$$\begin{aligned}\Phi(\boldsymbol{u})\cdot\Phi(\boldsymbol{v})&=(u_1^2,u_2^2,\sqrt{2}u_1,\sqrt{2}u_2,\sqrt{2}u_1u_2,1)\cdot(v_1^2,v_2^2\sqrt{2},v_1,\sqrt{2}v_2,\sqrt{2}v_1v_2,1)\\&=u_1^2v_1^2+u_2^2v_2^2+2u_1v_1+2u_2v_2+2u_1u_2v_1v_2+1=(\boldsymbol{u}\cdot\boldsymbol{v}+1)^2\end{aligned}$$

该分析表明，变换后新空间中的内积可以用原空间中的相似度函数表示

$$K(\boldsymbol{u},\boldsymbol{v})=\Phi(\boldsymbol{u})\cdot\Phi(\boldsymbol{v})=(\boldsymbol{u}\cdot\boldsymbol{v}+1)^2$$

这个在原属性空间中计算的相似度函数 K 称为核函数。核技术有助于处理如何实现非线性支持向量机的一些问题。首先，由于在非线性支持向量机中使用的核函数必须满足一个称为默瑟定理的数学原理，因此我们不需要知道映射函数 Φ 的确切形式。默瑟定理确保核函数总可以用某高维空间中两个输入向量的点积表示。其次，相对于使用变换后的数据集，使用核函数计算内积的开销更小。而且在原空间中进行计算，也有效地避免了维度灾难。

机器学习与数据挖掘中，关于核函数和核方法的研究实在是一个难以一言以蔽之的话题。一方面可供选择的核函数众多，另一方面具体选择哪一个来使用又要根据具体问题的不同和数据的差异来做具体分析。最后给出其中两个最为常用的核函数。

- 多项式核：$K(x_1, x_2) = (\langle x_1, x_2 \rangle + R)^d$，显然刚才我们举的例子是这里多项式核的一个特例($R=1, d=2$)。该空间的维度是 C_{m+d}^d，其中 m 是原始空间的维度。
- 高斯核：$K(x_1, x_2) = \exp(-\| x_1 - x_2 \|^2 / 2\sigma^2)$，这个核会将原始空间映射到无穷维。不过，如果 σ 选得很大，高次特征上的权重会衰减得非常快，所以实际上也就相当于一个低维的子空间；反过来，如果 σ 选得很小，则可以将任意的数据映射为线性可分。当然，这并不一定是好事，因为随之而来的可能是非常严重的过拟合问题。但总的来说，通过调控参数，高斯核实际上具有相当高的灵活性，也是使用最广泛的核函数之一。

图 11-10 中的(a)是利用多项式核构建的非线性分类器，(b)则是利用高斯核构建的非线性分类器。

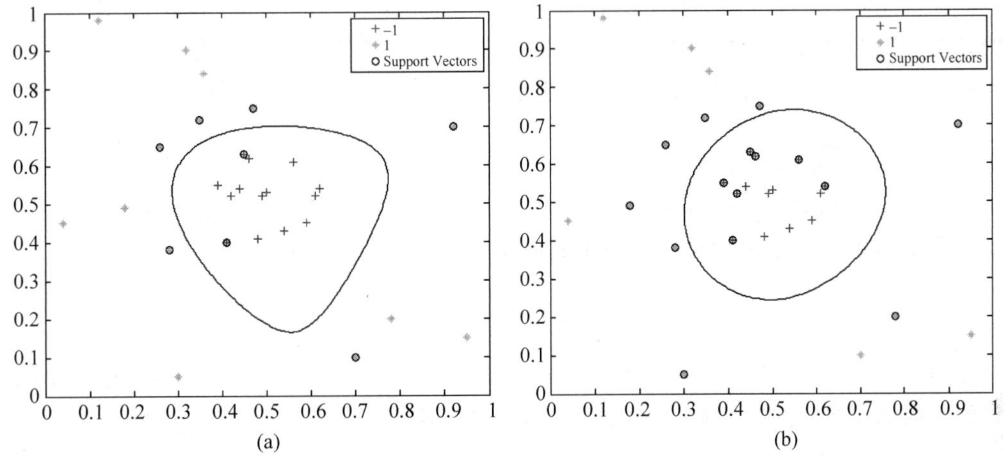

图 11-10 非线性支持向量机的分类结果

11.3.3 机器学习中的核方法

核方法(Kernel Method)是机器学习领域中的一种重要技术。其优势在于允许研究者在原始数据对应的高维空间使用线性方法来分析和解决问题，且能有效地规避维数灾难。核方法最具特色之处在于其虽等价于先将原数据通过非线性映射变换到一高维空间后的线性特征抽取手段，但其不需要执行相应的非线性变换，也不需要知道究竟选择何种非线性映射关系。本小节将直面核方法的本质。

首先来看一个简单的例子，图 11-11(a)是一个数据集，在原来的二维平面上它们是线性不可分的。如果要对它们进行分类，则需要用到一个椭圆曲线

$$\frac{x_1^2}{a^2} + \frac{x_2^2}{b^2} = 1$$

然后为了设计一个特征映射，将原来的二维特征空间转换到新的三维特征空间中，具体来说我们所使用的映射函数 Φ 如下：

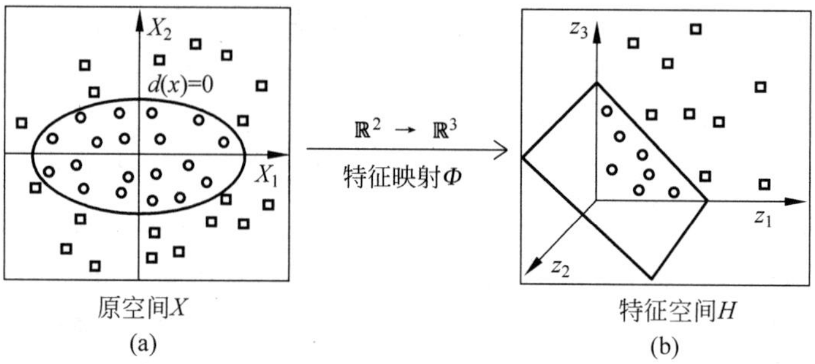

图 11-11 特征空间变换

$$\begin{bmatrix} x_1 \\ x_2 \end{bmatrix} \to \begin{bmatrix} z_1 \\ z_2 \\ z_3 \end{bmatrix} = \begin{bmatrix} x_1^2 \\ \sqrt{2}x_1x_2 \\ x_2^2 \end{bmatrix}$$

基于上面这种映射，我们就会得到图 11-11(b)所示的新的三维特征空间，而在这个新的特征空间中，只要用一个分割超平面就可将原来的两组数据分开，换言之，原来线性不可分的数据现在已经变得线性可分了！这就是核方法的一个很重要的作用。

基于之前给定的映射，其实就可以写出新的分割超平面的方程如下：

$$\frac{x_1^2}{a^2} + \frac{x_2^2}{b^2} = 1 \Rightarrow \frac{1}{a^2}z_1 + 0 \cdot z_2 + \frac{1}{b^2}z_3 = 1$$

在一个 Hilbert 空间中，最重要的运算就是“内积”，下面要做的事情就是看看如何利用已知的原空间中的信息来计算新空间中的内积。例如，现在有两个点

$$(x_1, x_2) \to (z_1, z_2, z_3)$$
$$(x_1', x_2') \to (z_1', z_2', z_3')$$

如图 11-12 所示，我们发现新空间中任意两个点的内积，可以通过一个关于原空间中之内积的函数来得到，定义这样的一个函数为核函数(Kernel Function)。

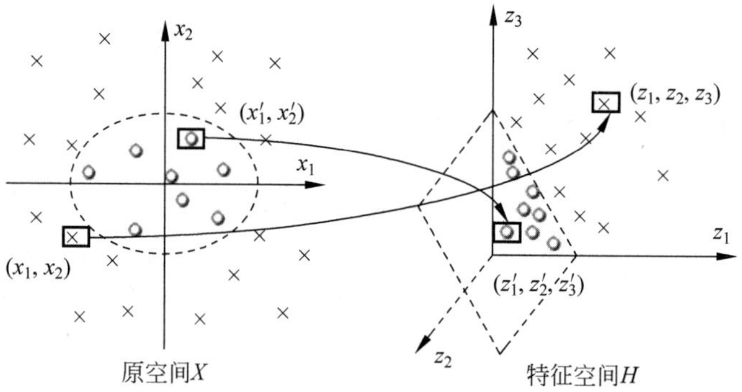

图 11-12 核函数的作用

$$\begin{aligned}\langle \phi(x_1, x_2), \phi(x_1', x_2') \rangle &= \langle (z_1, z_2, z_3), (z_1', z_2', z_3') \rangle \\ &= \langle (x_1^2, \sqrt{2}x_1x_2, x_2^2), (x_1'^2, \sqrt{2}x_1'x_2', x_2'^2) \rangle \\ &= x_1^2 x_1'^2 + 2x_1x_2x_1'x_2' + x_2^2x_2'^2 = (x_1x_1' + x_2x_2')^2 \\ &= (\langle x, x' \rangle)^2 = \mathcal{K}(x, x')\end{aligned}$$

内积又可以作为一种相似性的度量(例如如果两个向量彼此正交,那么它们的内积就为零),因此可以定义核函数$\mathbb{R}^d \times \mathbb{R}^d \to \mathbb{R}$ 为一个相似性的测度,并可以写成

$$\Phi(x)^{\mathrm{T}}\Phi(\boldsymbol{y}) = K(\boldsymbol{x},\boldsymbol{y})$$

其中,$\Phi(\cdot)$是特征映射(这可以是隐式的),$K(\cdot)$是核函数。

更重要的是上面的算例告诉我们,似乎并不需要知道特征映射 Φ 到底长什么样子,而是只要知道 K,就可以通过原空间中两个点的内积算得新空间中对应的两个点之间的内积。

再举一个例子。对于一个多项式核,注意其中的 $\boldsymbol{x}$ 和 $\boldsymbol{y}$ 是两个向量,

$$\forall x,y \in \mathbb{R}^N,\quad K(x,y) = (x \cdot y + c)^d, c > 0$$

我们便可以计算新空间中 $\boldsymbol{x}$ 和 $\boldsymbol{y}$ 对应的两个点的内积为

$$K(x,y) = (x_1 y_1 + x_2 y_2 + c)^2$$

$$= \begin{bmatrix} x_1^2 \\ x_2^2 \\ \sqrt{2}x_1x_2 \\ \sqrt{2c}x_1 \\ \sqrt{2c}x_2 \\ c \end{bmatrix} \cdot \begin{bmatrix} y_1^2 \\ y_2^2 \\ \sqrt{2}y_1y_2 \\ \sqrt{2c}y_1 \\ \sqrt{2c}y_2 \\ c \end{bmatrix}$$

而且,如图 11-13 所示,它同样具有“使得原本线性不可分的数据集在新空间中线性可分”的能力(注意我们仅仅使用了新空间中的两个维度)。

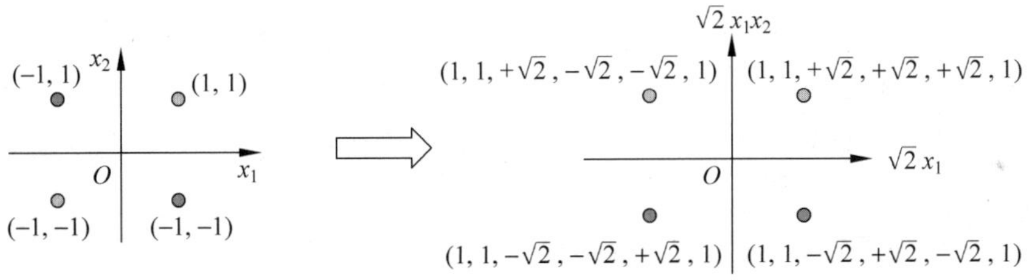

图 11-13　核函数的作用

核方法的工作方式是把数据嵌入到一个新的向量空间(通常具有更高的维度)中,然后在那个空间中寻找(线性)关系。如果映射关系选择得适当,复杂的关系便可以被简化并很容易被发现。

表 11-1 列出了常用的核函数,值得注意的是 RBF 核(又称高斯核)是一个典型的会将原空间投影到无穷维空间的核函数。

表 11-1　常用的核函数

名　　称	核　方　法	dim($\mathcal{K}$)
p 阶多项式	$k(\vec{u},\vec{v})=(\langle\vec{u},\vec{v}\rangle\chi)^p$ $D\in\mathbb{N}^+$	$\binom{N+p-1}{p}$
完全多项式	$k(\vec{u},\vec{v})=(\langle\vec{u},\vec{v}\rangle\chi+c)^p$ $c\in\mathbb{R}^+, p\in\mathbb{N}^+$	$\binom{N+p}{p}$

续表

名　称	核　方　法	dim($\mathcal{K}$)
RBF 核	$k(\vec{u},\vec{v})=\exp\left(-\frac{\|(\vec{u}-\vec{v})=\|_{\chi}^{2}}{2\sigma^2}\right)$ $\sigma\in\mathbb{R}^+$	∞
Mahalanobis 核	$k(\vec{u},\vec{v})=\exp(-(\vec{u}-\vec{v})'\sum((\vec{u}-\vec{v}))$ $\sum=\mathrm{diag}(\sigma_1^{-2},\cdots,\sigma_N^{-2})$, $\sigma_1,\cdots,\sigma_N\in\mathbb{R}^+$	∞

本书前面曾经介绍过内积矩阵(又称 Gram 矩阵)。而且我们还证明了 Gram 矩阵是半正定(PSD)对称矩阵这一结论。一个实对称的 $m\times m$ 矩阵 $\boldsymbol{K}$ 对于所有的 $\boldsymbol{a}\in\mathbb{R}^m$ 都满足 $\boldsymbol{a}^{\mathrm{T}}\boldsymbol{K}\boldsymbol{a}\geqslant 0$,那么 $\boldsymbol{K}$ 就是一个半正定矩阵。

此外,我们还有:

- 一个实对称矩阵是可对角化的。
- 一个实对称矩阵是半正定的当且仅当它的特征值是非负的。

假设我们的数据集中有 N 个点,那么我们可以定义一个核矩阵(其实就是 Gram 矩阵),该矩阵中存放的就是这 N 个点在新空间中对应的 N 个点彼此之间的内积。

11.3.4 默瑟定理

前面谈到,似乎特征映射 Φ 到底长什么样子并不那么重要,只要我们有 $\boldsymbol{K}$ 就可以了。于是我们有如下两个疑问:

- 给定一个特征映射 Φ,我们能否找到一个相对应的核函数 K 从而在特征空间中计算内积?
- 给定一个核函数 $\boldsymbol{K}$,我们能否找到构建一个特征空间 H(即一个特征映射 Φ)使得 $\boldsymbol{K}$ 就是在 H 中计算内积?

默瑟定理(Mercer's Theorem)是奠定再生核希尔伯特空间的一个基础理论,它由英国数学家詹姆斯·默瑟(James Mercer)于 1909 年提出。该定理对上述两个问题给出了肯定的回答。它告诉我们,给定一个 PSD 的 $\boldsymbol{K}$,那么它就一定可以在高维空间中被表示成一个向量内积的形式。

对非线性支持向量机使用的核函数应该满足的要求是,必须存在一个相应的变换,使得计算一对向量的核函数等价于在变换后的空间中计算这对向量的内积。这个要求可以用默瑟定理来形式化地表述。

默瑟定理:令 $K(\boldsymbol{x},\boldsymbol{y})$ 是一个连续的对称非负函数,同时是正定并且关于分布 $g(\cdot)$ 平方可积的,那么

$$K(\boldsymbol{x},\boldsymbol{y})=\sum_{i=1}^{\infty}\lambda_i\Phi_i(\boldsymbol{x})\Phi_i(\boldsymbol{y})$$

这里非负特征值 λ_i 和正交特征函数 Φ_i 是如下积分方程的解

$$\int K(\boldsymbol{x},\boldsymbol{y})g(\boldsymbol{y})\Phi_i(\boldsymbol{y})\mathrm{d}\boldsymbol{y}=\lambda_i\Phi_i(\boldsymbol{y})$$

由此核函数 K 可以表示为 $K(\boldsymbol{u},\boldsymbol{v})=\Phi(\boldsymbol{u})\cdot\Phi(\boldsymbol{v})$，当且仅当对于任意满足

$$\int[g(\boldsymbol{x})]^2\mathrm{d}\boldsymbol{x}$$

为有限值的函数 $g(x)$，有

$$\int K(\boldsymbol{x},\boldsymbol{y})g(\boldsymbol{x})g(\boldsymbol{y})\mathrm{d}\boldsymbol{x}\mathrm{d}\boldsymbol{y}\geqslant 0$$

满足默瑟定理的核函数称为正定核函数。多项式核函数与高斯核函数都属于正定核。例如对于多项式核函数 $K(\boldsymbol{x},\boldsymbol{y})=(\boldsymbol{x}\cdot\boldsymbol{y}+1)^p$ 而言，令 $g(\boldsymbol{x})$ 是一个具有有限 L_2 范数的函数，即

$$\int[g(\boldsymbol{x})]^2\mathrm{d}\boldsymbol{x}<\infty$$

下面就来讨论多项式核函数的正定性。

$$\begin{aligned}
&\int(\boldsymbol{x}\cdot\boldsymbol{y}+1)^p g(\boldsymbol{x})g(\boldsymbol{y})\mathrm{d}\boldsymbol{x}\mathrm{d}\boldsymbol{y}\\
&=\int\sum_{i=1}^{p}\binom{p}{i}(\boldsymbol{x}\cdot\boldsymbol{y})^i g(\boldsymbol{x})g(\boldsymbol{y})\mathrm{d}\boldsymbol{x}\mathrm{d}\boldsymbol{y}\\
&=\sum_{i=1}^{p}\binom{p}{i}\int\sum_{\alpha_1,\alpha_2,\cdots}\left\{\binom{i}{\alpha_1\alpha_2\cdots}[(x_1y_1)^{\alpha_1}(x_2y_2)^{\alpha_2}\cdots]\right.\\
&\quad\left.g(x_1,x_2,\cdots)g(y_1,y_2,\cdots)\mathrm{d}x_1\mathrm{d}x_2\cdots\mathrm{d}y_1\mathrm{d}y_2\cdots\right\}\\
&=\sum_{i=1}^{p}\sum_{\alpha_1,\alpha_2,\cdots}\binom{p}{i}\binom{i}{\alpha_1\alpha_2\cdots}\left[\int x_1^{\alpha_1}x_2^{\alpha_2}\cdots g(x_1,x_2,\cdots)\mathrm{d}x_1\mathrm{d}x_2\cdots\right]^2
\end{aligned}$$

注意上述过程中用到了二项式定理。由于积分结果非负，所以多项式核是正定的，即满足默瑟定理。

11.4 对数据进行分类的实践

在 R 中，可以使用 e1071 软件包所提供的各种函数来完成基于支持向量机的数据分析与挖掘任务。请在使用相关函数之前，安装并正确引用 e1071 包。该包中最重要的一个函数就是用来建立支持向量机模型的 svm()函数。我们将结合后面的例子来演示它的用法。

11.4.1 基本建模函数

下面这个例子中的数据源于 1936 年费希尔发表的一篇重要论文。彼时他收集了三种鸢尾花(分别标记为 setosa、versicolor 和 virginica)的花萼和花瓣数据。包括花萼的长度和宽度，以及花瓣的长度和宽度。我们将根据这四个特征来建立支持向量机模型从而实现对三种鸢尾花的分类判别任务。

有关数据可以从 datasets 软件包中的 iris 数据集里获取，下面我们演示性地列出了前 5 行数据。成功载入数据后，易见其中共包含了 150 个样本(被标记为 setosa、versicolor 和 virginica 的样本各 50 个)，以及四个样本特征，分别是 Sepal. Length、Sepal. Width、Petal. Length 和 Petal. Width。

```
> iris
     Sepal.Length      Sepal.Width     Petal.Length     Petal.Width      Species
1             5.1             3.5              1.4             0.2        setosa
2             4.9             3.0              1.4             0.2        setosa
3             4.7             3.2              1.3             0.2        setosa
4             4.6             3.1              1.5             0.2        setosa
5             5.0             3.6              1.4             0.2        setosa
```

在正式建模之前，我们也可以通过一个图型来初步判定一下数据的分布情况，为此在 R 中使用如下代码来绘制（仅选择 Petal. Length 和 Petal. Width 这两个特征时）数据的划分情况。

```
> library(lattice)
> xyplot(Petal.Length ~ Petal.Width, data = iris, groups = Species,
+ auto.key = list(corner = c(1,0)))
```

上述代码的执行结果如图 11-14 所示，从中不难发现，标记为 setosa 的鸢尾花可以很容易地被划分出来。但仅使用 Petal. Length 和 Petal. Width 这两个特征时，versicolor 和 virginica 之间尚不是线性可分的。

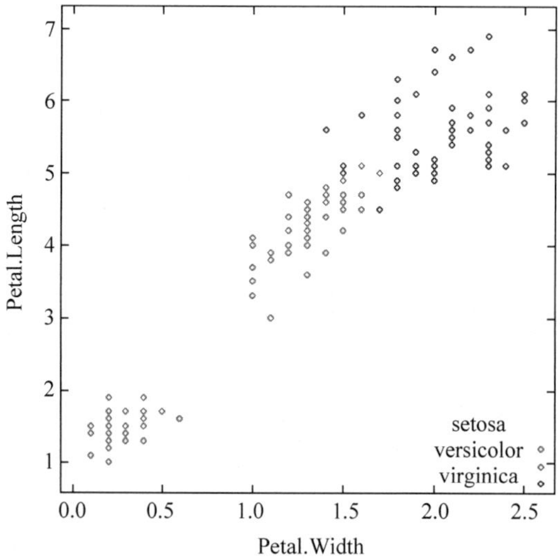

图 11-14　选用花瓣的长度和宽度特征对数据做分类的结果

函数 svm()在建立支持向量机分类模型时有两种方式。第一种是根据既定公式建立模型，此时的函数使用格式为

```
svm(formula, data = NULL, subset, na.action = na.omit , scale = TRUE)
```

其中，formula 代表的是函数模型的形式，data 代表的是在模型中包含的有变量的一组可选格式数据。参数 na. action 用于指定当样本数据中存在无效的空数据时系统应该进行的处理。默认值 na. omit 表明程序会忽略那些数据缺失的样本。另外一个可选的赋值是 na. fail，它指示系统在遇到空数据时给出一条错误信息。参数 scale 为一个逻辑向量，指定特征

数据是否需要标准化(默认标准化为均值 0,方差 1)。索引向量 subset 用于指定那些将被用来训练模型的采样数据。

例如,我们已经知道,仅使用 Petal. Length 和 Petal. Width 这两个特征时标记为 setosa 和的鸢尾花 versicolor 是线性可分的,所以可以用下面的代码来构建 SVM 模型。

```
> data(iris)
> attach(iris)
> subdata <- iris[iris $ Species != 'virginica',]
> subdata $ Species <- factor(subdata $ Species)
> model1 <- svm(Species ~ Petal.Length + Petal.Width, data = subdata)
```

然后我们可以使用下面的代码来对模型进行图形化展示,其执行结果如图 11-15 所示。

```
> plot(model1, subdata, Petal.Length ~ Petal.Width)
```

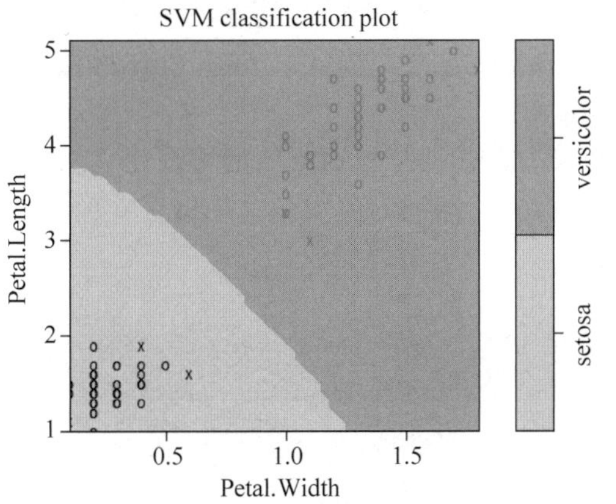

图 11-15 SVM 分类结果 1

在使用第一种格式建立模型时,若使用数据中的全部特征变量作为模型特征变量时,可以简要地使用“Species~.”中的“.”代替全部的特征变量。例如下面的代码就利用了全部四种特征来对三种鸢尾花进行分类。

```
> model2 <- svm(Species ~ ., data = iris)
```

若要显示模型的构建情况,使用 summary()函数是一个不错的选择。来看下面这段示例代码及其输出结果。

```
> summary(model2)

Call:
svm(formula = Species ~ ., data = iris)

Parameters:
   SVM - Type: C - classification
SVM - Kernel: radial
```

```
          cost: 1
         gamma: 0.25

Number of Support Vectors: 51

( 8 22 21 )

Number of Classes: 3

Levels:
setosa versicolor virginica
```

通过 summary 函数可以得到关于模型的相关信息。其中，SVM-Type 项目说明本模型的类别为 C 分类器模型；SVM-Kernel 项目说明本模型所使用的核函数为高斯内积函数且核函数中参数 gamma 的取值为 0.25；cost 项目说明本模型确定的约束违反成本为 1。而且我们还可以看到，模型找到了 51 个支持向量：第一类包含有 8 个支持向量，第二类包含有 22 个支持向量，第三类包含 21 个支持向量。最后一行说明模型中的三个类别分别为 setosa、versicolor 和 virginica。

第二种使用 svm()函数的方式则是根据所给的数据建立模型。这种方式形式要复杂一些，但是它允许我们以一种更加灵活的方式来构建模型。它的函数使用格式如下(注意我们仅列出了其中的主要参数)。

```
svm(x, y = NULL, scale = TRUE, type = NULL, kernel = "radial",
        degree = 3, gamma = if (is.vector(x)) 1 else 1 / ncol(x),
        coef0 = 0, cost = 1, nu = 0.5, subset, na.action = na.omit)
```

此处，***x*** 可以是一个数据矩阵，也可以是一个数据向量，同时也可以是一个稀疏矩阵。***y*** 是对于 ***x*** 数据的结果标签，它既可以是字符向量也可以为数值向量。***x*** 和 ***y*** 共同指定了将要用来建模的训练数据以及模型的基本形式。

参数 type 用于指定建立模型的类别。支持向量机模型通常可以用作分类模型、回归模型或者异常检测模型。根据用途的差异，在 svm()函数中的 type 可取的值有 C-classification、nu-classification、one-classification、eps-regression 和 nu-regression 这五种类型。其中，前三种是针对于字符型结果变量的分类方式，其中第三种方式是逻辑判别，即判别结果输出所需判别的样本是否属于该类别；而后两种则是针对数值型结果变量的分类方式。

此外，kernel 是指在模型建立过程中使用的核函数。针对线性不可分的问题，为了提高模型预测精度，通常会使用核函数对原始特征进行变换，提高原始特征维度，解决支持向量机模型线性不可分问题。svm()函数中的 kernel 参数有四个可选核函数，分别为线性核函数、多项式核函数、高斯核函数及神经网络核函数。其中，高斯核函数与多项式核函数被认为是性能最好、也最常用的核函数。

核函数有两种主要类型：局部性核函数和全局性核函数，高斯核函数是一个典型的局部性核函数，而多项式核函数则是一个典型的全局性核函数。局部性核函数仅仅在测试点附近小领域内对数据点有影响，其学习能力强、泛化性能较弱；而全局性核函数则相对来说泛化性能较强、学习能力较弱。

对于选定的核函数，degree 参数是指核函数多项式内积函数中的参数，其默认值为 3。gamma 参数给出了核函数中除线性内积函数以外的所有函数的参数，默认值为 l。coef0 参数是指核函数中多项式内积函数与 sigmoid 内积函数中的参数，默认值为 0。

另外，参数 cost 就是软间隔模型中的离群点权重。最后，参数 nu 是用于 nu-regression、nu-classification 和 one-classification 类型中的参数。

一个经验性的结论是，在利用 svm()函数建立支持向量机模型时，使用标准化后的数据建立的模型效果更好。

根据函数的第二种使用格式，在针对上述数据建立模型时，首先应该将结果变量和特征变量分别提取出来。结果向量用一个向量表示，特征向量用一个矩阵表示。在确定好数据后还应根据数据分析所使用的核函数以及核函数所对应的参数值，通常默认使用高斯内积函数作为核函数。下面给出一段示例代码。

```
> x = iris[, -5]              # 提取 iris 数据中除第 5 列以外的数据作为特征变量
> y = iris[, 5]               # 提取 iris 数据中的第 5 列数据作为结果变量
> model3 = svm(x, y, kernel = "radial",
 + gamma = if (is.vector(x)) 1 else 1 / ncol(x))
```

在使用第二种格式建立模型时，不需要特别强调所建立模型的形式，函数会自动将所有输入的特征变量数据作为建立模型所需要的特征向量。在上述过程中，确定核函数的 gamma 系数时所使用的代码所代表的意思是：如果特征向量是向量则 gamma 值取 1，否则 gamma 值为特征向量个数的倒数。

11.4.2 分析建模结果

在利用样本数据建立模型之后，我们便可以利用模型来进行相应的预测和判别。基于由 svm()函数建立的模型来进行预测时，可以选用函数 predict()来完成相应工作。在使用该函数时，应该首先确认将要用于预测的样本数据，并将样本数据的特征变量整合后放入同一个矩阵。来看下面这段示例代码。

```
> pred <- predict(model3, x)
> table(pred, y)
            y
pred          setosa    versicolor    virginica
  setosa        50          0             0
  versicolor     0         48             2
  virginica      0          2            48
```

通常在进行预测之后，还需要检查模型预测的准确情况，这时便需要使用函数 table()来对预测结果和真实结果做出对比展示。从上述代码的输出中，可以看到在模型预测时，模型将所有属于 setosa 类型的鸢尾花全部预测正确；模型将属于 versicolor 类型的鸢尾花中有 48 朵预测正确，但将另外两朵错误地预测为 virginica 类型；同样，模型将属于 virginica 类型的鸢尾花中的 48 朵预测正确，但也将另外两朵错误地预测为 versicolor 类型。

函数 predict()中的一个可选参数是 decision. values，我们在此也对该参数的使用做简要讨论。默认情况下，该参数的默认值为 FALSE。若将其置为 TRUE，那么函数的返回向量中将包含有一个名为“decision. values”的属性，该属性是一个 $n\times c$ 的矩阵。这里，n 是被预测的数据量，c 是二分类器的决策值。注意，因为我们使用支持向量机对样本数据进行分类，分类结果可能是有 k 个类别。那么这 k 个类别中任意两类之间都会有一个二分类器。所以，我们可以推算出总共的二分类器数量是 $k\cdot(k-1)/2$。决策值矩阵中的列名就是二分类的标签。来看下面这段示例代码。

```
> pred <- predict(model3, x, decision.values = TRUE)
> attr(pred, "decision.values")[1:4,]
  setosa/versicolor setosa/virginica versicolor/virginica
1          1.196203         1.091757            0.6708373
2          1.064664         1.056185            0.8482323
3          1.180892         1.074542            0.6438980
4          1.110746         1.053012            0.6781059
> attr(pred, "decision.values")[77:78,]
   setosa/versicolor setosa/virginica versicolor/virginica
77         -1.023085        -0.892961            0.8265481
78         -1.099882        -1.034654           -0.0343350
> pred[77:78]
        77         78
versicolor virginica
Levels: setosa versicolor virginica
```

由于我们要处理的是一个分类问题。所以分类决策最终是经由一个 $sign(\cdot)$函数来完成的。从上面的输出中可以看到，对于样本数据 4 而言，标签 setosa/versicolor 对应的值大于 0，因此属于 setosa 类别；标签 setosa/virginica 对应的值同样大于 0，以此判定也属于 setosa；在二分类器 versicolor/virginica 中对应的决策值大于 0，判定属于 versicolor。所以，最终样本数据 4 被判定属于 setosa。依据同样的逻辑，我们还可以根据决策值的符号来判定样本 77 和样本 78，分别是属于 versicolor 和 virginica 类别的。

为了对模型做进一步分析，可以通过可视化手段对模型进行展示，下面给出示例代码。结果如图 11-16 所示。可见，通过 plot()函数对所建立的支持向量机模型进行可视化后，所得到的图像是对模型数据类别的一个总体观察。图中的“+”表示的是支持向量，圆圈表示的是普通样本点。

```
> plot(cmdscale(dist(iris[, -5])),
+      col = c("orange","blue","green")[as.integer(iris[,5])],
+      pch = c("o","+")[1:150 %in% model3$index + 1])
> legend(1.8, -0.8, c("setosa","versicolor","virgincia"),
+      col = c("orange","blue","green"), lty = 1)
```

在图 11-14 中可以看到，鸢尾花中的第一种 setosa 类别同其他两种区别较大，而剩下的 versicolor 类别和 virginica 类别却相差很小，甚至存在交叉难以区分。注意，这是在使用

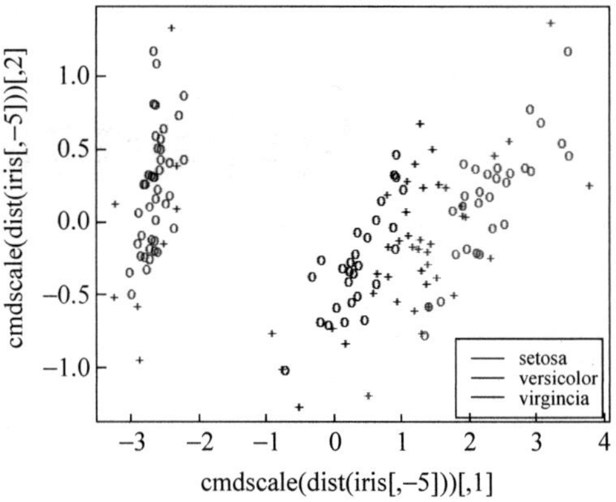

图 11-16 SVM 分类结果 2

了全部四种特征之后仍然难以区分的。这也从另一个角度解释了在模型预测过程中出现的问题，所以模型误将 2 朵 versicolor 类别的花预测成了 virginica 类别，而将 2 朵 virginica 类别的花错误地预测成了 versicolor 类别，也就是很正常现象了。

第 12 章 贝叶斯推断

CHAPTER 12

托马斯·贝叶斯(Thomas Bayes)是生活在18世纪的一名英国牧师和数学家。因为历史久远,加之他没有太多的著述留存,今天的人们对贝叶斯的研究所知甚少。唯一知道的是,他提出了概率论中的贝叶斯公式。但从他曾经当选英国皇家科学学会会员(相当于现在的科学院院士)来看,其研究工作在当时的英国学术界已然受到了普遍的认可。事实上,在很长一段时间里,人们都没有注意到贝叶斯公式所潜藏的巨大价值。直到20世纪人工智能、机器学习等崭新学术领域的出现,人们才从一堆早已蒙灰的数学公式中发现了贝叶斯公式的巨大威力。

12.1 贝叶斯公式与边缘分布

事件 A 在另外一个事件 B 已经发生条件下的发生概率,称为条件概率,记为 $P(A|B)$。两个事件共同发生的概率称为联合概率,A 与 B 的联合概率表示为 $P(AB)$,或者 $P(A,B)$。进而有

$$P(AB) = P(B)P(A \mid B) = P(A)P(B \mid A)$$

这也就导出了最简单形式的贝叶斯公式,即

$$P(A \mid B) = \frac{P(B \mid A)P(A)}{P(B)}$$

以及条件概率的链式法则

$$P(A_1,A_2,\cdots,A_n) = P(A_n \mid A_1,A_2,\cdots,A_{n-1})P(A_{n-1} \mid A_1,A_2,\cdots,A_{n-2})\cdots P(A_2 \mid A_1)P(A_1)$$

概率论中还有一个全概率公式

$$P(B) = \sum_{i=1}^{n} P(A_iB) = \sum_{i=1}^{n} P(A_i)P(B \mid A_i)$$

由此可进一步导出完整的贝叶斯公式

$$P(A_i \mid B) = \frac{P(B \mid A_i)P(A_i)}{\sum_{i=1}^{n} P(A_i)P(B \mid A_i)}$$

另外一个本章后续还会用到的重要概念就是所谓的边缘分布。$\boldsymbol{X}=X_1,X_2,\cdots,X_n$ 称为 n 维随机向量(或称 n 维随机变量)。首先以二维随机向量 (X,Y) 为例来说明边缘分布的概念。随机向量 (X,Y) 的分布函数 $F(x,y)$ 完全决定了其分量的概率特征。所以由 $F(x,y)$ 便

能得出分量 X 的分布函数 $F_X(x)$，以及分量 Y 的分布函数 $F_Y(y)$。而相对于联合分布 $F(x,y)$，分量的分布 $F_X(x)$ 和 $F_Y(y)$ 称为边缘分布。由

$$F_X(x) = P\{X \leqslant x\} = P\{X \leqslant x, Y \leqslant +\infty\} = F(x, +\infty)$$
$$F_Y(y) = P\{Y \leqslant y\} = P\{X \leqslant +\infty, Y \leqslant y\} = F(+\infty, y)$$

可得

$$F_X(x) = F(x, +\infty), \quad F_Y(y) = F(+\infty, y)$$

若 (X,Y) 为二维离散随机变量，则

$$P\{X = x_i\} = P\{X = x_i;\ \Omega\} = P\left\{X = x_i;\ \sum_j (Y = y_i)\right\}$$
$$= P\left\{\sum_j (X = x_i;\ Y = y_j)\right\} = \sum_j P(X = x_i;\ Y = y_j) = \sum_j p_{ij}$$

若记 $p_{i\cdot} = P\{X = x_i\}$，则

$$p_{i\cdot} = \sum_j p_{ij}$$

若记 $p_{\cdot j} = P\{Y = y_j\}$，则

$$p_{\cdot j} = \sum_i p_{ij}$$

若 (X,Y) 为二维连续随机变量，设密度函数为 $p(x,y)$，则

$$F_X(x) = \int_{-\infty}^{+\infty} \left\{\int_{-\infty}^{+\infty} p(x,y)\mathrm{d}y\right\} \mathrm{d}x$$

则 X 的边缘密度函数为

$$p_X(x) = \int_{-\infty}^{+\infty} p(x,y)\mathrm{d}y$$

同理可得

$$p_Y(y) = \int_{-\infty}^{+\infty} p(x,y)\mathrm{d}x$$

12.2 贝叶斯推断中的重要概念

贝叶斯推断是统计推断的一种，它以贝叶斯定理为基础，通过某些观察的值来确定某些假设的概率，或者使这些概率更接近真实值。贝叶斯定理在人工智能、机器学习领域亦有重要应用。本节将通过一些具体的例子来向读者介绍贝叶斯推断中的数学基础。

12.2.1 先验概率与后验概率

假设有一所学校，学生中 60% 是男生和 40% 是女生。女生穿裤子与裙子的数量相同；所有男生穿裤子。现在有一个观察者，随机从远处看到一名学生，因为很远，观察者只能看到该学生穿的是裤子，但不能从长相发型等其他方面推断被观察者的性别。那么该学生是女生的概率是多少？

用事件 G 表示观察到的学生是女生，用事件 T 表示观察到的学生穿裤子。于是，现在要计算的是条件概率 $P(G|T)$，我们需要知道：

- $P(G)$ 表示一个学生是女生的概率。由于观察者随机看到一名学生，意味着所有的

学生都可能被看到，女生在全体学生中的占比是40%，所以概率是$P(G)=0.4$。注意这是在没有任何其他信息下的概率。这也就是先验概率。本节后面还会详细讨论。

- $P(B)$是学生不是女生的概率，也就是学生是男生的概率，这同样也是指在没有其他任何信息的情况下，学生是男生的先验概率。B事件是G事件的互补的事件，于是易得$P(B)=0.6$。
- $P(T|G)$是在女生中穿裤子的概率，根据题目描述，女生穿裙子和穿裤子的人数各占一半，所以$P(T|G)=0.5$。这也就是在给定G的条件下，T事件的概率。
- $P(T|B)$是在男生中穿裤子的概率，这个值是1。
- $P(T)$是学生穿裤子的概率，即任意选一个学生，在没有其他信息的情况下，该名学生穿裤子的概率。根据全概率公式

$$P(T)=\sum_{i=1}^{n}P(T\mid A_i)P(A_i)=P(T\mid G)P(G)+P(T\mid B)P(B)$$

计算得到$P(T)=0.5\times0.4+1\times0.6=0.8$。

根据贝叶斯公式

$$P(A_i\mid T)=\frac{P(T\mid A_i)P(A_i)}{\sum_{i=1}^{n}P(T\mid A_i)P(A_i)}=\frac{P(T\mid A_i)P(A_i)}{P(T)}$$

基于以上所有信息，如果观察到一个穿裤子的学生，并且是女生的概率是

$$P(G\mid T)=\frac{P(T\mid G)P(G)}{P(T)}=0.5\times0.4\div0.8=0.25$$

在贝叶斯统计中，先验概率(Prior probability)分布，即关于某个变量X的概率分布，是在获得某些信息或者依据前，对X之不确定性所进行的猜测。这是对不确定性(而不是随机性)赋予一个量化的数值的表征，这个量化数值可以是一个参数，或者是一个潜在的变量。

先验概率仅仅依赖于主观上的经验估计，也就是事先根据已有的知识的推断。例如，X可以是投一枚硬币，正面朝上的概率，显然在未获得任何其他信息的条件下，我们会认为$P(X)=0.5$；再比如上面例子中，$P(G)=0.4$。

在应用贝叶斯理论时，通常将先验概率乘以似然函数再归一化后，得到后验概率分布，后验概率分布即在已知给定的数据后，对不确定性的条件分布。上一节已经讨论过似然函数的话题，我们知道似然函数(也称作似然)，是一个关于统计模型参数的函数。也就是这个函数中自变量是统计模型的参数。对于观测结果x，在参数集合θ上的似然，就是在给定这些参数值的基础上，观察到的结果的概率$\mathcal{L}(\theta)=P(x|\theta)$。也就是说，似然是关于参数的函数，在参数给定的条件下，对于观察到的x的值的条件分布。

似然函数在统计推断中发挥重要的作用，因为它是关于统计参数的函数，所以可以用来对一组统计参数进行评估，也就是说在一组统计方案的参数中，可以用似然函数做筛选。

你会发现，“似然”也是一种“概率”。但不同点就在于，观察值x与参数θ的不同的角色。概率是用于描述一个函数，这个函数是在给定参数值的情况下的关于观察值的函数。例如，已知一个硬币是均匀的(抛落后正反面的概率相等)，那连续10次正面朝上的概率是多少？这是个概率。

而似然是用于在给定一个观察值时，关于描述参数的函数。例如，如果一个硬币在10

次抛落中正面均朝上,那硬币是均匀的(抛落后正反面的概率相等)概率是多少?这里用了概率这个词,但是实质上是“可能性”,也就是似然了。

后验概率(Posterior probability)是关于随机事件或者不确定性断言的条件概率,是在相关证据或者背景给定并纳入考虑之后的条件概率。后验概率分布就是未知量作为随机变量的概率分布,并且是在基于实验或者调查所获得的信息上的条件分布。“后验”在这里意思是,考虑相关事件已经被检视并且能够得到一些信息。

后验概率是关于参数 θ 在给定的信息 X 下的概率,即 $P(\theta|X)$。若对比后验概率和似然函数,似然函数是在给定参数下的证据信息 X 的概率分布,即 $P(X|\theta)$。用 $P(\theta)$ 表示概率分布函数,用 $P(X|\theta)$ 表示观测值 X 的似然函数。后验概率定义为

$$P(\theta \mid X) = \frac{P(X \mid \theta)P(\theta)}{P(X)}$$

注意这也是贝叶斯定理所揭示的内容。

鉴于分母是一个常数,上式可以表达成如下比例关系(而且这也是更多被采用的形式):后验概率∝似然×先验概率。

12.2.2 共轭分布

还是从一个例子讲起。假如有一个硬币,它有可能是不均匀的,所以投这个硬币有 θ 的概率抛出 Head,有 $1-\theta$ 的概率抛出 Tail。如果抛了五次这个硬币,有三次是 Head,有两次是 Tail,这个 θ 最有可能是多少呢?如果你必须给出一个确定的值,并且你完全根据目前观测的结果来估计 θ,那么显然你会得出结论 $\theta=3/5$。

但上面这种点估计的方法显然有漏洞,这种漏洞主要体现在实验次数比较少的时候,所得出的点估计结果可能有较大偏差。大数定理也告诉我们,在重复实验中,随着实验次数的增加,事件发生的频率才趋于一个稳定值。一个比较极端的例子是,如果你抛出五次硬币,全部都是 Head。那么按照之前的逻辑,你将估计 θ 的值等于 1。也就是说,你估计这枚硬币不管怎么投,都朝上!但是按正常思维推理,我们显然不太会相信世界上有这么厉害的硬币,显然硬币还是有一定可能抛出 Tail 的。就算观测到再多次的 Head,抛出 Tail 的概率还是不可能为 0。

前面用过的贝叶斯定理或许可以帮助我们。在贝叶斯学派看来,参数 θ 不再是一个固定值,而是满足一定的概率分布!回想一下前面介绍的先验概率和后验概率。在估计 θ 时,我们心中可能有一个根据经验的估计,即先验概率,$P(\theta)$。而给定一系列实验观察结果 X 的条件下,可以得到后验概率为

$$P(\theta \mid X) = \frac{P(X \mid \theta)P(\theta)}{P(X)}$$

在上面的贝叶斯公式中,$P(\theta)$ 就是个概率分布。这个概率分布可以是任何概率分布,比如高斯分布,或者前面介绍过的贝塔分布。图 12-1 所示为 $beta(5,2)$ 的概率分布图。如果将这个概率分布作为 $P(\theta)$,那么我们在还未抛硬币前,便认为 θ 很可能接近于 0.8,而不大可能是个很小的值或是一个很大的值。换言之,我们在抛硬币前,便估计这枚硬币更可能有 0.8 的概率抛出正面。

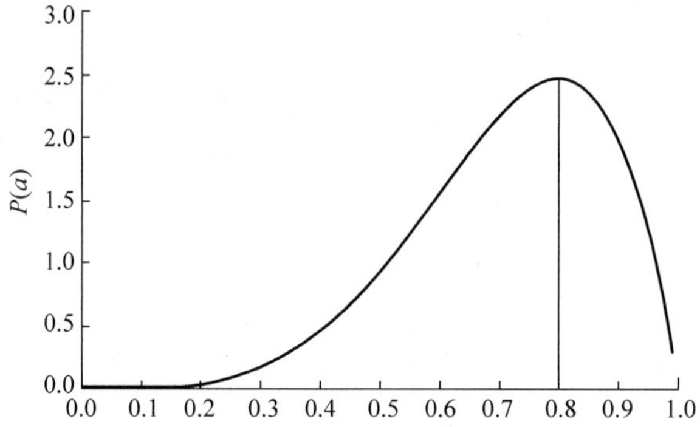

图 12-1 *beta*(5,2)的概率密度函数图

虽然 $P(\theta)$可以是任何种类的概率分布，但是如果使用贝塔分布，会让之后的计算更加方便。我们接着继续看便知道这是为什么了。况且，通过调节贝塔分布中的参数 a 和 b，你可以让这个概率分布变成各种你想要的形状！*beta* 分布已经很足够表达我们事先对 θ 的估计了。

现在已经估计好了 $P(\theta)$为一个贝塔分布，那么 $P(X|\theta)$是多少呢？其实就是个二项分布。继续以前面抛 5 次硬币抛出 3 次 Head 的观察结果为例，X=“抛 5 次硬币 3 次结果为 Head”的事件，则 $P(X|\theta)=C_2^5\theta^3(1-\theta)^2$。

贝叶斯公式中分母上的 $P(X)$是个正规化因子(Normalizer)，或者叫作边缘概率。在 θ 是离散的情况下，$P(X)$就是 θ 为不同值的时候，$P(X|\theta)$的求和。例如，假设我们事先估计硬币抛出正面的概率只可能是 0.5 或者 0.8，那么 $P(X)=P(X|\theta=0.5)+P(X|\theta=0.8)$，计算时分别将 $\theta=0.5$ 和 $\theta=0.8$ 代入到前面的二项分布公式中。而如果我们采用贝塔分布，θ 的概率分布在[0,1]上是连续的，所以要用积分，即

$$P(X)=\int_0^1 P(X\mid\theta)P(\theta)\mathrm{d}\theta$$

下面的证明就表明：$P(\theta)$是个贝塔分布，那么在观测到 X=“抛 5 次硬币 3 次结果为 Head”的事件后，$P(\theta|X)$依旧是个贝塔分布！只是这个概率分布的形状因为观测的事件而发生了变化。

$$\begin{aligned}P(\theta\mid X)&=\frac{P(X\mid\theta)P(\theta)}{P(X)}=\frac{P(X\mid\theta)P(\theta)}{\int_0^1 P(X\mid\theta)P(\theta)\mathrm{d}\theta}\\&=\frac{C_2^5\theta^3(1-\theta)^2\dfrac{1}{\beta(a,b)}\theta^{a-1}(1-\theta)^{b-1}}{\int_0^1 C_2^5\theta^3(1-\theta)^2\dfrac{1}{\beta(a,b)}\theta^{a-1}(1-\theta)^{b-1}\mathrm{d}\theta}\\&=\frac{\theta^{(a+3-1)}(1-\theta)^{(b+2-1)}}{\int_0^1\theta^{(a+3-1)}(1-\theta)^{(b+2-1)}\mathrm{d}\theta}\\&=\frac{\theta^{(a+3-1)}(1-\theta)^{(b+2-1)}}{\beta(a+3,b+2)}\\&=beta(\theta\mid a+3,b+2)\end{aligned}$$

因为观测前后，对 θ 估计的概率分布均为贝塔分布，这就是为什么使用贝塔分布方便我们计算的原因了。当得知 $P(\theta|X)=beta(\theta|a+3,b+2)$ 后，我们就只要根据贝塔分布的特性，得出 θ 最有可能等于多少了。也就是 θ 等于多少时，观测后得到的贝塔分布有最大的概率密度。

例如图 12-2 所示，仔细观察新得到的贝塔分布，和图 12-1 中的概率分布对比，发现峰值从 0.8 左右的位置移向了 0.7 左右的位置。这是因为新观测到的数据中，5 次有 3 次是 Head(60%)，这让我们觉得 θ 没有 0.8 那么高。但由于之前认为 θ 有 0.8 那么高，我们觉得抛出 Head 的概率肯定又要比 60%高一些！这就是贝叶斯方法和普通的统计方法不同的地方。我们结合自己的先验概率和观测结果来给出预测。

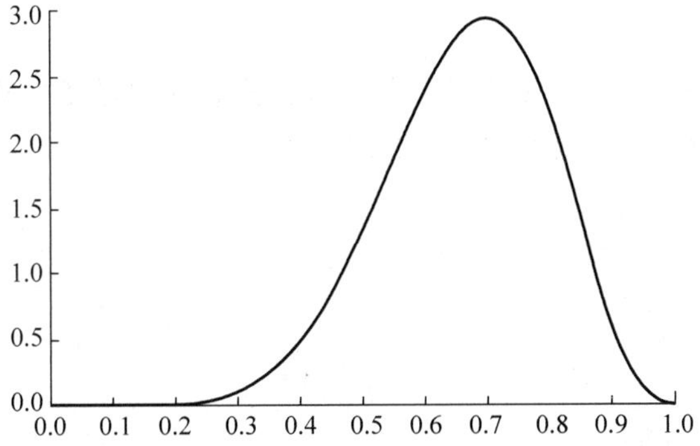

图 12-2　新得到的贝塔分布

如果我们投的不是硬币，而是一个多面体（比如骰子），那么就要使用 Dirichlet 分布了。使用 Dirichlet 分布之目的，也是为了让观测后得到的后验概率依旧是 Dirichlet 分布。关于 Dirichlet 分布的话题本书不打算深入展开，有兴趣的读者可参阅相关资料以了解更多。

至此，终于可以引出"共轭性"这个概念了！后验概率分布（正比于先验和似然函数的乘积）拥有与先验分布相同的函数形式。这个性质被叫作共轭性（Conjugacy）。共轭先验（conjugate prior）有着很重要的作用。它使得后验概率分布的函数形式与先验概率相同，因此使得贝叶斯分析得到了极大的简化。例如，二项分布的参数之共轭先验就是前面介绍的贝塔分布。多项式分布的参数之共轭先验则是 Dirichlet 分布，而高斯分布的均值之共轭先验是另一个高斯分布。

总的来说，对于给定的概率分布 $P(X|\theta)$，我们可以寻求一个与该似然函数，即 $P(X|\theta)$，共轭的先验分布 $P(\theta)$，如此一来后验分布 $P(\theta|X)$ 就会同先验分布具有相同的函数形式。而且对于任何指数族成员来说，都存在有一个共轭先验。

12.3　朴素贝叶斯分类器

分类是机器学习和数据挖掘中最基础也最常见的一种工作。假设现在有一组训练数据，或称训练样例，以元组（tuples）形式给出，以及与之相对应的分类标签（Class labels）。每个元组都被表示成 n 维属性向量 $\boldsymbol{x}=(x_1,x_2,\cdots,x_n)$ 的形式，且一共有 N 个类，标签分别

为 $c_1, c_2, \cdots, c_N$。分类的目的是当给定一个元组 $\boldsymbol{x}$ 时，模型可以预测其应当归属于哪个类别。

本书的前面已经讨论过一些分类算法，例如逻辑回归和支持向量机等。朴素贝叶斯分类器(Naïve Baysian classifier)则是另外一种非常经典的分类算法。它的原理非常简单，就是基于贝叶斯公式进行推理，所以才叫作"朴素"。对于每一个类别 c_i，利用贝叶斯公式来估计在给定训练元组 $\boldsymbol{x}$ 时的条件概率 $P(c_i|\boldsymbol{x})$，即

$$P(c_i \mid \boldsymbol{x}) = \frac{P(\boldsymbol{x} \mid c_i)P(c_i)}{P(\boldsymbol{x})}$$

当且仅当概率 $P(c_i|\boldsymbol{x})$ 在所有的 $P(c_k|\boldsymbol{x})$ 中取值最大时，就认为 $\boldsymbol{x}$ 属于 c_i。更进一步，因为 $P(\boldsymbol{x})$ 对于所有的类别来说都是恒定的，所以其实只需要 $P(c_i|\boldsymbol{x}) \propto P(\boldsymbol{x}|c_i)P(\boldsymbol{c}_i)$ 最大化即可。

应用朴素贝叶斯分类器时必须满足条件：所有的属性都是条件独立的。也就是说，在给定条件的情况下，属性之间是没有依赖关系的，即

$$P(\boldsymbol{x} \mid c_i) = \prod_{k=1}^{n} P(x_k \mid c_i) = P(x_1 \mid c_i)P(x_2 \mid c_i)\cdots P(x_n \mid c_i)$$

于是结合原贝叶斯公式，便会得到

$$P(c_i \mid \boldsymbol{x}) = \frac{P(c_i)}{P(\boldsymbol{x})} \prod_{k=1}^{n} P(x_k \mid c_i)$$

再忽略掉 $P(\boldsymbol{x})$ 这一项，则贝叶斯判定准则为

$$h(\boldsymbol{x}) = \underset{c_i \in c_1, c_2, \cdots, c_N}{\operatorname{argmax}} P(c_i) \prod_{k=1}^{n} P(x_k \mid c_i)$$

这也就是朴素贝叶斯分类器的表达式。

朴素贝叶斯分类器的训练过程就是从训练数据集出发，估计类别的先验概率 $P(c_i)$，并为每个属性估计条件概率 $P(x_k|c_i)$。

如果 D_{c_i} 是训练数据集 D 中属于类别 c_i 的样例集合，并拥有充足的独立同分布的样本，那么便可以容易地估算出类别先验概率

$$P(c_i) = \frac{|D_{c_i}|}{|D|}$$

特别地，对于离散属性来说，令 D_{c_i,x_k} 表示 D_{c_i} 中在第 k 个属性上取值为 x_k 的样例所组成之子集合，那么条件概率 $P(x_k|c_i)$ 可估计为

$$P(x_k \mid c_i) = \frac{|D_{c_i,x_k}|}{|D_{c_i}|}$$

对于连续属性则可以考虑概率密度函数，假设 $P(x_k|c_i) \sim N(\mu_{c_i,k}, \sigma_{c_i,k}^2)$，其中 $\mu_{c_i,k}$ 和 $\sigma_{c_i,k}^2$ 分别是属于类别 c_i 的样例在第 k 个属性上取得的均值和方差，则有

$$P(x_k \mid c_i) = \frac{1}{\sqrt{2\pi}\sigma_{c_i,k}} \exp\left[-\frac{(x_k - \mu_{c_i,k})^2}{2\sigma_{c_i,k}^2}\right]$$

为了演示贝叶斯分类器，来看下面这个例子。如表 12-1 所示，收集了 5 个病人的表现和诊断结果(训练数据)。需要据此建立机器学习模型，从而通过头疼的程度、咳嗽的程度、是否咽痛，以及体温高低来预测一个人是普通感冒还是流感。

表 12-1 病人的表现与诊断结果

病人编号	头疼程度	咳嗽程度	是否发烧	是否咽痛	诊断
1	严重	轻微	是	是	流感
2	不头疼	严重	否	是	普通感冒
3	轻微	轻微	否	是	流感
4	轻微	不咳嗽	否	否	普通感冒
5	严重	严重	否	是	流感

现在有一个病人到诊所看病，他的症状是：严重头痛，无咽痛，体温正常且伴随咳嗽。请问他患的是普通感冒还是流感？分析易知，这里的分类标签有流感和普通感冒两种。于是最终要计算的是下面哪个概率更高：

$$P(\text{流感}|\text{头疼}=\text{严重},\text{咽痛}=\text{否},\text{发烧}=\text{否},\text{咳嗽}=\text{是})$$
$$\propto P(\text{流感})P(\text{头疼}=\text{严重}|\text{流感})P(\text{咽痛}=\text{否}|\text{流感})P(\text{发烧}=\text{否}|\text{流感})P(\text{咳嗽}=\text{是}|\text{流感})$$
$$P(\text{普通}|\text{头疼}=\text{严重},\text{咽痛}=\text{否},\text{发烧}=\text{否},\text{咳嗽}=\text{是})$$
$$\propto P(\text{普通})P(\text{头疼}=\text{严重}|\text{普通})P(\text{咽痛}=\text{否}|\text{普通})P(\text{发烧}=\text{否}|\text{普通})P(\text{咳嗽}=\text{是}|\text{普通})$$

为了计算上面这个结果，需要通过已知数据(训练数据)让机器“学习”(建立)一个模型。由已知数据很容易得出表 12-2 中的结果。

表 12-2 概率计算结果

$P(\text{流感})=3/5$	$P(\text{普通})=2/5$
$P(\text{头疼}=\text{严重}\|\text{流感})=2/3$	$P(\text{头疼}=\text{严重}\|\text{普通})=0/2$
$P(\text{头疼}=\text{轻微}\|\text{流感})=1/3$	$P(\text{头疼}=\text{轻微}\|\text{普通})=1/2$
$P(\text{头疼}=\text{否}\|\text{流感})=0/3$	$P(\text{头疼}=\text{否}\|\text{普通})=1/2$
$P(\text{咽痛}=\text{严重}\|\text{流感})=1/3$	$P(\text{咽痛}=\text{严重}\|\text{普通})=1/2$
$P(\text{咽痛}=\text{轻微}\|\text{流感})=1/3$	$P(\text{咽痛}=\text{轻微}\|\text{普通})=0/2$
$P(\text{咽痛}=\text{否}\|\text{流感})=1/3$	$P(\text{咽痛}=\text{否}\|\text{普通})=1/2$
$P(\text{发烧}=\text{是}\|\text{流感})=1/3$	$P(\text{发烧}=\text{是}\|\text{普通})=0/2$
$P(\text{发烧}=\text{否}\|\text{流感})=2/3$	$P(\text{发烧}=\text{否}\|\text{普通})=2/2$
$P(\text{咳嗽}=\text{是}\|\text{流感})=3/3$	$P(\text{咳嗽}=\text{是}\|\text{普通})=1/2$
$P(\text{咳嗽}=\text{否}\|\text{流感})=0/3$	$P(\text{咳嗽}=\text{否}\|\text{普通})=1/2$

由此可得：

$$P(\text{流感}|\text{头疼}=\text{严重},\text{咽痛}=\text{否},\text{发烧}=\text{否},\text{咳嗽}=\text{是})\propto\frac{3}{5}\times\frac{2}{3}\times e\times\frac{2}{3}\times\frac{3}{3}\approx 0.26e$$

$$P(\text{普通}|\text{头疼}=\text{严重},\text{咽痛}=\text{否},\text{发烧}=\text{否},\text{咳嗽}=\text{是})\propto\frac{2}{5}\times e\times\frac{1}{2}\times 1\times\frac{1}{2}=0.1e$$

显然，前一个式子算得之数值大于后一个式子算得之数值，所以诊断(预测，分类)结果是流感。

此外，还应注意到，在上述计算中，为了避免乘数 0 导致最终结果无法比较的情况，引入了一个极小的常数 $e=10^{-7}$。除此之外，采用拉普拉斯修正来进行平滑处理也是一种常见的方法。具体而言，令 N 表示训练数据集 D 中可能的类别数，N_k 表示第 k 个属性可能的取值数，则先验概率和条件概率分别修正为

$$\hat{P}(c_i)=\frac{|D_{c_i}|+1}{|D|+N}$$

$$\hat{P}(x_k \mid c_i) = \frac{|D_{c_i, x_k}| + 1}{|D_{c_i}| + N_k}$$

最后讨论一下朴素贝叶斯分类器的特点：

(1) 实现简单，效率高，增加新数据后修改概率值方便；

(2) 在许多领域都取得了很好的效果；

(3) 易拓展到高维和大数据集；

(4) 对于结果可解释性好。

12.4 贝叶斯网络

贝叶斯网络(Bayesian Network)是一种用于表示变量间依赖关系的数据结构，有时它又被称为信念网络(Belief Network)或概率网络(Probability Network)。更广泛地讲，在统计学习领域，概率图模型(Probabilistic Graphical Models，PGM)常用来指代包括贝叶斯网络在内的更加宽泛的一类机器学习模型。

12.4.1 基本结构单元

具体而言，贝叶斯网络是一个有向无环图(Directed Acyclic Graph)，其中每个结点都标注了定量的概率信息，并具有如下结构特点：

(1) 一个随机变量集构成了图结构中的结点集合。变量可以是离散的，也可以是连续的；

(2) 一个连接结点对的有向边集合反映了变量间的依赖关系。如果存在从结点 X 指向结点 Y 的有向边，则称 X 是 Y 的一个父结点；

(3) 每个结点 X_i 都有一个(在给定父结点情况下的)条件概率分布，这个分布量化了父结点对其之影响。

在一个正确构造的网络中，箭头显式地表示了 X 对 Y 的直接影响。而这种影响关系往往来自于现实世界的经验分析。一旦设计好贝叶斯网络的拓扑结构，只要再为每个结点指定当给定具体父结点时的条件概率，那么一个基本的概率图模型就建立完成了。

尽管现实中贝叶斯网络的结构可能非常复杂，但无论多么复杂的拓扑本质上都是由一些基本的结构单元经过一定之组合演绎出来的。而且最终的拓扑和对应的条件概率完全可以给出所有变量的联合分布，这种表现方式远比列出所有的联合概率分布要精简得多。图 12-3 给出了三种基本的结构单元，接下来将分别对它们进行介绍。

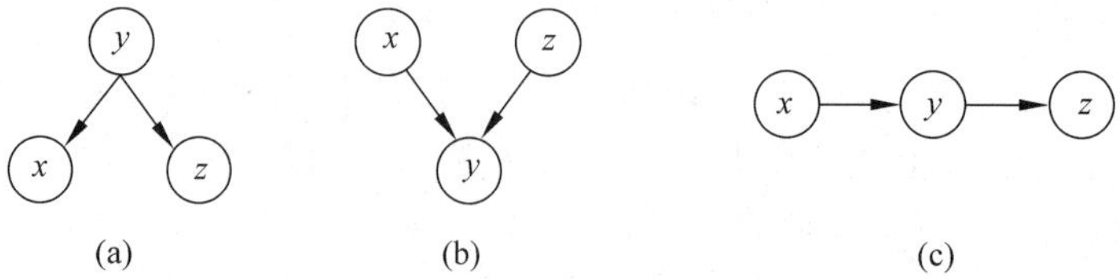

图 12-3　三种基本的结构单元

首先，如果几个随机变量之间是完全独立的，那么它们之间将没有任何的边进行连接。而对于朴素贝叶斯中的假设，即变量之间是条件独立(Conditionally Independent)的，那么可以画出此种结构如图 12-3 中的(a)图所示。这表明在给定 Y 的情况下，X 和 Z 是条件独立的。

其次，另外一种与之相反的情况如图 12-3 里的(b)图所示。此时 X 和 Z 是完全独立的。通常把(a)图的情况称为“共因”(Common Cause)，而把(b)图的情况称为“共果”(Common Effect)。

最后，对于图 12-3 中(c)图所示的链式结构，X 和 Z 不再是相互独立的。但在给定 Y 时，X 和 Z 就是独立的。因为 $P(Z|X,Y)=P(Z|Y)$。

参考文献中给出了一个简单的贝叶斯网络示例，如图 12-4 所示。假设你在家里安装了一个防盗报警器。这个报警器对于探测盗贼的闯入非常可靠，但是偶尔也会对轻微的地震有所反应。你还有两个邻居约翰和玛丽，他们保证在你工作时如果听到警报声就给你打电话。约翰听到警报声时总是会给你打电话，但是他们有时候会把电话铃声当成警报声，然后也会打电话给你。另一方面，玛丽特别喜欢大声听音乐，因此有时候根本听不见警报声。给定了他们是否给你打电话的证据，我们希望估计如果有人入室行窃的概率。

现在暂时忽略图 12-4 中的条件概率分布，而是将注意力集中于网络的拓扑结构上。在这个防盗网络的案例中，拓扑结构表明盗贼和地震直接影响到警报的概率(这相当于一个共果的结构)，但是约翰或者玛丽是否打电话仅仅取决于警报声(这相当于一个共因的结构)。因此网络表示出了我们的一些假设：“约翰和玛丽不直接感知盗贼，也不会注意到轻微的地震”(这表明当给定随机变量警报响起时，“盗贼或地震”都独立于“打电话”)，并且他们不会在打电话之前交换意见(所以在给定随机变量警报响起时，约翰打电话和玛丽打电话就是条件独立的)。

注意网络中没有对应于玛丽当前正在大声听音乐或者电话铃声响起来使得约翰误以为是警报的结点。这些因素实际上已经被概括在与从警报响起到约翰打电话或者到玛丽打电话这两条边相关联的不确定性中了。这同时体现了操作中的惰性与无知：要搞清楚为什么那些因素会以或多或少的可能性出现在任何特殊情况下，需要大量的工作，而且无论如何都没有合理的途径来获取这些相关的信息。

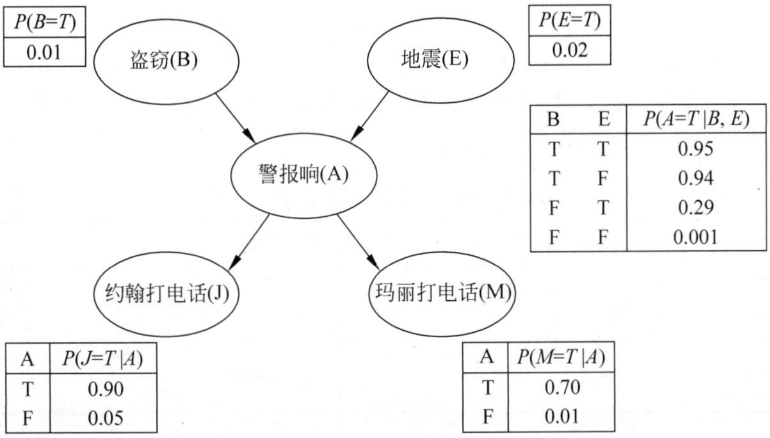

图 12-4　贝叶斯网络示例

上面的概率实际上概括了各种情况的潜在无限集合，其中包括报警器可能会失效的情况(诸如环境湿度过高、电力故障、电线被切断、警铃里卡了一只死老鼠等)或者约翰和玛丽没有打电话报告的情况(诸如出去吃午饭了、外出度假、暂时性失聪、直升机刚巧飞过而噪声隆隆等)。如此一来,一个小小的智能体可以处理非常庞大的世界,至少是近似处理。如果能够引入附加的相关信息,近似的程度还可以进一步地提高。

现在回到图12-4中的条件概率分布上。每一个分布在图中都被显示为一个表格的形式,称它们是条件概率表(conditional probability table,CPT)。这种形式的表格适用于离散型随机变量。条件概率表中的每一行包含了每个结点值在给定条件下的条件概率。这个所谓的"给定条件"就是所有父结点取值的某个可能组合。每一行概率加起来和必须是1,因为行中条目表示了该对应变量的一个无遗漏的情况集合。

对于布尔变量,一旦知道它为真的概率是 p,那么它为假的概率就应该是 $1-p$。所以可以省略第二个数值。一个具有 k 个布尔父结点的布尔变量的条件概率表中有 2^k 个独立的可指定概率。而对于没有父结点的结点而言,它的条件概率表只有一行,表示了该变量可能取值的先验概率(例如图中的盗贼和地震对应的条件概率表)。

12.4.2 模型推理

在已经确定了一个贝叶斯网络的结构后,就能用它来进行查询,即通过一些属性变量的观测值来推断其他属性变量的值。这个通过已知变量观测值推断待查询变量的过程就是所谓的推断,其中的已知变量观测值称为"证据"(evidence)。例如现在想知道当约翰和玛丽都打电话时发生地震的概率,即 $P(E=T|J=T,M=T)$,那么 $J=T,M=T$ 就是证据。

总的来说,通常可采用的方法有三种:①首先是利用与朴素贝叶斯类似方法来进行推理(其中同样用到贝叶斯公式),称其为枚举法;②其次是一种更为常用的算法,称之为消去法;③最后还有一种基于蒙特卡洛法的近似推理方法(也就是基于前面讨论过的MCMC方法)。本章将仅讨论前两种算法。

1. 枚举法

回想在朴素贝叶斯中所使用的策略。根据已经观察到的证据计算查询命题的后验概率。并将使用全联合概率分布作为"知识库",从中可以得到所有问题的答案。这其中贝叶斯公式发挥了重要作用,而下面的示例同样演示了边缘分布的作用。

还是从一个非常简单的例子开始:一个由3个布尔变量牙疼(Toothache)、蛀牙(Cavity)和由于牙医的钢探针不洁而导致的牙龈感染(Catch)组成的定义域。其全联合分布是一个 $2\times2\times2$ 的表格,如表12-3所示。

表12-3 由3个布尔变量给出的数据

牙疼	蛀牙	牙龈感染	概率
0	0	0	0.576
0	0	1	0.144
0	1	0	0.008
0	1	1	0.072
1	0	0	0.064
1	0	1	0.016
1	1	0	0.012
1	1	1	0.108

根据概率公理，联合分布中的所有概率之和为1。无论是简单命题还是复合命题，只需要确定在其中命题为真的那些原子事件，然后把它们的概率加起来就可获得任何命题的概率。例如，命题 Cavity∨Toothache 在6个原子事件中成立，所以可得

$$P(\text{Cavity} \vee \text{Toothache}) = 0.108 + 0.012 + 0.072 + 0.008 + 0.016 + 0.064 = 0.28$$

一个特别常见的任务是将随机变量的某个子集或者某单个变量的分布抽取出来，也就是边缘分布。例如，将所有 Cavity 取值为真的条目抽取出来再求和就得到了 Cavity 的无条件概率(也就是边缘概率)

$$P(\text{Cavity}) = 0.108 + 0.012 + 0.072 + 0.008 = 0.2$$

该过程称为边缘化(Marginalisation)或"和出"(Summing Out)——因为除了 Cavity 以外的变量都被求和过程排除在外了。对于任何两个变量集合 Y 和 Z，可以写出如下的通用边缘化规则(这其实就是前面给出的公式，这里只是做了简单的变量替换)：

$$P(Y) = \sum_{z} P(Y, z)$$

换言之，Y 的分布可以通过根据任何包含 Y 的联合概率分布对所有其他变量进行求和消元来得到。根据乘法规则，这条规则的一个变形涉及条件概率而不是联合概率：

$$P(Y) = \sum_{z} P(Y \mid z) P(z)$$

这条规则称为条件化。以后会发现，对于涉及概率表达式的所有种类的推导过程，边缘化和条件化具有非常强大的威力。

在大部分情况下，在给定关于某些其他变量的条件下，人们会对计算某些变量的条件概率感兴趣。条件概率可以如此找到：首先根据条件概率的定义式得到一个无条件概率的表达式，然后再根据全联合分布对表达式求值。例如，在给定牙疼的条件下，可以计算蛀牙的概率为

$$\begin{aligned} P(\text{Cavity} \mid \text{Toothache}) &= \frac{P(\text{Cavity} \wedge \text{Toothache})}{P(\text{Toothache})} \\ &= \frac{0.108 + 0.012}{0.108 + 0.012 + 0.016 + 0.064} = 0.6 \end{aligned}$$

为了验算，还可以计算已知牙疼的条件下，没有蛀牙的概率为

$$\begin{aligned} P(\overline{\text{Cavity}} \mid \text{Toothache}) &= \frac{P(\overline{\text{Cavity}} \wedge \text{Toothache})}{P(\text{Toothache})} \\ &= \frac{0.016 + 0.064}{0.108 + 0.012 + 0.016 + 0.064} = 0.4 \end{aligned}$$

注意到这两次计算中的项 $P(\text{Toothache})$ 是保持不变的，与计算的 Cavity 的值无关。可以把它看成是 $P(\text{Cavity}|\text{Toothache})$ 的一个归一化常数，保证其所包含的概率相加等于1，也就是忽略 $P(\text{Toothache})$ 的值，这一点我们在朴素贝叶斯部分已经讲过。

此外，可以用符号 α 来表示这样的常数。用这个符号可以把前面的两个公式合并写成一个：

$$\begin{aligned} P(\text{Cavity} \mid \text{Toothache}) &= \alpha P(\text{Cavity}, \text{Toothache}) \\ &= \alpha[P(\text{Cavity}, \text{Toothache}, \text{Catch}) + P(\text{Cavity}, \text{Toothache}, \overline{\text{Catch}})] \end{aligned}$$

$$= \alpha[\langle 0.108, 0.016\rangle + \langle 0.012, 0.064\rangle] = \alpha\langle 0.12, 0.08\rangle = \langle 0.6, 0.4\rangle$$

在很多概率的计算中，归一化都是一个非常有用的捷径。

由该例子可以抽取出一个通用的推理过程。这里将只考虑查询仅涉及一个变量的情况。我们将要使用一些符号表示：令 X 为查询变量(前面例子中的 Cavity)；令 E 为证据变量集合(也就是给定的条件，即前面例子中的 Toothache)，e 表示其观察值；并令 Y 为其余的未观测变量(就是前面例于中的 Catch)。查询为 $P(X|e)$，可以对它求值

$$P(X \mid e) = \alpha P(X, e) = \alpha \sum_{y} P(X, e, y)$$

其中的求和针对所有可能的 y(也就是对未观测变量 Y 的值的所有可能组合)。注意变量 X、E 以及 Y 一起构成了域中所有布变量的完整集合，所以 $P(X,e,y)$ 只不过是来自全联合分布概率的一个子集。算法对所有 X 和 Y 的值进行循环以枚举当 e 固定时所有的原子事件，然后根据全联合分布的概率表将它们的概率加起来，最后对结果进行归一化。

下面就用枚举法来解决本小节开始时抛出的问题

$$P(E \mid j, m) = \alpha P(E, j, m)$$

其中，用小写字母 j 和 m 来表示 $J = T$，以及 $M = T$(也就是给定 J 和 M)。但表达式的形式是 $P(E|j,m)$ 而非 $P(e|j,m)$，这是因为要将 $E = T$ 和 $E = F$ 这两个公式合并起来写成一个。同样，α 是标准化常数。然后就要针对其他未观测变量(也就是本题中的盗窃和警报响)值的所有可能组合进行求和，则有

$$P(E, j, m) = \sum_{a} \sum_{b} P(E, j, m, b, a)$$

根据图 12-4 中所示之贝叶斯网络，应该很容易可以写出下列关系式

$$P(E, j, m) = \sum_{a} \sum_{b} P(b) P(E) P(a \mid b, E) P(j \mid a) P(m \mid a)$$

如果你无法轻易地看出这种关系，也可以通过公式推导一步一步地得出。首先，在给定条件 a 的情况下，J 和 M 条件独立，所以有 $P(j,m|a) = P(j|a)P(m|a)$。B 和 E 独立，所以有 $P(b)P(E) = P(b,E)$。进而有 $P(b)P(E)P(a|b,E) = P(a,b,E)$。在给定 a 的时候，b、E 和 j、m 独立(对应图 12-3 中的最后一种情况)，所以有 $P(j,m|a) = P(j,m|a,b,E)$。由这几个关系式就能得出上述结论。

下面来循环枚举并加和消元

$$\sum_{a} \sum_{b} P(b) P(E) P(a \mid b, E) P(j \mid a) P(m \mid a)$$

$$= P(b) P(E) P(a \mid b, E) P(j \mid a) P(m \mid a) + P(\bar{b}) P(E) P(a \mid \bar{b}, E) P(j \mid a) P(m \mid a) +$$

$$P(b) P(E) P(\bar{a} \mid b, E) P(j \mid \bar{a}) P(m \mid \bar{a}) + P(\bar{b}) P(E) P(\bar{a} \mid \bar{b}, E) P(j \mid \bar{a}) P(m \mid \bar{a})$$

在计算上还可以稍微做一点改进。因为 $P(E)$ 对于加和计算来说是一个常数，所以可以把它提出来。这样就避免了多次乘以 $P(E)$ 所造成的低效。

$$\sum_{a} \sum_{b} P(b) P(E) P(a \mid b, E) P(j \mid a) P(m \mid a)$$

$$= P(E) \sum_{b} P(b) \sum_{a} P(E) P(a \mid b, E) P(j \mid a) P(m \mid a)$$

$$= P(E) \{ P(b) [P(a \mid b, E) P(j \mid a) P(m \mid a) + P(b) P(\bar{a} \mid b, E) P(j \mid \bar{a}) P(m \mid \bar{a})] +$$

$$P(\bar{b})[P(a \mid \bar{b},E)P(j \mid a)P(m \mid a)+P(\bar{a} \mid \bar{b},E)P(j \mid \bar{a})P(m \mid \bar{a})]\}$$

上式中所有的值都可以基于条件概率表求得，这里不具体给出最终的结果。但一个显而易见的事实是当变量的数目变多时，全联合分布的表长增长是相当惊人的！所以人们非常希望能够有一种更轻巧的办法来替代这种枚举法，于是便有了下面将要介绍的消去法。

2. 消去法

变量消去算法(variable Elimination Algorithm)是一种基于动态规划思想设计的算法。而且在算法执行的过程中需要使用因子表来储存中间结果，当再次需要使用时无须重新计算而只需调用已知结果，这样就降低了算法执行的时间消耗。

每个因子是一个由它的变量值决定的矩阵，例如，与 $P(j|a)$ 和 $P(m|a)$ 相对应的因子 $f_J(A)$ 和 $f_M(A)$ 只依赖于 A，因为 J 和 M 在当前的问题里是已知的，$f_J(A)$ 和 $f_M(A)$ 都是两个元素的矩阵(也即向量)：

$$f_J(A)=\begin{bmatrix}P(j \mid a)\\P(j \mid \bar{a})\end{bmatrix},\quad f_M(A)=\begin{bmatrix}P(m \mid a)\\P(m \mid \bar{a})\end{bmatrix}$$

在这种记法中括号里的参数表示的是变量，而下标仅仅是一种记号，所以也可以使用 $f_4(A)$ 和 $f_5(A)$ 来代替 $f_J(A)$ 和 $f_M(A)$。这里使用 J 和 M 来作为下标的意图是考虑用 P(__|A)的"__"来作为标记。所以 $P(a|b,E)$ 可写成 $f_A(A,B,E)$，注意因 A、B、E 都是未知的，$f_A(A,B,E)$ 就是一个 2×2×2 的矩阵，即

$$f_A(A,B,E)=[P(a|b,e)P(a|b,\bar{e})P(a|\bar{b},e)P(a|\bar{b},\bar{e})P(\bar{a}|b,e)P(\bar{a}|b,\bar{e})P(\bar{a}|\bar{b},e)P(\bar{a}|\bar{b},\bar{e})]^{\mathrm{T}}$$

最初的因子表是经条件概率表改造而来的，如图 12-5 所示，其中由大括号标出的每个部分称为因子(factor)。

$$P(E)\sum_b P(b)\sum_a P(E)P(a|b,E)P(j|a)P(m|a)$$

$$=\underbrace{f_E(E)}\sum_b \underbrace{f_B(E)}\sum_a \underbrace{f_A(A,B,E)}\underbrace{f_J(A)}\underbrace{f_M(A)}$$

E	$f_E(E)$
T	0.02
F	0.98

B	$f_B(E)$
T	0.01
F	0.99

A	$f_J(A)$
T	0.90
F	0.05

A	$f_M(A)$
T	0.70
F	0.01

A	B	E	$f_A(A,B,E)$
T	T	T	0.95
T	T	F	0.94
T	F	T	0.29
T	F	F	0.001
F	T	T	0.05
F	T	F	0.06
F	F	T	0.71
F	F	F	0.999

图 12-5　初始的因子表

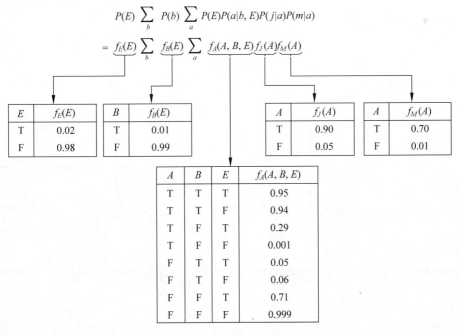

然后进行自底向上的计算，第 1 步：$f_J(A)\odot f_M(A)=f_{JM}(A)$，$A$ 仍然是变量，则有

$$f_E(E)\sum_b f_B(B)\sum_a f_A(A,B,E)f_J(A)f_M(A)$$
$$=f_E(E)\sum_b f_B(B)\sum_a f_A(A,B,E)f_{JM}(A)$$

此时新产生的因子表为

A	$f_{JM}(A)$
T	0.90×0.70
F	0.05×0.01

=

A	$f_J(A)$
T	0.90
F	0.05

⊙

A	$f_M(A)$
T	0.70
F	0.01

注意这里所使用的乘法过程称为逐点积(pointwise product)，它既不是矩阵乘法，也不是因子中逐个元素相乘。逐点积是由两个因子 $\boldsymbol{f}_1$ 和 $\boldsymbol{f}_2$ 得到一个新因子 $\boldsymbol{f}$ 的计算，其变量集是因子 $\boldsymbol{f}_1$ 和 $\boldsymbol{f}_2$ 变量集的并集。假设这两个因子有公共变量 $y_1,\cdots,y_k$，则有

$$\boldsymbol{f}(x_1,\cdots,x_i,y_1,\cdots,y_k,z_1,\cdots,z_j)=\boldsymbol{f}_1(x_1,\cdots,x_i,y_1,\cdots,y_k)\boldsymbol{f}_2(y_1,\cdots,y_k,z_1,\cdots,z_j)$$

如果所有的变量都是二值的，那么 $\boldsymbol{f}_1$ 和 $\boldsymbol{f}_2$ 各有 2^{i+k} 和 2^{k+j} 个元素，它们的逐点积有 2^{i+k+j} 个元素。例如，在上面的计算中，因子 $f_J(A)$ 和 $f_M(A)$ 的公共变量是 A，而 A 是二值的，所以 $f_{JM}(A)$ 有 2 个元素。

第 2 步：$f_A(A,B,E)\odot f_{JM}(A)=f_{AJM}(A,B,E)$，即

$$f_E(E)\sum_b f_B(B)\sum_a f_A(A,B,E)f_J(A)f_M(A)$$
$$=f_E(E)\sum_b f_B(B)\sum_a f_A(A,B,E)f_{JM}(A)$$
$$=f_E(E)\sum_b f_B(B)\sum_a f_{AJM}(A,B,E)$$

此时新产生的因子表为

A	B	E	$f_{AJM}(A,B,E)$
T	T	T	0.95×0.63
T	T	F	0.94×0.63
T	F	T	0.29×0.63
T	F	F	0.001×0.63
F	T	T	0.05×0.0005
F	T	F	0.06×0.0005
F	F	T	0.71×0.0005
F	F	F	0.999×0.0005

=

A	B	E	$f_A(A,B,E)$
T	T	T	0.95
T	T	F	0.94
T	F	T	0.29
T	F	F	0.001
F	T	T	0.05
F	T	F	0.06
F	F	T	0.71
F	F	F	0.999

⊙

A	$f_{JM}(A)$
T	0.63
F	0.0005

第 3 步：

$$=f_E(E)\sum_b f_B(B)\sum_a f_{AJM}(A,B,E)$$
$$=f_E(E)\sum_b f_B(B)f_{\underline{A}JM}(B,E)$$

此时新产生的因子表为

A	B	E	$f_{AJM}(A,B,E)$
T	T	T	0.95×0.63
T	T	F	0.94×0.63
T	F	T	0.29×0.63
T	F	F	0.001×0.63
F	T	T	0.05×0.0005
F	T	F	0.06×0.0005
F	F	T	0.71×0.0005
F	F	F	0.999×0.0005

→

B	E	$f_{\underline{A}JM}(A,B,E)$
T	T	0.95×0.63+0.05×0.0005
T	F	0.94×0.63+0.06×0.0005
F	T	0.29×0.63+0.71×0.0005
F	F	0.001×0.63+0.999×0.0005

第 4 步：

$$= f_E(E)\sum_b f_B(B) f_{\underline{A}JM}(B,E)$$

$$= f_E(E)\sum_b f_{B\underline{A}JM}(B,E)$$

此时新产生的因子表为

B	E	$f_{B\underline{A}JM}(B,E)$
T	T	0.01×0.5985
T	F	0.01×0.5922
F	T	0.99×0.183
F	F	0.99×0.001129

=

B	$f_B(B)$
T	0.01
F	0.99

⊙

B	E	$f_{\underline{A}JM}(B,E)$
T	T	0.5985
T	F	0.5922
F	T	0.183
F	F	0.001129

第 5 步：

$$= f_E(E)\sum_b f_{B\underline{A}JM}(B,E)$$

$$= f_E(E) f_{\underline{BA}JM}(E)$$

此时新产生的因子表为

B	E	$f_{B\underline{A}JM}(B,E)$
T	T	0.01×0.5985
T	F	0.01×0.5922
F	T	0.99×0.183
F	F	0.99×0.001129

→

E	$f_{\underline{BA}JM}(E)$
T	0.01×0.5985+0.99×0.183=0.1872
F	0.01×0.5922+0.99×0.001129=0.007

第 6 步：

$$= f_E(E) f_{\underline{BA}JM}(E)$$

$$= f_{\underline{EBA}JM}(E)$$

此时新产生的因子表为

E	$f_{\underline{EBA}JM}(E)$
T	0.02×0.1872
F	0.98×0.0070

=

E	$f_E(E)$
T	0.02
F	0.98

⊙

E	$f_{\underline{BA}JM}(E)$
T	0.1872
F	0.0070

由此便可根据上表算得问题之答案

$$\alpha P(E=T\mid j,m)=\frac{P(E=T\mid j,m)}{P(E=T\mid j,m)+P(E=F\mid j,m)}$$
$$=\frac{0.0037}{0.0037+0.0069}=0.3491$$

最后来总结一下变量消去算法的基本过程。给定一个贝叶斯网络$\mathcal{G}$,以及非查询变量的消去顺序 $X_m,\cdots,X_1$,X 是待查询变量,e 表示证据。用于查询的变量消去算法 ELIMINATION 返回 X 上的一个分布。

```
初始化 factors←[ ];
For each i=m…1:
        factors←[构造因子(X_i,e)|factors];
        如果 X_i 是隐变量,那么对 X_i 进行和出,并将新得到的 factor 放入 factors;
Pointwise-Product← 对 factors 进行逐点积运算;
Return 归一化后的 Pointwise-Product。
```

12.5 贝叶斯推断的应用举例

抠图是数字图像处理方向的一个热门话题,它尤其在电影特效领域具有非常重要的应用。在图像抠图技术领域,人们已经开发出了许多非常成功的算法,其中贝叶斯抠图算法(Bayesian Matting)是该领域中较为经典的一个算法。

图像抠图的核心问题就是求解下面这个 Matting equation(在图像隐藏和图像去雾中都有类似的融合方程)

$$C=\alpha F-(1-\alpha)B$$

其中,C 是一个已知的待处理的图像中的一个像素点(你也可以理解为整个图像),例如图 12-6 中的(a)图就是一张待处理的图像。F 是前景图像(中的一个像素),例如图中的人物。B 是背景图像(中的一个像素),例如图中的树丛。

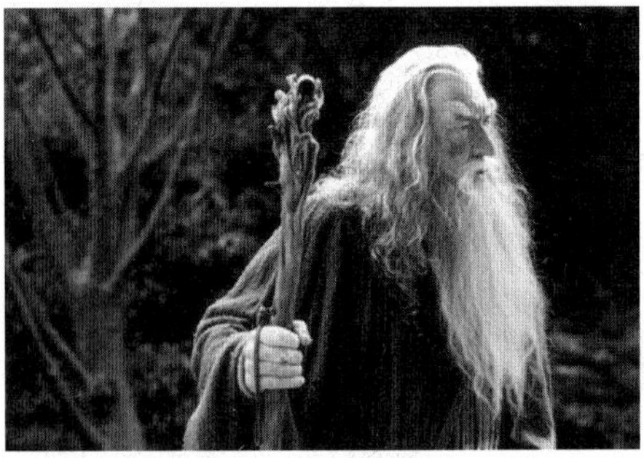

(a)

(b)

图 12-6 原始图像与 TriMap

当然,因为 F、B 和 α 都是未知的,要把这么多未知项都求出来显然很不容易。所以就需要增加一些附加的约束。通常,这种约束以 TriMap 的形式给出。TriMap 就是三元图的意思，它是和待分割图像同等大小的一张图，但图中的像素只有三个取值，0、128(左右)和255。例如图12-6中的(b)图，其中黑色部分是确定知道的背景，白色是确定知道的前景。灰色是要做进一步精细划分的前景与背景交接地带，或者可以解释为前景的边缘。

融合系数α是一个介于0到1之间的分数，它给出了前景和背景在待处理图像中所占的比例。显然，对于确定的背景部分，$\alpha=0$；对于确定的前景部分，$\alpha=1$。在前景与背景相互融合的边缘部分，α介于0到1之间。而这正是最终要求解的核心问题。本节的后面重点就要介绍在Bayesian Matting框架中α具体是如何求解的。如图12-7所示是可视化展示的α矩阵(矩阵元素的类型是double，大小与trimp和原始图像一致)。

图12-7 α矩阵的可视化效果

现在有一张新的背景图片(如图12-8中的(a)图所示)，并将前景图像(经由α矩阵)融合到新的背景中，最终结果如图12-8中的(b)图所示。

(a) (b)

图12-8 背景及经融合处理后得到的结果图像

在融合方程中，已知的只有C，而F、B和α都是未知的。于是可以从条件概率的角度去考虑这个问题，即给定C时，F、B和α的联合概率应为

$$P(F,B,\alpha \mid C)=\frac{P(C \mid F,B,\alpha)P(F,B,\alpha)}{P(C)}=\frac{P(C \mid F,B,\alpha)P(F)P(B)P(\alpha)}{P(C)}$$

其中，第一个等号是根据贝叶斯公式得到的，第二个等号则是考虑到F、B和α是彼此独立的。上式表明融合问题可以被转化为已知待计算像素颜色C的情况下，如何估计它的F、B和α的值以最大化后验概率$P(F,B,\alpha|C)$的问题，即MAP问题。

上述等式中的右端项，需要通过采样统计的方式进行估计，而这种估计结果的准确性，很大程度上决定了算法的融合质量。具体来说，算法采用一个连续滑动的窗口对邻域进行采样，窗口从未知区域和已知区域之间的两条边开始向内逐轮廓推进，计算过程也随之推进。图 12-9 中的(a)图显示了 Bayesian Matting 方法的采样过程。

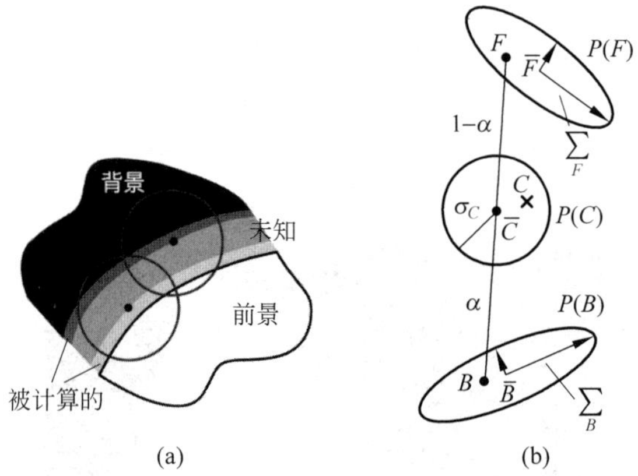

图 12-9　贝叶斯抠图的原理

算法作者在原文中将采样窗口定义为一个以待计算点为中心，半径 r 的圆域。进行采样时，不但要对已知区域进行采样，同时为了在待计算像素周围保持一个连续的 α 分布，也要对之前计算出的邻域像素点进行采样。需要说明的是，采样窗口必须覆盖已知的前景和背景区域。这是因为用户提供的 Trimap 不一定是足够精致的。换言之，未知区域覆盖的像素有很多是纯粹的前景或背景，而非混合像素。如果采样半径内不能保证有已知区域内的像素采样，就有可能造成无法采样到前景或背景色。

为了使重建出的颜色分布模型更具鲁棒性，在进行采样时，需要对窗口内的采样点的贡献度要进行加权。加权规则有两条：

其一，根据 α 值，进行前景采样的时候，使用 α^2，这意味着越不透明的像素致信度越高；在进行背景采样的时候，使用 $(1-\alpha)^2$，表示越透明的像素致信度越高。

其二，采样点到目标点之间的距离，采用一个方差 $\sigma=8$ 的高斯分布来对距离因子 g_1 进行衰减。最后，组合的权被表示为：$w_i=\alpha^2 g_i$（前景采样）、$w_i=(1-\alpha)^2 g_i$（背景采样）。

算法的核心假设是在前景和背景的交界区域附近，其各自的颜色分布在局部应该是基本一致的。算法的目标是通过上面给出的采样统计结果，在未知区域的每一个待计算点上重建它的前景和背景颜色概率分布，并根据这种分布恢复出它的前景色 F，背景色 B 和 α 值。

跟机器学习中的朴素贝叶斯法处理情况一致，因为 $P(C)$ 是一个常数，所以在考虑最大化问题时可以将其忽略，再利用对数似然 $L(\cdot)$，所以有

$$
\begin{aligned}
&\arg\max_{F,B,\alpha} P(F,B,\alpha \mid C)\\
&=\arg\max_{F,B,\alpha} P(C \mid F,B,\alpha)P(F)P(B)P(\alpha)/P(C)\\
&=\arg\max_{F,B,\alpha} L(C \mid F,B,\alpha)+L(F)+L(B)+L(\alpha)
\end{aligned}
$$

现在问题就被简化成如何定义对数似然 $L(C|F,B,\alpha)$、$L(F)$、$L(B)$ 和 $L(\alpha)$。注意使用

对数似然的目的在于等价地把乘法转化成加法。图 12-9 中的(b)图展示了一个应用该规则求解最优 F、B 和 α 的过程。

算法将第一项建模为观察到像素 C 与估计颜色 C' 之间的误差，估计色 C' 的计算通过估计值 F、B 和 α 通过下式得到：

$$L(C \mid F,B,\alpha) = -\parallel C-\alpha F-(1-\alpha)B\parallel^2/\sigma_C^2$$

上式表示了一个期望为 $\alpha F+(1-\alpha)B$，标准差为 σ_C 的高斯分布的误差函数。这个公式的意义也是非常明确的，注意由于 F、B 和 α 是估计值，而由这些估计值将会得到一个估计的 C'，而这个估值越接近真实的 C，高斯分布的 PDF 就越处于峰值(也就是 0)，进而 $P(C|F,B,\alpha)$ 或者 $L(C|F,B,\alpha)$ 也就越大。

算法在图像颜色空域一致性的假设前提下，对 $L(F)$ 项进行估计。在获得需要的前提或背景采样以及它们所对应的权值之后，算法根据 Orchard 和 Bouman 提出的方法对采样值进行色彩聚类。对于每一个聚类，可以算出加权均值 $\bar{F}$(或 $\bar{B}$)，以及加权协方差矩阵 Σ_F(或 Σ_B)：

$$\bar{F}=\frac{1}{W}\sum_{i\in N}w_iF_i,\quad \bar{B}=\frac{1}{W}\sum_{i\in N}w_iB_i$$

$$\Sigma_F=\frac{1}{W}\sum_{i\in N}(F_i-\bar{F})(F_i-\bar{F})^{\mathrm{T}},\quad \Sigma_B=\frac{1}{W}\sum_{i\in N}(B_i-\bar{B})(B_i-\bar{B})^{\mathrm{T}}$$

其中，$W=\sum_{i\in N}w_i$。上述几个等式中的 N 表示每一个聚类中的像素集合，根据这些等式，则可把前景似然函数 $L(F)$ 和背景似然函数 $L(B)$ 建模为一个有向高斯分布：

$$L(F)=-(F-\bar{F})\sum_F^{-1}(F-\bar{F})^{\mathrm{T}}/2,\quad L(B)=-(B-\bar{B})\sum_B^{-1}(B-\bar{B})^{\mathrm{T}}/2$$

算法原作者在论文中假设关于不透明度的似然函数 $L(\alpha)$ 是一个常数值，并将其从原来的方程中舍去。当然这一点是值得讨论的。

$L(C|F,B,\alpha)$ 由于含有 αF 项和 αB 项，所以它并不是关于未知数的二次方程。为了有效地求解这个等式，Bayesian matting 算法将求解问题分为两个子问题来进行计算。

在第一步，假设 α 值为一个常数，并对原等式分别关于 F 和 B 求偏导数，并令其值为 0，从而得到：

$$\begin{bmatrix}\sum_F^{-1}+I\alpha^2/\sigma_C^2 & I\alpha(1-\alpha)/\sigma_C^2\\ I\alpha(1-\alpha)/\sigma_C^2 & \sum_B^{-1}+I(1-\alpha)^2/\sigma_C^2\end{bmatrix}\begin{bmatrix}F\\ B\end{bmatrix}=\begin{bmatrix}\sum_F^{-1}\bar{F}+C\alpha/\sigma_C^2\\ \sum_B^{-1}\bar{B}+C(1-\alpha)/\sigma_C^2\end{bmatrix}$$

其中 $\boldsymbol{I}$ 是一个 3×3 的单位阵。我们可以通过求解一个 6×6 的线性方程组得到最佳的估计色 F 和 B。

第二步，假设 F 和 B 是常数，从而得到关于 α 的二次方程，并关于 α 求导，并令其值为 0，于是得到：

$$\alpha=\frac{(C-B)\cdot(F-B)}{\parallel F-B\parallel^2}$$

上述等式等价于将待计算像素的颜色 C 投影到线段 FB 上的投影值。如图 12-8 中的(b)图所示，F、B 分别表示估算出的前景色和背景色。

优化估计通过反复迭代上述第一步和第二步完成，首先用待计算像素周围的 α 值的平均值作为该点第一次迭代的 α 值，之后循环重复第一步和第二步，直到 α 值的变化足够小或者迭代次数高于某一个阈值的时候停止（这个思想其实跟机器学习中的 EM 算法有非常相像的地方）。

当有多个前景聚类和背景聚类的时候，算法对每一对前、背景聚类分别执行如上所述的优化求解，最后通过比较后验概率值的大小决定采用哪个对的估算结果作为最终的计算结果。

第 13 章 CHAPTER 13

降维与流形学习

机器学习任务中常会面临数据特征维度较高的情况，这时就会发生维度灾难。缓解这一问题的重要方法就是降维(Dimension Reduction)，也就是将原始的高维空间经过一定的变换转化到一个新的低维空间中。机器学习中还有一大类被统称为流形学习(Manifold Learning)的算法，其目的就在于尽量使得原高维空间中数据点之间的关系(例如距离等)在映射到新的低维空间后仍然得以保持。

13.1 主成分分析(PCA)

主成分分析(Principal Component Analysis，PCA)可用于图像信息压缩，这在图像处理中是非常基础的技术。它的基本思想就是设法提取数据的主成分(或者说是主要信息)，然后摒弃冗余信息(或次要信息)，从而达到信息压缩的目的。

为了彻底揭示 PCA 的本质，首先来考察一下，这里的信息冗余是如何体现的。如图 13-1 中的(a)图所示，有一组二维数据点，从图中不难发现这组数据的两个维度之间具有很高的相关性。鉴于这种相关性的存在，我们就可以认为其实有一个维度是冗余的，因为当已知其中一个维度时，便可以据此大致推断出另外一个维度的情况。

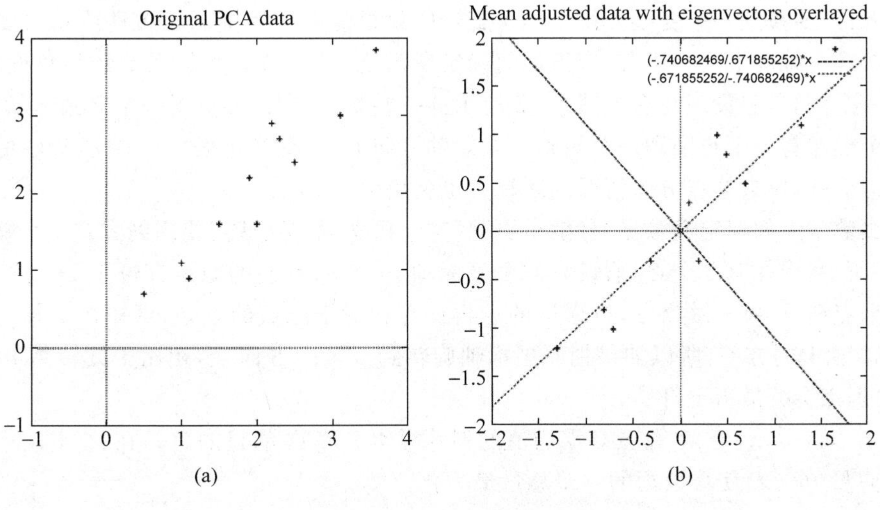

图 13-1 相关性与冗余

为了剔除信息冗余，我们设想把这些数据转换到另外一个坐标系下(或者说是把原坐标系进行旋转)，例如图 13-1 中的(b)图所示之情况，当然这里通过平移设法把原数据的均值变成了零。

图 13-2 中的(a)图是经过坐标系旋转之后的数据点分布情况。可以看出，原数据点的两个维度之间的相关性已经被大大削弱(就这个例子而言几乎已经被彻底抹消)。同时你也会发现在新坐标系中，横轴这个维度 x 相比于纵轴那个维度 y 所表现出来的重要性更高，因为从横轴这个维度上更大程度地反映出了数据分布的特点。也就是说，本来需要用两个维度来描述的数据，现在也能够在很大程度地保留数据分布特点的情况下通过一个维度来表达。如果仅保留 x 这个维度，而舍弃 y 那个维度，其实就起到了数据压缩的效果。而且，舍弃 y 维度后，再把数据集恢复到原坐标系上，关于数据分布情况的信息确实在很大程度上得以保留了，如图 13-2 中的(b)图所示。

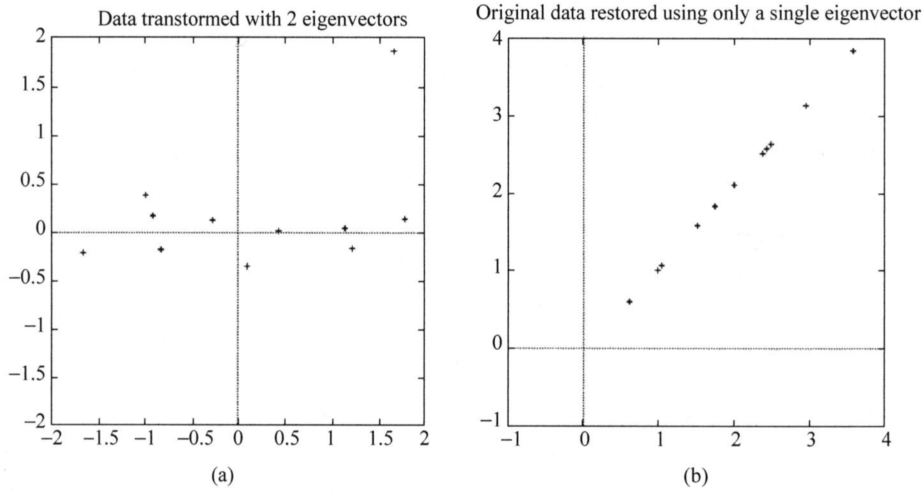

图 13-2　通过坐标系旋转实现信息压缩

上面描述的也就是主成分分析要达到的目的。但如何用数学的语言来描述这个目的呢？或者说，要找到一个变换使得坐标系旋转的效果能够实现削弱相关性或将主要信息集中在少数几个维度上这一任务，应该如何确定所需之变换(或者坐标系旋转的角度)呢？还是来看一个例子，假设现在有如图 13-3 所示的一些数据，它们形成了一个椭圆形状的点阵，那么这个椭圆有一个长轴和一个短轴。在短轴方向上，数据变化很少；相反，长轴的方向数据分散得更开，对数据点分布情况的解释力也就更强。

那么数学上如何定义数据“分散得更开”这一概念呢？这就需要用到方差这个概念。如图 13-4 所示，现在有 5 个点，假设有两个坐标轴 w 和 v，它们的原点都位于 O。然后，分别把这 5 个点向 w 和 v 做投影，投影后的点再计算相对于原点的方差，可知在 v 轴上的方差要大于 w 轴上的方差，所以如果把原坐标轴旋转到 v 轴的方向上，相比于旋转到 w 轴的方向上，数据点会分散得更开！

设 $\boldsymbol{x}_1, \boldsymbol{x}_2, \cdots, \boldsymbol{x}_N \in \mathbb{R}^d$ 是具有零均值的训练样本。PCA 的目的就是在$\mathbb{R}^d$ 空间中找到一组 p 维向量($p \leqslant d$)使得数据的方差总量最大化。

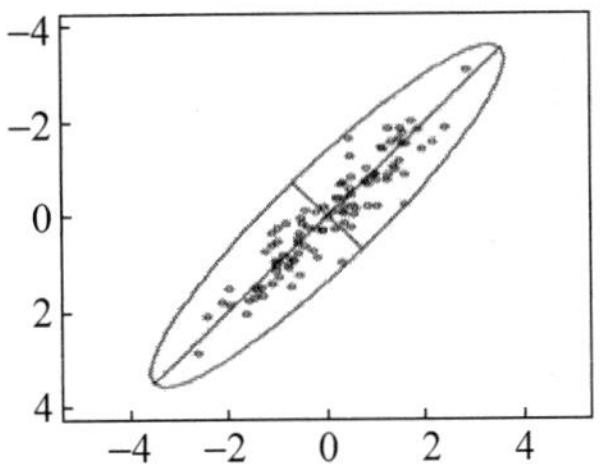

图 13-3　数据点分布

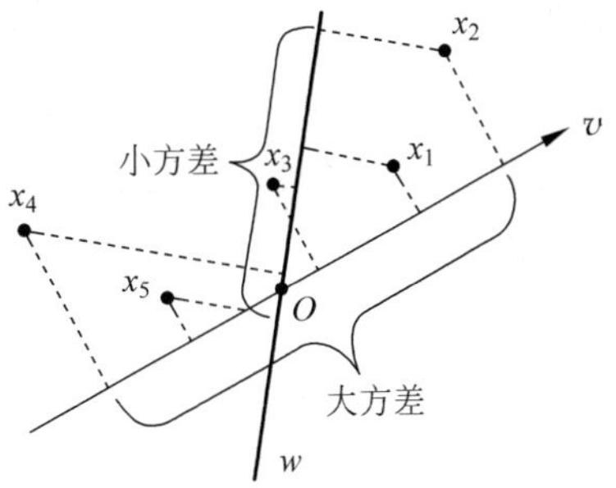

图 13-4　大方差与小方差

图 13-4 中的一点 $\boldsymbol{x}_j$ 向 v 轴做投影，所得之投影向量为

$$(\|\boldsymbol{x}_j\|\cos\theta)\frac{\boldsymbol{v}}{\|\boldsymbol{v}\|}=\|\boldsymbol{x}_j\|\frac{\langle\boldsymbol{x}_j,\boldsymbol{v}\rangle}{\|\boldsymbol{x}_j\|\cdot\|\boldsymbol{v}\|}\frac{\boldsymbol{v}}{\|\boldsymbol{v}\|}$$

其中，θ 是向量 Ox_j 与 v 的夹角。如果这里的向量 $\boldsymbol{v}$ 是单位向量，则有

$$(\|\boldsymbol{x}_j\|\cos\theta)\frac{\boldsymbol{v}}{\|\boldsymbol{v}\|}=\langle\boldsymbol{x}_j,\boldsymbol{v}\rangle\boldsymbol{v}$$

这同时表明其系数其实就是内积

$$\langle\boldsymbol{x}_j,\boldsymbol{v}\rangle=\boldsymbol{x}_j^{\mathrm{T}}\boldsymbol{v}=\boldsymbol{v}^{\mathrm{T}}\boldsymbol{x}_j$$

所有这些点 $\boldsymbol{x}_j$ 在归一化的方向 $\boldsymbol{v}$（即单位向量）上之投影为

$$\boldsymbol{v}^{\mathrm{T}}\boldsymbol{x}_1,\cdots,\boldsymbol{v}^{\mathrm{T}}\boldsymbol{x}_N$$

而这些投影的方差为

$$\begin{aligned}\sigma^2&=\frac{1}{N}\sum_{i=1}^{N}(\boldsymbol{v}^{\mathrm{T}}\boldsymbol{x}_j-0)^2=\frac{1}{N}\sum_{i=1}^{N}(\boldsymbol{v}^{\mathrm{T}}\boldsymbol{x}_i)(\boldsymbol{v}^{\mathrm{T}}\boldsymbol{x}_i)\\&=\frac{1}{N}\sum_{i=1}^{N}(\boldsymbol{v}^{\mathrm{T}}\boldsymbol{x}_i)(\boldsymbol{v}^{\mathrm{T}}\boldsymbol{x}_i)^{\mathrm{T}}=\frac{1}{N}\sum_{i=1}^{N}\boldsymbol{v}^{\mathrm{T}}\boldsymbol{x}_i\boldsymbol{x}_i^{\mathrm{T}}\boldsymbol{v}\\&=\boldsymbol{v}^{\mathrm{T}}\left(\frac{1}{N}\sum_{i=1}^{N}\boldsymbol{x}_i\boldsymbol{x}_i^{\mathrm{T}}\right)\boldsymbol{v}=\boldsymbol{v}^{\mathrm{T}}\boldsymbol{C}\boldsymbol{v}\end{aligned}$$

其中，$\boldsymbol{C}$ 是协方差矩阵。

因为 $\boldsymbol{v}^{\mathrm{T}}\boldsymbol{C}\boldsymbol{v}$ 就是方差，而我们的目标是最大化方差，因此第一个主向量可以由如下方程获得：

$$\boldsymbol{v}=\underset{v\in\mathbb{R}^d,\|v\|=1}{\operatorname{argmax}}\ \boldsymbol{v}^{\mathrm{T}}\boldsymbol{C}\boldsymbol{v}$$

鉴于是带等式约束的优化问题，遂采用拉格朗日乘数法，写出拉格朗日乘数式如下：

$$f(\boldsymbol{v},\lambda)=\boldsymbol{v}^{\mathrm{T}}\boldsymbol{C}\boldsymbol{v}-\lambda(\boldsymbol{v}^{\mathrm{T}}\boldsymbol{v}-1)$$

然后将上式对 $\boldsymbol{v}$ 和 λ 求导，并令导数等于 0，则有

$$\frac{\partial f}{\partial\boldsymbol{v}}=2\boldsymbol{C}\boldsymbol{v}-2\lambda\boldsymbol{v}=0\Rightarrow C\boldsymbol{v}=\boldsymbol{v}\lambda$$

$$\frac{\partial f}{\partial\boldsymbol{v}}=\boldsymbol{v}^{\mathrm{T}}\boldsymbol{v}-1=0\Rightarrow\boldsymbol{v}^{\mathrm{T}}\boldsymbol{v}=1$$

于是可知，原来的最优化式子就等价于找到如下特征值问题中最大的特征值：

$$\begin{cases} \boldsymbol{C}\boldsymbol{v} = \lambda \boldsymbol{v} \\ \| \boldsymbol{v} \| = 1 \end{cases}$$

注意前面的最优化式子要算的是使得 $\boldsymbol{v}^{\mathrm{T}}\boldsymbol{C}\boldsymbol{v}$ 达到最大的 $\boldsymbol{v}$，而 $\boldsymbol{v}$ 可以由上式解出，据此再来计算 $\boldsymbol{v}^{\mathrm{T}}\boldsymbol{C}\boldsymbol{v}$，则有

$$\boldsymbol{v}^{\mathrm{T}}\boldsymbol{C}\boldsymbol{v} = \boldsymbol{v}^{\mathrm{T}}\lambda\boldsymbol{v} = \lambda\boldsymbol{v}^{\mathrm{T}}\boldsymbol{v} = \lambda$$

也就是说需要做的就是求解 $\boldsymbol{C}\boldsymbol{v}=\lambda\boldsymbol{v}$，从而得到一个最大的特征值 λ，而这个 λ 对应的特征向量 $\boldsymbol{v}$ 所指示的就是使得方差最大的方向。把数据投影到这个主轴上就称为主成分，也称为主成分得分。注意因为 $\boldsymbol{v}$ 是单位向量，所以点 $\boldsymbol{x}_j$ 向 $\boldsymbol{v}$ 轴做投影所得之主成分得分就是 $\boldsymbol{v}^{\mathrm{T}} \cdot \boldsymbol{x}_j$。而且这也是最大的主成分方向。如果要再多加的一个方向，则继续求一个次大的 λ，而这个 λ 对应特征向量 $\boldsymbol{v}$ 所指示的就是使得方差第二大的方向，并以此类推。

更进一步地，因为 $\boldsymbol{C}$ 是协方差矩阵，所以它是对称的，对于一个对称矩阵而言，如果它有 N 个不同的特征值，那么这些特征值对应的特征向量就会彼此正交。如果把 $\boldsymbol{C}\boldsymbol{v}=\lambda\boldsymbol{v}$ 中的向量写成矩阵的形式，也就是采用矩阵对角化（特征值分解）的形式，则有 $\boldsymbol{C}=\boldsymbol{V}\boldsymbol{\Lambda}\boldsymbol{V}^{\mathrm{T}}$，其中，$\boldsymbol{V}$ 是一个特征向量矩阵（其中每列是一个特征向量）；$\boldsymbol{\Lambda}$ 是一个对角矩阵，特征值 λ_i 沿着它的对角线降序排列。这些特征向量被称为数据的主轴或者主方向。

注意到协方差矩阵（这里使用了前面给定的零均值假设）

$$\boldsymbol{C} = \frac{1}{N}\sum_{i=1}^{N}\boldsymbol{x}_i\boldsymbol{x}_i^{\mathrm{T}} = \frac{1}{N}[\boldsymbol{x}_1,\cdots,\boldsymbol{x}_N]\begin{bmatrix}\boldsymbol{x}_1^{\mathrm{T}}\\ \vdots \\ \boldsymbol{x}_N^{\mathrm{T}}\end{bmatrix}$$

如果令 $\boldsymbol{X}^{\mathrm{T}}=[\boldsymbol{x}_1,\cdots,\boldsymbol{x}_N]$，其中 $\boldsymbol{x}_i$ 表示一个列向量，则有

$$\boldsymbol{C} = \frac{1}{N}\boldsymbol{X}^{\mathrm{T}}\boldsymbol{X}$$

正如前面所说的，把数据投影到这个主轴上就称为主成分或主成分得分；这些可以被看成是新的、转换后的变量。第 j 个主成分由 $\boldsymbol{X}\boldsymbol{V}$ 的第 j 列给出。第 i 个数据点在新的主成分空间中的坐标由 $\boldsymbol{X}\boldsymbol{V}$ 的第 i 行给出。

下面做进一步的扩展，来推导引入 Kernel 版的 PCA，即核主成分分析。它是多变量统计领域中的一种分析方法，是使用核方法对主成分分析的非线性扩展，即将原数据通过核映射到再生核希尔伯特空间后再使用原本线性的主成分分析。

其实，Kernel 版的 PCA 思想是比较简单的，我们同样需要求出协方差矩阵 $\boldsymbol{C}$，但不同的是这一次我们要在目标空间中来求，而非原空间。

$$\boldsymbol{C} = \frac{1}{N}\sum_{i=1}^{N}\phi(\boldsymbol{x}_i)\phi(\boldsymbol{x}_i^{\mathrm{T}}) = \frac{1}{N}[\phi(\boldsymbol{x}_1),\cdots,\phi(\boldsymbol{x}_N)]\begin{bmatrix}\phi(\boldsymbol{x}_1^{\mathrm{T}})\\ \vdots \\ \phi(\boldsymbol{x}_N^{\mathrm{T}})\end{bmatrix}$$

如果令 $\mathrm{X}^{\mathrm{T}}=[\phi(\boldsymbol{x}_1),\cdots,\phi(\boldsymbol{x}_N)]$，则 $\phi(\boldsymbol{x}_i)$ 表示 i 被映射到目标空间后的一个列向量，于是同样有

$$\boldsymbol{C} = \frac{1}{N}\boldsymbol{X}^{\mathrm{T}}\boldsymbol{X}$$

$\boldsymbol{C}$ 和 $\boldsymbol{X}^{\mathrm{T}}\boldsymbol{X}$ 具有相同的特征向量。但现在的问题是 ϕ 是隐式的，其具体形式并非显而易见

的。所以，我们需要设法借助核函数 $\boldsymbol{K}$ 来求解 $\boldsymbol{X}^{\mathrm{T}}\boldsymbol{X}$。

因为核函数 $\boldsymbol{K}$ 是已知的，所以如下所示 $\boldsymbol{X}\boldsymbol{X}^{\mathrm{T}}$ 是可以算得的。

$$\boldsymbol{K}=\boldsymbol{X}\boldsymbol{X}^{\mathrm{T}}=\begin{bmatrix}\phi(\boldsymbol{x}_1^{\mathrm{T}})\\ \vdots \\ \phi(\boldsymbol{x}_N^{\mathrm{T}})\end{bmatrix}[\phi(\boldsymbol{x}_1),\cdots,\phi(\boldsymbol{x}_N)]$$

$$=\begin{bmatrix}\phi(\boldsymbol{x}_1^{\mathrm{T}})\phi(\boldsymbol{x}_1) & \cdots & \phi(\boldsymbol{x}_1^{\mathrm{T}})\phi(\boldsymbol{x}_N)\\ \vdots & \ddots & \vdots\\ \phi(\boldsymbol{x}_N^{\mathrm{T}})\phi(\boldsymbol{x}_1) & \cdots & \phi(\boldsymbol{x}_N^{\mathrm{T}})\phi(\boldsymbol{x}_N)\end{bmatrix}=\begin{bmatrix}\mathcal{K}(x_1,x_1) & \cdots & \mathcal{K}(x_1,x_N)\\ \vdots & \ddots & \vdots\\ \mathcal{K}(x_N,x_1) & \cdots & \mathcal{K}(x_N,x_N)\end{bmatrix}$$

注意到 $\boldsymbol{X}^{\mathrm{T}}\boldsymbol{X}$ 并不等于 $\boldsymbol{X}\boldsymbol{X}^{\mathrm{T}}$，但两者之间肯定存在某种关系。所以设想是否可以用 $\boldsymbol{K}$ 来计算 $\boldsymbol{X}^{\mathrm{T}}\boldsymbol{X}$。

显然，$\boldsymbol{K}=\boldsymbol{X}\boldsymbol{X}^{\mathrm{T}}$ 的特征值问题是$(\boldsymbol{X}\boldsymbol{X}^{\mathrm{T}})\boldsymbol{u}=\boldsymbol{u}$。现在需要的是 $\boldsymbol{X}^{\mathrm{T}}\boldsymbol{X}$，所以把上述式子的左右两边同时乘以一个 $\boldsymbol{X}^{\mathrm{T}}$，从而构造出我们想要的，于是有

$$\boldsymbol{X}^{\mathrm{T}}(\boldsymbol{X}\boldsymbol{X}^{\mathrm{T}})\boldsymbol{u}=\boldsymbol{X}^{\mathrm{T}}\boldsymbol{u}$$

即

$$(\boldsymbol{X}^{\mathrm{T}}\boldsymbol{X})(\boldsymbol{X}^{\mathrm{T}}\boldsymbol{u})=(\boldsymbol{X}^{\mathrm{T}}\boldsymbol{u})$$

这就意味着 $\boldsymbol{X}^{\mathrm{T}}\boldsymbol{u}$ 就是 $\boldsymbol{X}^{\mathrm{T}}\boldsymbol{X}$ 的特征向量。尽管，此处特征向量的模并不一定为 1。为了保证特征向量的模为 1，用特征向量除以其自身的长度。注意 $\boldsymbol{K}=\boldsymbol{X}\boldsymbol{X}^{\mathrm{T}}$，而 $\boldsymbol{K}\boldsymbol{u}=\boldsymbol{u}$，即

$$\boldsymbol{v}=\frac{\boldsymbol{X}^{\mathrm{T}}\boldsymbol{u}}{\|\boldsymbol{X}^{\mathrm{T}}\boldsymbol{u}\|}=\frac{\boldsymbol{X}^{\mathrm{T}}\boldsymbol{u}}{\sqrt{\boldsymbol{u}^{\mathrm{T}}\boldsymbol{X}\boldsymbol{X}^{\mathrm{T}}\boldsymbol{u}}}=\frac{\boldsymbol{X}^{\mathrm{T}}\boldsymbol{u}}{\sqrt{\boldsymbol{u}^{\mathrm{T}}(\lambda\boldsymbol{u})}}=\frac{\boldsymbol{X}^{\mathrm{T}}\boldsymbol{u}}{\sqrt{\lambda}}$$

上式中 $\boldsymbol{X}^{\mathrm{T}}=[\phi(\boldsymbol{x}_1),\cdots,\phi(\boldsymbol{x}_N)]$是未知的，所以 $\boldsymbol{v}$ 仍然未知。但可以直接设法求投影，因为最终目的仍然是计算，所以点 $\phi(\boldsymbol{x}_j)$向 $\boldsymbol{v}$ 轴做投影所得之主成分得分就是 $\boldsymbol{v}^{\mathrm{T}}\cdot\phi(\boldsymbol{x}_j)$，如下

$$\boldsymbol{v}^{\mathrm{T}}\phi(\boldsymbol{x}_j)=\left(\frac{\boldsymbol{X}^{\mathrm{T}}\boldsymbol{u}}{\sqrt{\lambda}}\right)^{\mathrm{T}}\phi(\boldsymbol{x}_j)=\frac{1}{\sqrt{\lambda}}\boldsymbol{u}^{\mathrm{T}}\boldsymbol{X}\phi(\boldsymbol{x}_j)=\frac{1}{\sqrt{\lambda}}\boldsymbol{u}^{\mathrm{T}}\begin{bmatrix}\phi(\boldsymbol{x}_1^{\mathrm{T}})\\ \vdots\\ \phi(\boldsymbol{x}_N^{\mathrm{T}})\end{bmatrix}\phi(\boldsymbol{x}_j)=\frac{1}{\sqrt{\lambda}}\boldsymbol{u}^{\mathrm{T}}\begin{bmatrix}\mathcal{K}(x_1,x_j)\\ \vdots\\ \mathcal{K}(x_N,x_j)\end{bmatrix}$$

综上，便得到了核化版的 PCA 的计算方法。现做扼要总结，首先求解如下特征值问题：

$$\boldsymbol{K}\boldsymbol{u}_i=\lambda_i\boldsymbol{u}_i,\quad \lambda_1\geqslant\lambda_2\geqslant\cdots\geqslant\lambda_N$$

测试采样点 $\phi(\boldsymbol{x}_j)$在第 i 个特征向量上的投影可由下式计算：

$$\boldsymbol{v}_{\phi}^{\mathrm{T}}(\boldsymbol{x}_j)=\frac{1}{\sqrt{\lambda_i}}\boldsymbol{u}_i^{\mathrm{T}}\begin{bmatrix}\mathcal{K}(x_1,x_j)\\ \vdots\\ \mathcal{K}(x_N,x_j)\end{bmatrix}$$

所得之 $\boldsymbol{v}_i^{\mathrm{T}}\phi(\boldsymbol{x}_j)$即为特征空间(Feature space)中沿着 $\boldsymbol{v}_i$ 方向的坐标。

最后给出的是一个 KPCA 的例子，如图 13-5 所示，其中子图(a)是原始数据集，子图(b)是用传统 PCA 处理之后的效果。显然，仅仅使用传统 PCA，无论是向维度 1 方向上做投影，还是向维度 2 方向上做投影，都不足以将各簇数据分散开。子图(c)是用多项式核的 KPCA 处理之后的效果，子图(d)是用高斯核的 KPCA 处理之后的效果。可见，加了核函数之后的 PCA 变得更加强大了。

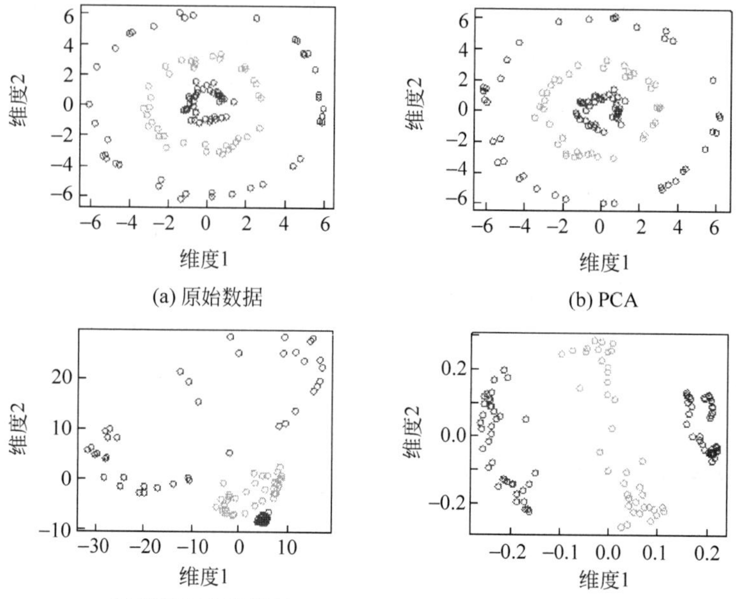

(a) 原始数据　(b) PCA　(c) KPCA(多项式核)　(d) KPCA(高斯核)

图 13-5　PCA 与 KPCA 的对比

13.2 奇异值分解(SVD)

矩阵的奇异值分解(Singular value decomposition,SVD)是线性代数中常会介绍到的一种矩阵分解方法。在机器学习中,它也是一种非常重要的降维手段。

13.2.1 一个基本的认识

设 $\boldsymbol{A}$ 是秩为 r 的 $m\times n$ 矩阵,那么存在一个 $m\times n$ 的矩阵$\boldsymbol{\Sigma}$,其中包含一个对角矩阵 $\boldsymbol{D}$,它的对角线元素是 $\boldsymbol{A}$ 的前 r 个奇异值 $\sigma_1\geqslant\sigma_2\geqslant\cdots\geqslant\sigma_r>0$,并且存在一个 $m\times m$ 的正交矩阵 $\boldsymbol{U}$ 和一个 $n\times n$ 的正交矩阵 $\boldsymbol{V}$ 使得

$$\boldsymbol{A}=\boldsymbol{U\Sigma V}^{\mathrm{T}}$$

任何分解 $\boldsymbol{A}=\boldsymbol{U\Sigma V}^{\mathrm{T}}$ 称为 $\boldsymbol{A}$ 的一个奇异值分解,其中 $\boldsymbol{U}$ 和 $\boldsymbol{V}$ 是正交矩阵,$m\times n$ 的"对角"矩阵$\boldsymbol{\Sigma}$ 形如下式,且具有正对角线元素,

$$\boldsymbol{\Sigma}=\begin{bmatrix} D & 0 \\ 0 & 0 \end{bmatrix}\leftarrow m-r\text{ 行}$$

$$\uparrow\ n-r\text{ 列}$$

其中,$\boldsymbol{D}$ 是一个 $r\times r$ 的对角矩阵,且 r 不超过 m 和 n 的最小值。矩阵 $\boldsymbol{U}$ 和 $\boldsymbol{V}$ 不是由 $\boldsymbol{A}$ 唯一确定的,但$\boldsymbol{\Sigma}$ 的对角线元素必须是 $\boldsymbol{A}$ 的奇异值,分解中 $\boldsymbol{U}$ 的列称为 $\boldsymbol{A}$ 的左奇异向量,而 $\boldsymbol{V}$ 的列称为 $\boldsymbol{A}$ 的右奇异向量。

如果用图形来表示 SVD,则有如图 13-6 所示的情形。

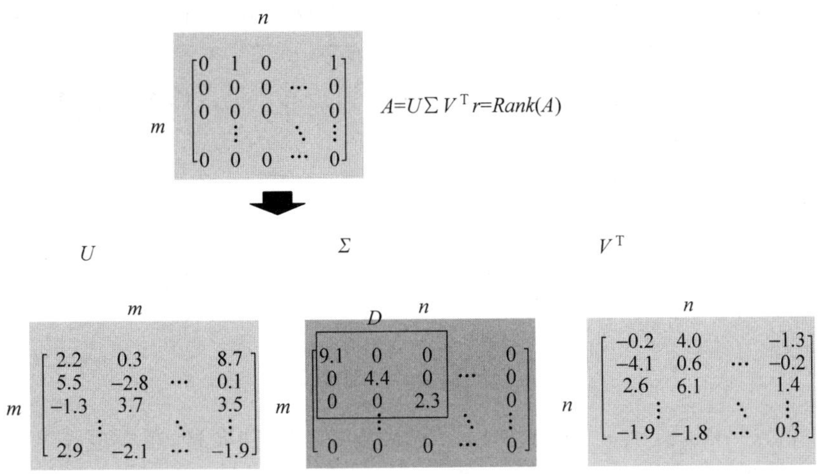

图 13-6 矩阵的 SVD

13.2.2 为什么可以做 SVD

通常在讨论矩阵的对角化时，都是针对方阵而言的，现在的问题是一个不一定是方阵的矩阵 $\boldsymbol{A}$：$\mathbb{F}^n \to \mathbb{F}^m$，$\boldsymbol{A} \in \boldsymbol{M}_{m\times n}(\mathbb{F})$能否得到类似的结果。答案是肯定的，并由下列定理给出。

令 $\boldsymbol{A} \in \boldsymbol{M}_{m\times n}(\mathbb{F})$，并假设 $\mathrm{rank}(\boldsymbol{A})=r$。那么，存在酉矩阵 $\boldsymbol{V}=[\boldsymbol{v}_1,\boldsymbol{v}_2,\cdots,\boldsymbol{v}_n]$和 $\boldsymbol{U}=[\boldsymbol{u}_1,\boldsymbol{u}_2,\cdots,\boldsymbol{u}_m]$，即$\boldsymbol{\beta}=\{\boldsymbol{v}_1,\boldsymbol{v}_2,\cdots,\boldsymbol{v}_n\}\mathbb{F}^n$ 的标准正交基，$\gamma=\{u_1,\boldsymbol{u}_2,\cdots,\boldsymbol{u}_m\}$是$\mathbb{F}^m$ 的标准正交基，使得

$$[\boldsymbol{L_A}]_\beta^\gamma = \boldsymbol{U}^*\boldsymbol{AV} = \begin{bmatrix} \lambda_1 & 0 & & \cdots & & 0 \\ 0 & \lambda_2 & 0 & & & \\ & 0 & \ddots & & & \\ \vdots & & & \lambda_r & \ddots & \vdots \\ & & & \ddots & \ddots & 0 \\ 0 & & & \cdots & 0 & 0 \end{bmatrix}_{m\times n}$$

其中，对角线上的项 λ_i 是矩阵 $\boldsymbol{A}$ 的特征值，λ_i^2 是矩阵 $\boldsymbol{A}^*\boldsymbol{A}$ 的特征值，$\boldsymbol{v}_i$ 是相应的特征向量。

注意与前面一小节的情况不同，这里我们是在复数域中进行讨论的，所以之前的转置就变成了共轭转置。这个看起来相当完美但又有点诡异的结果是怎么来的呢？下面就来一探究竟。

因为 $\boldsymbol{A}^*\boldsymbol{A}$ 的特征值就是它对角线上的非零元素，而$\boldsymbol{v}_i$ 是对应的特征向量，所以有

$$\boldsymbol{A}^*\boldsymbol{A}\boldsymbol{v}_i = \begin{cases} \lambda_i^2\boldsymbol{v}_i, & i=1,2,\cdots,k \\ 0\boldsymbol{v}_i, & i=k+1,\cdots n \end{cases}$$

注意到这里把 $\boldsymbol{A}^*\boldsymbol{A}$ 的特征值写成λ_i^2，其实就隐含说 $\boldsymbol{A}^*\boldsymbol{A}$ 的特征值都是非负的。这是可以证明的。假设 $\boldsymbol{A}^*\boldsymbol{A}$ 的特征值是σ，对应的特征向量是$\boldsymbol{v}$，则有 $\sigma\langle\boldsymbol{v},\boldsymbol{v}\rangle=\langle\sigma\boldsymbol{v},\boldsymbol{v}\rangle=\langle\boldsymbol{A}^*\boldsymbol{A}\boldsymbol{v},\boldsymbol{v}\rangle=\langle\boldsymbol{A}\boldsymbol{v},\boldsymbol{A}\boldsymbol{v}\rangle\geqslant 0$，而$\langle\boldsymbol{v},\boldsymbol{v}\rangle>0$，所以 $\sigma\geqslant 0$。

下面来证明上述奇异值分解定理，这其实也就是构造矩阵 $\boldsymbol{U}$ 和 $\boldsymbol{V}$ 的过程。首先，$\boldsymbol{A}^*\boldsymbol{A}$

是自伴(self-adjoint)的，自伴的定义是说矩阵(或算子)$\boldsymbol{B}=\boldsymbol{B}^*$。而此处有$(\boldsymbol{A}^*\boldsymbol{A})^*=\boldsymbol{A}^*\boldsymbol{A}$，所以$\boldsymbol{A}^*\boldsymbol{A}$是自伴的。自伴是可对角线化的充要条件，所以$\exists \boldsymbol{V}=[\boldsymbol{v}_1,\boldsymbol{v}_2,\cdots,\boldsymbol{v}_n]$，其中$\boldsymbol{v}_i$是$\boldsymbol{A}^*\boldsymbol{A}$特征向量，而且$\boldsymbol{v}_i$是标准正交的，即$\boldsymbol{V}$是酉矩阵。可以用$\boldsymbol{V}$来把$\boldsymbol{A}^*\boldsymbol{A}$对角线化，即有

$$\boldsymbol{V}^*\boldsymbol{A}^*\boldsymbol{A}\boldsymbol{V}=\begin{bmatrix}\lambda_1^2 & 0 & \cdots & & & 0\\ 0 & \ddots & & & & \\ \vdots & & \lambda_k^2 & & & \vdots\\ & & & 0 & & \\ & & & & \ddots & \\ 0 & \cdots & & & & 0\end{bmatrix}$$

令$\boldsymbol{A}_{m\times n}\boldsymbol{V}_{n\times n}=\boldsymbol{W}_{m\times n}$，则$\boldsymbol{V}^*\boldsymbol{A}^*=\boldsymbol{W}^*$。用$\boldsymbol{w}_i$是$\boldsymbol{W}$表示列向量，所以矩阵$\boldsymbol{W}$就可以写成$[\boldsymbol{w}_1,\boldsymbol{w}_2,\cdots,\boldsymbol{w}_n]$，于是上面这个式子就变成了

$$\boldsymbol{W}^*\boldsymbol{W}=\begin{bmatrix}\boldsymbol{w}_1^*\\ \boldsymbol{w}_2^*\\ \vdots\\ \boldsymbol{w}_n^*\end{bmatrix}[\boldsymbol{w}_1,\boldsymbol{w}_2,\cdots,\boldsymbol{w}_n]=\begin{bmatrix}\lambda_1^2 & 0 & \cdots & & & 0\\ 0 & \ddots & & & & \\ \vdots & & \lambda_k^2 & & & \vdots\\ & & & 0 & & \\ & & & & \ddots & \\ 0 & \cdots & & & & 0\end{bmatrix}$$

由此可得(可见$\boldsymbol{w}_i$是彼此垂直的向量)：

$$\langle \boldsymbol{w}_i,\boldsymbol{w}_i\rangle=\begin{cases}\lambda_i^2, & 1\leqslant i\leqslant k\\ 0, & k<i\leqslant n\end{cases}$$

$$\langle \boldsymbol{w}_i,\boldsymbol{w}_j\rangle=0,\quad i\neq j$$

到了这一步，离答案已经非常非常接近了。现在来整理看看已经得到了什么，以及还需要做什么。我们最终是希望得到$\boldsymbol{\Sigma}=\boldsymbol{U}^*\boldsymbol{A}\boldsymbol{V}$，而已经知道$\boldsymbol{A}\boldsymbol{V}=\boldsymbol{W}$，即$\boldsymbol{\Sigma}=\boldsymbol{U}^*\boldsymbol{W}$，如果把$\boldsymbol{U}$也写成列向量的形式，即$\boldsymbol{U}=[\boldsymbol{u}_1,\boldsymbol{u}_2,\cdots,\boldsymbol{u}_m]$，则有

$$\boldsymbol{U}^*\boldsymbol{W}=\begin{bmatrix}\boldsymbol{u}_1^*\\ \boldsymbol{u}_2^*\\ \vdots\\ \boldsymbol{u}_m^*\end{bmatrix}[\boldsymbol{w}_1,\boldsymbol{w}_2,\cdots,\boldsymbol{w}_n]=\boldsymbol{\Sigma}=\begin{bmatrix}\lambda_1 & 0 & \cdots & & & 0\\ 0 & \ddots & & & & \\ \vdots & & \lambda_k & & & \vdots\\ & & & 0 & & \\ & & & & \ddots & \\ 0 & \cdots & & & & 0\end{bmatrix}$$

到了这一步读者其实已经可以大致想象到$\boldsymbol{U}$的长相了。因为$\langle \boldsymbol{w}_i,\boldsymbol{w}_i\rangle=\lambda_i^2$，而上式又表明$\langle \boldsymbol{u}_i,\boldsymbol{w}_i\rangle=\lambda_i$，所以$\boldsymbol{u}_i=\boldsymbol{w}_i/\lambda_i$。由此便已经可以构想出$\boldsymbol{U}$中列向量$\boldsymbol{u}_i$的具体情形了(注意$\lambda_i$都是非零的，所以可以做分母)：$\boldsymbol{u}_i=\boldsymbol{w}_i/\lambda_i$，$1\leqslant i\leqslant k$。$\boldsymbol{U}$中有$m$列，于是对$[\boldsymbol{u}_1,\cdots,\boldsymbol{u}_k]$进行扩展使得$[\boldsymbol{u}_1,\cdots,\boldsymbol{u}_k,\boldsymbol{u}_{k+1},\cdots,\boldsymbol{u}_m]$成为$\mathbb{F}^m$的一组标准正交基。注意当$i>k$时，$\langle \boldsymbol{w}_i,\boldsymbol{w}_i\rangle=0$，所以$\langle \boldsymbol{u}_i,\boldsymbol{w}_i\rangle=0$也会自动满足(因为$\boldsymbol{w}_i=0$)，我们并不用担心此时$\boldsymbol{u}_i$的情况，只要保证它们彼此都正交即可。

前面已经将 SVD 从实数域扩展到复数域，现在更进一步，将矩阵版本的 SVD 扩展到算

子版本。令 $\boldsymbol{U}$ 和 $\boldsymbol{V}$ 是有限维的内积空间，T：$\boldsymbol{V}\to\boldsymbol{U}$ 是一个秩为 r 的线性变换。那么对于 $\boldsymbol{V}$ 存在标准正交基$\{\boldsymbol{v}_1,\boldsymbol{v}_2,\cdots,\boldsymbol{v}_n\}$，对于 $\boldsymbol{U}$ 存在标准正交基$\{\boldsymbol{u}_1,\boldsymbol{u}_2,\cdots,\boldsymbol{u}_m\}$，以及正的标量 $\sigma_1\geqslant\sigma_2\geqslant\cdots\geqslant\sigma_r$ 使得

$$T(\boldsymbol{v}_i)=\begin{cases}\sigma_i\boldsymbol{u}_i & 1\leqslant i\leqslant r\\ 0, & i>r\end{cases}$$

反过来，假设先前的条件被满足，那么当 $1\leqslant i\leqslant n$，$\boldsymbol{v}_i$ 就是 T^*T 的特征向量，若 $1\leqslant i\leqslant r$，相应的特征值为 σ_i^2，如果 $i>r$，相应的特征值为 0。因此，标量 $\sigma_1,\sigma_2,\cdots,\sigma_r$ 是由 T 唯一确定的。

我们知道 SVD 的矩阵版本是 $\boldsymbol{U}^*\boldsymbol{A}\boldsymbol{V}=\boldsymbol{\Sigma}$。这与上面的算子版本还是有些出入的。所以下面要做的就是把两者联系起来，首先把算子版本两边同时乘以一个 $\boldsymbol{U}$ 得到 $\boldsymbol{A}\boldsymbol{V}=\boldsymbol{U}\boldsymbol{\Sigma}$，然后把 $\boldsymbol{U}$ 和 $\boldsymbol{V}$ 改写成列向量的形式，即

$$\boldsymbol{A}[\boldsymbol{v}_1,\boldsymbol{v}_2,\cdots,\boldsymbol{v}_n]=[\boldsymbol{u}_1,\boldsymbol{u}_2,\cdots,\boldsymbol{u}_m]\begin{bmatrix}\lambda_1 & 0 & \cdots & & & 0\\ 0 & \ddots & & & & \\ \vdots & & \lambda_k & & & \vdots\\ & & & 0 & & \\ & & & & \ddots & \\ 0 & \cdots & & & & 0\end{bmatrix}$$

于是得到

$$[\boldsymbol{A}\boldsymbol{v}_1,\boldsymbol{A}\boldsymbol{v}_2,\cdots,\boldsymbol{A}\boldsymbol{v}_n]=[\lambda_1\boldsymbol{u}_1,\lambda_2\boldsymbol{u}_2,\cdots,\lambda_k\boldsymbol{u}_k,0,\cdots,0]$$

也就是下面这个式子

$$\boldsymbol{A}\boldsymbol{v}_i=\begin{cases}\lambda_i\boldsymbol{u}_i, & 1\leqslant i\leqslant k\\ 0\boldsymbol{u}_i, & k<i\leqslant n\end{cases}$$

然后把其中的矩阵 $\boldsymbol{A}$ 换成算子 T，也就得到了 SVD 的算子版本，可见矩阵版本和算子版本是统一的。

13.2.3　SVD 与 PCA 的关系

假设现在有一个数据矩阵 $\boldsymbol{X}$，其大小是 $n\times p$，其中 n 是样本的数量，p 是描述每个样本的变量(或特征)的数量。这里，$\boldsymbol{X}^{\mathrm{T}}$ 可以写成$\{\boldsymbol{x}_1,\boldsymbol{x}_2,\cdots,\boldsymbol{x}_n\}$，例如这里的 $\boldsymbol{x}_1$ 就表示一个长度为 p 的列向量，也就是说，$\boldsymbol{X}^{\mathrm{T}}$ 包含 n 个独立的观察样本 $\boldsymbol{x}_1,\boldsymbol{x}_2,\cdots,\boldsymbol{x}_n$，其中每个都是一个 p 维的列向量。

现在，不失普遍性地，假设 $\boldsymbol{X}$ 是中心化的，即列均值已经被减去，每列的均值都为 0。如果 $\boldsymbol{X}$ 不是中心化的，也不要紧，我们可以通过计算其与中心化矩阵 $\boldsymbol{H}$ 之间的乘法来对其中心化。$\boldsymbol{H}=\boldsymbol{I}-\boldsymbol{e}\boldsymbol{e}^{\mathrm{T}}/p$，其中 $\boldsymbol{e}$ 是一个每个元素都为 1 的列向量。

基于上述条件，可知 $p\times p$ 大小的协方差矩阵 $\boldsymbol{C}$ 可由 $\boldsymbol{C}=\boldsymbol{X}^{\mathrm{T}}\boldsymbol{X}/(n-1)$ 给出。如果 $\boldsymbol{X}$ 是已经中心化了的数据矩阵，其大小是 $n\times p$，那么(样本)协方差矩阵的一个无偏估计是

$$\boldsymbol{C}=\frac{1}{n-1}\boldsymbol{X}^{\mathrm{T}}\boldsymbol{X}$$

另一方面，如果列均值是先验已知的，则有

$$C = \frac{1}{n}X^{\mathrm{T}}X$$

现在知道，$X^{\mathrm{T}}X/(n-1)$是一个对称矩阵，因此它可以对角化，即

$$C = V\Lambda V^{\mathrm{T}}$$

其中，V是特征向量矩阵(每一列都是一个特征向量)，Λ是一个对角矩阵，其对角线上的元素是按降序排列的特征值λ_i。

任何一个矩阵都有一个奇异值分解，因此有

$$X = U\Sigma V^{\mathrm{T}}$$

应该注意到

$$X^{\mathrm{T}}X = (U\Sigma V^{\mathrm{T}})^{\mathrm{T}}(U\Sigma V^{\mathrm{T}}) = V\Sigma^{\mathrm{T}}U^{\mathrm{T}}U\Sigma V^{\mathrm{T}} = V(\Sigma^{\mathrm{T}}\Sigma)V^{\mathrm{T}}$$

这其实是特征值分解的结果，更进一步，把C引入，则有

$$C = \frac{1}{n-1}X^{\mathrm{T}}X = \frac{1}{n-1}V(\Sigma^{\mathrm{T}}\Sigma)V^{\mathrm{T}} = V\frac{\Sigma^2}{n-1}V^{\mathrm{T}}$$

也就是说，协方差矩阵C的特征值λ_i与矩阵X的奇异值σ_i之间的关系是$\sigma_i^2=(n-1)\lambda_i$。$X$的右奇异值矩阵$V$中的列是与上述主成分相对应的主方向(principal directions)。最后，

$$XV = U\Sigma V^{\mathrm{T}}V = U\Sigma$$

则表明，$U\Sigma$就是主成分。

13.2.4 应用举例与矩阵的伪逆

奇异值分解的意思就是说任意一个矩阵A都可以有形如$U^*AV=\Sigma$的分解，其中Σ是一个形如本章最开始给出的那样一个包含对角矩阵D的矩阵。

注意A是已知的，所以A^*A也是可以算出来的，可以证明A^*A的特征值都是非负的，所以可以假设其等于λ_i^2，因此可以对其开根号，而得到的λ_i就是D中的对角线元素。

既然已经知道A^*A的特征值，那么也就可以找到它的特征向量v_i，而由这些特征向量就可以算出V。由此也可以将u_i算出来，$u_i=w_i/\lambda_i$，$i=1,2,\cdots,k$。而w_i是$W=AV$的列向量。

结合图13-7，做如下一些注解：

(1) 当$k<i\leqslant n$，因为$Av_i=0$，所以$\mathrm{span}\{v_{k+1},\cdots,v_n\}$。

(2) $\mathrm{span}\{v_1,\cdots,v_k\}=\mathrm{null}(A)^{\perp}$，$\mathbb{F}^n=\mathrm{null}(A)^{\perp}\oplus null(A)$。

(3) $range(A)=\mathrm{span}\{u_1,\cdots,u_k\}$。

(4) $\mathrm{span}\{u_{k+1},\cdots,u_m\}=range(A)^{\perp}$，$\mathbb{F}^m=range(A)^{\perp}\oplus range(A)$。

由于奇异矩阵或非方阵的矩阵不存在逆矩阵。但有时又希望给这样的矩阵，构造出一个具有类似逆矩阵性质的结果，于是人们便提出了“伪逆”(pseudo-inverse)的构想。这个构想的出发点来自图13-7，一个变换(或者一个矩阵A)的值域V可以分解成相互垂直的两个部分，即$V=null(A)^{\perp}\oplus null(A)$。

当且仅当一个变换T是一一映射且满射时，它是可逆的。此外，还知道当且仅当$null(A)=\{0\}$，变换T是一一映射的。也就是说，如果T是不可逆的，就代表引入$null(A)$后会破坏从V,U的一一对应关系。所以很自然地会想到，如果把$null(A)$从V中剥离，那么剩下的$null(A)^{\perp}$到$range(A)$就能构成一一对应关系，也就存在逆变换(或逆矩阵)。

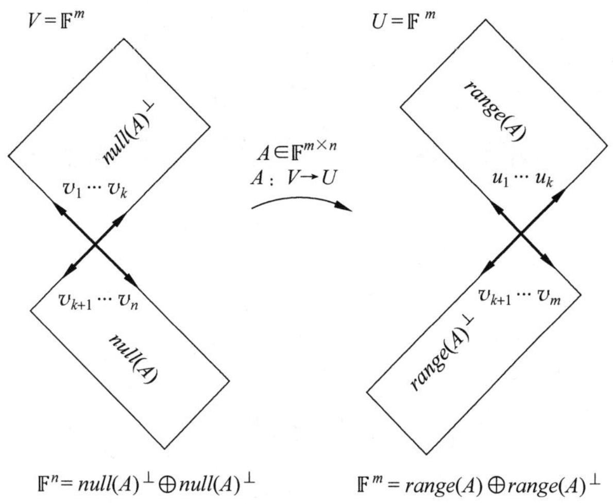

图 13-7 四个子空间

建立了一个可逆的变换 $T: null(T)^\perp \to range(T)$，令 $L=T_{null(T)^\perp}$，这样 L 就有逆变换了。基于这样的考量，就有了下面这个伪逆的定义。

定义：假设 V 和 U 是定义在相同域上的有限维内积空间，以及 $T: V\to U$ 是一个线性变换。令 $T: null(T)^\perp \to range(T)$ 是由 $L(x)=T(x)$ 对所有 $x\in null(T)^\perp$ 定义的一个线性变换。T 的伪逆或称 Moore-Penrose 广义逆，记作 $T^\dagger$，定义为从 $\boldsymbol{U}$ 到 $\boldsymbol{V}$ 的唯一线性变换

$$T^\dagger(y)=\begin{cases} L^{-1}(y), & y\in range(T) \\ 0, & y\in range(T)^\perp \end{cases}$$

一个有限维内积空间上的线性变换 T 之伪逆一定存在，即使 T 是不可逆的。此外，如果 T 是可逆的，那么 $T^\dagger=T^{-1}$，因为$null(T)^\perp=V$，并且按照定义，L 与 T 相一致。

欲求 T 的伪逆，就要设法求得 $null(\mathbf{A})$、$null(\mathbf{A})^\perp$、$range(\mathbf{A})$和$range(\mathbf{A})^\perp$。而借由奇异值分解，这些子空间都非常容易得到。从前面给出的注解中可知：

(1) $null(\mathbf{A})=\text{span}\{\boldsymbol{v}_{k+1},\cdots,\boldsymbol{v}_n\}$；

(2) $null(\mathbf{A})^\perp=\text{span}\{\boldsymbol{v}_1,\cdots,\boldsymbol{v}_k\}$；

(3) $range(\mathbf{A})=\text{span}\{\boldsymbol{u}_1,\cdots,\boldsymbol{u}_k\}$；

(4) $range(\mathbf{A})^\perp=\text{span}\{\boldsymbol{u}_{k+1},\cdots,\boldsymbol{u}_m\}$。

注意在 SVD 的算子版本中，给出的分解形式是

$$T(v_i)=\begin{cases} \sigma_i\boldsymbol{u}_i & 1\leqslant i\leqslant r \\ 0, & i>r \end{cases}$$

再根据上面伪逆的定义可得($k=r$)

$$T^\dagger(\boldsymbol{u}_i)=\begin{cases} \dfrac{1}{\sigma_i}\boldsymbol{v}_i & 1\leqslant i\leqslant k \\ 0, & k<i\leqslant m \end{cases}$$

而上面这个式子又是一个 SVD，($\mathbf{A}$ 的 SVD 是 $\boldsymbol{U}^*\mathbf{AV}=\boldsymbol{\Sigma}$)所以有

$$V^*A^\dagger U=\Lambda=\begin{bmatrix}\frac{1}{\sigma_1} & 0 & \cdots & & & 0\\ 0 & \ddots & & & & \\ \vdots & & \frac{1}{\sigma_k} & & & \vdots\\ & & & 0 & & \\ & & & & \ddots & \\ 0 & \cdots & & & & 0\end{bmatrix}\Rightarrow A^\dagger=V\Lambda U^*$$

来具体算一个矩阵 $\boldsymbol{A}$ 的伪逆

$$A=\begin{bmatrix}1 & 1\\ 0 & 1\\ 1 & 0\\ 1 & 1\end{bmatrix}\Rightarrow A^*A=\begin{bmatrix}1 & 0 & 1 & 1\\ 1 & 1 & 0 & 1\end{bmatrix}\begin{bmatrix}1 & 1\\ 0 & 1\\ 1 & 0\\ 1 & 1\end{bmatrix}=\begin{bmatrix}3 & 2\\ 2 & 3\end{bmatrix}$$

易知，$rank(A^*A)=2$。下面来求矩阵 A^*A 的特征值，于是有

$$\det\begin{vmatrix}3-\lambda & 2\\ 2 & 3-\lambda\end{vmatrix}=\lambda^2-6\lambda+9-4=(\lambda-5)(\lambda-1)\Rightarrow\lambda_1=5,\quad \lambda_2=1$$

接下来求对应的特征向量，因为

$$A^*Av=\lambda v\Rightarrow(A^*A-\lambda I)v=0$$

所以可知当 $\lambda_1=5$ 时，对应的特征向量（注意结果要正交归一化）

$$A^*A-5I=\begin{bmatrix}-2 & 2\\ 2 & -2\end{bmatrix}\Rightarrow v_1=\begin{bmatrix}\frac{1}{\sqrt{2}}\\ \frac{1}{\sqrt{2}}\end{bmatrix}$$

同理还有当 $\lambda_2=1$ 时，对应的特征向量

$$A^*A-1I=\begin{bmatrix}2 & 2\\ 2 & 2\end{bmatrix}\Rightarrow v_2=\begin{bmatrix}\frac{1}{\sqrt{2}}\\ -\frac{1}{\sqrt{2}}\end{bmatrix}$$

如此便得到了 SVD 中需要的 $\boldsymbol{V}$ 矩阵

$$V=\begin{bmatrix}\frac{1}{\sqrt{2}} & \frac{1}{\sqrt{2}}\\ \frac{1}{\sqrt{2}} & \frac{-1}{\sqrt{2}}\end{bmatrix}$$

为了求出矩阵 $\boldsymbol{U}$，先求 $\boldsymbol{W}$

$$W=AV=\begin{bmatrix}1 & 1\\ 0 & 1\\ 1 & 0\\ 1 & 1\end{bmatrix}\begin{bmatrix}\frac{1}{\sqrt{2}} & \frac{1}{\sqrt{2}}\\ \frac{1}{\sqrt{2}} & \frac{-1}{\sqrt{2}}\end{bmatrix}=\begin{bmatrix}\sqrt{2} & 0\\ \frac{1}{\sqrt{2}} & \frac{-1}{\sqrt{2}}\\ \frac{1}{\sqrt{2}} & \frac{1}{\sqrt{2}}\\ \sqrt{2} & 0\end{bmatrix}=[w_1\quad w_2]$$

于是可知

$$\boldsymbol{u}_1=\frac{\boldsymbol{w}_1}{\sqrt{5}},\quad \boldsymbol{u}_2=\frac{\boldsymbol{w}_2}{\sqrt{1}}\Rightarrow \boldsymbol{U}=[\boldsymbol{u}_1\quad \boldsymbol{u}_2]$$

所以根据公式 $\boldsymbol{A}$ 的伪逆就是

$$\boldsymbol{A}^{\dagger}=\boldsymbol{V}\boldsymbol{\Lambda}\boldsymbol{U}^{*}=\begin{bmatrix}\frac{1}{\sqrt{2}} & \frac{1}{\sqrt{2}}\\ \frac{1}{\sqrt{2}} & \frac{-1}{\sqrt{2}}\end{bmatrix}\begin{bmatrix}\frac{1}{\sqrt{5}} & 0\\ 0 & \frac{1}{\sqrt{1}}\end{bmatrix}\begin{bmatrix}\frac{\sqrt{2}}{\sqrt{5}} & \frac{1}{\sqrt{10}} & \frac{1}{\sqrt{10}} & \frac{\sqrt{2}}{\sqrt{5}}\\ 0 & \frac{-1}{\sqrt{2}} & \frac{1}{\sqrt{2}} & 0\end{bmatrix}$$

最终结果的计算比较复杂，可以使用专业的数学软件（例如 R）来执行，可以算得

$$\boldsymbol{A}^{\dagger}=\begin{bmatrix}0.2 & -0.4 & 0.6 & 0.2\\ 0.2 & 0.6 & -0.4 & 0.2\end{bmatrix}$$

SVD 的一个应用是可以用来求伪逆，那伪逆又有什么用呢？下面这个定理阐释了伪逆与最小二乘解的关系。

考虑一个线性方程组 $\boldsymbol{Ax}=\boldsymbol{b}$，其中 $\boldsymbol{A}$ 是一个 $m\times n$ 的矩阵，$\boldsymbol{b}\in\mathbb{F}^m$。如果 $\boldsymbol{z}=\boldsymbol{A}^{\dagger}\boldsymbol{b}$，那么 $\boldsymbol{z}$ 具有如下性质：

(1) 如果 $\boldsymbol{Ax}=\boldsymbol{b}$ 是有解的，那么 $\boldsymbol{z}$ 对于该方程组来说是拥有最小范数的唯一解。换言之，$\boldsymbol{z}$ 是该方程组的一个解，如果 $\boldsymbol{y}$ 是该方程组的任一个解，那么 $\|\boldsymbol{z}\|\leqslant\|\boldsymbol{y}\|$，当且仅当 $\boldsymbol{z}=\boldsymbol{y}$，取等号。

(2) 如果 $\boldsymbol{Ax}=\boldsymbol{b}$ 没有解，那么 $\boldsymbol{z}$ 就是对一个拥有最小范数的解的唯一最佳近似。也就是说，对于任意 $\boldsymbol{y}\in\mathbb{F}^n$，都有 $\|\boldsymbol{Az}-\boldsymbol{b}\|\leqslant\|\boldsymbol{Ay}-\boldsymbol{b}\|$，当且仅当 $\boldsymbol{Az}=\boldsymbol{Ay}$ 时，等号成立。更进一步，如果 $\boldsymbol{Az}=\boldsymbol{Ay}$，那么 $\|\boldsymbol{z}\|\leqslant\|\boldsymbol{y}\|$，当且仅当 $\boldsymbol{z}=\boldsymbol{y}$，取等号。

上述定理说明：基于伪逆，最小二乘问题与寻找最小解的问题具有统一的形式。当方程 $\boldsymbol{Ax}=\boldsymbol{b}$ 无解，即 $\boldsymbol{A}$ 不可逆时，最佳近似解就是 $\hat{\boldsymbol{x}}=\boldsymbol{A}^{\dagger}\boldsymbol{b}$。

13.3　多维标度法(MDS)

多维标度法(Multidimensional Scaling，MDS)是流形学习中非常经典的一种方法。它是一种在低维空间展示“距离”数据结构的多元数据分析技术。

多维标度法解决的问题是：当 n 个对象中各对对象之间的相似性（或距离）给定时，确定这些对象在低维空间中的表示，并使其尽可能与原先的相似性（或距离）“大体匹配”，使得由降维所引起的任何变形达到最小。多维空间中排列的每一个点代表一个对象，因此，点间的距离与对象间的相似性高度相关。也就是说，两个相似的对象由多维空间中两个距离相近的点表示，而两个不相似的对象则由多维空间两个距离较远的点表示。

多维空间通常为二维或三维的欧氏空间，但也可以是非欧氏三维以上空间。多维标度法的内容十分丰富、方法也较多。按相似性（距离）数据测量尺度的不同 MDS 可分为：度量 MDS 和非度量 MDS。当利用原始相似性（距离）的实际数值为间隔尺度和比率尺度时称为度量 MDS(metric MDS)，本文将以最常用的 Classic MDS 为例来演示 MDS 的技术与应用。

表 13-1　美国十个城市之间飞行距离的统计数据

城市 距离 城市	ATL	ORD	DEN	HOU	LAX	MIA	JFK	SFO	SEA	IAD
ATL	0	587	1212	701	1936	604	748	2139	2182	543
ORD	587	0	920	940	1745	1188	713	1858	1737	597
DEN	1212	920	0	879	831	1726	1631	949	1021	1494
HOU	701	940	879	0	1374	968	1420	1645	1891	1220
LAX	1936	1745	831	1374	0	2339	2451	347	959	2300
MIA	604	1188	1726	968	2339	0	1092	2594	2734	923
JFK	748	713	1631	1420	2451	1092	0	2571	2408	205
SFO	2139	1858	949	1645	347	2594	2571	0	678	2442
SEA	2182	1737	1021	1891	959	2734	2408	678	0	2329
IAD	543	597	1494	1220	2300	923	205	2442	2329	0

首先提出这样一个问题，表 13-1 是美国十个城市之间的飞行距离，如何在平面坐标系中据此标出这 10 个城市之间的相对位置，使之尽可能接近表中的距离数据呢？首先，在 R 中把 csv 格式存储的数据文件读入，如下所示。

```
> data.csv = read.csv("data.csv", header = T, row.names = 1)
```

在解释具体算法原理之前，先来调用 R 中的内置函数来实现上述数据的 MDS，并展示一下效果，此处需要用到的函数是 cmdscale()。

```
> citys <- cmdscale(data.csv, k = 2)
```

然后用图形化的方式来展示一下得到的数据点分布图。

```
> cities.names = rownames(data.csv)
> plot(citys[,1],citys[,2],type = 'n')
> text(citys[,1],citys[,2],cities.names,cex = .7)
```

执行上述代码，结果如图 13-8 所示。

与实际的地图对照，如果方向反了，则进行必要的对调，所以可以把上面的绘图代码稍加修改，则有

```
> plot( - citys[,1], - citys[,2],type = 'n', ylim = c( - 600,600))
> text( - citys[,1], - citys[,2],cities.names,cex = .7)
```

执行上述代码，结果如图 13-9 所示。

有兴趣的读者还可以把图 13-8 同实际的美国地图做个对照，易见各个城市在图中的位置与实际情况匹配得相当好。

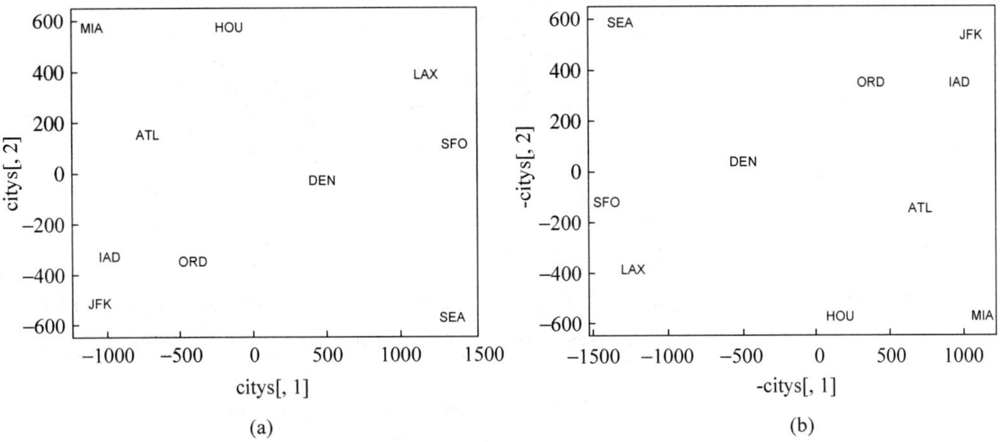

图 13-8　程序执行结果　　　　图 13-9　程序执行结果

下面就来解释这个算法到底是如何运作的。假设 $\boldsymbol{X}=\{\boldsymbol{x}_1,\boldsymbol{x}_2,\cdots,\boldsymbol{x}_n\}$ 是一个 $n\times q$ 的矩阵，n 为样本数，q 是原始的维度，其中每个 $\boldsymbol{x}_i$ 是矩阵 $\boldsymbol{X}$ 的一列，$\boldsymbol{x}_i\in\mathbb{R}^q$。$\boldsymbol{x}_i$ 在空间中的具体位置是未知的，也就是说对于每个 $\boldsymbol{x}_i$，其坐标 $(x_{i1},x_{i2},\cdots,x_{iq})$ 都是未知的。所知道的仅仅是 $\boldsymbol{X}$ 中每个元素之间的欧几里得距离，用一个矩阵 $\boldsymbol{D}^X$ 来表示。因此，对于 $\boldsymbol{D}^X$ 中的每一个元素，可以写成

$$(\boldsymbol{D}_{ij}^X)^2=(x_i-x_j)^{\mathrm{T}}(x_i-x_j)=\|x_i\|^2-2x_i^{\mathrm{T}}x_j+\|x_j\|^2$$

或者可以写成

$$d_{ij}^2=\sum_{k=1}^{q}x_{ik}^2+\sum_{k=1}^{q}x_{jk}^2-2\sum_{k=1}^{q}x_{ik}x_{jk}$$

对于矩阵 $\boldsymbol{D}^X$，则有

$$\boldsymbol{D}^X=\boldsymbol{Z}-2\boldsymbol{X}^{\mathrm{T}}\boldsymbol{X}+Z^T$$

其中，

$$\boldsymbol{Z}=\boldsymbol{z}\boldsymbol{e}^{\mathrm{T}}=\begin{bmatrix}\|\boldsymbol{x}_1\|^2\\\|\boldsymbol{x}_2\|^2\\\vdots\\\|\boldsymbol{x}_n\|^2\end{bmatrix}[1,1,\cdots,1]=\begin{bmatrix}\|\boldsymbol{x}_1\|^2&\|\boldsymbol{x}_1\|^2&\cdots&\|\boldsymbol{x}_1\|^2\\\|\boldsymbol{x}_2\|^2&\|\boldsymbol{x}_2\|^2&\cdots&\|\boldsymbol{x}_2\|^2\\\vdots&\vdots&\ddots&\vdots\\\|\boldsymbol{x}_n\|^2&\|\boldsymbol{x}_n\|^2&\cdots&\|\boldsymbol{x}_n\|^2\end{bmatrix}$$

这里的 $\boldsymbol{z}=[\|\boldsymbol{x}_1\|^2,\|\boldsymbol{x}_2\|^2,\cdots,\|\boldsymbol{x}_n\|^2]^{\mathrm{T}}$。

现在来做平移，从而使得矩阵 $\boldsymbol{D}^X$ 中的点具有零均值，注意平移操作并不会改变 $\boldsymbol{X}$ 中各点的相对关系。为了便于理解，先来考察一下 $\boldsymbol{A}\boldsymbol{e}\boldsymbol{e}^{\mathrm{T}}/n$ 和 $\boldsymbol{e}\boldsymbol{e}^{\mathrm{T}}\boldsymbol{A}/n$ 的意义，其中 $\boldsymbol{A}$ 是一个 $n\times n$ 的方阵。

$$\frac{1}{n}\boldsymbol{A}\boldsymbol{e}\boldsymbol{e}^{\mathrm{T}}=\frac{1}{n}\begin{bmatrix}A_{11}&A_{12}&\cdots&A_{1n}\\A_{21}&A_{22}&\cdots&A_{2n}\\\vdots&\vdots&\ddots&\vdots\\A_{n1}&A_{n2}&\cdots&A_{nn}\end{bmatrix}\begin{bmatrix}1&1&\cdots&1\\1&1&\cdots&1\\\vdots&\vdots&\ddots&\vdots\\1&1&\cdots&1\end{bmatrix}$$

$$= \begin{bmatrix} \frac{1}{n}\sum_{j=1}^{n} A_{1j} & \frac{1}{n}\sum_{j=1}^{n} A_{1j} & \cdots & \frac{1}{n}\sum_{j=1}^{n} A_{1j} \\ \frac{1}{n}\sum_{j=1}^{n} A_{2j} & \frac{1}{n}\sum_{j=1}^{n} A_{2j} & \cdots & \frac{1}{n}\sum_{j=1}^{n} A_{2j} \\ \vdots & \vdots & \ddots & \vdots \\ \frac{1}{n}\sum_{j=1}^{n} A_{nj} & \frac{1}{n}\sum_{j=1}^{n} A_{nj} & \cdots & \frac{1}{n}\sum_{j=1}^{n} A_{nj} \end{bmatrix}$$

不难发现 $\boldsymbol{Aee}^{\mathrm{T}}/n$ 中第 i 行的每个元素都是 $\boldsymbol{A}$ 中第 i 行的均值，类似地，还可以知道，$\boldsymbol{ee}^{\mathrm{T}}\boldsymbol{A}/n$ 中第 i 列的每个元素都是 $\boldsymbol{A}$ 中第 i 列的均值。因此，可以定义中心化矩阵 $\boldsymbol{H}$ 如下

$$\boldsymbol{H} = \boldsymbol{I}_n - \frac{1}{n}\boldsymbol{ee}^{\mathrm{T}}$$

所以 $\boldsymbol{D}^X\boldsymbol{H}$ 的作用就是从 $\boldsymbol{D}^X$ 中的每个元素里减去列均值，$\boldsymbol{HD}^X\boldsymbol{H}$ 的作用就是在此基础上再从 $\boldsymbol{D}^X$ 每个元素里又减去了行均值，因此中心化矩阵的作用就是把元素分布的中心平移到坐标原点，从而实现零均值的效果。更重要的是，假设 $\boldsymbol{D}$ 是一个距离矩阵，通过 $\boldsymbol{K}=-\boldsymbol{HDH}/2$，便可以将其转换为一个内积矩阵(核矩阵)，即

$$\boldsymbol{B}^X = -\frac{1}{2}\boldsymbol{HD}^X\boldsymbol{H} = -\frac{1}{2}\boldsymbol{H}(\boldsymbol{Z}-2\boldsymbol{X}^{\mathrm{T}}\boldsymbol{X}+\boldsymbol{Z}^{\mathrm{T}})\boldsymbol{H} = \boldsymbol{HX}^{\mathrm{T}}\boldsymbol{XH} = (\boldsymbol{XH})^{\mathrm{T}}(\boldsymbol{XH})$$

上一步之所以成立，因为

$$\boldsymbol{H}(\boldsymbol{ze}^{\mathrm{T}})\boldsymbol{H} = \boldsymbol{Hz}\left[\boldsymbol{e}^{\mathrm{T}}\left(\boldsymbol{I}-\frac{\boldsymbol{ee}^{\mathrm{T}}}{n}\right)\right] = 0$$

因为 $\boldsymbol{B}^X$ 是一个内积矩阵，所以是对称的，这样一来，它就可以被对角化，即 $\boldsymbol{B}^X=\boldsymbol{U\Sigma U}^{\mathrm{T}}$。

最终的问题是在 k 维空间中找到一个包含有 n 个点的具体集合 $\boldsymbol{Y}$，使得 $\boldsymbol{Y}$ 中每对点之间的欧几里得距离近似于由矩阵 $\boldsymbol{D}^X$ 所给出的相对应之距离数据，即我们想找到满足下式的 $\boldsymbol{D}^Y$

$$\boldsymbol{D}^Y = \underset{rank(\boldsymbol{D}^Y \leqslant k)}{\operatorname{argmin}} \|\boldsymbol{D}^X - \boldsymbol{D}^Y\|_F^2$$

注意，在 $\boldsymbol{X}$ 和 $\boldsymbol{Y}$ 上应用双中心化操作之后，上式服从

$$\boldsymbol{B}^Y = \underset{rank(\boldsymbol{B}^Y \leqslant k)}{\operatorname{argmin}} \|\boldsymbol{B}^X - \boldsymbol{B}^Y\|_F^2$$

最终这个问题的解就是 $\boldsymbol{Y}=\boldsymbol{U\Sigma}^{\frac{1}{2}}$。

最后，给出在 R 中实现的示例代码，这里为了演示算法实现的细节，我们不会调用 R 中内置的用于求解 MDS 的现成函数。

```
> data.csv = read.csv("data.csv", header = T, row.names = 1)
> D <- as.matrix(data.csv)
> DSqure = D^2
> H = diag(10) - matrix(rep(1,100), nrow = 10)/10
> K = -0.5 * H %*% DSqure %*% H
> result = eigen(K, symmetric = FALSE)
> vals = c(result$values[1],result$values[2])
> result$vectors[,1:2] %*% diag(sqrt(vals))
```

```
             [,1]        [,2]
 [1,]    718.7594  -142.99427
 [2,]    382.0558   340.83962
 [3,]   -481.6023    25.28504
 [4,]    161.4663  -572.76991
 [5,]  -1203.7380  -390.10029
 [6,]   1133.5271  -581.90731
 [7,]   1072.2357   519.02423
 [8,]  -1420.6033  -112.58920
 [9,]  -1341.7225  7579.73928
[10,]    979.6220   335.47281
```

还可以验证这与 R 中的内置函数 cmdscale()所算出结果保持一致(正负号由可能相反,但这并无影响)。

第 14 章 决 策 树

CHAPTER 14

决策树(Decision Tree)是一种用于对实例进行分类的树形结构,它也是一类常见的机器学习方法。在 2006 年 12 月召开的数据挖掘国际会议上,与会的各位专家选出了当时的十大数据挖掘算法,其中具体的决策树算法就占有两席位置,即 C4.5 和 CART 算法,本章将会重点介绍它们。

14.1 决策树基础

决策树由结点(node)和有向边(directed edge)组成。结点根据其类型又分为两种:内部结点和叶子结点。其中,内部结点表示一个特征或属性的测试条件(用于分开具有不同特性的记录),叶子结点表示一个分类。

一旦构造了一个决策树模型,以它为基础来进行分类将是非常容易的。具体做法是,从根结点开始,对实例的某一特征进行测试,根据测试结果将实例分配到其子结点(也就是选择适当的分支);沿着该分支可能达到叶子结点或者到达另一个内部结点时,那么就使用新的测试条件递归执行下去,直到抵达一个叶子结点。当到达叶子结点时,便得到了最终的分类结果。

假设现在收集了一组如表 14-1 所示的数据,其中记录了若干名病患的症状及所得感冒类型的诊断结果。如果有新的病人前来问诊,是否可以据此建立机器学习模型来对新病人所患之感冒的类型进行判断呢?

表 14-1 病人症状与感冒类型的数据

病人编号	头疼程度	咳嗽程度	是否发烧	是否咽痛	诊断
P1	严重	轻微	是	是	流感
P2	不头疼	严重	否	是	普通感冒
P3	轻微	轻微	否	是	流感
P4	轻微	不咳嗽	否	否	普通感冒
P5	严重	严重	否	是	流感

图 14-1 是根据表 14-1 所列出之数据建立的一个决策树示例,该决策树提供了如下四条判断感冒类型的规则:

- 规则 1:如果头疼程度严重,那么就是流感;

- 规则 2：如果头疼程度轻微，并伴有咽痛，那么就是流感；
- 规则 3：如果头疼程度轻微，并没有咽痛，那么就是普通感冒；
- 规则 4：如果不头疼，那么就是普通感冒；

注意到，这里仅用了两个特征就对数据集中的 5 条记录实现了准确的分类。

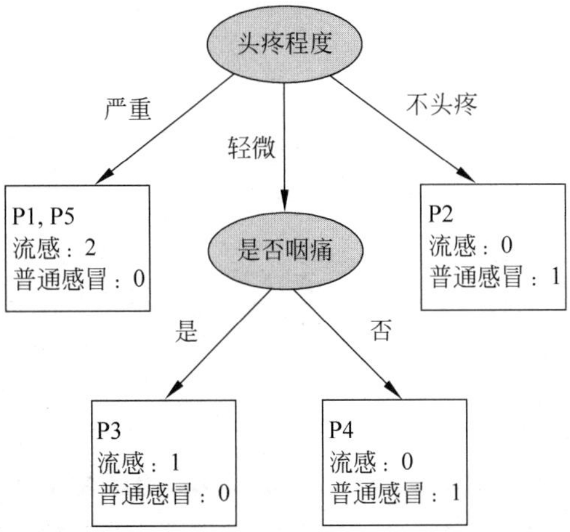

图 14-1 决策树的示例

14.1.1 Hunt 算法

现在所广泛讨论的包括 ID3、C4.5，和 CART 及其他类似算法在内的一大类决策树算法都属于"自顶向下推导的决策树"(Top-Down Induction of Decision Trees，TDIDT)，这类算法的共同特征都是：在生长阶段自顶向下构建决策树，而在剪枝阶段则自下向上进行修剪。现在所有 TDIDT 算法的鼻祖是美国心理学家厄尔·亨特(Earl B. Hunt)等人在 20 世纪 60 年代提出的概念学习系统(Concept Learning System，CLS)框架，其中所使用的决策树构建算法被称为 Hunt 算法。

从原则上讲，给定一个训练数据集，通过各种属性的组合可以构造出的决策树数目呈指数级，找出最佳的决策树在计算上是不可行的。因此，决策树算法往往需要在计算复杂性和准确性之间进行权衡。这些广泛使用的决策树算法，基于贪心策略，使得用合理的计算时间来构建出次最优决策树成为可能。

Hunt 算法就是一种采用局部最优策略来构建决策树的代表性算法，后续要讨论的 ID3、C4.5 和 CART 等许多其他决策树构建算法都以它为基础发展而来。在 Hunt 算法中，通过将训练记录相继划分成较纯的子集，以递归方式建立决策树。设$\mathcal{D}_t$是与结点 t 相关联的训练数据集，而 $\boldsymbol{y}=\{y_1, y_2, \cdots, y_c\}$是类标号，那么 Hunt 算法的递归描述如下：

(1) 如果$\mathcal{D}_t$中所有记录都属于同一个类，则 t 是叶结点，用 y_t 标记。

(2) 如果$\mathcal{D}_t$中包含属于多个类的记录，则选择一个属性测试条件，将记录划分成较小的子集。对于测试条件的每个输出，创建一个子女结点，并根据测试结果将$\mathcal{D}_t$中的记录分布到子女结点中。然后，对于每个子女结点，递归地调用该算法。

为了演示这方法，这里选用文献中的一个例子来加以说明：预测贷款申请者是会按时归还贷款，还是会拖欠贷款。对于这个问题，训练数据集可以通过考查以前贷款者的贷款记录来构造。在表 14-2 所示的例子中，每条记录都包含贷款者的个人信息，以及贷款者是否拖欠贷款的类标号。

表 14-2　预测是否拖欠贷款的训练数据集

编　　号	是否有房	婚姻状况	年收入/万元	是否拖欠贷款
1	是	单身	12.5	否
2	否	已婚	10	否
3	否	单身	7	否
4	是	已婚	12	否
5	否	离异	9.5	是
6	否	已婚	6	否
7	是	离异	22	否
8	否	单身	8.5	是
9	否	已婚	7.5	否
10	否	单身	9	是

该分类问题的初始决策树只有一个结点，类标号为“拖欠货款者＝否”，见图 14-2(a)，意味大多数贷款者都按时归还贷款。然而，该树需要进一步的细化，因为根结点包含两个类别的记录。根据“有房者”测试条件，这些记录被划分为较小的子集，如图 14-2(b)所示。

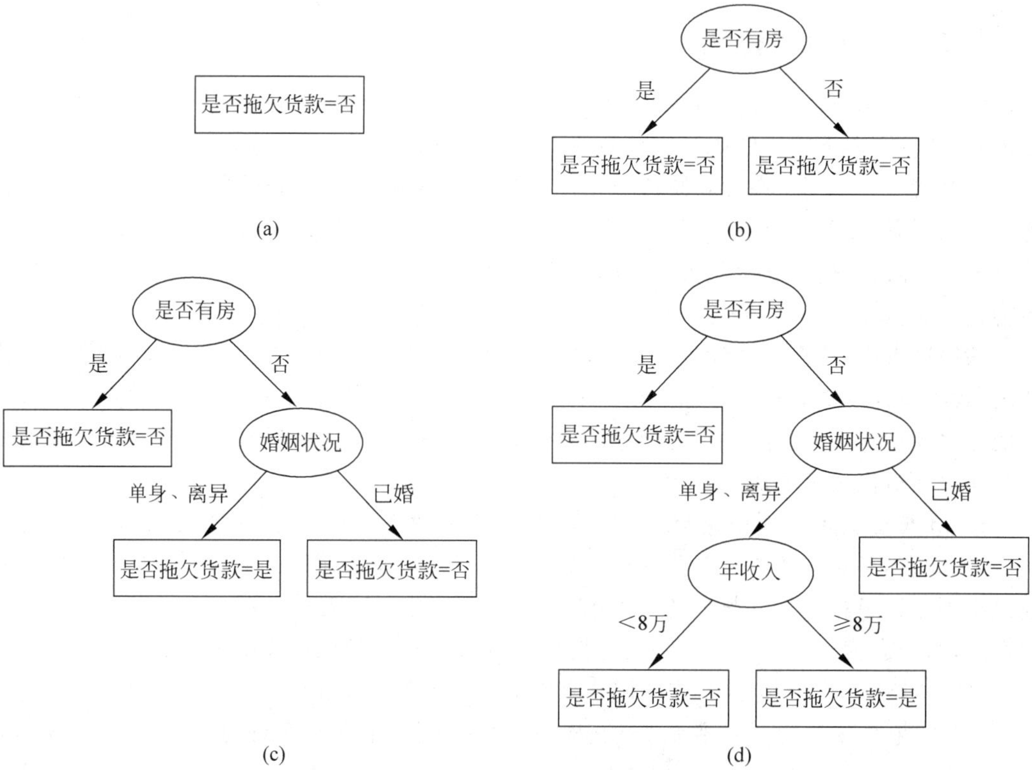

图 14-2　用 Hunt 算法生成的决策树

接下来，对根结点的每个子女递归地调用 Hunt 算法。从表 14-2 给出的训练数据集可以看出，有房的贷款者都按时偿还了贷款，因此，根结点的左子女为叶结点，标记为“拖欠货款者＝否”，见图 14-2(b)。对于右子女，需要继续递归调用 Hunt 算法，直到所有的记录都属于同一个类为止。每次递归调用所形成的决策树显示在图 14-2(c)和图 14-2(d)中。

如果属性值的每种组合都在训练数据中出现，并且每种组合都具有唯一的类标号，则 Hunt 算法是有效的。但是对于大多数实际情况，这些假设太苛刻了，因此，需要附加的条件来处理以下的情况：

(1) 算法的第二步所创建的子女结点可能为空，也就是不存在与这些结点相关联的记录。如果没有一个训练记录包含与这样的结点相关联的属性值组合，这种情形就可能发生。这时，该结点成为叶结点，类标号为其父结点上训练记录中的多数类；

(2) 在第二步，若与$\mathcal{D}_t$相关联的所有记录都具有相同的属性值(目标属性除外)，则不可能进一步划分这些记录。在这种情况下，该结点为叶结点，其标号为与该结点相关联的训练记录中的多数类。

此外，在上面这个算法的执行过程中，读者可能会疑惑：笔者是依据什么原则来选取属性测试条件的，例如为什第一次选择“有房者”来作为测试条件。事实上，如果选择的属性测试条件不同，那么对于同一数据集来说所建立的决策树可能相差很大。如图 14-3 所示为基于前面预测病人是患了流感还是普通感冒的数据集所构建出来的另外两种情况的决策树。

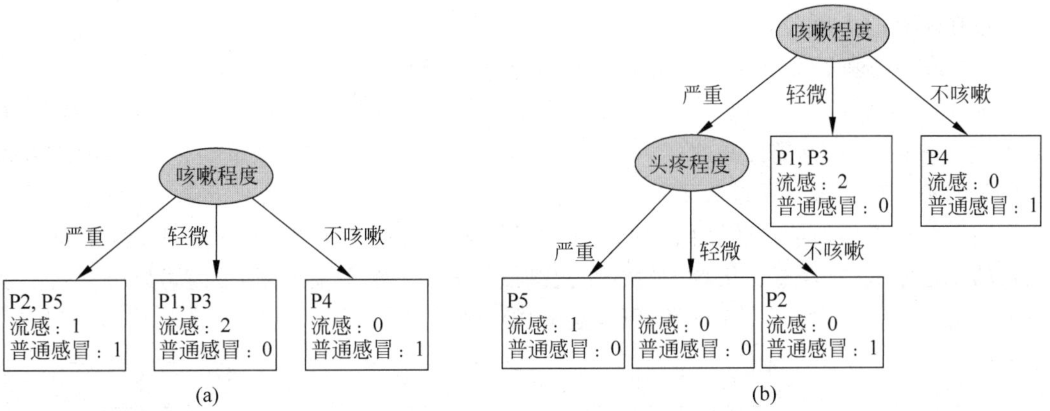

图 14-3　其他情况的决策树

事实上，在构建决策树时可能需要关心的问题包括：

(1) 如何构造最佳决策树？

(2) 如何选择每一个决策结点的属性？

(3) 如何选择每一个结点的分支数目和属性数目？

(4) 什么时候停止生成树？

最后一个问题还涉及了所谓的“剪枝”操作。决策树很容易出现过拟合，而剪枝则是决策树构建过程中为了应对过拟合而采取的一种策略。同样以图 14-3 中所示的两棵决策树为例，对于(a)图所示的决策树中“严重咳嗽”这条子树，是否需要继续细分而从得到右侧所示的决策树就是这里所说的“什么时候停止生成树”。反过来，如果已经得到了如图 14-3 中(b)图所示的一棵决策树，为了避免过拟合，而对其中“头疼程度”这个分支进行裁剪，便会得到左侧所示的决策树结果。

14.1.2 基尼测度与划分

构建一棵最优的决策树是一个 NP 难问题，所以只能采用一些启发式策略来争取得到次最优解：

（1）一个好的属性能够使得基于它的划分尽可能归于同类（即最小的不纯性），这就意味着每次切分要保证样本分布在尽可能少的类里；

（2）当所有的叶结点都主要包含单个类的时候停止生成新树（也就是说叶子结点要近乎纯的）。

现在新的问题来了：如何评估结点的不纯性（impurity）？通常可以使用的指标有如下三个（实际应用时，只要选其中之一即可）：基尼系数（Gini index）、熵（Entropy）和错误分类误差（Misclassification error）。

第一个可以用来评估结点不纯性的指标是基尼系数。对于一个给定的结点 t，它的基尼系数计算公式如下：

$$\text{Gini}(t) = 1 - \sum_{j} [p(j \mid t)]^2$$

其中，$p(j|t)$表示给定结点 t 中属于类 j 的记录所占的比例。通过这个计算公式可以看出：

（1）最大的基尼系数值是 $1-1/n_c$，其中 n_c 是所分类别的数量，此时所有的记录都均匀地分布在所有的类里；

（2）最小的基尼系数值是 0，此时所有的记录都属于一个类。

选择最佳划分的度量通常是根据划分后子女结点不纯性的程度。不纯的程度越低，类分布就越倾斜。例如，类分布为(0,1)的结点具有零不纯性，而均衡分布(0.5,0.5)的结点具有最高的不纯性。现在回过头来看一个具体的计算例子。假设一共有 6 条记录，以二元分类问题不纯性度量值的比较为例，图 14-4 的意思表示有四个结点，然后分别计算了每一个结点的基尼系数值（注意决策树中每一个内结点都表示一种分支判断，也就可以将 6 条记录分成几类，这里讨论的是二元分类，所以是分成两个子类）：

C_1	0
C_2	6
Gini=0.000	

$1-\left(\frac{0}{6}\right)^2-\left(\frac{6}{6}\right)^2=0$

C_1	1
C_2	5
Gini=0.278	

$1-\left(\frac{1}{6}\right)^2-\left(\frac{5}{6}\right)^2=0.278$

C_1	2
C_2	4
Gini=0.444	

$1-\left(\frac{2}{6}\right)^2-\left(\frac{4}{6}\right)^2=0.444$

C_1	0
C_2	3
Gini=0.500	

$1-\left(\frac{3}{6}\right)^2-\left(\frac{3}{6}\right)^2=0.500$

图 14-4 基尼系数的计算

从上面的例子可以看出，第一个结点，具有最低的不纯性度量值，接下来结点的不纯度度量值依次递增。为了确定测试条件的效果，我们需要比较父结点（划分前）的不纯程度和子女结点（划分后）的不纯程度，它们的差越大，测试条件的效果就越好。增益 Δ 是一种可以用来确定划分效果的标准：

$$\Delta = I(\text{父结点}) - \sum_{j=1}^{k} \frac{N(v_j)}{N} I(v_j)$$

其中，$I(\cdot)$是给定结点的不纯性度量，N 是父结点上的记录总数，k 是属性值的个数，$N(v_j)$是与子女结点 v_j 相关联的记录个数。决策树构建算法通常选择最大化增益 Δ 的测试条件，因为对所有的测试条件来说，I(父结点)是一个不变的值，所以最大化增益等价于最小化子女结点的不纯性度量的加权平均值。

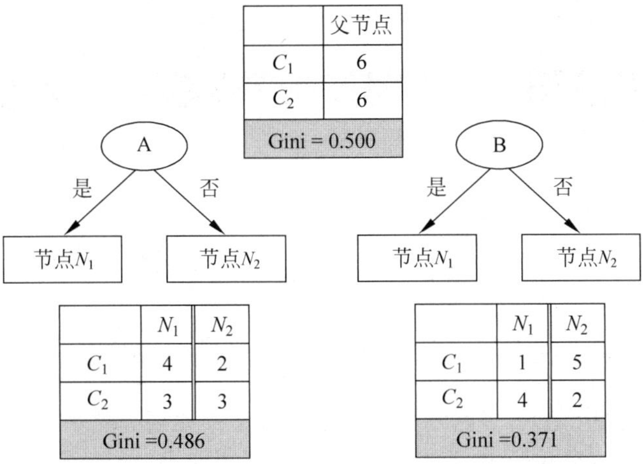

图 14-5 划分二元属性

考虑下面这个划分的例子。如图 14-5 所示，假设有两种方法将数据划分成较小的子集。划分前，基尼系数等于 0.5，因为属于两个类(C_1 和 C_2)的记录个数相等。如果选择属性 A 来划分数据，结点 N_1 的基尼系数为

$$1-\left(\frac{4}{7}\right)^2-\left(\frac{3}{7}\right)^2=0.4898$$

而 N_2 的基尼系数为

$$1-\left(\frac{2}{5}\right)^2-\left(\frac{3}{5}\right)^2=0.48$$

派生结点的基尼系数的加权平均为

$$\frac{7}{12}\times 0.4898+\frac{5}{12}\times 0.48=0.486$$

同理，还可以计算属性 B 的基尼系数的加权平均为

$$\frac{7}{12}\times 0.408+\frac{5}{12}\times 0.32=0.371$$

因为属性 B 具有更小的基尼系数，所以它比属性 A 更可取。

多元属性的情况既可以产生多路划分，也可以产生两路划分。例如表 14-2 中的婚姻状况就是一个多元属性，在图 14-6 演示了对其进行划分的操作。二元划分的基尼系数的计算与二元属性类似。对于婚姻状况属性第一种二元分类，{离异动，单身}的基尼系数是 0.5，而{已婚}的基尼系数是 1.0。这个划分的基尼系数加权平均是：

$$\frac{6}{10}\times 0.5+\frac{4}{10}\times 1.0=0.3$$

类似地，对第二种二元划分{单身}和{已婚，离异}，基尼系数加权平均是 0.367。前一种划分的基尼系数相对更低，因为其对应的子集的纯度更高。

对多路划分，需要计算每个属性值的基尼系数：Gini({单身})=0.5，Gini({已婚})=0，以及 Gini({离异})=0.5，所以多路划分的基尼系数加权平均值为：

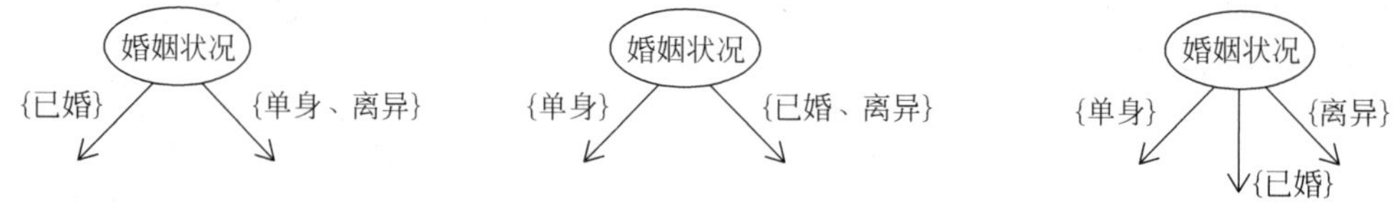

	婚姻状况	
	{已婚}	{单身、离异}
C_1	0	3
C_2	4	3
Gini	0.3	

	婚姻状况	
	{单身}	{已婚、离异}
C_1	2	1
C_2	2	5
Gini	0.367	

	婚姻状况		
	{单身}	{已婚}	{离异}
C_1	2	0	1
C_2	2	4	1
Gini	0.3		

图 14-6　多元属性划分举例

$$\frac{4}{10}\times 0.5+\frac{4}{10}\times 0+\frac{2}{10}\times 0.5=0.3$$

需要指出的是，大多数情况下，多路划分的基尼系数比二元划分更小。这是因为二元划分实际上合并了多路划分的某些输出，自然降低了子集的纯度。

最后来考虑特征值连续的情况。在表 14-2 中所给出的年收入一项就是典型的连续特征值示例。如图 14-7 所示，其中测试条件“年收入$\leqslant v$”用来划分拖欠贷款分类问题的训练记录。用穷举方法确定 v 的值，将 N 个记录中所有的属性值都作为候选划分点。对每个候选 v，都要扫描一次数据集，统计年收入大于和小于 v 的记录数，然后计算每个候选的基尼系数，并从中选择具有最小值的候选划分点。这种方法的计算代价显然是高昂的，因为对每个候选划分点计算基尼系数需要 $O(N)$次操作，由于有 N 个候选，总的计算复杂度为 $O(N^2)$。

A（位于 75 与 85 之间）⇓　B（位于 95 与 100 之间）⇓

是否拖欠贷款	否	否	否	是	是	是	否	否	否	否
年收入										
排序后的值 →	60	70	75	85	90	95	100	120	125	220

	55		65		72		80		87		92		97		110		122		172		230	
	≤	>	≤	>	≤	>	≤	>	≤	>	≤	>	≤	>	≤	>	≤	>	≤	>	≤	>
是	0	3	0	3	0	3	0	3	1	2	2	1	3	0	3	0	3	0	3	0	3	0
否	0	7	1	6	2	5	3	4	3	4	3	4	3	4	4	3	5	2	6	1	7	0
Gini	0.420		0.400		0.375		0.343		0.417		0.400		0.300		0.343		0.375		0.400		0.420	

图 14-7　连续特征值划分举例

为了降低计算复杂度，按照年收入将训练记录排序，所需要的时间为 $O(N\log N)$，从两个相邻的排过序的属性值中选择中间值作为候选划分点，得到候选划分点 55、65、72 等。无论如何，与穷举方法不同，在计算候选划分点的基尼指标时，不需考察所有 N 个记录。

对第一个候选 $v=55$，没有年收入小于 5.5 万的记录，所以年收入小于 5.5 万的派生结点之基尼系数是 0；另一方面，年收入大于等于 5.5 万的样本记录数目为 3 和 7，分别对应于标签为是和否的类。如此一来，该结点的基尼系数是 0.420。该候选划分的基尼系数的加权平均就等于 $0\times 0+1\times 0.42=0.42$。

对第二个候选 $v=65$,通过更新上一个候选的类分布,就可以得到该候选的类分布。更具体地说,新的分布通过考查具有最低年收入(即 6 万)的记录的类标号得到。因为该记录的类标签为否,所以属于否的类之计数从 0 增加到 1(对于年收入小于等于 6.5 万),和从 7 降到 6(对于年收入大于 6.5 万),标签为是的类之分布保持不变。可以算得新的候选划分点的加权平均基尼系数为 0.4。

重复这样的计算,直到算出所有候选的基尼系数值。最佳的划分点对应于产生最小基尼系数值的点,即 $v=97$。该过程代价相对较低,因为更新每个候选划分点的类分布所需的时间是一个常数。该过程还可以进一步优化:仅考虑位于具有不同类标号的两个相邻记录之间的候选划分点。例如,前三个排序后的记录(年收入分别为 6 万、7 万和 7.5 万)具有相同的类标号,所以最佳划分点肯定不会在 6 万和 7.5 万之间。于是,候选划分点 $v=5.5$ 万、6.5 万、7.2 万都将被排除在外。按照同样的思路,$v=8.7$ 万、9.2 万、11 万、12.2 万、17.2 万和 23 万也都将被忽略,它们都位于具有相同类标号的相邻记录之间。该方法使得候选划分点的个数从 11 个降到 2 个。

14.1.3 信息熵与信息增益

评估结点的不纯性可以是三个标准中的任何一个。上一小节已经介绍了基尼系数。下面来谈谈另外一个可选的标准:信息熵(Entropy)。在信息论中,熵是表示随机变量不确定性的度量。熵的取值越大,随机变量的不确定性也越大。

设 X 是一个取有限个值的离散随机变量,其概率分布为

$$P(X=x_i)=p_i,\quad i=1,2,\cdots,n$$

则随机变量 X 的熵定义为

$$H(X)=-\sum_{i=1}^{n}p_i\log p_i$$

在上式中,如果 $p_i=0$,则定义 $0\log 0=0$。通常,上式中的对数以 2 为底或以 e 为底,这时熵的单位分别是比特(bit)或纳特(nat)。由定义可知,熵只依赖于 X 的分布,而与 X 的取值无关,所以也可以将 X 的熵记作 $H(p)$,即

$$H(p)=-\sum_{i=1}^{n}p_i\log p_i$$

条件熵 $H(Y|X)$表示在已知随机变量 X 的条件下随机变量 Y 的不确定性,随机变量 X 给定的条件下随机变量 Y 的条件熵 $H(Y|X)$,定义为 X 给定条件下 Y 的条件概率分布的熵对 X 的数学期望

$$H(Y\mid X)=\sum_{j=1}^{n}P(X=x_j)H(Y\mid X=x_j)$$

就当前所面对的问题而言,如果给定一个结点 t,它的(条件)熵计算公式如下

$$\text{Entropy}(t)=-\sum_{j}p(j\mid t)\log p(j\mid t)$$

其中,$p(j|t)$表示给定结点 t 中属于类 j 的记录所占的比例。通过这个计算公式可以看出:

(1) 最大的熵值是 $\log n_c$,其中 n_c 是所分类别的数量,即当所有的记录都均匀地分布在所有的类时,所引申出的信息量最少;

(2) 最小的熵值是 0,即当所有的记录都属于一个类时包含的信息量最大。

还是来看一个具体的计算例子，如图 14-8 所示（基本情况与前面介绍基尼系数时的例子类似，这里不再赘述）：

C_1	0
C_2	6

$P(C_1)=\frac{0}{6}$， $P(C_2)=\frac{6}{6}=1$

Entropy$=-0\log 0-1\log 1=0$

C_1	1
C_2	5

$P(C_1)=\frac{1}{6}$， $P(C_2)=\frac{5}{6}$

Entropy$=-\frac{1}{6}\log_2\frac{1}{6}-\frac{5}{6}\log_2\frac{5}{6}=0.65$

C_1	2
C_2	4

$P(C_1)=\frac{2}{6}$， $P(C_2)=\frac{4}{6}$

Entropy$=-\frac{2}{6}\log_2\frac{2}{6}-\frac{4}{6}\log_2\frac{4}{6}=0.92$

图 14-8 信息熵计算举例

以此为基础，可以定义信息增益（Information Gain）如下：

$$\Delta_{info}=\text{Entropy}(p)-\left[\sum_{i=1}^{k}\frac{n_i}{n}\text{Entropy}(i)\right]$$

其中，父结点 p 被划分成 k 个分支，n_i 表示在第 i 个分支上记录的数量。与之前的情况相同，决策树构建算法通常选择最大化信息增益的测试条件来对结点进行划分。

使用信息增益的一个缺点在于：信息增益的大小是相对于训练数据集而言的。在分类问题困难时，即训练数据集的经验熵比较大时，信息增益会偏大。反之，信息增益会偏小。使用信息增益比（Information gain ratio）可以对这一问题进行校正。使用信息增益比的定义为

$$\text{GainRatio}_{\text{split}}=\frac{\Delta_{info}}{\text{SplitInfo}}$$

其中，

$$\text{SplitInfo}=-\sum_{i=1}^{k}\frac{n_i}{n}\log\frac{n_i}{n}$$

于是，对较大的熵进行划分（即某个属性产生大量小的划分）会被惩罚。

14.1.4 分类误差

给定一个结点 t，它的分类误差定义为：

$$\text{Error}(t)=1-\max_i P(i\mid t)$$

由此公式可知：

（1）当所有的记录都均匀地分布在所有的类时，分类误差取得最大值 $1-1/n_c$，其中 n_c 是所分类别的数量，此时有意义的信息量最少；

（2）当所有的记录都属于一个类时，分类误差取得最小值 0，此时所引申出的有意义信息量最大。

图 14-9 给出了一个分类误差的简单算例（基本情况与前面介绍基尼系数时的例子类似，这里不再赘述）：

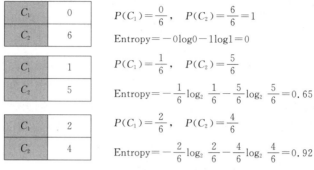

C_1	0
C_2	6

$P(C_1)=\frac{0}{6}=0,\quad P(C_2)=\frac{6}{6}=1$

$\text{Error}=1-\max(0,1)=1-1=0$

C_1	1
C_2	5

$P(C_1)=\frac{1}{6},\quad P(C_2)=\frac{5}{6}$

$\text{Error}=1-\max\left(\frac{1}{6},\frac{5}{6}\right)=1-\frac{5}{6}=\frac{1}{6}$

C_1	2
C_2	4

$P(C_1)=\frac{2}{6},\quad P(C_2)=\frac{4}{6}$

$\text{Error}=1-\max\left(\frac{2}{6},\frac{4}{6}\right)=1-\frac{4}{6}=\frac{2}{6}$

图 14-9　分类误差计算举例

图 14-10 给出了二分类模型中，熵、基尼系数、分类误差的比较情况。如果采用二分之一熵$\frac{1}{2}H(p)$的时候，会发现它与基尼系数将会相当接近。

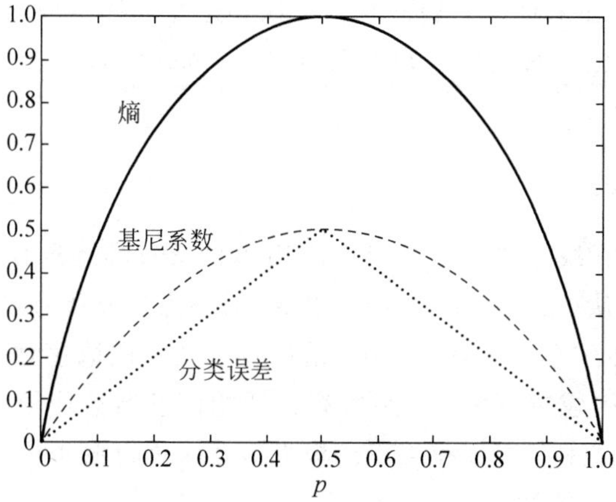

图 14-10　二元分类问题不纯性度量之间的比较

最后再来看一个基尼系数和分类误差对比的例子，如图 14-11 所示。

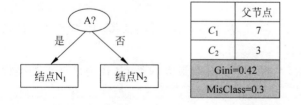

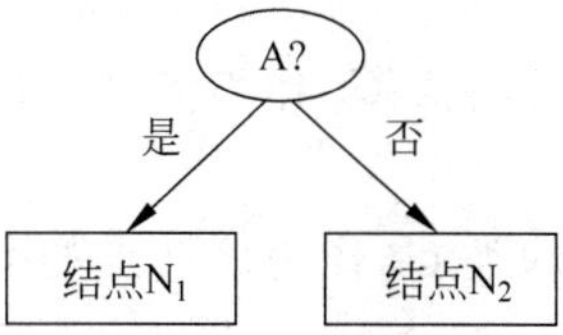

	父节点
C_1	7
C_2	3
Gini=0.42	
MisClass=0.3	

	N_1	N_2
C_1	3	4
C_2	0	3
Gini=0.342		
MisClass=0.3		

图 14-11　基尼系数和分类误差的对比

下面是具体的计算过程。来计算一下加权平均的基尼系数：

$$\text{Gini}(N_1)=1-\left(\frac{3}{3}\right)^2-\left(\frac{0}{3}\right)^2=0$$

$$\text{Gini}(N_2)=1-\left(\frac{4}{7}\right)^2-\left(\frac{3}{7}\right)^2=0.489$$

$$\text{Gini}(\text{Children})=\frac{3}{10}\times 0+\frac{7}{10}\times 0.489=0.342$$

再来计算一下分类误差：

$$\mathrm{MisClass}(N_1) = 1 - \frac{3}{3} = 0$$

$$\mathrm{MisClass}(N_2) = 1 - \frac{4}{7} = \frac{3}{7}$$

$$\mathrm{MisClass}(\mathrm{Children}) = \frac{3}{10} \times 0 + \frac{7}{10} \times \frac{3}{7} = 0.3$$

可见在这个例子中，划分之后，基尼系数得到改善（从 0.42 减少到 0.342），但是分类误差并未减少（仍然是 0.3）。

14.2 决策树进阶

ID3 和 C4.5 都是由澳大利亚计算机科学家罗斯·奎兰（Ross Quinlan）开发的决策树构建算法，其中 C4.5 是在 ID3 上发展而来的。谈到这些具体的决策树构建算法，就难免会涉及本章起前面所介绍的各种纯度评判标准，这也将帮助读者更加实际地体会到各种纯度评判标准的应用。

14.2.1 ID3 算法

ID3 算法的核心是在决策树各个结点上应用信息增益准则选择特征，进而递归地构建决策树。具体方法是：从根结点（root node）开始，对结点计算所有可能的特征的信息增益，选择信息增益最大的特征作为结点的特征，由该特征的不同取值建立子结点；再对子结点递归地调用以上方法，构建决策树；直到所有特征的信息增益均很小或没有特征可以选择为止。最后得到一棵决策树。ID3 相当于用极大似然法进行概率模型的选择。下面给出一个更加正式的 ID3 算法的描述：

输入：训练数据集$\mathcal{D}$，特征集$\mathcal{A}$，阈值$\in$；
输出：决策树 T。

1. 若$\mathcal{D}$中所有实例属于同一类 C_k，则 T 为单结点树，并将类 C_k 作为该结点的类标记，返回 T；
2. 若$\mathcal{A}=\varnothing$，则 T 为单结点树，并将$\mathcal{D}$中实例数最大的类 C_k 作为该结点的类标记，返回 T；
3. 否则，计算$\mathcal{A}$中各特征对$\mathcal{D}$的信息增益，选择信息增益最大的特征$\mathcal{A}_g$；
   1）如果$\mathcal{A}_g$的信息增益小于阈值$\in$，则置 T 为单结点树，并将$\mathcal{D}$中实例数最大的类 C_k 作为该结点的类标记，返回 T；
   2）否则，对$\mathcal{A}_g$的每一可能值 a_i，依$\mathcal{A}_g = a_i$ 将$\mathcal{D}$分割为若干非空子集$\mathcal{D}_i$，将$\mathcal{D}_i$中实例数最大的类作为标记，构建子结点，由结点及其子结点构成树 T，返回 T；
4. 对第 i 个子结点，以$\mathcal{D}_i$为训练集，以$\mathcal{A}-\{\mathcal{A}_g\}$为特征集，递归地调用步骤 1～3，得到子树 T_i，返回 T_i。

来看一个具体的例子，现在的任务是根据天气情况计划是否要外出打球，表 14-3 所示为已知的训练数据。

表 14-3　天气情况与是否外出打球的统计数据

日　期	天　气	气　温	湿　度	风　力	是否外出打球
D1	下雨	炎热	大	弱	否
D2	下雨	炎热	大	强	否
D3	多云	炎热	大	弱	是
D4	晴朗	温暖	大	弱	是
D5	晴朗	凉爽	正常	弱	是
D6	晴朗	凉爽	正常	强	否
D7	多云	凉爽	正常	强	是
D8	下雨	温暖	大	弱	否
D9	下雨	凉爽	正常	弱	是
D10	晴朗	温暖	正常	弱	是
D11	下雨	温暖	正常	强	是
D12	多云	温暖	大	强	是
D13	多云	炎热	正常	弱	是
D14	晴朗	温暖	大	强	否

首先来算一下根结点的熵，即

$$\begin{aligned}\text{Entropy(是否外出打球)} &= \text{Entropy}(5,9)\\ &= \text{Engropy}(0.36,0.64)\\ &= -(0.36\log_2 0.36)-(0.64\log_2 0.64)\\ &= 0.94\end{aligned}$$

然后再分别计算每一种划分的信息熵，比方说选择天气这个特征来做划分，那么则有如图 14-12 所示的一些统计信息。

天气	是否外出打球		加和
	是	否	
晴朗	3	2	5
多云	4	0	4
下雨	2	3	5
			14

图 14-12　选择天气来做划分所得之统计信息

由此，可得到的信息熵为

$$\begin{aligned}&\text{Entropy(是否外出打球,天气)}\\ &= P(\text{晴朗})\cdot\text{Entropy}(3,2)+P(\text{多云})\cdot\text{Entropy}(4,0)+P(\text{下雨})\cdot\text{Entropy}(2,3)\\ &= \frac{5}{14}\times 0.971+\frac{4}{14}\times 0.0+\frac{5}{14}\times 0.971\\ &= 0.693\end{aligned}$$

据此可计算采用天气这个特征来做划分时的信息增益为

Gain(是否外出打球,天气)

=Entropy(是否外出打球) − Entropy(是否外出打球,天气)

=0.94 − 0.693 = 0.247

同理,选用其他划分时所得到之信息增益如图 14-13 所示:

天气	是否外出打球	
	是	否
晴朗	3	2
多云	4	0
下雨	2	3
信息增益=0.247		

气温	是否外出打球	
	是	否
晴朗	2	2
多云	4	2
下雨	3	1
信息增益=0.029		

温度	是否外出打球	
	是	否
大	3	4
正常	6	1
信息增益=0.152		

风力	是否外出打球	
	是	否
弱	6	2
强	3	3
信息增益=0.048		

图 14-13 选用其他划分时所得到之信息增益

取其中具有最大信息增益的特征来作为划分的标准,然后会发现其中一个分支的熵为零(时间中阈值可以设定来惩罚过拟合),所以把它变成叶子,即得如图 14-14 所示的结果。

气温	温度	风力	是否外出打球
炎热	大	弱	是
凉爽	正常	强	是
温暖	大	强	是
炎热	正常	弱	是

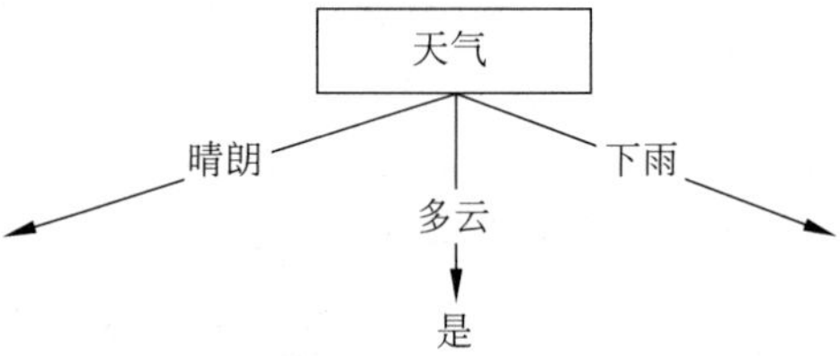

图 14-14 采用天气来作为划分标准

对于其他熵不为零(或者大于预先设定的阈值)的分支,那么则需要做进一步的划分,则有如图 14-15 所示的结果。

气温	温度	风力	是否外出打球
温暖	大	弱	是
凉爽	正常	弱	是
温暖	正常	弱	是
凉爽	正常	强	否
温暖	大	强	否

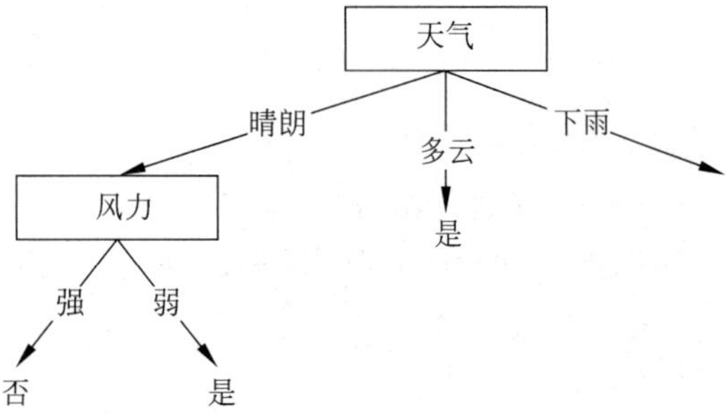

图 14-15 对决策树做进一步划分

根据上述的规则继续递归地执行下去。最终，得到了如图 14-16 所示的一棵决策树。

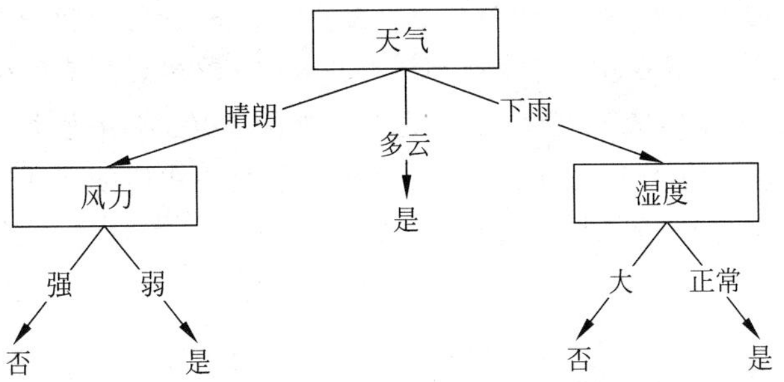

图 14-16 用 ID3 算法生成的决策树

14.2.2 C4.5 算法

C4.5 是 2006 年国际数据挖掘大会票选出来的十大数据挖掘算法之首。智能分析环境 Weka 的作者评述称 C4.5 是一种里程碑式的决策树算法，它或许是目前为止在实践中应用最为广泛的机器学习技术。

C4.5 算法与 ID3 算法相似，它是由 ID3 算法演进而来的。C4.5 在生成的过程中，用信息增益比来选择特征。下面给出一个更加正式的 C4.5 算法的描述。

输入：训练数据集$\mathcal{D}$，特征集$\mathcal{A}$，阈值$\in$；
输出：决策树 T。

1. 如果$\mathcal{D}$中所有实例属于同一类 C_k，则置 T 为单结点树，并将 C_k 作为该结点的类，返回 T；
2. 如果$\mathcal{A}=\varnothing$，则置 T 为单结点树，并将$\mathcal{D}$中实例数最大的类 C_k 作为该结点的类，返回 T；
3. 否则，计算$\mathcal{A}$中各特征对$\mathcal{D}$的信息增益比，选择信息增益比最大的特征$\mathcal{A}_g$；
   1) 如果$\mathcal{A}_g$的信息增益比小于阈值$\in$，则置 T 为单结点树，并将$\mathcal{D}$中实例数最大的类 C_k 作为该结点的类，返回 T；
   2) 否则，对$\mathcal{A}_g$的每一可能值 a_i，依$\mathcal{A}_g=a_i$ 将$\mathcal{D}$分割为若干非空子集$\mathcal{D}_i$，将$\mathcal{D}_i$中实例数最大的类作为标记，构建子结点，由结点及其子结点构成树 T，返回 T；
4. 对于结点 i，以$\mathcal{D}_i$为训练集，以$\mathcal{A}-\{\mathcal{A}_g\}$为特征集，递归地调用步骤 1～3，得到子树 T_i，返回 T_i。

Weka 是由新西兰怀卡托大学开发的一款基于 Java 的、免费的、开源的数据挖掘工具。它在国外无论是学术界还是产业界都有非常成功的应用案例。2005 年 8 月，在第 11 届 ACM 数据挖掘与知识发现国际会议上，怀卡托大学的 Weka 团队荣获了数据挖掘和知识探索领域的最高服务奖，Weka 系统得到了广泛的认可，被誉为数据挖掘和机器学习历史上的里程碑，是现今最为完备的数据挖掘工具之一。Weka 的使用非常简单，通过图形用户界面，通常只需要单击几下鼠标(而无需编写代码或调用函数)，就能完成各种非常复杂的数据挖掘任务。

值得欣喜的是，通过 RWeka 这个软件包，就可以在 R 中直接使用 Weka 中提供的各种机器学习算法，也就是说 RWeka 是连接 R 与 Weka 的桥梁。J48 是一个开源的 C4.5 的 Java 实现版本，它已经被集成到 Weka 环境中。如果要在 R 中使用 C4.5 算法，在引用 RWeka 包之后只要直接使用 J48()这个函数即可。下面的代码演示了，用该函数在 R 中进行基于 C4.5 算法的数据分析的具体方法，其中所使用的是表 14-3 所给出的是否外出打球的训练数据集。

```
> library(RWeka)
> data.csv <- read.csv("playball.csv", header = T, row.names = 1)
> model_tree <- J48(PlayBall~., data = data.csv[,1:5],
+ control = Weka_control(U = TRUE, M = 1))
>
> model_tree
J48 unpruned tree
------------------

Outlook = Overcast: Yes (4.0)
Outlook = Rain
| Humidity = High: No (3.0)
| Humidity = Normal: Yes (2.0)
Outlook = Sunny
| Wind = Strong: No (2.0)
| Wind = Weak: Yes (3.0)
Number of Leaves : 5

Size of the tree : 8
```

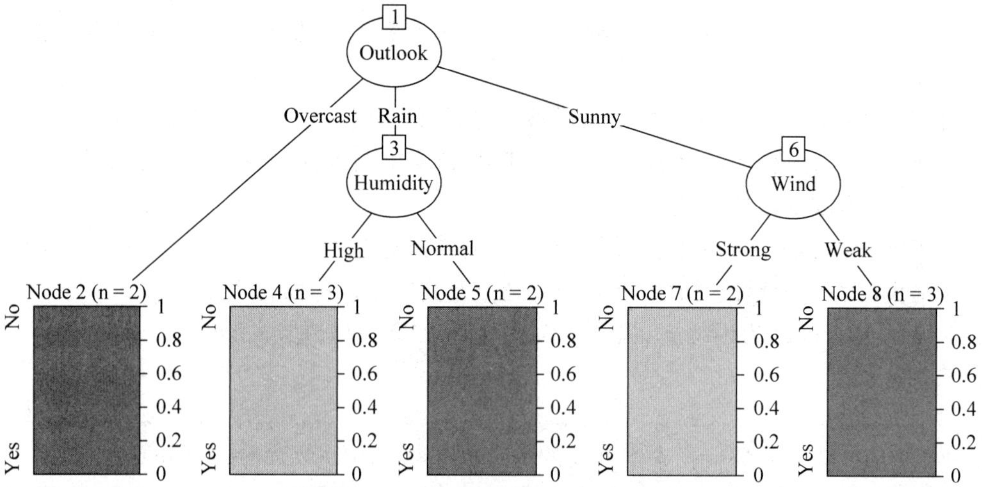

图 14-17 用 C4.5 算法生成的决策树

可以看到上述代码构建的是一个没有经过剪枝的决策树。这一点主要是通过参数 control 来控制的。具体来说，是通过 Weka_control 后面的参数列表来实现的。例如，第一个参数 U 就表示不对决策树进行剪枝。Weka_control 后面的参数列表中的可选项还有很多，关于各参数的具体说明，读者可以通过在 R 中使用函数 WOW("J48")来进行查看，如下所示。注意由于原列表较长，限于篇幅，这里仅列出了其中的前五个条目。

```
> WOW("J48")
 - U        Use unpruned tree.
 - O        Do not collapse tree.
 - C <pruning confidence>
            Set confidence threshold for pruning. (default 0.25)
           Number of arguments: 1.
 - M <minimum number of instances>
            Set minimum number of instances per leaf. (default 2)
           Number of arguments: 1.
 - R        Use reduced error pruning.
```

除了像示例代码中那样直接在 R 的命令行窗口输入已经构建好的决策树，还可以用 plot 函数来对构建的决策树进行可视化展示。此时，需要用到 partykit 软件包。

```
> library(partykit)
> plot(model_tree)
```

执行上述代码，可以得到如图 14-17 所示的一棵决策树。有兴趣的读者也可以通过修改 Weka_control 后面的参数列表中的参数项，来构建不同的决策树，并通过可视化手段来观察所得之结果。

14.3 分类回归树

分类回归树(Classification and Regression Tree，CART)假设决策树是二叉树，内部结点特征的取值为"是"和"否"，左分支是取值为"是"的分支，右分支是取值为"否"的分支。这样的决策树等价于递归地二分每个特征，将输入空间即特征空间划分为有限个单元，并在这些单元上确定预测的概率分布，也就是在输入给定的条件下输出的条件概率分布。

CART 算法由以下两步组成：

(1) **决策树生成**：基于训练数据集生成决策树，生成的决策树要尽量大；

(2) **决策树剪枝**：用验证数据集对已生成的树进行剪枝并选择最优子树，这时损失函数最小作为剪枝的标准。

分类回归树的生成就是递归地构建二叉决策树的过程。CART 既可以用于分类也可以用于回归。本书仅讨论用于分类的情况。对分类树而言，CART 用基尼系数最小化准则来进行特征选择，生成二叉树。CART 生成算法如下。

输入：训练数据集 D，停止计算的条件；

输出：CART 决策树。

根据训练数据集，从根结点开始，递归地对每个结点进行以下操作，构建二叉决策树：

1. 结点的训练数据集为 D，计算现有特征相对于该数据集的基尼系数。此时，对每一个特征 A，对其可能取的每个值 a，根据样本点对 $A=a$ 的测试为"是"或"否"将 D 分割成 D_1 和 D_2 两部分，计算 $A=a$ 时的基尼系数。
2. 在所有可能的特征 A 以及它们所有可能的切分点 a 中，选择基尼系数最小的特征及其对应的切分点，分别作为最优特征与最优切分点。依据最优特征与最优切分点，由现结点，生成两个子结点，将训练数据集依特征分配到两个子结点中去。
3. 对两个子结点递归地调用步骤 1～2，直至满足停止条件。
4. 生成 CART 决策树。

算法停止计算的条件是结点中的样本个数小于预定阈值，或样本集的基尼系数小于预定阈值(样本基本属于同一类)，或者没有更多特征。

下面来看一个具体的例子，所使用的数据集如表 14-2 所示。首先，对数据集非类标号属性{是否有房，婚姻状况，年收入}分别计算它们的基尼系数增益，取基尼系数增益值最大的属性作为决策树的根结点属性。根结点的基尼系数

$$\text{Gini}(\text{是否拖欠贷款}) = 1-\left(\frac{3}{10}\right)^2-\left(\frac{7}{10}\right)^2 = 0.42$$

当根据是否有房来进行划分时，那么便有如图 14-18 所示的一些统计信息：

状态	是否拖欠贷款
是	3
否	7

有房否	是否拖欠贷款	
	是	否
是	0	3
否	3	4

图 14-18　根据是否有房进行划分所得之统计信息

由此可得基尼系数增益计算过程为

$$\text{Gini}(\text{左子结点}) = 1-\left(\frac{0}{3}\right)^2-\left(\frac{3}{3}\right)^2 = 0$$

$$\text{Gini}(\text{右子结点}) = 1-\left(\frac{3}{7}\right)^2-\left(\frac{7}{7}\right)^2 = 0.4898$$

$$\Delta\{\text{是否有房}\} = 0.42-\frac{7}{10}\times 0.4898-\frac{3}{10}\times 0 = 0.077$$

若按婚姻状况属性来划分，属性婚姻状况有三个可能的取值{已婚，单身，离异}，分别计算划分后：

(1) {已婚}|{单身，离异}，即已婚相对于单身和离异的基尼系数增益；

(2) {单身}|{已婚，离异}，即单身相对于已婚和离异的基尼系数增益；

(3) {离异}|{单身，已婚}，即离异相对于单身和已婚的基尼系数增益。

当分组为{已婚}|{单身，离异}时，左子女 S_l 表示婚姻状况取值为已婚的分组，右子女 S_l 表示婚姻状况取值为单身或者离异的分组，则此时的基尼系数增益为

$$\Delta\{\text{婚姻状况}\} = 0.42-\frac{4}{10}\times 0-\frac{6}{10}\times\left[1-\left(\frac{3}{6}\right)^2-\left(\frac{3}{6}\right)^2\right] = 0.12$$

当分组为{单身}|{已婚,离异}时,则此时的基尼系数增益为

$$\Delta\{婚姻状况\} = 0.42 - \frac{4}{10}\times 0.5 - \frac{6}{10}\times\left[1-\left(\frac{1}{6}\right)^2-\left(\frac{5}{6}\right)^2\right] = 0.053$$

当分组为{离异}|{单身,已婚}时,则此时的基尼系数增益为

$$\Delta\{婚姻状况\} = 0.42 - \frac{2}{10}\times 0.5 - \frac{8}{10}\times\left[1-\left(\frac{2}{8}\right)^2-\left(\frac{6}{8}\right)^2\right] = 0.02$$

对比上述计算结果,根据婚姻状况属性来划分根结点时取基尼系数增益最大的分组作为划分结果,也就是{已婚}|{单身,离异}。

最后考虑年收入属性,发现它是一个连续的数值类型。本章前面已经专门介绍过如何应对这种类型的数据划分了。对于年收入属性为数值型属性,首先需要对数据按升序排序,然后从小到大依次用相邻值的中间值作为分隔将样本划分为两组。例如当面对年收入为 6 和 7 这两个值时,算得其中间值为 6.5。倘若以中间值 6.5 作为分隔点。S_l 作为年收入小于 6.5 的样本,S_r 表示年收入大于等于 6.5 的样本,于是则得基尼系数增益为

$$\Delta\{年收入\} = 0.42 - \frac{1}{10}\times 0 - \frac{9}{10}\times\left[1-\left(\frac{3}{9}\right)^2-\left(\frac{6}{9}\right)^2\right] = 0.02$$

其他值的计算同理可得,这里不再逐一给出计算过程,仅列出结果(最终取其中使得增益最大化的那个二分准则来作为构建二叉树的准则),如表 14-4 所示。

表 14-4　年收入属性计算结果

是否拖欠贷款	否	否	否	是	是	是	否	否	否	否
年收入/万	6	7	7.5	8.5	9	9.5	10	12	12.5	22
相邻值中点	6.5	7.25	8	8.77	9.25	9.75	1.1	12.25	17.25	
基尼系数增益	0.02	0.045	0.077	0.003	0.02	0.12	0.077	0.045	0.02	

最大化增益等价于最小化子女结点的不纯性度量(基尼系数)的加权平均值,图 14-7 里列出的是基尼系数的加权平均值,表 14-4 里给出的是基尼系数增益。现在希望最大化基尼系数的增益。根据计算知道,三个属性划分根结点的增益最大的有两个:年收入属性和婚姻状况,它们的增益都为 0.12。此时,选取首先出现的属性作为第一次划分。

接下来,采用同样的方法,分别计算剩下属性,其中根结点的基尼系数为(此时是否拖欠贷款的各有 3 个记录)

$$\text{Gini}(是否拖欠贷款) = 1-\left(\frac{3}{6}\right)^2-\left(\frac{3}{6}\right)^2 = 0.5$$

与前面的计算过程类似,对于是否有房属性,可得

$$\Delta\{是否有房\} = 0.5 - \frac{4}{6}\times\left[1-\left(\frac{3}{4}\right)^2-\left(\frac{1}{4}\right)^2\right]-\frac{2}{6}\times 0 = 0.25$$

对于年收入属性则有如表 14-5 所示之结果:

表 14-5　年收入属性计算结果

是否拖欠贷款	否	是	是	是	否	否
年收入/万	7	8.5	9	9.5	12.5	22
相邻值中点	7.7	8.77	9.25	11	17.25	
基尼系数增益	0.1	0.25	0.05	0.25	0.1	

最后构建的 CART 如图 14-19 所示。

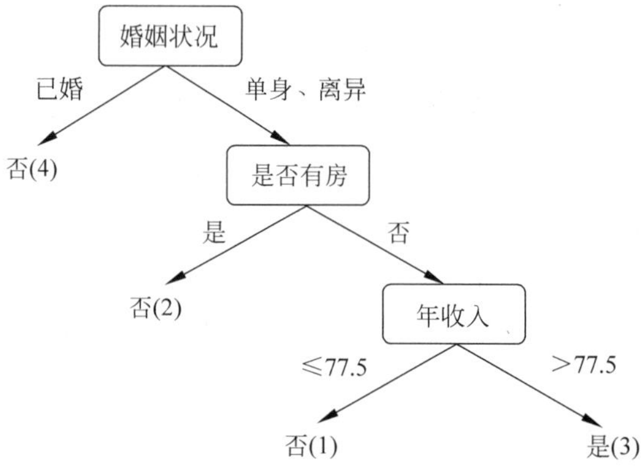

图 14-19　分类回归树构建结果

总结一下,CART 和 C4.5 的主要区别:

(1) C4.5 采用信息增益率来作为分支特征的选择标准,而 CART 则采用基尼系数;

(2) C4.5 不一定是二叉树,但 CART 一定是二叉树。

要在 R 中执行基于 CART 算法的决策树构建,可以使用 rpart 软件包中的 rpart 函数。下面的示例代码演示了它的使用方法,其中所使用的训练数据集来自表 14-2 所示的数据集。

```
> library(rpart)
> library(rpart.plot)
> data.csv <- read.csv("Bank.csv", header = T)
> model_tree <- rpart(Defaulted.Borrower~.,data = data.csv[,2:5],
+ control = rpart.control(minsplit = 2,minbucket = 1))
> rpart.plot(model_tree,type = 2,extra = 2,roundint = FALSE)
```

上述代码中的 rpart.plot()函数用于对已经构建好的决策树进行可视化展示。执行上述代码可以得到如图 14-20 所示的一棵决策树,注意这与图 14-19 所示的决策树结果是一致的。

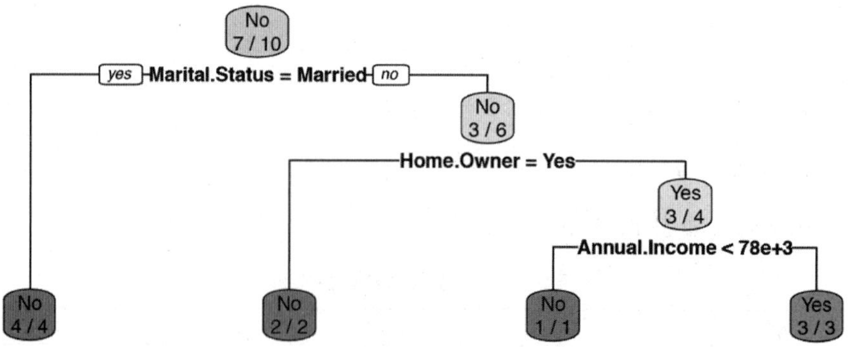

图 14-20　在 R 中构建的分类回归树

14.4 决策树剪枝

没有免费午餐定理揭示了数据科学中一个普遍存在的现象，即在训练数据集上表现非常好的模型很可能在测试集上表现得并不理想。本书的前面称这些现象为过拟合。决策树如果不做任何限制，很容易出现过拟合的情况，而剪枝正是决策树中用来克服这一现象的手段。

14.4.1 没有免费午餐原理

天下没有免费的午餐。这句常理在数学中有一个定理专门描述它，这个定理就叫作没有免费午餐(No Free Lunch，NFL)定理，该定理已经被严格地证明。最原始的没有免费午餐定理是在最优化理论中出现的(而后又推广到例如机器学习这样的领域)。

这个定理最原始的表述是说：对于基于迭代的最优化算法，不存在某种算法，对所有问题都好。如果一个算法对某些问题非常好，那么一定存在另一些问题，对于这些问题，该算法比随机猜测还要差。

为了确保此处的转述尽可能的准确，这里引用大卫・沃尔珀特(David H. Wolpert)和威廉姆・麦克里迪(William G. Macready)在其经典论文中的原话如下："NFL 定理意味着，如果一个算法在一类问题上表现得特别好，那么在剩下的其他问题上它可能表现得更糟。特别地，如果一个算法在一些问题上表现得比随机搜索更好，那么它在在剩下的其他问题上就必然表现得比随机搜索更糟……如果一个算法 A 在某些损失函数上优于算法 B，那么宽松地讲必然存在同样多的损失函数，在这些损失函数上，算法 B 要优于算法 A。"

没有免费午餐定理其实就告诉我们对于具体问题必须具体分析。不存在某种方法，能放之四海而皆准。由此扩展开来，我们认为在机器学习中，不可能找到一个模型对所有数据都有效。所以若是在训练集特别有效的，那么通常在很大程度上在训练集以外就会特别糟糕。对于目标函数 f 一无所知的的情况下，机器学习算法从已知的(训练)数据集$\mathcal{D}$中学到了一个 f 的近似函数 g，由 NFL 可知在数据集$\mathcal{D}$以外并不能保证函数 g 仍然近似于目标函数 f。

14.4.2 剪枝方法

为了增强生成的决策树之泛化能力，抑制过拟合的影响，在决策树学习中，需要对已生成的树进行简化，这个过程称为剪枝。也即从已经生成的决策树上裁剪掉一些子树或叶结点，从而生成一个新的、简化的决策树。

决策树剪枝是一个比较大的话题，其中涉及的具体算法也很多。这里仅介绍一种比较简单的决策树剪枝方法。

设决策树 T 中$|T|$个叶子结点，t 是树 T 的叶子结点，该结点上有 N_t 个样本点，其中属于第 c_i 类的样本点有 $N_t(c_i)$个，$i=1,2,\cdots,K$，则可以定义叶子结点 t 上的经验熵为

$$H_t=-\sum_{i=1}^{K}\frac{N_t(c_i)}{N_t}\log\frac{N_t(c_i)}{N_t}$$

在给定参数 $\alpha\geqslant 0$ 的情况下，决策树 T 学习的代价函数(Cost function)可以定义为

$$C_\alpha(T)=\sum_{t=1}^{|T|}N_tH_t+\alpha\mid T\mid$$

上述代价函数中，将经验熵公式代入右端第一项后，得到

$$C(T)=\sum_{t=1}^{|T|}N_tH_t=-\sum_{t=1}^{|T|}\sum_{i=1}^{K}N_t(c_i)\log\frac{N_t(c_i)}{N_t}$$

即 $C_\alpha(T)=C(T)+\alpha|T|$，这里 $C(T)$ 就表示模型对训练数据的预测误差，也就是模型与训练数据的拟合程度，而 $|T|$ 则可以用于表征模型的复杂度，参数 α 控制了两者之间的权衡。这其实就形成了一个带限制条件的优化问题。较大的 α 使得训练过程倾向于选择更加简单的决策树，较小的 α 训练过程倾向于选择更加复杂的决策树。当 $\alpha=0$ 时就意味着尽可能令被生成的决策树拟合训练数据，而忽略模型的复杂度，也就退化为不做剪枝的情况。

当 α 给定时，剪枝的过程就是选择使得代价函数最小的模型。此时，子树越大，决策树分支越细致，则模型对训练数据的拟合程度就越好，但模型的复杂度也随之上升。反过来，子树越小，模型的复杂度也就越小，模型对训练数据的拟合程度会被虚弱，但这种折中往往会提升决策树的泛化能力。

在对已经构建好的决策树进行剪枝时，首先计算出每个结点的经验熵。然后使树从叶子结点自下向上递归地进行回缩。如图 14-21 所示，其中(a)图所示之决策树记为 T_i，如果对“头疼程度”一条分支进行回缩，则所得之(b)图决策树记为 T_{i-1}。两者对应的代价函数分别为 $C_\alpha(T_i)$ 和 $C_\alpha(T_{i-1})$，如果 $C_\alpha(T_i)\geqslant C_\alpha(T_{i-1})$，即如果剪枝会导致代价函数缩小，则对其进行剪枝。于是便得到了图 14-21 中(b)图所示的一棵新的决策树。注意到原来是否头疼的分支中，流感的样例要多于普通感冒的样例，这时可以采取少数服从多数的投票策略，所以新得到之叶子结点对应的判定就是流感。该过程自下向上递归进行，直到不能继续为止，便得到了一棵代价函数最小的新决策树。

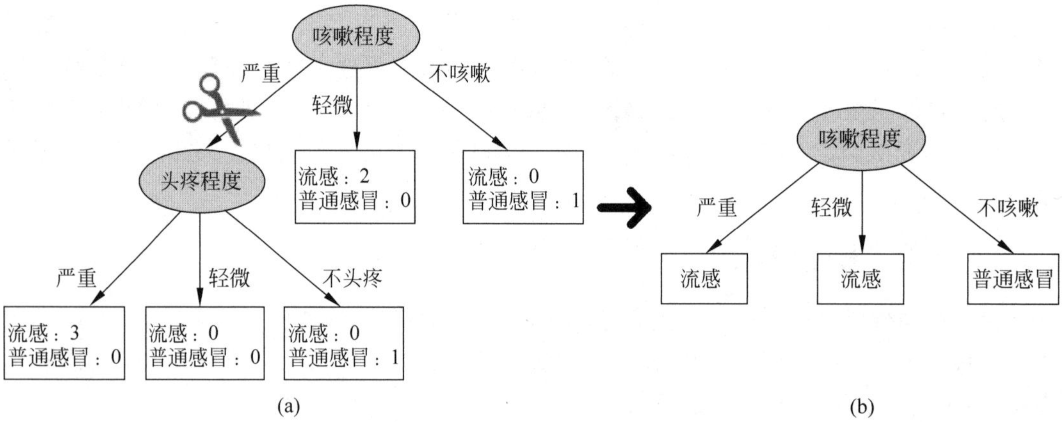

图 14-21 决策树的剪枝

14.5 分类器的评估

在模式识别和信息检索领域，二元分类的问题(binary classification)是常会遇到的一类问题。例如，银行的信用卡中心每天都会收到很多的信用卡申请，银行必须根据客户的一些

资料来预测这个客户是否有较高的违约风险，并据此判断是否要核发信用卡给该名客户。显然"是否会违约"就是一个典型的二元分类的问题。

如果已经根据训练数据建立了一个模型，便可以用一些留存的测试数据来评估已经建立好的模型之效果。此时，常用评估指标主要有：准确率(Accuracy)、精确率(Precision)、召回率(Recall)和F1得分(F1 Score)。为了定义这些评估指标需要用到如图14-22所示的两对概念，即True positive/True negative、False positive/False negative。

真实情况	预测情况	
	Positive	Negative
Positive	TP, True Positive	FN, False Negative (第二类错误)
Negative	TP, False Positive (第一类错误)	TF, True Negative

图14-22 二元分类中的四个概念

为了帮助读者了解四项评估指标的具体意义，后面的介绍中会用到如图14-23中所示的分类测试结果，它来自于一个二元分类器在测试集上得到的测试结果。

真实类别	分类结果	
	A	B
A	79	8
B	13	11

图14-23 一个二元分类器的测试结果

1. 准确率(Accuracy)

准确率定义为测试数据中正确分类的数量和全部测试数据的比值，即

$$\text{Accuracy} = \frac{TP + TN}{TP + TN + FP + FN}$$

就当前讨论的例子而言，可以算得Accuracy=(79+11)/(79+11+13+8)≈0.811。

2. 精确率(Precision)

精确率在信息检索中又称为查准率，对于一个机器学习模型而言，其定义为

$$\text{Precision} = \frac{TP}{TP + FP}$$

如果将图14-22中的B视作正类(Positive class)标签，那么Precision就是"被预测成B且正确的测试样例数量比上全部被预测成B的测试样例数量(包括被预测成B且正确的，以及被预测成B但错误的)"，即有Precision=11/(11+8)≈0.579。

3. 召回率(Recall)

召回率是与Precision相对应的另外一个广泛用于信息检索和统计学分类领域的度量值，在信息检索中又称为查全率，其定义为

$$\text{Recall} = \frac{TP}{TP + FN}$$

同样，如果将图 14-22 中的 B 视作正类(Positive class)标签，那么 Recall 就是“被预测成 B 且正确的测试样例数量比上测试集中全部为 B 的样例数量(被预测成 B 且正确的，以及被预测成 A 但错误的，即其实本来是 B 的)”，即有 Recall＝11/(11＋13)≈0.458。

显然，Precision 和 Recall 两者取值在 0 和 1 之间，数值越接近 1，表面分类器在训练集上表现得越好。

4. F1 得分(F1 Score)

F1 得分是一个兼顾考虑了 Precision 和 Recall 的评估指标。它是指 Precision 和 Recall 的调和平均数(Harmonic mean)，即

$$F_1 = 2 \cdot \frac{\text{precision} \cdot \text{recall}}{\text{precision} + \text{recall}}$$

更广泛地，对于一个实数 β，还可以定义

$$F_\beta = (1 + \beta^2) \cdot \frac{\text{precision} \cdot \text{recall}}{(\beta^2 \cdot \text{precision}) + \text{recall}}$$

这种广义的定义称为 F 得分(F-score、F-measure)。

第 15 章 人工神经网络

CHAPTER 15

人工神经网络(Artificial Neural Network,ANN)是一种模仿生物神经网络之结构和功能的数学模型或计算模型,它通过大量人工神经元连接而成的网络来执行计算任务。尽管人工神经网络的名字初听起来有些深奥,但从另外一个角度来说,它仍然是前面介绍过的多元逻辑回归模型的延伸。只是在本章中多元逻辑回归又多了一个名字——全连接前馈神经网络,这也是神经网络最简单最基础的一种形式。为了加深读者对人工神经网络的认识,本章将以单个神经元所构成的感知机模型作为开始。希望读者可以在这个过程中结合之前已经学习过的模型,努力建立它们与人工神经网络之间的联系。

15.1 从感知机开始

感知机是生物神经细胞的简单抽象,它同时也被认为是最简形式的前馈神经网络,或单层的人工神经网络。1957 年,供职于 Cornell 航空实验室的美国心理学家弗兰克·罗森布拉特(Frank Rosenblatt)提出了可以模拟人类感知能力的机器,并称之为感知机。他还成功地在一台 IBM 704 机上完成了感知机的仿真,极大地推动了人工神经网络的发展。

15.1.1 感知机模型

人类的大脑主要由被称为神经元的神经细胞组成,如图 15-1 所示,神经元通过叫作轴突的纤维丝连在一起。当神经元受到刺激时,神经脉冲通过轴突从一个神经元传到另一个神经元。一个神经元可以通过树突连续到其他神经元的轴突,从而构成神经网络,树突是神经元细胞体的延伸物。

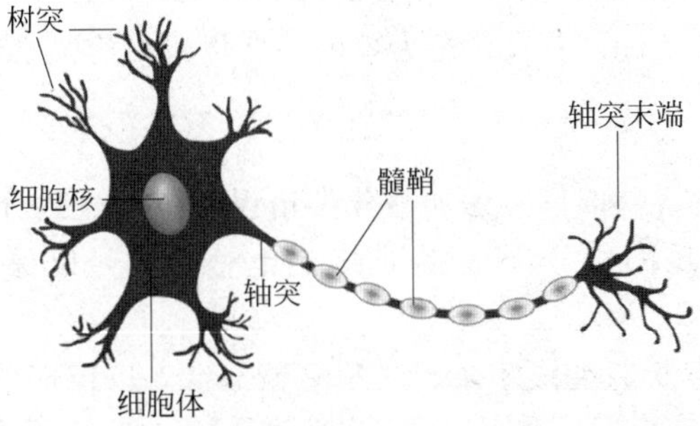

图 15-1 神经元结构

科学研究表明，在同一个脉冲反复刺激下，人类大脑会改变神经元之间的连接强度，这也就是大脑的学习方式。类似于人脑的结构，人工神经网络也由大量的结点(或称神经元)之间相互连接构成。每个结点都代表一种特定的输出函数，我们其称为激励函数(Activation Function)。每两个结点间的连接都代表一个对于通过该连接信号的加权值，称之为权重。

感知机(Perceptron)就相当于是单个的神经元。如图 15-2 所示，它包含两种结点：几个用来表示输入属性的输入结点和一个用来提供模型输出的输出结点。在感知机中，每个输入结点都通过一个加权的链连接到输出结点。这个加权的链用来模拟神经元间连接的强度。像生物神经系统的学习过程一样，训练一个感知器模型就相当于不断调整链的权值，直到能拟合训练数据的输入输出关系为止。

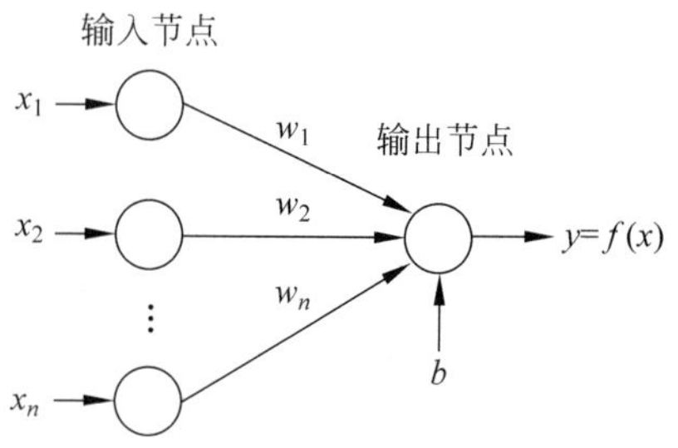

图 15-2 感知机模型

感知机对输入加权求和，再减去偏置因子 b，然后考察结果的符号，得到输出值 $f(\boldsymbol{x})$。于是可以用从输入空间到输出空间的如下函数来表示它

$$f(\boldsymbol{x}) = \operatorname{sign}(\boldsymbol{w} \cdot \boldsymbol{x} + b)$$

其中，$\boldsymbol{w}$ 和 b 为感知机模型参数，$\boldsymbol{w}$ 称为权值向量，b 称为偏置，$\boldsymbol{w} \cdot \boldsymbol{x}$ 表示 $\boldsymbol{w}$ 和 $\boldsymbol{x}$ 的内积。sign 是符号函数，即

$$\operatorname{sign}(\alpha) = \begin{cases} +1, & \alpha \geqslant 0 \\ -1, & \alpha < 0 \end{cases}$$

感知机是一种线性分类模型，这与前面介绍过的支持向量机非常相似。线性方程 $\boldsymbol{w} \cdot \boldsymbol{x} + b = 0$ 就对应于特征空间中的一个分离超平面，其中 $\boldsymbol{w}$ 是超平面的法向量，b 是超平面的截距。该超平面将特征空间划分为两个部分。位于两部分的点(特征向量)分别为正、负两类。

15.1.2 感知机学习

给定一个训练数据集

$$T = \{(\boldsymbol{x}_1, y_1), (\boldsymbol{x}_2, y_2), \cdots, (\boldsymbol{x}_N, y_N)\}$$

其中，$\boldsymbol{x}_i \in \mathcal{X} = \mathbb{R}^n$，$y_i \in \mathcal{Y} = \{-1, 1\}$，$i = 1, 2, \cdots, N$。那么一个错误的预测结果同实际观察值之间的差距可以表示为

$$D(\boldsymbol{w}, b) = [y_i - \operatorname{sign}(\boldsymbol{w} \cdot \boldsymbol{x}_i + b)]^2$$

显然对于预测正确的结果，上式总是为零的。所以可以定义总的损失函数如下

$$L(\boldsymbol{w}, b) = -\sum_{x_i \in M} y_i (\boldsymbol{w} \cdot \boldsymbol{x}_i + b)$$

其中，M 为误分类点的集合。即只考虑那些分类错误的点。显然分类错误的点之预测结果同实际观察值 y_i 具有相反的符号，所以在前面加上一个负号以保证和式中的每一项都是正的。

现在感知机的学习目标就变成了求得一组参数 $\boldsymbol{w}$ 和 b 以保证下式取得极小值的一个最优化问题

$$\min_{w,b} L(w,b) = -\sum_{x_i \in M} y_i(w \cdot x_i + b)$$

其中 $\boldsymbol{w}$ 向量和 $\boldsymbol{x}_i$ 向量中的元素的索引都是从 1 开始的，为了符号上的简便，用 w_0 来代替 b，然后在 $\boldsymbol{x}_i$ 向量中增加索引为 0 的项，并令其恒等于 1。这样可以将上式写成

$$\min_{w} L(\boldsymbol{w}) = -\sum_{x_i \in M} y_i(\boldsymbol{w} \cdot \boldsymbol{x}_i)$$

感知机学习算法是误分类驱动的，具体采用的方法是随机梯度下降法（Stochastic Gradient Descent）。首先，任选一个参数向量 $\boldsymbol{w}^0$，由此可决定一个超平面。然后用梯度下降法不断地极小化上述目标函数。极小化过程中不是一次使 M 中所有误分类点的梯度下降，而是一次随机选取一个误分类点使其梯度下降。

假设误分类点集合 M 是固定的，那么损失函数 $L(\boldsymbol{w})$ 的梯度由下式给出

$$\nabla L(\boldsymbol{w}) = -\sum_{x_i \in M} y_i \boldsymbol{x}_i$$

随机选取一个误分类点$(\boldsymbol{x}_i, y_i)$，对 $\boldsymbol{w}$ 进行更新

$$\boldsymbol{w}^{k+1} \leftarrow \boldsymbol{w}^k + \eta y_i \boldsymbol{x}_i$$

式中 η 是步长，$0 < \eta \leqslant 1$，在统计学习中又称为学习率。这样，通过迭代便可期望损失函数 $L(\boldsymbol{w})$不断减小，直到为 0。在感知机学习算法中我们一般令其等于 1。所以迭代更新公式就变为了

$$\boldsymbol{w}^{k+1} \leftarrow \boldsymbol{w}^k + y_i \boldsymbol{x}_i$$

图 15-3 更加清楚地表明了这个更新过程的原理。其中(a)图表示实际观察值为+1，但是模型的分类预测结果为−1。根据向量运算的法则，可知 $\boldsymbol{w}^k$ 和 $\boldsymbol{x}_i$ 之间的角度太大了，于是试图将两者之间的夹角调小一点。

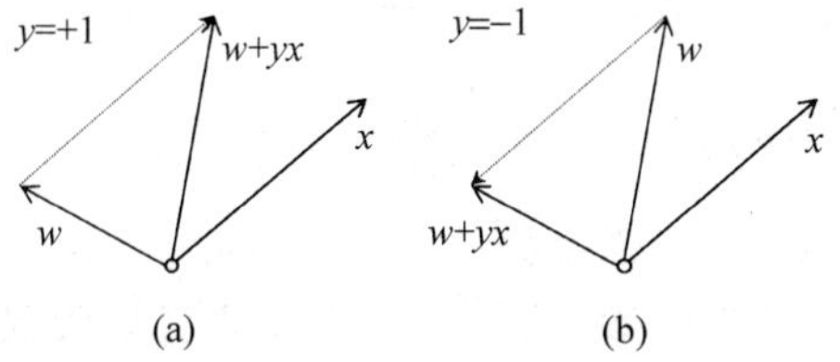

图 15-3 迭代更新过程

根据平行四边形法则，$\boldsymbol{w}^k + y_i\boldsymbol{x}_i$ 就表示由 $\boldsymbol{w}^k$ 和 $\boldsymbol{x}_i$ 所构成之平行四边形的对角线，$\boldsymbol{w}^{k+1}$ 与 $\boldsymbol{x}_i$ 之间的角度就被调小了。图 15-3 中(b)图表示观察值为−1，但是模型的分类预测结果为+1。类似地，可知 $\boldsymbol{w}^k$ 和 $\boldsymbol{x}_i$ 之间的角度太小了，于是设法将两者之间的夹角调大一点。在 $\boldsymbol{w}^k + y_i\boldsymbol{x}_i$ 中，观察值 $y_i = -1$，所以这个式子就相当于是在执行向量减法，结果如图 15-3 所示就是把 $\boldsymbol{w}^{k+1}$ 与 $\boldsymbol{x}_i$ 之间的角度给调大一些。

综上所述，对于感知机模型 $f(\boldsymbol{x}) = \text{sign}(\boldsymbol{w} \cdot \boldsymbol{x})$，可以给出其学习算法如下

(1) 随机选取初值 $\boldsymbol{w}^{k=0}$；

(2) 在训练集中选取数据$(\boldsymbol{x}_i, y_i)$；

(3) 如果 $y_i(\boldsymbol{w}^k \cdot \boldsymbol{x}_i) \leqslant 0$，即该点是一个误分类点，则

$$\boldsymbol{w}^{k+1} \leftarrow \boldsymbol{w}^k + y_i \boldsymbol{x}_i$$

(4) 转至第(2)步，直到训练集中没有误分类点。

接下来就采用感知机学习算法对介绍支持向量机时曾经用过的数据集进行分类。该数据集给定了平面上的三个数据点，其中，标记为+1的数据点为 $\boldsymbol{x}_1=(3,3)$ 以及 $\boldsymbol{x}_2=(4,3)$，标记为−1的数据点 $\boldsymbol{x}_3=(1,1)$。

根据算法描述，首先选取初值 $\boldsymbol{w}^0=(0,0,0)$。此时，对于 $\boldsymbol{x}_1$ 来说有

$$y_1(w_1^0\cdot x_1^{(1)}+w_2^0\cdot x_1^{(2)}+w_0^0)=0$$

即没有被正确分类，于是更新

$$\boldsymbol{w}^1=\boldsymbol{w}^0+y_1(3,3,1)=(3,3,1)$$

得到线性模型

$$\boldsymbol{w}^1\cdot\boldsymbol{x}=3x^{(1)}+3x^{(2)}+1$$

对于 $\boldsymbol{x}_1$ 和 $\boldsymbol{x}_2$，分类结果正确。但对于 $\boldsymbol{x}_3$，可得

$$y_3(w_1^1\cdot x_3^{(1)}+w_2^1\cdot x_3^{(2)}+w_0^1)<0$$

即没有被正确分类，于是更新

$$\boldsymbol{w}^2=\boldsymbol{w}^1+y_3(1,1,1)=(2,2,0)$$

得到线性模型

$$\boldsymbol{w}^2\cdot\boldsymbol{x}=2x^{(1)}+2x^{(2)}$$

如此继续下去，直到 $\boldsymbol{w}^7=(1,1,-3)$ 时，新的分类超平面为

$$\boldsymbol{w}^7\cdot\boldsymbol{x}=x^{(1)}+x^{(2)}-3$$

对所有数据点 $y_i(\boldsymbol{w}^7\cdot\boldsymbol{x}_i)>0$，不再有误分类的数据点，损失函数达到极小。最终的感知机模型就为

$$f(\boldsymbol{x})=\text{sign}(x^{(1)}+x^{(2)}-3)$$

注意这一结果同之前采用支持向量机所得之模型是不同的。事实上，感知机学习算法由于采用不同的初值或选取不同的误分类点，解也不是唯一的。

15.1.3 多层感知机

正如同在支持向量机中曾经讨论过的那样，简单的线性分类器在使用过程中是具有很多限制的。对于线性可分的分类问题，感知机学习算法保证收敛到一个最优解，如图15-4中的(a)和(b)所示，我们最终可以找到一个超平面来将两个集合分开。但如果问题不是线性可分的，那么算法就不会收敛。例如图15-4中的(c)所给出的区域相当于是(a)和(b)中的集合进行了逻辑交运算，所得之结果就是非线性可分的例子。简单的感知机找不到该数据的正确解，因为没有线性平面可以把训练实例完全分开。

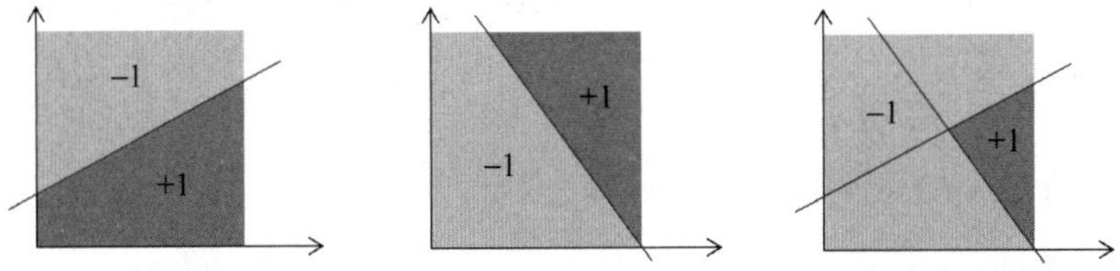

(a) (b) (c)

图15-4 线性分类器的组合使用

一个解决方案是把简单的感知机进行组合使用。如图15-5所示，事实上是在原有简单感知机的基础上又增加了一层。最终可以将图中所示的双层感知机模型用下面这个式子来

表示

$$G(\boldsymbol{x})=\operatorname{sign}\left[\alpha_0+\sum_{i=1}^{n}\alpha_i\cdot\operatorname{sign}(\boldsymbol{w}_i^{\mathrm{T}}\boldsymbol{x})\right]=\operatorname{sign}[-1+g_1(\boldsymbol{x})+g_2(\boldsymbol{x})]$$

注意，其中 $\boldsymbol{w}_1$ 和 $\boldsymbol{w}_2$ 是权值向量（与图 15-2 中的 w_1 和 w_2 不同），例如，$\boldsymbol{w}_1$ 中的各元素依次为 $w_{10},w_{11},\cdots,w_{1n}$。同时为了符号表达上的简洁，令 $x_0=1$，这样一来，便可以用 w_{10} 来代替之前的偏置因子 b。显然，在上式的作用下，只有当 $g_1(\boldsymbol{x})$ 和 $g_2(\boldsymbol{x})$ 都为 +1 时，最终结果才为 +1，否则最终结果就为 −1。

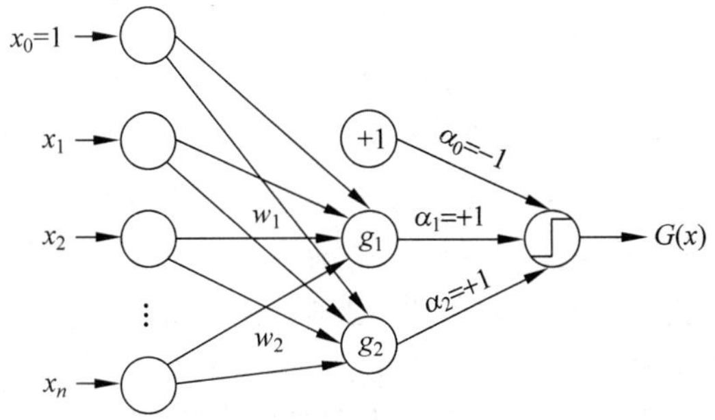

图 15-5 实现交运算的双层感知机

易见，上面这种双层的感知机模型其实是简单感知机的一种线性组合，但是它却非常强大。比如平面上有个圆形区域，圆周内的数据集标记为“+”，圆周外的数据集则标记为“−”。显然用简单的感知机模型，我们无法准确地将两个集合区分开来。但是类似于前面的例子，显然可以用 8 个简单感知机进行线性组合，如图 15-6 中的(a)图所示，然后用所得之正八边形来作为分类器。或者还可以使用如图 15-6 中的(b)图所示的（由 16 个简单感知机进行线性组合而成的）正十六边形来作为分类器。理论上来说，只要采用足够数量的感知机，我们最终将会得到一条平滑的划分边界。不仅可以用感知机的线性组合来对圆形区域进行逼近，事实上采用此种方式，我们可以得到任何凸集的分类器。

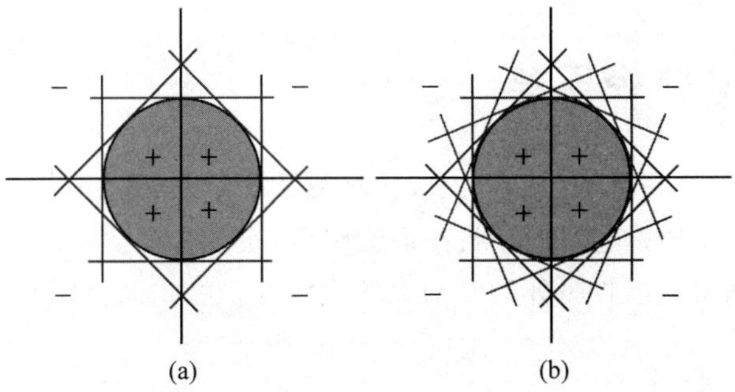

图 15-6 简单感知机的线性组合应用举例

可见，双层的感知机已经比单层的情况强大许多了。此时，自然会想到如果再加一层感知机呢？作为一个例子，不妨来想想如何才能实现逻辑上的异或运算。从图 15-7 中来看，现在的目标就是得到如其中(c)所示的一种划分。异或运算要求当两个集合不同时（即一个标记为“+”，一个标记为“−”），它们的异或结果为“+”；相反，两个集合相同时，它们的异或结果就为“−”。

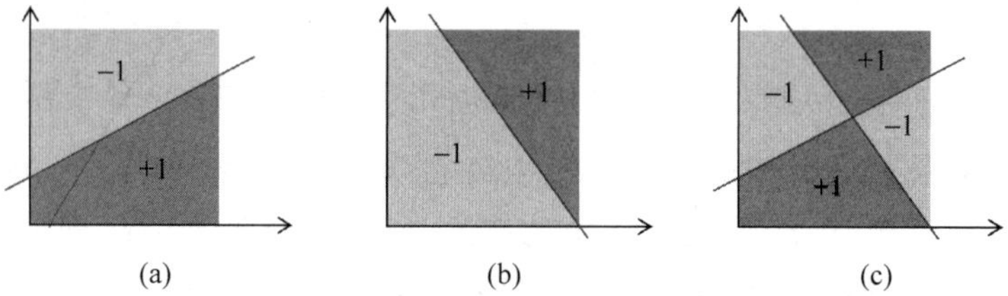

图 15-7 异或运算

根据基本的离散数学知识可得

$$XOR(g_1, g_2) = (\neg g_1 \wedge g_2) \vee (g_1 \wedge \neg g_2)$$

于是可以使用如图 15-8 所示的多层感知机模型(Multi-layer Perceptrons)来解决我们的问题。也就是先做一层交运算,再做一层并运算。注意交运算中隐含有一层取反运算。这个例子显示出了多层感知机模型更为强大的能力。因为问题本身是一个线性不可分的情况。可想而知,即使用支持向量机来做分类,也是很困难的。

到此为止,就得到人工神经网络的基本形式了。而这一切都是从最简单的感知机模型一步步推演而来的。更进一步的内容,将留待本章后续进行讲解。

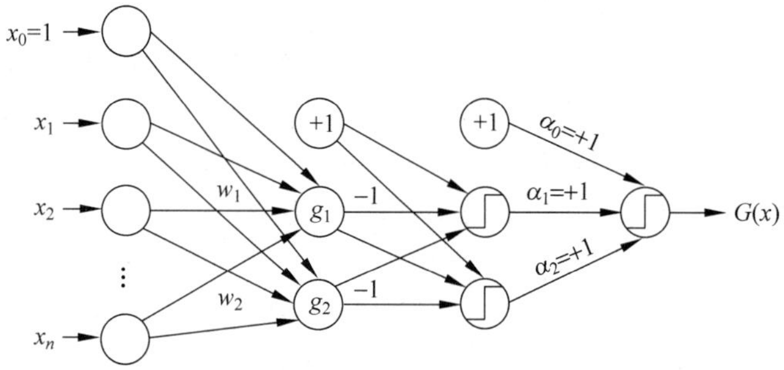

图 15-8 多层感知机模型

15.2 基本神经网络

在上一节中,为了让简单的感知机完成更加复杂的任务,我们设法增加了感知机结构的层数。多层感知机的本质是通过感知机的嵌套组合,实现特征空间的逐层转换,以期在一个空间中不可分的数据集得以在另外的空间中变得可分。由此也引出了人工神经网络的基本形式。

15.2.1 神经网络结构

回顾一下已经得到的多层感知机模型。网络输入层和输出层之间可能包含多个中间层,这些中间层叫作隐藏层(Hidden Layer),隐藏层中的结点称为隐藏结点(Hidden Node)。这也就是人工神经网络的基本结构。具有这种结构的神经网络也称前馈神经网络(Feedforward Neural Network),或全连接前馈神经网络。

在前馈神经网络中,每一层的结点仅和下一层的结点相连。换言之,在网络内部,参数

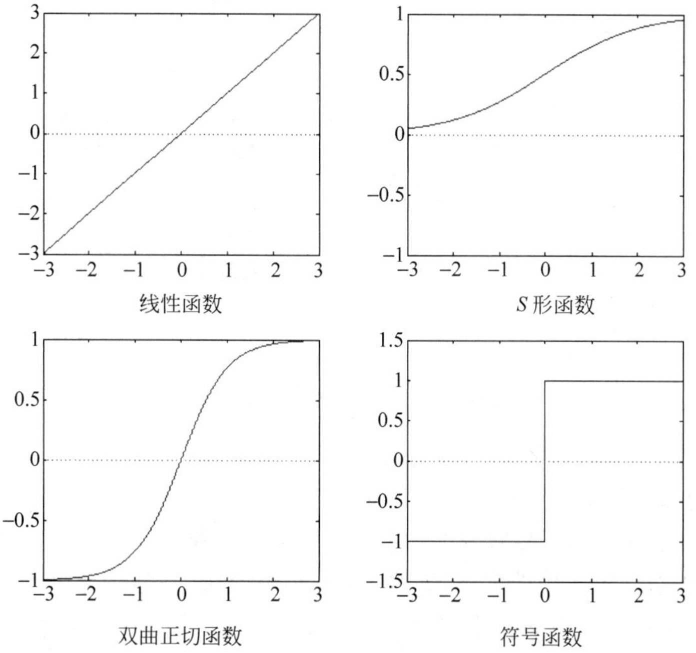

图 15-9 人工神经网络中常用激活函数的类型

从输入层向输出层单向传播。感知机就是一个单层的前馈神经网络，因为它只有一个结点层(输出层)进行复杂的数学运算。在循环的(Recurrent)神经网络中，允许同一层结点相连或一层的结点连到前面各层中的结点。可见，人工神经网络的结构比感知器模型更复杂，而且人工神经网络的类型也有许多种。但在本章中，我们仅讨论前馈神经网络。

除了符号函数外，神经网络中还可以使用其他类型的激活函数，常见的激活函数类型有线性函数、S形函数、双曲正切函数等，如图 15-9 所示。实践中，双曲正切函数较为常见，在本章后续的讨论中，我们也以此为例进行介绍。但读者应该明白，这并不是唯一的选择。此外也不难发现，这些激活函数允许隐藏结点和输出结点的输出值与输入参数呈非线性关系。

15.2.2 符号标记说明

为了方便后续的介绍，此处先来整理一下符号记法。假设有如图 15-10 所示的一个神经网络，最开始有一组输入 $\boldsymbol{x}=(x_0, x_1, x_2, \cdots, x_d)$，在权重 $\boldsymbol{w}_{ij}^{(1)}$ 的作用下，得到一组中间的输出。这组输出作为下一层的输入，并在权重 $w_{jk}^{(2)}$ 的作用下，得到另外一组中间的输出。如此继续下去，经过剩余所有层的处理之后将得到最终的输出。如何标记上面这些权重呢？那么就先要来看看模型中一共有哪些层次。通常，将第一次得到的中间输出的层次标记为第1层(亦即图中只有三个结点的那层)。然后以此类推，(如图 15-8 所示)继续标记第 2 层以及(给出最终结果的)第 3 层。此外，为了记法上的统一，将输入层(尽管该层什么处理都不做)标记为第 0 层。

第 0 层和第 1 层之间的权重，用 $w_{ij}^{(1)}$ 来表示，所以符号中(用于标记层级的)上标 ℓ 就在 1 到 L 之间取值，L 是神经网络(不计第 0 层)的层数，例子中 $L=3$。如果用 d 来表示每一层的结点数，那么第 ℓ 层所包含的结点数就记为 $d^{(\ell)}$。如果将 j 作为权重 $w_{ij}^{(\ell)}$ 中对应输出项

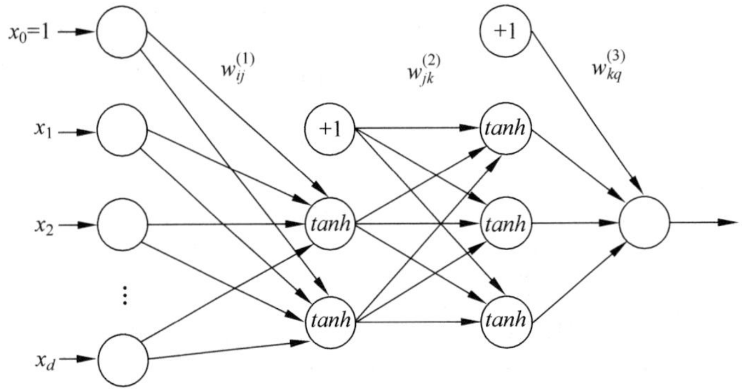

图 15-10 人工神经网络模型

的索引,那么 j 的取值就介于 1 到 $d^{(\ell)}$ 之间。

网络中间的每一层都要接收前一层的输出来作为本层的输入,然后经过一定计算再将结果输出。换言之,第 ℓ 层所接收到的输入就应该是前一层(即第 $\ell-1$ 层)的输出。如果将 i 作为权重 $w_{ij}^{(\ell)}$ 中对应输入项的索引,那么 i 的取值就介于 0 到 $d^{(\ell-1)}$ 之间。注意,这里索引为 0 的项就对应了每一层中的偏置因子。综上所述,可以用下式来标记每一层上的权重

$$w_{ij}^{(\ell)} := \begin{cases} 1 \leqslant \ell \leqslant L, & \text{层数} \\ 0 \leqslant i \leqslant d^{(\ell-1)}, & \text{输入} \\ 1 \leqslant j \leqslant d^{(\ell)}, & \text{输出} \end{cases}$$

于是,前一层的输出 $x_i^{(\ell-1)}$ 在权值 $w_{ij}^{(\ell)}$ 的作用下,可以进而得到每层在激励函数(在本例中即 tanh)作用之前的分数为

$$s_j^{(\ell)} = \sum_{i=0}^{d^{(\ell-1)}} w_{ij}^{(\ell)} \cdot x_i^{(\ell-1)}$$

而经由激励函数转换后的结果可以表示为

$$x_j^{(\ell)} = \begin{cases} \tanh[s_j^{(\ell)}], & \ell < L \\ s_j^{(\ell)}, & \ell = L \end{cases}$$

其中在最后一层时,可以选择直接输出分数。

当每一层的结点数 $d^{(0)}, d^{(1)}, \cdots, d^{(L)}$ 和相应的权重 $\boldsymbol{w}_{ij}^{(\ell)}$ 确定之后,整个人工神经网络的结构就已经确定了。前面也讲过神经网络的学习过程就是不断调整权值以适应样本数据观察值的过程。具体这个训练的方法,将留待后面介绍。假设已经得到了一个神经网络(包括权重),现在就来仔细审视一下这个神经网络一层一层到底在做什么。从本质来说,神经网络的每一层其实就是在执行某种转换,即由下式所阐释之意义

$$\phi^{(\ell)}(\boldsymbol{x}) = \tanh\begin{bmatrix} \sum_{i=0}^{d^{(\ell-1)}} w_{ij}^{(\ell)} \cdot x_i^{(\ell-1)} \\ \vdots \end{bmatrix}$$

也就是说神经网络的每一层都是在将一些列的输入 $x_i^{(\ell-1)}$(也就是上一层的输出)来和相应的权重 $w_{ij}^{(\ell)}$ 来做内积。并将内积的结果通过一个激励函数处理之后的结果作为输出。那么这样的结果在什么时候会比较大呢?显然,当 $\boldsymbol{x}$ 向量与 $\boldsymbol{w}$ 向量越相近的时候,最终的结果

会越大。从向量分析的角度来说，如果两个向量是平行的，那么它们之间就有很强的相关性，那么它们两者的内积就会比较大。相反，如果两个向量是垂直的，那么它们之间的相关性就越小，相应地，它们两者的内积就会比较小。因此，神经网络每一层所做的事，其实也是在检验输入向量 $\boldsymbol{x}$ 与权重向量 $\boldsymbol{w}$ 在模式上的匹配程度如何。换句话说，神经网络的每一层都是在进行一种模式提取。

15.2.3　后向传播算法

当已经有了一个神经网络的时候，即每一层的结点数和每一层的权重都确定时，可以利用这个模型来做什么呢？这和之前所介绍的各种机器学习模型是一样的，面对一个数据点(或特征向量)$\boldsymbol{x}_n=(x_1,x_2,\cdots,x_d)$，将其投放到已经建立起来的网络中就可以得到一个输出 $G(\boldsymbol{x}_n)$，这个值就相当于是模型给出的预测值。另一方面，对于收集到的数据集而言，每一个 $\boldsymbol{x}_n$ 所对应的那个正确的分类结果 y_n 则是已知的。于是便可以定义模型预测值与实际观察值两者之间的误差为

$$e_n=[y_n-G(\boldsymbol{x}_n)]^2$$

最终的目标应该是让上述误差最小，同时又注意 $G(\boldsymbol{x}_n)$是一个关于权重 $w_{ij}^{(\ell)}$ 的函数，所以对于每个数据点都可算得一个

$$\frac{\partial e_n}{\partial w_{ij}^{(\ell)}}$$

当误差取得极小值时，上式所示的梯度应该为零。

注意神经网络中的每一层都有一组权重 $w_{ij}^{(\ell)}$，所以我们想知道的其实是最终的误差估计与之前每一个 $w_{ij}^{(\ell)}$ 之变动间的关系，这乍看起来确实有点令人无从下手。所以不妨来考虑最简单的一种情况，即考虑最后一层的权重 $w_{i1}^{(L)}$ 之变动对误差 e_n 的影响。

因为最后一层的索引是 L，而且输出结点只有一个，所以使用的标记是 $w_{i1}^{(L)}$，可见这种情况考虑起来要简单许多。特别地，根据上一小节的讨论，每层在激励函数作用之前的分数为 $s_j^{(\ell)}$。而最后一层我们设定是不做处理的，所以它的输出就是 $s_1^{(L)}$。于是对于最后一层而言，误差定义式就可以写成

$$e_n=[y_n-G(\boldsymbol{x}_n)]^2=[y_n-s_1^{(L)}]^2=\left[y_n-\sum_{i=0}^{d^{(L-1)}}\boldsymbol{w}_{i1}^{(L)}\cdot\boldsymbol{x}_i^{(L-1)}\right]^2$$

根据微积分中的链式求导法则可得下式，其中 $0\leqslant i\leqslant d^{(\ell-1)}$

$$\frac{\partial e_n}{\partial w_{i1}^{(L)}}=\frac{\partial e_n}{\partial s_1^{(L)}}\cdot\frac{\partial s_1^{(L)}}{\partial w_{i1}^{(L)}}=-2[y_n-s_1^{(L)}]\cdot[x_i^{(L-1)}]$$

同理可以推广到对于中间任一层有

$$\frac{\partial e_n}{\partial w_{ij}^{(\ell)}}=\frac{\partial e_n}{\partial s_j^{(\ell)}}\cdot\frac{\partial s_j^{(\ell)}}{\partial w_{ij}^{(\ell)}}=\delta_j^{(\ell)}\cdot[x_i^{(l-1)}]$$

其中，$1\leqslant\ell\leqslant L$；$0\leqslant i\leqslant d^{(\ell-1)}$；$1\leqslant j\leqslant d^{(\ell)}$。注意到上式的偏微分链中的第二项之计算方法与前面的一样，只是偏微分链中的第一项一时还无法计算，所以用符号 $\delta_j^{(\ell)}=\partial e_n/\partial s_j^{(\ell)}$ 来表示每一层激励函数作用之前的分数对于最终误差的影响。而且最后一层的 $\delta_j^{(\ell)}$ 是已经算得的，即

$$\delta_1^{(L)}=-2[y_n-s_1^{(L)}]$$

于是现在的问题就变成了如何计算前面几层的 $\delta_j^{(\ell)}$。

既然 $\delta_j^{(\ell)}$ 表示的是每层激励函数作用之前的分数对于最终误差的影响，不妨来仔细考察一下每层的分数到底是如何影响最终误差的。从下面的转换过程可以看出，$s_j^{(\ell)}$ 经过一个神经元的转换后变成输出 $x_j^{(\ell)}$。然后，$x_j^{(\ell)}$ 在下一层的权重 $w_{jk}^{(\ell+1)}$ 之作用下，就变成了下一层中众多神经元的输入 $s_1^{(\ell+1)}\cdots s_k^{(\ell+1)}\cdots$ 如此继续下去直到获得最终输出。

$$s_j^{(\ell)} \overset{\tanh}{\Rightarrow} x_j^{(\ell)} \overset{w_{jk}^{(\ell+1)}}{\Rightarrow} \begin{bmatrix} s_1^{(\ell+1)} \\ \vdots \\ s_k^{(\ell+1)} \\ \vdots \end{bmatrix} \Rightarrow \cdots \Rightarrow e_n$$

理清上述关系之后，我们就知道在计算 $\delta_j^{(\ell)}$ 时，其实是需要一条更长的微分链来作为过渡，并再次使用 δ 标记对相应的部分做替换，即有

$$\begin{aligned} s_j^{(\ell)} = \frac{\partial e_n}{\partial s_j^{(\ell)}} &= \sum_{k=1}^{d^{(\ell+1)}} \frac{\partial e_n}{\partial s_k^{(\ell+1)}} \cdot \frac{\partial s_k^{(\ell+1)}}{\partial x_j^{(\ell)}} \cdot \frac{\partial x_j^{(\ell)}}{\partial s_j^{(\ell)}} \\ &= \sum_{k=1}^{d^{(\ell+1)}} \delta_k^{(\ell+1)} \cdot \boldsymbol{w}_{jk}^{(\ell+1)} \cdot [\tanh'(s_j^{(\ell)})] \end{aligned}$$

这表明每一个 $\delta_j^{(\ell)}$ 可由其后面一层的 $\delta_k^{(\ell+1)}$ 算得，而最后一层的 $\delta_1^{(L)}$ 是前面已经算得的。于是从后向前便可逐层计算。这就是所谓的后向传播(Backward Propagation，BP)算法的基本思想。

后向传播算法是一种常被用来训练多层感知机的重要算法。它最早由美国科学家保罗·沃布斯(Paul Werbos)于 1974 年在其博士学位论文中提出，但最初并未受到学术界的重视。直到 1986 年，美国认知心理学家大卫·鲁梅哈特(David Rumelhart)、英裔计算机科学家杰弗里·辛顿(Geoffrey Hinton)和东北大学教授罗纳德·威廉姆斯(Ronald Williams)在一篇论文中重新提出了该算法，并获得了广泛的注意，进而引起了人工神经网络领域研究的第二次热潮。

后向传播算法的主要执行过程是，首先对 $\boldsymbol{w}_{ij}^{(\ell)}$ 进行初始化，即给各连接权值分别赋一个区间(−1,1)内的随机数，然后执行如下步骤：

(1) 随机选择一个 $n\in\{1,2,\cdots,N\}$；

(2) 前向：计算所有的 $x_i^{(\ell)}$，利用 $\boldsymbol{x}^{(0)}=\boldsymbol{x}_n$。

(3) 后向：由于最后一层的 $\delta_j^{(\ell)}$ 是已经算得，于是可以从后向前，逐层计算出所有的 $\delta_j^{(\ell)}$。

(4) 梯度下降法：$w_{ij}^{(\ell)} \leftarrow w_{ij}^{(\ell)} - \eta x_i^{(\ell-1)}\delta_j^{(\ell)}$。

当 $\boldsymbol{w}_{ij}^{(\ell)}$ 更新到令 e_n 足够小时，即可得到最终的网络模型为

$$G(\boldsymbol{x}) = \left\{\cdots\tanh\left[\sum\nolimits_j \boldsymbol{w}_{jk}^{(2)} \cdot \tanh\left(\sum\nolimits_i w_{ij}^{(1)} x_i\right)\right]\right\}$$

考虑到实际中，上述方法的计算量有可能会比较大。一个可以考虑的优化思路，就是所谓的 *mini-batch* 法。此时，我们不再是随机选择一个点，而是随机选择一组点，然后并行地计算步骤(1)到步骤(3)。然后取一个 $x_i^{(\ell-1)}\delta_j^{(\ell)}$ 的平均值，并用该平均值来进行步骤(4)中的梯度下降更新。实践中，这个思路是非常值得推荐的一种方法。

15.3 神经网络实践

人工神经网络是一个非常复杂的话题，它的类型也有多种。本章所介绍的是其中比较基础的内容。针对不同的神经网络类型，R 中提供的用于建立神经网络的软件包也有很多。本节将介绍其中最为常用的 nnet 软件包，该程序包主要用来建立单隐藏层的前馈人工神经网络模型。

15.3.1 核心函数介绍

实现神经网络的核心函数是 nnet()，它主要用来建立单隐藏层的前馈神经网络模型，同时也可用它来建立无隐藏层的前馈人工神经网络模型（也就是感知机模型）。

函数 nnet()的具体使用格式有两种形式，下面分别介绍该函数的两种使用方式。第一类使用格式如下。

```
nnet(formula, data, weights, subset, na.action, contrasts = NULL)
```

其中，formula 代表的是函数模型的形式。formula 的书写规则与多元线性回归时所用到的类似。参数 data 给出的是一个数据框，formula 中指定的变量将优先从该数据框中选取。参数 weights 代表的是各类样本在模型中所占的权重，该参数的默认值为 1，即各类样本按原始比例建立模型。参数 subset 主要用于抽取样本数据中的部分样本作为训练集，该参数所使用的数据格式为一向量，向量中的每个数代表所需要抽取样本的行数。参数 na.action 指定了当发现有 NA 数据时将会采取的处理方式。

函数 nnet()的第二类使用格式如下。

```
nnet(x, y, weights, size, Wts, mask,
     linout = FALSE, entropy = FALSE, softmax = FALSE,
     censored = FALSE, skip = FALSE, rang = 0.7, decay = 0,
     maxit = 100, Hess = FALSE, trace = TRUE, MaxNWts = 1000,
     abstol = 1.0e-4, reltol = 1.0e-8)
```

其中，x 为一个矩阵或者一个格式化数据集。该参数就是在建立人工神经网络模型中所需要的自变量数据。参数 y 是在建立人工神经网络模型中所需要的类别变量数据。但在人工神经网络模型中，类别变量格式与其他函数中的格式有所不同。这里的类别变量 y 是一个由函数 class.ind()得到的类指标矩阵。

在第二类使用格式中的参数 weights 的使用方式及用途与第一类使用格式中的参数 weights 一样。size 代表的是隐藏层中的结点个数。通常，该隐藏层的结点个数应该为输入层结点个数的 1.2 倍至 1.5 倍，即自变量个数的 1.2 倍至 1.5 倍。如果将参数值设定为 0，则表示建立的模型为无隐藏层的人工神经网络模型。

参数 rang 指的是初始随机权重的范围是[－rang，rang]。通常情况下，该参数的值只有在输入变量很大的情况下才会取到 0.5 左右，而一般对于确定该参数的值是存在一个经验公式的，即要求 rang 与 x 的绝对值中的最大值的乘积大约等于 1。

参数 decay 是指在模型建立过程中，权重值的衰减精度，默认值为 0，当模型的权重值每次衰减小于该参数值时，模型将不再进行迭代。参数 maxit 控制的是模型的最大迭代次数，即在模型迭代过程中，若一直没有达到停止迭代的条件，那么模型将会在迭代达到该最大次数后停止迭代，这个参数的设置主要是为了防止模型陷入死循环，或者是一些没必要的迭代。

前面已经提到了函数 class.ind()，该函数也位于 nnet 软件包中。它是用来对数据进行预处理的。更具体地说，该函数是用来对建模数据中的结果变量进行处理的，也就是前面所说的那样，模型中的 y 必须是经由 class.ind()处理而得的。该函数对结果变量的处理，其实是通过结果变量的因子变量来生成一个类指标矩阵。它的基本格式如下。

```
class.ind(cl)
```

易见，函数中只有一个参数，该参数可以是一个因子向量，也可以是一个类别向量。这表明其中的 cl 可以直接是需要进行预处理的结果变量。为了更好地了解该函数的功能，不妨来看看该函数定义的源代码。

```
class.ind <- function(cl)
{
    n <- length(cl)
    cl <- as.factor(cl)
    x <- matrix(0, n, length(levels(cl)) )
    x[(1:n) + n * (unclass(cl) - 1)] <- 1
    dimnames(x) <- list(names(cl), levels(cl))
    x
}
```

所以该函数主要是将向量变成一个矩阵，其中每行还是代表一个样本。只是将样本的类别用 0 和 1 来表示，即如果是该类，则在该类别名下用 1 表示，而其余的类别名下面用 0 表示。

15.3.2 应用分析实践

下面以费希尔的鸢尾花数据为例，演示利用 nnet 软件包提供之函数进行基于人工神经网络的数据挖掘方法。我们也已经知道，nnet()函数在建立支持单隐藏层前馈神经网络模型的时候有两种建立方式，即根据既定公式建立模型和根据所给的数据建立模型。接下来我们将具体演示基于上述数据函数的两种建模过程。

根据函数的第一种使用格式，在针对上述数据建模时，应该先确定我们所建立模型所使用的数据，然后再确定所建立模型的响应变量和自变量。来看下面这段示例代码。注意，这里使用的是 iris3 数据集，这与上一章中所用到的鸢尾花数据是一致的，但数据格式略有不同。

```
> samp <- c(sample(1:50,25), sample(51:100,25), sample(101:150,25))
> ird <- data.frame(rbind(iris3[,,1], iris3[,,2], iris3[,,3]),
+       species = factor(c(rep("s",50), rep("c", 50), rep("v", 50))))
> ir.nn1 <- nnet(species ~ ., data = ird, subset = samp, size = 2,
+       rang = 0.1, decay = 5e-4, maxit = 200)
```

正如上一小节中所讲的，在使用第一种格式建立模型时，如果使用数据中的全部自变量作为模型自变量时，可以简要地使用形如“species ～ .”这样的写法，其中的“.”代替全部的自变量。

根据函数的第二种使用格式，在针对上述数据建立模型时，首先应该将因变量和自变量分别提取出。自变量通常用一个矩阵表示，而对于因变量则应该进行相应的预处理。具体而言，就是利用函数 class.ind()将因变量处理为类指标矩阵。来看下面这段示例代码。

```
> targets <- class.ind( c(rep("s", 50), rep("c", 50), rep("v", 50)))
> ir <- rbind(iris3[,,1],iris3[,,2],iris3[,,3])
> ir.nn2 <- nnet(ir[samp,], targets[samp,], size = 2, rang = 0.1,
+           decay = 5e-4, maxit = 200)
```

在使用第二种格式建立模型时，不需要特别强调所建立模型的形式，函数会自动将所有输入到 x 矩阵中的数据作为建立模型所需要的自变量。

在上述过程中，两种模型的相关参数都是一样的，两个模型的权重衰减速度最小值都为 $5e^{-4}$；最大迭代次数都为 200 次；隐藏层的结点数都为 4 个。需要说明的是，由于初始值赋值的随机性，达到收敛状态时所需耗用的迭代次数并不会每次都一样。事实上，每次构建的模型也不会完全都一致，这是很正常的。

下面通过 summary()函数来检视所建模型的相关信息。在输出结果的第一行可以看到模型的总体类型，该模型总共有三层，输入层有 4 个结点，隐藏层有 2 个结点，输出层有 3 个结点，该模型的权重总共有 19 个。

```
> summary(ir.nn1)
a 4-2-3 network with 19 weights
options were - softmax modelling decay = 5e-04
b->h1 i1->h1 i2->h1 i3->h1 i4->h1
13.01    4.40    5.69    -8.00    -10.19
b->h2 i1->h2 i2->h2 i3->h2 i4->h2
  0.32    0.71    1.71    -2.94    -1.30
b->o1 h1->o1 h2->o1
 -3.67    11.19   -8.58
b->o2 h1->o2 h2->o2
 -4.07    2.37    8.72
b->o3 h1->o3 h2->o3
  7.74   -13.56   -0.13
```

在输出结果的第二部分显示的是模型中的相关参数的设定，在该模型的建立过程中，我们只设定了相应的模型权重衰减最小值，所以这里显示出了模型衰减最小值为 $5e^{-4}$。

接下来的第三部分是模型的具体构建结果，其中的 i1、i2、i3 和 i4 分别代表输入层的四个结点；h1 和 h2 代表的是隐藏层的两个结点；而 o1、o2 和 o3 则分别代表输出层的三个结点。此外，b 就是为模型中的常数项。第三部分中的数字则代表的是每一个结点向下一个结点的输入值的权重值。

在利用样本数据建立模型之后，接下来就可以利用模型来进行相应的预测和判别。在利用 nnet()函数建立的模型进行预测时，我们将用到 R 软件自带的函数 predict()对模型进行预测。但是在使用 predict()函数时,我们应该首先确认将要用于预测模型的类别。这是因为建立神经网络模型时有两种不同的建立方式。所以利用 predict()函数进行预测时,对于两种模型也会存在两种不同的预测结果,必须分清楚将要进行预测的模型是哪一类模型。

对第一种建模方式所建立的模型,可采用下面方式来进行预测判别。进行数据预测时,应注意必须保证用于预测的自变量向量的个数同模型建立时使用的自变量向量个数一致,否则将无法预测结果。而且在使用 predict()函数进行预测时,不用刻意去调整预测结果类型。原数据集中标记为 c、s 和 v 的三种鸢尾花的观测样本各有 50 条,在建立模型时,分别从中各抽取 25 条共计 75 条,并用这样一个子集来作为训练数据集。下面的代码则使用剩余的 75 条数据来作为测试数据集。

```
> table(ird$species[-samp], predict(ir.nn1, ird[-samp,], type = "class"))

      c   s   v
  c  25   0   0
  s   0  25   0
  v   1   0  24
```

通过上述预测结果的展示,可以看出所有标记为 c 和 s 的鸢尾花都被正确地划分了。有 1 个本来应该是标记为 v 的鸢尾花被错误地预测成了 c 类别。总的来说,模型的预测效果还是较为理想的。需要说明的是,训练集和测试集都是随机采样的,所以也不可能每次都得到跟上述预测结果相一致的矩阵,这是很正常的。

对第二种建模方式所建立的模型,可采用下面方式来进行预测判别。从输出结果来看,所有标记为 s 和 v 的鸢尾花都被正确划分了。有 2 个本来应该是标记为 c 的鸢尾花被错误地预测成了 v 类别。总的来说,模型的预测效果还是较为理想的。

```
> pre.matrix <- function(true, pred) {
+     name = c("c","s","v")
+     true <- name[max.col(true)]
+     cres <- name[max.col(pred)]
+     table(true, cres)
+ }

> pre.matrix(targets[-samp,], predict(ir.nn2, ir[-samp,]))
     cres
true  c   s   v
   c 23   0   2
   s  0  25   0
   v  0   0  25
```

附录 A 必不可少的数学基础

APPENDIX A

A.1 泰勒公式

高等数学的研究对象是函数，有时对于一个复杂的函数求其在某一点的函数值并不容易。例如对于 $f(x)=e^x$ 这个函数，想知道当 $x=0.1$ 时，其函数值是多少，这显然是不容易求得的。这时我们比较容易想到去寻找一个简单的表达式来近似等于 e^x 这样函数值，这样就可以近似求得其在某一点的函数值了。例如当 x 比较小的时候，可以用 $1+x$ 来近似表示 e^x 这个表达式，这样函数值也就很容易近似求得了（对于为什么在 x 比较小的时候可以用 $1+x$ 来近似表示 e^x 这个问题，读者研习本节之后就可以很容易得出答案了）。

设 x 为函数 $f(x)$在定义域上一点，x_0 为定义域上另一点，$x_0=x+\Delta x(\Delta x>x$ 或 $\Delta x<x)$。函数 $f(x)$在点 x_0 处可导时，$f(x)$在点 x_0 处也可微，其微分为 $dy=f'(x_0)\Delta x$，而 dy 是增量 Δy 的近似表达式，以 dy 近似替代 Δy 时所产生的误差只有在 $\Delta x\to 0$ 时才趋近于零。

$$\Delta y = f(x) - f(x_0) = f'(x_0)(x - x_0) + o(x - x_0)$$
$$\Delta y = f(x) - f(x_0) \approx dy = f'(x_0)(x - x_0)$$

即有 $f(x)\approx f(x_0)+f'(x_0)(x-x_0)$，如此函数 $f(x)$就被近似地表示成了关于 x 的一个一次多项式，我们将这个关于 x 的一次多项式记作 $P_1(x)$。显然用 $P_1(x)$近似表示 $f(x)$存在两点不足：首先，这种表示的精度仍然不够高（它仅仅是比 Δx 高阶的一个无穷小）；其次，这种方法难以具体估计误差的范围。

若干个单项式的和组成的式子被称为多项式。多项式中每个单项式被称为多项式的项，这些单项式中的最高次数，就是这个多项式的次数。多项式有着许多优良的性质，它是简单的、平滑的连续函数，且处处可导。我们很容易想到通过提高多项式次数的方法来提高函数近似表达式的精度。因此现在问题就演化成了要用一个多项式 $P_n(x)=a_0+a_1(x-x_0)+a_2(x-x_0)^2+\cdots+a_n(x-x_0)^n$ 在 x_0 附近来近似表示函数 $f(x)$，而且要求提高精度，并且能够给出误差的表达式。

从前面的分析中我们可知，$\Delta x\to 0$，即 $x_0\to x$ 时，$P_1(x)$就会趋近于 $f(x)$，而当 $x=x_0$ 时，两者就会相等，即有 $P_1(x_0)=f(x_0)$。换言之，我们希望用 $P_1(x)$来表示 $f(x)$，而在 $x=x_0$ 这一点处，它们是相等的。而且，易见在 $x=x_0$，它们的导数也是相等的，即 $f'(x_0)=$

$P_1'(x_0)$。因此，我们想到可以从“在 x_0 处 $f(x)$ 和 $P_n(x)$ 的各阶导数对应相等”而去求解多项式的各个系数。

因此首先设函数 $f(x)$ 在含有 x_0 的开区间 (a,b) 内具有 1 至 $n+1$ 阶导数，且 $f^{(k)}(x_0)=P_n^{(k)}(x_0)$，其中 $k=0,1,2,\cdots,n$。其中

当 $k=0$ 时，$f(x_0)=P_n(x_0)=a_0$；

当 $k=1$ 时，$f'(x_0)=P_n'(x_0)=1\cdot a_1$；

当 $k=2$ 时，$f^{(2)}(x_0)=P_n^{(2)}(x_0)=2!\cdot a_2$；

当 $k=3$ 时，$f^{(3)}(x_0)=P_n^{(3)}(x_0)=3!\cdot a_3$；

以此类推，可得 $f^{(n)}(x_0)=P_n^{(n)}(x_0)=n!\cdot a_n$。进而可得：$a_0=f(x_0)$，$a_1=f'(x_0)$，$a_2=(1/2!)\cdot f^{(2)}(x_0)$，$a_3=(1/3!)\cdot f^{(3)}(x_0)$，$\cdots$，$a_n=(1/n!)\cdot f^{(n)}(x_0)$。

这样，$P_n(x)$ 这个多项式我们就构造成功了！即有

$$P_n(x)=f(x_0)+f'(x_0)(x-x_0)+\frac{f''(x_0)}{2!}(x-x_0)^2+\cdots+\frac{f^{(n)}(x_0)}{n!}(x-x_0)^n$$

注意到 $P_n(x)$ 是近似逼近 $f(x)$，而非完全等于 $f(x)$，所以 $f(x)$ 应该等于 $P_n(x)$ 再加上一个余项，这也就得到了泰勒公式(泰勒公式也称为泰勒中值定理)，现将其描述如下：

设函数 $f(x)$ 在包含点 x_0 的开区间 (a,b) 内具有 $n+1$ 阶导数，则当 $x\in(a,b)$ 时，有 $f(x)$ 的 n 阶泰勒公式如下

$$f(x)=f(x_0)+f'(x_0)(x-x_0)+\frac{f''(x_0)}{2!}(x-x_0)^2+\cdots+\frac{f^{(n)}(x_0)}{n!}(x-x_0)^n+R_n(x)$$

其中

$$R_n(x)=\frac{f^{(n+1)}(\xi)}{(n+1)!}(x-x_0)^{n+1}$$

被称作是拉格朗日余项，ξ 在 x 和 x_0 之间。在不需要余项的精确表达式时，$R_n(x)$ 可以记作 $o[(x-x_0)^n]$，这被称作是皮亚诺余项。

证明：

对于任意 $x\in(a,b)$，$x\neq x_0$，以 x_0 与 x 为端点的区间 $[x,x_0]$ 或者 $[x_0,x]$，记为 I，$I\subset(a,b)$。构造一个函数 $R_n(t)=f(t)-P_n(t)$，$R_n(t)$ 在 I 上具有 1 至 $n+1$ 阶导数，通过计算易知

$$R_n(x_0)=R_n'(x_0)=R_n''(x_0)=\cdots=R_n^{(n)}(x_0)=0$$

又因为 $P_n^{(n+1)}(t)=0$，所以有 $R_n^{(n+1)}(t)=f^{(n+1)}(t)$。

再构造一个函数 $q(t)=(t-x_0)^{n+1}$，$q(t)$ 在 I 上具有 1 至 $n+1$ 阶的非零导数，通过计算易知

$$q(x_0)=q'(x_0)=q''(x_0)=\cdots=q^{(n)}(x_0)=0\text{，以及 }q^{(n+1)}(t)=(n+1)!$$

于是，对函数 $R_n(t)$ 和 $q(t)$ 在 I 上反复使用 $n+1$ 次柯西中值定理，则有：

$$\frac{R_n(x)}{q(x)}=\frac{R_n(x)-R_n(x_0)}{q(x)-q(x_0)}=\frac{R_n'(\xi_1)}{q'(\xi_1)},\quad \xi_1\text{ 在 }x_0\text{ 和 }x\text{ 之间}$$

$$\frac{R_n'(\xi_1)}{q'(\xi_1)}=\frac{R_n'(\xi_1)-R_n'(x_0)}{q'(\xi_1)-q'(x_0)}=\frac{R_n''(\xi_2)}{q''(\xi_2)},\quad \xi_2\text{ 在 }x_0\text{ 和 }\xi_1\text{ 之间}$$

$$\frac{R_n''(\xi_2)}{q''(\xi_2)}=\frac{R_n''(\xi_2)-R_n''(x_0)}{q''(\xi_2)-q''(x_0)}=\frac{R_n^{(3)}(\xi_3)}{q^{(3)}(\xi_3)},\quad \xi_3\text{ 在 }x_0\text{ 和 }\xi_2\text{ 之间}$$

$$\vdots \qquad\qquad\qquad \vdots$$

$$\frac{R_n^{(n)}(\xi_n)}{q^{(n)}(\xi_n)} = \frac{R_n^{(n)}(\xi_n) - R_n^{(n)}(x_0)}{q^{(n)}(\xi_n) - q^{(n)}(x_0)} = \frac{R_n^{(n+1)}(\xi_{n+1})}{q^{(n+1)}(\xi_{n+1})}, \quad \xi_{n+1} \text{ 在 } x_0 \text{ 和 } \xi_n \text{ 之间}$$

即有

$$\frac{R_n(x)}{q(x)} = \frac{R_n^{(n+1)}(\xi_{n+1})}{q^{(n+1)}(\xi_{n+1})} = \frac{f^{(n+1)}(\xi_{n+1})}{(n+1)!}$$

记 $\xi=\xi_{n+1}$，ξ 在 x 和 x_0 之间，则有

$$R_n(x) = \frac{f^{(n+1)}(\xi)}{(n+1)!} \cdot q(x) = \frac{f^{(n+1)}(\xi)}{(n+1)!}(x-x_0)^{n+1}$$

定理得证。

$P_n(x)$这个多项式可以在点 x_0 处近似逼近函数 $f(t)$，因此要加一个余项 $R_n(x)$，或者可以说 $f(t)\approx P_n(x)$。那么，在什么样的情况下(如果不追加一个余项)，$P_n(x)$可以等于 $f(t)$呢？一方面我们可以想到，当 n 趋近于无穷的时候，两者就是相等，即有(这也就是用极限形式表征的泰勒公式)：

$$f(x) = \sum_{k=0}^{\infty} \frac{f^{(k)}(x_0)}{k!}(x-x_0)^k$$

另一方面，显然，如果当函数 $f(t)$的形式本来就是一个多项式时，两者也会相等。例如我们知道，二项式展开

$$(a+b)^n = \sum_{k=0}^{n} C_n^k a^{n-k} b^k$$

中国古代数学家用一个三角形来形象地表示二项式展开式的各个系数，这被称为杨辉三角(或贾宪三角)，在西方则称为帕斯卡三角，它是二项式系数在三角形中的一种几何排列。

设令 $a=x_0$，$b=x-x_0$，则上式可以表示为

$$x^n = \sum_{k=0}^{n} C_n^k x_0^{n-k}(x-x_0)^k$$

我们惊讶地发现，上式竟然是 $f(x)=x^n$ 的泰勒展开式。幂函数是微积分中最简单、最基本的函数类型，而泰勒公式的实质在于用幂函数组合生成的多项式逼近一般函数。初等数学中的二项式展开实际上是高等数学的泰勒公式的原型。

在数学史上有很多公式都是欧拉发现的，它们都叫做欧拉公式，分散在各个数学分支之中。最著名的有，复变函数中的欧拉幅角公式——将复数、指数函数与三角函数联系起来；拓扑学中的欧拉多面体公式；初等数论中的欧拉函数公式等。其中在复变函数领域的欧拉公式为：对于任意实数 φ 存在

$$e^{i\varphi} = \cos\varphi + i\sin\varphi$$

其中，当 $\varphi=\pi$ 时，欧拉公式的特殊形式为

$$e^{i\pi} + 1 = 0$$

如图 A-1 所示为在复平面上对欧拉公式几何意义进行的图形化表示。

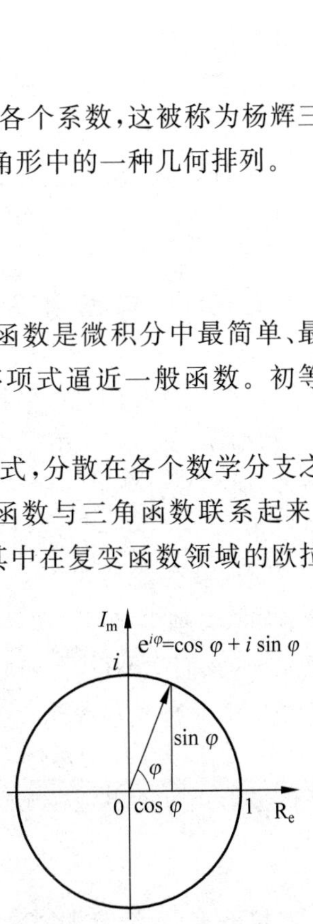

图 A-1　欧拉公式的图形表示

在正式运用泰勒公式来证明欧拉公式之前，我们先来看看泰勒公式的一种简化形式。在泰勒公式中如果取 $x_0=0$，记$\xi=\theta x(0<\theta<1)$，则得到所谓的麦克劳林公式，如下

$$f(x)=f(0)+f'(0)x+\frac{f''(0)}{2!}x^2+\cdots+\frac{f^{(n)}(0)}{n!}x^n+\frac{f^{(n+1)}(\theta x)}{(n+1)!}x^{n+1}$$

例如，我们可以将函数 e^x 用麦克劳林公式展开，显然，当 $x=1$ 时，其实也就得到了此前我们已经推导过的纳皮尔常数 e 的级数表示形式。

$$e^x=1+x+\frac{x^2}{2!}+\frac{x^3}{3!}+\cdots+\frac{x^n}{n!}+R_n(x),\quad R_n(x)=\frac{e^{\theta x}}{(n+1)!}x^{n+1}(0<\theta<1)$$

下面我们便可由麦克劳林公式出发，来证明欧拉公式。首先，由麦克劳林公式展开得：

$$\cos\varphi=1-\frac{\varphi^2}{2!}+\frac{\varphi^4}{4!}-\frac{\varphi^6}{6!}+\cdots$$

$$\sin\varphi=\varphi-\frac{\varphi^3}{3!}+\frac{\varphi^5}{5!}-\frac{\varphi^7}{7!}+\cdots$$

在 e^x 的展开式中把 x 换成 $i\varphi$，代入可得：

$$\begin{aligned}e^{i\varphi}&=1+i\varphi+\frac{(i\varphi)^2}{2!}+\frac{(i\varphi)^3}{3!}+\frac{(i\varphi)^4}{4!}+\frac{(i\varphi)^5}{5!}+\frac{(i\varphi)^6}{6!}+\frac{(i\varphi)^7}{7!}+\cdots\\&=1+i\varphi-\frac{\varphi^2}{2!}-\frac{i\varphi^3}{3!}+\frac{\varphi^4}{4!}+\frac{i\varphi^5}{5!}-\frac{\varphi^6}{6!}-\frac{i\varphi^7}{7!}+\cdots\\&=\left(1-\frac{\varphi^2}{2!}+\frac{\varphi^4}{4!}-\frac{\varphi^6}{6!}+\cdots\right)+i\left(\varphi-\frac{\varphi^3}{3!}+\frac{\varphi^5}{5!}-\frac{\varphi^7}{7!}+\cdots\right)\\&=\cos\varphi\pm i\sin\varphi\end{aligned}$$

定理得证。

泰勒逼近存在严重的缺陷：它的条件很苛刻，要求 $f(x)$ 足够光滑并提供出它在点 x_0 处的各阶导数值；此外，泰勒逼近的整体效果较差，它仅能保证在展开点 x_0 的某个临域内——即某个局部范围内有效。泰勒展式对函数 $f(x)$ 的逼近仅仅能够保证在 x_0 附近有效，而且只有当展开式的长度不断变长，这个临域的范围才会随之变大。

A.2 海塞矩阵

回想一下我们是如何处理一元函数求极值问题的。例如函数 $f(x)=x^2$，通常先求一阶导数，即 $f'(x)=2x$，根据费马定理极值点处的一阶导数一定等于 0。但这仅仅是一个必要条件，而非充分条件。对于 $f(x)=x^2$ 来说，函数的确在一阶导数为零的点取得了极值，但是对于 $f(x)=x^3$ 来说，显然只检查一阶导数是不足以下定论的。

这时我们需要再求一次导，如果二阶导数 $f''<0$，那么说明函数在该点取得局部极大值；如果二阶导数 $f''>0$，则说明函数在该点取得局部极小值；如果 $f''=0$，则结果仍然是不确定的，我们就不得不再通过其他方式来确定函数的极值性。

如果要在多元函数中求极值点，方法与此类似。作为一个示例，不妨用一个三元函数 $f=f(x,y,z)$ 来作为示例。首先要对函数中的每个变量分别求偏导数，这会告诉我们该函数的极值点可能出现在哪里。即

$$\frac{\partial f}{\partial x}=0,\quad \frac{\partial f}{\partial y}=0,\quad \frac{\partial f}{\partial z}=0$$

接下来，要继续求二阶导数，此时包含混合偏导数的情况一共有 9 个，如果用矩阵形式来表示就得到

$$\boldsymbol{H}=\begin{bmatrix}\dfrac{\partial^2 f}{\partial x\partial x} & \dfrac{\partial^2 f}{\partial x\partial y} & \dfrac{\partial^2 f}{\partial x\partial z}\\ \dfrac{\partial^2 f}{\partial y\partial x} & \dfrac{\partial^2 f}{\partial y\partial y} & \dfrac{\partial^2 f}{\partial y\partial z}\\ \dfrac{\partial^2 f}{\partial z\partial x} & \dfrac{\partial^2 f}{\partial\partial} & \dfrac{\partial^2 f}{\partial z\partial z}\end{bmatrix}$$

这个矩阵就称为海塞(Hessian)矩阵。当然上面所给出的仅仅是一个三阶的 Hessian 矩阵。稍作扩展,我们可以对一个在定义域内二阶连续可导的实值多元函数 $f(x_1,x_2,\cdots,x_n)$定义其 Hessian 矩阵 $\boldsymbol{H}$ 如下

$$\boldsymbol{H}=\begin{bmatrix}\dfrac{\partial^2 f}{\partial x_1^2} & \dfrac{\partial^2 f}{\partial x_1\partial x_2} & \cdots & \dfrac{\partial^2 f}{\partial x_1\partial x_n}\\ \dfrac{\partial^2 f}{\partial x_2\partial x_1} & \dfrac{\partial^2 f}{\partial x_2^2} & \cdots & \dfrac{\partial^2 f}{\partial x_2\partial x_n}\\ \vdots & \vdots & \ddots & \vdots\\ \dfrac{\partial^2 f}{\partial x_n\partial x_1} & \dfrac{\partial^2 f}{\partial x_n\partial x_2} & \cdots & \dfrac{\partial^2 f}{\partial x_n^2}\end{bmatrix}$$

当一元函数的二阶导数等于 0 时,我们并不能确定函数在该点的极值性。类似地,面对 Hessian 矩阵,仍然存在无法断定多元函数极值性的的情况,即当 Hessian 矩阵的行列式为 0 时,我们无法确定函数是否能取得极值。甚至可能会得到一个鞍点,也就是一个既非极大值也非极小值的点,如图 A-2 所示。

基于 Hessian 矩阵,就可以判断多元函数的极值情况了,结论如下:

(1) 如果是正定矩阵,则临界点处是一个局部极小值;

(2) 如果是负定矩阵,则临界点处是一个局部极大值;

(3) 如果是不定矩阵,则临界点处不是极值。

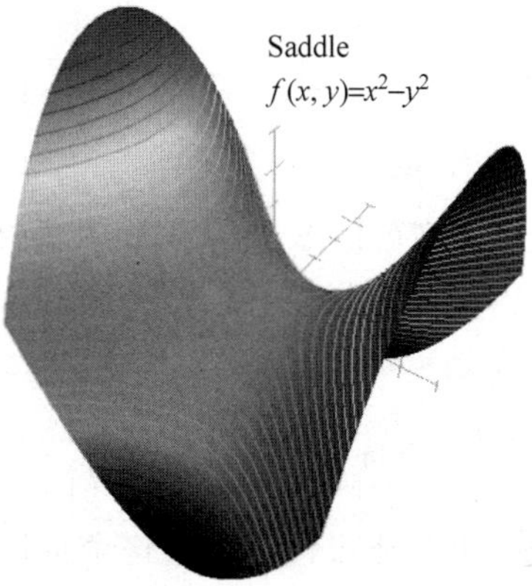

图 A-2 鞍点

如何判断一个矩阵是否是正定的,负定的,还是不定的呢?一个最常用的方法就是借助其顺序主子式。实对称矩阵为正定矩阵的充要条件是各顺序主子式都大于零。当然这个判定方法的计算量比较大。对于实二次型矩阵还有一个判定方法:实二次型矩阵为正定二次型的充要条件是矩阵的特征值全大于零。为负定二次型的充要条件是矩阵的特征值全小于零,否则是不定的。

如果你对二次型的概念仍然不很熟悉,这里也稍作补充。定义含有 n 个变量 $x_1,x_2,\cdots,x_n$ 的二次齐次函数

$$f(x_1,x_2,\cdots,x_n)=a_{11}x_1^2+a_{22}x_2^2+\cdots+a_{nn}x_n^2+2a_{12}x_1x_2+2a_{13}x_1x_3+\cdots+2a_{n-1,n}x_{n-1}x_n$$

为二次型。取 $a_{ij}=a_{ji}$,则 $a_{ij}x_ix_j=a_{ji}x_jx_i$,于是上式可以写成

$$\begin{aligned}f=&a_{11}x_1^2+a_{12}x_1x_2+\cdots+a_{1n}x_1x_n+\\&a_{21}x_2x_1+a_{22}x_2^2+\cdots+a_{2n}x_2x_n+\cdots+\\&a_{n1}x_nx_1+a_{n2}x_nx_2+\cdots+a_{nn}x_n^2\\=&\sum_{i,j=1}^{n}a_{ij}x_ix_j\end{aligned}$$

更进一步，如果用矩阵对上式进行改写，则有

$$\begin{aligned} f = & x_1(a_{11}x_1 + a_{12}x_2 + \cdots + a_{1n}x_n) + \\ & x_2(a_{21}x_1 + a_{22}x_2 + \cdots + a_{2n}x_n) + \cdots + \\ & x_n(a_{n1}x_1 + a_{n2}x_2 + \cdots + a_{nn}x_n) \\ = & (x_1, x_2, \cdots, x_n)\begin{bmatrix} a_{11}x_1 + a_{12}x_2 + \cdots + a_{1n}x_n \\ a_{21}x_1 + a_{22}x_2 + \cdots + a_{2n}x_n \\ \vdots \\ a_{n1}x_1 + a_{n2}x_2 + \cdots + a_{nn}x_n \end{bmatrix} \\ = & (x_1, x_2, \cdots, x_n)\begin{bmatrix} a_{11} & a_{12} & \cdots & a_{1n} \\ a_{21} & a_{22} & \cdots & a_{2n} \\ \vdots & \vdots & \ddots & \vdots \\ a_{n1} & a_{n2} & \cdots & a_{nn} \end{bmatrix}\begin{bmatrix} x_1 \\ x_2 \\ \vdots \\ x_n \end{bmatrix} \end{aligned}$$

记

$$\boldsymbol{A} = \begin{bmatrix} a_{11} & a_{12} & \cdots & a_{1n} \\ a_{21} & a_{22} & \cdots & a_{2n} \\ \vdots & \vdots & \ddots & \vdots \\ a_{n1} & a_{n2} & \cdots & a_{nn} \end{bmatrix}, \quad \boldsymbol{x} = \begin{bmatrix} x_1 \\ x_2 \\ \vdots \\ x_n \end{bmatrix}$$

则二次型可记作 $f=\boldsymbol{x}^{\mathrm{T}}\boldsymbol{A}\boldsymbol{x}$，其中 $\boldsymbol{A}$ 为对称阵。

设有二次型 $f=\boldsymbol{x}^{\mathrm{T}}\boldsymbol{A}\boldsymbol{x}$，如果对任何 $\boldsymbol{x}\neq 0$，都有 $f>0$，则称 f 为正定二次型，并称对称矩阵 $\boldsymbol{A}$ 是正定的；如果对任何 $\boldsymbol{x}\neq 0$，都有 $f<0$，则称 f 为负定二次型，并称对称矩阵 $\boldsymbol{A}$ 是负定的。

正定矩阵一定是非奇异的。对称矩阵 $\boldsymbol{A}$ 为正定的充分必要条件是：$\boldsymbol{A}$ 的特征值全为正。由此还可得到下面这个推论：对称矩阵 $\boldsymbol{A}$ 为正定的充分必要条件是 $\boldsymbol{A}$ 的各阶主子式都为正。如果将正定矩阵的条件由 $\boldsymbol{x}^{\mathrm{T}}\boldsymbol{A}\boldsymbol{x}>0$ 弱化为 $\boldsymbol{x}^{\mathrm{T}}\boldsymbol{A}\boldsymbol{x}\geqslant 0$，则称对称矩阵 $\boldsymbol{A}$ 是半正定的。

现在把上一小节给出的一元函数泰勒公式稍微做一下推广，从而给出二元函数的泰勒公式。设二元函数 $z=f(x,y)$ 在点 $(x0,y0)$ 的某一邻域内连续且有直到 $n+1$ 阶的连续偏导数，则有

$$\begin{aligned} f(x,y) = & (x_0,y_0) + \left[(x-x_0)\frac{\partial}{\partial x} + (y-y_0)\frac{\partial}{\partial y}\right]f(x_0,y_0) + \\ & \frac{1}{2!}\left[(x-x_0)\frac{\partial}{\partial x} + (y-y_0)\frac{\partial}{\partial y}\right]^2 f(x_0,y_0) + \cdots + \\ & \frac{1}{n!}\left[(x-x_0)\frac{\partial}{\partial x} + (y-y_0)\frac{\partial}{\partial y}\right]^n f(x_0,y_0) + \\ & \frac{1}{(n+1)!}\left[(x-x_0)\frac{\partial}{\partial x} + (y-y_0)\frac{\partial}{\partial y}\right]^{n+1} f[x_0+\theta(x-x_0), y_0+\theta(y-y_0)] \end{aligned}$$

其中，$0<\theta<1$，记号

$$\left[(x-x_0)\frac{\partial}{\partial x} + (y-y_0)\frac{\partial}{\partial y}\right]f(x_0,y_0)$$

表示

$$(x-x_0)f_x(x_0,y_0)+(y-y_0)f_y(x_0,y_0)$$

记号

$$\left[(x-x_0)\frac{\partial}{\partial x}+(y-y_0)\frac{\partial}{\partial y}\right]^2 f(x_0,y_0)$$

表示

$$(x-x_0)^2 f_{xx}(x_0,y_0)+2(x-x_0)(y-y_0)f_{xy}(x_0,y_0)+(y-y_0)^2 f_{yy}(x_0,y_0)$$

一般地，记号

$$\left[(x-x_0)\frac{\partial}{\partial x}+(y-y_0)\frac{\partial}{\partial y}\right]^m f(x_0,y_0)$$

表示

$$\sum_{p=0}^{m} C_m^p (x-x_0)^p (y-y_0)^{m-p} \left.\frac{\partial^m f}{\partial x^p \partial y^{m-p}}\right|_{(x_0,y_0)}$$

当然，我们可以用一种更加简洁的形式来重写上面的和式，则有

$$f(x,y)=\sum_{k=0}^{n}\frac{1}{k!}\left[(x-x_0)\frac{\partial}{\partial x}+(y-y_0)\frac{\partial}{\partial y}\right]^k f(x_0,y_0)+$$

$$\frac{1}{(n+1)!}\left[(x-x_0)\frac{\partial}{\partial x}+(y-y_0)\frac{\partial}{\partial y}\right]^{n+1} f[x_0+\theta(x-x_0),y_0+\theta(y-y_0)]$$

其中，$0<\theta<1$。

当余项 $R_n(x,y)$ 采用上面这种形式时称为拉格朗日余项，如果采用皮亚诺余项，则二元函数的泰勒公式可以写成

$$f(x,y)=\sum_{k=0}^{n}\frac{1}{k!}\left[(x-x_0)\frac{\partial}{\partial x}+(y-y_0)\frac{\partial}{\partial y}\right]^k f(x_0,y_0)+o(\rho^n)$$

特别地，对于一个多维向量 $\boldsymbol{x}$，以及在点 $\boldsymbol{x}_0$ 的邻域内有连续二阶偏导数的多元函数 $f(\boldsymbol{x})$，可以写出该函数在点 $\boldsymbol{x}_0$ 处的（二阶）泰勒展开式

$$f(\boldsymbol{x})=f(\boldsymbol{x}_0)+(\boldsymbol{x}-\boldsymbol{x}_0)^{\mathrm{T}}\nabla f(\boldsymbol{x}_0)+\frac{1}{2!}(\boldsymbol{x}-\boldsymbol{x}_0)^{\mathrm{T}}\nabla^2 f(x_0)(\boldsymbol{x}-\boldsymbol{x}_0)+o(\|\boldsymbol{x}-\boldsymbol{x}_0\|^2)$$

其中，$o(\|\boldsymbol{x}-\boldsymbol{x}_0\|^2)$是高阶无穷小表示的皮亚诺余项。而$\nabla^2 f(\boldsymbol{x}_0)$显然就是一个 Hessian 矩阵。所以上述式子也可以写成

$$f(\boldsymbol{x})=f(\boldsymbol{x}_0)+(\boldsymbol{x}-\boldsymbol{x}_0)^{\mathrm{T}}\nabla f(\boldsymbol{x}_0)+\frac{1}{2!}(\boldsymbol{x}-\boldsymbol{x}_0)^{\mathrm{T}}\boldsymbol{H}(\boldsymbol{x}_0)(\boldsymbol{x}-\boldsymbol{x}_0)+o(\|\boldsymbol{x}-\boldsymbol{x}_0\|^2)$$

我们已经知道对于 n 元函数 $u=f(x_1,x_2,\cdots,x_n)$在点 $\boldsymbol{M}$ 处有极值，则有

$$\nabla f(M)=\left\{\frac{\partial f}{\partial x_1},\frac{\partial f}{\partial x_2},\cdots,\frac{\partial f}{\partial x_n}\right\}_M=0$$

也就是说这是一个必要条件，而充分条件则在本节前面已经给出。

A.3　凸函数与詹森不等式

函数的凹凸性在求解最优化问题时是一种非常有利的工具。不仅在图像处理，甚至在机器学习中也常常被用到。例如在 EM 算法和支持向量机的推导中都用到了凸函数的性质。与函数的凹凸性紧密相连的是著名的詹森不等式。本书后续的许多定理都可以利用詹

森不等式加以证明。

A.3.1 凸函数的概念

凸函数是一个定义在某个向量空间的凸子集 C(区间)上的实值函数 f,而且对于凸子集 C 中任意两个向量 $\boldsymbol{p}_1$ 和 $\boldsymbol{p}_2$,以及存在任意有理数 $\theta\in(0,1)$,则有

$$f[\theta\boldsymbol{p}_2+(1-\theta)\boldsymbol{p}_1]\leqslant\theta f(\boldsymbol{p}_2)+(1-\theta)f(\boldsymbol{p}_1)$$

如果 f 连续,那么 θ 可以改为(0,1)中的实数。若这里的凸子集 θ 即某个区间,那么 f 就为定义在该区间上的函数,$\boldsymbol{p}_1$ 和 $\boldsymbol{p}_2$ 则为该区间上的任意两点。

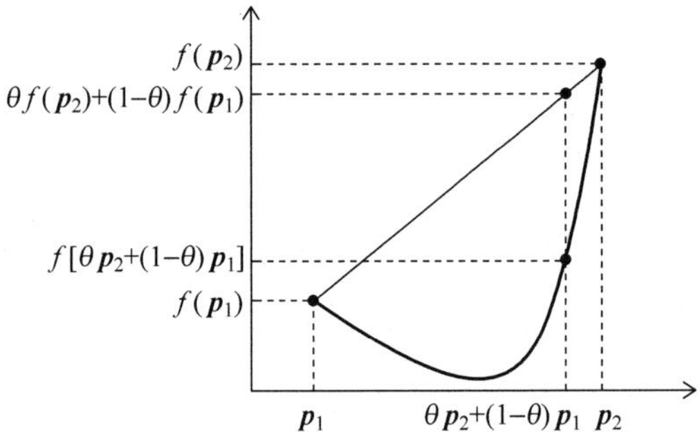

图 A-3　凸函数示意图

如图 A-3 所示为一个凸函数示意图,结合图形,不难分析在凸函数的定义式中,$\theta\boldsymbol{p}_2+(1-\theta)\boldsymbol{p}_1$ 可以看作是 $\boldsymbol{p}_1$ 和 $\boldsymbol{p}_2$ 的加权平均,因此 $f[\theta\boldsymbol{p}_2+(1-\theta)\boldsymbol{p}_1]$是位于函数 f 曲线上介于 $\boldsymbol{p}_1$ 和 $\boldsymbol{p}_2$ 区间内的一点。而 $\theta f(\boldsymbol{p}_2)+(1-\theta)f(\boldsymbol{p}_1)$则是 $f(\boldsymbol{p}_1)$和 $f(\boldsymbol{p}_2)$的加权平均,也就是以 $f(\boldsymbol{p}_1)$和 $f(\boldsymbol{p}_2)$为端点的一条直线段上的一点。或者也可以从直线的两点式方程来考察它。已知点(x_1,y_1)和(x_2,y_2),则可以确定一条直线的方程为

$$\frac{y-y_1}{y_2-y_1}=\frac{x-x_1}{x_2-x_1}$$

现在我们知道直线上的两个点为$[\boldsymbol{p}_1,f(\boldsymbol{p}_1)]$和$[\boldsymbol{p}_2,f(\boldsymbol{p}_2)]$,于是便可根据上式写出直线方程,即

$$\frac{y-f(\boldsymbol{p}_1)}{f(\boldsymbol{p}_2)-f(\boldsymbol{p}_1)}=\frac{x-\boldsymbol{p}_1}{\boldsymbol{p}_2-\boldsymbol{p}_1}$$

然后又知道直线上一点的横坐标为 $\theta\boldsymbol{p}_2+(1-\theta)\boldsymbol{p}_1$,代入上式便可求得其对应的纵坐标为 $\theta f(\boldsymbol{p}_2)+(1-\theta)f(\boldsymbol{p}_1)$。

如果 f 是定义在一个开区间(a,b)内的可微实值函数,那么 f 是一个凸函数的充要条件就是 f'为定义在(a,b)内的一个单调递增的函数。

现在我们来证明这个结论。首先来证明充分性。即假设 f'在区间(a,b)内是单调递增的,现在来证明 f 是一个凸函数。假设 $\boldsymbol{p}_1<\boldsymbol{p}_2<\boldsymbol{p}_3$ 是区间(a,b)内的三个点。根据拉格朗日中值定理,在$(\boldsymbol{p}_1,\boldsymbol{p}_2)$内至少存在一点 ξ_1,使得

$$f'(\xi_1)=\frac{f(\boldsymbol{p}_2)-f(\boldsymbol{p}_1)}{\boldsymbol{p}_2-\boldsymbol{p}_1}$$

同理,在$(\boldsymbol{p}_2,\boldsymbol{p}_3)$内至少存在一点 ξ_2,使得

$$f'(\xi_2)=\frac{f(\boldsymbol{p}_3)-f(\boldsymbol{p}_2)}{\boldsymbol{p}_3-\boldsymbol{p}_2}$$

又因为 f' 是单调递增的，所以 $f'(\xi_1)\leqslant f'(\xi_2)$，即

$$\frac{f(\boldsymbol{p}_2)-f(\boldsymbol{p}_1)}{\boldsymbol{p}_2-\boldsymbol{p}_1}\leqslant\frac{f(\boldsymbol{p}_3)-f(\boldsymbol{p}_2)}{\boldsymbol{p}_3-\boldsymbol{p}_2}$$

因为 $\boldsymbol{p}_2\in(\boldsymbol{p}_1,\boldsymbol{p}_3)$，所以必然有一个 $\lambda\in(0,1)$ 使得 $\boldsymbol{p}_2=\lambda\boldsymbol{p}_1+(1-\lambda)\boldsymbol{p}_3$。进而有

$$\frac{f[\lambda\boldsymbol{p}_1+(1-\lambda)\boldsymbol{p}_3]-f(\boldsymbol{p}_1)}{\lambda\boldsymbol{p}_1+(1-\lambda)\boldsymbol{p}_3-\boldsymbol{p}_1}\leqslant\frac{f(\boldsymbol{p}_3)-f[\lambda\boldsymbol{p}_1+(1-\lambda)\boldsymbol{p}_3]}{\boldsymbol{p}_3-\lambda\boldsymbol{p}_1-(1-\lambda)\boldsymbol{p}_3}$$

$$\Rightarrow\frac{f(\lambda\boldsymbol{p}_1+\boldsymbol{p}_3-\lambda\boldsymbol{p}_3)-f(\boldsymbol{p}_1)}{\lambda\boldsymbol{p}_1+\boldsymbol{p}_3-\lambda\boldsymbol{p}_3-\boldsymbol{p}_1}\leqslant\frac{f(\boldsymbol{p}_3)-f(\lambda\boldsymbol{p}_1+\boldsymbol{p}_3-\lambda\boldsymbol{p}_3)}{\boldsymbol{p}_3-\lambda\boldsymbol{p}_1-\boldsymbol{p}_3+\lambda\boldsymbol{p}_3}$$

$$\Rightarrow\frac{f(\lambda\boldsymbol{p}_1+\boldsymbol{p}_3-\lambda\boldsymbol{p}_3)-f(\boldsymbol{p}_1)}{\lambda\boldsymbol{p}_1+\boldsymbol{p}_3-\lambda\boldsymbol{p}_3-\boldsymbol{p}_1}\leqslant\frac{f(\boldsymbol{p}_3)-f(\lambda\boldsymbol{p}_1+\boldsymbol{p}_3-\lambda\boldsymbol{p}_3)}{-\lambda\boldsymbol{p}_1+\lambda\boldsymbol{p}_3}$$

$$\Rightarrow\lambda(\boldsymbol{p}_3-\boldsymbol{p}_1)[f(\lambda\boldsymbol{p}_1+\boldsymbol{p}_3-\lambda\boldsymbol{p}_3)-f(\boldsymbol{p}_1)]\leqslant[f(\boldsymbol{p}_3)-f(\lambda\boldsymbol{p}_1+\boldsymbol{p}_3-\lambda\boldsymbol{p}_3)](1-\lambda)(\boldsymbol{p}_3-\boldsymbol{p}_1)$$

$$\Rightarrow\lambda[f(\lambda\boldsymbol{p}_1+\boldsymbol{p}_3-\lambda\boldsymbol{p}_3)-f(\boldsymbol{p}_1)]\leqslant[f(\boldsymbol{p}_3)-f(\lambda\boldsymbol{p}_1+\boldsymbol{p}_3-\lambda\boldsymbol{p}_3)](1-\lambda)$$

$$\Rightarrow\lambda f[\lambda\boldsymbol{p}_1+(1-\lambda)\boldsymbol{p}_3]-\lambda f(\boldsymbol{p}_1)\leqslant f(\boldsymbol{p}_3)-f[\lambda\boldsymbol{p}_1+(1-\lambda)\boldsymbol{p}_3]-\lambda f(\boldsymbol{p}_3)+\lambda f[\lambda\boldsymbol{p}_1+(1-\lambda)\boldsymbol{p}_3]$$

$$\Rightarrow-\lambda f(\boldsymbol{p}_1)\leqslant f(\boldsymbol{p}_3)-f[\lambda\boldsymbol{p}_1+(1-\lambda)\boldsymbol{p}_3]-\lambda f(\boldsymbol{p}_3)$$

$$\Rightarrow\lambda f(\boldsymbol{p}_1)+(1-\lambda)f(\boldsymbol{p}_3)\geqslant f[\lambda\boldsymbol{p}_1+(1-\lambda)\boldsymbol{p}_3]$$

这其实已经得到了我们想要的结论。但是最初我们假设 $\boldsymbol{p}_1<\boldsymbol{p}_3$，这在原命题中是不存在的。为了去除这个条件，我们还需要再讨论 $\boldsymbol{p}_1>\boldsymbol{p}_3$ 的情况。但基于已经得到的结论，这方面的讨论是非常容易的。此时，类似地可以得到

$$\lambda f(\boldsymbol{p}_3)+(1-\lambda)f(\boldsymbol{p}_1)\geqslant f[\lambda\boldsymbol{p}_3+(1-\lambda)\boldsymbol{p}_1]$$

这时可以令 $\alpha=1-\lambda$，于是便会得到

$$\alpha f(\boldsymbol{p}_1)+(1-\alpha)f(\boldsymbol{p}_3)\geqslant f[\alpha\boldsymbol{p}_1+(1-\alpha)\boldsymbol{p}_3]$$

于是，当明 f' 是一个单调递增函数时，f 就是一个凸函数之结论得证。

现在来证明必要性。即由 f 是一个凸函数出发来证明 f' 是一个单调递增函数。

方法一：假设 f 是定义在(a,b)内的凸函数。那么根据凸函数的定义，可得

$$f[\lambda\boldsymbol{p}_1+(1-\lambda)\boldsymbol{p}_3]\leqslant\lambda f(\boldsymbol{p}_1)+(1-\lambda)f(\boldsymbol{p}_3)$$

其中 $\boldsymbol{p}_1$ 和 $\boldsymbol{p}_3$ 则为区间(a,b)内的任意两点，且 $\boldsymbol{p}_1<\boldsymbol{p}_3$。对于 $\boldsymbol{p}_1$ 和 $\boldsymbol{p}_3$ 之间的任一点 $\boldsymbol{p}_2$，将之前的求证过程从后向前推导，便会得到结论

$$\frac{f(\boldsymbol{p}_2)-f(\boldsymbol{p}_1)}{\boldsymbol{p}_2-\boldsymbol{p}_1}\leqslant\frac{f(\boldsymbol{p}_3)-f(\boldsymbol{p}_2)}{\boldsymbol{p}_3-\boldsymbol{p}_2}$$

根据导数的定义可知

$$\lim_{\boldsymbol{p}_2\to\boldsymbol{p}_1}\frac{f(\boldsymbol{p}_2)-f(\boldsymbol{p}_1)}{\boldsymbol{p}_2-\boldsymbol{p}_1}=f'(\boldsymbol{p}_1)\leqslant\frac{f(\boldsymbol{p}_3)-f(\boldsymbol{p}_1)}{\boldsymbol{p}_3-\boldsymbol{p}_1}$$

$$\lim_{\boldsymbol{p}_2\to\boldsymbol{p}_3}\frac{f(\boldsymbol{p}_3)-f(\boldsymbol{p}_2)}{\boldsymbol{p}_3-\boldsymbol{p}_2}=f'(\boldsymbol{p}_3)\geqslant\frac{f(\boldsymbol{p}_3)-f(\boldsymbol{p}_1)}{\boldsymbol{p}_3-\boldsymbol{p}_1}$$

因此可得

$$f'(\boldsymbol{p}_1)\leqslant\frac{f(\boldsymbol{p}_3)-f(\boldsymbol{p}_1)}{\boldsymbol{p}_3-\boldsymbol{p}_1}\leqslant f'(\boldsymbol{p}_3)$$

即 $f'(\boldsymbol{p}_1)\leqslant f'(\boldsymbol{p}_3)$，所以 f' 是单调递增的，必要性得证。

方法二：假设 f 是定义在(a,b)内的凸函数。那么根据凸函数的定义，可得

$$f[\lambda \boldsymbol{p}_1+(1-\lambda)\boldsymbol{p}_2]\leqslant \lambda f(\boldsymbol{p}_1)+(1-\lambda)f(\boldsymbol{p}_2)$$

其中 $\boldsymbol{p}_1$ 和 $\boldsymbol{p}_2$ 则为区间(a,b)内的任意两点，且 $0\leqslant\lambda\leqslant1$。

对于给定的 $a<\boldsymbol{p}_1<\boldsymbol{p}_2<b$，定义函数

$$g(\lambda):=[\lambda \boldsymbol{p}_1+(1-\lambda)\boldsymbol{p}_2]-\lambda f(\boldsymbol{p}_1)-(1-\lambda)f(\boldsymbol{p}_2)$$

显然在$[0,1]$上有 $g\leqslant0$，而且 $g(0)=g(1)=0$。可见函数 g 在两个端点处取得最大值，也就是说 g 在大于 0 的某个子区间内是递减的，而在小于 1 的某个子区间内则是递增的，即 $g'(0)\leqslant0\leqslant g'(1)$。再根据链式求导法则可得

$$g'(0)\leqslant f'(\boldsymbol{p}_2)\cdot(\boldsymbol{p}_1-\boldsymbol{p}_2)-f(\boldsymbol{p}_1)+f(\boldsymbol{p}_2)\leqslant g'(1)=f'(\boldsymbol{p}_1)\cdot(\boldsymbol{p}_1-\boldsymbol{p}_2)-f(\boldsymbol{p}_1)+f(\boldsymbol{p}_2)$$

因为 $\boldsymbol{p}_1<\boldsymbol{p}_2$，可知 $f'(\boldsymbol{p}_1)\leqslant f'(\boldsymbol{p}_2)$，所以 f' 是单调递增的。

综上所述，结论得证。

更进一步地，如果对于每个 $x\in(a,b)$而言，$f''(x)$都存在，那么 $f''(x)\geqslant0$ 也是 f 为凸函数的充分必要条件。

我们可以把本小节开头给出的凸函数定义拓展到三个变量 $\boldsymbol{p}_1$、$\boldsymbol{p}_2$、$\boldsymbol{p}_3$ 和三个权重 λ_1，λ_2 和 λ_3 的情况。此时，$\lambda_1+\lambda_2+\lambda_3=1$，即 $\lambda_2+\lambda_3=1-\lambda_1$。所以有

$$\begin{aligned}
f(\lambda_1\boldsymbol{p}_1+\lambda_2\boldsymbol{p}_2+\lambda_3\boldsymbol{p}_3)&=f\left[\lambda_1\boldsymbol{p}_1+(1-\lambda_1)\frac{\lambda_2\boldsymbol{p}_2+\lambda_3\boldsymbol{p}_3}{\lambda_2+\lambda_3}\right]\\
&\leqslant\lambda_1 f(\boldsymbol{p}_1)+(1-\lambda_1)f\left(\frac{\lambda_2\boldsymbol{p}_2+\lambda_3\boldsymbol{p}_3}{\lambda_2+\lambda_3}\right)\\
&=\lambda_1 f(\boldsymbol{p}_1)+(1-\lambda_1)f\left(\frac{\lambda_2}{\lambda_2+\lambda_3}\boldsymbol{p}_2+\frac{\lambda_3}{\lambda_2+\lambda_3}\boldsymbol{p}_3\right)\\
&\leqslant\lambda_1 f(\boldsymbol{p}_1)+(\lambda_2+\lambda_3)\left[\frac{\lambda_2}{\lambda_2+\lambda_3}f(\boldsymbol{p}_2)+\frac{\lambda_3}{\lambda_2+\lambda_3}f(\boldsymbol{p}_3)\right]\\
&=\lambda_1 f(\boldsymbol{p}_1)+\lambda_2 f(\boldsymbol{p}_2)+\lambda_3 f(\boldsymbol{p}_3)
\end{aligned}$$

事实上，上面这个不等式关系很容易推广到 n 个变量和 n 个权重的情况，这个结论就是著名的詹森不等式。

A.3.2 詹森不等式及其证明

从凸函数的性质中所引申出来的一个重要结论就是詹森(Jensen)不等式：如果 f 是定义在实数区间$[a,b]$上的连续凸函数，$x_1,x_2,\cdots,x_n\in[a,b]$。并且有一组实数 $\lambda_1,\lambda_2,\cdots,\lambda_n\geqslant0$ 满足 $\sum_{i=1}^{n}\lambda_i=1$，那么则有下列不等式关系成立

$$f\left(\sum_{i=1}^{n}\lambda_i x_i\right)\leqslant\sum_{i=1}^{n}\lambda_i f(x_i)$$

如果函数 f 是凹函数，那么不等号方向逆转。

下面试着用数学归纳法来证明詹森不等式，注意我们仅讨论凸函数的情况，凹函数的证明与此类似。

证明：当 $n=2$ 时，则根据上一小节给出的凸函数之定义可得命题显然成立。设 $n=k$ 时命题成立，即对任意 $x_1,x_2,\cdots,x_k\in[a,b)]$以及 $\alpha_1,\alpha_2,\cdots,\alpha_k\geqslant0$ 满足 $\sum_{i=1}^{k}\alpha_i=1$ 都有

$$f\left(\sum_{i=1}^{k}\alpha_i x_i\right) \leqslant \sum_{i=1}^{k}\alpha_i f(x_i)$$

现在假设 $x_1,\cdots,x_k,x_{k+1}\in[a,b]$以及 $\lambda_1,\cdots,\lambda_k,\lambda_{k+1}\geqslant 0$ 满足 $\sum_{i=1}^{k+1}\lambda_i = 1$，令

$$\alpha_i = \frac{\lambda_i}{1-\lambda_{k+1}},\quad i = 1,2,\cdots,k$$

如此一来，显然满足 $\sum_{i=1}^{k}\alpha_i = 1$。由数学归纳法假设可推得(注意，第一个不等号的取得利用了 $n=2$ 时的詹森不等式)

$$f(\lambda_1 x_1 + \lambda_2 x_2 + \cdots + \lambda_k x_k + \lambda_{k+1}x_{k+1}) = f\left[(1-\lambda_{k+1})\frac{\lambda_1 x_1 + \lambda_2 x_2 + \cdots + \lambda_{k+1}x_{k+1}}{1-\lambda_{k+1}}\right]$$

$$\leqslant(1-\lambda_{k+1})f(\alpha_1 x_1 + \alpha_2 x_2 + \cdots + \alpha_k x_k) + \lambda_{k+1}f(x_{k+1})$$

$$\leqslant(1-\lambda_{k+1})[\alpha_1 f(x_1) + \alpha_2 f(x_2) + \cdots + \alpha_k f(x_k)] + \lambda_{k+1}f(x_{k+1})$$

$$=(1-\lambda_{k+1})\left[\frac{\lambda_1}{1-\lambda_{k+1}}f(x_1) + \frac{\lambda_2}{1-\lambda_{k+1}}f(x_2) + \cdots + \frac{\lambda_k}{1-\lambda_{k+1}}f(x_k)\right] + \lambda_{k+1}f(x_{k+1})$$

$$=\sum_{i=1}^{k+1}\lambda_i f(x_i)$$

故命题成立。

不同资料上，所给出的詹森不等式可能具有不同的形式(但本质上它们是统一的)。如果把 $\lambda_1,\lambda_2,\cdots,\lambda_n$ 看作是一组权重，那就还可以从数学期望的角度去理解詹森不等式。即如果 f 是凸函数，X 是随机变量，那么就有 $E[f(X)]\geqslant f(E[X])$。特别地，如果 f 是严格的凸函数，那么当且仅当 X 是常量时，上式取等号。

用图形来表示詹森不等式的结论是一目了然的。仍然以图 A-7 为例，假设随机变量 X 有 θ 的可能性取得值 $\boldsymbol{p}_2$，有$(1-\theta)$的可能性取得值 $\boldsymbol{p}_1$，根据数学期望的定义可知 $E[X]=\theta\boldsymbol{p}_2+(1-\theta)\boldsymbol{p}_1$。同样道理，$E[f(X)]=\theta f(\boldsymbol{p}_2)+(1-\theta)f(\boldsymbol{p}_1)$。所以可得

$$f(E[X]) = f(\theta\boldsymbol{p}_2 + (1-\theta)\boldsymbol{p}_1) \leqslant \theta f(\boldsymbol{p}_2) + (1-\theta)f(\boldsymbol{p}_1) = E[f(X)]$$

下面给出一个更为严谨的证明。假设 f 是一个可微的凸函数，对于任意的 $\boldsymbol{p}_1<\boldsymbol{p}_2$，一定存在一个点 ξ，$\boldsymbol{p}_1<\xi<\boldsymbol{p}_2$，满足

$$\begin{aligned} f(\boldsymbol{p}_1) - f(\boldsymbol{p}_2) &= (\boldsymbol{p}_1 - \boldsymbol{p}_2)f'(\xi) \\ &\leqslant (\boldsymbol{p}_1 - \boldsymbol{p}_2)f'(\boldsymbol{p}_2) \end{aligned}$$

注意这里应用了上一小节给出的定理，即 f'是单调递增函数这个结论。进而有

$$f(\boldsymbol{p}_1) \leqslant f(\boldsymbol{p}_2) + (\boldsymbol{p}_1 - \boldsymbol{p}_2)f'(\boldsymbol{p}_2)$$

令 $\boldsymbol{p}_1=X$，$\boldsymbol{p}_2=E[X]$，重写上式就为

$$f(X) \leqslant f(E[X]) + (X - E[X])f'(E[X])$$

然后对两边同时取期望，就得

$$E[f(X)] \leqslant E[f(E[X]) + (X - E[X])f'(E[X])]$$

其中不等式右边可进一步化简得

$$f(E[X]) + f'(E[X])E[X - E[X]] = f(E[X])$$

于是结论得证。

A.3.3 詹森不等式的应用

詹森不等式在诸多领域都有重要应用，其中一个重要的用途就是证明不等式。本小节我们举两个例子来演示詹森不等式的应用。首先，来看一下重要的算术-几何平均值不等式：

设 $x_1,\cdots,x_n$ 为 n 个正实数，它们的算术平均数是$A_n=(x_1+x_2+\cdots+x_n)/n$，它们的几何平均数是$G_n=\sqrt[n]{x_1\cdot x_2\cdots x_n}$。算术-几何平均值不等式表明，对于任意的正实数，总有$A_n\geqslant G_n$，等号成立当且仅当 $x_1=x_2=\cdots=x_n$。

可以使用拉格朗日乘数法证明算术-几何平均值不等式。此处，使用詹森不等式来证明它。

证明：因为$-\ln x$是一个凸函数，那么 $\ln x$ 显然就是一个凹函数。根据詹森不等式

$$\ln\left(\frac{x_1+x_2+\cdots+x_n}{n}\right)\geqslant\frac{\ln x_1+\ln x_2+\cdots+\ln x_n}{n}$$

$$=\frac{1}{n}\ln(x_1x_2\cdots x_n)=\ln\left[(x_1x_2\cdots x_n)^{\frac{1}{n}}\right]$$

因为 $\ln x$ 是单调递增的，所以

$$\frac{x_1+x_2+\cdots+x_n}{n}\geqslant\sqrt[n]{x_1\cdot x_2\cdots x_n}$$

结论得证。

在之后，本书会谈到闵可夫斯基不等式和柯西-施瓦茨不等式。闵可夫斯基不等式的证明用到了赫勒德尔不等式，柯西-施瓦茨不等式则可被认为是赫勒德尔不等式的特殊情况。所以下面我们试着利用詹森不等式来证明赫勒德尔不等式。

赫勒德尔(Hölder)不等式：设对 $i=1,2,\cdots,n,a_i>0,b_i>0$，又 $p>1,p'>1,1/p+1/p'=1$，则

$$\sum_{i=1}^{n}a_ib_i\leqslant\left(\sum_{i=1}^{n}a_i^p\right)^{\frac{1}{p}}\left(\sum_{i=1}^{n}b_i^{p'}\right)^{\frac{1}{p'}}$$

特别地，当 $p=p'=2$ 时，得

$$\sum_{i=1}^{n}a_ib_i\leqslant\left(\sum_{i=1}^{n}a_i^2\right)^{\frac{1}{2}}\left(\sum_{i=1}^{n}b_i^2\right)^{\frac{1}{2}}$$

这其实就是本书后面还会介绍的柯西-施瓦茨不等式。

证明赫勒德尔不等式之前，先来证明一个引理：当 $a>0,b>0,p>1,1/p+1/p'=1$，则

$$ab\leqslant\frac{1}{p}a^p+\frac{1}{p'}b^{p'}$$

证明：令 $f(x)=-\ln x$，则 $f''(x)=x^{-2}>0,x\in(0,\infty)$。这样显然 $f(x)$是定义在$(0,\infty)$上的凸函数。令 $1/p=\lambda_1,1/p'=\lambda_2,a^p>0,b^{p'}>0$。由于 $p>1$，显然 $p'>1$。由詹森不等式可知

$$-\ln\left|\frac{1}{p}a^p+\frac{1}{p'}b^{p'}\right|\leqslant-\left|\frac{1}{p}\ln a^p+\frac{1}{p'}\ln b^{p'}\right|=-|\ln ab|$$

两边同时取指数，于是可得证原结论成立。

下面来证明赫勒德尔不等式。

证明：设

$$a=\frac{a_i}{\left(\sum_{i=1}^{n}a_i^p\right)^{\frac{1}{p}}},\quad b=\frac{b_i}{\left(\sum_{i=1}^{n}b_i^{p'}\right)^{\frac{1}{p'}}}$$

则由上述引理可知，

$$ab=\frac{a_ib_i}{\left(\sum_{i=1}^{n}a_i^p\right)^{\frac{1}{p}}\left(\sum_{i=1}^{n}b_i^{p'}\right)^{\frac{1}{p'}}}\leqslant\frac{1}{p}\frac{a_i^p}{\sum_{i=1}^{n}a_i^p}+\frac{1}{p'}\frac{b_i^{p'}}{\sum_{i=1}^{n}b_i^{p'}}$$

把 $i=1,2,\cdots,n$ 的 n 个不等式相加，则有

$$\frac{\sum_{i=1}^{n}a_ib_i}{\left(\sum_{i=1}^{n}a_i^p\right)^{\frac{1}{p}}\left(\sum_{i=1}^{n}b_i^{p'}\right)^{\frac{1}{p'}}}\leqslant\frac{1}{p}\frac{\sum_{i=1}^{n}a_i^p}{\sum_{i=1}^{n}a_i^p}+\frac{1}{p'}\frac{\sum_{i=1}^{n}b_i^{p'}}{\sum_{i=1}^{n}b_i^{p'}}=1$$

$$\sum_{i=1}^{n}a_ib_i\leqslant\left(\sum_{i=1}^{n}a_i^p\right)^{\frac{1}{p}}\left(\sum_{i=1}^{n}b_i^{p'}\right)^{\frac{1}{p'}}$$

结论得证。

A.4　泛函与抽象空间

泛函分析主要研究对象之一是抽象空间。其实在学习线性代数的过程中，读者已经建立了一种从矩阵到线性方程组之间的一种联系。而在泛函分析中，实数系、矩阵、多项式以及函数族这些看似关联不大的概念都可以抽象成空间。由于泛函分析是一门比较晦涩抽象的学问，读者应该注意联系以往学习中比较熟悉的一些已知的、具体的概念，从而帮助自己理解那些全新的、抽象的概念。

A.4.1　线性空间

线性空间是最基本的一种抽象空间。实数的全体 R_1，二维平面矢量的全体 R_2，三维空间矢量的全体 R_3，以及所有次数不大于 n 的实系数多项式的全体等等，都是线性空间的实例。

定义：设 E 为非空集合，如果对于 E 中任意两个元素 x 和 y，均对应于 E 中的一个元素，称为 x 与 y 之和，记为 $x+y$；对于 E 中任意一个元素 x 和任意一个实数 λ，均对应于 E 中的一个元素，称为 x 与 λ 的数乘，记为 λx；并且上述两种运算满足下列运算规律（x、y、z 为 E 中任意一个元素，λ 与 μ 为任意实数）：

(1) $x+y=y+x$；

(2) $x+(y+z)=(x+y)+z$；

(3) E 中存在唯一的零元素 θ（有时也记为 0），它满足 $\theta+x=x$，并且对任意 x 均存在唯一的“负元素”$-x\in E$，它满足 $x+(-x)=\theta$；

(4) $\lambda(\mu x)=(\lambda\mu)x$；

(5) $1x=x$，$0x=0$；

(6) $\lambda(x+y)=\lambda x+\lambda y$；

(7) $(\lambda+\mu)x=\lambda x+\mu x$。

则称 E 是实线性空间。由于本部分内容只考虑实数的情况，因此也可以将 E 简称为线性空间。从定义中可见线性空间的核心思想就在于引入加法和乘法两种代数运算基础上同时保证封闭性。

根据上述定义可以证明下列结论成立：

(1) 所有次数不大于 n 的实系数多项式所构成的结合 P_n 是线性空间。

(2) 所有在区间$[a,b]$上连续的实函数所构成的集合 $C[a,b]$是线性空间。

(3) 所有在区间$[a,b]$上具有连续的 k 阶导数的实函数所构成的集合 $C^k[a,b]$是线性空间。

与线性代数类似，可以在线性空间中引入线性相关、线性无关以及基的概念。设 x_1，x_2，…，x_n 是线性空间 E 中的 n 个元素，其中 $n\geqslant1$，如果存在不全为零的常数 $\lambda_1,\lambda_2,\cdots,\lambda_n$，使得

$$\lambda_1x_1+\lambda_2x_2+\cdots+\lambda_nx_n=\theta$$

则称 $x_1,x_2,\cdots,x_n$ 是线性相关的。反之，若由 $\lambda_1x_1+\lambda_2x_2+\cdots+\lambda_nx_n=\theta$ 的成立可导出 $\lambda_1=\lambda_2=\cdots=\lambda_n=0$，则称 $x_1,x_2,\cdots,x_n$ 是线性无关的。回忆线性代数中关于线性相关的解释，向量组 $x_1,x_2,\cdots,x_n$ 线性相关的充分必要条件是其中至少有一个向量可以由其余 $n-1$ 个向量线性表示。尽管上述结论表明向量组中的线性相关性与其中某一个向量可用其他向量线性表示之间的联系。但是它并没有断言究竟是哪一个向量可以由其他向量线性表示。关于这个问题可以用下面这个结论来回答。如果向量组 $e_1,e_2,\cdots,e_n,x$ 线性相关，而向量组 $e_1,e_2,\cdots,e_n$ 线性无关，那么向量 x 就可以由向量组 $e_1,e_2,\cdots,e_n$ 线性表示，而且表示形式唯一。

基于上述讨论，便可引出基的概念。如果线性空间 E 中存在 n 个线性无关的元素 e_1，$e_2,\cdots,e_n$，使得 E 中任意一个元素 x 均可以表示成

$$x=\sum_{i=1}^{n}\xi_ie_i$$

那么则称$\{e_1,e_2,\cdots,e_n\}$为空间 E 的一组基。并且称 n 为空间 E 的维数，记为 $\dim E=n$。而 E 称为有限维(n 维)线性空间，而不是有限维的线性空间称为无穷维线性空间。易见，P_n 是有限维的，而 $C[a,b]$和 $C^k[a,b]$都是无穷维的。

A.4.2 距离空间

尽管在线性空间上我们已经可以完成简单的线性运算，但这仍然不能满足我们的需求。为了保证数学刻画的精确性，还必须引入距离的概念。本文最初是从极限开始讲起的，这是微积分的必备要素之一，而极限的概念显然也是基于距离上无限接近这样一种角度来描述的。

定义：设 X 是非空集合，若对于 X 中任意两个元素 x 和 y，均有一个实数与之对应，此实数记为 $d(x,y)$，它满足：

(1) 非负性：$d(x,y)\geqslant0$；而 $d(x,y)=0$ 的充分条件是 $x=y$；

(2) 对称性：$d(x,y)=d(y,x)$；

(3) 三角不等式：$d(x,y)\leqslant d(x,z)+d(z,y)$，其中，$z$ 也是 X 中的任意元素。则称 $d(x,y)$ 为 x 和 y 的距离，并称 X 是以 d 为距离的距离空间。

例如，通常 n 维矢量空间 R_n，其中任意两个元素 $x=[\xi_i]_{i=1}^n$ 和 $y=[\eta_i]_{i=1}^n$ 的距离定义为

$$d_2(x,y)=\left[\sum_{i=1}^{n}|\xi_i-\eta_i|^2\right]^{\frac{1}{2}}$$

因此，R_n 就是以上式为距离的距离空间。同样，在 R_n 中还可以引入距离

$$d_1(x,y)=\sum_{i=1}^{n}|\xi_i-\eta_i|$$

或

$$d_p(x,y)=\left[\sum_{i=1}^{n}|\xi_i-\eta_i|^p\right]^{\frac{1}{p}},\quad p>1$$

或

$$d_\infty(x,y)=\max_{1\leqslant i\leqslant n}|\xi_i-\eta_i|$$

可见，在同一个空间内可以通过不同方式引入距离。而且在同一空间中引入不同的距离后，就认为是得到了不同的距离空间。因此常用符号 (X,d) 来表示距离空间。例如 (R_n, d_1)，(R_n, d_p) 等。

同样，我们还可以考虑定义在区间 $[a,b]$ 上的连续函数的全体 $C[a,b]$，其中任意两个元素 $x(t)$ 和 $y(t)$ 的距离可定义为

$$d(x,y)=\max_{a\leqslant t\leqslant b}|x(t)-y(t)|$$

现在我们想问以上述距离定义为基础的连续函数空间是否是一个距离空间。显然，定义中的前两个条件很容易满足。下面就简单地来证明最后一条。

$$\begin{aligned}|x(t)-y(t)|&\leqslant|x(t)-z(t)|+|z(t)-y(t)|\\&\leqslant\max_{a\leqslant t\leqslant b}|x(t)-z(t)|+\max_{a\leqslant t\leqslant b}|z(t)-y(t)|=d(x,z)+d(z,y)\end{aligned}$$

对所有的 $t\in[a,b]$ 成立，且上式右端与 t 无关，因此有

$$d(x,y)=\max_{a\leqslant t\leqslant b}|x(t)-y(t)|\leqslant d(x,z)+d(z,y)$$

在文本的最开始，我们即讨论过极限的有关内容。现在来考虑如何在距离空间中定义极限。设 $\{x_n\}_{n=1}^{\infty}$ 是距离空间 (X,d) 中的元素序列，如果 (X,d) 中的元素 x 满足

$$\lim_{n\to\infty}d(x_n,x)=0$$

则称 $\{x_n\}$ 是收敛序列，x 称为它的极限，记为 $x_n\to x$。

而且易得，如果序列 $\{x_n\}$ 有极限，则极限是唯一的。实际上，如果 x 与 y 都是 $\{x_n\}$ 的极限，则在式 $0\leqslant d(x,y)\leqslant d(x,x_n)+d(x_n,y)$ 中令 $n\to\infty$，即可得出 $d(x,y)=0$，从而 $x=y$。

不难看出，在 n 维空间 R_n 中，不论距离是 d_1、d_2、$d_p(p>1)$ 或 d_∞，序列 $\{x_n\}$ 的收敛都是指按(每个)坐标收敛。而连续函数空间 $C[a,b]$ 中序列 $\{x_n(t)\}$ 的收敛就是前面讲过的一致收敛。

下面再引入"球形邻域"的概念：设 r 为某一正数，集合

$$S_r(x_0)=\{x\in X;\ d(x,x_0)<r\}$$

称为距离空间 (X,d) 中的球形邻域，或简称球。x_0 称为 $S_r(x_0)$ 的中心，r 称为半径。

基于球形领域的概念，我们可以定义距离空间中的开集和闭集。

定义：设(X,d)为距离空间，M是其中的一个子集。$x\in M$。若存在关于x的球形邻域$S_r(x_0)$，它满足$S_r(x_0)\subset M$，则称x是集合M的内点。如果集合M的元素都是M的内点，则称M为开集。

定义：设$M\subset(X,d)$，$x_0\in X$，如果任一包含x_0的球$S_r(x_0)$中总含有集合M的异于x_0，则称x_0是集合M的聚点(或极限点)。

显然，x_0是集合M的聚点的充分必要条件是M中存在异于x_0的序列$\{x_n\}_{n=1}^{\infty}$，使得$x_n\to x_0$。另外需要说明的是，聚点不一定属于集合M。例如在R_1中，设集合

$$M=\left\{1,\frac{1}{2},\frac{1}{3},\frac{1}{4},\cdots\right\}$$

则0是M的聚点，但$0\notin M$。

定义：记集合$M\subset(X,d)$的所有聚点所构成的结合为M'，那么集合$\overline{M}=M\cup M'$称为集合M的闭包。如果集合M满足$M\supset\overline{M}$，称为M的闭集。

由此，在距离空间中，可以引入“任意逼近”的概念，即极限概念。一般来说，一个集合如果能够在其中确切地引入任意逼近的概念，就称之为“拓扑空间”。而距离空间是一种最常用的拓扑空间。

A.4.3 赋范空间

每个实数或复数，都有相对应的绝对值或者模，每一个n维矢量，也都可以定义其长度。如果把“长度”的概念推广到一般抽象空间中的元素上，就可以得到范数这个概念。

定义：设E为线性空间，如果对于E中的任一个元素x，都对应于一个实数，它记为$\|x\|$，且满足：

(1) $\|x\|\geqslant 0$，当且仅当$x=\theta$时，$\|x\|=0$；

(2) $\|\lambda x\|=|\lambda|\,\|x\|$，$\lambda$为实数；

(3) $\|x+y\|\leqslant\|x\|+\|y\|$，$x,y\in E$。

则称$\|x\|$为元素x的范数。E称为按范数$\|\cdot\|$的线性赋范空间。

例如，n维矢量空间R_n中的元素$x=[\xi_i]_{i=1}^n$的范数可以定义为如下形式，下面这个范数式也称为欧几里得范数，简称欧氏范数

$$\|x\|_2=\left\{\sum_{i=1}^n|\xi_i|^2\right\}^{\frac{1}{2}}$$

或者可以更一般地定义为(p为任意不小于1的数)

$$\|x\|_p=\left\{\sum_{i=1}^n|\xi_i|^p\right\}^{\frac{1}{p}}$$

还可以定义为

$$\|x\|_\infty=\max_{1\leqslant i\leqslant n}|\xi_i|$$

很容易证明上述三个定义式都满足范数定义中的三个条件。这里不做具体讨论，但是可以指出的是$\|\cdot\|_p$满足范数概念中条件(3)可以由闵可夫斯基不等式来证明。

闵可夫斯基(Minkowski)不等式：设$a_i>0$，$b_i>0(i=1,\cdots,n)$，$p>1$，则

$$\left[\sum_{i=1}^n(a_i+b_i)^p\right]^{\frac{1}{p}}\leqslant\left(\sum_{i=1}^n a_i^p\right)^{\frac{1}{p}}+\left(\sum_{i=1}^n b_i^p\right)^{\frac{1}{p}}$$

证明：

$$\sum_{i=1}^{n}(a_i+b_i)^p=\sum_{i=1}^{n}a_i(a_i+b_i)^{p-1}+\sum_{i=1}^{n}b_i(a_i+b_i)^{p-1}$$

对上式右端两个和数分别应用赫勒德尔不等式，得到

$$\begin{aligned}\sum_{i=1}^{n}(a_i+b_i)^p &\leqslant\left(\sum_{i=1}^{n}a_i^p\right)^{\frac{1}{p}}\left[\sum_{i=1}^{n}(a_i+b_i)^{(p-1)p'}\right]^{\frac{1}{p'}}+\left(\sum_{i=1}^{n}b_i^p\right)^{\frac{1}{p}}\left[\sum_{i=1}^{n}(a_i+b_i)^{(p-1)p'}\right]^{\frac{1}{p'}}\\ &=\left[\left(\sum_{i=1}^{n}a_i^p\right)^{\frac{1}{p}}+\left(\sum_{i=1}^{n}b_i^p\right)^{\frac{1}{p}}\right]\left[\sum_{i=1}^{n}(a_i+b_i)^{(p-1)p'}\right]^{\frac{1}{p'}}\end{aligned}$$

由于 $1/p+1/p'=1$，所以上述不等式可以改写为

$$\sum_{i=1}^{n}(a_i+b_i)^p\leqslant\left[\left(\sum_{i=1}^{n}a_i^p\right)^{\frac{1}{p}}+\left(\sum_{i=1}^{n}b_i^p\right)^{\frac{1}{p}}\right]\left[\sum_{i=1}^{n}(a_i+b_i)^p\right]^{\frac{1}{p'}}$$

然后用最后一个因式作除式等式两边同时做除法，即得到欲证明的不等式。

基于前面三个范数的定义，可知空间空间 R_n 是按范数式 $\|\cdot\|_2$、$\|\cdot\|_p$ 和 $\|\cdot\|_\infty$ 的线性赋范空间。为了区别，通常把这三种线性赋范空分别记为 ℓ_n^2、ℓ_n^p 和 ℓ_n^∞。由此可见，同一线性空间中可以引入多种范数。

连续函数空间 $C[a,b]$ 中元素 $x(t)$ 的范数可以定义为

$$\|x(t)\|=\max_{a\leqslant t\leqslant b}|x(t)|$$

因此 $C[a,b]$ 是按上述范数式的线性赋范空间，仍将它记为 $C[a,b]$。此外，还可以定义 $x(t)$ 的范数表达式为($p\geqslant1$)

$$\|x(t)\|_p=\left\{\int_a^b|x(t)|^p\mathrm{d}t\right\}^{\frac{1}{p}}$$

它称为"p 范数"。此时，所对应的线性赋范空间记为 $\widetilde{L}^p[a,b]$。$\|\cdot\|_p$ 可以成为范数的原因同样是由前面讲过的闵可夫斯基不等式来保证，但此时的闵可夫斯基不等式需将原来求和号改为积分符号，即

$$\left\{\int_a^b|x(t)+y(t)|^p\mathrm{d}t\right\}^{\frac{1}{p}}\leqslant\left\{\int_a^b|x(t)|^p\mathrm{d}t\right\}^{\frac{1}{p}}+\left\{\int_a^b|y(t)|^p\mathrm{d}t\right\}^{\frac{1}{p}}$$

易见，线性赋范空间同时也是距离空间，因为可以定义 $d(x,y)=\|x-y\|$。于是线性赋范空间中的序列 $\{x_n\}$ 收敛于 x 就是指 $\|x_n-x\|\to0,(n\to\infty)$。例如空间 $C[a,b]$ 中的收敛性是一致收敛，而 $\widetilde{L}^p[a,b]$ 中序列 $x_n(t)$ 收敛于 $x(t)$ 是"p 幂平均收敛"：

$$\int_a^b|x_n(t)-x(t)|^p\mathrm{d}t\to0$$

在线性赋范空间中的收敛性：$\|x_n-x\|\to0$ 又称为依范数收敛。

设 X_1 和 X_2 都是线性赋范空间。记有次序的元素对 $\{x_1,x_2\}$(其中 $x_1\in X_1,x_2\in X_2$)的全体所构成的集合为 $X_1\times X_2$。定义 $\{x_1,x_2\}+\{y_1,y_2\}=\{x_1+y_1,x_2+y_2\}$，$\lambda\{x_1,x_2\}=\{\lambda x_1,\lambda x_2\}$ 及 $\|\{x_1,x_2\}\|=\|x_1\|+\|x_2\|$，则 $X_1\times X_2$ 是线性赋范空间。它称为空间 X_1 和 X_2 的乘积空间。

接下来，我们介绍几条关于范数和依范数收敛的基本性质(这些性质在介绍极限时也有提及)。

(1) 范数 $\|x\|$ 关于变元 x 是连续的，即当 $x_n \to x$ 时，$\|x_n\| \to \|x\|$。

(2) 若 $x_n \to x, y_n \to y$，则 $x_n + y_n \to x + y$。

(3) 若 $x_n \to x$，且数列 $a_n \to a$，则 $a_n x_n \to a x$。

(4) 收敛序列必为有界序列，即若 $x_n \to x$，则 $\{\|x_n\|\}$ 是有界序列。

A.4.4 巴拿赫空间

定义：设 X 为线性赋范空间，$\{x_n\}_{n=1}^{\infty}$ 是空间 X 中的无穷序列。如果对于任给的 $\varepsilon > 0$，总存在自然数 N，使得当 $n > N$ 时，对于任意给定的自然 p，均有 $\|x_{n+p} - x_n\| < \varepsilon$，则称序列 $\{x_n\}$ 是 X 中的基本序列(或称柯西序列)。

显然，X 中的任何收敛序列都是基本序列。为了证明该结论不妨设 $x_n \to x$，即任给的 $\varepsilon > 0$，总存在自然数 N，使得当 $n > N$ 时，有 $\|x_n - x\| < \varepsilon/2$ 成立。于是对于任意的自然数 p，同时还有 $\|x_{n+p} - x\| < \varepsilon/2$。根据三角不等式，有 $\|x_{n+p} - x_n\| \leqslant \|x_{n+p} - x\| + \|x_n - x\| < \varepsilon$。然而，基本序列却不一定收敛。

定义：如果线性赋范空间 X 中的任何基本序列都收敛于属于 X 的元素，则称 X 为完备的线性赋范空间，或称为巴拿赫(Banach)空间。

下面我们来考虑 $\widetilde{L}^2[-1,1]$ 是不是巴拿赫空间。为此不妨来考察一下空间 $\widetilde{L}^2[-1,1]$ 中的序列

$$x_n(t) = \begin{cases} -1 & t \in [-1, -1/n] \\ nt & t \in [-1/n, 1/n] \\ +1 & t \in [1/n, 1] \end{cases}$$

显然 $x_n(t)$ 都是连续函数，且 $|x_n(t)| \leqslant 1$，因此 $\|x_{n+p}(t) - x_n(t)\| \leqslant 2$，从而当 $n \to \infty$ 时，

$$\begin{aligned} \|x_{n+p}(t) - x_n(t)\|^2 &= \int_{-1}^{1} |x_{n+p}(t) - x_n(t)|^2 \mathrm{d}t \\ &= \int_{-\frac{1}{n}}^{\frac{1}{n}} |x_{n+p}(t) - x_n(t)|^2 \mathrm{d}t \leqslant 4\int_{-\frac{1}{n}}^{\frac{1}{n}} \mathrm{d}t = \frac{8}{n} \to 0 \end{aligned}$$

这表明 $\{x_n(t)\}$ 是空间 $\widetilde{L}^2[-1,1]$ 中的基本序列。但同时当 $n \to \infty$ 时，$x_n(t)$ 的极限函数是间断函数，换言之，$x_n(t)$ 的极限函数不属于空间 $\widetilde{L}^2[-1,1]$。因此，序列 $\{x_n(t)\}$ 是空间 $\widetilde{L}^2[-1,1]$ 中没有极限，或者说 $\{x_n(t)\}$ 不是该空间中的收敛序列。既然线性赋范空间中的存在不收敛于属于该空间中元素的基本序列，那么空间 $\widetilde{L}^2[-1,1]$ 就不是巴拿赫空间。一般地，$\widetilde{L}^p[a,b]$，其中 $p \geqslant 1$，都不是巴拿赫空间。

但是空间 $C[a,b]$ 是巴拿赫空间。为了说明这一点，不妨设 $\{x_n(t)\}$ 是 $C[a,b]$ 中的基本序列，即任给 $\varepsilon > 0$，存在自然数 N，使得当 $n > N$ 时，对于任意的自然数 p 均有

$$\max_{a \leqslant t \leqslant b} |x_{n+p}(t) - x_n(t)| < \varepsilon$$

根据前面介绍的函数序列一致收敛的柯西准则可知 $\{x_n(t)\}$ 是一致收敛序列。由于每个函数 $x_n(t)$ 在 $[a,b]$ 上都连续，因此它的极限函数在 $[a,b]$ 上连续，即该极限函数属于空间 $C[a,b]$。类似地，$C^k[a,b]$ 也是完备的。

关于有限维空间的完备性，有如下这样一个一般化的结论：任一有限维线性赋范空间必为巴拿赫空间。而且由此还可以得到一个推论：任一线性赋范空间的有限维子空间都是闭子空间。

于是我们也得到了无穷维空间与有限维空间的一个重要差别：无穷维空间可以不完备，而有限维空间一定完备。

回忆本文前面关于函数项级数的内容，现在我们研究巴拿赫空间中级数的情形。

定理：巴拿赫空间中的级数 $\sum_{k=1}^{\infty} x_k$ 收敛的充分必要条件是：对于任给的 $\varepsilon>0$，总存在一个自然数 N，当 $n>N$ 时对任何自然数 p 均有

$$\left\|\sum_{k=n}^{n+p} x_k\right\| < \varepsilon$$

定义：若数值级数 $\sum_{k=1}^{\infty} \|x_k\|$ 收敛，则称级数 $\sum_{k=1}^{\infty} x_k$ 绝对收敛。

回想一下前面介绍过的魏尔斯特拉斯判别法（又称 M 判别法）：如果函数项级数 $\sum_{n=1}^{\infty} u_n(x)$ 在区间 I 上满足条件，$\forall x \in I$，$|u_n(x)| \leqslant M_n (n=1,2,3,\cdots)$，并且正向级数 $\sum_{n=1}^{\infty} M_n$ 收敛，则函数项级数 $\sum_{n=1}^{\infty} u_n(x)$ 在区间 I 上一致收敛。

此处便得到了一个更加泛化的表述（只要把其中的 $|u_n(x)| \leqslant M_n$ 替换成 $\|f_n(x)\| \leqslant M_n$）：如果函数序列 $\{f_n: X \to Y\}$ 的陪域[①]是一个巴拿赫空间 $(Y, \|\cdot\|)$，$\forall x \in X$，存在 $\|f_n(x)\| \leqslant M_n (n=1,2,3\cdots)$，并且正向级数 $\sum_{n=1}^{\infty} M_n$ 收敛，即 $\sum_{n=1}^{\infty} M_n < \infty$，则函数项级数 $\sum_{n=1}^{\infty} f_n(x)$ 一致收敛。

证明：考虑级数的部分和序列 $s_n = \sum_{i=1}^{n} f_i$，并取任意 $p,n \in \mathbb{N}$，其中 $p \leqslant q$，那么对于任意 $x \in X$ 有

$$\|s_q(x) - s_p(x)\| = \left\|\sum_{k=p+1}^{q} f_k(x)\right\| \leqslant \sum_{k=p+1}^{q} \|f_k(x)\| \leqslant \sum_{k=p+1}^{q} M_k$$

因为正向级数 $\sum_{n=1}^{\infty} M_n$ 收敛，根据数项级数的柯西收敛定理，对于任意 $\varepsilon>0$，总存在自然数 N，使得当 $p>N$，以及 $x \in X$，使得

$$\left\|\sum_{k=p+1}^{q} f_k(x)\right\| \leqslant \sum_{k=p+1}^{q} M_k < \varepsilon$$

而本节前面介绍过的定理也给出了巴拿赫空间中的级数收敛的充分必要条件，由此该定理得证。

从这个证明过程当中，其实还得到了 M 判别法在巴拿赫空间中的一种更简单的表述：若级数 $\sum_{k=1}^{\infty} x_k$ 是巴拿赫空间中的绝对收敛级数，则 $\sum_{k=1}^{\infty} x_k$ 收敛。（或表述为：当空间是巴拿赫

---

① 陪域又称上域或到达域，给定一个函数 $f: A \to B$，集合 B 称为是 f 的陪域。一般来说，值域只是陪域的一个子集。

空间时，若其中的级数绝对收敛，则该级数一定收敛。）注意，该定理在描述时并没有强调一致收敛，这是因为一致收敛时针对函数项级数而言的，而此处我们所得到的泛化结果是对巴拿赫空间中的元素来说的，即并不要求其中的元素一定是函数，所以也就不再强调一致收敛了。

这是因为，如果级数 $\sum_{k=1}^{\infty} x_k$ 是巴拿赫空间中的绝对收敛，那么根据定义，就意味着数值级数 $\sum_{k=1}^{\infty} \| x_k \|$ 收敛。同样根据数项级数的柯西收敛定理，可知对于任意 $\varepsilon>0$，总存在自然数 N，使得当 $n>N$，使得对于任何自然数 p 均有

$$\sum_{k=n+1}^{p} \| x_k \| < \varepsilon$$

又因为

$$\left\| \sum_{k=n+1}^{p} x_k \right\| \leqslant \sum_{k=n+1}^{p} \| x_k \|$$

即

$$\left\| \sum_{k=n+1}^{p} x_k \right\| < \varepsilon$$

由此定理得证。

最后，我们来考虑上述定理的逆命题。

定理：如果线性赋范空间 X 中的任意绝对收敛级数都是收敛的，则 X 是巴拿赫空间。

证明：设 $\{x_n\}$ 是 X 中的基本序列，则显然它是有界序列：$\| x_n \| \leqslant c$，且可以选出某一子序列 $\{x_{n_k}\}$ 使得

$$\| x_{n_k} - x_{n_{k+1}} \| < \frac{1}{2^k}, \quad k \geqslant 2$$

于是级数

$$x_{n_1} + (x_{n_2} - x_{n_1}) + \cdots + (x_{n_k} - x_{n_{k+1}}) + \cdots$$

绝对收敛。这是因为级数 $c + \sum (1/2^k)$ 收敛。根据定理假设，上述级数收敛。设其部分和为 s_k，则 $s_k \to x \in X$。但是 $s_k = x_{n_k}$，于是序列 $\{x_n\}$ 有一子序列 $\{x_{n_k}\}$ 收敛于 $x \in X$（当 $k\to\infty$ 时）。因此，对于任给的 $\varepsilon>0$，总存在自然数 N_1，当 $n_k > N_1$ 时

$$\| x_{n_k} - x \| < \frac{\varepsilon}{2}$$

又因 $\{x_n\}$ 是基本序列，因此存在自然数 N（不妨设 $N>N_1$），当 n 和 $n_k>N$ 时

$$\| x_n - x_{n_k} \| < \frac{\varepsilon}{2}$$

于是

$$\| x_n - x \| \leqslant \| x_n - x_{n_k} \| + \| x_{n_k} - x \| < \varepsilon$$

这也就表明 $x_n \to x$，定理得证。

通过前面的介绍，读者应该知道 n 维空间中任一元素 x 均可表示为其中某一组基 $\{e_1, \cdots, e_n\}$ 的线性组合

$$x=\sum_{i=1}^{n}\xi_i e_i$$

这组基的元素正好是 n 个。现在我们要在无穷维空间中讨论类似的问题。

以空间 $\ell_\infty^p(p\geqslant 1)$ 为例,令 $e_k=[0,\cdots,0,1,0,\cdots]$,其第 k 个分量为 1,其余为 0,则显然 ℓ_∞^p 中任一元素 $x=[\xi_1,\xi_2,\xi_3,\cdots]$ 可唯一地表示为

$$x=\sum_{k=1}^{\infty}\xi_k e_k$$

因此元素组 $\{e_k\}_{k=1}^{\infty}$ 可以作为空间 ℓ_∞^p 的一组基,但这组基的元素个数不是有限的。一个无穷集合,如果它的全部元素可以安装某种规则与自然数集合 $\{1,2,3,4,\cdots\}$ 建立一一对应关系,就称此无穷集合为可数集(或称可列集)。显然有限个可数集的和集仍然是可数集,甚至"可数"个可数集的和集也是可数集。所以全部有理系数的多项式所构成的集合 P_0 是可数集。

显然,空间 ℓ_∞^p 的基 $\{e_1,e_2,\cdots\}$ 是一个可数集,这样的基称为"可数基"。由此,我们可以进行下面的讨论。

定义:设 M 是线性赋范空间 X 的子集,如果对于任意的元素 $x\in X$ 及正数 ε,均可在 M 中找到一个元素 m。使得 $\|x-m\|<\varepsilon$,则称 M 在 X 中稠密。

稠密性有下列等价定义:

(1) X 中的任一球形邻域内必含有 M 的点。

(2) 任取 $x\in X$,则必有序列 $\{x_n\}\subset M$,使得 $x_n\to x$。

(3) M 在 X 中稠密的另一个充分必要条件是 $\overline{M}\supset X$。

定义:如果线性赋范空间 X 中存在可数的稠密子集,则称空间 X 是可分的。

例如,实数集 ℓ_1^p 是可分的,因为所有有理数在其中是稠密的,而有理数集是可数集。进而 n 维空间 $\ell_n^p(1\leqslant p<\infty)$ 也是可分的,因为坐标为有理数的点的全体构成其中的一个可数稠密子集。

定理:具有可数基的巴拿赫空间是可分的。

空间的完备性是实数域的基本属性的抽象和推广。完备的线性赋范空间具有许多类似实数域的优良性质,其关键是可以在其中顺利地进行极限运算。而且不完备的空间也可以在一定的意义下进行完备化。连续函数空间 $\widetilde{L}^p[a,b]$ 的完备化空间记作 $L^p[a,b]$,称为 p 次勒贝格可积函数空间。鉴于本书后续内容中会对此稍有涉及,因此这里需要指出,当 $p=1$ 时,空间 $L^1[a,b]$ 的元素称为勒贝格可积函数。空间 $L^1[a,b]$ 中的元素是"可积"的函数,其积分是关于上限的连续函数;另外,$L^1[a,b]$ 中两个函数 $x(t)$ 和 $y(t)$ 相等是指

$$\int_a^b |x(t)-y(t)|\,\mathrm{d}t=0$$

此时,如果 $x(t)$ 和 $y(t)$ 仅在个别点(例如有限个点或者一个可数点集)上取值不等,并不影响上式成立,因此常称 $x(t)$ 和 $y(t)$ 是"几乎处处"相等的。关于空间 $L^p[a,b]$,其元素是 p 次可积的:

$$\int_a^b |x(t)|^p\,\mathrm{d}t<\infty$$

例如空间 $L^2[a,b]$ 表示平方可积函数的全体。物理上,平方可积函数可以表示能量有限的信号。此外有关系 $L^1[a,b]\supset L^2[a,b]$,这由下式得知

$$\int_a^b |x(t)|\,\mathrm{d}t=\int_a^b |x(t)|\cdot 1\mathrm{d}t\leqslant\left[\int_a^b |x(t)|^2\mathrm{d}t\right]^{\frac{1}{2}}\left[\int_a^b 1^2\mathrm{d}t\right]^{\frac{1}{2}}\leqslant\sqrt{b-a}\left[\int_a^b |x(t)|^2\mathrm{d}t\right]^{\frac{1}{2}}$$

其中用到了赫勒德尔不等式。一般地，如果 $p'<p$，则$L^{p'}[a,b]\supset L^p[a,b]$。

另外还要指出，当$1\leqslant p<\infty$时，空间$L^p[a,b]$是可分的。因为有理系数多项式集 P_0 在$\widetilde{L}^p[a,b]$中稠密，而$\widetilde{L}^p[a,b]$在$L^p[a,b]$中稠密。

A.4.5 内积空间

定义：已知向量 $\boldsymbol{a}=a_1\boldsymbol{i}+a_2\boldsymbol{j}+a_3\boldsymbol{k}$、$\boldsymbol{b}=b_1\boldsymbol{i}+b_2\boldsymbol{j}+b_3\boldsymbol{k}$，则 $\boldsymbol{a}$ 与 $\boldsymbol{b}$ 之内积为

$$\boldsymbol{a}\cdot\boldsymbol{b}=a_1b_1+a_2b_2+a_3b_3$$

借由内积，我们也可以给方向余弦一个更明确的意义，即

$$\cos\alpha=\cos(\boldsymbol{a},\boldsymbol{i})=\frac{a_1}{|\boldsymbol{a}|}=\frac{\boldsymbol{a}\cdot\boldsymbol{i}}{|\boldsymbol{a}||\boldsymbol{i}|}$$

$$\cos\beta=\cos(\boldsymbol{a},\boldsymbol{j})=\frac{a_2}{|\boldsymbol{a}|}=\frac{\boldsymbol{a}\cdot\boldsymbol{j}}{|\boldsymbol{a}||\boldsymbol{j}|}$$

$$\cos\gamma=\cos(\boldsymbol{a},\boldsymbol{k})=\frac{a_3}{|\boldsymbol{a}|}=\frac{\boldsymbol{a}\cdot\boldsymbol{k}}{|\boldsymbol{a}||\boldsymbol{k}|}$$

内积的性质：$\boldsymbol{a}$、$\boldsymbol{b}$ 是两个向量，$k\in\mathbb{R}$，则内积满足如下性质

- $\boldsymbol{a}\cdot\boldsymbol{b}=\boldsymbol{b}\cdot\boldsymbol{a}$
- $\boldsymbol{a}\cdot(k\boldsymbol{b})=k(\boldsymbol{b}\cdot\boldsymbol{a})$，$(k\boldsymbol{a})\cdot\boldsymbol{b}=k(\boldsymbol{a}\cdot\boldsymbol{b})$
- $\boldsymbol{a}\cdot(\boldsymbol{b}+\boldsymbol{c})=\boldsymbol{a}\cdot\boldsymbol{b}+\boldsymbol{a}\cdot\boldsymbol{c}$，$(\boldsymbol{a}+\boldsymbol{b})\cdot\boldsymbol{c}=\boldsymbol{a}\cdot\boldsymbol{c}+\boldsymbol{b}\cdot\boldsymbol{c}$
- $|\boldsymbol{a}|^2=\boldsymbol{a}\cdot\boldsymbol{a}>0(\boldsymbol{a}\neq 0)$

在给出向量内积这个概念的前提下，我们知道两个向量的夹角之余弦可以定义成这两个向量的内积与它们模的乘积之比。对于平面向量而言，即向量都是二维的，向量的内积也可以表示成这样一种形式：$\boldsymbol{a}\cdot\boldsymbol{b}=|\boldsymbol{a}||\boldsymbol{b}|\cos\theta$。由此亦可推出两个向量 $\boldsymbol{a}$、$\boldsymbol{b}$ 相互垂直的等价条件就是 $\boldsymbol{a}\cdot\boldsymbol{b}=0$，因为 $\cos(\pi/2)=0$。当然，这也是众多教科书上介绍向量内积最开始时常常用到的一种定义方式。但必须明确，这种表示方式仅仅是一种非常狭隘的定义。如果从这个定义出发来介绍向量内积，其实是本末倒置的。因为对于高维向量而言，夹角的意义是不明确的。例如，在三维坐标空间中，再引入一维时间坐标，形成一个四维空间，那么时间向量与空间向量的夹角该如何解释呢？所以读者务必明确，首先应该是给出如本小节最开始时给出的内积定义，然后才能由此给出二维或三维空间下的夹角定义。在此基础上，我们来证明余弦定律。

余弦定律：已知$\triangle ABC$ 其中$\angle CAB=\theta$，则$\overline{BC}^2=\overline{AB}^2+\overline{AC}^2-2\,\overline{ABAC}\cos\theta$。

证明：令$\overrightarrow{AB}=\boldsymbol{a}$，$\overrightarrow{AC}=\boldsymbol{b}$，则$\overrightarrow{CB}=\boldsymbol{a}-\boldsymbol{b}$

$$|\overrightarrow{BC}|^2=\overrightarrow{BC}\cdot\overrightarrow{BC}=(\boldsymbol{a}-\boldsymbol{b})(\boldsymbol{a}-\boldsymbol{b})=\boldsymbol{a}\cdot\boldsymbol{a}-2\boldsymbol{a}\cdot\boldsymbol{b}+\boldsymbol{b}\cdot\boldsymbol{b}$$

$$=|\boldsymbol{a}|^2-2|\boldsymbol{a}||\boldsymbol{b}|\cos\theta+|\boldsymbol{b}|^2=\overline{AB}^2+\overline{AC}^2-2\,\overline{AB}\,\overline{AC}\cos\theta$$

注意到$|\overrightarrow{BC}|^2$ 与$\overline{BC}^2$ 是相等的，因为一个向量与自身的夹角为 0，而 $\cos(0)=1$，所以结论得证。

柯西-施瓦茨不等式：$\boldsymbol{a}$、$\boldsymbol{b}$ 是两个向量，则其内积满足不等式$|\boldsymbol{a}\cdot\boldsymbol{b}|\leqslant|\boldsymbol{a}||\boldsymbol{b}|$，当 $\boldsymbol{b}=\lambda\boldsymbol{a}$，$\lambda\in\mathbb{R}$ 时等号成立。

若根据 $\boldsymbol{a}\cdot\boldsymbol{b}=|\boldsymbol{a}||\boldsymbol{b}|\cos\theta$ 这个定义，因为 $0\leqslant\cos\theta\leqslant 1$，显然柯西-施瓦茨不等式是成立的。但是这样的证明方式同样又犯了本末倒置的错误。柯西-施瓦茨不等式并没有限定向量的维度，换言之它对于任意维度的向量都是成立的，这时夹角的定义是不明确的。正确的思路同样应该从本小节最开始的定义出发来证明柯西-施瓦茨不等式，因为存在这样一个不等式关系，然后我们才会想到内积与向量模的乘积之间存在一个介于 0 和 1 之间的系数，然后我们才用 $\cos\theta$ 来表述这个系数，于是才会得到 $\boldsymbol{a}\cdot\boldsymbol{b}=|\boldsymbol{a}||\boldsymbol{b}|\cos\theta$ 这个表达式。下面就来证明柯西-施瓦茨不等式。

证明：

若 x 是任意实数，则必然有 $(\boldsymbol{a}+x\boldsymbol{b})\cdot(\boldsymbol{a}+x\boldsymbol{b})\geqslant 0$，展开得

$$\boldsymbol{a}\cdot\boldsymbol{a}-2\boldsymbol{a}\cdot\boldsymbol{b}x+\boldsymbol{b}\cdot\boldsymbol{b}x^2\geqslant 0$$

这是一条开口向上的抛物线且在 x 轴上方，于是由抛物线的性质，可得判别式小于等于 0，即

$$\triangle=(2\boldsymbol{a}\cdot\boldsymbol{b})^2-4(\boldsymbol{a}\cdot\boldsymbol{a})(\boldsymbol{b}\cdot\boldsymbol{b})\leqslant 0$$

$$(\boldsymbol{a}\cdot\boldsymbol{b})^2\leqslant|\boldsymbol{a}|^2|\boldsymbol{b}|^2\Rightarrow|\boldsymbol{a}\cdot\boldsymbol{b}|\leqslant|\boldsymbol{a}||\boldsymbol{b}|$$

由证明过程可知，等式若要成立，则 $\boldsymbol{a}+x\boldsymbol{b}$ 必须是零向量，换言之向量 $\boldsymbol{a}$、$\boldsymbol{b}$ 是线性相关的，即 $\boldsymbol{b}=\lambda\boldsymbol{a}$，$\lambda\in\mathbb{R}$。

由柯西-施瓦茨不等式自然可以证明三角不等式，三角不等式在前面我们亦有用到过，它的完整表述如下。

三角不等式：$\boldsymbol{a}$、$\boldsymbol{b}$ 是两个向量，则 $|\boldsymbol{a}+\boldsymbol{b}|\leqslant|\boldsymbol{a}|+|\boldsymbol{b}|$

证明：

$$\begin{aligned}|\boldsymbol{a}+\boldsymbol{b}|^2&=(\boldsymbol{a}+\boldsymbol{b})\cdot(\boldsymbol{a}+\boldsymbol{b})\\&=\boldsymbol{a}\cdot\boldsymbol{a}+2\boldsymbol{a}\cdot\boldsymbol{b}+\boldsymbol{b}\cdot\boldsymbol{b}\leqslant|\boldsymbol{a}|^2+2|\boldsymbol{a}||\boldsymbol{b}|+|\boldsymbol{b}|^2=(|\boldsymbol{a}|+|\boldsymbol{b}|)^2\end{aligned}$$

得证。

接下来，我们对刚刚讨论过的内积进行推广，并以公理化的形式给出内积的广义定义。

定义：设 E 为实线性空间，如果对于 E 中任意两个元素 x 和 y，均有一个实数与之对应，此实数记为 (x,y)，且它满足：

(1) $(x,x)\geqslant 0$，当且仅当 $x=\theta$ 时，$(x,x)=0$；

(2) $(x,y)=(y,x)$；

(3) $(\lambda x,y)=\lambda(x,y)$，($\lambda$ 为任意实数)；

(4) $(x+y,z)=(x,z)+(y,z)$，$(z\in E)$；

则称数 (x,y) 为 x 和 y 的内积，称 E 为实内积空间(或称欧几里得空间)。

例如，n 维实矢量空间 R_n 中任意两个矢量 $\boldsymbol{x}=[\xi_1,\xi_2,\cdots,\xi_n]^{\mathrm{T}}$ 和 $\boldsymbol{y}=[\eta_1,\eta_2,\cdots,\xi_n]^{\mathrm{T}}$ 的内积定义为

$$(x,y)=\sum_{i=1}^{n}\xi_i\eta_i=x^{\mathrm{T}}y$$

不难验证这个内积的定义是满足前面介绍过的四个条件的。此外，这种 n 维实矢量空间通常也称为 n 维欧几里得空间，记为 E_n。

再比如，空间 $L^2[a,b]$ 中的两个函数 $x(t)$ 和 $y(t)$ 的内积可以定义为

$$(x,y)=\int_a^b x(t)y(t)\mathrm{d}t$$

很容易验证,这种定义对于上述四个条件都是满足的。

定理:(柯西-施瓦茨不等式)内积空间中的任意两个元素 x 和 y 满足不等式

$$|(x,y)| \leqslant \sqrt{(x,x)}\sqrt{(y,y)}$$

当且仅当 $x=\lambda y$ 或 $\boldsymbol{x}$、$\boldsymbol{y}$ 中有一为零元素时等号成立。

需要指出的是,内积空间是线性赋范空间。这只要令

$$\| x \| = \sqrt{(x,x)}$$

此时三角不等式是成立的:

$$\begin{aligned}\| x+y \|^2 &= |(x+y,x+y)| \leqslant |(x,x)|+|(x,y)|+|(y,x)|+|(y,y)| \\ &\leqslant (x,x)+2\sqrt{(x,x)}\sqrt{(y,y)}+(y,y)=(\| x \| + \| y \|)^2\end{aligned}$$

这个证明过程中用到了柯西-施瓦茨不等式。由于内积空间是线性赋范空间,因此线性赋范空间所具有的性质在内积空间中同样成立。

另外,显然柯西-施瓦茨不等式还可以写成这样的形式:$|(x,y)|\leqslant \| x \| \cdot \| y \|$。

A.4.6 希尔伯特空间

定义:在由内积所定义的范数意义下完备的内积空间称为希尔伯特(Hilbert)空间。

希尔伯特空间是一类性质非常好的线性赋范空间,在工程上有着非常广泛的应用,而且在希尔伯特空间中最佳逼近问题可以得到比较完满的解决。

定义:设 X 为某一距离空间。设 B 是 X 中的一个集合。$x\in X$ 且 $x\notin B$。现记 $d(x,B)$为点 x 到集合 B 的距离:

$$d(x,B)=\inf_{y\in B} d(x,y)$$

如果集合 B 中存在元素$\tilde{x}$,使得

$$d(x,\tilde{x})=d(x,B)$$

则称元素$\tilde{x}\in B$ 是元素 $x\in X$ 在集合 B 中的最佳逼近元,或简称为最佳元。

下面给出关于希尔伯特空间 H 中闭凸子集的最佳元存在的唯一性定理。

定理:设 B 是 H 中的闭凸子集,$x\in H$ 且 $x\notin B$,则存在唯一的$\tilde{x}\in B$,使得

$$\| x-\tilde{x} \| = \inf_{y\in B} \| x-y \|$$

上述定理中提到了有关凸集的概念,其定义如下。

定义:设 M 是线性空间 E 中的一个集合,若对任意 $x,y\in M$ 及满足 $\lambda+\mu=1$ 之 $\lambda\geqslant 0$, $\mu\geqslant 0$,均有 $\lambda x+\mu y\in M$,则称 M 是 E 中凸集。

下面我们来对上述最佳元存在的唯一性定理进行证明。

证明:记

$$d=d(x,B)=\inf_{y\in B} \| x-y \|$$

根据下确界的定义,对于任意自然数 n,必存在 $y_n\in B$,使得

$$d\leqslant \| x-y_n \| < d+\frac{1}{n}$$

下面证明$\{y_n\}$是 H 中的基本序列。为此,对 $x-y_n$ 与 $x-y_m$ 应用平行四边形法则:

$$2\| x-y_n \|^2+2\| x-y_m \|^2 = \| 2x-y_n-y_m \|^2+\| y_n-y_m \|^2$$

由 B 的凸性可知$(y_n-y_m)/2\in B$,从而

$$\|2x-y_n-y_m\|^2=4\left\|x-\frac{y_n-y_m}{2}\right\|^2\geqslant 4d^2$$

由此便有

$$\begin{aligned}\|y_n-y_m\|^2&=2\|x-y_n\|^2+2\|x-y_m\|^2-\|2x-y_n-y_m\|^2\leqslant\\&2\left(d+\frac{1}{n}\right)^2+2\left(d+\frac{1}{m}\right)^2-4d^2\\&=\frac{4d}{n}+\frac{4d}{m}+\frac{2}{n^2}+\frac{2}{m^2}\end{aligned}$$

显然，当 $n\to\infty,m\to\infty$时，有 $0\leqslant\|y_n-y_m\|^2\leqslant 0$，于是即知$\{y_n\}$是基本序列。对于一个完备的空间而言，其中每个基本序列都收敛，故存在$\tilde{x}\in B$(因为 B 是闭集)使得$y_n\to\tilde{x}$，即得

$$\|x-\tilde{x}\|=d$$

最后证明$\tilde{x}$的唯一性。设另有$\tilde{x}_1\in B$ 满足 $\|x-\tilde{x}_1\|=d$，再次应用平行四边形法则，即有

$$\begin{aligned}4d^2&=2\|x-\tilde{x}\|^2+2\|x-\tilde{x}_1\|^2\\&=\|\tilde{x}-\tilde{x}_1\|^2+4\left\|x-\frac{\tilde{x}+\tilde{x}_1}{2}\right\|^2\geqslant\|\tilde{x}-\tilde{x}_1\|^2+4d^2\end{aligned}$$

于是$\|\tilde{x}-\tilde{x}_1\|^2\leqslant 0$，即$\|\tilde{x}-\tilde{x}_1\|=0$，$\tilde{x}=\tilde{x}_1$。定理得证。

定义：如果 $x,y\in H$，且$(x,y)=0$，则称元素 x 与 y 是正交的，并记为 $x\perp y$。设 S 为 H 的子集，而元素 $x\in H$ 与 S 中任一元素都正交。则称元素 x 与集合 S 正交，记为 $x\perp S$。

显然，零元素 θ 与任何元素都正交。

定理：(勾股定理)若 $x\perp y$，则 $\|x+y\|^2=\|x\|^2+\|y\|^2$。

定理：(投影定理)设 L 是 H 的闭子空间，$x\in H$ 但 $x\notin L$，则$\tilde{l}$是在中的最佳元的充分必要条件是$(x-\tilde{l})\perp L$。亦即对任意的 $l\in L$，均有$(x-\tilde{l},l)=0$。

证明：设$\tilde{l}$是最佳逼近元。则对于任意的实数 λ 和任意的元素 $l\in L$，有

$$\|x-\tilde{l}\|^2\leqslant\|x-\tilde{l}+\lambda l\|^2$$

即$(x-\tilde{l},x-\tilde{l})\leqslant(x-\tilde{l}+\lambda l,x-\tilde{l}+\lambda l)$，也就是 $2\lambda(x-\tilde{l},l)+\lambda^2\|l\|^2\geqslant 0$。不妨设 $l\neq\theta$，取

$$\lambda=-\frac{(x-\tilde{l},l)}{\|l\|^2}$$

则原式变为

$$-\frac{(x-\tilde{l},l)^2}{\|l\|^2}\geqslant 0$$

于是有$(x-\tilde{l},l)=0$，即必要性得证。

反之，设$(x-\tilde{l},l)=0$ 对任意的元素 $l\in L$ 都成立，则由勾股定理推得

$$\|x-l\|^2=\|x-\tilde{l}+\tilde{l}-l\|^2=\|x-\tilde{l}\|^2+\|\tilde{l}-l\|^2\geqslant\|x-\tilde{l}\|^2$$

即

$$\inf_{l\in L}\|x-l\|^2=\|x-\tilde{l}\|^2$$

充分性得证。定理证明完毕。

在此基础上，若 L 是 H 中的有限维子空间，下面的步骤实现了求出 x 到 L 的距离 d 的具体表达式。

定义：设 $x_1,\cdots,x_k$ 是内积空间中的任意 k 个向量，这些向量的内积所组成的矩阵

$$G(x_1,\cdots,x_k)=\begin{bmatrix}(x_1,x_1) & \cdots & (x_1,x_k)\\ \vdots & \ddots & \vdots\\ (x_k,x_1) & \cdots & (x_k,x_k)\end{bmatrix}$$

称为 k 个向量 $x_1,\cdots,x_k$ 的格拉姆(Gram)矩阵，k 阶格拉姆矩阵 $G_k=G(x_1,\cdots,x_k)$ 的行列式称为格拉姆行列式，通常用 $\Gamma(x_1,\cdots,x_k)$ 来表示，或者记成 $|G(x_1,\cdots,x_k)|$。

定理：设 $x_1,\cdots,x_n$ 是内积空间中的一组向量，则格拉姆矩阵 G_n 必定是半正定矩阵，而 G_n 是正定矩阵的充要条件是 $x_1,\cdots,x_n$ 线性无关。

证明：根据内积空间的定义，对任意的 n 维列矢量 $\lambda=[\lambda_1,\cdots\lambda_n]^{\mathrm{T}}$ 有

$$\lambda^T G_n\lambda=\sum_{i=1}^n\sum_{j=1}^n\lambda_i\lambda_j(x_i,x_j)=\sum_{i=1}^n\sum_{j=1}^n(\lambda_i x_i,\lambda_j x_j)=\left(\sum_{i=1}^n\lambda_i x_i,\sum_{j=1}^n\lambda_j x_j\right)\geqslant 0$$

因此 n 阶格拉姆矩阵 $G_n=G(x_1,\cdots,x_n)$ 是半正定对称矩阵。

从上述证明过程中不难得到如下推论：内积空间中的任意 n 个向量 $x_1,\cdots,x_n$ 的格拉姆行列式恒为非负实数，即 $\Gamma(x_1,\cdots,x_n)\geqslant 0$，当且仅当 $x_1,\cdots,x_n$ 线性相关时，等号成立。如果 $x_1,\cdots,x_n$ 是线性无关的，则必然可推出 $\Gamma(x_1,\cdots,x_n)\neq 0$。因为如果 $\Gamma(x_1,\cdots,x_n)=0$，则表明 G_n 的列矢量线性相关，即存在不全为零的 $\mu_1,\cdots,\mu_n$ 使得

$$\sum_{j=1}^n\mu_j(x_i,x_j)=0,\quad i=1,2,\cdots,n$$

由此可知(因为内积空间也是线性赋范空间)

$$\left(\sum_{j=1}^n\mu_j x_j,\sum_{i=1}^n\mu_i x_i\right)=0\Rightarrow\left\|\sum_{j=1}^n\mu_j x_j\right\|^2=0$$

即

$$\sum_{j=1}^n\mu_j x_j=\theta$$

这显然与 $x_1,\cdots,x_n$ 线性无关矛盾。

定理：设 $\{x_1,\cdots,x_n\}$ 是 H 中的线性无关组。由它们生成的子空间记为 L，其维数为 n。H 中任一点 x 到 L 的距离 d 为

$$d^2=\frac{\Gamma(x_1,\cdots,x_n,x)}{\Gamma(x_1,\cdots,x_n)}$$

证明：设 x 的最佳元为 $\tilde{l}\in L$，则 $\tilde{l}$ 可表示为(相当于对 $\tilde{l}$ 做了一个线性展开)

$$\tilde{l}=\sum_{j=1}^n\lambda_j x_j$$

根据投影定理

$$(x-\tilde{l})\perp x_i,\quad i=1,2,\cdots,n$$

这也等价于下列关于 λ_j 的线性方程组

$$\left(x-\sum_{j=1}^n\lambda_j x_j,x_i\right)=0\Rightarrow(x,x_i)-\left(\sum_{j=1}^n\lambda_j x_j,x_i\right)=0$$

继续利用内积空间定义中的若干性质便会得到(如下方程组亦称为最佳逼近问题的正规方程)

$$\sum_{j=1}^{n}\lambda_j(x_j,x_i)=(x,x_i),\quad i=1,2,\cdots,n$$

其系数行列式$|G_n|\neq 0$,因此有唯一解。再由内积的定义及投影定理得到

$$d^2=\|x-\tilde{l}\|^2=(x-\tilde{l},x-\tilde{l})=(x,x)-(\tilde{l},x)-(x-\tilde{l},\tilde{l})$$

其中$(x-\tilde{l},\tilde{l})=0$,即得

$$\sum_{j=1}^{n}\lambda_j(x_j,x)+d^2=(x,x)$$

现在把已经得到的两个和式联立起来,便得到下列关于$n+1$个未知数$\lambda_1,\cdots,\lambda_n,d^2$的$n+1$个方程:

$$\begin{cases}\lambda_1(x_1,x_1)+\cdots+\lambda_n(x_n,x_1)+0\cdot d^2=(x,x_1)\\\lambda_1(x_1,x_2)+\cdots+\lambda_n(x_n,x_2)+0\cdot d^2=(x,x_2)\\\qquad\vdots\\\lambda_1(x_1,x_n)+\cdots+\lambda_n(x_n,x_n)+0\cdot d^2=(x,x_n)\\\lambda_1(x_1,x)+\cdots+\lambda_n(x_n,x)+1\cdot d^2=(x,x)\end{cases}$$

由线性代数中的克莱姆法则即可求得d^2的表达式即为定理中所列出之形式,于是定理得证。

下面给出希尔伯特空间中当逼近集为闭凸集时的最佳元的特征定理。

定理:设B是希尔伯特空间H中的闭凸子集,$x\in H,x\notin B$,则下列命题等价:

(1) $\tilde{x}\in B$是x的最佳元,即对任意的$b\in B$,均有$\|x-\tilde{x}\|\leqslant\|x-b\|$;

(2) $\tilde{x}\in B$满足:对任意的$b\in B$,均有$(x-\tilde{x},b-\tilde{x})\leqslant 0$;

(3) $\tilde{x}\in B$满足:对任意的$b\in B$,均有$(x-b,\tilde{x}-b)\geqslant 0$。

最后我们来研究希尔伯特空间中的傅里叶级数展开。

定义:设$\{e_1,e_2,\cdots\}$是内积空间H中的一组元素,如果对任意的$i\neq j$,均有$(e_i,e_j)=0$,则称$\{e_1,e_2,\cdots\}$是H中的正交系;如果每一个e_i的范数为1,则称之为规范正交系。

换言之,$\{e_1,e_2,\cdots\}$是H中规范正交系是指

$$(e_i,e_j)=\delta_{ij}=\begin{cases}1, & i=j\\0, & i\neq j\end{cases}$$

其中,δ_{ij}是克罗内克(Kronecker)函数①。

内积空间中的正交系一定是线性无关组。

现在设$\{x_1,x_2,\cdots\}$是内积空间中的一组线性无关元素。下面讨论的方法实现了由该组元素导出一组规范正交系$\{e_1,e_2,\cdots\}$使得每一e_n是$x_1,x_2,\cdots,x_n$的线性组合。

首先,取$e_1=x_1/\|x_1\|$,再令$u_2=x_2-(x_2,e_1)e_1,e_2=u_2/\|u_2\|$,那么显然$\{e_1,e_2\}$是规范正交的。以此类推,若已有规范正交组$\{e_1,e_2,\cdots,e_{n-1}\}$,就再令

$$u_n=x_n-\sum_{i=1}^{n-1}(x_n,e_i)e_i$$

① 克罗内克函数δ_{ij}是一个二元函数,得名于数学家克罗内克。克罗内克函数的自变量(输入值)一般是两个整数,如果两者相等,则其输出值为1,否则为0。克罗内克函数的值一般简写为δ_{ij}。注意,尽管克罗内克函数和狄拉克函数都使用δ作为符号,但是克罗内克δ用的时候带两个下标,而狄拉克δ函数则只有一个变量。

及 $e_n = u_n / \| u_n \|$，则显然 e_n 与 $e_1, e_2, \cdots, e_{n-1}$ 都正交，从而 $\{e_1, e_2, \cdots, e_n\}$ 是规范正交的。如此继续下去就可以得到规范正交系 $\{e_1, e_2, \cdots\}$。

上述由线性无关组 $\{x_1, x_2, \cdots\}$ 构造出规范正交系 $\{e_1, e_2, \cdots\}$ 的方法通常称为格拉姆-施密特正交化方法。

例如，显然 $\{1, t, t^2, \cdots, t^n, \cdots\}$ 是空间 $L^2[-1,1]$ 中的线性无关组，但不是正交系。利用格拉姆—施密特方法，可以得到基于内积

$$(x, y) = \int_a^b x(t) y(t) \mathrm{d}t$$

的一个规范正交系。为此，令 $x_0 = 1, x_1 = t, \cdots, x_n = t^n, \cdots$，由于 $\{x_n\}$ 是线性无关的，故可取 $e_0 = x_0 / \| x_0 \| = 1/\sqrt{2}$，$u_1 = x_1 - (x_1, e_0) e_0 = t$，进而取 $e_1 = u_1 / \| u_1 \| = \sqrt{3/2}\, t$，类似的有

$$e_2 = \sqrt{\frac{5}{2}} \cdot \frac{1}{2}(3t^2 - 1), \cdots, e_n = \sqrt{\frac{2n+1}{2}} \cdot P_n(t) \quad n = 1, 2, \cdots$$

其中，

$$P_n(t) = \frac{1}{2^n n!} \frac{d^n}{dt^n} (t^2 - 1)^n$$

称为 n 阶勒让德(Legendre)多项式。而 $\{e_0(t), e_1(t), e_2(t), \cdots, e_n(t), \cdots\}$ 是 $L^2[-1,1]$ 中的规范正交系。

之前我们已经推导出了 H 中任一点 x 到其中有限维子空间 L 的距离公式，下面我们来考虑无限维子空间的情况。设 $\{e_1, e_2, \cdots, e_n\}$ 是希尔伯特空间 H 中的规范正交系。现在根据前面讨论过的有限维子空间距离公式来求 H 中任一元素 x 到由 $\{e_1, e_2, \cdots, e_n\}$ 所生成的子空间 L 的距离 d。

显然 $G(e_1, \cdots, e_n)$ 是单位矩阵，因此 $|G(e_1, \cdots, e_n)| = 1$，而

$$| G(e_1, \cdots, e_n, x) | = \begin{vmatrix} 1 & & & (x, e_1) \\ & \ddots & & \vdots \\ & & 1 & (x, e_n) \\ (e_1, x) & \cdots & (e_n, x) & (x, x) \end{vmatrix} = \| x \|^2 - \sum_{i=1}^{n} | c_i |^2$$

其中，$c_i = (x, e_i)$。上述化简计算过程中需用到一点线性代数的技巧。根据行列式的性质，把行列式中的某一行(或列)的元素都乘以同一个系数后，再加到另一行(或列)的对应元素上去，则行列式的值不变。于是不妨把第 1 行乘以 $-(e_1, x)$ 后加到最后一行上，把第 2 行乘以 $-(e_2, x)$ 后加到最后一行上……最终把原矩阵化成一个上三角矩阵。而上三角矩阵的行列式的值就等于主对角线上所有元素的乘积。基于上述计算结果便可得到

$$d^2 = \frac{| G(e_1, \cdots, e_n, x) |}{| G(e_1, \cdots, e_n) |} = \| x \|^2 - \sum_{i=1}^{n} | c_i |^2$$

而 x 在 L 中的最佳逼近元 $\tilde{x}$(即元素 x 在 n 维子空间 L 中的投影)可以由一组正交基展开，即

$$\tilde{x} = \sum_{j=1}^{n} c_j e_j$$

根据投影定理

$$(x - \tilde{x}) \perp e_i, \quad i = 1, 2, \cdots n$$

这也等价于下列关于 c_j 的线性方程组

$$\left(x-\sum_{j=1}^{n}c_je_j,e_i\right)=0\Rightarrow(x,e_i)-\left(\sum_{j=1}^{n}c_je_j,e_i\right)=0$$

于是有

$$\sum_{j=1}^{n}c_j(e_j,e_i)=(x,e_i),\quad i=1,2,\cdots,n$$

注意到$\{e_1,e_2,\cdots\}$是规范正交系，所以当$j\neq i$时，$(e_j,e_i)=0$，而当$j=i$时，$(e_j,e_i)=1$，所以有

$$c_i=(x,e_i)$$

进而有

$$\tilde{x}=\sum_{i=1}^{n}c_ie_i=\sum_{i=1}^{n}(x,e_i)e_i$$

其中系数$c_i=(x,e_i)$称为元素x关于规范正交系$\{e_1,e_2,\cdots,e_n\}$的傅里叶系数。

定义：设内积空间H中有一个规范正交系$\{e_1,e_2,\cdots,e_n\}$，则数列$\{(x,e_i)\}(n=1,2,\cdots)$称为$x$关于规范正交系$\{e_1,e_2,\cdots,e_n\}$的傅里叶系数。

事实上，内积空间中的元素关于规范正交系的傅里叶系数就是微积分中的傅里叶系数概念的推广。泛函分析中的理论可以被用来验证或证明之前在微积分中给出的与傅里叶系数有关的许多结论。

定理：设H为无穷维希尔伯特空间，$\{e_1,e_2,\cdots\}$为H中的一组规范正交系，L是由$\{e_1,e_2,\cdots\}$张成的一个子空间，即$L=\text{span}\{e_1,e_2,\cdots,e_n\}$。对于$H$中的任一元素$x$，则

$$\tilde{x}=\sum_{i=1}^{n}(x,e_i)e_i$$

为元素x在L上的投影，且

$$\|\tilde{x}\|^2=\sum_{i=1}^{n}|(x,e_i)|^2$$

$$\|x-\tilde{x}\|^2=\|x\|^2-\|\tilde{x}\|^2$$

这个定理根据前面推导而得的结论（H中任一点x到其中无限维子空间L的距离公式）

$$d^2=\|x\|^2-\sum_{i=1}^{n}|c_i|^2$$

可以很容易证明，这里不再赘述。

贝塞尔(Bessel)不等式：设$\{e_n\}$为内积空间H中的标准正交系，令$n\to\infty$，则

$$\sum_{i=1}^{\infty}|(x,e_i)|^2\leqslant\|x\|^2$$

这个不等式同样可以根据H中任一点x到其中无限维子空间L的距离公式推得。当贝塞尔不等式取等号的时候，也就得到了前面我们曾经讨论过的帕塞瓦尔等式：

$$\|x\|^2=\sum_{i=1}^{\infty}|(x,e_i)|^2$$

定义：设H为一内积空间，$\{e_n\}$为H中的一个标准正交系，若$x\in H$，$x\perp e_n(n=1,2,\cdots)$，则必有$x=\theta$。换言之，H中不再存在非零元素，使它与所有的e_n正交，则称$\{e_n\}$为H中的完全的标准正交系。

定理：设$\{e_n\}$是希尔伯特空间H中的一个标准正交系，且闭子空间$L=$

$\overline{\text{span}\{e_n \mid n=1,2,\cdots\}}$，则下述四个条件是等价的：

（1）$\{e_n\}$为 H 中的完全的标准正交系；

（2）$L=H$；

（3）对任意 $x\in H$，帕塞瓦尔等式成立；

（4）对任意 $x\in H$，

$$x=\sum_{i=1}^{\infty}(x,e_i)e_i$$

通常把上述定理中的最后一条称为 x 关于完全标准正交系的傅里叶级数(或 x 按$\{e_n\}$展开的傅里叶级数)。该定理把微积分中的傅里叶展开推广到抽象的希尔伯特空间中去，并揭示了完全标准正交系、帕塞瓦尔等式以及傅里叶展开之间的本质联系。

证明：(1)⇒(2)设$\{e_n\}$为完全的标准正交系。若 $L\neq H$，必存在非零元素 $x\in H-L$。由投影定理，存在 $x_0\in L$，$x_1\perp L$，使 $x=x_0+x_1$，因为 $x\neq x_0$，所以有 $x_1=x-x_0\neq\theta$，而 $x_1\perp e_n$，这与$\{e_n\}$的完全性相矛盾。

(2)⇒(3)若 $L=H$，$x\in H=L$，则 x 可表示为$\{e_n\}$的线性组合的极限。对任意有限个 e_i，譬如 $e_1,e_2,\cdots e_n$，有

$$x_n=\sum_{i=1}^{n}(x,e_i)e_i$$

根据前面介绍过的定理，可得

$$\|x-x_n\|^2=\|x\|^2-\|x_n\|^2=\|x\|^2-\sum_{i=1}^{n}|(x,e_i)|^2$$

另一方面，利用反证法，若由帕塞瓦尔等式不成立，以及贝塞尔不等式，则

$$\|x\|^2-\sum_{i=1}^{\infty}|(x,e_i)|^2=a^2>0$$

因而对于任意的 n 有

$$\left\|x-\sum_{i=1}^{n}(x,e_i)e_i\right\|^2=\|x\|^2-\sum_{i=1}^{\infty}|(x,e_i)|^2\geqslant a^2$$

即

$$x\neq\sum_{i=1}^{n}(x,e_i)e_i$$

这与假设条件矛盾，因此命题得证。

(3)⇒(4)对任意 $x\in H$，帕塞瓦尔等式成立，则由前面介绍过的定理得出

$$\|x-x_n\|^2=\left\|x-\sum_{i=1}^{n}(x,e_i)e_i\right\|^2=\|x\|^2-\sum_{i=1}^{n}|(x,e_i)|^2$$

根据帕塞瓦尔等式，可知

$$\lim_{n\to\infty}\left\|x-\sum_{i=1}^{n}(x,e_i)e_i\right\|^2=\lim_{n\to\infty}\left[\|x\|^2-\sum_{i=1}^{n}|(x,e_i)|^2\right]=0$$

即证明了

$$x=\sum_{i=1}^{\infty}(x,e_i)e_i$$

(4)⇒(1)对任意 $x\in H$，

$$x = \sum_{i=1}^{\infty}(x, e_i)e_i$$

并设 $x \perp e_i(i=1,2,\cdots)$，显然有 $x=\theta$，因此$\{e_n\}$为 H 中的完备的标准正交系。

A.5　从泛函到变分法

作为数学分析的一个分支，变分法(Calculus of variations)在物理学、经济学以及信息技术等诸多领域都有着广泛而重要的应用。变分法是研究依赖于某些未知函数的积分型泛函极值的普遍方法。换句话说，求泛函极值的方法就称为是变分法。

A.5.1　理解泛函的概念

变分法是现代泛函分析理论的重要组成部分，但变分法却是先于泛函理论建立的。因此，即使我们不过深地涉及泛函分析之相关内容，亦可展开对于变分法的学习。而在前面介绍的有关抽象空间的内容基础之上来讨论泛函的概念将是非常方便的。

定义：设 X 和 Y 是两个给定的线性赋范空间，并有集合$\mathcal{D}\subset X$。若对于$\mathcal{D}$中的每一个元素 x，均对应于 Y 中的一个确定的元素 y，就说这种对应关系确定了一个算子。算子通常用大写字母 $T,A,\cdots$来表示，记为 $y=Tx$ 或 $y=T(x)$。y 称为 x 的象，x 称为 y 的原象。集合$\mathcal{D}$称为算子 T 的定义域，常记为$\mathcal{D}(T)$；而集合$\mathcal{R}(T)=\{y\in Y; y=Tx, x\in\mathcal{D}(T)\}$称为算子 T 的值域。对于算子 T，常用下述记号 $T: X\mapsto Y$，读作"T 是由 X 到 Y 的算子"。但应注意这种表示方法并不意味着$\mathcal{D}(T)=X$ 及$\mathcal{R}(T)=Y$。

当 X 和 Y 都是实数域时，T 就是微积分中的函数。因此算子是函数概念的推广，但是算子这个概念又要比函数更抽象，也更复杂。

设 X 为实(或复)线性赋范空间，则由 X 到实(或复)数域的算子称为泛函。例如，若 $x(t)$是任意一个可积函数：$x(t)\in L^2[a,b]$，则其积分

$$f(x) = \int_a^b x(t)\,\mathrm{d}t$$

就是一个定义在 $L^1[a,b]$上的泛函，而且是线性的

$$f(\alpha x + \beta y) = \alpha\int_a^b x(t)\,\mathrm{d}t + \beta\int_a^b y(t)\,\mathrm{d}t = \alpha f(x) + \beta f(x)$$

还是有界的

$$|f(x)| \leqslant \int_a^b |x(t)|\,\mathrm{d}t = \|x\|$$

需要说明的是，此处我们所讨论的仅限于实数范围内的泛函。

如果把上述泛函定义中的线性赋范空间局限于函数空间的话，那么也可以从另外一个角度来理解此处我们所要讨论的泛函。

我们把具有某种共同性质的函数构成的集合称为函数类，记作 F。对于函数类 F 中的每一个函数 $y(x)$，在$\mathbb{R}$ 中变量$\mathcal{J}$都有一个确定的数值按照一定的规律与之相对应，则$\mathcal{J}$称为函数 $y(x)$的泛函，记作$\mathcal{J}=\mathcal{J}[y(x)]$或者$\mathcal{J}=\mathcal{J}[y]$。函数 $y(x)$称为泛函$\mathcal{J}$的宗量。函数类 F 称为泛函$\mathcal{J}$的定义域。我们可以这样理解，泛函是以函数类为定义域的实值函数。为了与普通函数相区别，泛函所依赖的函数用方括号括起来。

由泛函的定义可知，泛函的值是数，其自变量是函数，而函数的值与其自变量都是数，所以泛函是变量与函数的对应关系，它是一种广义上的函数。而函数是变量与变量的对应关系，这是泛函与函数的基本区别。此外我们还应当意识到，泛函的值既不取决于自变量 x 的某个值，也不取决于函数 $y(x)$ 的某个值，而是取决于函数类 F 中 y 与 x 的函数关系。

由于一元函数在几何上是由曲线来表示的，因此它的泛函也可以称为是曲线函数。类似地，二元函数在几何上的表现形式通常都是曲面，因此它的泛函也可以称为是曲面函数。如果 x 是多维域$(x_1,x_2,\cdots,x_n)$上的变量时，以上定义的泛函也适用。此时，泛函记为$\mathcal{J}=\mathcal{J}[u(x_1,x_2,\cdots,x_n)]$。同时也可以定义依赖于多个未知函数的泛函，记为$\mathcal{J}=\mathcal{J}[y_1(x),y_2(x),\cdots,y_m(x)]$。其中，$y_1(x),y_2(x),\cdots,y_m(x)$都是独立变化的。还有泛函记为$\mathcal{J}=\mathcal{J}[y_1(x_1,x_2,\cdots,x_n),y_2(x_1,x_2,\cdots,x_n),\cdots,y_m(x_1,x_2,\cdots,x_n)]$，同样我们要求 $y_1(x_1,x_2,\cdots,x_n),y_2(x_1,x_2,\cdots,x_n),\cdots,y_m(x_1,x_2,\cdots,x_n)$也都是独立变化的。这就表示该泛函的定义依赖于多个未知函数，且每个未知函数又依赖于多维变量。

设已知函数 $F(x,y(x),y'(x))$是由定义在区间$[x_0,x_1]$上的三个独立变量 $x,y(x),y'(x)$所共同确定的，并且是二阶连续可微的，则泛函

$$\mathcal{J}[y(x)]=\int_{x_0}^{x_1}F(x,y(x),y'(x))\mathrm{d}x$$

称为最简单的积分型泛函，或简称为最简泛函。被积函数 F 称为泛函的核。

同理，我们还可以定义变量函数为二元函数 $u(x,y)$时的泛函为

$$\mathcal{J}[y]=\iint_S F(x,y,u,u_x,u_y)\mathrm{d}x\mathrm{d}y$$

其中，$u_x=\partial u/\partial x, u_y=\partial u/\partial y$。

此处所讨论的部分主要是古典变分法的内容。它所研究的主要问题可以归结为：在适当的函数类中选择一个函数使得类似于上述形式的积分取得最值。而解决这一问题又归结为求解欧拉－拉格朗日方程。这看起来并非一个多么复杂的问题，而且方法也似乎也平常无奇。但依靠这种方法，我们惊异地发现原来自然界中许多千差万别的问题居然能够使用统一的数学程序来求解，而且奇妙的变分原理还可以用来解释无数的自然规律。在下一小节中，我们就将从最简泛函开始导出欧拉－拉格朗日方程。

A.5.2 关于变分的概念

我们知道一个函数在某一点处取极值，那么函数在该点处的导数（如果存在）必为零。那么要考虑一个泛函的极值问题，就不妨参照函数求极值的思想引入一个类似的概念，为此人们需引入变分的概念，这也是得出欧拉-拉格朗日方程的关键所在。

对于任意定值 $x\in[x_0,x_1]$，可取函数 $y(x)$与另一可取函数 $y_0(x)$之差 $y(x)-y_0(x)$称为函数 $y(x)$在 $y_0(x)$处的变分，记作 δy，δ 称为变分符号，此时有

$$\delta y = y(x)-y_0(x)=\varepsilon\eta(x)$$

式中 ε 是一个小参数，$\eta(x)$为 x 的任意函数。由于可取函数都通过区间的端点，即它们在区间的端点的值都相等，因此在区间的端点，任意函数 $\eta(x)$满足

$$\eta(x_0)=\eta(x_1)=0$$

因为可取函数 $y(x)$是泛函$\mathcal{J}[y(x)]$的宗量，故也可以这样定义变分：泛函的宗量

$y(x)$与另一宗量 $y_0(x)$之差 $y(x)-y_0(x)$称为宗量 $y(x)$在 $y_0(x)$处的变分。

上述变分的定义也可以推广到多元函数的情形。

显然,函数 $y(x)$的变分 δy 是 x 的函数。注意函数变分 δy 与函数增量 Δy 的区别。函数的变分 δy 是两个不同函数 $y(x)$与 $y_0(x)$在自变量 x 取固定值时之差 $\alpha\eta(x)$,函数发生了改变;函数的增量 Δy 是由于自变量 x 取了一个增量而使得函数 $y(x)$产生的增量,函数仍然是原来的函数。

如果函数 $y(x)$与另一函数 $y_0(x)$都可导,则函数的变分 δy 有如下性质

$$\delta y' = y'(x) - y_0'(x) = [y(x) - y_0(x)]' = (\delta y)'$$

由此得到变分符号 δ 与导数符号之间的关系

$$\delta\left(\frac{\mathrm{d}y}{\mathrm{d}x}\right)= \frac{\mathrm{d}}{\mathrm{d}x}(\delta y)$$

即函数导数的变分等于函数变分的导数。换言之,求变分与求导数这两种运算次序可以交换。在进行变分法的推导时要经常用到变分的这个性质。上面这些性质亦可推广到高阶导数的变分情形,具体这里不再赘述。

上面我们介绍了函数的变分,下面我们来考虑泛函的变分。例如,对于泛函

$$\mathcal{J}[y] = \int_a^b y^2(x)\mathrm{d}x$$

的增量可以表示为

$$\begin{aligned}\Delta \mathcal{J} &= \mathcal{J}[y_1(x)] - \mathcal{J}[y_2(x)] = Q[y(x) + \delta y] - \mathcal{J}[y(x)]\\&= \int_a^b [y(x) + \delta y]^2\mathrm{d}x - \int_a^b y^2(x)\mathrm{d}x\\&= \int_a^b [y^2(x) + 2y(x)\delta y + (\delta y)^2]\mathrm{d}x - \int_a^b y^2(x)\mathrm{d}x\\&= \int_a^b 2y(x)\delta y\,\mathrm{d}x + \int_a^b (\delta y)^2\mathrm{d}x\end{aligned}$$

其中,$\delta y = y_1(x) - y(x)$。

可见,此泛函$\mathcal{J}$的增量 $\Delta\mathcal{J}$ 由两项相加而得。将第一项记为

$$\int_a^b 2y(x)\delta y\,\mathrm{d}x = T[y(x),\delta y]$$

当函数 $y(x)$固定时,$T[y(x),\delta y]$是关于 δy 的线性泛函。这是因为对任何常数 C 而言,有

$$T[y(x),C\delta y] = \int_a^b 2y(x)C\delta y\,\mathrm{d}x = C\int_a^b 2y(x)\delta y\,\mathrm{d}x = CT[y(x),\delta y]$$

且

$$\begin{aligned}T[y(x),\delta y_1 + \delta y_2] &= \int_a^b 2y(x)(\delta y_1 + \delta y_2)\mathrm{d}x\\&= \int_a^b 2y(x)\delta y_1\,\mathrm{d}x + \int_a^b 2y(x)\delta y_2\,\mathrm{d}x\\&= T[y(x),\delta y_1) + T[y(x),\delta y_2]\end{aligned}$$

再来考察第二项,此处 $\delta y = y_1(x) - y(x)$,其中 $y(x)$是已经给定的函数,$y_1(x)$是任取的函数,$y(x)$和 $y_1(x)$均属于 $C[a,b]$

若

$$\max_{a\leqslant x\leqslant b}|y_1(x)-y(x)|=\max|\delta y|\to 0$$

由

$$\left|\int_a^b(\delta y)^2\mathrm{d}x\right|\leqslant\max_{a\leqslant x\leqslant b}(\delta y)^2(b-a)$$

可知

$$\frac{\int_a^b(\delta y)^2\mathrm{d}x}{\max|\delta y|}\to 0$$

上式表明，当 $\max|\delta y|\to 0$ 时，分子是比分母更高阶的无穷小量，不妨记为

$$\int_a^b(\delta y)^2\mathrm{d}x=0(\delta y)$$

于是 $\Delta\mathcal{J}=T[y(x),\delta y]+0(\delta y)$。这其实表明，原泛函的增量可以分解为两个部分，第一部分是 δy 的线性泛函，第二部分是比 δy 更高阶的无穷小量。回想函数微分的概念，函数的微分其实是函数增量的线性主要部分。换言之，微分就是当自变量的变化非常小时，用来近似等于因变量的一个量。上述对函数增量及微分关系的分析其实在提示我们，是否可以用泛函增量中的线性主要部分来近似等于泛函的增量。其实这种所谓的泛函增量中的线性主要部分就是下面定义中所给出的泛函的变分。

定义：对于泛函 $\mathcal{J}[y(x)]$，给 $y(x)$ 以增量 δy，即 $y(x)$ 的变分，则泛函 $\mathcal{J}$ 有增量 $\Delta\mathcal{J}=\mathcal{J}[y(x)+\delta y]-J[y(x)]$。如果 $\Delta\mathcal{J}$ 可以表示为 $\Delta\mathcal{J}=T[(x),\delta y]+\beta[(x),\delta y]$。其中，当 $y(x)$ 给定时，$T[y(x),\delta y]$ 对 δy 来说是线性泛函，而当 $\max|\delta y|\to 0$

$$\frac{\beta[(x),\delta y]}{\max|\delta y|}\to 0$$

那么，$T[y(x),\delta y]$ 称为泛函的变分，记作 $\delta\mathcal{J}$。可见泛函 $\mathcal{J}[y(x)]$ 的变分 $\delta\mathcal{J}$ 本质上来讲就是 $\mathcal{J}$ 的增量的线性主要部分。

A.5.3 变分法的基本方程

导致变分法创立的著名问题是由瑞士数学家约翰·伯努利于 1696 年提出的所谓最速降线(Brachistorone)问题。牛顿、莱布尼茨、约翰·伯努利本人以及他的学生洛必达各自采用不同的方法都成功地解决了这一问题，尽管他们所采用的方法各不相同，但最终殊途同归，所得之答案都是一致的。后来，欧拉也对最速降线问题进行了研究。1734 年，欧拉给出了更为广泛的最速降线问题之解答。但欧拉对自己当时所采用的方法不甚满意，进而开始寻求解决这类问题的一种普适方法。而在此过程中，欧拉便建立了变分法。1736 年，欧拉在其著作中给出了变分法中的基本方程，这正是后来变分法所依托的重要基础。欧拉在推导该基本方程时所采用的方法非常复杂，而拉格朗日则给出了一个非常简洁的方法，并于 1755 年在信中将该方法告知了欧拉。所以后来人们便称这个基本方程为欧拉-拉格朗日方程。

在推导出欧拉-拉格朗日方程之前，我们先给出一个预备定理，它也被称为是变分学引理：如果函数 $y=f(x)$ 在 $[a,b]$ 上连续，又

$$\int_a^b f(x)\eta(x)\mathrm{d}x=0$$

对任何具有如下性质的函数 $\eta(x)$成立,这些性质是:

(1) $\eta(x)$在$[a,b]$上有连续导数;

(2) $\eta(a)=0=\eta(b)$;

(3) $|\eta(x)|<\varepsilon$,这里 ε 是任意给定的正数。

那么,函数 $f(x)$在$[a,b]$上恒为零。

我们不对该定理进行详细证明,有兴趣的读者可以参阅变分法或数学分析方面的相关资料以了解更多。但我们同时可以对上述预备定理进行推广,即如果把三个条件中的第一条改为:$\eta(x)$在$[a,b]$上有 n 阶连续导数。其中 n 为任何给定的非负整数,而且我们规定$\eta(x)$的零阶导函数就是其本身。那么原命题中的结论仍然成立。特别地,当 $n=1$ 时,所描述的就是原来的预备定理。

至此准备工作已经基本就绪,接下来便可以开始考虑最简泛函的极值问题了。首先,可以利用类似函数极值的概念来定义泛函的极值。当变量函数为 $y(x)$时,泛函$\mathcal{J}[y]$取极小值的含义就是:对于极值函数 $y(x)$及其"附近"的变量函数 $y(x)+\delta y(x)$,恒有

$$\mathcal{J}[y+\delta y]\geqslant\mathcal{J}[y]$$

所谓函数 $y(x)+\delta y(x)$在另一个函数 $y(x)$的"附近",指的是:首先,$|\delta y(x)|<\varepsilon$;其次,有时还要求$|(\delta y)'(x)|<\varepsilon$。

接下来,可以仿照函数极值必要条件的导出办法,导出泛函取极值的必要条件。不妨不失普遍性地假定,所考虑的变量函数均通过固定的两个端点 $y(x_0)=a$,$y(x_1)=b$,即 $\delta y(x_0)=0$,$\delta y(x_1)=0$。

考虑泛函的差值

$$\mathcal{J}[y+\delta y]-\mathcal{J}[y]=\int_{x_0}^{x_1}F(x,y+\delta y,y'+(\delta y)')\mathrm{d}x-\int_{x_0}^{x_1}F(x,y,y')\mathrm{d}x$$

当函数的变分 $\delta y(x)$足够小时,可以将第一项的被积函数在极值函数的附近进行泰勒展开,于是有

$$F(x,y+\delta y,y'+\delta y')\approx F(x,y,y')+\left[\frac{\partial F}{\partial y}\cdot\delta y+\frac{\partial F}{\partial y'}\cdot(\delta y)'\right]$$

由于舍弃掉了二次项及以上高次项,所以这里用的是约等号。由上式也可推出

$$\mathcal{J}[y+\delta y]-\mathcal{J}[y]=\int_{x_0}^{x_1}\left[\frac{\partial F}{\partial y}\cdot\delta y+\frac{\partial F}{\partial y'}\cdot(\delta y)'\right]\mathrm{d}x$$

上式就称为是$\mathcal{J}[y]$的一阶变分,记为 $\delta\mathcal{J}[y]$。泛函$\mathcal{J}[y]$取极值的必要条件是泛函的一阶变分为 0,即

$$\delta\mathcal{J}[y]\equiv\int_{x_0}^{x_1}\left[\frac{\partial F}{\partial y}\cdot\delta y+\frac{\partial F}{\partial y'}\cdot(\delta y)'\right]\mathrm{d}x=0$$

应用分部积分,同时代入边界条件,就有

$$\begin{aligned}\delta\mathcal{J}[y]&=\int_{x_0}^{x_1}\frac{\partial F}{\partial y}\cdot\delta y\,\mathrm{d}x+\int_{x_0}^{x_1}\frac{\partial F}{\partial y'}\cdot\delta y)'\mathrm{d}x\\&=\int_{x_0}^{x_1}\frac{\partial F}{\partial y}\cdot\delta y\,\mathrm{d}x+\frac{\partial F}{\partial y'}\delta y2_{x_0}^{x_1}-\int_{x_0}^{x_1}\delta y\cdot\frac{\mathrm{d}}{\mathrm{d}x}\left(\frac{\partial F}{\partial y'}\right)\mathrm{d}x\\&=\int_{x_0}^{x_1}\delta y\cdot\left(\frac{\partial F}{\partial y}-\frac{\mathrm{d}}{\mathrm{d}x}\frac{\partial F}{\partial y'}\right)\mathrm{d}x\end{aligned}$$

由于 δy 的任意性，结合前面给出的预备定理，就可以得到

$$\frac{\partial F}{\partial y}-\frac{\mathrm{d}}{\mathrm{d}x}\frac{\partial F}{\partial y'}=0$$

上述这个方程称为欧拉-拉格朗日方程（Euler-Lagrange equation），而在力学中则它往往被称为拉格朗日方程。变分法的关键定理是欧拉－拉格朗日方程。它对应于泛函的临界点，它是泛函取极小值的必要条件的微分形式。值得指出的是，欧拉-拉格朗日方程方程只是泛函有极值的必要条件，并不是充分条件。

同理可得二维情况下泛函极值问题的欧拉-拉格朗日方程方程为

$$\frac{\partial F}{\partial u}-\frac{\mathrm{d}}{\mathrm{d}x}\left(\frac{\partial F}{\partial u_x}\right)-\frac{\mathrm{d}}{\mathrm{d}y}\left(\frac{\partial F}{\partial u_y}\right)=0$$

定理：设 $F(x,y,y')$ 是三个变量的连续函数，且当点 (x,y) 在平面上的某个有界域 B 内，而 y' 取任何值时，$F(x,y,y')$ 及其直到二阶的偏导数（指对变量 x,y 及 y' 的偏导数）均连续。若满足：

(1) $y(x)\in C^1[a,b]$；

(2) $y(a)=y_0, y(b)=y_1$；

(3) $y(x)$ 曲线位于平面上的有界区域 B 内的函数集合中，泛函 $\mathcal{J}[y(x)]$ 在某一条确定的曲线 $y(x)$ 上取极值，且此曲线 $y(x)$ 在 $[a,b]$ 有二阶连续导数，那么函数 $y(x)$ 满足微分方程

$$\frac{\partial F}{\partial y}-\frac{\mathrm{d}}{\mathrm{d}x}\frac{\partial F}{\partial y'}=0$$

在本小节的最后，尝试利用已经得到的欧拉-拉格朗日方程来解决著名的“最速降线问题”。该问题的描述是这样的：设平面 V 与地面垂直，A 和 B 是此平面上任取的两点，A 点的位置高于 B 点。质点 M 在重力作用下沿着曲线 $\widehat{AB}$ 由 A 点降落到 B 点。现在问 $\widehat{AB}$ 是什么曲线时，总时间最短？设质点在 A 点处的初速度为零，而且 A 点不位于 B 点的正上方。

解：取坐标系如图 A-4，并记质点的质量为 m，速度为 v，时间为 t，则质点下落时动能的增加就等于势能的减少，则 $mv^2/2=m\boldsymbol{g}y\Rightarrow v=\sqrt{2\boldsymbol{g}y}$。曲线 $y=y(x)$ 的弧长微分是 $\mathrm{d}S=\sqrt{1+y'^2}\,\mathrm{d}x$，又有 $v=\mathrm{d}S/\mathrm{d}t$，所以得到

$$\mathrm{d}t=\mathrm{d}S/v=\sqrt{(1+y'^2)/2gy}\,\mathrm{d}x$$

于是得到质点滑落的总时长 T 为

$$T=\int_0^{x_1}\sqrt{(1+y'^2)/2\boldsymbol{g}y}\,\mathrm{d}x=\mathcal{J}[y(x)]/\sqrt{2\boldsymbol{g}}$$

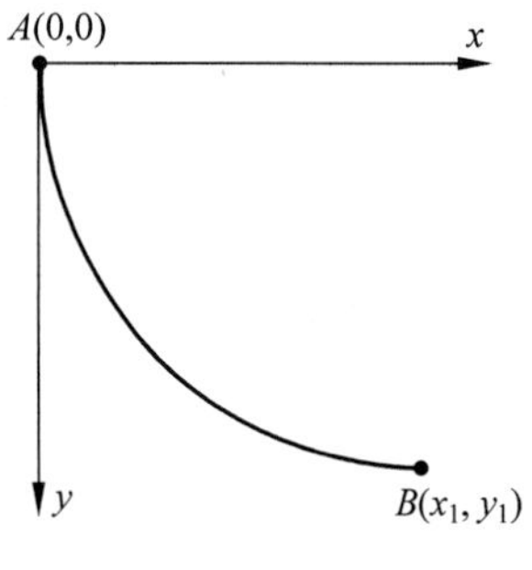

图 A-4　最速降线问题

由此可见，只须求出函数 $y=y(x)$，使泛函

$$\mathcal{J}[y(x)]=\int_0^{x_1}\sqrt{(1+{}'^2)/y}\,\mathrm{d}x$$

在此曲线 $y(x)$ 上取得极小值即可。现在设法写出欧拉-拉格朗日方程，因为有

$$F(x,y,y')=\sqrt{(1+y'^2)/y}$$

于是得到

$$\frac{\partial F}{\partial y}=\sqrt{1+y'^2}\left(-\frac{1}{2}\right)y^{-\frac{3}{2}}$$

$$\frac{\partial F}{\partial y'}=\frac{y'}{\sqrt{y(1+y'^2)}}$$

所以得到欧拉-拉格朗日方程方程

$$\sqrt{1+y'^2}\left(-\frac{1}{2}\right)y^{-\frac{3}{2}}=\frac{\mathrm{d}}{\mathrm{d}x}\left[\frac{y'}{\sqrt{y(1+y'^2)}}\right]$$

下面来求解此方程。为了便于读者更加直观地理解计算过程，不妨将等式右边的$\partial F/\partial y'$用 f 来代替。注意到 f 是关于 y 和 y' 的一个多元复合函数，而 y 和 y' 又分别都是关于 x 的函数。所以在计算的时候还需用到复合函数的链式求导法则。于是可得方程的右边为

$$\frac{\mathrm{d}f}{\mathrm{d}x}=\frac{\partial f}{\partial y}\cdot\frac{\mathrm{d}y}{\mathrm{d}x}+\frac{\partial f}{\partial y'}\cdot\frac{\mathrm{d}y'}{\mathrm{d}x}=\frac{\partial}{\partial y}\left(\frac{\partial F}{\partial y'}\right)\cdot\frac{\mathrm{d}y}{\mathrm{d}x}+\frac{\partial}{\partial y'}\left(\frac{\partial F}{\partial y'}\right)\cdot\frac{\mathrm{d}y'}{\mathrm{d}x}$$

于是上面得到的欧拉-拉格朗日方程可以写为

$$F_y-F_{y'_y}y'-F_{y'_{y'}}y''=0$$

而且上式等价于

$$\frac{\mathrm{d}}{\mathrm{d}x}(F-y'F_{y'})=0$$

这是因为

$$\begin{aligned}\frac{\mathrm{d}}{\mathrm{d}x}(F-y'F_{y'})&=F_y y'+F_{y'}y''-y''F_{y'}-y'(F_{y'_y}y'-F_{y'_{y'}}y'')\\&=y'(F_y-F_{y'_y}y'-F_{y'_{y'}}y'')=0\end{aligned}$$

将

$$\frac{\mathrm{d}}{\mathrm{d}x}(F-y'F_{y'})=0$$

做一次积分得到(其中 C 表示任意常数)

$$F-y'F_{y'}=C$$

将 F 的表达式代数上式，得

$$[y(1+y'^2)]^{-\frac{1}{2}}=C$$

即 $y(1+y'^2)=D$，D 亦为任意常数。

令 $y'=\tan\theta$，则 $y=D/(1+\tan^2\theta)=D\cos^2\theta=D(1+\cos2\theta)/2$，$\mathrm{d}y=-D\sin2\theta\mathrm{d}\theta$。又有

$$\mathrm{d}x=\frac{\mathrm{d}y}{y'}=-\frac{-D\sin2\theta\mathrm{d}\theta}{\tan\theta}=-\frac{-2D\sin\theta\cos\theta\mathrm{d}\theta}{\tan\theta}=-D(1+\cos2\theta)\mathrm{d}\theta$$

于是有(其中 E 是任意常数)

$$x=-D\theta-\frac{D}{2}\sin2\theta+E$$

$$y=\frac{D}{2}(1+\cos2\theta)$$

这就是最速降线问题的欧拉-拉格朗日方程的解。如果令 $2\theta=\pi-\varphi$，则上式化为

$$x=\frac{D}{2}(\varphi-\sin\varphi)-\frac{\pi}{2}D+E$$

$$y=\frac{D}{2}(1-\cos\varphi)$$

又当 $\varphi=0$ 时，取 $x=0=y$，于是

$$x=\frac{D}{2}(\varphi-\sin\varphi)$$

$$y=\frac{D}{2}(1-\cos\varphi)$$

最终我们得到，最速降线问题的解是一条旋轮线（也称摆线）。推荐对旋轮线感兴趣的读者参阅文献[11]以了解更多。

最后我们来讨论其他一些特殊形式变分问题的欧拉方程。

定理：使泛函（其中 F 是具有三阶连续可微的函数，y 是具有四阶连续可微的函数）

$$\mathcal{J}[y(x)]=\int_{x_0}^{x_1}F(x,y,y',y'')\mathrm{d}x$$

取极值且满足固定边界条件 $y(x_0)=y_0, y(x_1)=y_1, y'(x_0)=y_0', y'(x_1)=y_1$ 的极值曲线 $y=y(x)$ 必满足微分方程

$$F_y-\frac{\mathrm{d}}{\mathrm{d}x}F_{y'}+\frac{\mathrm{d}^2}{\mathrm{d}x^2}F_{y''}=0$$

上式称为欧拉-泊松方程。

特别地，对含有未知函数的 n 阶导数，或未知函数有两个或两个以上的固定边界变分问题，若被积函数 F 足够光滑，则可得到如下推论

推论：使依赖于未知函数 $y(x)$ 的 n 阶导数的泛函

$$\mathcal{J}[y(x)]=\int_{x_0}^{x_1}F(x,y,y',\cdots,y^{(n)})\mathrm{d}x$$

取极值且满足固定边界条件

$$y^{(i)}(x_0)=y_0^{(k)},\quad y^{(i)}(x_1)=y_i^{(k)}\quad(k=0,1,\cdots,n-1)$$

的极值曲线 $y=y(x)$ 必满足欧拉-泊松方程：

$$F_y-\frac{\mathrm{d}}{\mathrm{d}x}F_{y'}+\frac{\mathrm{d}^2}{\mathrm{d}x^2}F_{y''}-\cdots+(-1)^n\frac{\mathrm{d}^n}{\mathrm{d}x^n}F_{y^{(n)}}=0$$

式中，F 具有 $n+2$ 阶连续导数，y 具有 $2n$ 阶连续导数，这是个 $2n$ 阶微分方程，它的通解中含有 $2n$ 个待定常数，可由 $2n$ 个边界条件来确定。

定理：设 D 是平面区域，$(x,y)\in D, u(x,y)\in C^2(D)$，使泛函

$$\mathcal{J}[u(x,y)]=\iint_D F(x,y,u,u_x,u_y)\mathrm{d}x\mathrm{d}y$$

取极值且在区域 D 的边界 L 上满足边界条件，极值函数 $u=u(x,y)$ 必满足偏微分方程

$$F_u-\frac{\partial}{\partial x}F_{u_4}-\frac{\partial}{\partial y}F_{u_s}=0$$

这个方程称为奥斯特洛格拉茨基方程，简称奥氏方程。它是欧拉方程的进一步发展。

例：已知 $(x,y)\in D$，求下述泛函的奥氏方程。

$$\mathcal{J}[u(x,y)]=\iint_D\left[\left(\frac{\partial u}{\partial x}\right)^2+\left(\frac{\partial u}{\partial y}\right)^2\right]\mathrm{d}x\mathrm{d}y$$

根据前面给出的公式，不难写出奥氏方程为

$$\frac{\partial^2 u}{\partial x^2}+\frac{\partial^2 u}{\partial y^2}=0$$

这也就是二维拉普拉斯方程。

例：已知$(x,y)\in D$，写出泛函

$$\mathcal{J}[u(x,y)]=\iint_D\left[\left(\frac{\partial u}{\partial x}\right)^2+\left(\frac{\partial u}{\partial y}\right)^2+2uf(x,y)\right]\mathrm{d}x\mathrm{d}y$$

的奥氏方程，其中在区域 D 的边界上 u 与 $f(x,y)$ 均为已知。

根据前面给出的公式，不难写出奥氏方程为

$$\frac{\partial^2 u}{\partial x^2}+\frac{\partial^2 u}{\partial y^2}=f(x,y)$$

这就是人们所熟知的泊松方程。

1777 年，拉格朗日研究万有引力作用下的物体运动时指出：在引力体系中，每一质点的质量 m_k 除以它们到任意观察点 P 的距离 r_k，并且把这些商加在一起，其总和

$$\sum_{k=1}^{n}\frac{m_k}{r_k}=O(x,y,z)$$

就是 P 点的势函数，势函数对空间坐标的偏导数正比于在 P 点的质点所受总引力的相应分力。此后在 1782 年，拉普拉斯证明：引力场的势函数满足偏微分方程

$$\frac{\partial^2 O}{\partial x^2}+\frac{\partial^2 O}{\partial y^2}+\frac{\partial^2 O}{\partial z^2}=0$$

该方程叫做势方程，后来通称拉普拉斯方程。1813 年，泊松撰文指出，如果观察点 P 在充满引力物质的区域内部，则拉普拉斯方程应修改为

$$\frac{\partial^2 O}{\partial x^2}+\frac{\partial^2 O}{\partial y^2}+\frac{\partial^2 O}{\partial z^2}=-4\pi\rho$$

该方程叫做泊松方程，式中 ρ 为引力物质的密度。

A.5.4 哈密尔顿原理

上一小节中我们从最简泛函开始导出了变分法的基本方程——欧拉-拉格朗日方程。但我们仍然不禁要问为什么要以形如最简泛函那样的一种表达式来作为问题的开始。事实上，数学中的很多问题都不是凭空而来的，每一个看似高深的数学问题背后往往都有一个具体的实际问题作为支撑。数学问题也仅仅是实际问题抽象化的结果。在这一小节中，我们就将从物理问题的角度阐释变分法的发展与应用。

当牛顿建立了以三大定律及万有引力定律为基础的力学理论之后，无数的自然现象都得到了定量的说明。这部分知识在中学物理中都已经涵盖，大学物理的部分也仅仅从微积分的角度对这部分内容进行了更为细致的阐述。貌似经典物理学所讨论的内容已经相当完善。然而科学发展的脚步并未因此而停滞。后来，拉格朗日提出了一个变分原理，从这个原理出发，运用变分法，不仅能够十分方便地解决力学问题，而且还能够推导出力学中的主要定律。这些成果后来都收录在他的著作《分析力学》一书中。拉格朗日还创立了“拉格朗日运动方程”，它比牛顿的运动方程适应的范围更广泛，用起来也更加方便。

下面我们就来导出描写质点运动的拉格朗日方程。先设质点只有一个广义坐标 x。因为质点的位置由广义坐标 $x(t)$来决定，即位置是时间的函数。于是动能 T 和位能 6 是 x 和 x'(距离对时间的导数其实就是速度)的函数。把 $T-6$ 叫作拉格朗日函数，记为

$$T-6=L=L(t,x,x')$$

于是，质点的作用量定义为

$$S=\int_{t_2}^{t_1} L(t,x,x')\mathrm{d}t$$

根据之前的推导，因为 S 取极值，所以真实轨迹 $x(t)$ 满足

$$\frac{\partial L}{\partial x}-\frac{\mathrm{d}}{\mathrm{d}t}\frac{\partial L}{\partial x'}=0$$

这就是力学中著名的拉格朗日方程。同样，若质点系的位置由广义坐标 $x_1,x_2,\cdots,x_k$ 决定，且 $x_i(t_1)$ 及 $x_i(t_2)$ 均已给定，其中 $i=1,2,\cdots,k$，即在 $t=t_1$ 及 $t=t_2$ 两时刻，体系的位置均已给定。当质点系由 t_1 时刻的位置变到 t_2 时刻的位置时，作用量

$$S=\int_{t_2}^{t_1} L(t,x_1,x_2\cdots,x_k,x_1',x_2',\cdots,x_k')\mathrm{d}t$$

取极值。这种形如

$$\mathcal{J}[y_1(x),y_2(x)\cdots,y_k(x)]=\int_a^b F[x,y_1,y_2\cdots,y_n,y_1',y_2',\cdots,y_n']\mathrm{d}t$$

的泛函，其对应的欧拉-拉格朗日方程为(具体证明过程略)

$$F_{y_i}-\frac{\mathrm{d}}{\mathrm{d}x}F_{y_i'}=0,\quad i=1,2,\cdots n$$

由此可知，真实轨迹 $x_i(t)$，$i=1,2,\cdots k$，满足

$$\frac{\partial L}{\partial x_i}-\frac{\mathrm{d}}{\mathrm{d}t}\frac{\partial L}{\partial x_i'}=0,\quad i=1,2,\cdots,k$$

这就是质点系的拉格朗日方程组。它是在广义坐标系中质点系的运动方程，表达了质点系运动的一般规律。

此后，哈密尔顿又发展了拉格朗日的理论，他在1834年提出了一个著名的原理，即哈密尔顿原理，大意为：在质点(甚至是质点系或物体)的一切可能的运动中，真实的运动应当使得积分

$$S=\int_{t_1}^{t_2}(T-6)\mathrm{d}t$$

取极值。在此，T 和 6 分别是动能和位能，t_1 和 t_2 是两个任取的时刻。

这个原理后来成为了力学中的基本原理。以它为基础，可以导出牛顿三大定律以及能量、动量和动量矩守恒定律。

哈密尔顿原理的精确表述是：假定在 $t=t_1$ 及 $t=t_2$ 时刻质点的位置已分别确定在 A 点和 B 点，那么质点运动的真实轨道及速度，使积分

$$S=\int_{t_1}^{t_2}(T-6)\mathrm{d}t=\int_{t_1}^{t_2}L\mathrm{d}t$$

取极值，即

$$\delta S=\delta\int_{t_1}^{t_2}(T-6)\mathrm{d}t=\delta\int_{t_1}^{t_2}L\mathrm{d}t=0$$

同前，S 是“作用量”，而 T 和 6 分别表示质点的动能和位能，$L=T-6$ 称为拉格朗日函数。

接下来，就尝试利用哈密尔顿原理及变分法来证明欧氏平面上两点之间直线距离最短这个命题。

解：建立如图 A-5 所示的坐标系。则曲线 $\widehat{AB}$ 的长度可以用弧长积分表示为

$$\mathcal{J}[x(t)] = \int_{t_1}^{t_2} \sqrt{1+x'^2(t)}\,\mathrm{d}t$$

因为 $F(t,x,x')=\sqrt{1+x'^2(t)}$，于是 $F_x=0$，又

$$F_{x'} = \frac{x'}{\sqrt{1+x'^2}}$$

所以得到欧拉-拉格朗日方程为

$$\frac{\mathrm{d}}{\mathrm{d}x}\left(\frac{x'}{\sqrt{1+x'^2}}\right) = 0$$

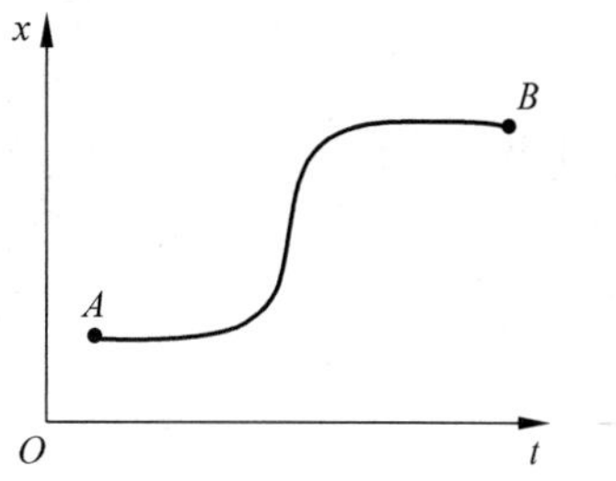

图 A-5　两点间的距离

于是有，其中 C 是任意常数

$$\frac{x'}{\sqrt{1+x'^2}} = C$$

由此解得(其中 $C^2\neq1$)

$$x' = \pm\frac{C}{\sqrt{1-C^2}}$$

即 $x'=D$，D 为任意常数。由此式便可看出 $x(t)$ 是一条直线。结论得证。

A.5.5　等式约束下的变分

在许多极值或最优化问题中，往往要求极值点或最优解满足一定的约束条件。这些所谓的约束条件可能是用等式表示的，也可能是用不等式表示的。这里我们主要关注采用等式约束的形式。为此，我们首先来介绍一下著名的拉格朗日乘子法。

定理：(拉格朗日乘子法)设泛函 f 在 $x_0\in X$ 的邻域内连续可微，x_0 是 Φ 的正则点。如果 x_0 是泛函 f 在约束条件 $\Phi(x)=0$ 下的极值点，则存在有界线性泛函 $z_0^*\in Z^*$，使得拉格朗日函数

$$L(x) = f(x) + z_0^*\Phi(x)$$

以 x_0 为驻点，即

$$f'(x_0) + z_0^*\Phi'(x_0) = 0$$

其中上式左端的第二项应该理解为两个有界线性算子的复合(乘积)。

例如让我们在约束条件

$$\Phi_1(x_1,x_2,\cdots,x_n) = 0$$
$$\Phi_2(x_1,x_2,\cdots,x_n) = 0$$
$$\vdots$$
$$\Phi_k(x_1,x_2,\cdots,x_n) = 0$$

下求 $F=F(x_1,x_2,\cdots,x_n)$ 的极值，其中 $k<n$。如果要利用拉格朗日乘子法，则设有拉格朗日乘子 $\lambda_1,\lambda_2,\cdots,\lambda_k$，并有

$$F^* = F(x_1,x_2,\cdots,x_n) + \sum_{i=1}^{k}\lambda_i\Phi_i(x_1,x_2,\cdots,x_n)$$

把 F^* 作为 $x_1,x_2,\cdots,x_n$；$\lambda_1,\lambda_2,\cdots,\lambda_k$ 等变量的函数求极值。

$$\mathrm{d}F^{*} = \sum_{j=1}^{n}\left[\frac{\partial F}{\partial x_j} + \sum_{i=1}^{k}\lambda_i \frac{\partial \Phi_i}{\partial x_j}\right]\mathrm{d}x_j + \sum_{i=1}^{k}\Phi_i(x_1, x_2, \cdots, x_n)\mathrm{d}\lambda_i$$

其中，x_j 和 λ_i 都是独立变量，于是得

$$\frac{\partial F}{\partial x_j} + \sum_{i=1}^{k}\lambda_i \frac{\partial \Phi_i}{\partial x_j} = 0 \qquad j = 1,2,\cdots,n$$

$$\Phi_i(x_1, x_2, \cdots, x_n) = 0 \quad i = 1,2,\cdots,k$$

于是便得到了求解 $n+k$ 个变量的 $n+k$ 个方程。

上式也可以通过下面的考虑求得。首先，$F=F(x_1,x_2,\cdots,x_n)$的变分极值要求

$$\mathrm{d}F = \sum_{j=1}^{n}\frac{\partial F}{\partial x_j}\mathrm{d}x_j = 0$$

然而，由于问题伊始所给出的 k 个约束条件，这些 $\mathrm{d}x_j$ 中只有 $n-k$ 个是独立的。于是从原 k 个约束条件可以求得下列微分条件

$$\sum_{j=1}^{n}\frac{\partial \Phi_i}{\partial x_j}\mathrm{d}x_j = 0, \quad i = 1,2,\cdots,k$$

在上式上乘以 λ_i，再加到 $\mathrm{d}F$ 的表达式上，就会得到

$$\mathrm{d}F + \sum_{i=1}^{k}\lambda_i\sum_{j=1}^{n}\frac{\partial \Phi_i}{\partial x_j}\mathrm{d}x_j = \sum_{j=1}^{n}\left[\frac{\partial F}{\partial x_j} + \sum_{i=1}^{k}\lambda_i \frac{\partial \Phi_i}{\partial x_j}\right]\mathrm{d}x_j = 0$$

这里的 λ_i 是任选的，其中 $i=1,2,\cdots,k$，如果我们选择 k 个特定的 λ_i，使 k 个条件

$$\frac{\partial F}{\partial x_j} + \sum_{i=1}^{k}\lambda_i \frac{\partial \Phi_i}{\partial x_j} = 0, \quad j = 1,2,\cdots,k$$

满足，就可以得到

$$\sum_{j=k+1}^{n}\left[\frac{\partial F}{\partial x_j} + \sum_{i=1}^{k}\lambda_i \frac{\partial \Phi_i}{\partial x_j}\right]\mathrm{d}x_j = 0$$

这里只有 $n-k$ 个微分 $\mathrm{d}x_j(j=k+1,k+2,\cdots,n)$，它们是作为独立的微分来处理的。于是

$$\frac{\partial F}{\partial x_j} + \sum_{i=1}^{k}\lambda_i \frac{\partial \Phi_i}{\partial x_j}, \quad j = k+1,k+2,\cdots,n$$

综上我们就得到了同样的求解极值的方程。这也就证明了拉格朗日乘子法。

为了帮助读者加深对拉格朗日乘子法的理解，这里我们给出一个例子。证明算术-几何平均值不等式：设 $x_1,\cdots,x_n$ 为 n 个正实数，它们的算术平均数是 $A_n=(x_1+x_2+\cdots+x_n)/n$，它们的几何平均数是 $G_n=\sqrt[n]{x_1\cdot x_2\cdots x_n}$。算术-几何平均值不等式表明，对于任意的正实数，总有 $A_n\geqslant G_n$，等号成立当且仅当 $x_1=x_2=\cdots=x_n$。

证明这个不等式的方法有很多，这里我们采用条件极值的方法来对其进行证明。此时，问题转化为：总和等于常数 C,$C>0$ 的 n 个非负实数，它们的乘积 P 的最大值为多少？

考虑采用拉格朗日乘子法来求 n 元函数 $P=x_1x_2\cdots x_n$ 对如下条件的极大值，条件为这 n 个非负实数的和等于C，即 $x_1+x_2+\cdots+x_n=C$，$x_i\geqslant 0$，$i=1,2,\cdots,n$。于是构造如下函数

$$L = x_1x_2\cdots x_n + \lambda(x_1 + x_2 + \cdots + x_n - C)$$

其中，λ 是拉格朗日乘子，然后分别对 $x_1,x_2,\cdots,x_n$ 求偏导数，然后令其结果等于 0，构成如下方程组

$$\begin{cases}\dfrac{\partial L}{\partial x_1}=x_2x_3\cdots x_n+\lambda=0\\\dfrac{\partial L}{\partial x_2}=x_1x_3\cdots x_n+\lambda=0\\\qquad\vdots\\\dfrac{\partial L}{\partial x_n}=x_1x_2\cdots x_{n-1}+\lambda=0\end{cases}$$

求解方程组，易得 $x_1=x_2=\cdots=x_n=C/n$。因为根据题目的描述，P 的极小值是等于 0 的，而当 x_i 满足上述条件时显然 P 是不等于 0 的，所以可知此时函数取极大值，这个极大值就等于

$$P_{\max}=\frac{C}{n}\cdot\frac{C}{n}\cdots\frac{C}{n}=\left(\frac{C}{n}\right)^n$$

即

$$\left(\frac{x_1+x_2+\cdots+x_n}{n}\right)^n\geqslant x_1x_2\cdots x_n$$

对两边同时开根号，显然有下式成立，所以原不等式得证。

$$\frac{x_1+x_2+\cdots+x_n}{n}\geqslant\sqrt[n]{x_1x_2\cdots x_n}$$

下面我们就参照上述函数条件极值问题的解决思路来处理泛函在约束条件 $\Phi_i(x,y_1,y_2,\cdots,y_n)=0$ 作用下的极值问题，其中 $i=1,2,\cdots,k$。

定理：泛函

$$\mathcal{J}=\int_{x_1}^{x_2}F(x,y_1,y_2,\cdots,y_n,y'_1,y'_2,\cdots,y'_n)\mathrm{d}x$$

在约束条件 $\Phi_i(x,y_1,y_2,\cdots,y_n)=0,i=1,2,\cdots,k,k<n$ 下的变分极值问题所定义的函数 $y_1,y_2,\cdots,y_n$ 必须满足由泛函

$$\mathcal{J}^*=\int_{x_1}^{x_2}\left\{F+\sum_{i=1}^{k}\lambda_i(x)\Phi_i\right\}\mathrm{d}x=\int_{x_1}^{x_2}F^*\mathrm{d}x$$

的变分极值问题所确定的欧拉方程：

$$\frac{\partial F^*}{\partial y_j}-\frac{\mathrm{d}}{\mathrm{d}x}\left(\frac{\partial F^*}{\partial y'_j}\right)=0,\quad j=1,2,\cdots,n$$

其中 $\lambda_i(x)$ 为 k 个拉格朗日乘子。在前面式子的变分中，我们把 y_j 和 $\lambda_i(x)$ 都看作是泛函 $\mathcal{J}^*$ 的宗量，所以 $\Phi_i=0$ 同样也可以看作是是泛函 $\mathcal{J}^*$ 的欧拉方程。上述欧拉方程也可以写成

$$\frac{\partial F}{\partial y_j}+\sum_{i=1}^{k}\lambda_i(x)\frac{\partial\Phi_i}{\partial y_j}-\frac{\mathrm{d}}{\mathrm{d}x}\left(\frac{\partial F}{\partial y'_j}\right)=0,\quad j=1,2,\cdots,n$$

我们不对该定理做详细证明。有兴趣的读者可以参阅变分法方面的资料以了解更多。此处尝试运用该定理解决一个著名的变分问题——短程线问题。设 $\varphi(x,y,z)=0$ 为一已知曲面，求曲面上所给两点 A 和 B 间长度最短的曲线。这个最短曲线叫做短程线。位于曲面 $\varphi(x,y,z)=0$ 上的 $A(x_1,y_1,z_1)$ 和 $B(x_2,y_2,z_2)$ 两点间的曲线长度为

$$L=\int_{x_1}^{x_2}\sqrt{1+y'^2+z'^2}\,\mathrm{d}x$$

其中，$y=y(x)$，$z=z(x)$满足 $\varphi(x,y,z)=0$ 的条件。

此处我们把问题描述为：在 $y=y(x)$，$z=z(x)$满足 $z=\sqrt{1-x^2}$ 的条件下，从一切 $y=y(x)$，$z=z(x)$的函数中，选取一对 $y(x)$和 $z(x)$使得上述泛函 L 为最小。

用拉格朗日乘子 $\lambda(x)$建立泛函

$$L^* = \int_{x_1}^{x_2} \left\{\sqrt{1+y'^2+z'^2} + \lambda\varphi\right\} \mathrm{d}x$$

其变分(把 y、z 和 λ 当作独立函数)为

$$\delta L^* = \int_{x_1}^{x_2} \left\{\frac{y'}{\sqrt{1+y'^2+z'^2}}\delta y' + \frac{z'}{\sqrt{1+y'^2+z'^2}}\delta z' + \lambda\frac{\partial\varphi}{\partial y}\delta y + \lambda\frac{\partial\varphi}{\partial z}\delta z + \varphi\delta\lambda\right\}\mathrm{d}x$$

把积分符号中的首两项做分部积分，得到

$$\delta L^* = \int_{x_1}^{x_2}\left\{\left[-\frac{\mathrm{d}}{\mathrm{d}x}\left(\frac{y'}{\sqrt{1+y'^2+z'^2}}\right)+\lambda\frac{\partial\varphi}{\partial y}\right]\delta y + \left[-\frac{\mathrm{d}}{\mathrm{d}x}\left(\frac{z'}{\sqrt{1+y'^2+z'^2}}\right)+\lambda\frac{\partial\varphi}{\partial z}\right]\delta z + \varphi\delta\lambda\right\}\mathrm{d}x$$

根据变分法的预备定理，把 δy，δz 和 $\delta\lambda$ 都看成是独立的函数变分，$\delta L^*=0$ 给出欧拉方程

$$\begin{cases}\lambda\dfrac{\partial\varphi}{\partial y} - \dfrac{\mathrm{d}}{\mathrm{d}x}\left(\dfrac{y'}{\sqrt{1+y'^2+z'^2}}\right) = 0 \\ \lambda\dfrac{\partial\varphi}{\partial z} - \dfrac{\mathrm{d}}{\mathrm{d}x}\left(\dfrac{z'}{\sqrt{1+y'^2+z'^2}}\right) = 0 \\ \varphi(x,y,z) = 0\end{cases}$$

这是求解 $y(x)$，$z(x)$和 $\lambda(x)$的三个微分方程。

现在设所给的约束条件为一个圆柱面 $z=\sqrt{1-x^2}$，于是上述方程组可以写成

$$\begin{cases}\dfrac{\mathrm{d}}{\mathrm{d}x}\left(\dfrac{y'}{\sqrt{1+y'^2+z'^2}}\right) = 0 \\ \dfrac{\mathrm{d}}{\mathrm{d}x}\left(\dfrac{z'}{\sqrt{1+y'^2+z'^2}}\right) = \lambda(x) \\ z = \sqrt{1-x^2}\end{cases}$$

第一和第二式可以积分一次，同时引入弧长 s，则 $\mathrm{d}s=\sqrt{1+y'^2+z'^2}\,\mathrm{d}x$。则积分以后原方程组可以写成

$$\begin{cases}\mathrm{d}y = a\cdot\mathrm{d}s \\ \mathrm{d}z = 7(x)\cdot\mathrm{d}x \\ z = \sqrt{1-x^2}\end{cases}$$

其中，a 为积分常数，$7(x)$为

$$7(x) = \int_0^x \lambda(x)\mathrm{d}x + a$$

从方程组中的第二式和第三式，可得

$$\mathrm{d}x = -\frac{\sqrt{1-x^2}}{x}\mathrm{d}z = -\frac{\sqrt{1-x^2}}{x}7(x)\mathrm{d}s$$

因此，根据 $\mathrm{d}s$ 的定义有

$$\mathrm{d}s^2 = \mathrm{d}x^2 + \mathrm{d}y^2 + \mathrm{d}z^2 = \left[\frac{1-x^2}{x^2}7^2(x) + a^2 + 7^2(x)\right]\mathrm{d}s^2$$

它可以化简为 $7(x)=\sqrt{1-a^2}\,x$。于是，把上式代入 $\mathrm{d}x$ 的表达式，消去 $7(x)$，即得

$$-\frac{\mathrm{d}x}{\sqrt{1-x^2}}=\sqrt{1-a^2}\,\mathrm{d}s$$

积分后，得 $\cos^{-1}x=\sqrt{1-a^2}\,s+d$，其中 d 为另一积分常数，或为

$$x=\cos(\sqrt{1-a^2}\,s+d)$$

并且还可以得到

$$z=\sin(\sqrt{1-a^2}\,s+d)$$

以及 $y=as+b$，其中 b 亦为一积分常数。于是我们便得到了本题的参数解，弧长 s 为参数。积分常数 a,b,d 由起点和终点的坐标决定。这个解就是圆柱面 $z=\sqrt{1-x^2}$ 上的螺旋线。

我们还可以把原定理加以推广，使得 Φ_i 不仅是 $x,y_1,y_2,\cdots,y_n$ 的函数，而且是 $y_1',y_2',\cdots,y_n'$ 的函数的情况，于是有推广后的定理如下：泛函

$$\mathcal{J}=\int_{x_1}^{x_2}F(x,y_1,y_2,\cdots,y_n,y_1',y_2',\cdots,y_n')\mathrm{d}x$$

在约束条件 $\Phi_i(x,y_1,y_2,\cdots,y_n,y_1',y_2',\cdots,y_n')=0,i=1,2,\cdots,k,k<n$ 下的变分极值问题所定义的函数 $y_1,y_2,\cdots,y_n$ 必须满足由泛函

$$\mathcal{J}^*=\int_{x_1}^{x_2}\left\{F+\sum_{i=1}^{k}\lambda_i(x)\Phi_i\right\}\mathrm{d}x=\int_{x_1}^{x_2}F^*\,\mathrm{d}x$$

的变分极值问题所确定的欧拉方程

$$\frac{\partial F^*}{\partial y_j}-\frac{\mathrm{d}}{\mathrm{d}x}\left(\frac{\partial F^*}{\partial y_j'}\right)=0,\quad j=1,2,\cdots,n$$

或

$$\frac{\partial F}{\partial y_j}-\sum_{i=1}^{k}\lambda_i(x)\frac{\partial\Phi_i}{\partial y_j}-\frac{\mathrm{d}}{\mathrm{d}x}\left\{\frac{\partial F}{\partial y_j'}+\sum_{i=1}^{k}\lambda_i(x)\frac{\partial\Phi_i}{\partial y_j'}\right\}=0,\quad j=1,2,\cdots n$$

在前面式子的变分中，我们把 y_j 和 $\lambda_i(x)$ 都看作是泛函 $\mathcal{J}^*$ 的宗量，所以 $\Phi_i=0$ 同样也可以看作是是泛函 $\mathcal{J}^*$ 的欧拉方程。

参考文献

[1] 左飞. 图像处理中的数学修炼[M]. 北京：清华大学出版社，2017.

[2] 左飞. R 语言实战——机器学习与数据分析[M]. 北京：电子工业出版社，2016.

[3] 汤银才. R 语言与统计分析[M]. 北京：高等教育出版社，2008.

[4] 黄文，王正林. 数据挖掘：R 语言实战[M]. 北京：电子工业出版社，2014.

[5] 李诗羽，张飞，王正林. 数据分析：R 语言实战[M]. 北京：电子工业出版社，2014.

[6] 茆诗松，周纪芗. 概率论与数理统计[M]. 2 版. 北京：中国统计出版社，2006.

[7] 盛骤，谢式千，潘承毅. 概率论与数理统计[M]. 4 版. 北京：高等教育出版社，2008.

[8] 贾俊平，何晓群，金勇进. 统计学[M]. 4 版. 北京：中国人民大学出版社，2009.

[9] 易丹辉. 非参数统计——方法与应用[M]. 北京：中国统计出版社，1996.

[10] 何晓群，刘文卿. 应用回归分析[M]. 3 版. 北京：中国人民大学出版社，2011.

[11] 袁建文，李宏，王克林. 计量经济学理论与实践[M]. 北京：清华大学出版社，2012.

[12] 李航. 统计学习方法[M]. 北京：清华大学出版社，2012.

[13] 周志华. 机器学习[M]. 北京：清华大学出版社，2016.

[14] Norman Matloff. R 语言编程艺术[M]. 陈堰平，等译. 北京：机械工业出版社，2013.

[15] Robert I. Kabacoff. R 语言实战[M]. 高涛，肖楠，陈钢，译. 北京：人民邮电出版社，2013.

[16] Sheldon M. Ross. 概率论基础教程[M]. 郑忠国，等译. 7 版. 北京：人民邮电出版社，2007.

[17] Dawen Griffiths. 深入浅出统计学[M]. 李芳，译. 北京：电子工业出版社，2012.

[18] Mario F. Triola. 初级统计学[M]. 刘新立，译. 8 版. 北京：清华大学出版社，2004.

[19] Allen B. Downey. 统计思维：程序员数学之概率统计[M]. 张建锋，陈钢，译. 北京：人民邮电出版社，2013.

[20] David C. Lay. 线性代数及其应用[M]. 刘深泉，等译. 3 版. 北京：机械工业出版社，2005.

[21] Pang-Ning Tan，Michael Steinbach，Vipin Kumar. 数据挖掘导论[M]. 范明，等译. 北京：人民邮电出版社，2010.

[22] 奥特，朗格内克. 统计学方法与数据分析引论[M]. 张忠占，等译. 5 版. 北京：科学出版社，2003.

[23] 萨尔斯伯格. 女士品茶：20 世纪统计怎样变革了科学[M]. 邱东，等译. 北京：中国统计出版社，2004.

[24] 古扎拉蒂，波特. 计量经济学基础[M]. 费剑平，译. 5 版. 北京：中国人民大学出版社，2011.

[25] 刘璋温. 赤池信息量准则 AIC 及其意义[J]. 数学的实践与认识，1980，(3).

[26] 张文文，尹江霞. AIC 准则在回归系数的主相关估计中的应用与计算[J]. 中国现场统计研究会第九届学术年会论文集，1999.

[27] Streissguth A P，Martin D C，Barr H M，et al. Intrauterine alcohol and nicotine exposure：attention and reaction time in 4-year-old children[J]. Developmental Psychology，1984，20(4)：533-541.

[28] Amy Borenstein Graves，Emily White，Thomas D. Koepsell，Burton V. Reifler，Gerald Van Belle，Eric B. Larson，The association between aluminum-containing products and Alzheimer's disease[J]. Journal of Clinical Epidemiology，1990，43 (1)：35-44.

[29] Arne Henningsen，Ott Toomet. maxLik：A package for maximum likelihood estimation in R[J]. Computational Statistics，2011，26(3)：443-458.

[30] Friedberg S H，Insel A J，Spence L E. Linear Algebra[M]. 4th ed. Prentice-Hall，2003.

[31] Christopher Bishop. Pattern Recognition And Machine Learning [M]. New York：Springer-Verlag，2006.